彩图 1-1　设施育苗

彩图 1-2　番茄促成栽培

彩图 1-3　花卉周年栽培

彩图 1-4　竹木塑料大棚

彩图 2-1　薄膜改良阳畦骨架

彩图 2-2　薄膜改良阳畦透明屋面

彩图 2-3　砂田覆盖的西瓜

广西阳朔金橘浮动覆盖
（十一月中下旬成熟；避雨，延迟采收，增收）

彩图 2-4　浮动覆盖（金橘）

彩图 2-5　透明地膜覆盖

彩图 2-6　黑色地膜覆盖

彩图 2-7　银灰色地膜覆盖

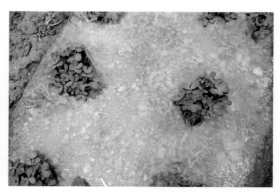

彩图 2-8　地膜覆盖抑制杂草

彩图 2-9　简易棚

彩图 2-10　小拱棚

彩图 2-11　小拱棚韭菜（耐寒蔬菜越冬栽培）

彩图 2-12　竹木结构中拱棚

彩图 2-13　钢架结构中拱棚

彩图 2-14　中拱棚（叶用莴苣）

彩图2-15 单栋大棚

彩图2-16 连栋大棚

彩图2-17 竹木结构单栋塑料大棚

彩图2-18 钢架结构单栋塑料大棚

彩图2-19 镀锌钢管塑料大棚

彩图2-20 单栋塑料大棚育苗

彩图 2-21　连栋塑料大棚育苗

彩图 2-22　塑料大棚黄瓜栽培

彩图 2-23　日光温室（园区）

彩图 2-24　新型节能日光温室

彩图 2-25　滑盖式节能日光温室

彩图 2-26　模块装配式主动蓄热墙体日光温室素土模块墙

彩图 2-27　连栋温室热风加温系统

彩图 2-28　连栋温室灌溉和施肥系统

彩图 2-29　采用滴灌系统的椰糠培番茄

彩图 2-30　番茄震荡授粉器

彩图 2-31　番茄熊蜂授粉

彩图 2-32　连栋温室高品质番茄

彩图 2-33　连栋温室红掌

彩图 2-34　连栋温室叶用莴苣

彩图 2-35　周年生产叶菜的植物工厂

彩图 2-36　人工光型植物工厂

彩图 2-37　植物工厂立体栽培系统

彩图 3-1　聚氯乙烯（PVC）长寿无滴防尘膜

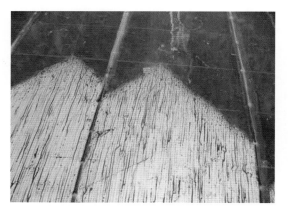

彩图 3-2　内添加型流滴消雾膜

彩图 3-3　消雾型高透明功能型聚乙烯 (PE) 膜

彩图 3-4　漫反射膜

彩图 3-5　转光膜

彩图 3-6　乙烯 - 醋酸乙烯 (EVA) 多功能复合膜

彩图 3-7　干法涂敷流滴消雾聚烯烃（PO）膜

彩图3-8　应用草苫的温室（不防水、易燃、易腐烂）　彩图3-9　应用棉被的温室（不防水、易燃、易发霉）

彩图4-1　温室外表面灰尘清洗　　　　彩图4-2　应用漫反射透明塑料板材的连栋温室

彩图4-3　人工补光　　　　　　　彩图4-4　多层覆盖保温

彩图 4-5　单屋面温室保温被保温

彩图 4-6　日光温室北边后墙保温

彩图 4-7　日光温室南边防寒沟保温

彩图 4-8　热风炉采暖

彩图 4-9　地源热泵采暖

彩图 4-10　覆盖地膜降湿

彩图 4-11　膜上沟灌

彩图 4-12　自走式喷灌

彩图 4-13　膜下滴灌

彩图 4-14　有害气体毒害的黄瓜叶片

彩图 4-15　秸秆生物反应堆产生 CO_2 气体

彩图 4-16　嫁接苗

彩图 4-17　设施无土栽培（基质培）

彩图 6-1　无土栽培番茄树

彩图 6-2　营养液膜水培生菜的根系生长状况

彩图 6-3　营养液膜水培番茄

彩图 6-4　动态浮根水培栽培生菜

彩图 6-5　雾培系统

彩图 6-6　槽培

彩图 6-7　开口筒式袋培

彩图 6-8　枕头式袋培

彩图 6-9　岩棉培

彩图 6-10　沙培

彩图 6-11　有机生态型无土栽培

彩图 6-12　樱桃番茄树

彩图 7-1　穴盘育苗

彩图 7-2　营养液育苗

彩图 7-3　嫁接育苗

彩图 7-4　扦插育苗

彩图 7-5　组培育苗

彩图 7-6　容器育苗

彩图 7-7　营养块育苗

彩图 8-1　设施黄瓜

彩图 8-2　设施西瓜

彩图 8-3　设施番茄

彩图 8-4　设施豇豆

彩图 8-5　设施韭菜

彩图 8-6　设施生菜

彩图 8-7　设施草菇

彩图 10-1　设施杏

彩图 10-2　设施火龙果

普通高等教育"十一五"国家级规划教材

面向 21世纪课程教材
Textbook Series for 21st Century

普通高等教育农业农村部"十三五"规划教材

"大国三农"系列规划教材

设施园艺学

第 3 版

高丽红　主编

中国农业大学出版社
·北京·

内容简介

《设施园艺学》(第 3 版)涵盖了生物、环境和工程三个主要交叉学科的内容,系统阐述了设施园艺学的基本理论、园艺设施的类型与结构、园艺设施的环境调控、园艺作物设施栽培技术等。全书共分 10 章,包括:绪论,园艺设施的类型、结构、性能及应用,园艺设施的覆盖材料,园艺设施的环境特征与调节控制,园艺设施的规划设计与建造,无土栽培技术,工厂化育苗,设施蔬菜栽培技术,设施花卉栽培技术和设施果树栽培技术,并包含了实验指导。本书可作为高等院校园艺专业及相关专业的教学用书,也可作为相应专业农业技术人员、研究人员的参考用书。

图书在版编目(CIP)数据

设施园艺学 / 高丽红主编. --3 版. --北京:中国农业大学出版社,2021.12
ISBN 978-7-5655-2697-8

Ⅰ.①设… Ⅱ.①高… Ⅲ.①设施农业-园艺-高等学校-教材 Ⅳ.①S62

中国版本图书馆 CIP 数据核字(2021)第 262215 号

中国自然资源部地图审图号:GS(2021)5560

书　　名	设施园艺学　第 3 版	
作　　者	高丽红　主编	

策划编辑	宋俊果　王笃利　张秀环　杜琴	**责任编辑**	杜琴　何美文
封面设计	郑川		
出版发行	中国农业大学出版社		
社　　址	北京市海淀区圆明园西路 2 号	**邮政编码**	100193
电　　话	发行部 010-62733489,1190	读者服务部	010-62732336
	编辑部 010-62732617,2618	出　版　部	010-62733440
网　　址	http://www.caupress.cn	**E-mail**	cbsszs@cau.edu.cn
经　　销	新华书店		
印　　刷	北京鑫丰华彩印有限公司		
版　　次	2021 年 12 月第 3 版　　2021 年 12 月第 1 次印刷		
规　　格	185 mm×260 mm　　16 开本　　29.5 印张　　735 千字　　彩插 8		
定　　价	75.00 元		

图书如有质量问题本社发行部负责调换

谨以此教材出版热烈祝贺
张福堰教授八十华诞

第 3 版编审人员

名誉主编 张福墁
主　　编 高丽红
数字资源主编 田永强　高丽红
副 主 编 齐红岩　李建明　别之龙

编者及所在单位（按单位名称笔画顺序排列）

上海交通大学	黄丹枫　章竞瑾
山东农业大学	魏珉　李玲
山西农业大学	李灵芝
中国农业大学	高丽红　义鸣放　贾克功　曲梅　田永强　何俊娜
内蒙古民族大学	贾俊英
内蒙古农业大学	崔世茂
石河子大学	史为民
北京市林业果树科学研究院	董静
北京农学院	王绍辉　刘志民
宁夏大学	李建设　张雪艳
西北农林科技大学	李建明　张智
华中农业大学	别之龙
华南农业大学	刘厚诚
安徽农业大学	裴孝伯
沈阳农业大学	齐红岩
河北工程大学	王丽萍
河北农业大学	高洪波
河南农业大学	孙治强　李胜利
南京农业大学	束胜
新疆农业大学	高杰　许红军

审　　稿 李天来　张振贤

第 2 版修编人员

主　编　张福墁（中国农业大学）
副主编　高丽红（中国农业大学）
编　者　（以参加修编章节为序）
　　　　　第 1 章　　张福墁（中国农业大学）
　　　　　第 2 章　　李天来（沈阳农业大学）
　　　　　　　　　　黄瑞清（北京瑞雪环球科技有限公司）
　　　　　第 3 章　　陈端生（中国农业大学）
　　　　　第 4 章　　张福墁　高丽红　陈青云（中国农业大学）
　　　　　第 5 章　　曲　梅（中国农业大学）
　　　　　　　　　　吕国华（石河子大学）
　　　　　第 6 章　　黄丹枫（上海交通大学）
　　　　　　　　　　高丽红　贾克功（中国农业大学）
　　　　　第 7 章　　高丽红　张福墁（中国农业大学）
　　　　　实验指导　高丽红　陈端生　张福墁　曲　梅（中国农业大学）
　　　　　　　　　　李天来（沈阳农业大学）

第 1 版编写人员

主　　编　张福墁
参编人员　（按姓氏笔画为序）
　　　　　　吕国华
　　　　　　李天来
　　　　　　陈端生
　　　　　　张福墁
　　　　　　黄丹枫

第3版前言

《设施园艺学》第2版自2010年出版以来,已重印多次,印数达5万余册,被众多农业院校师生和相关农技推广人员采用,为设施园艺人才培养发挥了重要作用。

据统计,2016年全国设施园艺面积470余万 hm^2,仅占耕地面积的4%,产值约1.46万亿元,产出占园艺总产值的44.2%、占种植业总产值的25.3%。设施园艺已经成为农业增效和农民增收的支柱产业。近10年来,我国的设施园艺产业得到了快速发展,围绕设施园艺的相关科学研究也得到国家和地方各级政府的大力支持,设施类型与结构、覆盖材料及栽培技术等取得了很多新进展,同时随着农业现代化发展的需求,传感器与自动控制、物联网技术等在设施园艺领域的应用越来越广泛。因此,应读者要求,对第2版教材内容进行补充和修订。

着手修订之前,我们召开了有20个院校主讲教师参与的教材修订会议,征集了大家对第2版教材的意见和建议,在此基础上修订了新的编写大纲。教材在保留第2版基本结构的基础上,重点补充了设施园艺领域国内外新的发展动态;对日光温室部分内容进行了较大的更新,增加了植物工厂相关内容;补充了覆盖材料的最新研究进展及园艺设施主要环境因子调控的新技术,增加了基于物联网技术的温室环境管理内容;扩充了园艺作物设施栽培相关内容,将原教材的第6章园艺作物的设施栽培内容扩充为工厂化育苗、设施蔬菜栽培技术、设施花卉栽培技术和设施果树栽培技术4章内容(第7、8、9、10章),对目前设施栽培面积较大的园艺作物栽培技术内容进行了补充与更新,对应增加了相应的实验指导内容,如穴盘育苗技术、扦插育苗技术、设施果树株型控制技术等;增加了复习思考题,增列了新的参考文献;对教材体例和文字进行了认真修改,并增加了二维码素材,使教材更符合新形态教材的发展需要。同时为真正落实立德树人的根本任务,深入贯彻教育部《高等学校课程思政建设指导纲要》文件精神,充分发挥设施园艺学课程的育人作用及人才培养质量,本教材将思政教育元素自然贯通在各章节专业内容中,旨在培养学生的"大国三农"情怀,引导学生以强农兴农为己任,增强学生服务"三农"的使命感和责任感。

第3版编审人员做了较大幅的调整:张福墁先生作为名誉主编,高丽红担任主编,田永强、高丽红担任数字资源主编,齐红岩、李建明、别之龙担任副主编,参编人员涵盖20个教学科研单位共32人。本教材共10章,根据教材参编人员的专长对修编内容进行了分工:第1章由高丽红修编;第2章由齐红岩、魏珉和李灵芝修编;第3章由李建设、高丽红和张雪艳修编;第4章由李建明、崔世茂、田永强、高杰和张智修编;第5章由曲梅和史为民修编;第6章由别之龙、王绍辉和束胜修编;第7章由黄丹枫、李胜利和章竞瑾修编;第8章由孙治强、高丽红、刘厚诚、裴孝伯和贾俊英修编;第9章由义鸣放、高洪波、王丽萍和何俊娜修编;第10章由贾克功、李玲、董静和刘志民修编;实验指导由田永强、张雪艳、许红军和何俊娜修编;二维码素材由田永强和高丽红制作;全书由高丽红统稿。本教材承蒙沈阳农业大学李天来院

士和中国农业大学 张振贤 教授审稿,并提出很多宝贵的修改建议。名誉主编张福墁教授对本教材内容进行了全面把关,确保了教材质量。参编人员在教材修编过程中克服了很多困难,保质保量地完成了编写任务,在此表示感谢。在教材修编过程中,参阅了大量的国内外设施园艺最新研究进展及相关的文献资料;教材修订还得到了中国农业大学专项经费支持和中国农业大学出版社的鼎立相助,在此一并表示感谢。由于设施园艺学所涉及的学科比较多,受教材编写人员知识背景和水平的限制,教材中缺点、错误在所难免,恳请广大读者朋友们批评指正,以便我们再版时修改完善。

谨以此教材出版热烈祝贺张福墁教授八十华诞!

编 者

2020 年 9 月 10 日于北京

设施园艺学

第 2 版前言

"面向 21 世纪课程教材"《设施园艺学》自 2001 年出版以来,已重印多次,印数达 40 000 多册,被众多农业院校师生采用。设施园艺是农民脱贫致富的重要途径之一,在国民经济发展中的地位和作用不断提高,得到各级领导及有关部门的大力扶植,近年来发展很快;加之相应的科学研究不断深入和提高,因此第 1 版教材亟待补充和修编。我们在中国农业大学出版社及相关兄弟院校的关心和支持下,进行了修编。

着手修编之前我们征集了 13 个院校主讲教师对第 1 版教材的意见和建议,并将其提供给各位修编者参考。其中主要修编的内容为:删除了目前应用较少的简易园艺设施类型,补充更新了日光温室、连接屋面温室的相关内容;增加了覆盖材料的最新研究进展;对园艺设施的环境特征及其调节控制章节进行了内容整合并增加了部分新的研究成果;工厂化育苗部分丰富了花卉育苗相关内容;在园艺作物设施栽培技术要点和无土栽培技术章节,根据新的发展需求对栽培作物进行了一定调整,增加了目前栽培面积较大的园艺作物种类;在教材最后的实验指导部分,增加了电热温床的建造、瓜类蔬菜嫁接育苗技术、无土栽培营养液的配制技术、温室果菜栽培的植株调整等实验内容;增加了复习思考题,增列了新的参考文献,修改了错别字并删除了重复的内容。

第 2 版修编人员由原来的 5 人增加到 10 人,并增设了副主编;在分工上做了部分调整,修编人员按章节次序为:第 1 章,张福墁(中国农业大学);第 2 章,李天来(沈阳农业大学)、黄瑞清(北京瑞雪环球科技有限公司);第 3 章,陈端生(中国农业大学);第 4 章,张福墁、高丽红、陈青云(中国农业大学);第 5 章,曲梅(中国农业大学)、吕国华(石河子大学);第 6 章,黄丹枫(上海交通大学)、高丽红、贾克功(中国农业大学);第 7 章,高丽红、张福墁(中国农业大学)。实验指导,高丽红、李天来、陈端生、张福墁、曲梅。

在修编过程中得到了参编单位的大力支持与合作,增加的修编人员中有北京瑞雪环球科技有限公司总裁黄瑞清博士,他在荷兰长期从事温室园艺的生产和科研工作,对现代化大型连栋温室的运营,有较丰富的理论与实践经验。天津农业科学院蔬菜研究所安志信研究员,山西农业大学蒋毓隆教授,提出了许多宝贵意见,在此表示深深的谢意。正是这些支持,使教材的修编工作得以顺利完成。本教材被审批为"普通高等教育'十一五'国家级规划教材",这是对我们工作的肯定和鼓舞。我们殷切期盼着广大师生对新版教材提出宝贵意见和建议,以便进一步改进和提高。

编　者

2010 年 3 月 1 日于北京

第1版前言

随着国民经济的不断发展,科学技术的不断进步,农业现代化高潮的到来,我国的农业正面临着发展的新阶段。通过科技的创新,为加速传统农业向现代农业的转变,实现数量型农业向质量、效益型农业的跨越,我国农村正在经历种植业结构的调整。许多地区,尤其在大中城市周围,粮田面积日趋减少,代之而起的是高附加值的园艺产品,尤其是设施园艺生产,得到了前所未有的发展。为适应社会发展的需要,适应高等教育面向 21 世纪教学内容和课程体系改革的需要,我们编写了这本《设施园艺学》。本教材是国家教育部面向 21 世纪教学内容和课程体系改革 04-13 项目研究成果。

《设施园艺学》的前身,可追溯到 20 世纪 60 年代初期,由原北京农业大学主编的《蔬菜栽培学·保护地栽培》(1961 年 8 月,初版),1980 年进行了全面修订,出版了第 1 版;1989年再次修订,出版了第 2 版,一直沿用至今。原来的保护地栽培是蔬菜栽培学的一个分册,只限于蔬菜设施栽培的相关内容,授课对象为高等农业院校园艺系蔬菜专业的学生。进入20 世纪 90 年代以来,已远远不能满足学科发展的需要。随着人民生活水平的提高,对蔬菜、花卉乃至果品,市场的需求量越来越大,如何周年均衡供应的问题也日益突出。尤其是近年来国家级、省市级大量的农业高科技示范园区的建立,设施园艺成为主要示范内容,因此原有的"蔬菜保护地栽培",已不能适应社会发展的需要。原北京农业大学园艺系,在1991 年率先向蔬菜、花卉、果树 3 个专业的本科生开出了"设施园艺学"课程,受到学生欢迎。以后全国许多兄弟院校也先后开出类似的课程,但这些课程都是各个院校开设的,没有正式出版的教材,无论任课教师还是学生,甚至从事设施园艺科研及生产的研究人员或园艺工作者,都迫切需要有一本中国设施园艺的专著,本教材就是在这样的背景下编写的。

全书共分 7 章,涉及了与设施园艺有关的丰富内容,如中国设施园艺发展的历史、现状及前景,设施园艺的特点,在国民经济中的地位与作用;园艺设施的类型、结构、性能及应用;园艺设施的覆盖材料;园艺设施的环境特征及其调节控制;园艺设施的规划设计与建设;这些内容是以设施园艺的范畴为出发点,大大拓展了原来只针对蔬菜保护地栽培的局限。第六章"园艺作物的设施栽培",重点讲授主要蔬菜、花卉、果树设施栽培的技术要点,而不是面面俱到,第七章"园艺作物无土栽培"也是如此,因为这两章的内容在相关的栽培学专著中会有详细论述,但是从保持设施园艺学科完整性考虑,撰写这两章还是非常必要的。

参加编写人员按章节次序有:第一章,张福墁(中国农业大学西区);第二章,李天来(沈阳农业大学);第三章,陈端生(中国农业大学西区);第四章,张福墁(中国农业大学西区);第五章,吕国华(石河子大学农学院);第六章,黄丹枫(上海交通大学农学院);第七章,张福墁(中国农业大学西区)。实验指导:一,李天来;二,陈端生;三,张福墁。

本教材的编写是一次新的突破与尝试,也是果树、蔬菜、花卉合并为大园艺专业后,高等农业院校园艺学科教学的需要。本书已被列为高等教育"面向 21 世纪课程教材",在编写过程中得到了参编单位大力的支持与合作,天津农业科学院蔬菜研究所安志信研究员,认真审阅了部分重点章节,提出了许多宝贵意见,在此一并表示深深的谢意。

在编写过程中,由于主编水平有限,又是一次新的尝试,缺点错误在所难免,恳请读者批评指正,以便今后修改完善。

编　者

2000 年 12 月

设施园艺学

目　　录

设施园艺学

目录

5

目
录

第1章

绪　论

▶▶ **本章学习目的与要求**

1. 掌握设施园艺的概念和特点。

2. 了解设施园艺和人民生活的密切关系，以及设施园艺在国民经济发展中的地位和作用。

3. 全面认识设施园艺产业的发展前景和亟待解决的问题。

设施园艺是设施农业的重要组成部分,是园艺作物生产的重要方式,与人类生活质量息息相关,也是农业现代化的重要领域。当今,人类社会已进入了由高科技推动社会发展的知识经济时代,设施园艺以其丰富的内涵和高科技含量等特点,越来越显示出强大的生命力和广阔的发展前景。

1.1.1 设施园艺的概念

设施农业,亦称环境控制农业(controlled environmental agriculture,CEA),是工厂化农业的初级发展阶段,是人类采用工程技术手段,创造农业生物适宜生长环境,使其在最经济的生长空间内,获得最佳产量、品质和经济效益的一种高效农业。

设施园艺(protected horticulture)是设施农业的重要组成部分,是指在大气环境不适宜园艺作物(蔬菜、花卉、果树)生长发育的季节和地区,人类采用工程技术手段,创造适宜园艺作物生长发育的小气候环境而进行的园艺作物生产,这种生产是一种不受或少受自然季节气候影响的生产。由于园艺作物生产多在露地自然环境不适宜园艺作物生长发育的季节进行,又称为"不时栽培""反季节栽培""错季栽培"等。设施园艺是来自日本的舶来语,我国在20世纪90年代以前称为"保护地栽培"(protected cultivation,cultivation under cover)。

1.1.2 设施园艺与人类生活的关系

蔬菜、花卉和水果,是人类生活中不可或缺的园艺产品。随着人类生活水平的不断提高,特别是我国在解决了温饱问题而步入小康之后,园艺产品的需求量迅速增加,成为近40年来很长时间内农业产业结构调整的重要内容。

蔬菜中含有丰富的维生素、矿物质、碳水化合物、蛋白质、脂肪等多种人类必需营养物质,尤其有些营养物质是粮食作物或其他动物性食品中所没有的,因此蔬菜与人类健康息息相关,人人天天必食。蔬菜是副食品中占主导地位的园艺作物,也是我国设施园艺生产面积居首位的作物,据统计,2016年我国设施园艺面积约470万 hm^2,其中95%以上种植蔬菜。设施蔬菜的人均占有量1980—1981年只有0.2 kg,早在1999年就已增加到59 kg,增加290多倍。2016年设施蔬菜总量为2.62亿 t,人均占有量为182 kg;其中日光温室产出总量为1.01亿 t,人均占有量为75 kg(北方7亿人,人均占有量为145 kg)。设施栽培已成为蔬菜周年均衡供应的基本保障。设施蔬菜栽培之所以发展很快,是因为受自然季节的限制,我国很多地区不可能一年四季进行露地蔬菜生产,蔬菜消费的经常性与生产的季节性存在很大矛盾,严寒的冬季或炎热多雨的夏季,许多蔬菜难以在露地生长,只能靠设施栽培才能做到周年生产、均衡供应。尽管市场大流通或贮存保鲜也对蔬菜周年均衡供应起到了很大作用,但人们生活水平提高后,对蔬菜质量要求越来越高,消费者要求天天吃到新鲜蔬菜,很多不耐贮运的蔬菜只能靠各种园艺设施,进行反季节栽培,才可能保证高质量产品供应市场,满足人们生活的需要。

花卉生产是园艺生产的重要组成部分,随着人们生活水平的提高,花卉也逐渐成为人们生活中不可缺少的园艺产品,近些年来花卉市场繁荣,生产者经济效益日趋显著。花卉是美的象征,也是社会文明进步的体现;其艳丽的色彩、沁人肺腑的芳香,令人赏心悦目、心旷神怡,既可陶冶情操,又利于身心健康。近40年来,我国花卉业发展迅猛,设施花卉栽培从原来的避雨棚、遮阳棚、普通塑料大棚、日光温室,发展到加温温室和环境自动控制温室。据统计,2016年设施花卉总面积已达11.6万 hm^2,相当于2000年设施花卉总面积1.45万 hm^2 的8倍,目前设施栽培花卉的经济效益已超过蔬菜。花卉中的高档种类,无适宜环境保证而难以生产,所以设施栽培必不可少。

果树设施栽培在我国起步较晚,除草莓、葡萄、桃、杏、大樱桃近年来发展较快以外,其他果树尚处于试验阶段,很多果树设施栽培尚属空白。但随着人们生活水平的不断提高,需要果品供应新鲜多样,品质上乘,尤其那些成熟期早、不耐贮运、供应期短的果品,如樱桃、草莓、桃、李、杏、葡萄等,在设施栽培条件下,可使其成熟期提早2个月以上。果树设施栽培是解决人们对淡季水果需求问题的重要途径。近年来,果树避雨防寒栽培面积呈快速增长的趋势,如葡萄避雨防寒栽培在上海、江苏、四川成都等地发展迅速,金橘的避雨防寒栽培在四川、广西也得到快速发展,2008年我国设施果树面积8.9万 hm^2,2017年已达到12.7万 hm^2,年产量427万 t,超过设施花卉的面积。

▶ 1.1.3　设施园艺在国民经济中的地位和作用

1.1.3.1　设施园艺在国民经济中的地位

我国农产品供给一直面临着耕地不断减少、人口不断增加、社会总需求不断增长的严峻形势。自1992年以来,全国耕地面积每年约减少30万 hm^2,总人口却以0.17%的速度递增,在人均自然资源相对短缺的情况下,我国主要农产品的总供给与不断增长的总需求能否保持基本平衡和协调发展,是关系到人们生活、经济发展、国家繁荣、社会稳定的根本性问题。而蔬菜、花卉、水果既是一类与人们生活关系极为密切的农产品,又是一种产品附加值高、经济效益显著的重要农产品。

近40年来,我国设施园艺发展迅猛,总面积已超470万 hm^2,跃居世界第一位。但是,面对我国资源相对紧缺和人口不断增长的严峻现实,未来必须改变农业低效高耗的增长方式,走技术替代资源的路子,最终走向农业工业化的发展道路。只有这样,才有可能在有限的土地资源上,培育出高产、优质、高效的农产品。设施园艺作为人工控制环境下的一种园艺作物生产方式,它可使作物获得最适宜的生育条件,从而大大延长生产季节,获得最高的产出。

随着城镇化和农业产业化的发展,不仅城市人口对园艺产品的需求越来越多,质量越来越高,而且原来在城镇郊区或农村从事农业生产的农民,有相当数量转成园艺产品的消费者,因此,必须有充足的园艺产品保证扩大了的需求。而这又不能靠扩大耕地面积解决,只能通过设施栽培途径提高单产。例如,荷兰温室番茄、黄瓜产量最高可达100~120 kg/m^2,平均产量达到60~80 kg/m^2,是露地栽培的十几倍甚至几十倍,这是因为荷兰温室环境控制设备和栽培技术水平高,可全天候生产,番茄、黄瓜的栽培时间可以达到330 d左右,大大提高了土地利用率和生产效率。

实践证明,发展设施园艺是一条脱贫致富、逐步实现农业现代化的有效途径。许多发达国家的经验证明,发展设施农业是实现农业现代化的必由之路,而设施园艺是设施农业的重要方面之一,充分反映了设施园艺在国民经济中的特殊地位。

1.1.3.2 设施园艺在园艺作物周年生产中的作用

设施园艺在园艺作物周年生产中的作用因地而异,由于地区的自然条件不同,面向的市场不同,采用的园艺设施类型及配套设备不同而存在差异,以蔬菜为例,可以概括为以下几种主要生产方式:

(1)育苗 秋、冬及春季利用阳畦、温床、塑料棚及温室为露地栽培和设施栽培培育各种蔬菜幼苗,或保护耐寒性蔬菜的幼苗越冬,以便提早定植,获得早熟产品(彩图 1-1)。夏季利用避雨棚、遮阳棚、温室等培育秋菜幼苗。

(2)早熟栽培 指蔬菜作物前期(早春)在沙石覆盖、漂浮覆盖、地膜覆盖、简易棚及塑料小拱棚等简易园艺设施内生长,后期在露地生长,其收获期一般可比露地栽培蔬菜提早 1~2 周,是一种简单易行的设施蔬菜栽培方式,多应用于耐寒蔬菜或喜凉蔬菜生产,亦可用于西甜瓜的早熟栽培(二维码 1-1)。

(3)促成栽培 利用加温温室或保温防寒性能好的单屋面日光温室,在最寒冷的冬季也能确保喜温果菜类蔬菜正常生长,形成产品供应市场,栽培季节可跨越秋、冬、春 3 个季节,栽培时间长达 8~10 个月,也称为长季节栽培(二维码 1-2,彩图 1-2)。栽培设施为节能型日光温室和环控能力强的智能连栋温室等。

(4)半促成栽培 是指蔬菜作物全生育期均在设施内生长,产品收获期较露地栽培提早 1 个月以上的春季早熟栽培,利用的园艺设施主要有塑料薄膜大棚、塑料薄膜中棚和日光温室等,如蔬菜塑料大(中)棚春提早栽培、日光温室早春茬栽培等均属于半促成栽培。

(5)越夏栽培 指利用遮阳、避雨、降温设施,在高温、多雨季节进行蔬菜作物生产,主要生产设施为遮阳棚(荫棚)和防雨棚,如南方地区夏季叶菜类蔬菜的大棚遮阳网覆盖栽培、避雨棚栽培等(二维码 1-3)。

(6)延后栽培 指夏季播种,秋季在保护设施内栽培果菜类、叶菜类等蔬菜,早霜出现后,仍可继续生长,以延长蔬菜供应期的栽培方式。栽培设施有塑料大(中)棚、日光温室等,如大棚秋延后茬口、日光温室秋冬茬等均属于延后栽培(二维码 1-4)。

(7)软化栽培 利用棚、室(窖)或其他软化场地,为形成的鳞茎、根、植株或种子创造条件,促其在遮光的条件下生长,从而生产出韭黄、蒜黄、黄葱(羊角葱)等软化产品。也可进行豌豆苗、萝卜芽、苜蓿芽、菊苣(二维码 1-5)、香椿芽等芽菜生产。

(8)假植栽培(贮藏) 秋、冬季节把在露地已长成或半长成的蔬菜连根掘起,密集囤栽在阳畦或小棚中,使其继续生长,如油菜、芹菜、莴

二维码 1-1(图片)
果树早熟栽培

二维码 1-2(图片)
花卉促成栽培

二维码 1-3(图片)
越夏栽培

二维码 1-4(图片)
秋延后栽培

二维码 1-5(图片)
菊苣软化栽培

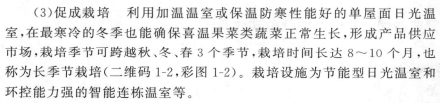
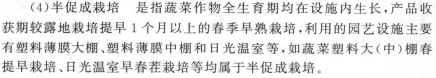
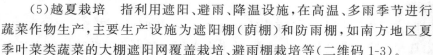
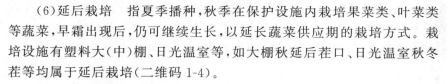

笋、甘蓝、萝卜、花椰菜等。经假植后于冬、春供应新鲜产品。

上述这些作用同样适用于花卉,尤其是草本花卉的周年生产(彩图1-3),对于果树最主要的作用则是半促成栽培、避雨栽培和促成栽培。

1.2 设施园艺的历史、现状及前景

1.2.1 我国设施园艺发展历史及现状

我国应用保护设施栽培蔬菜历史悠久,早在公元前551—公元前479年间,《论语》中记载有"不时不食",是不时栽培的语源。我国保护地栽培最早有文字记载的是在西汉(公元前206—公元23年),《汉书·循吏传》记载"太官园种冬生葱韭菜茹,覆以屋庑,昼夜然蕴火,待温气乃生",说明我国在2 000多年前已能利用保护设施栽培耐寒蔬菜。到了唐朝,保护地种菜又有发展,唐朝(公元618—907年)诗人王建在"宫前春早"一诗中写道:"酒幔高楼一百家,宫前杨柳寺前花,内苑分得温汤水,二月中旬已进瓜",说明1 200多年前冬季已利用天然温泉加温进行喜温的瓜类蔬菜栽培。又据元朝(公元1279—1368年)王祯著《农书》记载:"至冬移根藏以地屋荫中,培以马粪,暖而即长",又说,"就旧畦内,冬月以马粪覆之,于向阳处,随畦用蜀黍篱障之,遮北风,至春,疏其芽早出""十月将稻草灰盖三寸,又以薄土覆之,灰不被风吹,立春后,芽生灰内,即可取食",说明600多年前已有阳畦、风障韭菜栽培。明朝(公元1368—1644年)王世懋在《学圃杂疏》中写道:"王瓜,出燕京者最佳,其地人种之火室中,逼生花叶,二月初,即结小实,中官取以上供",说明400多年前,北京的温室黄瓜促成栽培已取得成功。随后相继创造了北京纸窗土温室、改良式玻璃屋面温室等等。

中国花卉设施栽培历史也很悠久,早在2 000多年以前(公元前200年)汉高祖建造"未央宫",宫中有温室殿,冬季陈列花卉盆景。汉武帝(公元前138年)重建扩建"上林苑",在公元前111年开始修建"扶荔宫",广种奇花异草、林果树木,形成了中国古代苑池园林特点,也是中国原始花卉盆景温室之始。中国古代盆景有始于汉、兴于唐、盛于明清之说。南宋(公元1127—1279年)有"堂花"(唐花)促成栽培技术,在《齐东野语·马塍艺花》中记载了牡丹、桃、梅在冬、春提早开花,或桂花在炎夏开花的促成栽培技术,这是中国最早的设施花卉栽培环境工程特技。清光绪年间(公元1875—1908年)北京中山公园的"唐花坞",充分体现了中国古代设施花卉园艺的发展水平和精湛技艺。

从我国保护地栽培设施的历史记载中可以看出,我国劳动人民在常年生产实践中,战胜自然,不断革新,创造了很多保护地类型,显示了无穷的智慧,积累了丰富的保护地栽培经验。但限于当时的社会条件和科学技术水平,人们的消费能力低,保护地产品只为少数统治阶级所享受,故保护地栽培的发展极其缓慢。中华人民共和国成立后,随着生产关系的改变,生产力的迅速发展和人民生活水平的持续提高,保护地蔬菜生产得到了迅速发展,迄今先后经历了几个具有明显特色的发展阶段。

1.2.1.1 总结推广传统保护地栽培技术阶段

中华人民共和国成立初期,政府组织老一代从事蔬菜保护地栽培的专家学者对北京、沈阳等地传统的简易覆盖、阳畦、加温温室的设施结构和性能以及蔬菜栽培技术(二维码1-6),进行了系统的调查研究总结,并出版了调查报告和专著,促使阳畦、温室设施和栽培技术在中国北方大中城市迅速推广应用,对解决冬、春淡季蔬菜供应起到了一定的补充作用。

二维码1-6(图片)
简易设施栽培

1.2.1.2 塑料拱棚和地膜覆盖推广普及阶段

1. 中小拱棚和塑料大棚

20世纪50年代中期,我国从日本引进农用聚氯乙烯(PVC)薄膜,作为小拱棚覆盖材料,进行蔬菜春早熟栽培,效果良好。20世纪60年代初,上海、北京两地先后生产出国产的农用聚氯乙烯和聚乙烯薄膜,大大推动了我国设施园艺的发展,广泛应用到园艺作物的育苗和蔬菜冬春设施栽培上,形成了新兴的中小拱棚覆盖栽培体系。

1965年,吉林省长春市郊区出现了中国第一栋竹木拱架的塑料大棚(占地面积667 m^2),进行黄瓜春早熟栽培获得成功,比普通露地栽培黄瓜提早1个多月上市,取得了较大的经济效益和社会效益。传统竹木塑料大棚的内景见彩图1-4。

1975年、1976年、1978年在原农业部(现农业农村部)主持下,先后在吉林省长春市、山西省太原市和甘肃省兰州市召开了第一、第二、第三次全国塑料大棚生产科研协作会议,对全国各地大棚的结构和性能、大棚蔬菜栽培技术、生产科研成果进行交流讨论,促使塑料大棚从我国北方向南方发展、从平原向山区丘陵地区发展,逐渐普及到全中国,出现了第一次发展高峰,总面积近1.6万 hm^2。

1980年,北京塑料研究所首先研制出低密度聚乙烯长寿农膜(LDPE);同年,中国农业工程研究设计院设计出国产镀锌钢管组装式塑料大棚和温室骨架(二维码1-7)。1984年,中国国家标准局批准颁布实施了国家标准《农用塑料棚装配式钢管骨架》,促使塑料棚的建造面积和设施蔬菜生产有了快速的发展。据统计,1981年全国塑料拱棚面积仅为0.13万 hm^2,到1990年已发展到3.03万 hm^2,因此,20世纪80年代末以塑料棚为主要类型的中国设施园艺出现了第二次发展高峰。此后,塑料拱棚面积持续

二维码1-7(图片)
钢架塑料大棚

增加,2005年已超过114万 hm^2,2016年全国大中拱棚面积达到168.8万 hm^2,加上小拱棚,面积超过260万 hm^2。在发展过程中,拱棚的空间逐渐增大,塑料大中棚比例由1981年的17.4%增加到2000年的39%,小拱棚比例由1981年的68%下降到2000年的38%,2016年大中棚面积占到塑料拱棚面积65%左右。近年来,设施蔬菜生产正向着适度高大化和规模化方向发展。总之,塑料拱棚的发展,解决了我国蔬菜市场早春和晚秋的淡季缺菜问题。

2. 地膜覆盖

1979年石本正一先生率先将日本的地膜覆盖技术及农膜工业化装备引荐到我国,由于地膜覆盖既能保水、保肥,防除病虫杂草,抵御低温干旱,促使作物早种早收,实现增产增收,且简易、实用,经济效益十分显著,经过原农业部(现农业农村部)组织14个省市试验示范,于1982年在全国迅速推广。至1989年全国地膜覆盖面积达到26.7万 hm^2,1996年突破701万 hm^2,并从蔬菜发展到棉花、花生、玉米等大田作物,据统计,1984—1994年,全国累计

推广 2 553 万 hm²，新增产值约 576 亿元，纯收益约 488 亿元，为我国农村经济发展、农民脱贫致富奔小康作出了重要贡献，其推广速度、规模和社会经济效益举世瞩目。

1.2.1.3　节能日光温室和夏季降温防雨设施普及推广阶段

塑料拱棚和地膜覆盖栽培，解决了蔬菜早春淡季供应问题并延长了秋季新鲜蔬菜的供应期，但还不能根本解决北方地区冬季新鲜蔬菜供应和南方夏季蔬菜稳定供应问题，因此，在 20 世纪 80 年代中期，具有中国特色的我国北方节能日光温室和南方的夏季降温防雨设施园艺技术的研发和推广应运而生。

1. 节能日光温室

过去我国北方冬季主要依靠单屋面加温温室生产蔬菜，但因为煤炭加温成本高，影响了加温温室的大面积推广。20 世纪 80 年代中期，辽宁省大连市瓦房店和鞍山市海城等地的菜农及科技工作者，经过多方探索和不懈努力，对传统加温温室进行技术改造，创造出具有中国特色的节能日光温室（二维码 1-8），它发挥了单屋面温室充分采光与严密防寒保温的特性，在北纬 40°～41° 的高寒地区，严冬不加温生产出喜温果类蔬菜，如黄瓜、番茄等，且可在元月上市，亩产值上万元，为解决我国北方地

二维码 1-8（图片）
日光温室

区冬季新鲜蔬菜供应和农民致富开辟了新途径，是我国温室蔬菜栽培史上的重大突破，其效果令世人瞩目。随后通过进一步优化节能日光温室的结构和性能，在北纬 33°～43° 的广大北方地区进行示范推广，其造价低廉，是国外温室相同面积造价的 1/10 甚至 1/50，不仅符合中国国情，而且经济效益与社会效益非常显著，因此发展迅速（表 1-1），从根本上解决了我国北方冬季新鲜蔬菜供应的难题。同时冬季生产不需要加温，在节能减排方面堪称世界典范。据全国农业技术推广服务中心原首席科学家张真和研究员的分析，与传统加温温室

表 1-1　我国主要园艺设施面积　　　　　　　　　　　　　　　　万 hm²

年度	合计	塑料拱棚			塑料薄膜温室		
		小计	大棚	中、小棚	小计	加温温室	日光温室
1980—1981	0.72	0.62	0.13	0.49	0.10	0.03	0.07
1982—1983	1.95	1.68	0.34	1.34	0.27	0.08	0.19
1984—1985	4.30	3.70	0.75	2.95	0.60	0.18	0.42
1989—1990	13.94	11.39	2.80	8.59	2.55	0.37	2.18
1994—1995	67.37	52.97	15.97	37.00	14.40	0.72	13.68
1996—1997	84.11	61.48	19.06	42.42	22.63	0.68	21.95
1999—2000	178.9	138.3	69.9	68.4	40.6	2.8	37.8
2001—2002	196.3	146.7	75.3	71.4	49.6	2.9	46.7
2003—2004	200.2	139.6	89.0	50.6	60.6	0.8	59.8
2005—2006	297.3	220	120	100	77.3	0.6	76.7
2007—2008	332.8	258.1	130.2	127.9	74.7	1.3	73.4
2009—2010	360.4	277.0	145.5	131.5	83.4	1.8	81.6
2011—2012	375.2	280.8	148.3	132.3	94.9	2.1	92.8
2015—2016	389.4	293.8	166.7	127.1	95.6	2.3	93.3

相比,节能日光温室平均每年每公顷节省标准煤 375 t,以 2016 年我国日光温室面积约 96 万 hm² 估算,全年可节省煤耗 3.6 亿 t。据中国农业大学陈青云教授估测,2008 年中国约 80 万 hm² 的温室通过节省燃煤可减少 CO_2 排放 3 亿 t 以上。我国温室节能技术引起了国际同行的高度关注与重视。

2. 夏季降温防雨设施的发展

我国南方地区影响蔬菜周年均衡供应的主要矛盾是夏季高温、多雨、虫害预防困难等。过去南方夏季降温防雨,主要用芦苇编织成苇帘遮阴,不仅费工、费力、不易贮运,而且成本高,不适于大面积推广,仅用于夏季育苗。20 世纪 80 年代后期,江苏省武进县(现常州市武进区)第二塑料厂、广州长虹塑料制品厂等,针对上述问题,消化吸收了国外经验,研制成功了国产的高强度、耐老化、轻便、省工、省力、成本低、覆盖效应好的塑料遮阳网和防虫网,便于工业化生产和大面积推广。在我国南方大面积使用后,取得遮强光、降高温、防暴雨、抗冰雹、防虫防病等良好的效果,基本上解决了南方夏秋淡季蔬菜生产和培育秋菜壮苗的老大难问题,使南方夏秋蔬菜增产 20% 以上;同时为了进一步提高避雨防虫效果,普通塑料拱棚通风口处或全棚覆盖 20～30 目防虫网,或顶部保留棚膜,棚膜上覆盖遮阳网等,形成了夏季双网覆盖(遮阳网、防虫网)、一网一膜覆盖等多种设施栽培方式(二维码 1-9),应用范围也从南方推广到北方,为夏季蔬菜安全生产提供了保障。

二维码 1-9(图片)
避雨设施

1.2.1.4 现代化温室的引进与发展

中国第一座连栋温室是于 1977 年在北京市原玉渊潭公社建成的。虽然起步较晚,但它是我国自行设计建造的型钢构架、钢化玻璃覆盖的连栋温室,主要用于全年栽培黄瓜、番茄等果菜,但温室设计参照民用建筑标准,拱架材料强度高,遮阴面积大,使用效果不理想。1979—1994

二维码 1-10(图片)
现代化温室

年,北京、哈尔滨、大庆、上海、南京、深圳、乌鲁木齐、广州等地,先后从东欧、美国、日本、荷兰等地引进 21.1 hm² 环境自动控制连栋玻璃温室,用于蔬菜生产的面积占 50% 以上,花卉约占 40%。这些连栋温室冬季主要靠加温才能生产,故能源成本很高,同时缺乏针对连栋温室的管理经验、配套品种和栽培技术,加上当时国内的经济水平和人们的消费能力很低,除个别单位靠财政补贴维持运营外,基本上均处于连年亏损状态,多数连栋温室只好停产。

1995 年,北京中以合作农场率先从以色列引进环境自动控制连栋塑料薄膜温室;1996 年,上海从荷兰、以色列等引进 15 hm² 环境自动控制连栋玻璃和塑料薄膜温室;此后,“九五”期间全国再次掀起连栋温室引进高潮,1996—2000 年,先后从法国、荷兰、西班牙、以色列、韩国、美国、日本等地引进连栋温室,面积达 1 75.4 hm²。引进的类型有连栋玻璃温室、连栋双层塑料薄膜充气温室、连栋聚碳酸酯(PC)板温室,并引进了与之相配套的外遮阳、内覆盖、水帘降温、移动苗床、行走式喷水车、行走式采摘车、计算机管理系统、水培系统等。北京、上海几个园区从荷兰、以色列、加拿大引进温室硬件的同时,还引进了配套品种和计算机管理“专家系统”,并且有国外专家进行较长期的现场指导,使国人有机会学习和了解当时世界发达国家的设施园艺设施设备和管理技术的先进性及现代化水平。通过科技部实施的“九五”工厂化高效农业示范工程项目,在引进消化吸收的基础上,我国研究开发了国产系列环境自动控制连栋温室及配套设备。据不完全统计,截至“九五”结束的 2000 年,全国连栋

设施园艺学

温室面积已达 588.4 hm²，其中进口温室面积为 185.4 hm²，国产温室面积为 403 hm²。此后，国产连栋温室面积得到了较为快速的发展，2008 年全国已经发展到 1.3 万 hm²，主要用于园艺作物种苗培育及花卉、蔬菜和草莓等作物的生产，这些温室除少数用于园艺作物种苗培育和高档花卉生产的以外，多数仍未能获得经济效益，建设初期在项目资助的条件下尚好，但缺少项目资助就难以维持。2015 年以来，随着经济发展和人们消费水平的提高，对优质农产品需求快速增长，以企业为主体投资建设连栋温室并用于园艺作物种苗、蔬菜、花卉生产的面积又呈现出新一轮快速增长趋势，通常单体连栋温室面积 1 hm²，本轮新发展单体连栋温室多数在 2～7 hm²。截至 2016 年，全国大型连栋温室面积已经达到 1.33 万 hm²。

与设施蔬菜栽培相比较，花卉和果树设施栽培起步晚得多，设施花卉大面积种植到 20世纪 80 年代末期才开始，但由于其经济价值高，效益好，目前正处在蓬勃发展阶段。果树设施栽培发展最早的是草莓塑料棚早熟栽培，此后日光温室果树栽培也逐渐发展起来。目前，北方主要利用日光温室栽培果树，南方则以塑料棚栽培为主，近几年利用简易设施进行葡萄的避雨栽培、柑橘类水果的防寒避雨栽培面积增长很快。现代化温室的图片见二维码 1-10。

1.2.2　世界设施园艺发展历史及现状

1.2.2.1　发展历史

国外设施园艺的发展，以罗马帝国最早，罗马哲学家塞内卡(Seneca，公元前 3—公元 69年)记载了农民应用云母板和半透明的滑石板作覆盖物生产早熟黄瓜。又据罗马农学家科拉姆莱(Columella)和诗人马泰阿(Martial)记载，公元 14—37 年，为了全年生产黄瓜，冬季用木箱装土，覆盖云母薄片，利用太阳光热进行生产。到 16—17 世纪，欧洲各地保护地栽培才有发展。路易十四(1640—1710)最早利用玻璃窗覆盖的温床种植蔬菜，并建成了有简易玻璃屋顶的温室，是法国最早的玻璃温室。德国于 1619 年用木板组装成 85.34 m×9.75 m的临时性双屋面温室，是德国最早的温室。据英国学者贝氏(Bay，1627—1705)记载：伦敦西南部阿波塞卡里斯(Apothecaries)园内，开始建造与德国相似的玻璃温室；1717 年，将温室全部装上玻璃，成为英国的玻璃温室；1815 年，英国开始建成半圆形弯曲屋顶的温室。

荷兰温室的记载始于公元 1750 年，1903 年荷兰建成第一栋玻璃温室，用于生产蔬菜。1967 年，荷兰国立工学研究所的 Germing 首创芬洛型(Venlo)连栋玻璃温室(又称明亮温室)，该温室结构简洁坚固，透光量大，环境调控能力强，管理方便，造价相对低廉，在全世界各国推广应用效果良好，至今仍为连栋玻璃温室的主要类型。

美国的温室是从 16 世纪以来，随着欧洲的移民而引入的。18 世纪初始有文字记载：安德鲁(Andrew)、范尤尔(Faneuil)以观赏为目的在波士顿开始建温室。1806 年，M. 麦亨建成美国最早的、屋顶有 1/3 玻璃板的半玻璃屋顶温室。1836 年，Thomas 在芝加哥市建造 3/4 式温室。1872 年，美国建成圆屋顶式的温室，作为观赏陈列室，并在各地推广。其后，又在芝加哥市建成铁架温室，是美国西部最早出现的铁架温室。

日本江户时代，庆长年间(1596—1615)静冈县采用草框油纸窗温床，进行早春育苗和瓜果类蔬菜早熟栽培。1868 年，东京的青山、麻布等地，引入欧美的果树、蔬菜、花卉栽培玻璃温室。1889 年，日本福羽逸人在庭园里建成小型温室，1890 年又在新宿的植物御园内建成玻璃窗框的温床栽培蔬菜，这是日本最早进行蔬菜保护地栽培的时期。1892 年福羽逸人又在植物御园内建造较大型的温室,用于栽培甜瓜。从 20 世纪 60 年代起,日本的温室由单栋向连栋大型化、结构金属化发展。20 世纪 70 年代为高速发展时期,政府向农户提供发展大型现代化温室的费用资助,国家补助 50%,其他各种补助 30%～40%,农户自付资金只有10%～20%,大大推动了日本设施园艺的发展,日本设施园艺进入世界先进行列。

1.2.2.2 发展现状

依据自然气候条件、地理位置、经济水平和饮食文化等因素,可将世界设施园艺大致划分为亚洲、地中海沿岸、欧洲、美洲、大洋洲和非洲六大区域。随着社会经济的发展,世界设施园艺总体呈蓬勃发展趋势。据不完全统计,截至 2017 年年底,世界设施园艺总面积约为460 万 hm^2,主要分布在亚洲、地中海沿岸、非洲及欧洲等地区,其中亚洲的中国、日本和韩国 3 个国家设施园艺面积约占世界设施园艺总面积的 82.9%,地中海沿岸诸国约占5.13%,非洲约占 4.35%,欧洲及其他地区国家约占 7.62%(表 1-2)。从发展规模上看,中

表 1-2 世界温室面积估算　　　　　　　　　　　　　　　　　　　　　　　　　hm^2

区域	国家	玻璃温室面积	塑料温室面积	大棚(含中小拱棚)面积	总面积
亚洲	中国	9 000	988 500	2 702 535	3 700 035
	日本	1 687	41 574	10 587	53 848
	韩国	405	51 382	12 028	63 815
	印度	—	—	30 000	40 000
地中海沿岸	以色列	—	8 650	15 000	23 650
	土耳其	8 097	41 142	15 672	64 911
	意大利	5 800	37 000	30 000	72 800
	约旦	3	4 474	3 532	8 009
	希腊	180	5 600	7 801	13 581
	西班牙	4 800	48 435	—	53 235
欧洲	英国	2 747	105	0	2 852
	荷兰	10 800	0	0	10 800
	法国	2 300	6 900		9 200
	德国	3 034	555	111	3 700
	波兰	1 662	5 338		7 000
	匈牙利	200	2 500		6 500
	塞尔维亚	382	5 040		5 422
	阿尔巴利亚	—	1 000	1 000	2 000
	俄罗斯	500	3 340		3 840
美洲	加拿大	870	1 680		2 550
	美国	1 156	7 540	13 006	21 702
	墨西哥	—	23 483		23 483
大洋洲	澳大利亚	15	2 268		2 283
非洲	埃及	4 032	2 037	14 053	16 094
	南非	60	350	9 300	9 710
	阿尔及利亚	—	150	13 000	13 150
	肯尼亚		3 500		3 500
	埃塞俄比亚	—		39 650	39 650

设施园艺学

国设施园艺面积居世界第一,约占世界设施园艺面积的 80% 以上,意大利面积第二,其次为土耳其和韩国;从设施类型看,主要以塑料拱棚为主,面积近 291.3 万 hm²,占 63.4%,在中国、日本、韩国、西班牙及地中海地区使用最为广泛;塑料温室面积约 162.5 万 hm²,其中中国日光温室面积约 96 万 hm²,主要分布在中国的环渤海湾地区;现代化玻璃温室面积约 5.77 万 hm²,约占 1.25%,主要集中在荷兰及西北欧国家。从栽培作物上看,蔬菜占设施园艺面积的 85% 以上,以番茄、黄瓜、辣椒等果菜类蔬菜为主,其次为鲜切花和盆栽花卉。从栽培技术和环境控制水平看,荷兰、日本、以色列和美国等发达国家最为先进,基本能实现全年生产,产品产量高,品质稳定,可实现设施园艺的高投入和高产出。

(1)欧洲　是世界现代温室发源地,主要以位于北纬 50°～60° 的英国、荷兰、法国等国为代表,截至 2017 年,欧洲设施园艺总面积约 5.51 万 hm²,占世界设施园艺总面积的 1.25%,温室作物生产以蔬菜和花卉为主,虽然这些国家设施面积占比不高,但其在温室设计建造、栽培管理水平及生产过程自动化程度非常高,从品种选育、栽培方式、环境控制等方面推出标准化生产成套模式,引领世界设施园艺发展。

以荷兰为例,荷兰是世界设施园艺最发达的国家之一,其规模化、专业化和机械化程度非常高。维斯特兰地区是荷兰温室园艺生产和发展规模最集中的地区,每个家庭农场经营的温室规模大多在 2 hm² 以上,一般只种植一个作物甚至只有 1 个品种,多年围绕 1 个作物进行相关技术研发,保证了技术的传承与不断创新,产品产量与质量不断提高,以番茄为例,其每平方米平均年产量从 1970 年的 20 kg,增加到 1980 年的 40 kg,到 20 世纪 90 年代增加到 50～60 kg,2008 年增至 80 kg,目前最高产量达到 100 kg。专业化和规模化生产为其机械化和智能化管理提供了基础,目前,荷兰温室作物生产过程中大量使用各种机械化设备和智能化控制系统,管理机械覆盖了从设施建造到栽培管理中的播种、栽培、收获、采后处理等方方面面,如自动播种生产线、移动苗床、自动传输、无人运输车、轨道式 360° 喷药机、盆栽上盆系统、移栽机器人、分选包装系统、切花采后处理系统、水肥一体化系统、冷链系统等被广泛应用。温室作物生产普遍采用封闭式循环系统无土栽培技术,采用计算机智能控制系统实现栽培作物的温度、光照、CO_2、水肥等的精准调控,为栽培作物高产、稳产提供保障,确保产品质量安全,减少环境污染风险,水肥利用效率显著提高,生产 1 kg 黄瓜、番茄的耗水量只有 15～18 kg,水分生产效率远远高于一般管理水平的 40～60 kg。

(2)亚洲　是世界设施园艺产业发展最快且面积最大的区域,以中国、日本和韩国最具代表性。据日本农林水产省的最新统计,截至 2017 年 8 月,日本设施园艺面积达到 5.38 万 hm²,以塑料拱棚为主,占到设施总面积的 96.9%,现代化玻璃温室面积 1 658 hm²,植物工厂面积 29 hm²,设施主要用于蔬菜、果树和花卉生产,占比分别为 69.1%、15.7% 和 15.2%。日本是世界设施园艺发达的国家之一,其在无土栽培营养液配方研究、嫁接机器人、植物工厂研究等方面具世界领先水平。日本是全球发展植物工厂最好的国家之一,尤其在人工光与太阳光并用型植物工厂方面走在世界前列。截至 2017 年,商业化生产的人工光与太阳光并用型植物工厂已达 250 个,主要种植番茄、辣椒和叶菜类蔬菜,植物工厂生产基本实现了产前(种子处理、播种)、产中(嫁接育苗、栽培管理、环境控制、病虫害防治、采摘等)和产后(精选、分级、清洗、包装、预冷等)全程自动化。

自 20 世纪 80 年代以来,韩国经济高速增长,旅游观光业发达,设施园艺也随之高速发展。韩国加入世界贸易组织(WTO)后,以粮食生产为主的农户纷纷转向经营比较经济效益高的设施园艺,设施面积从 1990 年的 2.4 万 hm² 增至 2017 年的 6.38 万 hm²,增长了 1.6 倍。设施类型以不加温的改良节能型塑料薄膜温室为主,面积约 4.16 万 hm²,塑料大棚与小拱棚面积约 1.2 万 hm²,现代化玻璃温室面积较小,仅 405 hm²,以塑料薄膜温室多重覆盖节能栽培为设施生产特色,设施栽培作物以黄瓜、番茄、辣椒等蔬菜为主,约占 92%,花卉和果树栽培面积仅占 8% 左右,蔬菜产品有相当一部分出口到日本、东南亚和欧盟等地,并且无土栽培面积快速稳步发展,从 1992 年的 13 hm² 快速增长到 2000 年的 700 hm²,2017 年达到 1 000 hm² 左右。

(3)地中海沿岸　该地区夏季炎热干燥,冬季温暖湿润,四季阳光充足,昼夜温差大,是设施园艺发展适宜地区,是欧洲蔬菜和水果等园艺产品主要供应国,素有"欧洲厨房"之美誉。除以色列、西班牙、意大利、土耳其等国生产出口设施园艺产品外,其他国家尚少栽培。以色列气候较温暖,正好利用欧洲冬季气候恶劣的 11 月至翌春 4 月,充分利用其塑料温室生产月季、香石竹等花卉和高附加值的果菜,输往欧洲。该国以节水灌溉、改造沙漠,从农产品进口国转变为出口国,闻名于世。西班牙冬季气候温和,光照资源丰富,自 20 世纪 90 年代中期开始,设施园艺发展迅速,2017 年设施园艺面积达到 5.32 万 hm²。设施类型以连栋塑料薄膜温室为主,主要种植番茄、辣椒、西甜瓜、玫瑰、非洲菊等作物,其设施园艺产业化集群特征明显,其东南部的阿尔梅尼亚省成为世界上最大的温室蔬菜生产群,集中了西班牙 50% 以上的设施面积,年产园艺产品 300 万 t 左右,大部分出口到法国、德国和英国等欧洲国家。其设施园艺发展特色是结合本国特点,注重温室技术创新和实用栽培技术应用,如创造性地设计出适合本国国情的哥特式温室结构和三明治式简易无土栽培方式,达到土壤改良和节约水肥资源双重目标。

(4)美洲　该地区不同国家之间设施园艺发展水平差异较大,南美的巴西、阿根廷利用简易设施和廉价劳动力生产内销蔬菜和内销花卉。北美的加拿大、美国都经营大规模、高科技、高投入和高产出的专业设施园艺,玻璃温室和塑料温室被广泛应用。加拿大主要在西部发展欧洲型的大型玻璃温室,五大湖周边地区以发展充气双层塑料薄膜温室为主,主要生产番茄、黄瓜、甜椒,温室栽培以岩棉培和锯木屑培为主。美国国土宽广,各种蔬菜、花卉在不同地域可周年生产,设施栽培历史虽长,但重要性和温室规模都不大。据不完全统计,目前美国设施园艺面积约为 2.2 万 hm²,其中 0.7 万 hm² 用于生产附加值高的花卉和苗木,设施蔬菜生产面积约 1.5 万 hm²,园艺设施类型大多为保温性能较好的双层充气塑料薄膜温室,主要分布在加利福尼亚州、俄亥俄州和佛罗里达州等地,无土栽培技术主要应用在沙漠、干旱等非耕地地区,其在太空农业技术研究方面名列前茅,美国国家航空航天局(NASA)通过运用无土栽培技术和 LED 技术,已成功在太空中种出小麦、玉米、番茄、生菜、菜豆、马铃薯等多种作物,并于 2015 年首次实现航天员在太空中食用种出来的生菜。

(5)非洲　北非摩洛哥、阿尔及利亚、埃及等北部靠地中海沿岸诸国,利用温暖气候、简易设施、廉价劳力,被荷兰等欧盟国家的企业用来生产价廉物美的设施园艺产品输往欧洲各国而日益发展,截至 2017 年设施园艺面积为 20 万 hm²,占世界设施园艺总面积的 4.35%,该地区温室设计建造和栽培管理技术水平整体偏低。

(6)大洋洲　位于南北回归线之间,属于热带和亚热带地区,是世界上设施园艺面积最小的地区,但其发展有区域特色,且设施园艺单位面积产出居世界前列,尤其以澳大利亚和新西兰最具代表性,澳大利亚设施园艺多采用无土栽培技术,在海水淡化利用和省力化、机械化设备研发方面独具特色;新西兰在猕猴桃设施栽培技术水平居世界前列,其猕猴桃伞形棚架栽培方式产量可达 3 000 kg。

▶ 1.2.3 设施园艺发展前景展望

1.2.3.1 我国设施园艺发展前景

目前,我国的设施园艺开始进入稳定发展时期,基本摆脱了过去忽起忽落的不稳定状态,步入了"发展、提高、完善、巩固、再发展"的比较成熟的阶段,由单纯地追求数量、单产,转变为重视质量和效益,同时注重科学的可持续发展和综合市场信息。具体表现在以下几个方面:

(1)设施园艺的类型结构与分区布局将更加合理,光热资源将得到更加充分利用。设施蔬菜优势区域集中在黄淮海及环渤海湾地区,占到全国设施总面积的57%,其次为长江中下游地区和西北地区,分别占20%和11%。日光温室蔬菜约96万 hm²,环渤海湾及黄淮海地区占85%;塑料大中棚蔬菜约170万 hm²,环渤海湾及黄淮海地区占48%,长江中下游地区占26%。我国设施园艺形成了环渤海和黄淮海区域及西北区域以节能日光温室和塑料棚室为主,长江流域以塑料棚室为主,夏季以避雨、遮阴棚室为主的基本格局。

(2)设施栽培的作物种类将更加丰富多彩,经济效益下降将得到缓解。蔬菜一直是我国设施园艺的主体,但近年来蔬菜种植面积增加很快,蔬菜供求量趋于平衡,甚至出现季节性供过于求,所以经济效益受到影响,发展趋势渐缓。设施花卉、果树的面积则呈逐年增加趋势。2016年设施花卉面积已增长至11.6万 hm²,比2000年的1.45万 hm²翻了近8倍;设施果树面积2017年已经达到12.7万 hm²,年产量427万 t,超过了设施花卉的面积。

(3)新型覆盖材料的研制与开发将会加快,设施性能将得到进一步提高。我国设施园艺主要透明覆盖材料是农用塑料薄膜。新型的功能性薄膜一直是研发重点,先后推出了聚氯乙烯防老化、防雾滴棚膜,聚乙烯防老化、防雾滴棚膜,保温防病多功能膜,多功能乙烯-醋酸乙烯(EVA)膜、PO膜等,流滴持效期从最初的3个月左右到半年,再到目前流滴性与薄膜寿命同步的PO膜研发成功,大大推动了我国设施园艺的发展。外保温覆盖材料,由厚型无纺布、物理发泡片材以及复合保温被等新型保温覆盖材料逐步取代传统的稻草苫、蒲席,基本实现了外保温覆盖的机械化、自动化卷铺,省时、省力,提高了设施园艺的机械化应用水平。

(4)设施园艺工程的总体水平将明显提高,农艺农机融合发展更加得到重视。具体表现在园艺设施逐步向大型化发展,门窗结构设计便于小型农机进出和自动化关闭,小型简易类型比重逐年下降,大跨度日光温室和塑料拱棚成为近几年新增设施主要类型,近几年,在山东、河北等设施蔬菜生产大省,新建了一批单体大棚面积超过1 000 m²、跨度16 m以上、顶高3.5 m以上的塑料大棚;大型现代化连栋温室及配套设施的引进消化吸收,促进了我国温室产业的发展和大型温室面积增加,2017年连栋温室面积已经达到1.33万 hm²。近年来,围绕我国特有节能日光温室的结构优化、建造过程轻简化、栽培管理适宜机械化进行系统研发,设施结构设计建筑更加科学合理,更加符合中国国情,同时考虑了机械化要求,使设施内的光、温、水、气、土环境得以优化,有利于作物生长发育,提高了机械化水平,为持续高产、优质和高效栽培奠定了基础。

（5）设施园艺功能将进一步拓展，特种需求设施园艺将得到发展。设施园艺是农业现代化的体现与载体，在全国各地建立的农业高科技示范园区内，主要示范内容多为设施园艺生产，都是利用现代化温室生产蔬菜、花卉、果树等园艺作物，并对栽培模式进行不断创新，展示农业高科技的美好前景。近几年兴起的农业嘉年华、一年一度的寿光蔬菜博览会，都离不开设施园艺，这种新兴模式将设施园艺与观光、旅游相结合，拓展了设施园艺的功能。

（6）设施园艺工程的科技研发将受到高度重视，设施园艺科技成果将快速增加。自"六五"开始，农业部（现农业农村部）就将设施蔬菜生产技术创新列为重点科技计划，特别是"九五"科技部启动的工厂化农业项目，首次将设施园艺项目列为国家重大需求，集成国内外设施园艺高新技术，在北京、上海、辽宁、浙江、广东等五个不同生态气候及区域经济发展水平的省市试验示范，取得了一批有实用价值的成果。近年来，国家科技部、农业农村部、教育部，已连续多年将设施园艺列为国家级重点科研项目，包含设施栽培专用品种选育、关键栽培技术、设施环境控制技术与设备等，体现了大项目、大协作、大成果。与设施园艺工程有关的科研项目，不仅有应用技术的研究，还有基础理论的研究。1998 年国家自然科学基金委首次将"设施园艺高产、优质的基础研究"列为重点项目正式启动，这在我国设施园艺学科领域，是中华人民共和国成立以来第一次。该项目延续至今，使我国设施园艺的学科水平跃上了新台阶。设施园艺学也成为园艺一级学科下继果树、蔬菜、花卉和茶叶后的又一个学科方向，在全国多个农业大学设置了设施农业科学与工程本科专业。

和过去比较，我国的设施园艺事业正处在新中国成立以来最兴旺发达的时期，但也必须冷静地看到其中存在的问题。

（1）我国设施园艺的面积虽居世界第一位，但是简易设施仍占有相当的比重，设施环境可控程度低，抗御自然灾害能力差，若遇灾害性天气和年份，容易遭受损失，市场供应易出现波动。

（2）设施园艺工程科技含量较低，无论设施本身还是栽培管理，多以传统经验为主。尤其是栽培技术缺乏理论支持，也缺乏量化指标和成套技术，不符合农业现代化的要求，尤其表现在作物的产量水平上，尽管我国也有高产典型，但不够普遍，产量也不稳定。大面积平均单产水平不高。

（3）我国设施园艺的生产经营方式以个体农户为主，劳动生产率很低。规模化、产业化的水平更低。

（4）我国设施园艺工程的产业体系比较分散，以小型企业为主，工艺水平较低。尤其在环境控制设备的研究和制造方面，是薄弱环节，限制了栽培水平的提高。工程设备与栽培技术如何配套并同步提高，还存在许多问题。

1.2.3.2 世界设施园艺发展趋势

（1）设施环境调控自动化与设施园艺作业机械化程度不断提升。随着社会经济水平的发展，劳动力成本越来越高，今后发达国家将会更加注重设施园艺栽培管理自动化装备的研发与应用，温室建造、育苗、定植、水肥管理、植保、产品采收、包装和运输等过程基本实现机械化控制，温室内温度、光照、湿度和 CO_2 等环境因子实现实时监控管理，并与大数据相耦合，实现自动化调控。未来设施园艺生产中机器人的应用将会更加普遍。目前机器人移苗机可自动剔除坏苗,识别优质种苗,并准确移栽到预定位置;机器人可根据光反射和折射原理,准确检测植物需水量,控制水肥灌溉等。

(2)单体温室日趋大型化,室内管理趋于数字化、智能化。大型温室具有室内环境变化相对稳定、土地利用率高、便于机械化作业以及规模化生产等突出优点,通过研发出适合不同作物生长的温室专家控制系统,对栽培环境进行智能化管理控制,最终实现栽培作物的高产、优质和管理高效,这是未来发展的必然趋势。

(3)设施园艺的生态社会功能更加突出,环境友好型和资源高效利用技术成为设施园艺栽培管理技术发展的主要方向。随着社会不断进步以及全球经济的快速发展,人们对生活水平及食品质量安全的需求也在不断提高,更大程度地追求绿色、无污染的健康食品。同时,设施园艺在都市农业、园艺理疗、休闲观光、田园综合体等方面将会得到快速发展。

设施园艺通过严格环境控制和高效的害虫综合防治(IPM)系统,确保产品质量;通过采用封闭式无土栽培系统,可提高水肥资源利用率,减少环境破坏以及资源浪费。LED 作为新型补光光源成为近几年研究热点,未来利用地热、生物质能、太阳能和发电厂余热等清洁能源替代矿物燃料生热是园艺设施热源供应研究的新方向。

(4)设施园艺栽培品种不断升级优化,品种配置更加合理,市场服务体系日趋完善。未来将越发重视设施专用品种的选育,注重品种的更新,能够依据市场需求开发设施栽培所需专用品种,并对设施园艺产前、产中、产后提供技术支持和市场信息化服务。

(5)无土栽培将广泛应用于设施园艺各个领域。无土栽培产品具有品质优、商品性好、安全、绿色等优点。当前大多数国家已普遍把无土栽培技术应用于现代化温室园艺作物生产,供应高档消费或农产品出口,取得了良好的经济效益和社会效益。随着未来人口数量的不断增长,可耕地面积的逐渐减少以及人类活动区域的不断拓展,无土栽培技术将普遍应用于观光农业、阳台园艺、植物工厂和太空农业等领域,而以基质培的无土栽培形式将在非耕地地区、解决连作障碍以及保护生态环境等方面具有广阔的应用前景。

1.3 设施园艺的主要内容与特点

1.3.1 设施园艺学的主要内容

设施园艺学是一门多学科交叉的科学,涉及三大科学领域,即生物科学、环境科学和工程科学,是三个科学领域的交叉与有机结合。

生物科学主要是生产对象即蔬菜、花卉和果树科学。设施内栽培的蔬菜又包括了白菜类、根菜类、茄果类、瓜类、豆类、葱蒜类、绿叶菜类、薯芋类、水生蔬菜、多年生蔬菜、食用菌和芽苗菜等十二大类;设施内栽培的花卉包括了一二年生花卉、球根花卉、宿根花卉、多浆及仙人掌类、室内观叶植物、兰科花卉、水生花卉和木本花卉八大类;设施内栽培果树目前主要以不耐贮运的浆果类和核果类为主,如草莓、葡萄、桃、樱桃等。

环境科学主要是设施内环境变化与调控的科学,主要包括光照、温度、湿度、气体、土壤五个环境因子。首先,应了解每个环境因子对园艺作物生长发育的影响及其机制;其次,要掌握设施内五个环境因子与露地的不同;最后也是最重要的,就是如何进行设施内作物栽培的环境调节控制。这就需要管理者既要了解作物与环境间的定性、定量关系,还要掌握各种调控手段和调控设备的运用,使作物与环境达到和谐统一,以实现高产、优质、高效的生产目的。

工程科学主要是设施结构工程学,是建造出能够满足作物对光照、温度、湿度、气体、土壤五个环境因子需要的设施类型,为作物提供最优的生育空间。这就需要有科学合理的总体规划设计、设施选型和结构优化设计、环境调控设计(如采暖、保温、降温、加湿与降湿、灌溉与施肥、通风换气、CO_2气体施肥等)、建筑材料的选择和计算、建造施工技术等。

上述三大科学领域,都是搞好设施园艺不可忽视的内容,必须有机地结合与统一。

▶ 1.3.2 设施园艺的特点

设施园艺与露地栽培相比具有以下特点:

(1)人工创造小气候环境,要求有一定的保护设施 园艺作物设施栽培,是在不适宜作物生育季节进行生产的,因此保护设施中的环境条件,如温度、光照、湿度、营养、水分及气体条件等,要靠人工进行创造、调节和控制,以满足园艺作物生长发育的需要。设施类型、环境调控的设备和水平,直接影响园艺产品产量和品质,也就影响着经济效益。

(2)地域性强,选用设施类型及栽培作物种类和管理技术要因地制宜 我国幅员辽阔、地域广大,处于几个不同气候带之中,自然气候差别很大,如何根据当地的气候特点,充分利用当地的自然资源十分重要。园艺设施类型多种多样,在选用时应根据当地自然条件、市场需求、栽培目的,选择适合的设施类型及作物种类进行生产,而不要盲目跟风。例如,我国北方冬季晴天多、光照好,但气候寒冷,适宜发展日光温室;而在南方阴雨天多、光照差,气温相对温和,适于发展全面透光的塑料薄膜大棚和连栋温室。同样是日光温室,不同地区由于其所处地理位置(主要是纬度)、土地资源、光温资源和经济水平不同,日光温室的结构参数、墙体类型等也存在很大差异,不能盲目引进。

(3)要求较高的管理技术水平 设施栽培较露地生产要求对技术要求更加严格和复杂,首先必须了解栽培作物在不同生育阶段对外界环境条件的要求,并掌握保护设施的性能及其变化的规律,协调好两者间的关系,从而创造适宜作物生育的环境条件。设施园艺涉及多学科知识,所以要求生产者素质高、知识全面,不仅懂得生产技术,还要掌握相关设施设备的使用技术等。

(4)有利实现生产专业化、规模化和产业化 设施园艺生产的特点是投入高,除了需要进行设施设备的投资外,还需大量的生产投入,才能持续正常运行。因此,必须不断提高单位面积产量,产品安全、无害、优质,且能保证市场的需求档期,才可能获得高效益。设施园艺是一种受控农业,必须充分发挥生产者的主观能动性,进行专业化生产;同时也只有实现规模化和产业化,才能提高生产技术水平和经营管理水平。尤其是大型园艺设施一经建成,必须尽量提高设施利用率,延长生产时间,从而实现高产、优质、高效。只有实现高产、高效,才能实现可持续发展。

1.3.3 如何学好设施园艺学

学好设施园艺学,必须要在掌握园艺作物露地栽培的相关知识的基础上学习,才能进一步掌握设施栽培的技术原理。同时还要了解园艺设施的结构、性能特点,环境条件的变化规律、调控原理,掌握园艺设施一般的设计原理及施工要求。因此,要在学习植物学、植物生理及生化、农业气象、土壤及农业化学、植物保护、电子计算机应用等课程的基础上,将园艺植物的生育特性与园艺设施环境特征有机地结合,充分发挥有利的环境因素,改善或消除不利环境因素,才能获得好的生产效果。设施栽培是反季节栽培,作物经常会遭遇各种逆境,如低温、寡照或高温、高湿等,所以,除掌握一般的植物生理学知识外,应特别注意学习掌握对逆境生理的有关理论,保障环境调控做到有的放矢,有条件的还应学习了解现代化园艺设施环境控制系统的工作原理及操作技术。

设施园艺学是一门实践性强的应用型课程,学习者应经常深入生产实践,理论联系实际,才能学以致用。

第2章

园艺设施的类型、结构、性能及应用

园艺设施有很多类型,这些类型的产生,体现了园艺设施由小到大、由简单到复杂、由初级到高级的发展规律。每一种类型的产生均与当时的社会历史背景、政治经济、科学技术、工农业发展、地理环境等密切相关,尤其与市场需求、经济社会发展水平和科学技术的进步紧密相关。

人类为了满足自身生产和生活的需求,自古以来一直在努力地利用和改造自然。在工业不发达时期,人们为了防止露地早熟栽培的作物受冻,创造了地面简易覆盖,如利用马粪或稻草等不透明覆盖物覆盖等;为了阻挡寒风,进一步创造了风障畦;为了提高风障畦的增温作用,加大保护空间,又创造了阳畦、改良阳畦及酿热温床等。随着工农业科学技术的进步,尤其是农用塑料薄膜的出现,创造了小拱棚、中拱棚、大棚及温室,作物栽培环境得到了很大改善。特别是随着现代工业及科学技术的发展,创造出了高效节能日光温室和现代化大型连栋温室。目前,现代化温室已经实现了环境控制自动化、生产管理规范化、产品标准化、经营规模化,为园艺作物生产展现了更加美好的前景。

2.1 简易园艺设施

简易园艺设施主要包括近地面覆盖和地面简易覆盖两大类。近地面覆盖包括风障畦、阳畦、温床等类型;地面简易覆盖有沙石覆盖、秸秆和草粪覆盖、瓦盆和泥盆覆盖、浮动覆盖、地膜覆盖等类型。这些园艺设施虽然多是较原始的、简易的保护设施,但由于它具有取材容易、覆盖简单、建造成本低、效益高于露地生产等优点,目前仍在生产中广泛应用。

2.1.1 近地面保护设施

2.1.1.1 风障畦

1. 风障畦的结构

风障是设置在菜田栽培畦北面的防风屏障物,由篱笆、披风及土背三部分组成,用于阻挡季候风,提高栽培畦内的温度(图 2-1,二维码 2-1)。

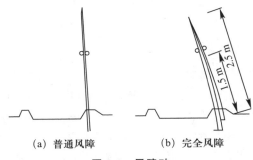

(a) 普通风障   (b) 完全风障

图 2-1　风障畦

二维码 2-1(图片)
风障畦

风障的篱笆一般用芦苇、作物秸秆或竹竿等夹设而成;披风材料多用稻草、苇席、草包片等。近年来,也有利用废旧塑料薄膜代替稻草披风。据原北京农业大学(现中国农业大学)

1978 年测试:用银灰色反光膜作披风,可以增加畦面的光照率 1.3%～17.36%,比普通风障畦内温度提高 0.1～2.4℃,畦内的菠菜可提早收获 3～5 d。

西欧和北欧应用的薄膜风障多是用 15 cm 宽的黑色塑料薄膜条,编织在木桩拉起的铁丝网上。黑色薄膜条每编一条空一条(15 cm),形成能透 50%风的薄膜风障。

日本的网纱风障是用防虫网绑在木桩或铁架上,形成单排风障或围障。

风障可以减弱风速,稳定畦面的气流,利用太阳光热提高畦内的气温和地温,改善风障前的小气候条件。风障的防风、防寒、保温的有效范围为风障高度的 8～12 倍,最有效的范围是 1.5～2 倍。

2. 风障的设置

(1)风障的方位和角度　以风障的设置方向与当地的季候风方向垂直时的防风效果最好,风向和障面交角为 15°时的防风效果仅有 90°时的 50%。除考虑风向外,还应注意障前的光照情况,要避免遮阴。我国北方冬春季以北风和西北风为主,故风障方向以东西延长,正南北或南偏东 5°为宜。

风障与地面的夹角:冬、春季以向南倾斜呈 70°～75°为宜,入夏后以 90°(垂直)为宜。即冬季角度小,增强受光、保温;夏季角度大,避免遮阴。

(2)风障的间距　应根据生产季节、作物种类、栽培方式、风障类型和材料的多少而定。一般完全风障(有披风和土背)主要在冬春季使用,每排风障之间的距离为 5～7 m,或相当于风障高度的 3.5～4.5 倍,可保护 3～4 个栽培畦。

(3)风障的长度和排数　风障越长、排数越多,防风效果越好。长排风障可减少风障两端风的回流影响,因此,当风障材料少时,应优先考虑满足风障长度,再考虑满足风障排数。

3. 风障畦的性能

(1)防风　风障具有明显的减弱风速和稳定气流的作用,一般可减弱风速 10%～50%,风速越大防风效果越好。从表 2-1 中可以看出,风障排数越多,障前风速越小,防风作用越显著。

表 2-1　各排风障障前不同位置风速比较　　　　　　　　　　　　　　　　　m/s

风障排数	距风障的距离/m					障外风速
	1.0	2.0	3.0	4.0	5.0	
第一排	0.61	0.91	1.18	1.30	1.67	3.83
第二排	0.30	0.64	1.00	0.84	0.40	3.83
第三排	0.00	0.13	0.43	0.38	0.20	3.83
第四排	0.00	0.00	0.07	0.23	0.00	3.83

(2)增温　风障具有提高畦内气温和地温的作用。风障增温效果以有风晴天最显著,阴天不显著;距风障越近,温度越高;距地面越高,障内外温差越小,50 cm 以上的高度已无明显温差。障内外地温的差异比气温稍大,如距风障 0.5 m 处地温高于露地 2℃多,而在阴天时只比露地高 0.6℃。风障前的阳光辐射及障面反射较强,畦内得到较多的辐射热,且障前局部气流稳定,可防止水蒸气扩散,减少地面辐射热的损失,因此,白天障前的气温与地温均高于露地。夜间由于风障畦没有覆盖物保温,土壤向外散热,障前冷空气下沉,形成垂直对流,使大量的辐射热损失,因此,温度下降较快,但障内近地面的温度及地温仍比露地要高。

(3)减少冻土层深度 由于风障的防风和增温作用,障前冻土层的深度比露地要浅,距风障越远冻土层越深。入春后当露地开始解冻7～12 cm时,风障前3 m内已完全解冻,比露地约提早20 d,畦温比露地高6℃左右,因而可提早播种或定植。风障的综合效应见表2-2。

表 2-2　防风区与露地区环境比较

位置	风速/(m/s)	气温/℃	地表温度/℃	相对湿度/%	蒸发量/g
防风区	2.4	27.1	31.4	75.0	69.8
露地区	6.4	22.5	19.4	77.9	72.6

4. 风障畦的应用

风障畦多用于我国北方晴天多和风多地区的蔬菜及花卉栽培。例如:用于秋、冬季菠菜、韭菜、青蒜、小葱等耐寒蔬菜越冬根茬栽培;与薄膜覆盖结合进行根茬菜早熟栽培;小葱、洋葱等幼苗防寒越冬;早春提早播种叶菜类及提早定植果菜类等;也可用于一些宿根花卉的越冬栽培。

因为风障的结构特点,晴天昼间增温效果好,可达到作物生长要求,但夜间保温效果差,易发生冻害,所以生产的局限性大。风障畦在阴天多、日照率低及风向不稳定的地区不适用,在高寒及高纬度地区应用时效果不明显。

2.1.1.2 阳畦

阳畦又称冷床、秧畦,它利用太阳光热来保持畦温。保温防寒性能优于风障畦,可在冬季保护耐寒性蔬菜幼苗越冬。在阳畦的基础上提高土框,加大玻璃窗角度,加强保温,成为改良阳畦(或称立壈子、小暖窖),其性能又优于普通阳畦。

1. 普通阳畦的结构

普通阳畦(二维码2-2)是由畦框、风障、透明覆盖物、保温覆盖物(蒲席、稻草苫)等组成的,见图2-2(a)。由于各地的气候条件、建造材料及栽培方式的不同,从而产生了畦框为斜面的抢阳畦和畦框等高的槽子畦等类型。

二维码 2-2(图片)
普通阳畦

(1)畦框 用土做成。分为南北框及东西两侧框,其尺寸规格依阳畦类型而定。

抢阳畦北框比南框高而薄,上下呈楔形,两侧畦框向南呈坡面,故名抢阳畦。北框高35～60 cm,底宽30 cm,顶宽15～20 cm;南框高20～40 cm,底宽30～40 cm,顶宽30 cm左右。东西侧框与南北两框相接,厚度与南框相同。畦面下宽1.66 m,上宽1.82 m;畦长6～7 m,或成它的倍数,做成联畦。

(2)风障 结构与风障畦基本相同。

(3)透明覆盖物 畦面可以加盖玻璃窗或塑料薄膜,白天能增加畦内温度,称为"热盖",不加者为"冷盖"。目前,生产上多采用竹竿在畦面上做支架,而后覆盖塑料薄膜,称为"薄膜阳畦",白天能够充分采光增温。

(4)保温覆盖物 多采用蒲席或稻草苫覆盖,是阳畦的防寒保温设备,用于夜间保温。

2. 改良阳畦的结构

改良阳畦是由土墙(后墙、山墙)、棚架(柱、檩、桤)、土屋顶、玻璃窗或塑料薄膜棚面、保

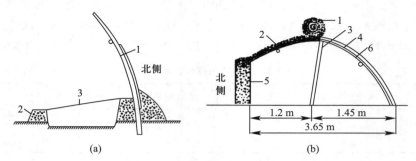

图 2-2　普通阳畦及改良阳畦结构示意图

(a)普通阳畦:1. 风障;2. 畦框;3. 透明覆盖物

(b)改良阳畦:1. 草苫;2. 土屋顶;3. 立柱;4. 薄膜;5. 土墙;6. 拱杆

温覆盖物(蒲席或草苫)等部分组成的,见图 2-2(b)。

改良阳畦的后墙高 0.9～1.0 m,厚 40～50 cm,山墙脊高与改良阳畦的中柱相同;中柱高 1.5 m,土屋顶宽 1.0～1.2 m。玻璃窗斜立于屋顶的前檐下,与地面成 40°～45°角。目前,生产上多用塑料薄膜做透明覆盖物,呈拱圆形,后墙高度和跨度进一步增大。目前,以塑料薄膜为覆盖材料的改良阳畦(彩图 2-1、彩图 2-2)后墙高 1.5～1.8 m,栽培床南北宽 5～6 m,每 3～4 m 长为一间,每间设一立柱,立柱上加柁,上铺两根檩(檐檩、二檩),檩上放秫秸,抹泥,再放土,前屋面晚上用草帘覆盖保温。畦长因地块和需要而定,一般为 30～50 m。

3. 建造阳畦的场地

建造阳畦的场地应选择地势高燥、背风向阳、距栽培地近、有充足水源的地方。当阳畦数量少时,可建在温室前面,这样既可利用温室防风,也便于与温室配合使用。但当阳畦面积大、数量多时,必须做好田间规划。

阳畦田间规划的方法:先将建造阳畦群地块的四周按东西长、南北宽方向夹好围障,然后在围障内每两排阳畦夹设一排腰障。阳畦距东西风障 1.2 m,距北侧风障 0.5 m,距南侧风障 1.5 m。阳畦宽 2 m,长 6 m,阳畦南北间隔 1 m,东西间隔 0.5 m,每两列阳畦间留一条通道,宽 1.5～2.0 m(图 2-3)。

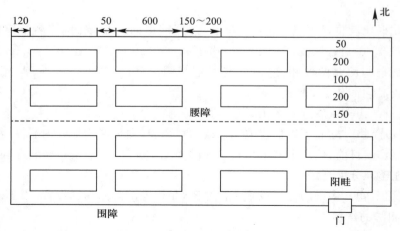

图 2-3　阳畦场地的规划(单位:cm)

设施园艺学

改良阳畦的田间布局与普通阳畦相同,但因其较高,所以改良阳畦群的间距较大,一般为屋顶高的 2.0～2.5 倍,低纬度地区可取屋顶高的 2 倍,高纬度地区取 2.5 倍。此外,后屋顶宽一般不能超过屋顶高,否则会加大畦内遮阴。玻璃窗或塑料薄膜棚面与地面夹角一般小于 50°。

4. 阳畦的性能

(1)普通阳畦的性能 普通阳畦除具有风障效应外,由于增加了土框和覆盖物,白天可以大量吸收太阳辐射,夜间可以减少向外长波辐射,保温能力较强。但阳畦内的热量主要来源于太阳,因此,阳畦的性能受季节和天气的影响很大。

①畦温的季节变化:阳畦的温度随着外界不同季节气温的变化而变化,也与阳畦的保温能力有关。一般保温性能较好的阳畦冬季内外温差可达 13.0～15.5℃(表2-3);而保温较差的阳畦冬季最低气温可出现 0℃ 以下的状况,春季温暖季节白天最高气温又可出现 30℃ 以上的高温。因此,在阳畦生产中既要防止霜冻危害,又要防止高温危害。

表 2-3 阳畦与露地温度的季节变化 ℃

| 月 | 旬 | 热盖阳畦 | | | | 冷盖阳畦 | | | | 露地 | |
| | | 平均地表温 | | 平均地中温 | | 平均地表温 | | 平均地中温 | | 平均地表温 | |
		最高	最低	5 cm	15 cm	最高	最低	5 cm	15 cm	最高	最低
12	中	22.2	5.8	11.8	9.6	16.9	3.8	15.3	7.6	6.3	−5.1
	下	15.5	3.1	12.1	8.6	10.4	1.5	7.3	6.6	6.2	−10.0
1	上	18.2	3.5	11.6	7.4	8.4	−1.2	4.6	4.0	7.7	−12.5
	中	19.5	3.5	11.6	7.5	13.3	0.7	5.5	4.3	10.5	−12.8
	下	18.1	2.1	10.9	7.7	13.1	0.4	8.7	3.8	11.5	−12.3
2	上	21.7	2.7	13.9	9.7	21.4	2.6	10.2	6.6	18.0	−11.7
	中	19.5	0.7	9.1	7.3	21.0	0.7	10.6	6.2	13.8	−14.0
	下	20.2	—	7.5	6.0	23.5	—	10.3	6.3	—	−10.4
3	上	15.6	2.2	10.3	6.8	22.5	0.5	16.0	7.0	13.7	−12.4
	中	16.5	3.0	10.5	8.2	24.5	2.0	14.3	9.2	22.2	−7.0

②畦温受天气影响:晴天畦内温度较高,阴雪天气畦内温度较低。

③畦内昼夜温、湿差较大:白天畦内接受太阳辐射迅速升温,夜间畦内放出长波辐射迅速降温,一般畦内昼夜温差可达 10～20℃;随着温度变化,畦内湿度的变化也较大,一般白天最低空气相对湿度为 30%～40%,而夜间为 80%～100%,最大相对湿度差异可达 40%～60%。

④畦内存在局部温差:一般上午和中午中心部位上部温度较高,四周温度较低;下午距北框近的下部地方温度较高,南框和东西两侧温度较低。

(2)改良阳畦的性能 与普通阳畦基本相同,所不同的是空间比普通阳畦高大,透明覆盖部分增加了透光率,且又有土墙、屋顶及草苫覆盖,因此,防寒保温能力好(表2-4)。目前在生产上以塑料薄膜改良阳畦为多。

5. 阳畦的应用

(1)普通阳畦的应用 普通阳畦除主要用于蔬菜、花卉等作物育苗,还可用于蔬菜的秋延后、春提早及假植栽培。在华北及山东、河南、江苏等一些较温暖的地区,还可用于耐寒叶

表 2-4　改良阳畦气温的季节变化

节　气	气温/℃			高低气温持续时间/h			
	最高	最低	昼夜温差	<5℃	>10℃	>15℃	>20℃
小寒节前	24.5	2.6	18～24	10.2	5.4	4.0	—
大寒节前	21.8	2.3	16～26	10.6	6.9	4.7	—
雨水节前	29.8	3.9	17～31	5.7	8.6	5.7	—
惊蛰节前	25.7	5.5	14～27	1.0	8.6	5.4	—
春分节前	21.8	5.8	13～19	—	12.3	6.9	2.5
清明节前	29.9	12.1	13～25	—	22.7	14.2	7.8

菜,如芹菜、韭菜等的越冬栽培。

(2)改良阳畦的应用　改良阳畦比普通阳畦的性能优越,主要用于耐寒蔬菜(如葱蒜类、甘蓝类、芹菜、油菜、小萝卜等)的越冬栽培,还可用于喜温果菜的秋延后和春提早栽培,也可用于蔬菜、花卉、部分果树的育苗。华北南部地区可用其栽培草莓。由于改良阳畦建造成本低、用途广、效益高,发展面积超过普通阳畦。

2.1.1.3　温床

温床是在阳畦的基础上改进的园艺设施,它除了具有阳畦的防寒保温作用外,还可以通过酿热加温或电热线加温等来提高地温,以补充日光增温的不足,因此是一种简单实用的园艺作物育苗设施。目前,在生产中多用电热温床。

1. 电热温床的结构

电热温床是在阳畦内或小拱棚内以及大棚或温室内的苗床上铺设电热线而成的(图 2-4,二维码 2-3)。电热线埋入土层深度一般为 10 cm 左右,但如果用育苗钵或营养土块育苗,以埋入土中 1～2 cm 为宜。铺线拐弯处,用短竹棍隔开,避免死弯。

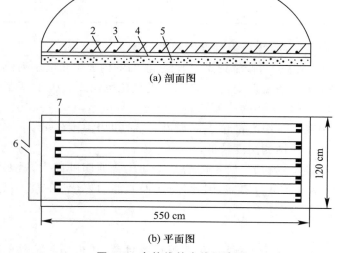

(a) 剖面图

(b) 平面图

图 2-4　电热线的布线示意图

1.薄膜;2.电热线;3.床土;4.细土层;5.隔热层;6.电热线导线;7.短竹棍

二维码 2-3(图片)

电热温床

设施园艺学

2. 电功率密度、总功率和电热线数量的确定

单位苗床或栽培床面积上需要铺设电热线的功率称为电功率密度。电功率密度的确定,应根据作物对温度的要求所设定的地温和应用季节的基础地温,以及设施的保温能力而决定。据孟淑娥等试验(1984),早春用电热温床进行果菜类蔬菜育苗时,其电功率密度可在 $70\sim140\ W/m^2$(表 2-5)。我国华北地区冬季阳畦育苗时电功率密度以 $90\sim120\ W/m^2$ 为宜,温室内育苗时以 $70\sim90\ W/m^2$ 为宜;东北地区冬季温室内育苗时以 $100\sim130\ W/m^2$ 为宜。

表 2-5　电热温床电功率密度选用参考值　　　　　　　　　　　　　W/m^2

设定地温/℃	基础地温/℃			
	9～11	12～14	15～16	17～18
18～19	110	95	80	—
20～21	120	105	90	80
22～23	130	115	100	90
24～25	140	125	110	100

总功率是指苗床或栽培床需要电热加温的总功率。总功率可以用电功率密度乘以面积来确定,即

$$总功率(W)=电功率密度(W/m^2)×苗床或栽培床总面积(m^2)$$

电热线数量的确定可根据总功率和每根电热线的额定功率来计算,即

$$电热线数量(根)=总功率(W)/额定功率(W/根)$$

因为电热线不能剪断,所以计算出来的电热线数量必须取整数。

3. 布线方法

电热温床布线方法如图 2-4 所示,在苗床床底铺好隔热层,压少量细土,用木板刮平,就可以铺设电热线。布线时,先按所需的总功率的电热线总长,计算出或参照表 2-6 找出布线的平均间距,按照间距在床的两端距床边 10 cm 远处插上短竹棍,靠床南侧及北侧的几根竹棍可比平均间距密些,中间的可稍稀些。然后按图 2-4 把电热线贴地面绕好,电热线两端的

表 2-6　不同电热线规格和设定电功率密度的平均布线间距　　　　　　　　cm

设定电功率密度/（W/m²）	电热线规格			
	每条 60 m 长 400 W	每条 80 m 长 600 W	每条 100 m 长 800 W	每条 120 m 长 1 000 W
70	9.5	10.7	11.4	11.9
80	8.3	9.4	10.0	10.4
90	7.4	8.3	8.9	9.3
100	6.7	7.5	8.0	8.3
110	6.1	6.8	7.3	7.6
120	5.6	6.3	6.7	6.9
130	5.1	5.8	6.2	6.4
140	4.8	5.4	5.7	6.0

导线部分从床内伸出来,以备和电源及控温仪等连接。布线完毕,立即在上面铺好床土。电热线不可相互交叉、重叠、打结;布线的行数最好为偶数,以便电热线的引线能在一侧,便于连接。若所用电热线超过两根时,各条电热线都必须并联而不能串联。

4. 电热加温的原理及设备

(1)电热加温的原理 电热加温是利用电流通过阻力大的导体将电能转变成热能,从而使床土(或空气)加温,并保持一定温度的一种加温方法。一般 1 度(kW·h)电可产生 3 599 960 J 的热量。电热加温升温快,温度均匀,调节灵敏,使用时间不受季节的限制,同时又可自动控制加温温度,因此有利于园艺作物幼苗生长发育。

(2)电热加温的设备 主要有电热线、控温仪、继电器(交流接触器)、电闸盒、配电盘(箱)等。其中,电热线和控温仪是主要设备。但如果电热温床面积大,电热线安装的功率超过控温仪的直接负载能力时(≥2 000 W),则需要在控温仪和电热线中间安装继电器,这些设备的连接方法如图 2-5 所示。

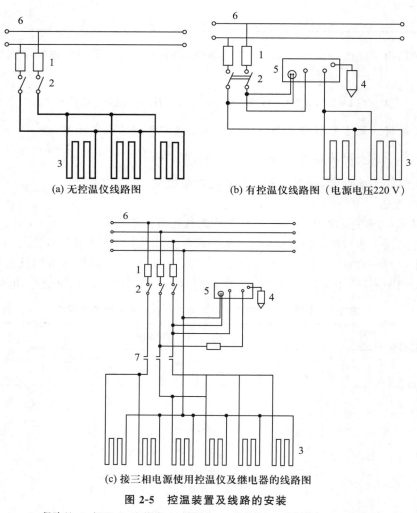

(a) 无控温仪线路图 　　　(b) 有控温仪线路图（电源电压220 V）

(c) 接三相电源使用控温仪及继电器的线路图

图 2-5　控温装置及线路的安装

1. 保险丝;2. 闸刀;3. 电热线;4. 感温头;5. 控温仪;6. 电源线(220 V 电压);

7. 继电器(线圈电压 380 V,接触点务必接火线)

设施园艺学

图 2-5(a)为单相直接供电法,即将电热线与电源通过开关直接连接。这种接法电源的启闭全靠人工控制,因此很难准确地控制温度,同时也费工时,目前很少应用。图 2-5(b)为单相加控温仪法。当电热线的总功率小于或等于控温仪最大允许负载时,可采用这种方法。此法可以实现床温的自动控制。图 2-5(c)为三相四线制线路加控温仪和继电器连接法。若苗床面积大,铺设的电热线容量太大,单相电源容量难以满足时,需要用三相四线制供电方法。在连接时应注意三根火线与电热线均匀匹配。

电热线和控温仪均有专门生产的厂家。

5. 电热温床的应用

电热温床主要用于冬春果菜类蔬菜(或花卉)育苗。

2.1.2 地面简易覆盖

2.1.2.1 砂田覆盖

砂田覆盖栽培起源于我国甘肃省中部地区,至今已有四五百年的历史,目前主要分布于我国西北的甘肃、青海、宁夏、陕西及新疆等地。

1. 砂田覆盖的方式

砂田可分为旱砂田和水砂田两种。旱砂田主要分布于高原和沟谷中,以种植粮食作物为主。水砂田分布于水源充足的地方,以种植蔬菜和瓜果为主(彩图 2-3)。

砂田是用大小不等的卵石和粗砂分层覆盖在土壤表面而成的。在铺砂前要进行土壤翻耕,并施足底肥、压实,铺砂后一般土壤不再翻耕,但有时前茬作物采收后进行翻砂,以多积蓄雨水,有利于下茬作物生长。旱砂田的铺砂厚度一般为 10～16 cm,其使用年限可达 40～60 年;水砂田的铺砂厚度一般为 5～7 cm,使用年限为 4～5 年。

铺设砂田是一项费时、费工的农田基本建设,一般每公顷砂田用工 900～1 200 个,用砂量 10 万～20 万 kg。因为砂田使用年限较长,所以必须注意质量,具体应注意以下五个方面:①底田要平整,并要做到"三犁三耙",镇压,使其外实内松;②施足基肥,一般每公顷施有机肥 3.75 万～7.5 万 kg,并需追施氮磷钾无机肥;③选用含土少、色深、松散的适宜沙子和表面棱角少而圆滑、直径在 8 cm 以下的卵石,沙、石比例以 6:4 或 5:5 为宜;④铺砂厚度要均匀一致,旱砂田或气候干旱、蒸发量大的地区应厚些,水砂田或气候阴凉、雨水较多的地区应适当薄些;⑤整地时应修好防洪沟渠,使排水通畅。

2. 砂田覆盖的性能

(1)保水性能显著　因沙粒空隙大,降雨后雨水立刻渗入地下,减少了地表径流,增加了土壤含水量,据测定,砂田的水分渗透率比土田高 9 倍。同时也因为沙粒空隙大,不能与土壤的毛细管连接,所以土壤水分不能通过毛细管的张力而大量向外蒸发,从而达到了良好的保墒作用。据检测,在半干旱和干旱地区,砂田 3～10 月的土壤含水量变化很小,如 0～10 cm 土田平均含水量为 7.92%,而砂田为 15.72%。

(2)增加土壤温度　因为沙、石凹凸不平,太阳照射后的受热面积大于一般地表面;还因沙、石松散,其内部有大量的空气,降低了沙、石整体的热容量,增加了沙、石接受高温空气能量的比表面积,所以白天沙、石增温较快,并使其热量不断地传导到土层中,加快了土壤增温速度。当外界降温时,由于沙、石疏松,热量又不容易传导到地表上来,减少了放热。据测定,3月砂田平均土壤温度为8.5℃,土田则为5.3℃。

（3）具有保肥作用　一是因为砂田地表径流很少,肥料被冲刷的也少,且无机盐类挥发损失也少;二是因为砂田很少翻耕,有机质分解较慢,所以具有一定的保肥作用。

此外,沙、石覆盖后,也可减少杂草为害。

3. 砂田的应用

低温干旱地区可利用水砂田栽培喜温果菜类蔬菜,西北地区多栽培甜瓜、白兰瓜和西瓜等瓜果类作物。

2.1.2.2　秸秆及草、粪覆盖

1. 秸秆覆盖

秸秆覆盖是在畦面上或垄沟及垄台上铺一层4～5 cm厚的农作物秸秆。秸秆覆盖具有如下作用:①可保持土壤水分稳定,减少浇水次数。②保持土壤温度稳定,由于秸秆疏松,导热率低,秸秆覆盖在南方地区高温季节可减少太阳辐射能向地中传导,降低土壤温度;而在北方地区低温季节可减少土壤中的热量向外传导,从而保持土壤有较高的温度。③防止土壤板结和杂草丛生。④秸秆覆盖后减少了降雨时泥土溅到植株上的机会,因此减少了土传病害的侵染机会。⑤减少土壤水分蒸发,降低空气湿度,也可起到减轻病害发生的作用。

秸秆覆盖在我国南方地区夏季蔬菜生产中应用较多;北方地区主要在浅播的小粒种子（如芹菜、香菜、韭菜、葱等）播种时,为防止播种后土壤干裂以及越冬蔬菜防止冻害而应用。

2. 草、粪覆盖

草、粪覆盖是在越冬蔬菜畦面上盖一层4～5 cm厚的碎草或土粪（以马粪为宜）。一般在初冬大地封冻前（外界气温降至−5～−4℃）,且浇过封冻水的地面已见干时进行,覆盖在初春夜间气温回升到−5～−4℃时撤除覆盖物。草、粪覆盖可减轻表层土壤的冻结程度,防止越冬蔬菜受冻;同时可使土壤提前解冻,使植株提早萌发生长,达到提早采收和丰产的目的;还可减少土壤水分蒸发,有利土壤保墒。草、粪覆盖主要在我国北方越冬蔬菜中应用较多。

二维码2-4（图片）
透明瓦盆覆盖
（19世纪）

2.1.2.3　瓦盆和泥盆覆盖

瓦盆和泥盆覆盖是在早春夜间将瓦盆或泥盆扣在已定植的幼苗上（二维码2-4）。这种覆盖必须是傍晚扣上,早晨揭开,并将盆放在幼苗的北侧,既可避免白天对幼苗遮光,还可防止西北风或北风吹苗,主要在我国西北地区一些地方应用。此外,国外还有水罩覆盖,又称"水围墙",即利用厚的双层塑料薄膜充满水,做成钟罩状,每罩扣一株苗,作用类似瓦盆,因为透光,所以可昼夜覆盖（二维码2-5）。

二维码2-5（图片）
类似于瓦盆的
塑料薄膜覆盖

这些覆盖具有防风、防霜、减少地面辐射、提高温度的作用。但管理费工,保温效果也较差,只适合小面积应用。作物一般可提早定植7～10 d,提早收获10 d左右。

2.1.2.4　浮动覆盖

浮动覆盖（二维码2-6,彩图2-4）也称为直接覆盖或飘浮覆盖,是在蔬菜播种或定植后,将轻型覆盖材料直接覆盖在作物表面,周围用绳索

二维码2-6（图片）
浮动覆盖（葡萄）

设施园艺学

或土壤固定住的一种保温栽培方法。浮动覆盖常用的覆盖材料主要有无纺布、遮阳网等。覆盖材料的面积要大于覆盖畦的实际面积,给作物生长留有余地。在大型落叶果树上应用时,可将覆盖物罩在树冠上,在基部用绳索固定在树干上。

浮动覆盖可提高气温1～3℃,可使耐寒和半耐寒蔬菜栽培提早或延后20～30 d,喜温蔬菜及果树提早或延后10～15 d。浮动覆盖在叶菜类蔬菜春提早和秋延后栽培、落叶果树春提早栽培及防止霜冻等方面应用效果较好。

2.1.2.5 地膜覆盖

地膜覆盖是塑料薄膜地面覆盖(彩图2-5至彩图2-7)的简称。它是用很薄的塑料薄膜紧贴在地面上进行覆盖的一种栽培方式,是现代农业生产中既简单又有效的增产措施之一。地膜种类较多,应用最广的为聚乙烯地膜,厚度多为0.010～0.015 mm。

1. 地膜覆盖的方式

(1)平畦覆盖　是在原栽培平畦的表面覆盖一层地膜,其可以是播种时临时性的覆盖,出苗后揭开,也可以是全生育期的覆盖。平畦规格和普通露地生产用畦规格相同(畦宽1.00～1.65 m),多为单畦覆盖,也有联畦覆盖。平畦覆盖便于灌水,初期增温效果较好,但后期由于随灌水带入的泥土积在薄膜上面,从而影响阳光射入畦面,降低增温效果[图2-6(a)]。

(2)高垄覆盖　是在菜田整地施肥后,按宽45～60 cm、高10～15 cm起垄,每一垄或两垄覆盖地膜。高垄覆盖增温效果一般比平畦覆盖高1～2℃[图2-6(b)]。

(3)高畦覆盖　是在菜田整地施肥后,将其做成底宽1.0～1.1 m、高10～15 cm、畦面宽50～70 cm、灌水沟宽30 cm以上的高畦,之后在畦上覆盖地膜[图2-6(c)]。

(4)沟畦覆盖　又叫改良式高畦覆盖,俗称天膜。即把栽培畦做成沟,在沟内栽苗,然后覆盖地膜。当幼苗长高将接触地膜时,把地膜割成十字孔将苗引出,使沟上地膜落到沟内地面上,故将此方式称作"先盖天,后盖地"[图2-6(d)和(e)]。采用沟畦覆盖既能提高地温,也能提高沟内空间的温度,兼具地膜与小拱棚的双重作用,可比普通高畦覆盖提早定植5～10 d,早熟1周左右,同时也便于向沟内直接追肥、灌水。

采取何种地膜覆盖方式,应根据作物种类、栽培时期及栽培方式的不同而定。如采用明水沟灌时,应适当缩小畦面,加宽畦沟;如实行膜下软管滴灌时,可适当加宽畦面,加大畦高,畦面越高,增温效果越好。

2. 地膜覆盖的效应

地膜覆盖的效应包括对环境条件的影响、园艺作物生育的影响及其他影响等。

(1)对环境条件的影响

①对土壤环境的影响。

a. 提高地温:地膜是透明的,容易透过短波辐射,而不易透过长波辐射,同时地膜减少了地表的对流放热和水分蒸发引起的潜热放热,因此,覆盖地膜白天可使地温迅速升高,并不断向下传导而使下层土壤增温,夜间可减少土壤放热,使地温高于露地。地膜覆盖的增温效果如表2-7所示,但也因覆盖时期、覆盖方式、天气条件及地膜种类不同而异。

从不同覆盖时期看,春季低温期,覆盖透明地膜可使0～10 cm地温增高2～6℃,有时可达10℃以上。进入夏季高温期后,如无遮阴,膜下地温可高达50℃,但在有作物遮阴或膜表面淤积泥土后,只比露地温度提高1～5℃,土壤潮湿时,甚至比露地温度低0.5～1.0℃。

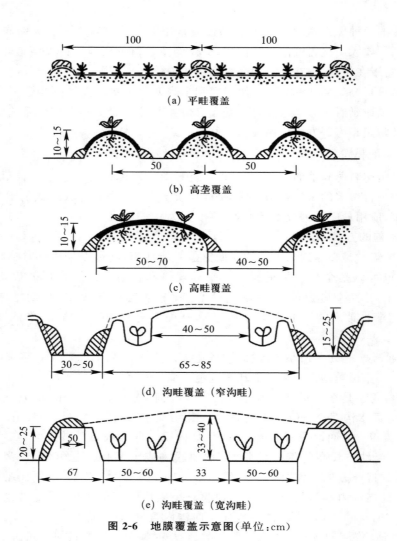

（a）平畦覆盖

（b）高垄覆盖

（c）高畦覆盖

（d）沟畦覆盖（窄沟畦）

（e）沟畦覆盖（宽沟畦）

图 2-6 地膜覆盖示意图（单位：cm）

表 2-7 地膜覆盖对不同深度土壤温度的影响 ℃

时　间	项　目	土壤深度/cm					
		0	5	10	15	20	平均
08:00	覆盖地膜	33.6	28.5	25.2	24.5	23.6	
	不覆盖膜	27.8	25.0	22.4	22.0	21.8	
	增温值	5.8	3.5	2.8	2.5	1.8	3.3
14:00	覆盖地膜	41.2	33.2	30.3	25.7	25.8	
	不覆盖膜	33.0	29.5	27.4	23.5	23.7	
	增温值	8.2	3.7	2.9	2.2	2.1	3.8
20:00	覆盖地膜	26.9	28.0	27.4	26.4	24.6	
	不覆盖膜	22.3	24.4	24.3	24.1	23.0	
	增温值	4.6	3.6	3.1	2.3	1.6	3.0

从不同覆盖形式看,试验表明:高垄(15 cm)覆盖比平畦覆盖的 5 cm、10 cm 和 20 cm 土壤增温分别为 1.0℃、1.5℃和 0.2℃(山西省农业科学院,1980);宽形高垄比窄形高垄土温高 1.6～2.6℃(天津市农业科学院蔬菜研究所)。不同垄型、不同时刻,地温的分布也不同。

此外,东西延长的高垄比南北延长的增温效果好,晴天比阴天的增温效果好,无色透明膜比其他有色膜的增温效果好。

b. 提高土壤保水能力:覆盖地膜后,土壤水分蒸发量减少,故可较长时间地保持土壤水分的稳定。据山西省棉花研究所杜跃生 6—9 月观测,每 667 m² 覆盖地膜的土地平均日蒸发量为 0.2 m³,而不覆盖地膜的土地高达 1.8 m³,3 个月减少蒸发量 145 m³。据北京市农业局蔬菜处报道,覆盖地膜与不覆盖地膜的 0～20 cm 土层中,17 d 之间(4 月 26 日至 5 月 13 日)含水量的变化明显不同,覆盖地膜的由 19.05%降至 17.93%,失水 1.12%;而不覆盖地膜的由 19.21%降至 15.21%,失水 4%。此外,覆盖地膜还可增加降雨后的地表径流量,减轻涝害。据江苏省连云港市蔬菜试验站在降雨后调查(1981 年 6 月 9—10 日),地膜覆盖区土壤含水量为 16.43%,甜椒生长正常,而不覆盖地膜区涝害严重。

c. 提高土壤肥力:膜下土壤中温、湿度适宜,微生物活动旺盛,养分分解快,因而速效氮、磷、钾等营养元素含量均比露地有所增加。据山东省农业科学院蔬菜研究所测定,地膜覆盖区土壤速效氮分别为 165 mg/kg 和 154 mg/kg;而未覆盖区只有 110 mg/kg 和 120.4 mg/kg,覆盖比未覆盖的增加 50%和 27.9%。磷和钾的含量也有所提高。

d. 改善土壤的理化性状:地膜覆盖土壤可避免和减轻因土壤表面风吹、雨淋的冲击以及中耕、除草、施肥、浇水等人工和机械操作的践踏而造成的土壤板结,使土壤容重、孔隙度、三相(气态、液态、固态)比和团粒结构等均优于未覆盖地膜的土壤。据测定:覆盖地膜土壤的总孔隙度增加 1%～10%;土壤容重减少 0.02～0.20 g/cm³;含水量增加;固、液、气三相分布中,固相下降,液相和气相提高;土壤水稳性团粒比未覆膜的高 1.5%。

e. 防止地表盐分集聚:地膜覆盖切断了水分与大气交换的通道,大大减少了土壤水分的蒸发量,从而减少了随水分带到土壤表面的盐分,防止土壤返盐。据江苏省清江市蔬菜研究所试验证明:在 pH 为 7.8 的盐碱土条件下,地膜覆盖具有抑制盐分上升、保苗增产的作用。天津市塘沽区梁子村(现滨海新区梁子村)在土壤含盐量较高的地块进行四季豆地膜覆盖栽培试验,获得了较好效果,土壤含盐量降低,死苗减少,产量增加 17.7%,增收 34.1%。辽宁省营口市在轻、中、重盐碱地上覆盖地膜生产芹菜、甘蓝、黄瓜、茄子、辣椒等,均获得早熟增产效果。

②对近地面小气候的影响。

a. 增加光照:因地膜具有反光作用,所以覆盖地膜可使晴天中午作物群体中下部增加 12%～14%的反射光,从而提高作物的光合强度。据测定,番茄的光合强度可增加 13.5%～46.4%,叶绿素含量增加 5%。据北京市丰台区南苑科技站测定,覆盖地膜的番茄中下部日平均反射光强度增加 3 050 lx。

b. 降低空气相对湿度:不论露地覆盖地膜还是园艺设施内覆盖地膜,都能起到降低空气湿度的作用。据北京市农业局测定,露地覆盖地膜时,5 月上旬至 7 月中旬,田间旬平均空气相对湿度降低 0.1%～12.1%,相对湿度最高值减少 1.7%～8.4%。另据天津市蔬菜研究所对覆盖与不覆盖地膜的塑料大棚内空气相对湿度的测定,覆盖地膜的比不覆盖的低

2.6%～21.7%,故覆盖地膜可抑制或减轻病害的发生。

（2）对园艺作物生育的影响

①促进种子发芽出土及加速营养生长。早春采用透明地膜覆盖,可使耐寒蔬菜提早出苗2～4 d,喜温蔬菜提早出苗6～7 d,并能提高出苗率,且苗齐、苗全、苗壮。此外,还可促进根系的发育,以及加速作物的营养生长。

②促进作物早熟。地膜覆盖为作物根系创造了良好的生长条件,使园艺作物的生长发育速度加快,各生育期相应提前,因而可以提早成熟。促进作物早熟的效果依作物种类和季节的不同而异。一般来说,早春比其他季节效果好;早熟品种比中、晚熟品种效果好;喜温性作物比耐寒性作物的效果好;果菜类、根菜类比叶菜类效果好;与大、小棚结合应用效果好;既"盖天"又"铺地"比单纯"铺地"效果好。据天津市农林局调查,黄瓜、四季豆、甘蓝、芥菜、西葫芦、茄子等几种蔬菜地膜覆盖能提早5～15 d采收。

③促进植株发育和提高产量。地膜覆盖后,可使多种蔬菜的开花期提前。据报道,瓜类、茄果类、根菜类、葱蒜类、速生叶菜等蔬菜以及葡萄、草莓、苹果、菠萝等果树地膜覆盖后都有不同程度的增产作用,其增产幅度为20%～60%。但地膜覆盖栽培的增产效应因覆盖方式、时期、地膜种类,特别是肥水管理技术等的不同而有较大差异,有时还会因营养生长与生殖生长失调或脱肥早衰而造成减产,生产中必须注意。

④提高产品质量。地膜覆盖栽培不仅使作物早熟、增产,而且产品质量也有不同程度的提高。番茄、茄子、黄瓜、四季豆、马铃薯、西瓜、甜瓜、苹果等作物一般表现为单果重增加、外观好、品质佳。例如,番茄果实大小整齐一致,脐腐果和畸形果减少。据山东省农业科学院蔬菜研究所测定,地膜覆盖番茄果实的含糖量增加1%,维生素含量增加58.6%。黄瓜和无籽西瓜地膜覆盖后果实的可溶性固形物均增加0.9%。天津市红光农场利用银色薄膜在苹果树冠下覆盖,其果实着色好的一二级果占44.3%,含糖量为12.5%,显著高于不覆膜的产品。据苏联报道,葡萄地膜覆盖后果实的含糖量增加6%。

⑤增强作物抗逆性。因地膜覆盖后栽培环境得到改善,植株生长健壮,自身抗性增强,某些病虫及风等为害减轻,尤其是对茄果类和瓜类蔬菜病害的抑制作用明显。如地膜覆盖的黄瓜霜霉病发病率降低40%,发病期推迟12 d。青椒、番茄病毒病发病率减少7.9%～18.0%,病情指数降低1.7%～20.7%。乳白膜、银色反光膜有明显的驱蚜效果,番茄定植后34 d的避蚜效果分别为54%和35%;而普通透明膜、黑色膜和绿色膜则有明显的诱蚜作用,诱蚜效果分别为30%、44%和49%。

（3）其他影响

①防除杂草。地膜覆盖对膜下土壤杂草的滋生有一定的抑制作用（彩图2-8）,尤其是透明地膜覆盖得非常严密或者采用黑、绿色地膜覆盖,防除杂草的效果更为突出。据天津农业科学院蔬菜所调查,塑料大棚内地膜覆盖的除草效果一般在70%左右。平畦覆盖对杂草的抑制作用不如高垄。黑色膜对杂草有全面的防治作用。

②节省劳动力。地膜覆盖栽培在盖膜时多用一些人力,但在中耕、除草等作业上可节省劳动力,一般每667 m² 土地可节省劳动力10%左右。

③节水抗旱。地膜覆盖可以显著减少土壤水分蒸发,因此可以减少浇水次数,节约用水。据试验测定,一般可节约用水30%～40%。特别是在干旱地区节水尤为突出,如原吐

鲁番地区葡萄瓜类研究所(现新疆葡萄瓜果开发研究中心)的试验表明,甜瓜地膜覆盖栽培能节水 $86\% \sim 91\%$。

3. 地膜覆盖的技术要求

地膜覆盖的整地、施肥、做畦、盖膜要连续作业,以保持土壤水分,提高地温。首先要深翻细耙,打碎坷垃,保证土壤疏松细碎;然后按不同作物及栽培方式对肥料的需求,撒施充足的有机肥和化肥,应适当增施磷、钾肥,以防因氮肥过多而造成果菜类蔬菜徒长。之后按确定的行距和畦式做畦,畦面要平整,使地膜能紧贴畦面,四周压土要紧实。还要注意地膜覆盖后便于后期追肥和灌水,采用膜下软管滴灌或微喷灌的畦面可稍宽、稍高,采用沟灌的则灌水沟要稍宽。

一般地膜多覆盖到作物拉秧,但如遇后期高温或土壤干旱且无灌溉条件而影响作物生育时,应及时揭开或划破地膜,以充分利用降雨,确保后期产量。残存土中的旧膜会污染环境,影响下茬作物的耕作和生长,应及时清除干净。

4. 地膜覆盖的应用

(1)露地地膜覆盖　可用于果菜类、叶菜类、瓜果类、草莓或果树等的春早熟栽培。

(2)设施内地膜覆盖　用于大棚、温室果菜类蔬菜、花卉和果树栽培,以提高地温和降低空气湿度。一般在秋、冬、春栽培中应用较多。

(3)播种育苗　用于各种园艺作物的播种育苗,以提高播种后的土壤温度和保持土壤湿度。

2.1.2.6　简易棚

简易棚俗称"地龙"。它是利用竹竿或树枝弯成宽 $50 \sim 60$ cm、高 $30 \sim 40$ cm 的拱架,拱架上部覆盖地膜或棚膜制作而成的(彩图 2-9)。简易棚一般较长,棚内温度可比露地提高 $2 \sim 4 ℃$。在东北南部和华北地区多用于早春果菜类蔬菜和叶菜类蔬菜以及草莓等的提早定植,可比露地栽培提早 $7 \sim 10$ d。当作物长大,外界温度升高时,即可撤棚。

2.2　塑料薄膜拱棚

塑料薄膜拱棚是指以塑料薄膜作为透明覆盖材料的拱圆形或屋脊形的棚体。塑料薄膜中、小拱棚是相对于塑料大棚而言,其规格尺寸虽然难以严格界定,但一般来说,小拱棚的棚高大多为 $1.0 \sim 1.5$ m,内部难以直立行走;中拱棚的棚高多为 $1.8 \sim 2.3$ m,就其覆盖面积和空间来说,介于小棚和大棚之间。

塑料薄膜小拱棚在我国应用面积很大,占园艺设施总面积的 40% 以上,其中小拱棚绝大部分以生产蔬菜为主,也有少部分用于生产花卉和育苗。由于这类设施易于建造、投资少、见效快,不推自广。

▶ 2.2.1　小拱棚

2.2.1.1　小拱棚的类型和结构

1. 拱圆形小拱棚

拱圆形小拱棚(彩图 2-10)主要采用毛竹片、竹竿、荆条或 $\phi 6 \sim 8$ 的钢筋等材料,弯成宽 1～3 m,高 1.0～1.5 m 的弓形骨架,骨架用竹竿或 8# 铅丝连成整体,上覆盖 0.03～0.08 mm 厚聚氯乙烯或聚乙烯薄膜,外用压杆或压膜线等固定薄膜而成(图 2-7)。小拱棚的长度不限,多为 10～30 m。

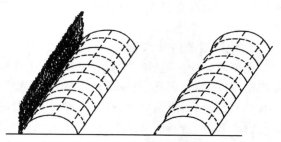

图 2-7 拱圆形小拱棚结构示意图

为了提高小拱棚的防风保温能力,除了在其北侧设置风障外,夜间可在膜外加盖草苫、草包片等防寒。为防止拱架弯曲,可架设立柱。拱圆形小拱棚多用在多风、少雨、有积雪的北方。

2. 双斜面小拱棚

双斜面小拱棚的棚面为三角形,适用于风少多雨的南方,因为双斜面不易积雨水。一般棚宽 2 m,棚高 1.5 m,可以平地覆盖,也可以做成畦框后再覆盖。目前这种类型小拱棚生产上已经不多见。

2.2.1.2 小拱棚的性能

1. 光照

塑料薄膜小拱棚的透光性能比较好,春季棚内的透光率最低在 50% 以上,光照强度达 5 万 lx 以上。据原北京农业大学(现中国农业大学)园艺系测定,塑料薄膜小拱棚覆盖初期棚膜无水滴和无污染条件下的透光率为 76.1%,而有水滴条件下为 55.4%,被污染条件下为 60%,可见薄膜附着水滴或被污染后,其透光率会大大降低。一般拱圆形小拱棚光照比较均匀,但当作物长到一定高度时,不同部位作物的受光量具有明显的差异。

2. 温度

(1)气温 一般条件下,小拱棚的气温增温速度较快,最大增温能力可达 20℃左右,在高温季节容易造成高温危害;但降温速度也快,有草苫覆盖的拱圆形小拱棚的保温能力仅有 6～12℃(表 2-8),特别是在阴天、低温或夜间没有草苫保温覆盖时,棚内外温差仅为 1～3℃,遇寒潮易发生冻害。据天津市农业科学院蔬菜所安志信等人测定,在小拱棚外覆盖草苫的情况下,棚内温度的下降幅度主要取决于棚内外温差,二者呈显著的正相关。

表 2-8 拱圆形小拱棚内外气温比较　　　　　　　　　　　　　　　　　℃

日期	最　　　高					最　　　低				
	棚内平均	棚外平均	内外相差	棚外极值	棚内极值	棚内平均	棚外平均	内外相差	棚外极值	棚内极值
1 月 11—30 日	16.2	0.9	15.3	5.7	27.1	3.5	−8.7	12.2	−18.1	−0.2
2 月	22.7	2.0	20.7	9.5	30.5	4.6	−6.3	10.9	−13.0	1.3
3 月	29.7	12.5	17.2	21.8	46.0	8.9	0.7	8.2	−3.5	0.0
4 月	32.1	20.9	11.3	27.8	44.5	14.4	8.4	6.0	−0.6	9.8
5 月 1—7 日	29.0	23.7	5.3	26.9	36.6	12.4	11.0	1.4	6.5	8.8

小拱棚的热源是阳光,因此,棚内的温度随着外界气温的变化而变化,即棚内温度也存

在季节变化和日变化。从季节变化看,冬季是小拱棚温度最低时期,春季逐渐升高(表 2-8);从日变化看,小拱棚温度的日变化与外界基本相同,只是昼夜温差比露地大(图 2-8)。此外,小拱棚内气温分布很不均匀,据安志信等人测定,在密闭的情况下,棚内中心部位的地表附近温度较高,两侧温度较低,水平温差可达 7～8℃(图 2-9);而从棚的顶部放风后,棚内各部位的温差逐渐减小。

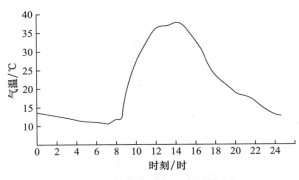

图 2-8　小拱棚内气温的日变化

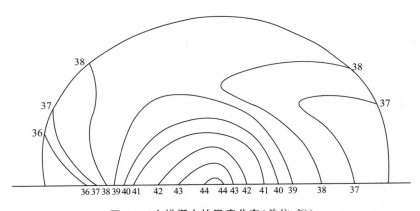

图 2-9　小拱棚内的温度分布(单位:℃)

　　(2)地温　　小拱棚内地温变化与气温变化相似,但没有气温变化剧烈。从日变化看,白天土壤是吸热增温,夜间是放热降温,其日变化是晴天大于阴(雪)天,土壤表层大于深层,一般棚内地温比露地高 5～6℃。从季节变化看,据北京市测定,1—2 月 10 cm 深地温日平均为 4～5℃,3 月为 10～11℃,3 月下旬达到 14～18℃,秋季地温有时高于气温。

3. 湿度

　　塑料薄膜的气密性较强,因此,在密闭的情况下,地面蒸发和作物蒸腾所散失的水汽不能逸出棚外,从而造成棚内高湿。一般棚内相对湿度可达 70%～100%;白天通风时相对湿度可保持在 40%～60%,接近于露地相对湿度水平。昼夜平均相对湿度比外界高 20%左右。棚内的相对湿度变化随外界天气的变化而变化,通常晴天湿度降低,阴天湿度升高(图 2-10)。

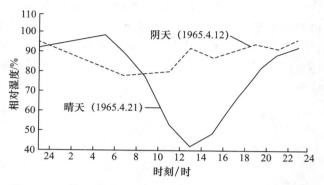

图 2-10　不同天气条件下小拱棚内相对湿度的日变化比较

2.2.1.3　小拱棚的应用

（1）春提早、秋延后或越冬栽培耐寒蔬菜　小拱棚主要用于蔬菜生产,一般覆盖草苫防寒,因此与大棚相比,早春可提前栽培,晚秋可延后栽培,耐寒蔬菜可用小拱棚保护越冬(彩图 2-11)。种植的蔬菜主要以耐寒的叶菜类蔬菜为主,如芹菜、青蒜、小白菜、油菜、香菜、菠菜、甘蓝等。

（2）春提早定植果菜类蔬菜　小拱棚主要栽培作物有番茄、青椒、茄子、西葫芦、矮生菜豆、草莓等。

（3）早春育苗　小拱棚可为塑料薄膜大棚或露地栽培的春茬蔬菜、花卉、草莓及西瓜、甜瓜等育苗。

▶ 2.2.2　中拱棚

中拱棚的面积和空间比小拱棚大,人可在棚内直立操作,介于小棚和大棚的中间类型,常用的中拱棚主要为拱圆形结构。

2.2.2.1　中拱棚的结构

拱圆形中拱棚一般跨度为 4.5～6 m。在跨度 6 m 时,以高度 2.0～2.3 m,肩高 1.1～1.5 m 为宜;在跨度 4.5 m 时,以高度 1.7～1.8 m,肩高 1.0 m 为宜。长度以 30～40 m 为宜。拱架是否设立柱,应根据中拱棚跨度的大小和拱架材料的强度而定。用竹木或钢筋作拱架时,需设立柱;用钢管作拱架时,则不需设立柱。按材料的不同,拱架可分为竹木结构、钢架结构以及竹木与钢架混合结构。

1. 竹木结构

竹木结构中拱棚(彩图 2-12)的搭建方法:按棚的宽度沿两侧边缘地面相隔 1 m 左右间距分别插入 5 cm 宽的竹片(或竹竿),竹片入土深度 25～30 cm,然后将两侧竹片未插入地内一端按照拱高两两对应用铅丝绑缚形成拱圆形骨架。每隔两道拱架设立柱一根;立柱上端顶在拉杆下,距骨架 20 cm,下端入土 40 cm;立柱多用木柱或粗竹竿。再用三道纵向拉杆将各立柱连成一体,其中主拉杆固定在每个拱架中间下方的立柱上,多用竹竿或木杆,主拉杆距拱架间的 20 cm 距离用吊柱支撑。两道副拉杆各设在主拉杆两侧部分的 1/2 处,副拉杆距拱架间的 18 cm 距离也用吊柱支撑,也称为"悬梁吊柱"结构。拱架的两个边架每隔一定距离在近地面处设斜支撑,斜支撑上端与拱架绑住,下端插入土中。竹片(或竹竿)结构的中拱棚,因建材强度所限,跨度不宜太大。

2. 钢架结构

钢架结构中拱棚(彩图 2-13)跨度较大,拱架分主架与副架。跨度为 6 m 时,主架用 DN 20 钢管作上弦、ϕ 12 钢筋作下弦制成桁架,副架用 DN 20 钢管制成。主架 1 根,副架 2 根,相间排列。拱架间距 1.0～1.1 m。钢架结构也设 3 道拉杆。拉杆用 ϕ 12 钢筋做成,设在拱架中间及其两侧部分 1/2 处,在主架下弦焊接,钢管副架与拉杆间焊短截钢筋连接。拱架中间的拉杆距主架上弦和副架为 20 cm,拱架两侧的 2 道拉杆距主架上弦和副架为 18 cm。钢架结构不设立柱。

3. 竹木与钢架混合结构

竹木(或竹竿)与钢架混合结构简称钢竹混合结构,其拱架分成主架与副架。主架为钢架,其用料及制作与钢架结构的主架相同,副架用双层竹片绑紧做成。主架一根,副架两根,相间排列。拱架间距 0.8～1.0 m,混合结构设三道拉杆。拉杆用 ϕ 12 钢筋做成,设在拱架中间及其两侧部分 1/2 处,在钢架主架下弦焊接,竹片副架设小木棒的吊柱与拉杆连接,其他均与钢架结构相同。

2.2.2.2 中拱棚的性能与应用

中拱棚的性能介于小拱棚与塑料薄膜大棚之间,不再赘述。

中拱棚(彩图 2-14)可用于果菜类蔬菜及草莓和瓜果的春早熟或秋延后生产,也可用于蔬菜采种及花卉栽培。

2.2.3 塑料薄膜大棚

塑料薄膜大棚是用塑料薄膜覆盖的一种大型拱棚,简称塑料大棚。它和温室相比,具有结构简单,建造和拆装方便,一次性投资较少等优点;与中、小棚相比,其棚体空间大,有利于作物生长及作业,便于环境调控,坚固耐用,使用寿命长。

2.2.3.1 塑料薄膜大棚的类型

目前生产中应用的塑料薄膜大棚,按棚顶形状可以分为拱圆形和屋脊形两大类,但我国绝大多数为拱圆形塑料薄膜大棚,少量为屋脊形(图 2-11),且多分布在南方多雨地区。按骨架材料则可分为竹木结构、钢架混凝土柱结构、钢架结构、钢竹混合结构等类型;按连接方式又可分为单栋(彩图 2-15)、双连栋及多连栋(彩图 2-16)等类型。

2.2.3.2 塑料薄膜大棚的结构

塑料薄膜大棚的骨架由立柱、拱杆(拱架)、拉杆(纵梁)、压杆(或压膜线)等部件组成,俗称“三杆一柱”。这是塑料薄膜大棚最基本的骨架构成,其他形式都是在此基础上演化而来的。

1. 竹木结构单栋塑料薄大棚

竹木结构单栋塑料薄膜大棚(彩图 2-17)的跨度为 8～12 m,高 2.4～2.6 m,长 40～60 m,每栋生产面积为 333～667 m²,由立柱(竹、木)、拱杆、拉杆、压杆(或压膜线)、棚膜、吊柱(悬柱)和地锚等构成。

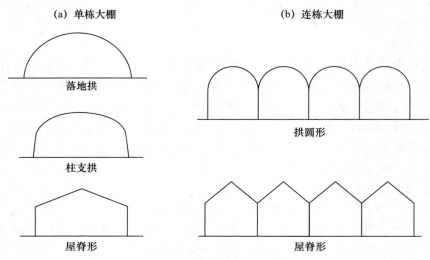

(a) 单栋大棚　　　　　　　　　(b) 连栋大棚

落地拱

拱圆形

柱支拱

屋脊形　　　　　　　　　　　　屋脊形

图 2-11　塑料薄膜大棚的类型示意图

（1）立柱　立柱起支撑拱杆和棚面的作用,纵横成直线排列。原始型的大棚,其纵向每隔 0.8～1.0 m 一根立柱,与拱杆间距一致,横向每隔 2 m 左右一根立柱,水泥立柱的横断面多为 8 cm×8 cm～10 cm×10 cm,立柱以中间最高,一般高 2.4～2.6 m,向两侧逐渐降低,形成自然拱形。竹木结构的大棚立柱较多,大棚内遮阴面积大,作业也不方便,因此可采用"悬梁吊柱"形式(图 2-12),即将纵向立柱减少,而用固定在拉杆上的小吊柱代替。小吊柱的高度约 30 cm,在拉杆上的间距为 0.8～1.0 m,与拱杆间距一致,一般可使立柱减少2/3,大大减少立柱形成的阴影,有利于光照,同时也便于作业。

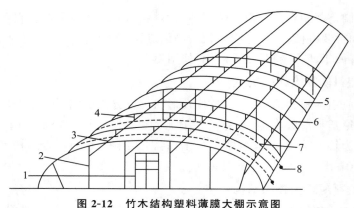

图 2-12　竹木结构塑料薄膜大棚示意图

1. 门；2. 立柱；3. 拉杆(纵向拉梁)；4. 吊柱；
5. 棚膜；6. 拱杆；7. 压杆(或压膜线)；8. 地锚

（2）拱杆　是塑料薄膜大棚的骨架,决定大棚的形状和空间构成,还起支撑棚膜的作用。拱杆可用直径 3～4 cm 的竹竿或宽约 5 cm、厚约 1 cm 的毛竹片按照大棚跨度要求连接构成。拱杆两端插入地中,其余部分横向固定在立柱顶端,成为拱形,通常每隔 0.8～1.0 m 设一道拱杆。

（3）拉杆　起纵向连接拱杆和立柱、固定压杆、使大棚骨架成为一个整体的作用。通常用直径 3～4 cm 的细竹竿作为拉杆，拉杆长度与棚体长度一致。

（4）压杆　位于棚膜之上的两根拱架中间，起压平、压实和绷紧棚膜的作用。压杆两端用铁丝与地锚相连，固定后埋入大棚两侧的土壤中。压杆可用光滑顺直的细竹竿为材料，也可以用 8# 铅丝或尼龙绳（直径 3～4 mm）代替，目前有专用的塑料压膜线，可取代压杆。压膜线为扁平状厚塑料带，宽约 1 cm，带边内镶有细金属丝或尼龙丝，既柔韧又坚固，且不损坏棚膜，易于压平绷紧。

（5）棚膜　可用 0.1～0.12 mm 厚的聚氯乙烯（PVC）或聚乙烯（PE）薄膜以及 0.08～0.1 mm 的乙烯-醋酸乙烯（EVA）薄膜。当薄膜幅宽不足时，可用电熨斗加热粘接。为了放风方便，也可将棚膜分成几块，相互搭接在一起。重叠处宽度 ≥30 cm，每块棚膜边缘烙成筒状，内可穿绳，以便从接缝处扒开缝隙放风。接缝位置通常是在棚顶部及两侧距地面 1～1.2 m 处。若大棚跨度小于 10 m，顶部可不留通风口；若大于 10 m，难以靠侧风口对流通风，就需在棚顶设通风口。

除了普通聚氯乙烯和聚乙烯薄膜外，随着生产水平的提高，目前生产上多使用无滴膜、长寿膜、耐低温防老化膜等多功能膜作为覆盖材料。

（6）铁丝　其粗度为 16#、18# 或 20#，用于捆绑连接固定压杆、拱杆和拉杆。

（7）门、窗　塑料薄膜大棚两端各设供出入用的门，门的大小要考虑作业方便和保温，太小不利于进出，太大不利于保温。

2. 钢架结构单栋塑料薄膜大棚

钢架结构单栋塑料薄膜大棚（彩图 2-18）的骨架是用钢筋或钢管焊接而成，其特点是坚固耐用，中间无柱或只有少量立柱，空间大，利于作物生育和管理作业，但一次性投资较大。这类大棚因骨架结构不同可分为单梁拱架、双梁平面拱架、三角形（由三根钢筋组成）拱架。通常大棚宽 10～12 m，高 2.5～3.0 m，长度 50～60 m，单栋面积多为 667 m²。

钢架结构单栋塑料薄膜大棚的拱架，多用 φ12～16 圆钢或直径相当的金属管材为材料。双梁平面拱架由上弦、下弦及中间的腹杆连成桁架结构，三角形拱架则由三根钢筋及腹杆连成桁架结构（图 2-13）。这类大棚强度大，刚性好，耐用年限可长达 10 年及以上，但用钢材较多，成本较高。钢架大棚需注意维修和保养，每隔 2～3 年应涂防锈漆，防止锈蚀。

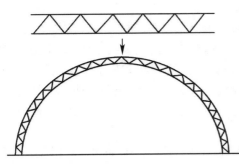 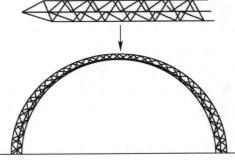

(a) 平面拱架　　　　　　　　　　　(b) 三角拱架

图 2-13　钢架单栋塑料薄膜大棚的桁架结构

平面拱架塑料薄膜大棚的骨架是用钢筋焊成的拱形桁架,棚内无立柱,跨度一般为10～15 m,棚的脊高为2.5～3.0 m,每隔1.0～1.2 m设一拱形桁架,桁架上弦用ϕ14～16钢筋、下弦用ϕ12～14钢筋、其间用ϕ10或ϕ8钢筋作腹杆(拉花)连接。上弦与下弦之间的距离在最高点的脊部为25～30 cm,两个拱脚处逐渐缩小为15 cm左右,桁架底脚最好焊接一块带孔钢板,以便与基础上的预埋螺栓相互连接。拱架横向每隔2 m用一根纵向拉杆相连,拉杆为ϕ12～14钢筋,拉杆与平面桁架下弦焊接,将拱架连为一体。在拉杆与桁架的连接处,应自上弦向下弦上的拉梁处焊一根小斜撑,以防桁架扭曲变形,其结构如图2-14所示。这类大棚扣塑料棚膜及固定方式与竹木结构大棚相同。该类大棚两端有门,同时有顶风口和侧风口通风。

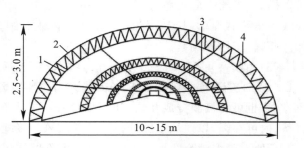

图2-14　钢筋桁架无柱塑料薄膜大棚示意图
1. 下弦;2. 上弦;3. 纵拉杆;4. 拉花

3. 钢竹混合结构塑料薄膜大棚

钢竹混合结构塑料薄膜大棚是每隔3 m左右设一平面钢筋拱架,用钢筋或钢管作为纵向拉杆,每道拉杆间隔约2 m,将拱架连接在一起。在纵向拉杆上每隔1.0～1.2 m焊一短的立柱,在短立柱顶上架设竹拱杆,与钢拱架相间排列。其他如棚膜、压杆(或压膜线)及门窗等均与竹木或钢筋结构大棚相同。

钢竹混合结构塑料薄膜大棚用钢量少,棚内无柱,既可降低建造成本,又可改善作业条件,避免支柱的遮光,是一种较为实用的结构。

4. 镀锌钢管装配式塑料薄膜大棚

自20世纪80年代以来,我国一些单位研制出了定型设计的管架装配式塑料薄膜大棚,这类大棚多是采用热浸镀锌的薄壁钢管为骨架建造而成的。尽管目前造价较高,但它具有重量轻、强度好、耐锈蚀、易于安装拆卸、中间无柱、采光好、作业方便等特点,同时其结构规范标准,可大批量工厂化生产,因此在经济条件允许的地区,可大面积推广应用。这里以GP系列镀锌钢管装配式塑料薄膜大棚(彩图2-19)为例进行介绍。

该系列大棚由中国农业工程研究设计院研制成功,并在全国各地推广应用。骨架采用内外壁热浸镀锌钢管制造,抗腐蚀能力强,使用寿命10～15年,抗风荷载31～35 kg/m²,抗雪荷载20～24 kg/m²。代表性的GP-Y8-1型塑料薄膜大棚,其跨度8 m,高度3 m,长度42 m,面积336 m²。拱架以1.25 mm薄壁镀锌钢管制成,纵向拉杆也采用薄壁镀锌钢管,用卡具与拱架连接;薄膜采用卡槽及蛇形钢丝弹簧固定,还可外加压膜线,作辅助固定薄膜之用;该棚两侧还附有手摇式卷膜器,取代人工扒缝放风(图2-15);近几年随着技术进步,该类大棚也可以采用智能开启与关闭通风装置,进行自动温湿度管理。

为了适应不同地区气候条件、农艺条件等特点,使产品系列化、标准化、通用化,中国农业工程研究设计院还在GP-Y8-1型塑料薄膜大棚的基础上,设计出了GP系列产品(表2-9)。

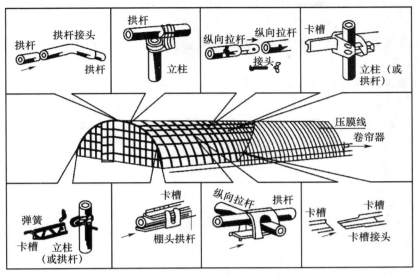

图 2-15 钢管装配式塑料薄膜大棚的结构

表 2-9 GP 系列塑料薄膜大棚骨架规格表 m

型 号	结构尺寸					结 构
	长度	宽度	高度	肩高	拱架间距	
GP-Y8-1	42	8.0	3.0	0.0	0.5	单拱,五道纵梁,二道纵卡槽
GP-Y825	42	8.0	3.0	—	0.5	单拱,五道纵梁,二道纵卡槽
GP-Y8.525	39	8.5	3.0	1.0	1.0	单拱,五道纵梁,二道纵卡槽
GP-C1025-S	66	10.0	3.0	1.0	1.0	双拱,上圆下方,七道纵梁
GP-C1225-S	55	12.0	3.0	1.0	1.0	双拱,上圆下方,七道纵梁,一道加固立柱
GP-C625-Ⅱ	30	6.0	2.5	1.2	0.65	单拱,三道纵梁,二道纵卡槽
GP-C825-Ⅱ	42	8.0	3.0	1.0	0.50	单拱,五道纵梁,二道纵卡槽

2.2.3.3 塑料薄膜大棚的性能

1. 塑料薄膜大棚内的温度

(1)气温 塑料薄膜具有易于透过短波辐射和不易透过长波辐射的特性,塑料薄膜大棚又是个半封闭的系统,在密闭的条件下,棚内空气与棚外空气很少交换,因此,晴好天气下大棚内白天的温度上升迅速,晚间也有一定的保温作用,这种效应称作"温室效应",是大棚内气温一年四季高于露地的原因。但是尽管如此,气温仍然受外界气温和光照的影响,存在着明显的日变化和季节变化。

①气温的日变化。塑料薄膜大棚内气温的日变化规律与外界基本相同,即白天气温高,夜间气温低。每天日出后 1~2 h 棚温迅速升高,7:00—10:00 气温上升最快,在不通风的情况下,平均每小时升温 5~8℃。每日最高温出现在 12:00—13:00,15:00 前后棚温开始下降,平均每小时下降 5℃左右。夜间气温下降缓慢,平均每小时降温 1℃左右。通常在早春低温时期,棚内可比露地增温 3~6℃,阴天时的增温值仅 2℃左右;较温暖时期一般增温

值为 8～10℃,外界气温升高时增温值可达 20℃以上。以上说明棚内仍存在有低温霜冻和高温危害的风险。例如,外界气温在 −4～−2℃时,棚内会出现轻霜冻;外界气温在 −8～−5℃时,棚内气温为 −3～−2℃,从而造成植株冻害;当外界气温在 −14℃时,棚内气温会降至 −6℃以下。

塑料薄膜大棚内昼夜温差随天气状况而异,特别是天气阴晴相差很大,例如,北京地区 3 月中旬晴天的昼夜温差为 35.5℃,阴天为 15℃。晴天时棚内最低气温出现在日出之前,比最低地温出现的时间早 2 h 左右,但大棚内气温的日变化比外界气温变化剧烈(图 2-16)。

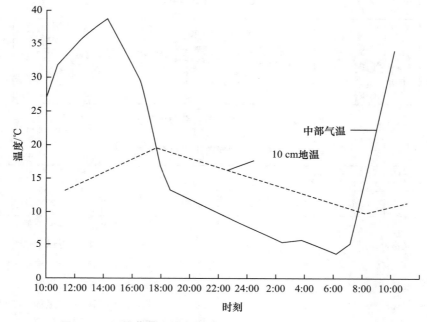

图 2-16　塑料薄膜大棚内温度的日变化(1973 年 3 月,北京)

此外,塑料薄膜大棚在 3—10 月夜间有时会出现"温度逆转"现象(简称"逆温"),即棚内气温低于露地气温。据资料介绍,这种现象多发生在晴天的夜晚,天上有薄云覆盖时。"逆温"的成因一般认为晴天大棚内昼夜温差大,塑料薄膜尤其是聚乙烯薄膜的长波辐射透过率高,所以大棚内气温下降很快;当夜间天空有薄云时,露地的长波辐射受到大气反辐射的影响而产生上下层气流运动,从而使地面损失的热量得到一定补充,而密闭的塑料薄膜大棚内没有这种气流运动,致使棚内气温低于露地气温。"逆温"发生时,棚内地温始终高于露地地温,所以不会很快出现冻害。

②气温的季节变化。在我国北方地区,塑料薄膜大棚内存在着明显的四季变化(图 2-17)。如果根据气象上的规定:以候平均气温 ≤10℃,旬平均最高气温 ≤17℃,旬平均最低气温 ≤4℃作为冬季指标;以候平均气温 ≥22℃,旬平均最高气温 ≥28℃,旬平均最低气温 ≥15℃作为夏季指标;其冬季和夏季指标之间作为春、秋季指标;棚内的冬季天数可比露地缩短 30～40 d,春、秋季天数可比露地分别延长 15～20 d(表 2-10)。因此,塑料薄膜大棚主要用于园艺作物春提前和秋延后栽培。

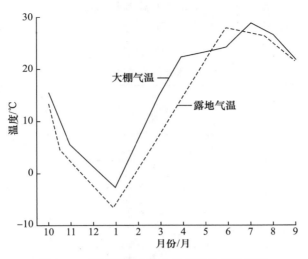

图 2-17　塑料薄膜大棚内的月平均气温变化

表 2-10　北京地区塑料薄膜大棚的季节划分　　　　　　　　　　　万 hm²

类别	项目	春季	夏季	秋季	冬季
有保温覆盖塑料大棚	起止日期	2月26日至4月20日	4月21日至10月10日	10月11日至11月30日	12月1日至翌年2月25日
	总天数/d	54	173	51	87
无保温覆盖塑料大棚	起止日期	3月26日至5月25日	5月26日至9月5日	9月6日至11月10日	11月11日至翌年3月25日
	总天数/d	61	103	66	135
露地	起止日期	4月6日至5月25日	5月26日至9月5日	9月6日至10月25日	10月26日至翌年4月5日
	总天数/d	50	103	50	162

　　根据对北京地区塑料薄膜大棚内的温度测定,棚内一年中的温度变化可分为四个阶段。第一阶段,11月中旬至翌年2月中旬为低温期,月均温在5℃以下,棚内夜间经常出现0℃以下低温,喜温蔬菜发生冻害,耐寒蔬菜也难以生长。第二阶段,2月下旬至4月上旬为温度回升期,此时月均温在10℃上下,耐寒蔬菜可以生长,且在本期后一段生长迅速,但前期仍有0℃低温,因此果菜类蔬菜多在3月中下旬至4月初开始定植,但此时生长仍较慢。第三阶段4月中旬至9月中旬为生育适温期,此时棚内月均温在20℃以上,是喜温的菜、花、果的生育适期,但要注意7月可能出现的高温危害。第四阶段9月下旬至11月上旬为逐渐降温期,温度逐渐下降,此时月均温在10℃上下,喜温的园艺作物可以延后栽培,但此阶段后期最低温度常出现0℃以下,因此应注意避免发生冻害。以上所分四个阶段及每一时期的温度状况,不同地区及不同结构的塑料薄膜大棚均有差异,要因地制宜地安排生产。

　　③温度分布。塑料薄膜大棚内的不同部位受外界环境条件的影响不同,因此存在着一定的温差。一般白天棚内中部气温偏高,北部偏低,相差约2.5℃。夜间棚内中部略高,南

北两侧偏低(表2-11)。在放风时,放风口附近温度较低,中部较高。在没有作物时,地面附近温度较高,在有作物时,上层温度较高,地面附近温度较低。当全棚密闭时,高温区出现在棚顶部。

表 2-11　塑料薄膜大棚内不同位点的温度分布　　　　　　　　　　　　　　℃

大棚位点			西 3.7 m	中偏西 1.9 m	中1 1.5 m（走道）	中2 1.9 m	中偏东 3.7 m	东
北	白天		26.7	26.3	25.4	25.4	26.4	27.4
	夜间		10.8	11.7	12.0	12.3	11.8	11.2
	日平均		18.8	19.0	18.8	18.8	19.1	19.3
中	白天		26.5	27.9	27.8	28.1	26.9	27.3
	夜间		11.4	13.3	13.3	13.1	13.0	11.3
	日平均		19.0	20.6	20.6	20.6	20.0	19.3
南	白天		28.1	30.3	29.2	29.8	30.0	28.9
	夜间		11.1	12.0	12.7	12.4	12.0	10.4
	日平均		19.6	21.2	21.0	21.1	21.2	19.7

（左侧标注：0.7 m、11.5 m、11.9 m、0.7 m）

(2)地温　塑料薄膜大棚内的地温虽然也存在着明显的日变化和季节变化,但与气温相比,地温比较稳定,且地温的变化滞后于气温。从地温的日变化看,晴天上午太阳出来后,地表温度迅速升高,14:00左右达到最高值,15:00后温度开始下降。随着土层深度的增加,日最高地温出现的时间逐渐延后,一般距地表5 cm深处的日最高地温出现在15:00左右,距地表10 cm深处的日最高地温出现在17:00左右,距地表20 cm深处的日最高地温出现在18:00左右,距地表20 cm以下深层土壤温度的日变化很小。阴天棚内地温的日变化较小,且日最高温度出现的时间较早。从地温的分布看,棚内周边的地温低于中部地温,而且地表的温度变化大于地中温度变化,随着土层深度的增加,地温的变化越来越小。从棚内地温的季节变化看,在4月中下旬的增温效果最大,可比露地地温高3～8℃,最高达10℃以上;夏、秋季因有作物遮光,棚内外地温基本相等或棚内地温低于露地地温1～3℃;秋、冬季则棚内地温又略高于露地地温2～3℃(图2-18)。10月土壤增温效果减小,仍可维持10～20℃的地温。11月上旬棚内浅层地温一般维持在3～5℃。由于外界气温降低,棚内气温及地温均已降至植株生长的低温界限。当棚内气温出现低温霜冻时,地温仍可维持在2～3℃,地温高于气温。到露地封冻时,密闭的塑料薄膜大棚内地温仍可维持在0～3℃。1月上旬至2月是棚内土壤冻结时期,地温一般在－7～－3℃。

2. 塑料薄膜大棚内的光照

塑料薄膜大棚内的光照强度与薄膜的透光率、太阳高度、天气状况、大棚方位及结构等有关,同时棚内光照也存在着季节变化和光照不均现象。

(1)光照的季节变化　不同季节的太阳高度角不同,因此,塑料薄膜大棚内的光照强度和透光率也不同。一般南北延长东西朝向的塑料薄膜大棚内,其光照强度按冬→春→夏的

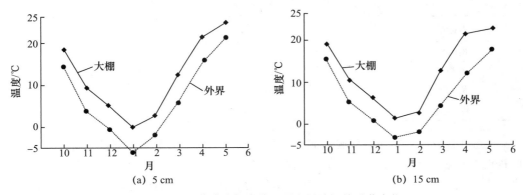

图 2-18　塑料薄膜大棚内外不同土层地温的季节变化

顺序不断增强,透光率也不断提高(表 2-12);随着季节由夏→秋→冬变化,其棚内光照则不断减弱,透光率也降低。

表 2-12　塑料薄膜大棚内地表光照的季节变化

项　目	清　明	谷　雨	立　夏	小　满	芒　种
光照度/lx	15 732	22 200	20 624	30 800	31 920
透光率/%	49.9	46.6	52.5	59.3	59.3

(2)塑料薄膜大棚方位和结构对光照的影响　塑料薄膜大棚的方位不同,太阳直射光线的入射角也不同,因此透光率不同。一般东西延长南北朝向(东西栋)的塑料薄膜大棚比南北延长东西朝向(南北栋)的塑料薄膜大棚的透光率要高(表 2-13),但南北栋塑料薄膜大棚比东西栋塑料薄膜大棚的光照分布要均匀。据测定,南北栋塑料薄膜大棚尽管上午东侧的光照强,西侧的光照弱,而下午西侧的光照强,东侧的光照弱,但如果将一天内 07:00、09:00、11:00、13:00、15:00、17:00 距地面 0 cm、20 cm、50 cm、100 cm 高度所测的透光率平均来看,东侧为 29.1%、中部为 28%、西侧为 29%,南北差异不大。而东西栋塑料薄膜大棚尽管东西两头的透光率相差不大,但南部透光率为 50%,中部和北部为 30%,南北相差 20%。

表 2-13　塑料薄膜大棚不同方位与透光率间的关系　　　　　　　%

方　位	清　明	谷　雨	立　夏	小　满	芒　种	夏　至
东西栋大棚	53.14	49.81	60.17	61.37	60.50	48.86
南北栋大棚	49.94	46.64	52.48	59.34	59.33	43.76
差值	+3.20	+3.17	+7.69	+2.03	+1.17	+5.1

塑料薄膜大棚的结构不同,其骨架材料的截面积(粗细)不同,因此,形成阴影的遮光程度也不同。一般大棚骨架的遮阴率可达 5%～8%。据测定,单栋钢材及硬塑管材结构塑料薄膜大棚的受光较好,其透光率仅比露地减少 28%,单栋竹木结构则减少 37.5%(表 2-14)。从增加棚内光照来考虑,应尽量采用坚固而截面积小的材料作骨架,以尽可能减少遮光。

表 2-14　不同结构单栋塑料薄膜大棚的受光量

大棚类型	光照度/lx	透光率/%
钢材结构	76 700	72.0
硬塑结构	76 500	71.9
竹木结构	66 500	62.5
露地对照	106 400	100.0

（3）透明覆盖材料对塑料薄膜大棚光照的影响　不同透明覆盖材料的透光率不同，而且不同透明覆盖材料的耐老化性、无滴性、防尘性等不同所导致的使用后透光率差异更大。目前生产上应用的聚氯乙烯、聚乙烯、醋酸乙烯等薄膜在洁净无水珠（干洁）时的可见光透过率均在 90% 左右，但使用后透光率就会大大降低，尤其是聚氯乙烯薄膜透光率降低更多。据测定，塑料薄膜老化可使透光率降低 20%～40%；塑料薄膜污染可降低 15%～20%，新的塑料薄膜使用 2 d 后透光率降低 14.3%，使用 10 d 后降低 25%，使用 15 d 后降低 28.3%；因水滴附着可使透光率降低约 20%；因太阳光的反射还会损失 10%～20%。这样塑料薄膜大棚内的透光率一般仅有 50% 左右。如果采用双层塑料薄膜覆盖，则透光率更低。

（4）光照分布　塑料薄膜大棚内光照存在着垂直变化和水平变化。从垂直方向看，越接近地面，光照度越弱，越接近棚面，光照度越强。据测定，距棚顶 30 cm 处的光照度为露地的 61%，中部距地面 150 cm 处为 34.7%，近地面为 24.5%。从水平方向上看，南北延长的塑料薄膜大棚同一高度观测，棚内两侧靠近棚侧壁处的光照较强，中部光照较弱，上午东侧光照较强，西侧光照较弱，午后则相反。

3. 塑料薄膜大棚内的空气湿度

一般塑料薄膜大棚内空气的绝对湿度和相对湿度均显著高于露地，这是塑料薄膜大棚的重要特性。通常棚内的空气绝对湿度是随着棚内温度的升高而增加的，随着温度的降低而减小；相对湿度则是随着棚内温度的降低而升高，随着温度的升高而降低。空气湿度也存在着日变化和季节变化，早晨日出前棚内相对湿度往往高达 100%，随着日出后棚内温度的升高，空气相对湿度逐渐下降；12:00—13:00 为一天内空气相对湿度最低的时刻，在密闭的塑料薄膜大棚内达 70%～80%，在通风条件下，可降到 50%～60%；午后随着气温逐渐降低，空气相对湿度又逐渐增加，午夜后又可达到 100%。塑料薄膜大棚内的空气绝对湿度则是随着午前温度的升高、棚内土壤蒸发和作物蒸腾的增大而逐渐增加的，在密闭条件下，中午达到最大值，而后逐渐降低，早晨降至最低（表 2-15）。

表 2-15　塑料薄膜大棚内外的空气湿度日变化

项　目	场所	时刻/时												日平均
		2	4	6	8	10	12	14	16	18	20	22	24	
绝对湿度/(g/m³)	露地	4.5	4.3	4.3	2.7	2.0	1.6	3.7	2.6	5.7	4.7	4.7	4.5	3.8
	大棚	8.2	7.5	6.7	8.8	18.5	22.3	19.8	19.0	13.7	11.1	10.5	8.8	12.9
相对湿度/%	露地	87	100	100	41	15	10	27	19	55	66	71	77	55.7
	大棚	99	100	94	99	89	71	90	94	95	76	100	96	93.7

注：2 时为 02:00 的简写，本表时刻格式以此类推且全文通用。

从季节变化看,大棚空气湿度一年中以早春和晚秋最高,夏季由于温度高和通风换气,空气相对湿度较低。阴(雨)天棚内的相对湿度大于晴天。一般来说,棚内属于高湿环境,作物容易发生各种病害,生产上应采取放风排湿、升温降湿、抑制蒸发和蒸腾(地膜覆盖、控制灌水、滴灌、渗灌、使用抑制蒸腾剂等),以及采用透气性好的保温幕等措施,降低棚内空气湿度。

4. 塑料薄膜大棚内的气体

塑料薄膜大棚是半封闭系统,因此,棚内的空气组成与外界有许多不同,其中最突出的不同点有两个方面:一方面是作物光合作用的重要原料——CO_2 浓度的变化规律与棚外不同;另一方面是棚内有害气体(NH_3、NO_2、C_2H_4、Cl_2 等)容易积累。

(1)CO_2 浓度变化 通常大气中的 CO_2 平均浓度大约为 330 $\mu L/L$(0.65 g/m^3 空气),而白天植物光合作用吸收量为 4～5 $g/(m^3 \cdot h)$,因此,在无风或风力较小的情况下,作物群体内部的 CO_2 浓度常常低于平均浓度。特别是在半封闭的塑料薄膜大棚内,如果不进行通风换气或增施 CO_2,就会使作物处于长期的 CO_2 饥饿状态,从而严重影响作物的光合作用和生育。

据测定,栽培黄瓜的塑料薄膜大棚内早晨日出前的 CO_2 浓度最高,可达 600 $\mu L/L$,但在植株较大的情况下,日出后 30～60 min,CO_2 浓度就会降至 300 $\mu L/L$ 以下,通风前则降至 200 $\mu L/L$ 以下。此后由于通风,棚内 CO_2 浓度可基本保持在 300 $\mu L/L$ 左右。日落闭风后,CO_2 浓度又逐渐增加,直到第二天早晨又达到最高值。塑料薄膜大棚内的 CO_2 浓度日变化较大,露地 CO_2 浓度则变化较小。

塑料薄膜大棚内 CO_2 的浓度分布也不均匀,白天气体交换率低且光照强的部位,CO_2 浓度低。据测定,白天作物群体内 CO_2 浓度可比上层低 50～65 $\mu L/L$,但夜间或光照很弱时,作物和土壤微生物呼吸作用放出 CO_2,因此,作物群体内部气体交换率低的区域 CO_2 浓度高。在没有人工增施 CO_2 的密闭塑料薄膜大棚内,如果土壤微生物和作物呼吸放出的 CO_2 量低于作物光合吸收的 CO_2 量,棚内的 CO_2 浓度就会逐渐降低;相反,如果土壤微生物和作物呼吸放出的 CO_2 量高于作物光合吸收的 CO_2 量,棚内的 CO_2 浓度就会逐渐升高。

(2)有害气体 塑料薄膜大棚是半封闭系统,因此如果施肥不当或应用的农用塑料制品不合格,就会积累有害气体。塑料薄膜大棚中常见的有害气体主要有 NH_3、NO_2、C_2H_4、Cl_2 等,在这些有害气体中,NH_3 和 NO_2 气体产生的原因主要是一次性施用大量的有机肥、铵态氮肥或尿素,尤其是在土壤表面施用大量的未腐熟有机肥或尿素。C_2H_4 和 Cl_2 主要是不合格的农用塑料制品中挥发出的。实际上,在露地条件下,有机肥和铵态氮肥施用过量,NH_3 和 NO_2 也会产生,但由于露地是非密闭的空间,NH_3 和 NO_2 很快便可在大气中流动,不至于达到危害作物的浓度。

2.2.3.4 塑料薄膜大棚的应用

塑料薄膜大棚在园艺作物的生产中应用非常普遍,我国从南到北,从东到西各省、市、自治区,几乎都有应用,主要用途如下。

1. 育苗

(1)早春果菜类蔬菜育苗 采用塑料薄膜大棚内设多层覆盖(加保温幕、小拱棚等,小拱棚上再加防寒覆盖物,如稻草苫、保温被等)或内加温床等方法,可用于早春果菜类蔬菜育苗

（彩图 2-20、彩图 2-21）。

(2)花卉和果树的育苗　可用于各种草花及草莓、葡萄、樱桃等作物的育苗。

2. 蔬菜栽培

(1)春季早熟栽培　是早春利用温室育苗,在塑料薄膜大棚内定植的一种栽培方式。一般采用春季早熟栽培方式的果菜类蔬菜可比露地提早上市 20～40 d。主要栽培作物有黄瓜（彩图 2-22）、番茄、青椒、茄子、菜豆等。

(2)秋季延后栽培　塑料薄膜大棚的秋季延后栽培也主要以果菜类蔬菜为主,一般可使果菜类蔬菜采收期延后 20～30 d。主要栽培的蔬菜作物有黄瓜、番茄、菜豆等。

(3)春到秋长季节栽培　在气候冷凉的地区可以采取春到秋长季节栽培,这种栽培方式的定植期与春早熟栽培相同,采收期直到 9 月末,但要注意越夏高温季节的管理。主要栽培的作物主要有茄子、青椒、番茄等茄果类蔬菜。

除此之外,一些地区还创造了大棚蔬菜多茬利用的方式（表 2-16）。

表 2-16　塑料薄膜大棚蔬菜多茬利用的方式　　　　　　　　　　旬/月

茬次	作物	播种期	定植期	始收期	终收期
一年多茬	芹菜（菠菜或香菜等）	中/9 至下/10	—	上/3 至下/3	上/4
	黄瓜（或番茄）	上/1 至中/2	上/3 至中/4	下/4 至中/5	上/7
	番茄（或黄瓜）	中/6 至上/7	中/7 至上/8	中/9 至上/10	下/10 至下/11
	速生叶菜	下/1 至上/3	—	中/3 至上/4	中/4
	黄瓜（或番茄）	中/1 至中/2	下/3 至中/4	下/4 至下/5	上/7
	番茄（或黄瓜）	中/6 至上/7	中/7 至上/8	中/9 至上/10	下/10 至中/11
	菠菜	下/9 至中/10	—	下/2 至上/3	下/3 至上/4
	黄瓜	中/1 至中/2	中/3 至中/4	下/4 至中/5	上/7
	菜豆	下/7 至下/8	—	上/10 至中/10	下/10 至中/11

3. 花卉、瓜果和某些果树栽培

利用塑料薄膜大棚进行各种草花、盆花和切花栽培,也可进行草莓、葡萄、樱桃、猕猴桃、柑橘、桃等果树,以及甜瓜、西瓜等瓜果栽培。

2.3　日光温室

日光温室（彩图 2-23）是我国北方特有的一种以日光为主要能量来源,由透明塑料薄膜覆盖的单屋面朝南采光的温室类型,基本方位是坐北朝南,东西向延伸。日光温室不仅具有采光屋面,还具有维护结构。维护结构具有保温和蓄热双重功能,可充分利用太阳光能,基本不用加温。日光温室的出现和大面积推广,实现了我国北方地区冬春反季节喜温蔬菜、花卉和瓜果的周年生产和供应,目前已成为我国北方地区农民增收致富不可或缺的产业。

2.3.1 日光温室的结构

2.3.1.1 优型日光温室结构的特点

优型日光温室结构的特点：①具有良好的采光屋面，能最大限度地透过阳光；②保温和蓄热能力强，保温和蓄热能力是按照热收支平衡和蓄放热平衡来设计的，能够在温室密闭的条件下，最大限度地减少温室散热，温室效应显著；③温室的长、宽、脊高和后墙高、前坡屋面和后坡屋面等的规格尺寸及温室规模适当；④温室的结构抗风压能力、雪载能力强，温室骨架既坚固耐用，又尽量减少其阴影遮光；⑤具备易于通风换气、排湿降温等环境调控功能；⑥整体结构有利于作物生长发育和便于人工作业；⑦温室结构可充分合理地利用土地，尽量节省非生产部分的占地面积；⑧在满足上述各项要求的基础上，充分体现因地制宜、就地取材、注重实效、降低成本的原则。

2.3.1.2 日光温室优型结构的参数确定

1. 参数确定经历的不同阶段

30 年来，我国日光温室结构参数设计经历了四个阶段。

（1）第一阶段　按传统经验初创日光温室。该阶段起始于 20 世纪 80 年代中期，以太阳能高效利用与低成本为总目标，按照温室传统保温比概念，即地面积（W_s）与地上部覆盖表面积（W_o）之比（W_s/W_o）越大，保温能力越大，反之，则保温能力越小。日光温室结构参数设计注重保温和因地制宜。设计出的日光温室矮小，后墙和后屋面较厚，为竹木结构。这一阶段设计的典型日光温室为海城感王式日光温室，其断面参数为：脊高 2.2 m，跨度 5.5 m，后屋面水平投影长度 2.0 m，后墙高度 1.5 m。

（2）第二阶段　按照冬至日真正午时太阳光合理透过设计日光温室。该阶段起始于 20 世纪 80 年代后期，提出了日光温室保温比的新概念，即将日光温室墙体和后屋面做成与地面具有同等保温能力的结构，这样，日光温室保温比概念可修正为地面积（W_s）＋墙体面积（W_h）＋后屋面面积（W_p）与温室前屋面的面积（W_f）之比，即（$W_s＋W_h＋W_p$）/W_f，从而改变了以往认为温室越高保温比越小的概念，从理论上打破了日光温室不能增加高度的认识。同时，提出了日光温室蓄热和真正午时日光温室合理透光率的概念，将真正午时日光温室前屋面覆盖材料透光率与该覆盖材料最大透光率之比大于等于 95% 作为日光温室合理透光率，而由此设计出的日光温室前屋面角度为真正午时日光温室合理前屋面角。因此，这一阶段日光温室断面尺寸结构设计注重了保温、蓄热、低成本和真正午时合理透光。这一阶段设计的典型日光温室为海城式节能日光温室、鞍Ⅱ型节能日光温室和瓦房店琴弦式节能日光温室，其断面尺寸见表 2-17。

（3）第三阶段　按照冬至日 10:00 太阳光合理透过设计日光温室。该阶段起始于 20 世纪 90 年代中期，提出了日光温室最小采光时段内的合理透光率，即 10:00—14:00 时段日光温室前屋面覆盖材料透光率与该覆盖材料最大透光率之比大于等于 95%，而由此设计出的日光温室前屋面角度为 10:00—14:00 时段日光温室合理前屋面角。因此，这一阶段设计注重了保温、蓄热、低成本、10:00—14:00 时段合理透光。这一阶段设计的典型日光温室为辽沈系列日光温室，其断面尺寸见表 2-18。

表 2-17　第一代节能日光温室——海城式日光温室断面结构尺寸

地理纬度/(°)	跨度/m	脊高/m	后墙高/m	后屋面水平投影/m	前屋面角度/(°)	冬至日正午合理透光(入射角为45°)的最小前屋面角/(°)	墙体厚度
44~46	6.0	2.8~3.0	2.0	1.3~1.4	30.8~33.1	22.5~24.5	
	6.5	3.0~3.2	2.2	1.3~1.4	30.0~32.1		
	7.0	3.2~3.4	2.4	1.4~1.5	29.7~31.6		
42~44	6.0	2.6~2.8	1.8	1.1~1.3	28.0~30.8	20.5~22.5	砖墙:490 mm 黏土砖 土墙:顶部墙宽 2.0 m
	6.5	2.8~3.0	2.0	1.2~1.3	27.8~29.5		
	7.0	3.0~3.2	2.2	1.3~1.4	27.8~30.2		
40~42	6.0	2.4~2.6	1.8	1.0~1.1	25.6~28.0	18.5~20.5	
	6.5	2.6~2.8	1.8	1.1~1.2	25.7~27.8		
	7.0	2.8~3.0	2.0	1.2~1.3	25.8~27.8		砖墙:370 mm 黏土砖 土墙:顶部墙宽 1.5 m
38~40	6.5	2.4~2.6	1.8	1.0~1.1	23.6~25.7	16.5~18.5	
	7.0	2.6~2.8	1.8	1.1~1.2	23.8~25.8		

表 2-18　第二代节能日光温室——辽沈系列日光温室断面结构尺寸

地理纬度/(°)	跨度/m	脊高/m	后墙高/m	后屋面水平投影/m	前屋面角度/(°)	冬至日10:00合理透光(入射角为45°)的最小前屋面角/(°)	墙体厚度
42~44	7.0	3.5~3.7	2.2	1.4~1.6	32.0~34.4	30.6~32.7	砖墙:490 mm 黏土砖＋中间夹 120~150 mm 苯板 土墙:顶部墙宽 2.0~2.5 m
	7.5	3.7~3.9	2.4	1.5~1.7	31.7~33.9		
	8.0	4.0~4.2	2.8	1.6~1.8	32.0~34.1		
	9.0	4.5~4.7	3.1	1.8~2.0	32.0~33.9		
	10.0	5.0~5.2	3.4	2.0~2.2	32.0~33.7		
	12.0	6.0~6.2	3.7	2.4~2.6	32.0~33.4		
40~42	7.0	3.3~3.5	2.0	1.2~1.4	29.6~32.0	28.5~30.6	砖墙:370 mm 黏土砖＋中间夹 110~120 mm 苯板 土墙:顶部墙宽 1.5~2.0 m
	7.5	3.5~3.7	2.3	1.3~1.5	29.4~31.7		
	8.0	3.8~4.0	2.6	1.4~1.6	29.9~32.0		
	9.0	4.3~4.5	2.9	1.6~1.8	30.2~32.0		
	10.0	4.8~5.0	3.2	1.8~2.0	30.3~32.0		
	12.0	5.8~6.0	3.8	2.2~2.4	30.6~32.0		
38~40	7.5	3.3~3.5	2.1	1.1~1.3	27.3~29.4	26.4~28.5	
	8.0	3.6~3.8	2.4	1.2~1.4	27.9~29.9		
	9.0	4.1~4.3	2.6	1.4~1.6	28.3~30.2		
	10.0	4.6~4.8	2.9	1.6~1.8	28.7~30.3		
	12.0	5.6~5.8	3.5	2.0~2.2	29.2~30.6		

地理纬度/(°)	跨度/m	脊高/m	后墙高/m	后屋面水平投影/m	前屋面角度/(°)	冬至日10:00合理透光(入射角为45°)的最小前屋面角/(°)	墙体厚度
36~38	8.0	3.4~3.6	2.0	1.0~1.2	25.9~27.9	24.3~26.4	砖墙:370 mm黏土砖＋中间夹80~100 mm苯板 土墙:顶部墙宽1.5~1.8 m
	9.0	3.9~4.1	2.3	1.2~1.4	26.6~28.3		
	10.0	4.4~4.6	2.6	1.4~1.6	27.1~28.7		
	12.0	5.4~5.6	2.9	1.8~2.0	27.9~29.2		
34~36	9.0	3.7~3.9	2.1	1.0~1.2	24.8~26.6	22.3~24.3	
	10.0	4.2~4.4	2.5	1.2~1.4	23.2~27.1		
	12.0	5.2~5.4	2.8	1.6~1.8	26.6~27.9		

(4)第四阶段 按照冬至日太阳能合理截获设计日光温室。该阶段起始于21世纪初期,提出了日光温室太阳光合理截获的理论和应用方法,改变了以往日光温室节能设计只考虑太阳光合理透过,而不考虑太阳光合理截获的问题,完善了日光温室太阳光高效利用的理论。由此认为太阳光截获量越大且透过率越高,进入到日光温室内的光能越多;仅有透过率高,截获量不大,不可能获得最多的太阳能;当然,仅有截获太阳能量大,透过率不高,也不可能获得最多的太阳能。此外,该阶段完善了保温和蓄热理论及应用方法,增强了环境调控、人工作业、资源高效利用的意识。因此,这一阶段日光温室断面尺寸结构设计注重了合理保温,合理蓄热,低成本,10:00—14:00时段合理透光,合理太阳能截获,资源高效利用,便于环境调控和人工作业,有利于作物生长等。这一阶段设计的典型日光温室为新型节能日光温室,其断面尺寸见表2-19。

2. 参数设计的基本原则

日光温室结构参数的设计,主要考虑温室跨度、脊高、后墙高度、后屋面水平投影长度等指标。日光温室结构参数的设计需要遵循如下总体原则。

(1)跨度设计 日光温室跨度是指温室后墙内侧到前屋面南底角的距离。其设计要依据地形及地块面积、最大允许高度、骨架最大允许应力来确定。在地形及地块开阔、最大允许高度和骨架最大允许应力允许范围内,跨度越大越好。据目前研究结果,一般认为跨度以6~12 m为宜,小于6 m,栽培床较小,空间也较小,空气温湿度缓冲能力小;大于12 m,不仅因骨架大允许应力加大而增加单位面积成本,还会使高度过高,从而导致升温减缓和保温难度加大。

(2)脊高设计 日光温室脊高是指从地面到屋脊最高处的高度。其设计要根据主要栽培作物种类、最大风力等因素,并依据最大允许跨度、最佳保温比和合理前屋面角来确定。一般主要栽培作物较高大、地形和地块开阔、风力小的地方,日光温室脊高可设计高些,否则应设计低些。一般日光温室脊高应较主要栽培作物高30%以上;在温室跨度适宜范围内,日光温室脊高宜为3~7 m,低于3 m,日光温室前屋面角度不够,高于7 m,日光温室空间太大,保温难度加大,同时温室的稳定性难以保证。

(3)后墙高度设计 日光温室后墙高度既要考虑温室脊高和后屋面水平投影长度及仰角,又要考虑日光温室蓄热需要。一般为脊高的2/3左右。

第2章 园艺设施的类型、结构、性能及应用

表 2-19　第三代节能日光温室——新型节能日光温室断面结构尺寸

地理纬度/(°)	跨度/m	脊高/m	后墙高/m	后屋面水平投影/m	前屋面角度/(°)	冬至日太阳光合理截获的最小前屋面角/(°)	墙体厚度
44～46	6.0	3.9～4.2	2.6	1.4～1.6	40.3～43.7		砖墙:490 mm 黏土砖＋外侧贴 120～150 mm 苯板 土墙:顶部墙宽 2.0～2.5 m
	7.0	4.5～4.8	2.9	1.7～2.0	40.3～43.8	40.4～43.6	
	8.0	5.2～5.5	3.2	2.0～2.3	40.9～44.0		
	9.0	5.8～6.1	3.5	2.3～2.6	40.9～43.6		
42～44	7.0	4.3～4.5	3.0	1.5～1.7	38.4～40.3		
	8.0	5.0～5.2	3.2	1.7～2.0	38.4～40.9	38.7～40.4	
	9.0	5.5～5.8	3.5	2.0～2.3	38.2～40.9		
	10.0	6.1～6.4	3.8	2.3～2.6	38.4～40.9		
40～42	7.0	4.1～4.3	2.7	1.4～1.5	36.2～38.0		砖墙:370 mm 黏土砖＋外侧贴 110～120 mm 苯板 土墙:顶部墙宽 1.5～2.0 m
	8.0	4.8～5.0	3.3	1.5～1.7	36.4～38.4	37.0～38.7	
	9.0	5.3～5.5	3.5	1.8～2.0	36.4～38.2		
	10.0	5.9～6.1	3.8	2.1～2.3	36.8～38.4		
38～40	7.0	3.9～4.1	2.6	1.4～1.4	35.8～36.2		
	8.0	4.6～4.8	3.1	1.5～1.7	35.4～36.4		
	9.0	5.2～5.3	3.6	1.6～1.8	35.1～36.4	35.4～37.0	
	10.0	5.8～5.9	3.9	1.8～2.1	35.3～36.8		
	12.0	6.8～7.0	4.2	2.3～2.6	35.0～36.7		
36～38	8.0	4.5～4.6	3.2	1.1～1.5	33.1～35.3		砖墙:370 mm 黏土砖＋外侧贴 80～100 mm 苯板 土墙:顶部墙宽 1.5～1.8 m
	9.0	5.0～5.2	3.3	1.4～1.6	33.3～35.1	33.4～35.4	
	10.0	5.6～5.8	3.9	1.4～1.7	33.4～35.3		
	12.0	6.6～6.8	4.0	2.0～2.3	33.4～35.0		
34～36	9.0	4.9～5.0	3.3	1.3～1.4	32.5～33.3		
	10.0	5.4～5.6	3.5	1.4～1.6	32.5～33.4	32.5～33.4	
	12.0	6.4～6.6	3.8	1.8～2.0	32.1～33.4		

（4）后屋面设计　日光温室后屋面设计需要考虑后屋面角度和长度。后屋面角度应满足冬季大部分时间太阳直射光线可照到后屋面上,纬度越高要求太阳直射光线照到后屋面上的时间越长,因此,一般要求后屋面仰角在 42°～50°之间为宜。后屋面水平投影长度应满足太阳直射光线在夏至日中午时刻照到距北墙根 0.5 m 处,同时要满足日光温室保温比的相关要求,因此,6～12 m 跨度日光温室的后坡水平投影长度宜为 0.8～2.5 m。

（5）墙体厚度设计　日光温室墙体分为蓄热和保温两个部分,蓄热部分既要起到蓄热作用,又要起到承重作用。蓄热部分放在日光温室内侧,选用热容量较大材料,而保温部分放在日光温室外侧,选用导热率低的材料。

2.3.2 日光温室的主要类型

日光温室由采光前屋面、蓄热保温后屋面、后墙与山墙等维护结构和外保温覆盖物四大部分组成,自 20 世纪 80 年代日光温室出现以来,日光温室经过不断的发展创新,我国各地区出现了不同的日光温室类型,形成了以海城式竹木结构节能日光温室为代表的第一代节能型日光温室,以辽沈系列节能日光温室为代表的第二代节能型日光温室、以新型节能日光温室为代表的第三代节能型日光温室和以滑盖型日光温室为代表的第四代节能型日光温室等。

2.3.2.1 第一代节能型日光温室

第一代节能型日光温室是以温室前屋面角符合冬至真正午时合理透光率要求为主要特征,实现了在北纬 40.5°以南地区(最低气温−20℃以上地区)冬季不加温生产喜温果菜的基本要求。

(1)海城式竹木结构节能日光温室 该日光温室是沈阳农业大学 20 世纪 80 年代后期在海城感王式日光温室基础上设计而成的。该日光温室为竹木结构,跨度为 6 m,脊高2.6 m,后屋面水平投影长度 1.4 m,后墙为高 1.8 m、厚 2.0 m 的土墙。这种温室是按照真正午时合理透光率来设计的,前屋面角符合真正午时合理透光要求,保温性能好,透光率较高,成本低,冬季夜间内外温差达到 25℃,在北纬 41°以南(最低气温−20℃以上)地区,可进行冬季不加温生产喜温果菜。海城式竹木结构节能日光温室是我国 20 世纪 80年代末至 90 年代中期大面积推广的第一代节能型日光温室主要结构类型。其结构如图2-19 所示。

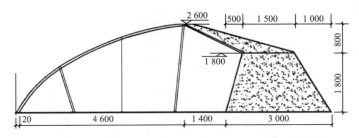

图 2-19　海城式竹木结构节能日光温室断面示意图(单位:mm)

(2)鞍Ⅱ型日光温室 是由辽宁省鞍山市园艺科学研究所设计的一种无柱拱圆结构的日光温室,其结构如图 2-20 所示。该温室前屋面为钢架结构,无立柱,后墙为砖与珍珠岩组成的异质复合墙体,后屋面也由复合材料构成。其采光、增温和保温性能良好,有利于作物生育和人工作业。目前各地应用的钢骨架拱圆形日光温室多是由鞍Ⅱ型日光温室改进而成的。

2.3.2.2 第二代节能型日光温室

第二代节能型日光温室是以温室前屋面角符合冬至 10:00—14:00 合理透光率的要求为主要特征,实现了在北纬 41.5°以南(最低气温−23℃以上地区)冬季不加温生产喜温果菜的基本要求,主要类型包括辽沈Ⅰ～Ⅳ型,下面重点介绍辽沈Ⅰ型和辽沈Ⅳ型。

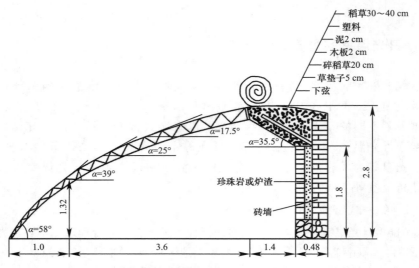

稻草30～40 cm
塑料
泥2 cm
木板2 cm
碎稻草20 cm
草垫子5 cm
下弦

α=17.5°
α=25°
α=35.5°
α=39°
珍珠岩或炉渣
α=58°
砖墙

2.8
1.8
1.32

1.0   3.6   1.4   0.48

图 2-20   鞍Ⅱ型塑料日光温室结构纵断面示意图(单位:m)

（1）辽沈Ⅰ型节能日光温室 是沈阳农业大学 20 世纪 90 年代中期设计并建造而成的。它是一种复合砖墙无柱桁架拱圆钢结构日光温室,跨度为 7.5 m,脊高 3.5 m,后屋面水平投影长度为 1.5 m,后墙为高 2.2 m、厚 37 cm 的砖墙,中间夹 12 cm 厚聚苯板。该温室是按照合理透光区段理论设计的,冬季寒冷季节夜间室内外温差达 30℃,采光、蓄热和保温性能均显著优于第一代节能型日光温室,空间扩大便于小型机械作业,无柱利于作物生长和便于人工作业。与第一代节能型日光温室相比,该日光温室室内外温差提高 5℃,透光率提高 7%,成本虽然有所提高,但使用年限可达 20 年。它是我国 20 世纪 90 年代后期开始作为第二代节能日光温室的样板大面积推广的日光温室类型。目前,我国北方许多日光温室是以辽沈Ⅰ型日光温室为模式改进而成的。其结构见图 2-21。

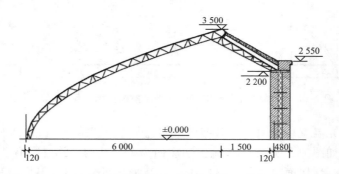

3 500
2 550
2 200
±0.000
6 000   1 500   480
120   120

图 2-21   辽沈Ⅰ型节能日光温室结构断面示意图(单位:mm)

（2）辽沈Ⅳ型节能日光温室 是沈阳农业大学 21 世纪初设计并建造而成的。它是一种复合砖墙大跨度无柱桁架拱圆钢结构日光温室,跨度 12 m,脊高 5.5 m,后屋面水平投影长度 2.5 m,后墙为高 3.2 m、厚 48 cm 的砖墙,外墙贴 12 cm 厚聚苯板。该温室的环境性能与辽沈Ⅰ型日光温室基本相同,但空间加大,适合果菜类蔬菜长季节栽培、果树栽培及集约化育苗。它是目前集约化育苗大力推广的日光温室类型。其结构见图 2-22。

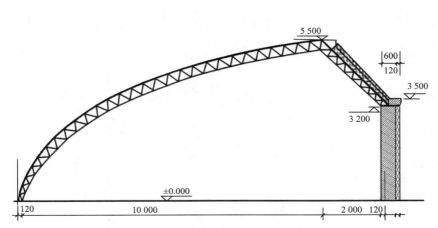

图 2-22　辽沈Ⅳ型节能日光温室结构断面示意图(单位:mm)

2.3.2.3　第三代节能型日光温室

第三代节能型日光温室是以提高光能和土地利用率为特征,温室前屋面角符合冬至 10:00—14:00 合理太阳能截获和合理透光率的要求,土地利用率在 80% 以上,并实现了在北纬 43°以南(最低气温−28℃以上地区)冬季不加温生产喜温果菜的基本要求。

(1)新型复合砖墙节能日光温室　这种日光温室(彩图 2-24)是沈阳农业大学 21 世纪前 10 年末期设计并建造而成的。它是一种复合砖墙无柱桁架拱圆钢结构日光温室,跨度为 8 m,脊高 4.3~4.6 m,后屋面水平投影长度 1.6 m,后墙为高 3.0 m、厚 37 cm 的砖墙,外贴 12 cm 厚聚苯板。该温室是按照合理太阳能截获和合理透光率区段理论设计的,前屋面角符合上午 10:00—14:00 合理太阳能截获和合理透光率要求,冬季寒冷季节夜间内外温差达 35℃,采光、蓄热和保温性能均显著优于第二代节能型日光温室,空间进一步扩大,便于小型机械作业,无柱便于作物生长和人工作业。与第二代节能型日光温室相比,该日光温室室内外温差提高 5℃,透光率提高 5% 左右。其使用年限可达 20 年。它是现阶段作为第三代节能型日光温室样板正在推广的日光温室类型。其结构见图 2-23。

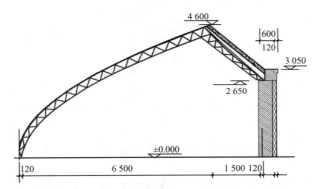

图 2-23　新型复合砖墙节能日光温室结构断面示意图(单位:mm)

(2)新型土墙节能日光温室　是沈阳农业大学 21 世纪前 10 年末期设计并建造而成的。它是一种土墙无柱桁架拱圆钢结构日光温室,跨度为 8 m,脊高 4.5 m,后屋面水平投影长度 1.5 m,后墙为 3.0 m 高的土墙,墙底厚度 3.0 m、墙顶厚度 1.5 m、平均厚度 2.25 m。该日光温室除墙体外,其他部分及温室性能与新型复合砖墙节能日光温室基本相同。它是现阶段正大面积推广的日光温室类型。其结构见图2-24。

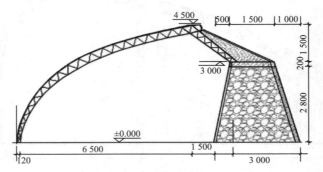

图2-24 新型土墙节能日光温室结构断面示意图(单位:mm)

(3)南北双连栋节能日光温室 是沈阳农业大学21世纪前10年末期设计并建造而成的。它是一种复合砖墙南北无柱桁架拱圆钢结构日光温室,南栋日光温室跨度为8 m,脊高4.0～4.5 m,后屋面水平投影长度1.5 m,后墙为高2.6～3.0 m、厚37 cm的砖墙,外贴12 cm厚聚苯板;北栋温室跨度6 m,脊高3.0～3.4 m,无后屋面。该温室的南栋温室前屋面角符合上午10:00—14:00合理采光要求,冬季寒冷季节夜间内外温差达35℃,采光、蓄热和保温性能均显著优于第二代节能型日光温室,空间进一步扩大,便于小型机械作业,无柱有利于作物生长和便于人工作业;北栋温室冬季寒冷季节夜间内外温差达23℃,可在冬季生产耐寒蔬菜、低温型食用菌或进行果菜早春生产,一般北纬42°地区生产果菜多在春分之后定植,可满足栽培床光照基本要求,土地利用率达85%。与第二代节能型日光温室相比,其室内外温差提高5℃,透光率提高3%左右,土地利用率增加40%,使用年限可达20年。它是现阶段正在推广的日光温室类型。其结构见图2-25。

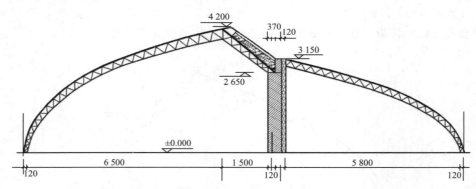

图2-25 南北双连栋节能日光温室结构断面示意图(单位:mm)

2.3.2.4 第四代节能型日光温室——现代滑盖式节能日光温室

第四代节能型日光温室(彩图2-25)是沈阳农业大学与凌源市虹圆设施农业服务有限公司2010年设计并建造,目前仍在完善的一种现代节能日光温室。它是一种方钢桁架加单臂方钢混合骨架拱圆形结构日光温室,采用彩钢板加聚苯板或岩棉、水循环蓄放热系统保温和蓄热。日光温室跨度为10～14 m,脊高5.0～6.5 m,彩钢保温板分三段,温室北侧段为固定段,中部和南侧段为滑动段,白天滑向北侧打开南侧,夜间滑向南侧覆盖保温(图 2-26)。这种温室可实现放风、保温和蓄放热的自动化控制,并具有较强的防风、防雨、防雪、防盗等功能。寒冷季节该种日光温室内外温差可达 39℃,可作为现代节能日光温室的雏形进一步完善,以推动日光温室现代化。

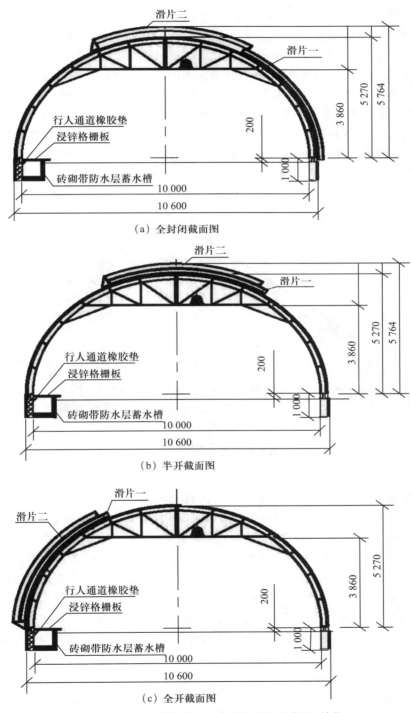

(a) 全封闭截面图

(b) 半开截面图

(c) 全开截面图

图 2-26　现代滑盖式节能日光温室结构断面示意图(单位:mm)

2.3.2.5 其他类型节能日光温室

（1）倾转屋面日光温室 是西北农林科技大学设计并建造而成的。墙体结构为内墙37 cm砖墙、外墙37 cm砖墙，中间为62 cm夹层，夹层由50 cm厚土和10 cm厚聚苯乙烯（EPS）保温板构成；外部建筑尺寸为东西长50 m，跨度9.0 m（图2-27）。该结构在设计上包括屋面固定骨架和屋面活动骨架，二者通过连接机构相连，连接机构包括电机支架和传动轴，电机支架上有减速电机，减速电机连接有传动轴，传动轴上连接有齿轮齿条传动系统。在齿轮齿条传动系统传动的驱动下，该种日光温室的前屋面可以整体以前屋脚为轴转动，进而温室前采光面的采光角度可以根据采光需要进行连续改变自身的倾角，跟随外界的光照变化，从而达到最大限度地提高采光效率的目的。倾转屋面日光温室前屋脚部分采光面倾角为53°，机动屋面的倾角在25°～35°之间连续变化，对应的太阳入射角也逐时发生变化，因此，可以得出倾转屋面日光温室能够保证温室前采光面在冬季的每天内都达到最佳的采光入射角，进而能获得最佳的采光效率。

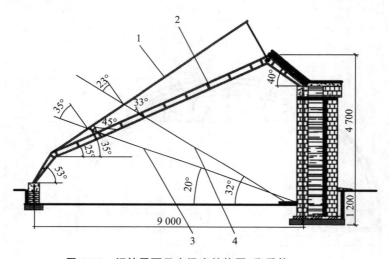

图2-27 倾转屋面日光温室结构图（张勇等，2014）

1. 倾转屋面；2. 固定屋架；3. 冬至早09:00入射光线；4. 冬至正午入射光线

（2）模块装配式主动蓄热墙体日光温室 是西北农林科技大学设计并建造而成的（彩图2-26）。其跨度为10 m，长32 m，方位南偏东5°，脊高5.0 m，后墙高3.6 m，屋面为直屋面。后墙厚度为1.3 m，结构为100 mm聚苯板＋1 200 mm素土模块墙（从外向内），单个素土模块尺寸为1 200 mm×1 200 mm×1 200 mm，由当地黄土添加2％掺量（体积比）的麦草秸秆搅拌均匀后通过速土成型机压实而成。温室采用卡槽骨架，间距1 m，后屋面采用100 mm聚苯板，前屋面覆盖PO膜（图2-28）。

（3）山东系列型日光温室 是由山东省农业科学院和山东农业大学联合开发的系列温室，包括山东Ⅰ～Ⅴ型，已经获得山东省地方标准。其中山东Ⅲ型日光温室屋脊高3.6～3.75 m，跨度7.9～8.0 m，后屋面水平投影1.0～1.1 m，采光屋面平均角度24.2°～25.4°，后墙高240～260 cm，后屋面仰角47°～50°。山东Ⅳ型（寿光型）日光温室脊高4.2～4.3 m（室内地平面算起），跨度9.2 m，后屋面水平投影0.8 m，耕作地面下挖30～40 cm，采光屋面平均角度22.4°～23.5°，后墙下宽350～450 cm，上宽100～150 cm，后墙高300～

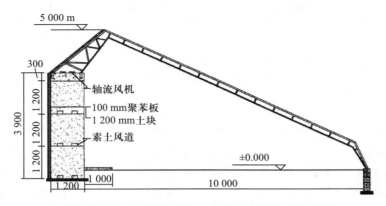

图 2-28　模块装配式主动蓄热墙体日光温室结构图（鲍恩才等，2018）

320 cm，后屋面仰角 45°～49°。

2.3.3　日光温室的性能

2.3.3.1　光照

（1）光照强度　可见光通过温室屋面时一部分被反射，一部分被覆盖材料（薄膜）吸收，因此进入日光温室内的可见光比外界减少。通常在直射光的入射角为 0°（直射光线与透明覆盖材料的平面相垂直）时，新的干洁的塑料薄膜的透光率可达 90% 左右。但在实际应用中，即便是新塑料薄膜，覆盖后由于尘埃污染、附着水滴、薄膜本身对光线的吸收、逐渐老化等，其透光率会很快下降。此外，日光温室的骨架遮阴，太阳直射光线不可能总是垂直照射在日光温室的透明屋面上而造成反射光损失。以上种种原因导致温室内的透光率甚至会低至自然光强的 50% 以下。因此，温室内光照不足往往成为冬季喜光园艺作物生产的限制因子。

覆盖材料污染是影响直射辐射和散射辐射的重要原因之一，不同覆盖材料因其表面静电和自由基的不同而污染程度不同。根据对不同覆盖材料表面积灰量的收集、测定和分析，覆盖 30 d 后，PVC 膜的积灰量最高，PE 膜的相对较低，EVA 膜的最低；覆盖 100 d 时，PVC 膜积灰量达 12.401 g/m²，PE 膜的为 8.553 g/m²，EVA 膜的为 8.0 g/m² 左右。覆盖 360 d 后，PVC 膜的积灰量达到 29.426 g/m²，外观有明显灰层（表 2-20）。四种不同功能性薄膜在覆盖 100 d 内，其透光率下降比例较小，但覆盖至 360 d，透光率下降幅度较大，且薄膜之间差异较大，PVC 透光率下降 30.63%，PE 膜透光率下降 11.07%，EVA 膜透过率下降最小（表 2-21）。

表 2-20　日光温室不同塑料薄膜覆盖表面的积灰量变化　　　　　　　　　　g/m²

覆盖后天数/d	PVC 膜（A）	PE 膜（B）	EVA 膜（C）	EVA 膜（D）
30	1.959 a	1.434 b	0.598 c	0.467 c
60	3.246 a	2.221 b	2.332 b	2.295 b
100	12.401 a	8.553 b	7.795 c	8.004 bc
360	29.426 a	11.065 b	8.393 c	8.475 c

表 2-21　日光温室不同塑料薄膜覆盖表面透光率下降的变化　　　　　　　　%

覆盖后天数/d	PVC 膜(A)	PE 膜(B)	EVA 膜(C)	EVA 膜(D)
30	0.20	0.14	0.03	0.02
60	0.21	0.19	0.13	0.13
100	0.25	0.26	0.18	0.18
360	30.63	17.59	14.28	15.46

(2)光照时数　日光温室在寒冷季节多采用草苫和纸被等覆盖保温,而这种保温覆盖物多在天亮以后揭开和日落之前盖上,减少了日光温室内的光照时数,因此常常影响冬季和早春日光温室内作物的生长发育。进入春季后,不透明覆盖物逐渐早揭晚盖,光照时数随之增加,作物生长发育健壮,产量高,品质优良。

(3)光照分布　因为日光温室为单屋面温室,只有朝南的前屋面覆盖透明材料,可以透过可见光,其余部分均为不透明部分,所以水平光照和垂直光照分布都不均匀。此外,骨架结构和建筑材料的遮阴以及屋面角度和建设方位等也对温室内的光照分布有很大影响。一般日光温室的北侧光照较弱,南侧较强;温室上部靠近透明覆盖物表面处光照较强,下部靠近地面处光照较弱;东西靠近山墙处,在午前和午后分别出现三角形弱光区,午前出现在东侧,午后出现在西侧,而中部全天无弱光区。此外,温室骨架遮阴处光照弱,无遮阴处光照较强。日光温室长度对光照分布是有一定影响的,一般温室长度越长遮光率越低,而温室长度越短遮光率越高;当温室长度超过 75 m 后,再增加长度对室内光照分布的影响会明显减小;而当温室长度超过 100 m 后,遮光的影响会进一步减小。

(4)光质　日光温室透明覆盖材料是塑料薄膜,不同薄膜的紫外线透过特性不同,一般的 PE 膜在 270～380 nm 紫外光区可透过 80%～90%;但 PVC 膜一般不能透过 320 nm 以下的紫外光,EVA 膜紫外光透过率介于两者之间。同一覆盖材料,由于内部添加助剂的不同,其紫外光透过率也不同。

一般认为 PVC、PE、EVA 三种类型塑料薄膜的可见光透过率多在 85% 以上,但实际上,不同薄膜可见光区透过率有差异。根据沈阳农业大学对保温耐老化多功能的 PVC 膜(A)、PE 膜(B)、EVA 膜(C、D)测试结果,400～760 nm 的可见光区,PE 和 EVA 膜透光率平稳提高,而 PVC 膜的透光率在 450～550 nm 出现高峰,600 nm 处出现低谷,而后透光率又提高。

2.3.3.2　温度

(1)气温的季节变化　日光温室的气温在一年四季均比露地高,但它仍然直接受外界气候条件的影响。通常在高纬度的北方地区,日光温室内存在着明显的四季变化,但较外界变化幅度小。根据气象上的规定,日光温室内的冬季天数可比露地缩短 3～5 个月,夏季天数可比露地延长 2～3 个月,春、秋季天数可比露地分别延长 20～30 d,在北纬 42°以南地区,保温性能好的优型日光温室几乎不存在冬季(图 2-29),可以四季生产蔬菜、花卉及果品。

(2)气温的日变化　日光温室内气温的日变化规律与外界基本相同,即白天气温高,夜间气温低。通常在早春、晚秋及冬季的日光温室内,晴天最低气温出现在揭草苫后 0.5 h 左右,此后温度开始上升,上午每小时平均升温 5～6℃,到 12:00 左右,温度达到最高值(偏东

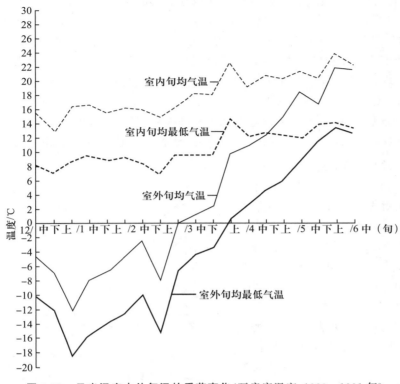

图 2-29　日光温室内外气温的季节变化（瓦房店温室，1990—1991 年）

温室略早于 12：00，偏西温室略晚于 12：00）。14：00 后气温开始下降，14：00—16：00 盖草苫时，平均每小时降温 4～5℃，盖草苫后气温下降缓慢，从 16：00 到第二天 08：00 平均每小时降温 0.5～0.7℃（图 2-30）。阴天室内的昼夜温差较小，一般只有 3～5℃，晴天室内昼夜温差明显大于阴天。

（3）气温的分布　日光温室内的气温分布存在着严重的不均匀现象，这与光照分布不均匀是一致的。通常在日光温室内白天上部温度高于下部，中部温度高于四周，夜间北侧的温度高于南侧的。但在寒冷季节外面无保温覆盖时，靠近透明覆盖材料内表层处的温度往往较低。此外，温室面积越小，低温区域所占的比例越大，温度分布也越不均匀，一般水平温差为 3～4℃，垂直温差为 2～3℃。

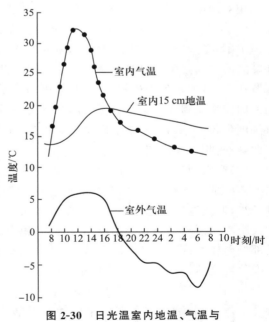

图 2-30　日光温室内地温、气温与室外气温的日变化

（4）地温的变化　日光温室内的地温虽然也存在着明显的日变化和季节变化,但与气温相比,地温比较稳定。从地温的日变化看,日光温室上午揭草苫后,地表温度迅速升高,14:00左右达到最高值。14:00—16:00时温度迅速下降,16:00左右盖草苫后,地表温度下降缓慢。随着土层深度的增加,日最高地温出现的时间逐渐延后,一般距地表5 cm深处的日最高地温出现在15:00左右,距地表10 cm深处的日最高地温出现在17:00左右,距地表20 cm深处的日最高地温出现在18:00左右,距地表20 cm以下深层土壤温度的日变化很小。从地温的分布看,温室内周边的地温低于中部地温,且地表的温度变化大于地中温度变化,随着土层深度的增加,地温的变化越来越小。地温变化滞后于气温,相差2～3 h。

2.3.3.3　空气湿度

（1）空气湿度日变化规律　日光温室内空气的绝对湿度和相对湿度一般均大于外界的。这是因为日光温室是半封闭系统,土壤蒸发和作物蒸腾的水分与外界大气交流较少,所以日光温室内空气湿度大。但空气湿度过大,加上弱光的影响,会引起作物营养生长过旺,易发生徒长,影响作物的开花结实,还易诱发病害。因此,栽培上应特别注意防止空气湿度过大。日光温室内的空气相对湿度的日变化比露地大得多(图2-31)。白

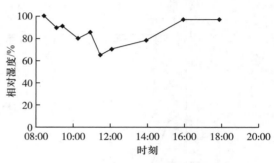

图2-31　日光温室内相对湿度的
日变化(辽沈Ⅰ型温室,1999)

天中午前后,温室内的气温高,空气相对湿度较小,通常为60%～70%;夜间气温迅速下降,空气相对湿度也随之迅速增高,可达到饱和状态。

（2）空气相对湿度的季节变化　日光温室内空气相对湿度存在明显的季节变化。在一般情况下,冬天空气相对湿度最大,夏季次之,春秋季节空气相对湿度最小。冬季空气相对湿度大的原因是冬季日光温室放风时间短,密闭时间长,作物蒸腾和土壤水分蒸发的水汽多保留在室内,加之冬季夜间温度较低,更加重了相对湿度的提高。夏季虽然昼夜放风,日光温室内作物蒸腾和土壤水分蒸发的水汽会大量与外界交换,但夏季雨天较多,因此,空气相对湿度也较大。而春秋季节雨水相对较少,光照充足,日光温室内温度较高,放风时间较长,因此,空气相对湿度较小一些。

（3）空气相对湿度的分布　日光温室内的空气相对湿度分布存在不均匀现象。通常作物群体内部空气相对湿度较大,而通道等外部空气相对湿度较小;温度高的地方空气相对湿度较小,而温度低的地方空气相对湿度较大。局部湿差比露地大,但这种局部湿差依温室空间大小不同而异。日光温室越高大,其容积也越大,室内空气相对湿度及其日变化较小,但局部湿差较大;反之,日光温室越小,其容积越小,室内空气相对湿度不仅易达到饱和,而且日变化也剧烈,但其局部湿差较小。

（4）日光温室内起雾和作物易于沾湿　日光温室内经常出现结露现象。在外界气温较低的季节,早晨揭草苫时间早或傍晚盖草苫时间晚,当温室内气温下降时,空气中的水蒸气就会迅速凝结,形成雾或雾滴,易引发多种病害。因此,生产管理上应特别注意防止起雾。

2.3.3.4 气体条件

（1）CO_2 气体　日光温室内如果不进行通风换气，其 CO_2 浓度的日变化非常大。据沈阳农业大学设施蔬菜团队对栽培黄瓜的日光温室内 CO_2 浓度的测定，早晨揭草苫前温室内的 CO_2 浓度最高，可达 $1\,100\sim1\,300\ \mu L/L$；而揭草苫 2 h 后，$CO_2$ 浓度降至 $250\ \mu L/L$ 以下；放风前的 11:00 左右则降至 $150\ \mu L/L$；此后由于放风，室内 CO_2 浓度可基本保持在 $300\ \mu L/L$ 左右；盖草苫后，CO_2 浓度又逐渐增加，直到第二天早晨又达到最高值。如果温室土壤中增施有机物料，则在早晨揭草苫前 CO_2 浓度比普通温室高，全天的 CO_2 浓度均高于普通温室，但其浓度的日变化规律基本相同。

日光温室内 CO_2 浓度季节变化更加剧烈，特别是栽培作物的日光温室内，随着作物的逐渐长大和施用有机肥时间的延长，CO_2 浓度会逐渐下降。

（2）有害气体　日光温室内的有害气体主要有 NH_3、NO_2、乙烯、Cl_2 等，在可补充加温的日光温室内除以上几种有害气体外，还有 CO、SO_2、NH_3 和 NO_2。这几种气体产生的主要原因是过量施用有机肥、铵态氮肥或尿素等（特别是在土壤表面施用过量）。煤中含有硫化物，燃烧过程中会产生二氧化硫，如果炉火加温时烟道漏烟，则会产生二氧化硫毒害；若炉火加温时煤燃烧不完全，则会产生一氧化碳。此外，乙烯和氯气主要是不合格的农用塑料制品中挥发出来的。

2.3.3.5 土壤环境

（1）土壤养分转化和有机质分解速度加快　日光温室内的土壤温度全年均高于露地，再加上土壤温度变化范围多为 $15\sim25\ ℃$；而且土壤相对含水量可人为控制，多为 $60\%\sim80\%$，通气良好，利于土壤中微生物繁殖与活动，利于土壤酶发挥作用，这就加快了土壤养分转化和有机质分解的速度。

（2）肥料的利用率高　日光温室内的土壤一般不受或较少受雨水淋溶，土壤养分流失较少，因此施入的肥料便于作物充分利用，从而提高了肥料的利用率。但是，不同施肥量对日光温室养分利用率有较大影响，一般随着施肥量的升高，养分利用率逐渐下降。

（3）土壤盐分浓度大，易形成次生盐渍化和酸化　日光温室内的土壤一般不受或较少受雨水淋溶，其土壤水分因蒸发作用，经常由下层向表层运动，加之温室连年过量施肥，残留在土壤中的盐分随水分向表土积聚，因此，温室内表土常常出现盐分积聚而浓度过高，发生次生盐渍化。另外，长期施用化肥会加快土壤酸化过程，一般土壤 pH 会随着氮肥施用量增多而降低。

（4）土壤微生物繁殖与活动旺盛　土壤中活的微生物数量和活性是反应土壤肥力状况的重要指标。土壤中活的微生物在不断分解外界有机体、吸收和同化无机养分合成自身物质的同时，又不断向外界释放其代谢产物而增加土壤肥力，在土壤主要养分转化过程中起主导作用。一般用土壤微生物量表示土壤中活的微生物数量。日光温室土壤中温度和湿度适宜，通气良好，总体上日光温室中土壤微生物量碳、微生物量氮、微生物量磷等指标均高于露地。

（5）土壤营养易失衡　所谓土壤营养失衡是指土壤营养与作物所需要的营养不平衡，一些土壤营养元素含量高于作物所需营养需求，另一些营养元素含量低于作物所需营养需求。产生这种现象的原因是同一类或同一种作物吸收的土壤营养离子相同，这样连年吸收某些相同土壤营养元素,而不吸收或少吸收另外一些元素,加之生产中盲目过量施肥现象十分普遍,从而导致作物营养元素缺乏或过剩,营养失去平衡。

2.3.4　日光温室的应用

（1）园艺作物育苗　可以利用日光温室为温室、大棚、小棚和露地果菜类生产培育幼苗,还可以培育草莓、葡萄、桃、樱桃等果树幼苗和各种花卉苗。

（2）蔬菜周年栽培　利用日光温室栽培的蔬菜已有几十种,其中包括瓜类、茄果类、绿叶菜类、葱蒜类、豆类、甘蓝类、食用菌类、芽苗菜类等蔬菜;栽培茬口有冬春茬、春茬、秋茬、秋冬茬等。此外,各地还根据当地的特点,创造出许多高产、高效益的栽培茬口,如一年一大茬、一年两茬、一年多茬等。日光温室蔬菜生产已成为实现我国北方地区蔬菜周年均衡供应的重要途径。

（3）花卉栽培　日光温室花卉生产得到了快速发展,除了生产盆花以外,还生产各种切花,如月季、菊花、百合、康乃馨、剑兰、非洲菊等。

（4）果树栽培　近年来,日光温室果树生产发展速度更快,如日光温室草莓、葡萄、桃、大樱桃等,都取得了很好的效益。

2.4　连栋温室

连栋温室,是指多栋温室连接在一起的大型温室,其环境可自动调控并能全天候进行园艺作物生产。荷兰是连栋温室设计建造最发达的国家,代表类型为芬洛型（Venlo）温室。

2.4.1　连栋温室的类型

连栋温室按屋面特点主要分为屋脊形连接屋面温室和拱圆形连接屋面温室两类。

2.4.1.1　屋脊形连接屋面温室

屋脊形连接屋面温室主要以玻璃作为透明覆盖材料,其代表型为荷兰的芬洛型温室（二维码2-7）,这种温室大多数分布在欧洲,以荷兰面积最大,居世界之首。部分屋脊形连接屋面温室以硬质塑料板材为覆盖材料。我国近年来在引进、消化、吸收国外连栋温室的基础上,也自行设计研制出一些屋脊形连接屋面温室（表2-22）。

二维码2-7（图片）
芬洛型温室

荷兰芬洛型玻璃温室是屋脊形连接屋面温室的典型代表。这种温室的骨架采用钢架和铝合金构成,透明覆盖材料通常为4 mm厚平板玻璃,近年来应用散射光玻璃的比例逐渐增加。温室屋顶形状和类型主要有多脊连栋型和单脊连栋型两种（图2-32和图2-33）。此外,近年来,我国还设计有大屋脊结构连栋温室（图2-34）。

设施园艺学

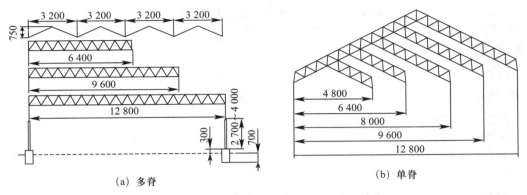

(a) 多脊   (b) 单脊

图 2-32　荷兰芬洛型玻璃温室屋顶形状和类型（单位：mm）

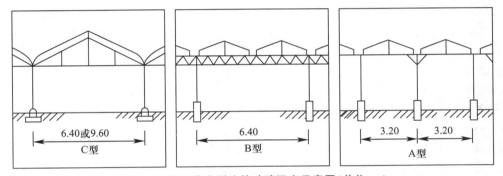

图 2-33　荷兰芬洛型连栋玻璃温室示意图（单位：m）

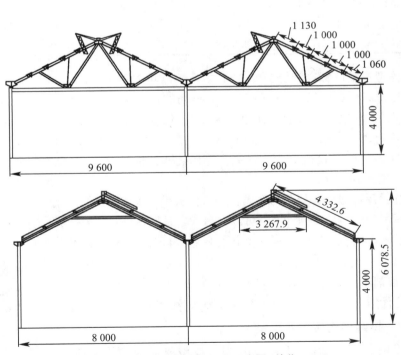

图 2-34　大屋脊结构连栋温室示意图（单位：mm）

（北京京鹏环球温室工程有限公司提供）

表 2-22　屋脊形连接屋面温室的基本规格

温室类型	单栋跨度	脊高	肩高	骨架间距	覆盖材料	生产或设计单位
LBW63	6	3.92	2.38	3.03	玻璃	原上海农业机械研究所
LB64S4S	3.2×2	4.7	4.0	4.0	玻璃	
LB96Ss4S	3.2×3	4.7	4.0	4.0	玻璃	
LPC80S4	4×2	5.0	4.0	4.0	玻璃	
LB120Ss4	4×3	5.0		4.0	玻璃	
LBB96Ss4	3.2×3	4.9	4.0	4.0	双层玻璃	
LPC64S4	3.2×2	4.8	4.0	4.0	PC 板	
LPC96Ss4	3.2×3	4.8	4.0	4.0	PC 板	
LPC80S4	4×2	5.1	4.0	4.0	PC 板	北京京鹏环球温室工程有限公司
LPC120Ss4	4×3	5.1	4.0	4.0	PC 板	
LPC108Ss4	3.6×3	5.0	4.0	4.0	PC 板	
LPC108Ss5	3.6×3	5.0	4.0	5.0	PC 板	
LPC80D4	8	6.07	4.0	4.0	PC 板	
LPC96D4	9.6	6.47	4.0	4.0	PC 板	
LPC100D4	10.0	6.97	4.0	4.0	PC 板	
LM80D4	8	6.08	4.0	4.0	薄膜	
LM96D4	9.6	6.48	4.0	4.0	薄膜	
荷兰芬洛 A 型	3.2	3.05~4.95	2.5~4.3	3.0~4.5	玻璃玻璃	
荷兰芬洛 B 型	3.2×2	3.05~4.95	2.5~4.3	3.0~4.5	玻璃	荷兰
荷兰芬洛 C 型	3.2×3	4.20~4.95	2.5~4.3	3.0~4.5	玻璃	

　　多脊连栋型温室的标准脊跨为 3.2 m 或 4.0 m,单间温室跨度为 6.4 m、8.0 m、9.6 m,大跨度的可达 12.0 m 和 12.8 m(表 2-22)。早期的连栋温室柱间距为 3.0~3.12 m,目前以采用 4.0~4.5 m 较多。玻璃屋面角度为 25°。传统屋顶通风窗宽 0.73 m,长 1.65 m,目前最常用的是 1.25 m 长;单脊跨 4.00 m 温室的脊高 3.5~4.95 m,柱高 2.5~4.3 m,通风窗玻璃长度为 2.08~2.14 m。在室内高度和跨度相同的情况下,单脊连栋型温室比多脊连栋型温室的开窗通风率大。

　　屋脊形连接屋面温室骨架分为两类:一类是柱、梁或拱架采用矩形钢管、槽钢等制成,经过热浸镀锌防锈蚀处理,具有很好的防锈能力;另一类是门窗、屋顶等为铝合金型材,经抗氧化处理,轻便美观、不生锈、密封性好,且推拉开启省力。目前,大多数荷兰温室厂家都采用铝合金型材和固定玻璃。也有公司用薄壁型钢,但外涂层用锌、铝和硅添加剂组成的复合材料,化学成分为 55% 铝、43.4% 锌、1.6% 硅添加剂。该构件结合了铝合金型材耐腐蚀性强、钢镀锌件强度高的优点。

2.4.1.2　拱圆形连接屋面温室

　　拱圆形连接屋面温室(二维码 2-8)主要以塑料薄膜为透明覆盖材料,这种温室在法国、以色列、西班牙、日本、韩国等国家应用较广泛。我

二维码 2-8(图片)
拱圆形连接屋面温室
(双层充气薄膜)

国目前自行设计建造的连栋温室也多为拱圆形连接屋面温室（表 2-23）。

表 2-23　拱圆形连接屋面温室的基本规格　　　　　　　　　　m

温室类型	长度	单栋跨度	脊高	肩高	骨架间距	覆盖材料	生产或设计单位
GLZW-7.5	30	7.5	4.9～5.2	3.2～3.5	3.0	薄膜	原上海农业机械研究所
GLW-6	30	6.0	4.0～4.5	2.5～3.0	3.0	薄膜	
LPC80R4		8.0	5.5	3.5	4.0	PC 板	北京京鹏环球温室工程有限公司
LPC96R4		9.6	5.8	3.5	4.0	PC 板	
LM60R4		6.0	3.5	2.1	4.0	薄膜	
LM80R4		8.0	5.0	3.0	4.0	薄膜	
LM96R4		9.6	5.0	3.0	4.0	薄膜	
GLP732	30～42	7.0	5.0	3.0	3.0	薄膜	浙江省农业科学院
WSP-50	42	6.0		2.2	3.0	薄膜	日本
SRP-100	42	6.0～9.0		2.2	3.0	薄膜	
SP	42	6.0～8.0		2.1	2.5	薄膜	
以色列温室		7.5	5.5	3.75	4.0	薄膜	以色列 AZROM
以色列温室		9.0	6.0	4.0	4.0	薄膜	以色列 AVI
INVERCAC 型	125	8.0	5.21		2.5	薄膜	西班牙
法国温室		8.0	5.4	4.2	5.0	薄膜	法国 RICHEL
韩国温室	48	7.0	4.3	2.5	2.0	薄膜	韩国
华北型	33	8.0	4.5	2.8	3.0	薄膜	中国农业大学

　　拱圆形连接屋面温室的透明覆盖材料主要采用塑料薄膜，因其自重较轻，所以在降雪较少或不降雪的地区，可大量减少结构安装件的数量，增大薄膜安装件的间距。如立柱间距为 4.0 m 或 5.0 m，拱杆间距为 2.0 m 和 2.5 m，跨度有 6.4 m、7.5 m、8.0 m、9.0 m 等多种规格。由于拱圆形连接屋面温室框架结构比玻璃温室简单，用材量少，建造成本低。

　　塑料薄膜较玻璃保温性能差，因此提高薄膜温室保温性能的一个重要措施是采用双层充气薄膜。同单层薄膜相比较，双层充气薄膜的内层薄膜内外温差较小，在冬季可减少薄膜内表面冷凝水的数量。同时，外层薄膜不与结构件直接接触，内层薄膜由于受到外层薄膜的保护，可以避免风、雨、光的直接侵蚀，因而可提高内外层薄膜的使用寿命。为了保持双层薄膜之间的适当间隔，常用充气机进行自动充气（图 2-35）。但双层充气薄膜的透光率较低，因此，在光照弱的地区和季节生产喜光作物时不宜使用。

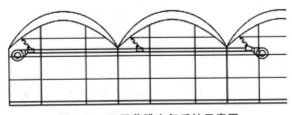

图 2-35　双层薄膜充气系统示意图

▶ 2.4.2　连栋温室的生产系统

2.4.2.1　覆盖材料

理想的覆盖材料应具备透光和保温性好、坚固耐用、质地轻、便于安装、价格便宜等特点。屋脊形连栋温室的覆盖材料主要为平板玻璃(西欧、北欧、东欧玻璃温室比较多)、塑料板材(美国、加拿大多用 FRA 板、PC 板等)。拱圆形连接屋面温室主要以塑料薄膜为透明覆盖材料。

在寒冷地区或光照条件差的地区,玻璃仍是较常用的覆盖材料,保温透光好,但价格高,约是薄膜温室的 5 倍,且易损坏,维修不方便。玻璃重量大,要求温室框架材料强度高,也增加投资。塑料薄膜价格低廉,易于安装,质地轻,但不适于屋脊形屋面,且易污染老化,透光率差,故屋脊形连接屋面温室较少采用。双层中空的聚碳酸酯板材(PC 板),因其兼有玻璃和塑料薄膜两种材料的优点,且质轻、坚固耐用,一度被作为理想的覆盖材料推广应用,但因其安装难以实现完全密封,水汽进入后难以消除而影响透光,且易老化和被污染,透光性衰减快。因此,在生产性温室中,PC 板的应用逐渐减少,目前在观光和生态餐厅温室中有较多应用。

二维码 2-9(图片)
连栋温室顶窗通风

2.4.2.2　自然通风系统

自然通风系统有顶窗通风(二维码 2-9)、侧窗通风(二维码 2-10)以及两者兼有(二维码 2-11)三种类型。通风窗面积是自然通风系统的一个重要参数。研究测试结果表明,空气交换速率取决于室外风速和开窗面积的大小,顶窗加侧窗的通风效果比只有侧窗的好。在多风地区,如何设计合理的顶窗面积及开度十分重要,因其结构强度和运行可靠性受风速影响较大,设计不合理时容易被损坏,并限制其空气交换潜力的发挥。顶窗开启方向有单向和双向两种,双向开窗可以更好地适应外界条件的变化,也可较好地满足室内环境调控的要求。玻璃温室开窗常采用联动式驱动系统,其工作原理是发动机转动时带动纵向转动轴,并通过齿轴-齿轮机构,将转动轴的转动变为推拉杆在水平方向上的移动,从而实现顶窗启闭。因此,在整个传动机构中,齿轮、齿条的质量和加工精度,是开窗系统运行可靠性的关键。

二维码 2-10(图片)
连栋温室侧窗通风

二维码 2-11(图片)
连栋温室顶窗+
侧窗通风

2.4.2.3　加温系统

连栋温室因面积大,一般不采用外覆盖保温防寒,寒冷季节园艺作物生产需要进行加温。加温系统采用集中供暖分区控制,有热水管道加温(二维码 2-12)和热风加温两种方式。

热水管道加温主要是利用热水锅炉,通过加热管道对温室加温。该系统由锅炉、锅炉房、调节组、附件及传感器、进水主管、温室内的散热管等组成。温室内的散热管排列有以下要求:①保证温室内温度均匀,一般水平方向的温度差

二维码 2-12(图片)
连栋温室热水
管道加温系统

不超过1℃;②供热量能够根据作物生长的变化进行调节,从而保证作物生长的温度需求;③保证热水在管道内循环流畅。温室内散热管的排列按管道能否移动可分为升降式和固定式,按管道位置则可分为垂直排列和水平排列。热水管道加温的特点是温室内温度上升速度慢,分布均匀,停止加热后温度下降速度也慢,因此有利于作物生长。而且,加热管道可兼作高架作业车的轨道,便于温室作物的日常管理。但是,所需设备和材料多,安装维修费时、费工,一次性投资大,且需另占土地修建锅炉房等附属设施。

热风加温(彩图2-27)主要是利用热风炉,通过风机将热风送入温室加温。该系统由热风炉、送气管道(一般用聚乙烯薄膜管道)、附件及传感器等组成。热风加温的特点是温室内温度上升速度快,但在停止加热后,温度下降也快,加热效果不及热水管道。然而,热风加温的设备和材料较热水管道节省,安装维修简便,占地面积小,适用于面积较小的连栋温室临时加温。

荷兰目前多利用白天 CO_2 施肥时燃烧天然气或重油所放出的热量将水加热,然后将热水贮存在蓄热罐中,晚间再让热水通过管道循环,达到温室内加温的目的。一个供热量 6.5 t 的蒸汽锅炉,每小时耗油量为 300 kg/台,供热量为 $16\,538\times10^6$ J/h,可满足外界最低气温 −15℃地区 10 000 m^2 不加保温覆盖的连栋温室的供暖。

2.4.2.4 帘幕系统

帘幕系统具有双重功能。夏季可遮挡阳光降温,冬季可增加保温效果,降低能耗,提高能源的有效利用率。

帘幕材料有多种,较常用的一种是采用塑料线编织而成的,并按保温和遮阳的不同要求,嵌入不同比例的铝箔。

帘幕开闭驱动系统根据其构件的不同而分为两种形式:一种是齿轮齿条驱动机构,由发动机转动带动驱动轴转动,经过齿轮箱转换为推拉杆的水平移动,从而实现帘幕的展开和收拢;另一种是钢丝绳牵引式驱动机构,由齿轮减速电机、轴承、传动管轴、牵引钢丝绳、滑轮组件、链轮和链条等组成。传动钢丝绳安装在两端侧墙横梁上的滑轮组件内,并与传动管轴相绕,钢丝绳保持适当的张紧度,当传动管轴旋转时,借助摩擦力带动钢丝绳运动,从而牵引帘幕,并通过电机的正反转实现帘幕的展开与收拢。

近年来,散射光型幕布逐渐得到开发与应用,与传统幕布相比,散射光型幕布将较强的光辐射反射出去,将透过光转换为散射光,如图 2-36 所示。散射型幕布使作物冠层内部光和温度分布更加均匀,可提高作物光合能力和产量。

(a)传统幕布　　　　　　　　　　　　(b)散射幕布

图 2-36　传统幕布与散射型幕布示意图(上海斯文森园艺设备有限公司提供)

2.4.2.5　外遮阳系统

当气温逐渐升高时,简单易行的措施是采用外遮阳涂料,喷洒在温室覆盖材料表面,可以在温室外表面形成白色保护层,将直射光反射出去,从而减少进入温室的阳光,起到降温的效果。当不需要遮阳时,可以使用专业的清除剂,快速将其除去,操作方便且无污染。

2.4.2.6　计算机环境测量和控制系统

计算机环境测量和控制系统是创造符合园艺作物生育要求的生态环境,获得高产、优质产品不可缺少的手段。调节和控制的环境目标参数包括温度、湿度、CO_2 浓度、光照等。针对不同的环境目标参数,宜采用不同的控制设备(表 2-24)。

表 2-24　温室气候的目标参数及其控制设备

目标参数	控制设备
温度	加热系统、通风系统、帘幕系统、喷淋/喷雾系统
湿度	加热系统、通风系统、降湿系统、喷淋/喷雾系统
CO_2 浓度	通风系统、CO_2 施用系统
光照	帘幕系统、人工补光系统

在温室外部的人工操作间,通过一台计算机主机,将所有影响温室环境的因素联系起来。它内含的模块化控制系统,可形成一个完整的温室环境控制系统,实现对温度、湿度、空气循环、风机、水帘、保温幕、内遮阳系统、天窗等的自动化控制,并对温室能源和水资源进行设置和管理。系统还可以将一天分为多个时间段进行分段控制,灵活有效地调整适合的控制策略,以最有效的方式为园艺作物生产提供理想的生长环境。为了便于管理,还可以配置远程控制系统,无论在何地,只要通过计算机或手机上网就可以对温室内的环境进行监控和设置管理,及时解决生产中的各种问题,时刻保证温室各环节的正常运转。

2.4.2.7　灌溉和施肥系统

完善的灌溉和施肥系统(彩图 2-28),通常包括水源、贮水及供给设备、水处理设备、灌溉和施肥设备、田间网络、灌水器(如滴头)等。其中,贮水及供给设备、水处理设备、灌溉和施肥设备构成了灌溉和施肥系统的首部(图 2-37)。

在灌溉和施肥系统中,肥料均匀注入水中非常重要。目前采用的方法主要有文丘里注肥器法、水力驱动式肥料泵法、电驱动肥料泵法。

①文丘里注肥器是根据流体力学原理设计而成的。进行施肥时,利用输液管某一部分截面变化而引发的水的流速变化,使管道内形成一定负压,将液体肥料带入水中,随水进行施肥。

②水力驱动式肥料泵法是通过水流流过柱塞或转子,将液体肥料带入水中的方法,其注肥比率可以进行准确控制。

③电驱动肥料泵法是通过电驱动肥料泵将液体肥料注入水中的方法。这种方法简便,泵的价格低,运行可靠,在有电源的地方可使用。电驱动肥料泵型号较多,小到每小时注入几升液体肥料,大到每小时注入几百升液体肥料。

灌溉和施肥系统通过时间控制器、电磁阀等可以定时、定量地进行自动浇水施肥。先进的灌溉和施肥系统能自动调节营养液中各种元素的浓度。

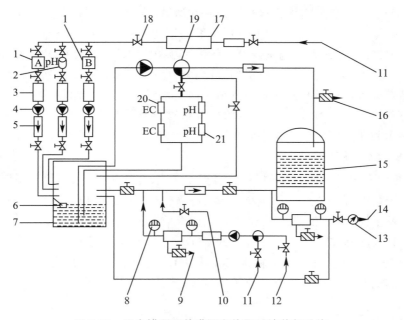

图 2-37 混合罐原理的灌溉和施肥系统首部设施

1. 肥料罐；2. 酸罐；3. 精过滤器；4. 肥料泵；5. 单向阀；6. 浮球阀；7. 混合罐；8. 压力表；

9. 反冲洗；10. 手动给水；11. 水源；12. 肥水回收；13. 流量表；14. 进温室；15. 沙石过滤器；

16. 电磁阀；17. 注水泵；18. 比例阀；19. 闸阀；20. EC 传感器；21. pH 传感器

采用针式滴头灌溉施肥（彩图 2-29），可在滴灌管线上每隔一定距离安置增压器，每个增压器最多可带动 50 个滴头，能有效改善滴灌效果（图 2-38）。

（a）增压器在箭式滴头系统中的应用

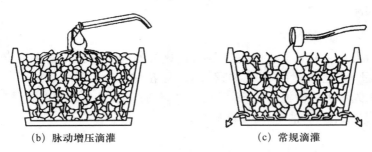

（b）脉动增压滴灌　　　　　　　　（c）常规滴灌

图 2-38 采用增压器和未采用增压器时滴灌效果示意图

智能营养施肥机、紫外消毒机等配套设备在灌溉施肥系统中逐渐应用,可以实现营养液循环利用的统一控制。智能营养施肥机可以根据植物生长需要定时定量提供营养液,避免人工灌水产生的差异和浪费。温室内设置的多个独立蓄水池,保证每次灌溉回收的营养液能够流经紫外消毒机,经过紫外消毒机的过滤和消毒后贮存,以备下一次灌溉使用。通过紫外消毒机、智能营养施肥机与潮汐式灌溉苗床的配合使用,温室的水循环系统成为一个封闭的系统,所有的水分和肥料,除了植物吸收以及植物蒸腾的损失以外,全部都被回收循环利用,最大限度节省了温室生产所需水分和肥料。

2.4.2.8　CO₂ 施肥系统

二维码 2-13(图片)
连栋温室 CO_2
施肥系统

大型连栋温室因是相对封闭的环境,白天 CO_2 浓度低于外界,为增强作物的光合作用,需补充 CO_2。连栋温室 CO_2 施肥系统(二维码 2-13)多采用 CO_2 发生器,将煤油或天然气等碳氢化合物通过充分燃烧产生 CO_2,通常 1 L 煤油燃烧可产生 1.27 m^3 的 CO_2 气体;也可将 CO_2 的贮气罐或贮液罐安放在温室内,直接输送 CO_2。CO_2 一般通过电磁阀、鼓风机和管道输送到温室各个部位。为了控制 CO_2 浓度,需在室内安置 CO_2 传感器。

2.4.2.9　喷雾系统

二维码 2-14(图片)
连栋温室喷雾系统

喷雾系统(二维码 2-14)主要用于温室内加湿和降温。喷雾系统的喷嘴遍布整个温室,推荐的密度为每个喷嘴覆盖 4.5～9 m^2(50～100 ft^2)的栽培区域。与湿帘-风机系统相比,喷雾系统可以使温室降温得更加均匀。温室喷雾系统需要非常高的水压[4 903.33 N/cm^2(500 kgf/cm^2)或更高]以产生弥雾,雾滴在到达植物表面之前就被蒸发。每个喷嘴的用水量非常小,为 4.5～5.4 L/d(1～1.2 gpd,gpd:加仑/天)。此外,供水需要进行水处理(过滤和净化)除去所有杂质,以避免阻塞喷嘴,并配备高压泵。

目前采用的高压微喷雾系统,其喷出的雾滴直径为 0.005 mm,远好于同类高压雾化系统(雾粒直径为 0.17 mm)。微雾在蒸发前弥漫于作物附近,确保作物所需的湿度,大幅度降低作物对灌溉的需求。

2.4.2.10　空气内循环系统

二维码 2-15(图片)
连栋温室空气循环系统

空气内循环系统(二维码 2-15)主要是环流风机,能够为温室作物生长提供分布均匀的温度、相对湿度及 CO_2 环境。室内空气流通顺畅,可提高作物产量和品质。

2.4.2.11　人工补光系统

二维码 2-16(图片)
连栋温室补光系统

冬、春季节,光照时间较短,强度较弱,通常成为作物生长发育的主要限制因素,因此,温室补光系统(二维码 2-16)是温室设计必不可少的设备。利用人工光源进行作物补光,可以获得更好的产量、品质和效益。补光的光源有荧光灯、高压钠灯和 LED 灯等。

2.4.2.12　常用作业机具和装备

（1）土壤和基质消毒机　温室连作，土壤中有害生物容易积累，诱发作物产生病虫害。无土栽培的基质也常会携带各种病菌，需要进行消毒。土壤和基质的消毒方法主要有物理方法和化学方法两种。

①物理方法。包括高温蒸汽消毒、热水、太阳能消毒等，其中高温蒸汽消毒较为普遍。将待消毒的土壤或基质堆好，用帆布或耐高温的厚塑料薄膜覆盖，四周密封，然后将高温蒸汽输送到覆盖物之下的土壤或基质中。

②化学方法。采用化学方法消毒时，可将液体药剂直接注入土壤或基质中，且具一定深度，使其汽化扩散，起到熏蒸作用，如臭氧消毒。

（2）植保机械　在大型连栋温室中，常采用喷雾机械施药，如多功能植保机。荷兰多采用 Enbar LVM 型低容量喷雾机，可定时或全自动控制，无须人员在场，安全省力。每小时药液用量 2.5 L，每台机具一次喷洒面积达 3 000～4 000 m²，运行时间约 45 min。为使药剂弥散均匀，需在每 1 000 m² 区域内安装一台空气循环风扇。

（3）辅助授粉器　如番茄震荡授粉器，用于番茄等作物辅助授粉（彩图 2-30），原理是通过授粉器震动，花粉自然飘落到柱头上而达到授粉的目的，使用简单方便，产品食用安全，较少产生畸形果。目前，多利用熊蜂授粉（彩图 2-31）。

▶ 2.4.3　连栋温室的性能

2.4.3.1　光照

连栋温室全部采用透明覆盖材料——塑料薄膜、玻璃或透明塑料板材覆盖，可全面进光，采光好，透光率高，光照时间长，而且光照分布比较均匀。双层充气薄膜温室透光率不高，在北方地区的冬季，其室内光照较弱，对喜光的园艺作物生长不利。

在温室内配备人工补光设备，当光照条件不能满足作物生长的需求时，需要进行人工光源补光，保证园艺作物的优质丰产。

2.4.3.2　温度

连栋温室具有相应的加温、保温、降温设备，冬季室内气温一般为白天 20～30℃，夜间不低于 8～15℃；在炎热的夏季，通过外遮阳系统、喷雾降温系统等，晴天室内最高气温较室外低 4～6℃，一般可控制在 32℃ 以下。

连栋温室采用热水管道加温或热风加温时，加热管道可按作物生长区域合理布局，除固定的管道外，还有可移动升降的加温管道，以保证室内温度分布均匀，作物生长整齐一致。但温室加温能耗很大，燃料费昂贵，大大增加了成本。

双层充气薄膜温室的夜间保温能力优于玻璃温室，中空玻璃、中空聚碳酸酯板材（阳光板）的导热系数更小，保温能力更强，但价格较高（表 2-25）。

2.4.3.3　湿度

连栋温室空间高大，作物生长势强，代谢旺盛，叶面积指数高，通过蒸腾作用释放出大量水汽进入温室空间，故在密闭情况下，空气湿度经常达到饱和。但现代化温室具有完善的加温系统，可有效降低空气湿度。由于薄膜的气密性强，双层充气结构塑料薄膜连栋温室的空气湿度和土壤湿度均比玻璃连栋温室高。

夏季高温季节,现代化连栋温室内有湿帘风机降温系统或喷雾降温系统,可降低室内温

表 2-25 不同温室覆盖材料性能比较

项目	覆盖材料					
	普通农膜 (0.08 mm 厚)	多功能膜 (0.15 mm 厚)	多功能膜 (双层)	玻璃 (4 mm 厚)	中空玻璃 [3+6(空气 层)+3 mm]	聚碳酸 酯板 (中空)
导热率/[kJ/ (m²·℃·h)]	29 307.6~ 33 494.4	16 747.2~ 18 840.6	14 653.8~ 16 747.2	23 027.4~ 25 120.8	12 562.4~ 13 397.8	10 467.0~ 12 562.4
透光率/%	85~90	85~90	75~80	90~95	80~85	85~90

度,保持适宜的空气湿度,为园艺作物创造了良好的生长环境。

利用喷灌、滴灌、潮汐灌等先进技术取代传统的大水漫灌,不仅节水,还减少了温室内空气和土壤湿度,防止作物表面濡湿,减轻病害。

2.4.3.4 气体

连栋温室内白天的 CO_2 浓度明显低于露地的,常发生 CO_2 亏缺(图 2-39)。据测定,引进的荷兰连栋温室中,白天 10:00—16:00 CO_2 浓度仅有 240 $\mu L/L$(不同种植区有所差别,但总的趋势一致)。所以须补充 CO_2,进行气体施肥,可以提高作物产量。

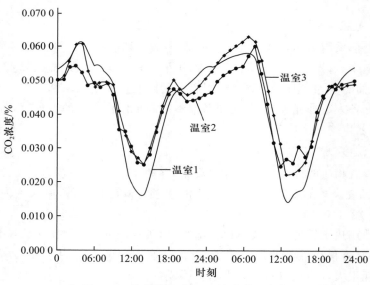

图 2-39 连栋温室内 CO_2 浓度的日变化

2.4.3.5 土壤

为避免土壤连作障碍,连栋温室越来越多地采用无土栽培技术。无土栽培克服了土壤栽培的许多弊端,更利于实现水肥的计算机自动化控制,可以为不同作物、同一作物的不同生育阶段,以及不同天气状况下,准确提供作物所需的水分及营养。国外现代化连栋温室的

蔬菜或花卉高产典型,几乎均出自无土栽培技术。

▶ 2.4.4　连栋温室的应用

现代化连栋温室可以基本摆脱自然气候的影响,一年四季进行园艺作物生产。连栋温室主要应用于高附加值园艺作物的生产,如喜温果菜类、切花、盆栽观赏植物、果树、观赏树木的栽培及育苗等(彩图 2-32 至彩图 2-34)。

在荷兰,现代化温室的近 60% 用于花卉生产,40% 多用于蔬菜生产,并且蔬菜生产种类以番茄、黄瓜、甜椒和生菜为主。温室基本实现了环境控制自动化,作物栽培无土化、生产工艺流程化、生产管理机械化和栽培技术标准化,因此不仅实现了高产,而且产品品质优良,市场需求大。在荷兰,温室黄瓜、番茄的平均产量可达 $70\sim80\ kg/m^2$,切花月季每 $667\ m^2$ 年产量高达 10 万支。

我国引进和自行建造的连栋温室,除少数用于培育林业苗木以外,绝大部分也是用于园艺作物育苗和栽培,而且以种植花卉、瓜果和蔬菜为主。近年来,在全国各地的城市周边,利用连栋温室进行景观设计,将园艺作物生产与旅游观光相结合,拓展了设施园艺的功能,成为一种新兴产业。

2.5　植物工厂

植物工厂充分运用现代工业、生物工程和信息技术等手段,实现环境因子精准控制,其技术密集度高,多年来一直被国际上公认为设施农业发展的最高级阶段,也是衡量一个国家农业技术水平的重要标志之一。

▶ 2.5.1　植物工厂的概念、类型与发展历程

2.5.1.1　植物工厂的定义

植物工厂(Plant factory)的概念最早由日本提出,并在中国、韩国等亚洲国家流行,2011 年以后逐渐为欧美国家所接受并成为全球通用的专业术语。植物工厂(彩图 2-35)是指对设施内温度、光照、湿度、CO_2 浓度和营养液等环境要素精准监测与控制,使植物生长发育不受或很少受自然条件制约的高效生产系统,从而实现植物的计划性周年生产。

植物工厂以人工可控的环境设施和工厂化作业为主要特征,是设施农业发展的高级阶段,代表了未来设施农业的发展方向,是一个高技术、高投入、高产出的新兴农业。作为技术高度密集、资源高效利用的农业生产方式,植物工厂具有传统农业无法比拟的优势。

(1)生产计划性强　植物工厂综合应用了多学科高技术手段,植物生长期相对稳定,可实现周年均衡生产。叶类蔬菜一年可收获 15～18 茬。

(2)高密度生产　资源利用率高。植物工厂采用多层立体栽培,形成高度集约化生产系统,单位面积产量高,资源利用率高。

(3)工厂化作业　省工省力。植物工厂环境自动化控制,从种子到育苗、移栽直至收获

实现全过程机械化作业。

（4）产品质量安全卫生　植物工厂为全封闭环境，可有效阻止病虫害侵入，在生产过程中不用或少用农药，产品安全无污染。

但是，植物工厂硬件设备投资大，初始成本高，电力消耗多，能源负荷大，这是目前限制发展的瓶颈。植物工厂电费通常占运行成本的50%～60%。开发廉价而性能好的硬件设备、减少种植过程中的能耗是未来植物工厂的发展方向。

2.5.1.2　植物工厂的类型

植物工厂的分类尚存在不少争议，标准和角度不同，划分方式各异。从建设规模上，植物工厂可分为大型（1 000 m² 以上）、中型（300～1 000 m²）和小型（300 m² 以下）三种；从生产功能上，植物工厂可分为种苗工厂、蔬菜工厂和食用菌工厂。

目前普遍接受的是按照光能利用方式分类，分为人工光型植物工厂（artificial plant factory，彩图 2-36）、太阳光型植物工厂（solar light factory，以及人工光＋太阳光植物工厂）。人工光型植物工厂被视为狭义的植物工厂，也称密闭式植物生产系统，是以不透光的绝热材料为维护结构，以人工光作为植物光合作用的唯一光源，在完全封闭的条件下进行植物周年高效生产的一种方式。广义的植物工厂，包括一切通过环境控制进行植物栽培的园艺设施，如环境可控能力强的现代化温室属于广义植物工厂的范畴。本节将重点论述人工光型植物工厂特征。

2.5.1.3　植物工厂的发展历程

植物工厂的发展历程大致可划分为三个阶段：

（1）试验研究阶段（20 世纪 40 年代—60 年代末）　植物工厂的发展始于 20 世纪 50 年代欧美等一些发达国家。早在 20 世纪 40 年代，在美国加州帕萨迪纳建立了第一座人工气候室，把营养液栽培和环境控制有机结合起来。1953 年和 1957 年，日本和苏联也相继建成了大型人工气候室，进行可控环境下的栽培试验。世界上第一座植物工厂出现在 1957 年的丹麦约克里斯顿农场，属人工光和太阳光并用型。

（2）示范应用阶段（20 世纪 70 年代初—80 年代中期）　水培技术的发展是这一阶段植物工厂应用的重要标志。1973 年，英国温室作物研究所提出了营养液膜水培模式，在植物工厂和无土栽培领域得到较广泛应用。波兰、罗马尼亚等国先后建成大小不等的十多家植物工厂。这一时期，世界上许多国家如美国、日本、英国、奥地利、挪威、希腊等都曾利用植物工厂开展过莴苣、番茄、菠菜、药材和牧草等作物的栽培与生产，但除了日本发展较快外，其余国家大多停留在示范和小规模应用阶段。

（3）快速发展阶段（20 世纪 80 年代中期—至今）　20 世纪 80 年代中期，瑞典的爱伯森公司从节能和降低运行成本的角度出发，建成了一座人工光和太阳光并用型大型植物工厂，在环境自动控制方面做了大量改进，为植物工厂的快速推广奠定了基础。此后，美国和加拿大也相继建成了一些有实用价值的植物工厂。日本相继开发出山崎和园试无土营养液配方，以及深液流栽培模式，仅 1992—2002 年，全日本建成植物工厂 26 个。

我国植物工厂研究和开发起步较晚，1998 年、1999 年分别从加拿大引进 2 套太阳光利用型植物工厂，2002 年开始进行植物工厂水培及其相关系统的试验研究。国内第一个人工光型植物工厂试验系统于 2006 年在中国农业科学院建成，2009 年在此基础上扩大为

100 m²，光源全部采用发光二极管（LED）。国内第一例商业化人工光利用型植物工厂于2009年9月在吉林长春建成，面积200 m²，由160 m²蔬菜工厂和40 m²育苗工厂两部分组成，蔬菜工厂采用荧光灯，育苗工厂采用LED光源。2010年5月，全球首款"低碳·智能·家庭植物工厂"由中国科学家研制成功并在上海世博会展出。此后，北京通州、山东寿光、辽宁沈阳、广东珠海、江苏南京等地相继建成了20余座人工光和太阳光并用型植物工厂。2015年12月，中国科学院植物研究所联合福建三安集团，成立了福建省中科生物股份有限公司，主要致力于植物工厂技术研发与产业化。以蔬菜、药用和保健植物为对象，在光配方及专用照明灯具、模块化组装生产系统、营养液及高效栽培技术等方面取得了突破性进展，将LED光谱技术成功应用于植物的工厂化生产，建成了栽培面积超过1万 m²的生长环境全智能控制植物工厂，并正式投入运营，成为我国人工光型植物工厂商业化的典型代表。中国植物工厂的快速发展和技术突破，标志着中国已经在该领域进入世界先进行列。

▶ 2.5.2 植物工厂的系统构成

植物工厂生产系统主要包括围护结构、立体栽培系统、营养液控制系统、环境控制系统、计算机控制系统和人工光控制系统等（图2-40）。

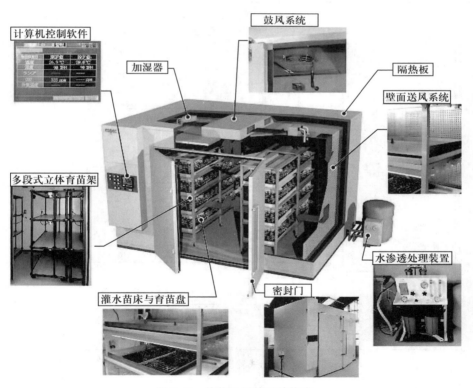

图 2-40　植物工厂的系统构成

2.5.2.1 围护结构

植物工厂的外围结构一般选择隔热和避光效果好的建筑材料。目前生产上使用较多的外围护材料有聚乙烯彩钢夹芯板、聚氨酯夹芯板等。外围护结构一般要求构建在混凝土结构基础及轻钢龙骨骨架上,按照洁净板材的安装工艺要求进行拼接安装。观察窗采用全封闭式,配以专用铝合金型材与玻璃。进出的门采用彩钢板配以专用铝型材门框,周边嵌入橡胶密封条。

2.5.2.2 立体栽培系统

早期的植物工厂由于使用高压钠灯等发热量大的人工光源,栽培架大多仅有一层,使用两层结构,其层架之间距离也在 1 m 以上。随着荧光灯、LED 等光源的应用,栽培架之间的距离缩小为 0.3～0.4 m,植物工厂的栽培层数可达 3～4 层,有些甚至达到 10 层以上,形成多层立体栽培系统(彩图 2-37)。立体栽培系统一般由固定支架、人工光源架、栽培槽、防水塑料膜、带孔泡沫栽培板、进水管、排水管、循环管路等组成,通过循环管路与营养液自动循环系统连接,实现植物工厂的立体多层栽培,大幅度提高空间利用率和单位面积产量。

2.5.2.3 营养液循环与控制系统

营养液栽培是人工光型植物工厂的主要栽培方式,其中以深液流栽培(DFT)、营养液膜栽培(NFT)和雾培多见,三者均通过封闭式循环系统进行营养液管理(图 2-41),主要由营养液循环系统、营养液自动监控系统、消毒系统等组成。

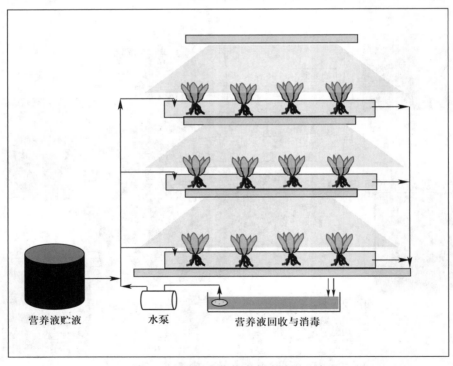

图 2-41 封闭式营养液自动循环系统

1. 营养液循环系统

营养液循环系统主要由营养液池、水泵、供液管道、回流管道、流量阀门和供液定时器等组成。

(1)营养液池 是贮存和供应营养液的容器,母液罐、酸罐、碱罐和清水罐中的溶液在电磁阀门的控制下流入营养液池。

(2)水泵　其选择应遵循耐用和与营养液循环流量相匹配的原则,选用耐酸碱、耐腐蚀的自吸泵或潜水泵。

(3)管道及流量阀门　管道分为供液管道和回流管道两种。供液管道分为主管、支管和毛管。在安装供液管道时主管上要安装流量调节阀门,其他支管也要安装阀门,以调节流量。回流管道的作用是保证营养液能够顺畅地流回贮液池。

(4)供液定时器　可根据作物长势进行间歇供液,从而节省能源和生产成本。

2. 营养液自动监控系统

营养液自动监控系统采用在线检测与程序控制,主要监控因子包括 EC、pH、溶解氧和液温,并实现自动配液、定时供液。

(1)供液　供液采用定时控制,供液时间和间隔可自由设置。营养液经贮液池—供液泵—供液电磁阀—供液管道进入栽培床,多余营养液经回液管道送回贮液池。

(2)检测　每次供液完成后,搅拌泵、供液泵及检测电磁阀同时开启,贮液池内营养液经供液泵—检测电磁阀—营养液检测槽(EC 传感器、pH 传感器)回到营养液池中,同时,传感器将检测信号传递到计算机。

(3)营养液调整　检测信号传递到计算机,通过与设定标准比较,低于或高于设定值时,进行营养液调配。系统设计有四个母液罐,分别为 A 液、B 液、酸液、碱液。A 液、B 液为含有不同离子的母液,用于调整营养液的 EC 值,酸、碱液则用于调控营养液的 pH。

(4)液温控制　主要由温度传感器、加热棒、制冷机、冷却水蒸发器来实现。

(5)增氧控制　为了保持栽培系统营养液温度,防止灰尘和病原菌污染,营养液池、栽培床及供液管道、回液管道均设计为相对封闭的系统,减少了营养液与大气间的交换,造成溶氧量偏低。增氧装置可以对营养液充氧,增氧时间与溶氧值有关,具体检测由传感器来实现。

(6)液位控制　营养液池设三级液位传感器控制。当营养液低于中位传感器时,补水电磁阀打开,向营养液池中注入清水,到达高液位传感器时,补水电磁阀关闭,补水完成。当液位低于低位传感器时,各执行机构进入自动保护并报警。

(7)执行机构　包括系统控制箱、控制运行设备及电器配件等。系统控制箱上分别嵌有溶解氧检测仪及营养液 pH、EC 检测仪。

3. 营养液消毒设备

营养液有害微生物去除方法主要有高温消毒、紫外线杀菌、臭氧杀菌和慢砂滤等消毒法。但多数物理方法,如紫外线照射、高温处理和臭氧处理等不仅杀死了有害微生物,也杀死了有益微生物。

除有害微生物外,根系分泌及根系残留物分解释放的自毒物质也积累于营养液中。营养液自毒物质的去除方法主要有更换营养液法、活性炭吸附法和光催化法三种。

2.5.2.4　环境控制系统

环境控制系统是植物工厂的关键构成部件之一,可调控的环境因子包括空气温度、相对湿度、光照、CO_2 浓度和气流速度等。环境控制系统由传感器、控制器和执行机构三部分组成。

1. 温度控制系统

植物工厂可以通过一定工程技术手段维持作物生长发育的适宜温度,对作物高效生产极为重要。植物工厂为封闭结构,热量来源主要有供暖系统、人工光源、栽培床和构造物等释放出来的热量。

降温一般借助空调制冷完成,通过继电器的闭合与断开,实现空调制冷机组的开启与关闭。由温度传感器进行数据采集并与设定值比较,确定是否需要调节,然后通过计算机系统与执行机构进行调控。当植物工厂内温度高于设定值的上限时,单片机给出控制信号闭合继电器,开启空调制冷,当温度达到设定值时,单片机给出控制信号断开继电器。

冬季室外气温低,寒冷地区的植物工厂一般采用热水供暖系统加温。水通过锅炉加热后进入散热器加热空气,冷却后的热水回流到锅炉中重复使用。一般采用低温热水供暖。温带或温热带地区的植物工厂冬季需要的加热负荷不大,一般采用空调系统增温即可。

2. 湿度控制系统

植物工厂内相对湿度一般维持在 $50\% \sim 85\%$。某温度下空气中的饱和水汽压与实际水汽压之差称为饱和水汽压差(vapour pressure deficit,VPD)。VPD 反映的是某温度下潮湿表面潜在蒸散能力,比相对湿度更能反映作物的蒸腾状况,植物工厂中 VPD 控制在 $0.5 \sim 1$ kPa 较适宜。

密闭空间是导致植物工厂内湿度过高的主要原因。为控制植物工厂内过高的湿度,通常采用加热、通风和热泵除湿等方法。在干燥季节,当植物工厂内 VPD>1.5 kPa 时,就需要加湿调节,常用的加湿方法有喷雾加湿和超声波加湿。超声波加湿不会出现湿润叶片的现象,在植物工厂中应用广泛。

3. CO_2 控制系统

大气中 CO_2 浓度为 $300 \sim 400$ $\mu L/L$,远低于植物光合作用的理想值,CO_2 施肥已成为提高植物工厂作物生产力的有效措施。综合考虑成本与收益,植物工厂一般选择较为经济的 CO_2 增施浓度,如 $800 \sim 1\,000$ $\mu L/L$。CO_2 施肥肥源主要是瓶装液态 CO_2。将气态 CO_2 加压成液态贮存于钢瓶,配以减压装置、流量计、阀门、供气管道及 CO_2 传感器等可实现植物工厂内 CO_2 浓度的调控。瓶装 CO_2 施肥操作简单,便于控制,造价低,是植物工厂 CO_2 气源的首选。

4. 气流控制系统

植物工厂内的气流由循环风机产生,适当的空气流动能够保证植株处于适宜的空气流速及均匀的温湿度环境中。植物工厂内适宜气流速度苗期为 0.3 m/s 左右,成熟期为 0.7 m/s 左右。常见的气体循环方式包括"侧进侧回式""侧进上回式"和"上进侧回式"等多种,需要根据植物工厂大小及内部栽培架摆放方式进行选择。

2.5.2.5 人工光源系统

植物工厂使用的人工光源主要有高压钠灯、金属卤化物灯、荧光灯、发光二极管(light-emitting diode,LED)等,其性质如表 2-26 所示。植物工厂对人工光源主要有三个方面的要求,即光谱性能、发光效率和使用寿命。传统人工光源,如高压钠灯和荧光灯,光谱能量分布固定,可控性差,光合有效辐射比例小,无效热能耗散多,造成植物工厂能耗高。

1. 传统光源

(1)高压钠灯 发光效率高,功率大,寿命长。由于高压钠灯单位输出功率成本较低,可见光转换效率较高,早期植物工厂主要采用高压钠灯。但高压钠灯光谱分布范围较窄,以黄橙色为主,缺少植物生长所需的红蓝光谱;而且,这种光源会发出大量红外热,难以近距离照射植物,不利于多层立体栽培。因此,近年来人工光型植物工厂已经很少采用高压钠灯。

(2)金属卤化物灯　发光效率较高,功率大,光色好,寿命较长。与高压钠灯相比,金属卤化物灯光谱覆盖范围较大;但是,发光效率较低,寿命也短,目前仅在少数植物工厂中使用。

(3)荧光灯　光谱性能好,发光效率较高,功率较小,寿命长,成本相对较低。而且,荧光灯自身发热量较小,可以贴近植物照射,大大提高了空间利用率。但是,荧光灯缺少植物生长所需要的红色光,通常在荧光灯管之间增加一些红色 LED 光源。近年来,针对普通荧光灯存在的一些问题,研发出几种新型荧光灯,如冷阴极管荧光灯、混合电极荧光灯等,备受植物工厂用户关注。

2. LED 光源

发光二极管(light-emitting diode,LED)作为新一代半导体固态电光源,近年来被广泛应用于照明、通信、医疗和农业等领域,被认为是 21 世纪最具发展前景的一种光源,有望在不久的将来取代传统白炽灯和荧光灯,成为照明的主流器件。

LED 光源具有波长专一、光色纯正、发热少、单体尺寸小、寿命长和无污染等优点。随着技术发展和价格下降,LED 光源在植物工厂中的应用越来越普遍,也大大推进了植物工厂的产业化。在荷兰、日本、美国、韩国、中国等国家,LED 光源广泛应用于光生物学研究和植物工厂生产。

表 2-26　LED 与传统植物生长灯的参数比较(刘文科,2016)

人工光源类型	功率范围/W	辐射效率/(mW/W)	发光效率/(lm/W)	价格	寿命/h
白炽灯	15～120	62	14.8	低	1 000
LED	1～200	100～350	80～150	高	100 000
金属卤化物灯	250～1 000	227	78	高	6 000
紧凑型气体放电灯		138～170	50～67	低	6 000～8 000
荧光灯		220～270	64～93	低	8 000～9 000
高压汞灯		124～166	40～57	中	8 000～10 000
高压钠灯	250～1 200	313～316	125～137	中	16 000

LED 光源按照所发射的光质分为白光 LED、单色光 LED 和复合光 LED。植物工厂的 LED 光源主要包括面板灯、球泡灯、灯管和灯带。面板灯受光均匀,球泡灯和灯管光强大且密度可调,灯带可以进行侧面照光。

3. 植物工厂光环境控制

植物工厂光环境管理技术包括光强、光质、光周期等的综合控制,可以通过由光源、传感器、计算机组成的控制系统实现自动调节。在植物生长发育的特定时期,基于其光合作用和光形态建成需求的最优光谱能量分布称为"光配方"。红光和蓝光是植物需要的大量光质,其他光质对植物生长也具有重要影响。为实现高产优质目标,必须按照植物种类和生长发育阶段实施动态光配方管理。近年来,人们已研究出了多种植物生长的光配方。

2.5.3 植物工厂的应用

人工光型植物工厂特别适用于工厂化育苗和低光照强度下生长、栽培周期短且效益高的植物种类,如叶类蔬菜和草本药用植物等,对光强要求较高、栽培周期较长的果菜类则种植较少。植物工厂主要有以下几方面的应用:

(1)工厂化育苗　植物工厂可以使育苗环境适宜而稳定,确保秧苗质量整齐一致,具有节省资源和空间、无病虫害、自动化程度高、生产速度快、周期短、不受外界条件影响、生产计划性强等优点,是目前国际上最先进的高效育苗生产系统。

(2)高品质、高附加值植物生产　植物工厂可以种植甘草、当归、人参、山葵和红花等药用或功能性植物。在完全封闭环境下进行洁净、安全生产,品质可以得到有效保证。

(3)都市绿色农业发展　通过功能拓展,植物工厂将会延伸到现代都市生活的每一个角落。除此之外,建筑屋顶、地下室、会议中心等均是植物工厂发展的适宜场所。

(4)非耕地蔬菜生产　植物工厂作为一种全新的生产方式,克服了生产季节、气候、土壤等自然条件对作物生长的限制,因此,可以在荒漠、戈壁、海岛、水面等非耕地地区实现作物种植,是未来远洋运输、航海和航天工程食物自给的重要手段。

2.6 其他类型园艺设施

2.6.1 荫棚

2.6.1.1 荫棚的类型和结构

荫棚是遮蔽太阳光的棚,又叫遮阴棚,其种类和形式多样,在园艺作物生产中,遮阳有近地面遮阳、拱棚遮阳、塑料大棚遮阳和温室遮阳等几大类。近地面遮阳就是将遮阳物直接覆盖在畦面上,拱棚遮阳就是将遮阳物覆盖在拱架棚膜上,塑料大棚和温室遮阳就是将遮阳网覆盖在相应塑料大棚和温室上。在作物及设施上覆盖遮阳网的栽培方式称为遮阳网栽培(二维码 2-17),根据遮阳时间长短大致分为临时性荫棚和永久性荫棚两类。下面介绍临时性荫棚、永久性荫棚以及永久性骨架临时性荫棚。

二维码 2-17(图片)
遮阳网栽培

(1)临时性荫棚　是每年夏季搭建,应用后秋季拆除的荫棚。北方地区多于 5 月上、中旬架设,秋凉时拆除。临时性荫棚主要由立柱、棚架和遮阴物等构成。立柱和棚架由木杆、竹竿等构成,遮阴物由苇帘或遮阳网等构成。临时性荫棚的棚架一般采用东西向延长,高2.5 m,宽 6~7 m,每隔 3 m 设立柱一根。为了避免上、下午的阳光从东面或西面照射到荫棚内,在东西两端还设遮阴帘,将竿子斜架于末端的柁上,覆以苇帘或遮阳网。遮阴物从棚架上檐垂下,下缘应距地面 60 cm 左右,以利于通风。棚内做成高 10 cm 左右高畦,地面要平整,以利于排水。跨度大的荫棚还应沿东西向留一条通道(图 2-42)。

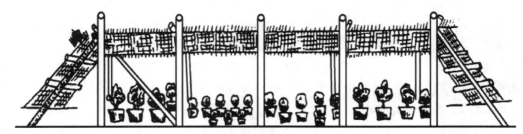

图 2-42　荫棚结构示意图(南正面)

(2)永久性荫棚　是建设后永久使用的荫棚。这种荫棚的形状与临时性荫棚相同,但骨架多用钢管(钢筋)或水泥柱和竹竿(木杆)构成。钢管直径为 3~5 cm,其基部固定于混凝土基座中,棚架上覆盖苇帘、竹帘或遮阳网等遮阴材料。有的地方采用葡萄、观赏南瓜、蔷薇等攀缘植物作荫棚,颇为实用,但要经常进行疏剪以调整遮阴程度。

(3)永久性骨架临时性荫棚　利用塑料薄膜大、中棚骨架在夏季覆盖遮阳网进行遮阴。这种遮阴有两种方式。①在高温季节来临时,将塑料薄膜大、中棚的薄膜拆除,在其骨架上覆盖遮阳网,在网下种菜。炎夏过后再拆除遮阳网,重新扣上棚膜,进行秋延后生产。此方式比较费时、费工。②在塑料薄膜大、中棚上面覆盖遮阳网,进行外遮阳,降温效果比内遮阳好。塑料棚经外遮阳后,可使果菜类如甜椒、茄子、番茄安全越夏,对解决夏淡季蔬菜供应有很好的效果。

2.6.1.2　荫棚的应用

(1)蔬菜和花卉育苗　荫棚可用于夏季高温、强光季节蔬菜和花卉育苗。

(2)盆花栽培　荫棚可用于喜阴花卉栽培及枝叶扦插和分株上盆后的缓苗,如观叶植物、兰花等。

(3)蔬菜和切花越夏栽培　在夏季炎热、高温、多雨地区,荫棚可用于叶菜类和果菜类蔬菜及切花栽培。随着设施面积的扩大,我国遮阳网应用面积也不断增加,不仅南方广泛应用,北方近年来使用面积也在不断增加。

2.6.2　避雨棚

避雨覆盖一般是在多雨的夏季,利用塑料薄膜等覆盖材料,扣在塑料棚或其顶部,任其四周通风不扣膜或扣防虫网,使作物免受雨水直接淋洗的一种覆盖方式。一般利用防雨棚进行夏季蔬菜和果品的避雨栽培或育苗,可防止雨水对蔬菜生长和果实成熟的影响,减少病害发生,保证产品的产量和品质。

2.6.2.1　避雨棚的结构和类型

从结构方面,避雨棚可以分为单栋和连栋两类;从材料方面,避雨棚可分为竹木结构、钢筋结构、钢竹混合结构;从设施类型方面,避雨棚又可分为如下三种类型:

(1)大棚型避雨棚　即大棚顶上天幕不揭除,四周围裙膜揭除,以利通风,也可挂上 40

目的防虫网防虫,单独一栋大棚就是单栋避雨棚;棚与棚之间的顶部横梁如果相互连接,即组成连栋避雨棚。其可用于各种蔬菜和果树(如葡萄、大樱桃)的避雨栽培。

(2)小拱棚型避雨棚　主要用作露地西瓜、甜瓜等的早熟栽培。小拱棚顶部扣膜,两侧通风,使西瓜、甜瓜开雌花部位不受雨淋,以利授粉、受精,也可用来育苗。前期两侧膜封闭,利于促成早熟栽培,是一种常见的先促成后避雨的栽培方式。

(3)温室型避雨棚　广州等南方地区多台风、暴雨,建立玻璃温室状的防雨棚,顶部设天窗通风,四周玻璃可开启,顶部为玻璃屋面,用作夏菜育苗。

2.6.2.2　避雨棚的应用

近年来,避雨栽培在我国华北和长江以南地区发展很快,东北地区葡萄、大樱桃等也多采用避雨栽培,如图 2-43 所示。热带、亚热带地区年均降雨量达 1 500~2 000 mm,其中60%~70%集中在 6—9 月,多数蔬菜在这种多雨、潮湿、高温、强光的条件下病虫多发,很难正常生长,采用避雨棚栽培可以有效地克服并解决这些问题。

图 2-43　避雨棚栽培葡萄

▶ 2.6.3　防虫网棚(室)

防虫网棚是指由高密度聚乙烯挤出拉丝编织而成的防虫网覆盖在棚架上具有防止昆虫通过的拱棚。防虫网通常有 20 目、24 目、30 目和 40 目四种不同孔径,幅宽有 100 cm、120 cm 和 150 cm,丝径为 0.14~0.18 mm,多为白色和银灰色,以 20 目、24 目最为常用,使用寿命为 3~4 年。防虫网具有耐拉强度大、无毒、无味、耐热、耐水、耐腐蚀、耐老化等特点,同时防虫网覆盖也具有遮光效应,而且覆盖简便,在南方夏季生产各种无公害叶菜时,应用效果显著,因此常作为无(少)农药蔬菜栽培的有效措施而得到推广。

2.6.3.1　主要覆盖方式

(1)大棚覆盖　是目前最普遍的覆盖方式,由数幅网缝合覆盖在单栋或连栋大棚上,全封闭式覆盖。

(2)立柱式隔离网状覆盖　用高约 2 m 的水泥柱(葡萄架用)或钢管,做成隔离网室,在其内种植小白菜等叶菜,农民称在"帐子"里种菜,夏天既舒适又安全。覆盖面积在 500~1 000 m² 范围内。

(3)通风口处覆盖　在日光温室围裙膜通风口处,覆盖防虫网也是生产中常见的覆盖方式,可防止粉虱、斑潜蝇等害虫飞入温室,同时不影响温室通风。

2.6.3.2 性能与特点

(1)防虫 依害虫虫体大小,选择适宜的网目。一般蚜虫体长 2.3～2.6 mm,体宽 1.1～1.5 mm,小菜蛾体长 6～7 mm,展翅 12～15 mm,20～24 目即可阻隔其成虫进入网内,实现无农药或少农药栽培。

(2)防暴雨、冰雹冲刷土面 在暴雨或冰雹季节可有效减轻暴雨、冰雹等对土面或地表的冲刷以及对蔬菜的冲击,降低灾害带来的危害。

(3)顶部结合用黑色遮阳网 有遮阳降温效果,防止高温季节造成高温死苗。

2.6.3.3 防虫网的应用

(1)结合避雨棚、遮阳网进行夏、秋蔬菜的抗高温育苗 温州市蔬菜所研究表明,用 25 目网纱隔离蚜虫育苗,可有效地控制芥菜病毒病的发生,防效达 63％～87％。整个夏季可连续种植 4～5 茬(每茬 25 天)芥菜,增产又增收。

(2)可周年利用 冬季可作保温材料直接覆盖或做大棚和小棚覆盖栽培。春季和秋季覆盖也可种植多种蔬菜,实行简易有效的无(少)农药栽培。

(3)结合日光温室、塑料大棚应用 可在日光温室、塑料大棚的围裙膜处使用防虫网,既能保证通风,又能有效防止害虫飞入。

▶▶复习思考题◀◀

1. 地膜覆盖有哪些方式?地膜覆盖性能及在生产中的应用情况如何?

2. 阳畦有哪些类型?其性能如何?在生产中有哪些应用?

3. 何为电功率密度?其确定与哪些因素有关?怎样建造电热温床?应注意哪些问题?

4. 如何界定塑料大棚、中棚和小拱棚?目前应用普遍的塑料大棚类型有哪些?比较分析不同类型塑料拱棚(大、中、小)的性能与应用差异。

5. 节能型日光温室的结构参数有哪些?其合理取值范围是多少?确定依据是什么?

6. 连栋温室有哪些优缺点?在我国的发展前景如何?

7. 植物工厂有哪些特点?在我国的发展前景如何?

第3章

园艺设施的覆盖材料

➤ **本章学习目的与要求**

1. 了解设施园艺生产对覆盖材料的要求,生产上常用覆盖材料的类型,以及不同保温覆盖材料在生产中应用的优缺点。

2. 了解目前应用普遍的遮阳网的性能和应用,以及无纺布、防虫网的应用。

3. 掌握透明覆盖材料在保温性、耐候性、流滴性和防老化等特性上存在的差异及原因;PVC、PE 和 EVA 三种农用塑料薄膜的普通膜和多功能膜性能的差异及产生差异的原因。

用于园艺设施的覆盖材料种类繁多,性能各异。它一方面是园艺设施的重要组成部分,用以避风、挡雨、保温、遮阳、防雹;另一方面它又可以用来调节园艺设施内的光温环境,用以采光、增光、增温和隔热等,为设施内栽培作物创造适宜温光环境。随着设施园艺的发展,园艺设施覆盖材料的种类不断更新,功能日趋完善,成为一个完整的体系和产业。本章简要回顾园艺设施覆盖材料的发展历史,重点介绍园艺设施对覆盖材料的要求以及各种常用现代园艺设施覆盖材料的性能、应用及未来发展趋势。

3.1　园艺设施覆盖材料概要

3.1.1　园艺设施覆盖材料的沿革

设施园艺发展历史悠久,与此相伴而生的园艺设施覆盖材料也是源远流长,从低级到高级,从简陋到完善。古代罗马人利用云母片或半透明的滑石板作为覆盖材料。大约在 14 世纪 80 年代,人们开始用玻璃充当覆盖材料,建成一种屋顶不透光、四周由玻璃窗围成、用来种植花卉的玻璃房。到 18 世纪初才建成具有玻璃屋顶的温室,并逐渐普及。19 世纪末,平板玻璃问世,并应用于温室之上,至今已逾百年。20 世纪 30 年代英国化学家福西特(Faucett)和吉布森(Gibson)发明了聚乙烯薄膜,并于 1938 年在英国生产。此后又相继研制出聚氯乙烯和乙烯-醋酸乙烯薄膜,用作温室、塑料大棚等园艺设施的覆盖材料。目前日本已经研制出初始透光率高达 95%、使用寿命长达 15 年、透光 10 年衰减在 10% 以内、防雾滴性与寿命同步的氟树脂膜。由于塑料薄膜具有质地柔韧、经济、便于安装、透光能力较强等优点,被广泛应用,成为当今温室、塑料大棚等园艺设施的主要透明覆盖材料。20 世纪 50 年代后期开始用玻璃纤维增强塑料板作为温室的覆盖材料,这种覆盖材料又称为玻璃钢,主要是玻璃纤维增强聚酯板和玻璃纤维增强丙烯酸聚酯板两种,以后又有丙烯酸树脂板和聚碳酸酯板(PC 板)问世,这些板材最大的优点是耐冲击力强,可有效地防止冰雹等冲击,比玻璃更耐雪压,保温性能好。

中国在汉代以前用不透明的天然材料充当简易园艺设施的保温覆盖物。汉代以后,由于纸张的发明,出现了纸窗温室,以半透明的纸或油纸为覆盖材料,白天采光,夜间保温。到 20 世纪 30—50 年代,以玻璃为透明覆盖材料,作为阳畦、改良阳畦和温室的透光保温覆盖材料。中国农用塑料薄膜的应用可以追溯到 20 世纪 50 年代中后期,1957 年我国从日本引入农用塑料薄膜在塑料小拱棚内进行水稻育秧,效果明显。1963 年以后随着 PVC 塑料薄膜实现国产化,塑料棚覆盖栽培迅速兴起。早期主要应用于塑料小拱棚,20 世纪 60 年代中后期开始应用于塑料大棚;20 世纪 70 年代中期以前的农用塑料薄膜全都是 PVC 膜,但由于增塑剂选择不当,1976 年春季造成大面积大棚栽培蔬菜中毒。1977 年后转向重点发展 PE 塑料薄膜覆盖栽培,其安全无害,因而成为继聚氯乙烯薄膜后在中国被广泛应用的第二类透明塑料薄膜覆盖材料。20 世纪 80 年代中期,塑料薄膜已应用于节能日光温室,取代了玻璃,塑料薄膜成为中国园艺设施透明覆盖材料的主体。由于在生产实践中发现了普通薄膜的缺点,塑料研究部门和企业在 20 世纪 80 年代开始研发功能薄膜。20 世纪 80 年代中后期,具有流滴防老化效果的第一代耐候功能膜(时称双防膜)研制并推广应用。20 世纪 90 年代初,按照设施园艺对棚膜高透光、高保温、既流滴又防雾的要求,先后优化了具有流滴、消(减)雾、保温等功能的第二代耐候功能膜;利用三层共挤装备优化了防老化助剂体系、树脂体系和流滴消(减)雾、保温等功能助剂体系及成膜工艺的多功能复合型第三代耐候功能膜,使棚膜的功能实现了由只流滴不防雾到既流滴又消(减)雾,由单一流滴防老化膜到流滴、消(减)雾、高透光、高保温,甚至还具有转光特性的多功能复合膜的飞跃。其流滴消(减)雾持效期由 2~3 个月延长到 6~9 个月,耐候性由参差不齐到 12~36 个月稳定可控,促进了耐候功能膜的迅速发展,基本满足了设施园艺产业发展的需要。20 世纪 90 年代后期,在线干法涂敷 PO 膜生产工艺的诞生,推动了功能持效期与薄膜寿命同步、性能高且稳定性好的第四代耐候功能膜的快速发展,使中国棚膜的功能助剂实现了由内添加到在线表面干法涂敷的历史性跨越,我国防雾滴农膜生产工艺水平与发达国家差距明显缩小。

20 世纪 70 年代末至 80 年代初,地膜、无纺布、遮阳网等覆盖材料相继从日本引入中国,并成功地应用于生产实践,中国的园艺设施覆盖材料从采光、保温,扩展到遮阳、降温。中国单屋面温室的外保温覆盖材料,过去主要是具有高保温能力的草苫、蒲席、纸被等,由于草苫、蒲席等覆盖材料存在铺卷时劳动强度大,易污染和损坏薄膜,易遭雨雪水浸湿降低保温性,使用寿命短等问题,在 20 世纪 90 年代初,我国开始研制生产轻型的保温被代替上述草苫等传统的温室外保温覆盖材料。轻型保温被的材料基本上都是一些复合材料,内芯由棉织物、厚型无纺布、化纤织物或塑料发泡片材等组成;外层包有防雨绸、塑料薄膜、镀铝反光膜或经表面处理的薄型无纺布等。

园艺设施覆盖材料从无到有,从低级到高级,种类越来越多,其功能也越来越齐全,它的发展和进步离不开设施园艺产业的发展,离不开近代高科技的进步,正是设施园艺产业的蓬勃发展,对覆盖材料数量的要求增多,对它的功能要求也越来越高;而近代高科技的发展,特别是化工材料科学的发展,覆盖材料生产工艺的改进使其功能日臻完善、种类不断更新成为可能。园艺设施覆盖材料的生产,已形成一个新兴产业,与中国的设施园艺产业同步发展壮大。据全国农技推广中心原首席专家张真和研究员 2015 年的统计数据,30 年间全国棚膜中耐候功能膜的占比已由不足 10.0% 上升到 46.6%,年产销量约为 55 万 t,每年可节约 160 万 t 棚膜专用树脂。耐候功能膜研制与产业化均居国际领先地位,转光膜的研制与工业化生产居世界前列,消(减)雾型耐候功能膜的技术水平领先欧美、接近日本。

▶ 3.1.2 园艺设施覆盖材料的种类

用于园艺设施覆盖材料的种类较多,同是透明覆盖材料,因其生产工艺、基础母料和所添加的助剂不同,其性能也存在较大差异。就其主要性能而言,园艺设施覆盖材料可以分为三大类,第一类是用于园艺设施采光的透明覆盖材料,如玻璃、塑料薄膜和塑料板材;第二类是用于外覆盖保温的不透明覆盖材料,如草苫、纸被、蒲席、保温被等;第三类主要是用来调节光、温环境的半透明或不透明的材料,如遮阳网、反光膜、薄型无纺布等。不同功能覆盖材料的选用是以创造适宜园艺作物生长发育的环境要求为目标的。表 3-1 列出了各种覆盖材料的名称、主要用途和功能。

设施园艺学

表 3-1　园艺设施覆盖材料种类及功能

种类	主要用途和功能
传统覆盖材料	
草苫	单屋面温室外覆盖保温
蒲席	单屋面温室外覆盖保温
纸被	单屋面温室外覆盖保温
棉被	单屋面温室外覆盖保温
玻璃	温室采光、保温
现代覆盖材料	
塑料薄膜	
普通膜	主要用于中小拱棚采光及保温
PVC 普通膜	有效使用期 4～6 个月
PE 普通膜	有效使用期 4～6 个月
防老化膜	用于塑料棚或单屋面日光温室采光、保温
PVC 防老化膜	有效使用期 8～12 个月
PE 防老化膜	有效使用期 12～18 个月
双防膜	用于塑料大棚或单屋面日光温室采光、保温
PVC 双防膜	有效使用期 8～10 个月,流滴持效期 4～6 个月
PE 双防膜	有效使用期 12～18 个月,流滴持效期 3～4 个月
多功能复合膜	用于温室或塑料大棚采光、保温
PE 多功能复合膜	有效使用期 12～18 个月,流滴持效期 3～4 个月
EVA 多功能复合膜	有效使用期 18～24 个月,流滴持效期 8 个月以上,高透光
PO 多功能复合膜	有效使用期 18～24 个月,流滴持效期与寿命同步,高透光且透光衰减慢
氟素膜	有效使用期 10 年以上,流滴持效期与寿命同步,初始透光率 90% 以上,透光率 10 年衰减在 10% 以下
硬质塑料板材——PC 板	主要用于连栋温室采光、保温
镜面反光膜	用于增加棚室内光照度,促进果实着色
遮阳网	用于遮阳、降温、防暴雨、防蚜虫;或浮面覆盖防霜冻
无纺布	
薄型无纺布	用于园艺设施内保温幕帘,或浮面覆盖栽培
厚型无纺布	用于单屋面温室外保温覆盖材料
防虫网	用于园艺设施通风口防虫或防虫网帐栽培
复合保温被	用于园艺设施的外保温覆盖材料
地膜	
普通(无色透明)地膜	用于地面或近地面覆盖,增温、保墒
有色地膜	用于地面覆盖,具有不同颜色,对杂草、病虫害等产生特殊影响
特殊功能性地膜	用于地面覆盖,有防老化、除草、夏季降温、降解等特殊功能

▶ 3.1.3 设施园艺生产对覆盖材料的要求

设施园艺生产对覆盖材料总的要求应是性能优良、轻便耐用、管理方便、经济实用。下面针对不同类型的覆盖材料,从设施园艺作物生产角度提出对其质量性能的基本要求。

3.1.3.1 透明覆盖材料

(1)采光好　透明覆盖材料最主要的功能是采光,要满足设施内作物对光量和光质的要求,因此其采光好不仅仅是透光率高,更主要的是对有利于作物生长发育和设施内增温的光波透过率高,即分光透光率好。理想透明覆盖材料的不同光谱透光率曲线应如图3-1所示,即在波长350~3 000 nm的可见光、近红外线范围内透过率高。这是因为400~700 nm是光合成有效辐射所在波段,其透过率高有利于促进作物的光合作用;而760~3 000 nm波段有热效应,透过率高有利于室内的增温。要求在波长<350 nm的近紫外区域和波长>3 000 nm的红外线区域透过率低。紫外线对植物有两个方面的影响:一方面,315~380 nm波长的近紫外线参与某些植物花青素和维生素C、维生素D的合成,并有抑制作物徒长等形态建成作用;另一方面,315 nm以下波长的紫外线对大多数作物有害,345 nm以下波长的近紫外线可促进灰霉病分生孢子的形成,370 nm以下波长的近紫外线可诱发菌核病的发生。因此,综合考虑,应在透明覆盖材料中,添加特定的紫外线阻隔、吸收剂或转光剂,将350 nm以下的紫外线阻隔掉,既可延缓薄膜的老化过程,又可满足植物正常生长的要求。波长在3 000 nm以上的红外线,是各种物质热辐射失热的主要波段,可以添加红外线阻隔剂,降低其透过率,以提高园艺设施内的温度。关于覆盖材料的光学特性还有两点要指出:一是其光散射性能,散射光也是可见光,参与光合作用,散射光又是各向同性的,空间分布均匀,所以散射性较强的材料对作物生长有利(二维码3-1)。二是透光性能的衰减,从设施园艺栽培角度,判断透光性能的好坏,不仅要注意材料的初始透光率,还要注意透光率衰减的快慢,作为园艺设施的透明覆盖材料,要求透光率衰减越慢越好。

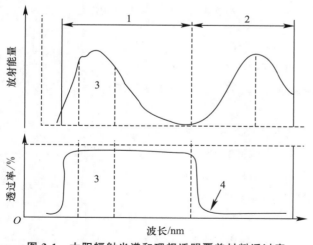

图3-1　太阳辐射光谱和理想透明覆盖材料透过率
1. 到达地面的太阳光谱;2. 地面向大气的辐射光谱;
3. 植物光合成利用范围;4. 理想薄膜透过率

二维码 3-1(图片)
散射光强的透明覆盖材料

设施园艺学

（2）强度高　透明覆盖材料也是园艺设施的围护物,长年暴露在大自然中,因此必须结实耐用,禁得起风吹、雨打、高温、强光、冰雹和积雪等的损坏,禁得起园艺设施不光滑拱架对透明覆盖材料的磨损,同时还应禁得起运输和安装过程中受到的拉伸挤压(二维码3-2)。例如,对于塑料薄膜,要求其有一定的纵向和横向的拉伸强度及断裂伸长率(％);对硬质塑料板材,要求有一定的抗冲击强度等。

二维码3-2(图片)
受雨雪冲击的
透明覆盖材料

（3）耐候性好　透明覆盖材料在受到阳光照射、温度变化、风吹雨淋等外界条件的影响时,会出现褪色、变色、龟裂、粉化和强度下降等一系列老化的现象。耐候性就是衡量薄膜老化的性能,与透明覆盖材料的使用寿命密切相关。透明覆盖材料的老化程度主要是由强光和高温作用下变脆后自动撕裂程度衡量的;此外还需根据透明覆盖材料使用时间增长后的透光率降低程度来衡量。为了抑制老化进程,在生产塑料薄膜、塑料板材等透明覆盖材料时,需要添入光稳定剂、热稳定剂、抗氧化剂和紫外线吸收剂等助剂,使透明覆盖材料具有良好的防老化功能,增强耐候性。

（4）防雾滴性好　园艺设施内的高湿环境容易使透明覆盖材料内表面上生成露滴,使透光率降低5％～10％,影响室内的增温;同时露滴容易使设施内作物的茎叶濡湿,诱导病害的发生和蔓延。为了克服这一缺点,在生产塑料薄膜和塑料板材时,需要添加防雾滴剂,增加雾滴与膜的亲和性,使其具有流滴性能(图3-2);而普通薄膜,表面与水不亲和,当露滴较小时,沾在薄膜表面上,当其较大时,在重力作用下,下落到作物表面上(二维码3-3)。从设施园艺生产的角度看,要求透明覆盖材料的防雾滴功能持续时间长,而且防雾与防滴同步。目前我国农膜在这方面与日本等发达国家的差距逐步缩小,日本等发达国家生产的塑料薄膜,防雾滴持效期可达1～3年,长者达5年以上,基本上与薄膜寿命同步。我国的塑料薄膜防雾滴持效期从最初的PE多功能膜为3～4个月,PVC双防膜为4～6个月,最好的EVA多功能复合膜也只有6～8个月,到目前生产的PO膜基本实现了防雾与防滴同步,且基本与薄膜寿命同步。

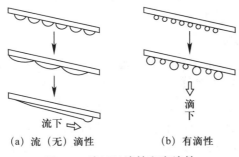

（a）流（无）滴性　　　（b）有滴性

图3-2　流（无）滴性和有滴性

二维码3-3(图片)
传统薄膜与防雾
薄膜的比较

（5）保温性高　设施园艺生产要求透明覆盖材料具有较高的保温性能,以提高冬春季蔬菜生产的安全性并减少能源消耗。各种覆盖材料的保温性能差异主要是由其大于3 000 nm的长波辐射透过率不同所致的,一般长波辐射透过率高的,保温性能差。

除了上述列举的五个主要性能,对透明覆盖材料还要求防尘性好,如聚氯乙烯薄膜,因其具有静电性,表面易吸附灰尘,透光率很快下降;对塑料板材还要求表面具有耐磨和阻燃等特性。

3.1.3.2　保温覆盖材料

保温覆盖材料主要是不透明覆盖材料，如草苫、蒲席、纸被、保温被等，主要用于单屋面温室和塑料拱棚的外覆盖保温（二维码 3-4）。此外还有内保温覆盖材料，如缀铝遮阳网、无纺布等。以前，内保温覆盖主要用于连栋温室，近几年随着日光温室和塑料大棚空间向高大化发展和多层保温覆盖技术的大量应用，内保温覆盖的应用面积呈增加趋势。

二维码 3-4（图片）
外保温覆盖材料在
设施上的应用

对于外保温覆盖材料，首先要求有较高的保温性能，这主要取决于覆盖材料的厚度、致密性及其传热系数。优质的草苫、蒲席等保温覆盖材料的传热系数一般在 2.0 W/(m²·℃) 左右，可使温室夜间的热量损失减少 60%，因此，对外覆盖保温材料的传热系数要求不高于 2.0 W/(m²·℃)。其次要求重量轻，便于机械化、自动化操作。再次要求表面洁净、光滑，避免污染和磨损薄膜。此外，还要求表面防雨水浸湿，经久耐用。

对于内保温覆盖材料，除了要求高保温以外，还要求防雾滴，结实耐用，柔软易卷曲，便于铺张和收卷。

3.2　透明覆盖材料

▶ 3.2.1　农用塑料薄膜的种类、特性及应用

我国设施园艺中使用的透明覆盖材料，主要是质地轻柔、性能优良、价格便宜、铺卷方便的塑料薄膜，且目前生产中应用的塑料薄膜种类很多。按生产的基础母料不同，常用的塑料薄膜有聚乙烯薄膜（PE 膜）、聚氯乙烯薄膜（PVC 膜）、乙烯-醋酸乙烯薄膜（EVA 膜）和聚烯烃膜（PO 膜）；按照功能不同，塑料薄膜有普通膜、防老化膜、双防膜（防老化、防雾滴）、多功能膜（长寿、防老化、防雾滴）、转光膜、漫散射膜、有色膜等。

3.2.1.1　普通聚氯乙烯和聚乙烯薄膜

普通聚氯乙烯薄膜是由聚氯乙烯树脂添加增塑剂经高温压延而成的，聚乙烯薄膜是由低密度聚乙烯（LDPE）树脂或线型低密度聚乙烯（LLDPE）树脂吹制而成的。普通聚氯乙烯薄膜曾广泛用于覆盖塑料大棚，其厚度为 0.10～0.15 mm，目前仅用于中、小拱棚，厚度仅 0.03～0.05 mm。普通聚乙烯薄膜普遍应用于长江中下游地区的塑料大棚，厚度为 0.05～0.08 mm，而厚度为 0.03～0.05 mm 的普通聚乙烯薄膜，广泛应用于覆盖中、小拱棚。下面就两种薄膜的性能作简要比较。

（1）透光性　透明覆盖材料的透光特性通常表现为：对不同波长辐射的透过率，即分光透过率；其中直射光受光入射角影响较大；而散光性受水滴、灰尘和老化影响较大，与光入射角关系不大。

图 3-3 为三种塑料薄膜在波长为 0～700 nm 范围内的分光透过率曲线。由图 3-3 可知，在 ≤300 nm 的紫外线区域，聚氯乙烯薄膜的透过率最小，聚乙烯薄膜的透过率最高；而在 400～700 nm 的光合有效辐射（PAR）区，聚氯乙烯的透过率比聚乙烯高 10%。图 3-4 为三种塑料薄膜在波长为 (5～24)×10³ nm 范围内的透过率曲线，可以看出在长波热辐射的

范围内,聚乙烯薄膜的透过率远大于聚氯乙烯,乙烯-醋酸乙烯的透过率介于两者之间。

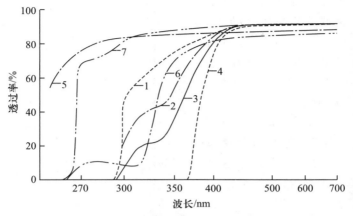

图 3-3　几种塑料薄膜的短波辐射分光透过率
1～4. PVC(0.1 mm);5～6. PE(0.1 mm);7. EVA(0.1 mm)

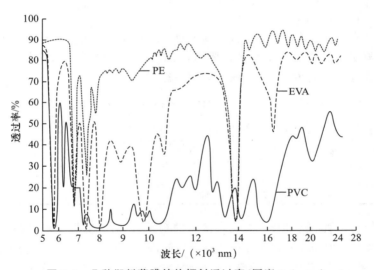

图 3-4　几种塑料薄膜的热辐射透过率(厚度 0.1 mm)

表 3-2 所示是两种薄膜在不同光波段的透过率,表中数值和图 3-3、图 3-4 所示的结果是一致的。

表 3-2　两种塑料薄膜在不同光波段的透过率 %

光波段	PVC	PE
紫外(≤300 nm)	20	55～60
可见(450～650 nm)	86～88	71～80
近红外(1 500 nm)	93～94	88～91
中红外(5 000 nm)	72	85
远红外(9 000 nm)	40	84

综上所述，在紫外线区域聚乙烯薄膜的透过率高于聚氯乙烯薄膜，在可见光区域聚氯乙烯薄膜高于聚乙烯薄膜，而在中远红外区域（热辐射部分）聚氯乙烯薄膜的透过率远低于聚乙烯薄膜，这表明聚氯乙烯对光合有效辐射的透过率高，其增温性和保温性强。

表 3-2 与图 3-3、图 3-4 提供的结果都是在实验室条件下，入射光与薄膜垂直时测得的透过率，实际上直射光透过薄膜时的透过率与其入射角关系极大（图 3-5）。由图 3-5 可知，随着光线入射角的增大，透过率下降，不过当入射角由 0° 增大至 45° 时，透过率下降缓慢，入射角 >45° 以后透过率下降明显，≥60° 以后透过率急剧下降，直到 90° 时为零。

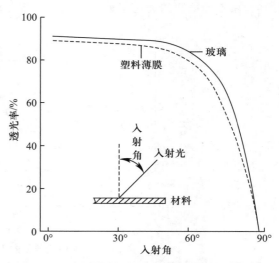

图 3-5 透明覆盖材料随入射角变化的透光率

在实际生产条件下，因为太阳位置不断变动，阳光的入射角不断改变，所以各个不同时刻测得的透光率不同。同时由于棚室骨架遮蔽、薄膜的结露和着尘、薄膜老化等，实际测得的透光率要比实验室测得的低，新膜的透光率一般只有 60%～80%（表 3-3）。

表 3-3　两种不同覆盖材料塑料（新膜）大棚透光率比较　　　　　　　　%

塑料大棚	测试时间						
	09:00	10:00	11:00	12:00	13:00	14:00	15:00
PE 塑料大棚	52	59	59	69	71	67	61
PVC 塑料大棚	64	62	63	74	74	73	73

上述介绍的是聚氯乙烯和聚乙烯两种薄膜的初始透光性能，聚氯乙烯薄膜的初始透光性能优于聚乙烯薄膜。但聚氯乙烯薄膜使用一段时间以后，薄膜中的增塑剂会慢慢析出，使其透明度降低，加上聚氯乙烯薄膜表面的静电性较强，容易吸附尘土，因此，聚氯乙烯薄膜的透光率衰减得很快，而聚乙烯薄膜由于吸尘少，无增塑剂析出，透光率下降较慢。据测定，新的聚氯乙烯薄膜使用半年后，透光率可由 80% 下降到 50%，使用一年后下降到 30% 以下，失去使用价值；新的聚乙烯薄膜使用半年后，透光率由 75% 下降到 65%，使用一年后仍在 50% 以上。

（2）强度和耐候性　表 3-4 列出了三种农用塑料薄膜的强度指标。

表 3-4　三种农用塑料薄膜的强度指标

强度指标	PVC	EVA	PE
拉伸强度/MPa	19～23	18～19	<17
伸长率/%	250～290	517～673	493～550
直角撕裂/(N/cm)	810～877	301～432	312～615
冲击强度/(N/cm²)	14.5	10.5	7.0

由表 3-4 可知,从总体上看聚氯乙烯薄膜的强度优于聚乙烯薄膜,又因为聚乙烯薄膜对紫外线的吸收率较高,容易引起聚合物的光氧化,加速老化(自然破裂),所以聚氯乙烯膜的耐老化性能也优于聚乙烯膜。普通聚乙烯薄膜的连续使用寿命为 3～6 个月,普通聚氯乙烯薄膜则可连续使用 6 个月左右。

(3)保温性 由图 3-4 和表 3-2 可知,聚氯乙烯薄膜在长波热辐射区域的透过率比聚乙烯薄膜低得多,从而可以有效地抑制棚室内的热量以热辐射的方式向棚室外散逸,因此,聚氯乙烯薄膜的保温性能优于聚乙烯薄膜。塑料大棚、温室内的保温性受多种条件的影响,如天气条件、棚室的结构、管理措施等,但对相同结构和管理措施的园艺设施(大棚或日光温室)来说,聚氯乙烯薄膜覆盖的棚室比聚乙烯薄膜覆盖的棚室内的气温,白天高 3.0℃左右,夜间高 1.0～2.0℃。

(4)其他性能 聚乙烯薄膜表面与水分子的亲和性较差,故表面易附着水滴,表面附着水滴多也是影响其透光性的原因之一。聚乙烯耐寒性强,其脆化温度为 −70.0℃;聚氯乙烯薄膜脆化温度较高,为 −50.0℃,而在温度为 20.0～30.0℃时,表现出明显的热胀性,所以往往表现昼松夜紧,在高温强光下薄膜容易松弛,因而容易受风害,在低温弱光下薄膜绷得较紧。聚氯乙烯的密度为 1.30 g/cm^2,而聚乙烯的密度仅为 0.92 g/cm^2,因此,同样重量、同样厚度的两种薄膜,聚氯乙烯的面积要比聚乙烯少 29%。此外,聚氯乙烯薄膜可以黏合、铺张、修补都比较容易,但燃烧时有毒性气体放出,在使用时应注意。

3.2.1.2　功能性聚氯乙烯薄膜

(1)聚氯乙烯长寿无滴膜 是在聚氯乙烯树脂中添加一定比例的增塑剂、受阻胺光稳定剂或紫外线吸收剂等防老化助剂,以及聚多元醇酯类或胺类等复合型防雾滴助剂压延而成的。其有效使用期由普通聚氯乙烯的 6 个月提高到 8～10 个月。防雾滴剂能增加薄膜的临界湿润能力,使薄膜表面发生水分凝结时不形成露珠附着在薄膜表面,而形成一层均匀的水膜,水膜顺倾斜膜面流入土中,因此可使透光率大幅度提高。且由于没有水滴落到植株上,可减少病害发生。由于聚氯乙烯分子具有极性,防雾滴剂也是具有极性的分子,因此分子间形成弱的结合键,使薄膜中的防雾滴剂不易迁移至表面乃至脱落,保持防雾滴性能。在成膜过程中加入大量的增塑剂,可使防雾滴剂分散均匀。所以,聚氯乙烯长寿无滴膜流滴的均匀性好且持久,流滴持效期可达 4～6 个月。这种薄膜厚度 0.12 mm 左右,在日光温室果菜类蔬菜越冬生产上应用比较广泛。

(2)聚氯乙烯长寿无滴防尘膜(彩图 3-1) 在聚氯乙烯长寿无滴膜的基础上,增加一道表面涂敷防尘工艺,使薄膜外表面附着一层均匀的有机涂料,该层涂料的主要作用是阻止增塑剂、防雾滴剂向外表面析出。由于阻止了增塑剂向外表面析出,薄膜表面的静电性减弱,从而起到防尘、提高透光率的作用。由于阻止了防雾滴剂向外表面迁移流失,从而延长了薄膜的无滴持效期。另外,在表面敷料中还加入了抗氧化剂,从而进一步提高了薄膜的防老化性能。这种薄膜一般应用于高寒地区越冬节能日光温室覆盖。

3.2.1.3　功能性聚乙烯薄膜

(1)聚乙烯长寿无滴膜 在聚乙烯树脂中按一定比例添加防老化和防雾滴助剂,不仅延长使用寿命,而且该种薄膜具有流滴性,可提高透光率。该种薄膜的厚度为 0.12 mm,无滴持效期可达到 5 个月以上,使用寿命达 12～18 个月,透光率较普通聚乙烯膜提高 10%～20%。在华北和西北地区广泛应用于塑料大棚和日光温室覆盖。

（2）聚乙烯多功能复合膜　采用三层共挤设备将具有不同功能的助剂（防老化剂、防雾滴剂、保温剂）分层加入制备而成，如内添加型流滴消雾膜（彩图 3-2）。一般来说，将防老化剂相对集中于外层（指与外界空气接触的一层），使其具有防老化性能，延长薄膜寿命；防雾滴剂相对集中于内层（指与棚室内空气接触的一层），使其具有流滴性，提高薄膜的透光率；保温剂相对集中于中层，抑制棚室内热辐射流失，使其具有保温性。添加的保温剂是折光系数与聚乙烯相近的无机填料，具有阻隔红外线的能力。这种薄膜厚度为 0.08～0.12 mm，使用年限在 12～18 个月年以上，夜间保温性能优于普通聚乙烯薄膜，接近于普通聚氯乙烯薄膜，流滴持效期 3～4 个月。该膜覆盖的棚室内散射光比例占棚室内总光量的 50%，使棚室内光照均匀，可减轻骨架材料的遮光影响。此外，该膜中还添加了特定的紫外线阻隔剂，可以抑制灰霉病、菌核病的发生和蔓延。在东北、华北和西北地区广泛应用于棚室覆盖。

（3）薄型多功能聚乙烯膜　其厚度仅 0.05 mm，以聚乙烯树脂为基础母料，加入光氧化和热氧化稳定剂，提高薄膜的耐老化性能，加入红外线阻隔剂以提高薄膜的保温性，加入紫外线阻隔剂以抑制病害的发生和蔓延，如消雾型高透明功能型聚乙烯（PE）膜（彩图 3-3）。据测试，这种薄型多功能聚乙烯膜透光率为 82%～85%，比普通聚乙烯薄膜的透光率 91%（实验室值）低，但棚室内散射光比例高达 54%，比普通聚乙烯膜高出 10%，使棚室内作物上下层受光均匀，有利于提高整株作物的光合效率，促进作物生长和提高产量。据测试，普通聚乙烯膜（厚 0.10 mm）在远红外线区域（7 000～11 000 nm）的透过率为 71%～78%，而厚度仅 0.05 mm 的薄型多功能聚乙烯膜透过率仅为 36%，所以其保温性也相应提高了 1.0～4.5℃以上（表 3-5）。表 3-6 还给出了厚度为 0.10 mm 的普通聚乙烯膜和两种功能性聚乙烯膜的机械性能，可见薄型多功能聚乙烯膜较普通聚乙烯膜的强度显著提高。经曝晒和实际扣棚实验，都说明薄型多功能聚乙烯膜耐老化性能也优于普通聚乙烯膜，曝晒和扣棚 10 个月后，其伸长保留率远高于 50%（表 3-7）。该种薄膜中添加了紫外线阻隔剂，使植株的病情指数有所下降，同时棚内植株生长良好，黄瓜茎粗、株高、叶片数、叶面积都有所增长，平均产量也比使用普通 PE 膜的略高。

表 3-5　两种农膜的保温性比较*　　　　　　　　　　℃

农膜	4 月 19 日		4 月 20 日		4 月 21 日		4 月 22 日		4 月 23 日	
	0 时	6 时	0 时	6 时	0 时	6 时	0 时	6 时	0 时	6 时
普通 PE 膜（厚度 0.10 mm）	9.0	6.0	9.0	7.0	16.0	11.0	7.0	6.5	7.5	5.0
薄型多功能 PE 膜（厚度 0.05 mm）	12.0	19.0**	13.5	11.7	16.5	13.2	11.5	9.0	9.2	7.8
差值	−3.0	−13.0	−4.5	−4.7	−0.5	−2.2	−4.5	−2.5	−1.7	−2.8

注：* 表中数值为空气温度；** 最低温度出现在 4 时（04:00），为 11.0℃。

表 3-6　几种薄膜的机械性能比较

薄膜	拉伸强度/MPa		相对伸长率/%		直角撕裂/（N/cm）	
	纵	横	纵	横	纵	横
普通 PE 膜（厚度 0.10 mm）	14.7	16.7	500	588	818	828
多功能 PE 膜（厚度 0.12 mm）	19.6	18.6	600	610	1 087	916
薄型多功能 PE 膜（厚度 0.05 mm）	29.4	27.6	690	210	960	1 027

表 3-7　几种薄膜的耐候性比较　　　　　　　　　　　　　　　　　　　　　%

| 薄膜 | 曝晒试验 | | | | 连续扣棚试验 | | | |
| | 纵向伸长保留率 | | 横向伸长保留率 | | 纵向伸长保留率 | | 横向伸长保留率 | |
	9个月后	10个月后	9个月后	10个月后	9个月后	10个月后	9个月后	10个月后
普通 PE 膜(厚度 0.055 mm)	32.8	已破	3.5	—	已破	已破	—	—
薄型多功能 PE 膜(厚度 0.044 mm)	96.3	94.5	96.0	87.8	87.0	85.9	100	85.1
薄型耐老化膜(厚度 0.060 mm)	90.3	67.6	78.0	70.2	82.0	71.7	76.0	63.0

3.2.1.4　调光薄膜

(1)漫反射膜　是由性状特殊的结晶材料混入聚氯乙烯或聚乙烯母料中制备而成的(彩图 3-4)。该薄膜可以使直射光通过薄膜时,在棚室内形成均匀的散射光。图 3-6 所示是漫反射膜在 250～2 500 nm 波段范围内的透光率曲线。由图 3-6 可知,漫反射膜有一定的光转换能力,能把部分紫外线吸收转变成能级较低的可见光,紫外线透过率减少,可见光透过率略有增加,有利于增强作物光合有效辐射,减少病害的发生。实验室内测得漫反射膜在可见光

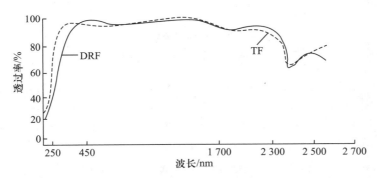

图 3-6　两种薄膜在 250～2 500 nm 波段的透过率

DRF. 漫反射膜;TF. 透明膜

和近红外线区域的透过率为 87%,与聚氯乙烯膜接近。在中红外线区域的透过率为 7%～16%,比同质透明膜(36%)低 20%～30%。在 7 000～25 000 nm 远红外区域的透过率为 18%,比同质透明膜(36%)下降了 50%。漫反射膜覆盖的棚室内是比较均匀的散射光,作物群体受光较为一致。如图 3-7 所示,番茄株间不同高度上不仅透光率高于对照膜(PE 膜),而且透光率随高度的变化远小于对照膜,显著改善了覆盖后的光环境,有利于作物的光合作用。漫反射膜在中红外区和热辐射(远红外)区透过率明显降低,有利于缓解棚室内的温度起伏(图 3-8)。阴天太阳光不是很强的时候,漫反射膜的保温性能明显高于普

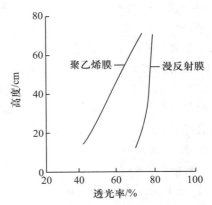

图 3-7　大棚内番茄株间不同高度处的透光率

第 3 章　园艺设施的覆盖材料

97

通膜;晴天日射强烈的中午前后,由于漫反射膜对中红外区的阻隔,棚内气温反而低于普通膜,而夜间因漫反射膜热辐射透过率低,棚内气温高于普通膜。根据测试资料统计:在棚内日平均气温较低(13~20℃)的条件下,漫反射膜棚内气温比对照高 1.3℃,阴天高 0.6~2.0℃;在棚内日平均气温较高(15~32℃)的条件下,早晚棚内气温比对照高 0.6℃,中午低1.7℃;当棚内气温高于30℃时,漫反射膜棚内最高气温比对照低 0.7~2.0℃,有利于防止作物受高温危害。因此,漫反射膜主要应用于多阴雨地区的塑料棚覆盖栽培,或用作夏秋季覆盖栽培,或用作茎叶菜覆盖栽培。

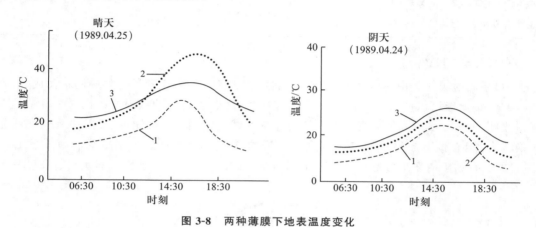

图 3-8　两种薄膜下地表温度变化
1. 裸露地;2. 普通薄膜;3. 漫反射膜

　　(2)转光膜　是在各种功能性聚乙烯薄膜中添加某种荧光化合物和介质助剂而成的(彩图 3-5),这种薄膜具有光转换特性,受到太阳光照射时可将吸收的紫外线(290~400 nm)区能量的大部分转换成为有利于作物进行光合作用的蓝光和红光(600~700 nm)或将绿光和黄光(500~600 nm)转换成红光。

　　目前为止,我国已开发出多种类型的转光膜,即紫外转蓝光(蓝光膜)、紫外转红光(红光膜)、紫转红光(红光膜)以及紫外转蓝光＋绿光转红光(红光膜、高光能农膜)、红光/远红光(R/FR)转换膜、光敏薄膜等。

　　转光膜能提高作物的光能利用率,增强光合速率,如高光能农膜能使茄果类蔬菜提前3~15 d 收获,增产 10%~30%,使黄瓜、茄子中的维生素、糖类等物质含量提高 10%以上。另一显著特点是保温性能较好,尤其在严寒的 12 月和 1 月更显著,最低气温可提高 2.0~4.0℃,有的转光膜温室阴天时或晴天的早晚,棚室内气温高于同质的聚乙烯膜;而晴天中午反而低于聚乙烯膜温室。R/FR 转换膜主要通过添加红色光(R)、远红外线(FR)吸收色素,来调节薄膜对 R、FR 透过量的比例,以调节植物的生长,在 R/FR 值小的情况下,可促进植株的伸长,在 R/FR 值大的情况下,可抑制植株的伸长。转光膜主要应用于紫外线辐射强度高的地区,用作冬春覆盖栽培以及茎叶菜覆盖栽培。

　　目前,转光膜还存在一些不足,主要是可转紫外线范围窄,转光强度低,转光效果衰减快,转光寿命短。而且需要注意的是,不同作物对紫外线需求不同,通过控制紫外线透过率不仅可以促进一些植物的生长,同时也可减少叶霉病和菌核病及一些虫害的发生,但在一些作物上,转光膜须谨慎选用,具体可参照表 3-8。

表 3-8　各种薄膜对紫外线的透过特性及其适用范围

种类	透过波长范围	近紫外线透过率	适用范围	适用作物和病虫害
近紫外线必需型	300 nm 以上	70% 以上	促进花青素着色	茄子、草莓、葡萄、桃、郁金香、洋桔梗、石斛等具有红紫和蓝色花的植物
紫外线透过型	300 nm 以上	50%	促进蜜蜂活动 通用	甜瓜、草莓 几乎所有植物
近紫外线抑制透过型	340±10 nm	25%±10%	促进叶菜、茎菜生长	韭菜、菠菜、小芜菁、莴苣等
紫外线不透过型	380 nm 以上	0	防治病虫害	水稻菌核病、菠菜萎蔫病、大葱黑斑病灰霉病、葱小娥、蓟马、蚜虫、潜叶蝇类

引自李式军,郭世荣.设施园艺学.2012

（3）有色膜　有色膜包括紫色膜、蓝色膜、红色膜、黄色和绿色膜等。

有色膜有两大类：一种是在无滴长寿聚乙烯膜基础上加入适当的紫色、蓝色、红色、黄色或绿色等颜料；另一种是在转光膜的基础上添加紫色、蓝色、红色、黄色或绿色等颜料。两种薄膜的紫光、蓝光、红光、黄光、绿光透过率均增加。其中紫色膜（二维码 3-5）适用于韭菜、茴香、芹菜、莴苣和叶菜等；蓝色膜对防止水稻育秧时的烂秧效果显著；红色膜可提高甜菜的含糖量；黄色膜可促进黄瓜现蕾开花；绿色膜具有防除杂草的作用。

二维码 3-5（图片）
紫色膜

有色膜的分光透过率与其本身的色调有关，如图 3-9 所示：红色膜在蓝绿光区透过率低，而在红光区透过率提高；青色膜则在黄红光区透过率较低，蓝、紫、绿光区透过率较高等。

还有一种光敏薄膜，这种薄膜属于温度变色材料中的一种，主要是通过添加银等化合物，使原本无色的薄膜在超过一定的光照强度后，变成黄色或橙色的有色薄膜，从而有效降低高温强光对温室作物生长的危害。此外，还有温诱变膜、光诱变膜，随温度、光强变化薄膜颜色发生变化，从而调节棚室内光、温环境。

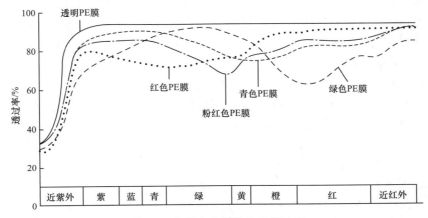

图 3-9　各种有色膜的分光透过率

3.2.1.5　乙烯-醋酸乙烯多功能复合膜

乙烯-醋酸乙烯多功能复合膜(彩图 3-6)是以乙烯-醋酸乙烯共聚物(EVA)树脂为主体的三层复合功能性薄膜。其厚度为 0.10～0.12 mm,幅宽 2～12 m。醋酸乙烯(VA)的引入,使 EVA 树脂具有许多独特的性能,主要如下:结晶性降低,使薄膜有良好的透光性;耐低温、耐冲击,因而不易开裂;具有弱极性,使其与防雾滴剂有良好的相溶性,流滴持效期长;EVA 膜红外阻隔率高于 PE 膜,故保温性好,但较 PVC 膜差。EVA 多功能复合膜由三层材料复合而成,外表层以 LLDPE、LDPE 或 VA 含量低的 EVA 树脂为主,添加耐候、防尘等助剂,使其机械性能良好,耐候性强,能防止防雾滴助剂析出;中层以 VA 含量高的 EVA 树脂为主,添加保温、防雾滴助剂,使其有良好的保温和防雾滴性能;内层以 VA 含量低的 EVA 树脂为主,添加保温、防雾滴助剂,其机械性能、加工性能均好,又有较高的保温和流滴持效性能。也有的 EVA 多功能复合膜三层均为 VA 含量高的 EVA 树脂,保温性能更好,适用于高寒地区。

(1)透光性　由图 3-3 和图 3-4 可知,在<300 nm 的紫外线区域,EVA 膜的透过率低于 PE 膜;在 400～700 nm 的光合有效辐射区域,EVA 膜的透过率高于 PE 膜,与 PVC 膜相近;在长波热辐射区域,EVA 膜的透过率低于 PE 膜而高于 PVC 膜。由此可见,EVA 膜耐老化性、防御病害发生和蔓延能力及保温性均优于 PE 膜。市场上现有的 EVA 膜在制备过程中均添加了结晶改性剂,从而使薄膜本身的雾度(即混浊程度)不高于 30%,使薄膜的透光率提高,其初始透光率甚至接近于 PVC 膜(表 3-9)。此外,EVA 膜流滴持效期长,又有很好的抗静电性能,表面具有良好的防尘效果,所以扣棚后透光率衰减较缓慢。例如,在北京连续使用 18 个月后,棚内测得的透光率仍高达 77%。

表 3-9　三种薄膜的初始透光率

项目	EVA 多功能复合膜	PVC 无滴膜	PE 多功能膜
厚度/mm	0.09	0.10	0.10
透光率/%	92	91	89

(2)强度和耐候性　由表 3-4 可知,EVA 膜的强度优于 PE 膜,总体强度指标不如 PVC 膜,但实际生产的 EVA 多功能复合膜的强度指标均超过表 3-4 中的数值。

EVA 树脂本身阻隔紫外线的能力较强,加之在成膜过程中又在其外表面添加了防老化助剂,所以其耐候性较强。经自然曝晒 8 个月,纵、横向断裂伸长保留率仍可达 95%;自然曝晒 10 个月,伸长保留率仍在 80% 以上。经实际扣棚 13 个月和 18 个月后均高于 50%,使用期一般可达 18～24 个月。

(3)保温性　EVA 树脂红外阻隔率高于 PE,低于 PVC,保温性能较好。据实验室测定,在 700～1 400 nm 的红外线区域,0.1 mm 厚的 PVC 膜阻隔率为 80%,EVA 膜为 50%,PE 膜为 20%。EVA 多功能复合膜的中层和内层添加了保温剂,其红外阻隔率还要高,有的可超过 70%。相同结构的温室,EVA 多功能复合膜在夜间低温时表现出良好的保温性,一般夜间比 PE 膜高 1.0～1.5℃,白天比 PE 膜高 2.0～3.0℃。

(4)防雾滴性　EVA 树脂有弱的极性,因而与添加的防雾滴剂有较好的相溶性,可有效防止防雾滴助剂向表面迁移析出,可延长流滴持效期,同时棚室内雾气相应减少

（表 3-10）。

由表 3-10 可知，EVA 多功能复合膜防雾滴性能优异，无滴持效期在 8 个月以上。

综上可知，EVA 多功能复合膜在耐候性、初始透光率、透光率衰减、流滴持效期、保温等方面有优势，既解决了 PE 膜流滴持效期短、初始透光率低、保温性差等问题，又解决了 PVC 膜密度大以及同样重量薄膜覆盖面小、易吸尘、透光率下降快等问题，所以该薄膜一经生产，便在生产中得到了快速的推广应用。

表 3-10　几种 EVA 多功能复合膜与 PE 无滴膜、PE 多功能膜防雾滴性比较

膜类	EVA-1 号多功能膜	EVA-3 号多功能膜	EVA-4 号多功能膜	EVA-5 号多功能膜	PE多功能膜	PE无滴膜
厚度/mm	0.10					0.15
1995 年 1 月 6 日（扣棚近 3 个月）	各膜流滴性、透光性均良好					
1995 年 3 月 20 日（扣棚近 5 个月）	流滴性好，雾小	流滴性好，雾小	个别有滴，雾小	流滴性好，雾小	多处水滴，有雾	已有多处水滴
1995 年 4 月 30 日（扣棚近 6.5 个月）	流滴性好，无雾	很少水滴，无雾	流滴性好，雾小	流滴性好，雾小	水滴占 60%，无雾	水滴占 40%
1995 年 5 月 22 日（扣棚近 7 个月）	流滴性好	很少水滴	流滴性好	流滴性好		水滴占 50%
1995 年 11 月 17 日（扣棚近 9 个月）	流滴性好	水滴占 60%	水滴占 40%	水滴占 5%～10%		
1996 年 3 月 15 日（扣棚近 13 个月）	水滴占 10%		水滴≥50%	水滴占 30%		

注：a. EVA 1～5 号为不同无滴剂配方，扣棚日期为 1994 年 10 月 15 日。

　　b. 1995 年 5 月 22 日揭棚，1995 年 10 月 3 日重新扣棚。

3.2.1.6　聚烯烃薄膜

聚烯烃薄膜，也称 PO 膜，是将聚乙烯（PE）和醋酸乙烯（EVA），采用先进技术多层复合而成的新型温室覆盖薄膜，如干法涂敷流滴消雾聚烯烃（PO）膜（彩图 3-7）。该膜综合了 PE 膜和 EVA 膜的优点，具有强度高、抗老化性能好、透光率高且衰减率低等特点，一般能连续使用 5～6 年，旧膜易处理，能作为再生资源，在燃烧处理时也不会散发有害气体。PO 膜在日本已有 30 年左右的使用历史，逐步取代了 PVC 膜；我国在 1988 年开始引进，1998 年国产化，2002 年引进日本 PO 涂敷膜，并在 2005 年实现了国产化，随着生产工艺日趋完善和价格趋于合理，最近几年 PO 膜在温室大棚透明覆盖应用面积呈逐年递增趋势。

图 3-10 是 PO 膜和 PE 膜两种新膜在不同光谱下的初始透光率的室内测定结果。图 3-10a 为波长在 200～2 700 nm 波段所测得的数据，两种棚膜的总体变化规律基本相似；图 3-10b 为波长 400～700 nm 可见光波段透过率的变化规律，总体趋势是 PE 膜的透过率高于 PO 膜 1%～3%，表明 PE 膜在光合有效辐射透过率方面比 PO 膜有优势，对作物光合产物的形成有利。总的看来，两种棚膜的初始透光率差异不明显。

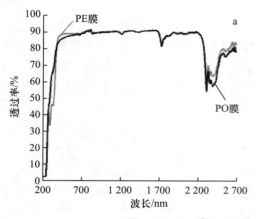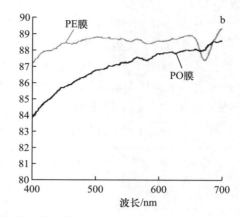

图 3-10　PO 膜和 PE 膜在不同波长下的初始透光率

表 3-11 是 PO 膜和 PE 膜覆盖在相同结构日光温室的 12 月和翌年 1 月及 2 月温室内最高、最低和平均气温,无论是平均气温、最低气温,PO 膜均高于 PE 膜 1℃左右,表明覆盖PO 膜有利于提高冬季温室内的温度。

表 3-11　PO 膜和 PE 膜覆盖的日光温室最高、最低、平均气温　　　　　　　　　℃

时间 (年-月)	平均气温			最低气温			最高气温		
	CK	PE 膜	PO 膜	CK	PE 膜	PO 膜	CK	PE 膜	PO 膜
2010-12	−1.0	13.6	14.2	−12.2	4.1	5.6	12.7	40.5	36.2
2011-01	−4.7	12.0	13.4	−11.7	2.8	5.0	9.2	38.9	37.3
2011-02	0	15.1	15.7	−11.0	6.1	6.8	11.9	42.9	42.0

与 PE 膜相比,PO 膜的保温性能更好,表 3-12 是这两种棚膜揭苫后升温速率和盖苫后降温速率,揭苫后升温速率 PO 膜(5.91℃/h)＞PE 膜(4.70℃/h),但此时升温速度与透光性和室内外温差有关,不能简单推理两种棚膜的保温性;盖苫后降温速率 PE 膜(1.50℃/h)＞PO 膜(1.06℃/h),此时无透光率的影响,说明该结果主要与棚膜保温性有关,可以说明 PO 膜的保温性更好。

表 3-12　PO 膜和 PE 膜覆盖的温室揭苫后升温速率、盖苫后降温速率比较

棚膜	揭苫后升温速率/(℃/h)	盖苫后降温速率/(℃/h)
PE 膜	4.70	1.50
PO 膜	5.91	1.06

PO 膜的防尘性能也优于 PE 膜。据测定,PO 膜和 PE 膜的透光率下雪前分别为81.3% 和 74.4%,下雪后分别为 98.9% 和 91.4%,下雪后比下雪前分别提高 17.6% 和17.0%。除此之外,PO 膜耐候性较强,一般可以连续使用 5~6 年;屋顶凝结水量 PO 膜温室仅为 PVC 膜的 1/10。而且对 PE 膜和 PO 膜覆盖的温室内种植的番茄叶数、株高、茎粗、结果数和产量的研究结果表明,PO 膜覆盖的温室种植的番茄较 PE 膜的长势好、产量高、品质好,PO 膜在冬季温室生产喜温果菜具有一定应用前景。

3.2.1.7　F-CLEAN 薄膜

F-CLEAN 薄膜，又称氟塑膜，是以四氟乙烯（氟素树脂）为基础母料、由日本旭硝子株式会社生产的透光率高、耐候性强、机械强度高的新型温室覆盖材料（二维码 3-6）。据测定，其可见光透过率在 90% 以上，且透光率衰减慢，使用 10～15 年，透光率仍在 90% 以上，并且其拉伸强度保持率也在 90% 左右（图 3-11）；同时还具有抗静电性强、尘染轻的特点。目前我国尚不能制造，日本应用比较多，价格昂贵，且废膜要由厂家回收后用专门方法处理。

二维码 3-6（图片）
高透光的氟塑膜

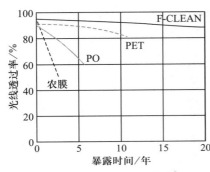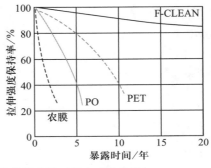

图 3-11　几种薄膜透光率和拉伸强度随时间衰减的比较

（1）透光性　F-CLEAN 薄膜对光线具有较低的反射性能，让更多太阳光线进入温室内部，能够透过 90% 以上的自然光和大量的紫外线，可以在温室内创造出自然光照环境，给温室内的作物提供最佳的光照条件。据测定，在光线的入射角度为 10° 时，F-CLEAN 薄膜光线的透过率为 55%，玻璃的光线透过率为 35%；在光线的入射角度为 90° 时，F-CLEAN 薄膜光线的透过率为 90%，玻璃的光线透过率为 83%。

（2）耐候性　F-CLEAN 薄膜基本不会因紫外线的照射而损伤，并且能够长时间保持其原有的超高的光线透过率和机械强度。

（3）强度　F-CLEAN 薄膜和其他覆盖材料相比，强度高，特别是拉伸强度优点突出，表 3-13 所示是温室覆盖材料机械性能的比较。

表 3-13　不同覆盖材料机械性能比较

机械性能	F-CLEAN® 薄膜	PE 薄膜	PO 薄膜	PVC 薄膜
材料厚度/μm	60	100	150	130
拉伸断裂强度/(kg/cm²)	450	250	350	200
抗扯强度/kg	2.0	1.0	1.5	1.0
直角撕断强度/(kg/mm²)	20	10	12	10
扯断伸长率/%	400	600	600	300

（4）抗污性能　F-CLEAN 薄膜表面张力小，不亲水。不仅薄膜上的污染物容易脱落，积雪也很容易滑落。F-CLEAN 薄膜的表面张力为 230 $\mu N/cm$（PE 的表面张力一般为 340 $\mu N/cm$，PVC 的表面张力一般为 370 $\mu N/cm$，PET 的表面张力一般为 420 $\mu N/cm$）。

此外，F-CLEAN薄膜能够抗大部分化学药品的腐蚀，如表3-14所示。

表3-14 F-CLEAN薄膜的抗化学药品性能

化学品名称	温度/℃	天数/d	保持率/%	
			伸长	重量增加
硫酸78%	121	10	100	0.1
硫酸98%	121	10	100	0
硝酸25%	100	14	100	/
硝酸60%	120	10	100	0.7
硝酸70%	60	60	100	/
氢氧化钠10%	120	10	97	0
氢氧化钠50%	120	10	100	−0.3
氢氧化铵	66	7	98	0.1
氯气	90	10	94	/
溴	60	7	100	0.1
硫酰氯	70	7	100	6
二氧化硫	100	30	98	1.0
水	100	7	100	0

（5）流滴性能　F-CLEAN薄膜能够保持7～8年无水滴，以后防雾滴处理可以使用专业无滴剂喷涂保持。F-CLEAN薄膜除有上述主要特性外，日本目前研制的几种F-CLEAN薄膜还具有如下特点：

①自然光类型。光线可以自由透过薄膜，在温室内可以创造出和露天栽培条件一样的光照条件。根据薄膜厚度的不同，有各自的使用期限。例如，160 μm厚度的品种使用期一般为20～25年，100 μm厚度的品种使用期一般为15～20年，80 μm厚度的品种使用时间一般为12～17年，60 μm厚度的品种使用时间一般为10～15年，50 μm厚度的品种使用时间一般为8～10年。

②折射光类型。该品种F-CLEAN薄膜的内表面进行了磨砂处理，呈"毛玻璃"状，这样可以使温室内光线均匀分散，温室内部光照环境和谐，不易受温室骨架的影响，有利于温室内作物的均一生长。

③防紫外线类型。根据紫外线的通过率可分为GR、GR80、GRU三种型号。其中，GR型号，轻度防紫外线，紫外线透过率减少50%；GR80型号，中度防紫外线，紫外线透过率减少80%；GRU型号，重度防紫外线，紫外线透过率减少90%。适当的阻止紫外线透过可以减缓温室内部材料的老化。

3.2.1.8　聚对苯二甲酸乙二醇脂膜

聚对苯二甲酸乙二醇脂膜（PET）是对苯二甲酸与乙二醇的聚合物。这种薄膜的特点是质轻，高透光，高保温，防尘，耐酸碱，耐候性优良。PET是21世纪初日本开发出的产品，经测试，0.1 mm厚的PETP（改性PET）薄膜，可见光（380～760 nm）的透过率达90%以上，近红外线波段（760～1 400 nm）的透过率在90%左右，而在远红外辐射波段7～14 μm、5～

$25~\mu m$ 的透过率仅为 6%和 18%,传热系数 K 为 $4\sim6~W/(m^2\cdot℃)$。

3.2.1.9　茂金属线型低密度聚乙烯膜

茂金属线型低密度聚乙烯膜(mPE-LLD)厚度为 $0.06\sim0.08~mm$,该膜透光率高,雾度低,与纯 EVA 膜、PVC 膜相近,强度高(高拉伸、高穿刺强度),寿命长,使用 10 个月后纵横向拉伸强度保留率仍达 79.1%~92.0%,还可继续使用。

3.2.1.10　特殊性能透明覆盖材料

针对我国设施园艺生产过程中不断涌现的新需求,功能性薄膜的研发一直没有停止,最近几年,薄膜生产厂家和科研单位,根据设施园艺特殊生产需求,在以下功能薄膜研发中做了一些探索。

(1)病虫害忌避薄膜　除通过改变紫外线透过率及光反射来改变光环境忌避病虫害以外,还可通过在母料中添加或者薄膜表面涂杀虫剂和昆虫性激素来忌避病虫害。

(2)红外线反射薄膜　是通过 PE 薄膜中添加 SnO_4 等金属氧化物反射掉红外线的一种薄膜,这种膜可降低红外线透过薄膜,从而达到降低夏季设施内高温的目的。

(3)近红外线吸收薄膜　是通过在 PVC 膜、PET 膜和 PE 膜等中添加近红外线吸收物质来降低近红外光透过的一种薄膜,这种薄膜可降低设施内的温度。但这种薄膜只适合高温季节使用,而不适合冬季或寡日照地区使用。

(4)温敏薄膜　是利用高分子感温化合物在不同温度下的变浊原理来改变透光强度的一种薄膜,温度高时透光率较低,可降低设施中的温度。温敏薄膜是夏季高温季节替代遮阳网等材料的降温设施。

▶ 3.2.2　地膜的种类、特性及应用

3.2.2.1　对地膜质量规格的要求

根据我国设施园艺生产现状,对地膜质量规格有如下基本要求:①强度高,纵横向拉力均衡,使用寿命长,便于"一膜多用"和回收加工利用,防止田园残留。②在保证强度的条件下实行薄型化,以降低成本,节省能源;但同时要兼顾便于薄膜回收利用,因此对地膜的厚度,新修订的农膜标准为不能低于 0.01mm。③厚度均匀,无断头和破口,无明显折叠或扭曲。④全部双剖单幅收卷,卷紧、卷实,每卷重 $10\sim15~kg$,不超过 20 kg。

我国于 1984 年 2 月颁布了《聚乙烯(LDPE)吹塑农用地面覆盖薄膜》的部颁标准(试行),对产品规格及允许误差、技术要求等标准进行了规定。

地膜覆盖栽培技术是 1978 年由日本引进的,该项技术可提高土壤温度,保持土壤水分,改善土壤物理性状和养分供应,改善近地面的光照状况,促进作物根系生长,增强根系的吸收能力,增加叶面积指数,促进作物的光合作用,从而增加产量和提高品质,使作物的适宜种植区向高纬度、高海拔扩展并提高复种指数,因此,一经引入发展很快,并促进了地膜的国产化。我国目前已是地膜覆盖面积最大的国家,据统计,2015 年,全国地膜覆盖栽培面积大约是世界其他国家总和的 13 倍,其中蔬菜 633.3 万 hm^2,西甜瓜 186.7 万 hm^2,草莓 6.7 万 hm^2,30 年来,地膜年用量由 13 万 t 增加到 139 万 t,翻了三番,年均增长 8.3%。从 1979 年地膜试制成功后,农膜企业根据农艺要求,开发出具有增温、除草、驱避蚜虫、降温等不同性能的地膜,有透明地

膜和银白、银黑、黑白等配色地膜。目前地膜品种比较齐全,不仅有普通地膜、有色地膜,还有功能性地膜和降解地膜等。

3.2.2.2　普通地膜

普通地膜即无色透明地膜,这种地膜透光性好,覆盖后可使地温提高 $2\sim4℃$,不仅适用于我国北方低温寒冷地区,也适用于我国南方早春作物栽培。

(1)高压低密度聚乙烯(LDPE)地膜　简称高压膜,用 LDPE 树脂经挤出吹塑成型制得。厚度 (0.014 ± 0.003) mm,幅宽有 $40\sim200$ cm 多种规格,每公顷用量 $120\sim150$ kg,主要用于蔬菜、西甜瓜、棉花及其他多种作物。该膜透光性好,地温高,容易与土壤黏着,适用于北方地区。

(2)低压高密度聚乙烯(HDPE)地膜　简称高密度膜,用 HDPE 树脂经挤出吹塑成型制得。厚度不低于 0.01 mm,每公顷用量 $80\sim100$ kg,用于蔬菜、棉花、西甜瓜、甜菜,也适用于经济价值较低的作物,如玉米、小麦、甘薯等。该膜强度高,光滑,但柔软性差,不易与土壤黏着,故不适于沙土地覆盖,其增温保水效果与 LDPE 地膜基本相同,但透光性及耐候性稍差。

(3)线型低密度聚乙烯(LLDPE)地膜　简称线型膜,由 LLDPE 树脂经挤出吹塑成型制得。厚度不低于 0.01 mm,适用于蔬菜、棉花等作物。除了具有 LDPE 地膜的特性外,机械性能良好,拉伸强度比 LDPE 地膜提高 $50\%\sim75\%$,伸长率提高 50% 以上,耐冲击强度、穿刺强度、撕裂强度均较高。其耐候性、透明性均好,易粘连。

3.2.2.3　有色地膜

在聚乙烯树脂中加入有色物质,可以制得具有不同颜色的地膜,如黑色地膜、绿色地膜和银灰色地膜等,它们有不同的光学特性,对太阳辐射光谱的透射、反射和吸收性能不同,因而对杂草、病虫害、地温变化、近地面光照等有不同的影响,进而影响作物生长。

(1)黑色地膜　厚度为 $0.01\sim0.03$ mm,每公顷用量 $105\sim180$ kg。黑色地膜的透光率仅 10%,使膜下杂草无法进行光合作用而死亡,用于杂草多的地区,可节省除草成本。黑色地膜在阳光照射下,虽本身增温快,但其热量不易下传,因而可抑制土壤增温,一般仅使土壤上层温度提高 $2.0℃$ 左右。因其较厚,灭草和保湿效果稳定可靠。目前,黑色膜主要用于杂草严重的地块或在高温季节栽培夏萝卜、白菜、菠菜、秋黄瓜、秋番茄等。

(2)绿色地膜　厚度为 0.015 mm。绿色地膜可使光合有效辐射的透过量减少,特别是光合作用吸收高峰的橙红色光的透过率低,因而对膜下的杂草有抑制和灭杀的作用。绿色地膜对土壤的增温作用不如透明地膜,但优于黑色地膜,有利于茄子、甜椒等作物地上部分生长。绿色染料较昂贵,且会加速地膜老化,所以一般仅限于在蔬菜、草莓、西甜瓜等经济价值较高的作物上应用。

(3)银灰色地膜　又称防蚜地膜,厚度为 $0.015\sim0.02$ mm。银灰色地膜对紫外线的反射率较高,因而具有驱避蚜虫、黄条跳甲、象甲和黄守瓜等害虫和减轻作物病毒病的作用。银灰色地膜还具有抑制杂草生长,保持土壤湿度等作用,适用于春季或夏、秋季节防病抗热栽培。用以覆盖栽培黄瓜、番茄、西瓜、甜椒、芹菜、结球莴苣、菠菜、烟草,均可获得良好效果。为了节省成本,在透明或黑色地膜栽培部位,纵向均匀地印刷 $6\sim8$ 条宽 2 cm 的银灰色条带,同样具有避蚜、防病毒病的作用。

表 3-15 列出了透明地膜和各种有色地膜对可见光的反射率和透射率。

表 3-15　各种地膜对可见光的反射率和透射率　　　　　　　　　%

地膜种类	反射率	透射率	地膜种类	反射率	透射率
透明地膜	17	70～81	黑色地膜	5.5	45
绿色地膜	—	43～62	白黑双面地膜	53～82	—
银灰色地膜	45～52	26	银黑双面地膜	45～52	—
乳白色地膜	54～70	19			

由表 3-15 可知,透明地膜透光率最高,因而土壤增温效果最好;而黑色地膜和白黑双面地膜透光率低,因而土壤增温效果差。据江苏省农业科学院蔬菜所测试,不同地膜 5～20 cm 土层土壤日平均温度的增温值在 0.4～3.8℃范围内,以透明地膜最高,其次是绿色地膜,银灰色地膜、乳白色地膜、黑色地膜、白黑双面地膜增温效果最差。由表 3-15 还可知,银灰色地膜、乳白色地膜、白黑双面地膜和银黑双面地膜反光性能好,可改善作物株行间的光照条件,尤其是作物基部的光照条件,这些地膜较普通地膜有一定的降温作用,适用于夏季栽培。银黑双面地膜、银灰色地膜对紫外线反射较强,可用于避蚜防病。黑色地膜和绿色地膜透光率低,有利于灭草。

不同颜色的地膜保水效应不同,黑色、银灰色、白黑双面等地膜保持土壤水分的能力较透明地膜强。

3.2.2.4　可控性降解地膜

地膜很薄,在完成使用功能后回收不仅费工、费时,而且很难彻底。因此,常常在土壤中留下大小不等的地膜碎片,日积月累留在土壤中的残膜影响作物根系生长,破坏土壤结构,影响耕作,甚至造成环境污染。据研究,土壤中的残膜片≥16 cm^2 时即可造成不良影响。为此人们试图研制出一种能在短期内自然崩坏,使地膜高分子结构降解,很快成为小碎片,然后成粉末,最后消失的地膜,这就是所谓的可控性降解地膜。到目前为止,可控性降解地膜有三种类型:

(1)光降解地膜　该种地膜是在聚乙烯树脂中添加光敏剂,在自然光的照射下,加速降解,老化崩裂。这种地膜的不足之处是只有在光照条件下才有降解作用,土壤之中的地膜降解缓慢,甚至不降解,此外降解后的碎片也不易粉化。目前常见的两类光降解地膜是添加型光降解地膜和合成型光降解地膜。

光降解地膜的降解机理主要是其吸收一定波长的紫外光并在其他助剂的协同作用下,影响地膜的机械性能,使地膜老化、变脆,碎裂成小碎片,最终实现地膜的降解。可以作为光降解引发剂的物质有很多种,过渡金属的各种化合物如卤化物、脂肪酸盐(主要有硬脂肪酸盐)等;黄酮类化合物如苯酮及其衍生物;多核芳香族化合物如菲以及其他一些聚合物如聚异丁烯等。

(2)生物降解地膜

①添加型生物降解地膜是在不具有生物降解特性的通用塑料基础上,添加具有生物降解特性的天然或合成聚合物或生物降解促进剂、加工助剂等,经混合制成的薄膜。目前,添加型生物降解地膜,主要由通用塑料、淀粉、相容剂、白氧化剂、加工助剂组成。其典型品种为聚乙烯淀粉生物降解地膜。

②完全生物降解地膜是一种采用全生物降解树脂生产,不会对环境产生二次污染,使用

中保持与现有普通地膜相同程度的功能,使用后能够在微生物作用下自然分解,其降解的最终产物为 CO_2 和 H_2O 的薄膜。目前主要分为天然高分子基地膜和化学合成高分子地膜。天然高分子基地膜是指主要使用自然环境中广泛存在的淀粉、纤维素等天然高分子,同时混合其他一些塑料材料制成的地膜;化学合成高分子地膜是指以全生物降解树脂为原料生产的地膜,因其具有良好的降解性能以及降解产物无毒无污染等特点受到了国内外广泛的关注。常见的全生物降解树脂种类主要有聚乳酸(PLA)、对苯二甲酸丁二醇酯-己二酸丁二醇酯(PBAT)、聚丁二酸丁二醇酯(PBS)、聚己内酯(PCL)、丁二酸/己二酸/丁二醇酯(PBSA)、二氧化碳/环氧丙烷共聚物(PPC)、聚羟基脂肪酸(PHA)、聚乙交酯(PGA)、二氧化碳/环氧乙烷共聚物(PEC)、聚对二氧环己酮(PPDO)等。

(3)光-生可控双降解地膜 是在聚乙烯树脂中既添加了光敏剂,又添加了高分子有机物,从而具备光降解和生物降解的双重功能的薄膜。地膜覆盖后,经过一定时间(如 60 d、80 d 等),由于自然光的照射,薄膜自然崩裂成为小碎片,这些残膜可为微生物吸收利用,对土壤、作物均无不良影响。

3.2.2.5 特殊功能性地膜

(1)耐老化长寿地膜 在聚乙烯树脂中加入适量的耐老化助剂,经挤出吹塑制成,厚度为 0.015 mm,每公顷用量 120～150 kg。该膜强度高,使用寿命较普通地膜长 45 d 以上。该膜适用于"一膜多用"的栽培方式,且便于旧地膜的回收加工利用,不致使残膜留在土壤中,但价格稍高。

(2)除草地膜 在聚乙烯树脂中加入适量的除草剂,经挤出吹塑制成。除草地膜覆盖土壤后,其中的除草剂会迁移析出并溶于地膜内表面的水珠之中,含药的水珠增大后落入土壤中杀死杂草。除草地膜不仅降低了除草的投入,而且因地膜保护,杀草效果好,药效持续期长。因不同药剂适用于不同的杂草,所以使用除草地膜时要注意各种除草地膜的适用范围,切莫弄错,以免除草不成反而造成作物药害。

(3)黑白双面地膜 是两层复合地膜,一层呈乳白色,覆膜时朝上,另一层呈黑色,覆膜时朝下,厚度为 0.02 mm(二维码 3-7)。每公顷用量 150 kg 左右。向上的乳白色膜能增加光的反射,提高作物基部光照度,且能降低地温 1～2℃;向下的黑色膜有除草和保水功能。该膜主要适用于夏、秋季节蔬菜和西甜瓜的抗热栽培。除黑白双面地膜外,还有银黑双面地膜,覆膜时银灰色膜朝上,有反光、避蚜、防病毒病的作用;黑色朝下,有灭草、保墒作用。

二维码 3-7(图片)
黑白双面地膜

(4)黑白相间地膜 是黑色和透明膜相间排列的地膜,厚度为 0.01 mm(二维码 3-8)。该种地膜有调节根系温度的作用,黑膜下地温低,透明膜下地温高,早春作物定植于透明膜下,提高成活率,后期根系伸至黑膜下防高温障碍。

二维码 3-8(图片)
黑白相间地膜

▶ 3.2.3 硬质塑料板材的种类、特性及应用

硬质塑料板材厚度一般在 0.2 mm 以上,考虑到温度变化引起的收缩以及散光性等,在

设施园艺学

园艺设施上所用的单层硬质塑料板材多为瓦楞状的波形板。

3.2.3.1　硬质塑料板材的种类

用作园艺设施覆盖材料的硬质塑料板材有：玻璃纤维增强聚酯树脂板（FRP 板）、玻璃纤维增强聚丙烯树脂板（FRA 板）、丙烯树脂板（MMA 板）和聚碳酸酯树脂板（PC 板）。FRP 板、FRA 板和 MMA 板又称玻璃钢。

FRP 板是以不饱和聚酯为主体，加入玻璃纤维增强而成的，厚度为 0.7～0.8 mm，波幅 32 mm，具有不燃烧、耐腐蚀、拉伸强度高、光学性能好等优点。新的 FRP 板的透光率与玻璃接近，但使用几年之后，由于表面或有涂层或有覆膜（聚氟乙烯薄膜）保护，以抑制表面在阳光照射下发生龟裂，导致纤维剥蚀脱落，缝隙中滋生微生物和沉积污垢，其透光率迅速衰减。使用寿命在 10 年以上。

FRA 板是以聚丙烯酸树脂为主体，加入玻璃纤维增强而成的，厚度为 0.7～0.8 mm，波幅 32 mm。因为紫外线对 FRA 板的作用仅限于表面，所以比 FRP 板耐老化，使用寿命可达 15 年，但耐火性差。

MMA 板以丙烯酸树脂为母料，不加玻璃纤维，厚度为 1.3～1.7 mm，波幅 63 mm 或 130 mm。MMA 板透光率高，保温性能强，污染少，透光率衰减缓慢，但线性热膨胀系数大，耐热性能差，价格贵。

FRP 板、FRA 板和 MMA 板目前已很少用于园艺设施透明覆盖材料。

PC 板，又称阳光板。园艺设施上常用的 PC 板有平板、波浪板和多层中空板三种类型，平板厚 0.7～1.22 mm，双层或三层聚碳酸酯中空板厚 3～16 mm。双层中空板的厚度为 6～10 mm，波浪板的厚度为 0.8～1.1 mm，波幅 76 mm，波宽 18 mm，波浪板覆盖的温室内光照比较均匀，平均透光率略有提高。

PC 板表面亦有涂层以防老化，使用寿命 15 年以上。强度高，抗冲击力是玻璃的 40 倍，是其他玻璃钢的 20 倍，实验室测得的透光率高达 90%，且衰减缓慢（10 年内透光率下降 2%），保温性是玻璃的 2 倍，重量仅为玻璃的 1/5，不易结露，阻燃，但防尘性差，热膨胀系数为 7.0×10^{-5} ℃，是玻璃的 67.5 倍。从 20 世纪 90 年代初引进我国后发展很快，现在国内已有生产，但十几年的应用实践表明，PC 板透光率不如玻璃，双层中空板孔道中易渗入水珠且不易消除，影响透光，另外其热膨胀系数大，在我国高纬度和西北地区应用因温差变化大，影响其使用寿命，近年来在连栋温室中作为透明覆盖材料的应用呈减少趋势。

3.2.3.2　硬质塑料板材的性能

图 3-12 是玻璃和其他三种塑料板在光波长≤500 nm 的透过率。由图 3-12 可知，与玻璃相比 FRA 板紫外线区域透过率最高，其次是 MMA 板，而 FRP 板几乎不透过紫外线。在可见光区域三者的透光率都比较高，与玻璃接近，均为 90% 以上。三者在 >5 000 nm 的红外线区域几乎都不透过。三者的保温性与玻璃相当，尤其是 MMA 板，不透过 >2 500 nm 的红外线，加之它的导热性较低，保温性能极佳，使用 MMA 板比使用其他塑料板可节能 20%。与玻璃相比，三种塑料板材的散光性都比较强，因而棚室内的散射光比例较高。各种板材的透光率与直射光的入射角有关（图 3-13）。与玻璃一样，当阳光入射角 <45° 时，透光率变化很小。与玻璃相比，三种塑料板材的重量都比较轻，所以用来充当覆盖材料可降低支架的投资费用。三种塑料板材有一定的卷曲性能，可弯成曲面，耐冲击力，耐雪压。但三种

塑料板材的耐候性、阻燃性和亲水性都不如玻璃,应添加阻燃剂和防雾滴剂。

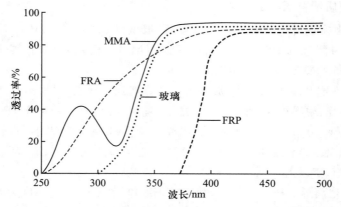

图 3-12　塑料板和玻璃在光波长≤500 nm 的透过率

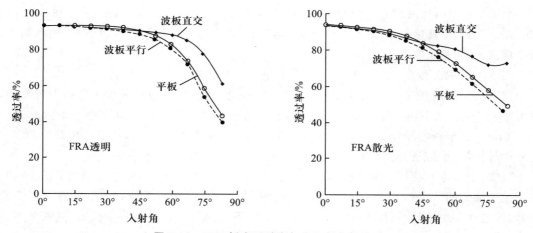

图 3-13　FRA 板光透过率与光入射角的关系

3.2.4　反光膜

反光膜(二维码 3-9)是指光线透过率低、反射率高的一类薄膜。有三种不同的生产工艺:一是在 PVC 膜或 PE 膜成膜过程中混入铝粉;二是以铝粉蒸汽涂于 PVC 膜或 PE 膜表面;三是将 0.03~0.04 mm 的聚酯膜进行真空镀铝,光亮如镜面,又称镜面反射膜。反光膜的作用:一是提高了对可见光的反射能力,改善棚室内的光照分布;二是铝箔的长波反射系数很小,可以阻挡热辐射的散失,有保温作用。一般在张挂反光膜的温室中距反光膜 3 m 内的光照可普遍增加 10%~15%,最高的可达40%以上,5 cm 地温可提高 1~2℃。反光膜普遍应用于设施果树栽培,在果实转色期地面覆盖转光膜可以改善下部光照条件,促进下部果实的着色。此外,在日光温室冬季生产中,为了改善温室靠近北侧的光照条件,在光线较弱的 11 月—至翌年 3 月在温室北墙中部张挂反光膜

二维码 3-9(图片)
反光膜的应用

的效果非常明显。但使用时需要注意,使用期内应保持膜面干燥,防止因潮湿造成反光膜上的铝膜脱落;此外反光膜张挂时不要紧贴温室后墙,否则墙体不易吸收光照热量,使夜间墙体散热减少,不利保温;张挂时必须平整,避免形成凹面,使反射光集中于焦点处,引起作物灼伤。

3.2.5 玻璃

在塑料薄膜问世之前,玻璃几乎是唯一的园艺设施透明覆盖材料,目前仍有一定的应用面积。玻璃几乎不透过远红外线(>4 000 nm),夜间设施内由长波辐射引起的热损失很少。另外,玻璃具有使用寿命长、耐候性好、防尘和防腐蚀性好等优点,因而玻璃是一种良好的覆盖材料。但玻璃密度大,对骨架承重要求严格,此外玻璃的抗冲击性能差、易碎,在冰雹多发地和人员流动密集的商业性温室上应用要慎重。

用于园艺设施上的玻璃主要有三种,即平板玻璃、钢化玻璃和红外线吸收(热吸收)玻璃。

(1)透光性 平板玻璃的厚度为 3 mm 或 4 mm,长为 300～1 200 mm,宽为 250～900 mm。

图 3-14 是平板玻璃和热吸收玻璃的分光透过率。由图 3-14 可知,平板玻璃在 330～380 nm 的紫外区域透过率达 80%～90%,对<310 nm 的紫外线则基本不透过;热吸收玻璃在 350～380 nm 的紫外区域透过率为 40%～70%,对<330 nm 的紫外线则基本不透过。

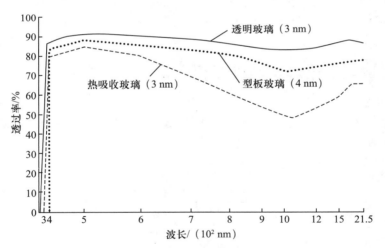

图 3-14 不同质玻璃对太阳辐射的透过率

在可见光波段,平板玻璃的透过率高达 90%,热吸收玻璃则为 70%～80%;在<4 000 nm 的近红外区域,平板玻璃的透过率仍很高,在 80% 以上,而热吸收玻璃的透过率在 70% 以下,尤其在 1 000 nm 处,仅 50%;两种玻璃在>4 000 nm 的红外线区域,基本上都不透过。

(2)增温保温性 普通平板玻璃易于透过太阳辐射中的近中红外线辐射,因此增温性能强,而热吸收玻璃有效地削弱了太阳近中红外辐射的透过,从而降低了设施内的增温能力,这有利于夏季设施内降温。远红外辐射又称热辐射,是园艺设施散热的重要途径,两种玻璃对该部分辐射的透过率极低,因此具有较强的保温性能。

（3）其他性能　玻璃在所有覆盖材料中耐候性最强，使用寿命可达 40 年以上。其透光率很少随时间变化，防尘性、耐腐蚀性、亲水性、保温性均很好，玻璃的线性热膨胀系数也比较小，安装后较少因热胀冷缩损坏。但玻璃重量重，要求设施骨架粗大，不耐冲击，破损时容易伤害操作人员和作物。因此，在冰雹较多的地区有采用钢化玻璃的，钢化玻璃破碎时呈小碎块不易伤人，但破损后不能修补，且造价高，易老化，透光率衰减快。

近几年减反射玻璃在连栋玻璃温室中的应用呈增加趋势。减反射玻璃，又称为低反射玻璃，其制备工艺是将玻璃表面经过特殊的处理工艺，镀有一层 SiO_2 薄膜，可以使玻璃的反射能力降低，反射率由原来普通玻璃的 4%～8% 降低到 1%～2%；折射角增大，有效提高玻璃的透光能力，同时减少直射光的透过率，增加散射光的透过率，使温室内的光照分布更加均匀。有研究表明，在减反射玻璃温室和普通玻璃温室内种植红掌，当植株上方光照在 200 $\mu mol/(m^2 \cdot s)$ 以内时，两温室内的红掌叶温相差不明显；当植株上方光照大于 240 $\mu mol/(m^2 \cdot s)$ 时，减反射玻璃温室较普通玻璃温室内的红掌叶温低 0.6～1.9℃，减反射玻璃温室有效缓解了夏季高温对叶片的灼伤。

近年来，国外一些厂家开发出热射线吸收玻璃、热射线发射玻璃以及热敏和光敏等多功能玻璃。热射线吸收玻璃是在玻璃原料中加入铁和钾等金属氧化物，以吸收太阳光中的近红外线，目前此类产品大多为蓝、灰和棕色等，因此，可见光透过率比普通玻璃要低。热反射玻璃则采用双层玻璃并在两层玻璃之间填充热吸收物质，以降低栽培环境温度，但这种玻璃也在一定程度上吸收了可见光，因此很难在设施中应用。除此之外，国外一些厂家还开发了一些根据温度或光线强度变化而发生颜色变化的热敏和光敏玻璃，虽然在设施上也有一定的应用前景，但由于性能和价格上的原因，目前还未能在生产上应用。

3.3　半透明与不透明覆盖材料

半透明覆盖材料也称为透气性覆盖材料，是指采用聚酯、聚乙烯、聚丙烯和聚酰胺等材料制成的具有透气性、吸水性和透光性的一类农用覆盖资材，主要有无纺布、遮阳网和防虫网三大类，其主要性质和用途如表 3-16 所示。

表 3-16　主要透气性覆盖材料的特性

分类	规格		重量/(g/m²)	耐候性	强度	耐用年数/年	表面结露	收缩性	主要用途
	透光率/%	幅度/cm							
长纤维无纺布	80～90	60～350	15～20	差	差	1～2	有	无	保温、防霜、防虫
短纤维无纺布	50～95	100～300	30～60	好	好	2～7	几乎无	因厂家而异	保温、防霜、防虫、遮阳、除湿、隔热
遮阳网	10～85	90～230	30～50	好	好	7～10	几乎无	因厂家而异	保温、防霜、遮阳、防风
防虫网	30～90	90～600	40～100	中等	中等	2～5	几乎无	因厂家而异	防虫、遮阳、防风

▶ 3.3.1 无纺布

无纺布是以聚酯为原料,经熔融纺丝、堆积布网、热压黏合,最后干燥定型成棉布状的材料。因其无织布工序,故称"无纺布"或"不织布";因其可使作物增产增收,又称为"丰收布"。

根据纤维的长短,可将无纺布分为长纤维无纺布和短纤维无纺布两种。长纤维无纺布是 以聚酯为原料,该类产品具有质量轻、种类多、价格便宜以及使用方便等优点,主要用于保温、防虫等;生产无纺布使用的原料多为耐候性较差的聚酯类化合物,因此,使用寿命相对较短。短纤维无纺布以聚乙烯等为母料,是细碎的纤维经胶黏剂或高温固定成型而来的,具有较好的耐候性和较好的吸湿性,可克服使用长纤维无纺布所引起的作物徒长问题,主要用于设施栽培等相对湿度较高的场合。但短纤维无纺布强度较差,一般应用于设施园艺的是长纤维无纺布。

根据每平方米的重量,可将无纺布分为薄型无纺布和厚型无纺布。

3.3.1.1 薄型无纺布

通常薄型无纺布的单位面积质量为每平方米十几克到几十克,如 15 g/m²、20 g/m²、30 g/m² 和 40~50 g/m² 等。

(1)薄型无纺布的性能　图 3-15 给出了薄型无纺布的厚度与透光率的关系,由图 3-15 可知,10~20 g/m² 的薄型无纺布的透光率高达 80%~85%,而 30~50 g/m² 的仅为 60%~70%,60 g/m² 的在 50% 以下。无纺布由纤维组成,所以在其覆盖下,散射光的比例大。

无纺布的基础母料是聚酯,聚酯对热辐射有较强的吸收作用;此外,无纺布纤维间隙常常会形成水膜,覆盖后可抑制作物和土壤的热辐射,减弱冷空气的渗透,因此无纺布具有一定的保温性能。例如,用无纺布作温室的保温幕帘,可使室内气温提高 2~3℃。无纺布有很多微孔,具有透气性,有利于减轻病害,而且通气量与覆盖层内外温差成正比(图 3-16),这说明无纺布有自然通风的特征,有一定的调节温度的能力。

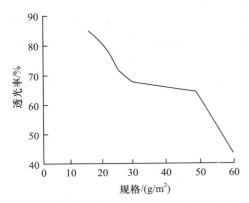

图 3-15　不同厚度无纺布的透光率

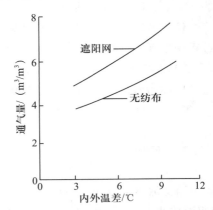

图 3-16　无纺布覆盖下内外温差与通气量的关系

除了具有遮阳调光、保温防湿等以外,无纺布还具有质量轻,操作简便,受污染后可用水清洗,燃烧时无毒气释放,易保管,耐药品腐蚀,不易变形和黏合等性能。无纺布的寿命一般为 3~4 年,若保管得好,不用时在阴凉干燥处保存,避免阳光曝晒,可用 5 年。

(2)薄型无纺布的应用　薄型无纺布在设施园艺上的应用主要有下述 3 个方面(二维码 3-10)。

二维码 3-10(图片)
薄型无纺布的应用

①浮面覆盖栽培。用 15～20 g/m² 的薄型无纺布直接覆盖在蔬菜畦上,可以增温,防霜冻,促进蔬菜早熟和增产;也可以在大棚或温室内将薄型无纺布直接覆盖在苗床上,可保温、保墒,促进种子萌发,使出苗既快又齐。

②用作棚室内的保温幕帘。可以提高棚室内的温度,节省加热能源。由于无纺布透气性好,不会因多重覆盖增加空气湿度。

③夏季防雨栽培。根据作物需要遮阳的要求,选择相应密度的无纺布,可以防暴雨,遮阳降温,防虫防鸟。

3.3.1.2　厚型无纺布

用于园艺设施外覆盖材料的厚型无纺布,单位面积质量为 100 g/m² 或以上。利用空气动力学原理使纤维在气流中运动,形成厚度均匀且致密的厚型无纺布料,然后经黏合剂、防水剂浸渍,使其加固并具有防水性能。厚型无纺布的强度与其纤维的组成配比有关,如涤(30%)/麻(70%)的强度优于涤(30%)/棉花(70%)。厚型无纺布的保温性能与其厚度有关(表 3-17)。

表 3-17　厚型无纺布的导热系数(λ)与其厚度的关系

规格/(g/m²)	100	165	180	200	350
λ/[W/(m·h·℃)]	0.25	0.23	0.18	0.12	0.10

根据江苏省农科院蔬菜研究所的试验,在大棚内的小拱棚外覆盖单层 100 g/m² 厚型无纺布,与外覆盖草帘相比,小拱棚内 08:00 气温、最低气温和地温分别低 0.3℃、0.6℃和 0.5℃。用旧塑料薄膜包裹单层 100 g/m² 无纺布,其 08:00 气温和最低气温则分别比草帘覆盖的高 1.2℃和 0.9℃。根据北京的试验,覆盖 350 g/m² 厚型无纺布,其 08:00 气温比覆盖草苫的低 1.2℃,20:00 至 08:00 的降温值比覆盖草苫的低 0.2℃。此外,厚型无纺布在应用过程中发现,其强度和防水性能还需要提高,使用单层无纺布时,因经常揭盖拉扯,较易损坏,尤其是北方地区雨后或雪后,无纺布被浸湿后极易结冰,展放时无纺布叠层间极易扯破。通过采用防水性能好、强度大、耐候性强的材料包裹,不仅提高了厚型无纺布的防寒保温、防水等性能,还能够延长使用寿命。

▶ 3.3.2　遮阳网

遮阳网又称寒冷纱、遮阴网,是以聚乙烯、聚丙烯和聚酰胺等为原料,经加工制作拉成扁丝,编织而成的一种网状材料,其网眼间隙因厂家和规格而异,一般为 1～2 mm,具有良好的通气性。该种材料质量轻,强度高,耐老化,柔软,便于铺卷;同时可以控制网眼大小、疏密程度和颜色,使其具有不同程度的遮光、通风特性,也可用于防虫和冬季保温。以供用户选择使用。

目前,遮阳网作为一种半透明覆盖材料,与农用塑料薄膜一样已在蔬菜生产中被广泛应用,并由夏、秋高温季节为主,扩展到周年利用。随着生产的不断发展,遮阳网的应用范围也由蔬菜生产向花卉苗木、食用菌、畜牧、水产等生产行业发展,特别是在花卉、食用菌生产上的应用已十分普遍,在覆盖形式上也更趋多样化。

3.3.2.1　遮阳网的种类

我国生产的遮阳网其遮光率为 25%~70%,幅宽有 90 cm、150 cm、220 cm 和 250 cm 等,网眼有均匀排列的,也有稀、密相间排列的,颜色有黑、银灰、白、果绿、黑与银灰色相间等几种。生产上使用较多的有透光率 35%~55% 和 45%~65% 的两种,宽度为 160~220 cm,颜色以黑和银灰色为主,单位面积质量为 45~49 g/m²,有的生产厂家以一个密区(25 mm)中纬向的扁丝根数将产品编号,如江苏武进塑料二厂生产的遮阳网就是以此确定型号的,SZW-8 表示 1 个密区有 8 根扁丝,而 SZW-16 则表示 1 个密区有 16 根扁丝,数码越大,网孔越小,遮光率越大(表 3-18)。

表 3-18　遮阳网的规格与性能

型号	遮光率/%	机械强度 (经向含一个密区)/N	500 mm 宽度拉伸强度 (纬向含一个密区)/N
SZW-8	20~25	≥250	≥250
SZW-10	25~45	≥250	≥300
SZW-12	35~55	≥250	≥350
SZW-14	45~65	≥250	≥450
SZW-16	55~75	≥250	≥500

3.3.2.2　遮阳网的性能

(1)削弱光强、改变光质　图 3-17 是三种不同颜色的遮阳网下的太阳光谱,由图可见在纺织结构和疏密程度基本一致的情况下,不同颜色遮阳网的遮光率不同,以黑色网遮光率最大,绿色网次之,银灰色网最小。遮阳网对散射光的透过率要比总辐射高(也比直射辐射高),这说明网内作物层间的光照分布较露地均匀,其中银灰色网内散射辐射比露地高,主要是由于银灰色的反射作用比较强(表 3-19)。

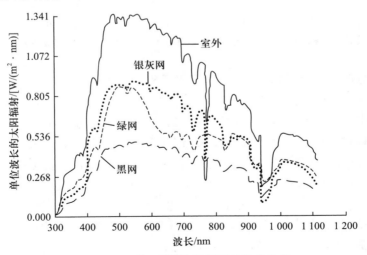

图 3-17　三种不同颜色遮阳网的透光性能

表 3-19　三种不同颜色遮阳网的平均透过率　　　　　　　　　　　　　　　　　%

项目	黑色遮阳网		绿色遮阳网		银灰色遮阳网	
	总辐射	散射辐射	总辐射	散射辐射	总辐射	散射辐射
辐照度平均透过率	39.0	59.6	59.2	92.9	67.8	113.6
光照度平均透过率	36.9	53.0	59.1	87.7	67.1	106.2
光量子流密度平均透过率	36.8	51.4	55.4	79.1	67.1	105.4

　　遮阳网的遮光效果在一天中有日变化,中午前后,太阳高度角最大时,效果最显著(图 3-18)。

　　由图 3-17 可知,银灰色网和黑色网下太阳辐射光谱与室外基本一致,只是黑网辐射量有所减少而已,而绿色网在 600~700 nm(红橙光)波段范围内光量明显减少,此处正是绿色植物具有最强吸收率的波段。有关研究还表明,不论是 200~350 nm 的紫外线区域或 400~700 nm 的光合有效辐射区域,银灰网的透过率均大于黑网,特别是紫外线透过率远大于黑网(图 3-19),这不仅影响其降温性能,也影响作物的生长和品质。另外,在中、远红外线区域(4 600~16 700 nm),黑网的透过率为 47%,灰网为 50%,故黑网的热积蓄少于灰网的。

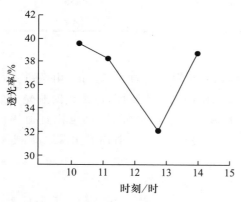

图 3-18　黑色遮阳网透光率随时间的变化

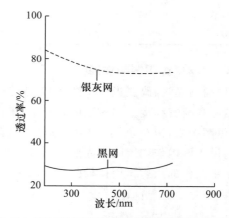

图 3-19　银灰网与黑网对紫外线与可见光的透过率

　　(2)降低温度　遮阳网覆盖显著降低了根际附近的温度,主要是地表及其上、下 20~30 cm 的地气温。一般地表温度可下降 4~6℃,最大 12℃,地上 30 cm 气温下降 1℃,地中 5 cm 地温可下降 6~10℃。若以浮面覆盖方式,则 5 cm 地温可下降 6~10℃。需要指出的是,遮阳网的降温效应与天气类型关系极大,在夏季晴热型天气条件下,室外最高气温高达 35.1~38.0℃,露地地面最高温度平均值为 48.6℃,各种网型的降温幅度达 8~13℃,其中以遮光率为 65%~70% 的黑网最佳。当室外最高气温为 30.1~35.0℃时,露地地面平均最高温度为 39.1℃,各种网型平均地面降温幅度为 3~6℃。当室外最高气温为 25.0~30.0℃时,露地地表平均最高温度为 34.1℃,各种网型覆盖的降温效应明显减弱,甚至出现负效应。在大棚覆盖遮阳网下生长的小白菜叶温平均降幅可达 2~3℃。由此可见,在遮阳网覆盖下,显著改善了作物根区的温度环境,降低了叶温,有利于生理代谢和促进生长(表 3-20)。

(3)减少田间蒸散量　遮阳网覆盖可以抑制田间蒸散量,如表 3-21 所示,地面蒸散量的减少与遮阳网透光率变化趋势一致,大棚覆盖遮阳网下,农田蒸散量可比露地减少 1/3(遮光率 33％～45％)～2/3(遮光率 60％～70％)。

(4)减弱暴雨冲击　据江苏省镇江市农业气象站测定,在 100 min 内降雨量达 34.6 mm 的情况下,遮阳网内中部的降雨量仅为 26.7 mm,边缘的降雨量为 30.0 mm,网内降雨量分别减少了 13.3％～22.8％,同时大大减弱了雨滴对地面的冲击力,露地植株因暴雨冲击而严重损伤,网内的却安然无恙。

表 3-20　室外不同最高气温下遮阳网的地面降温幅度　　　　　　　　　℃

最高气温	网型	平均降温值	最大降温值	最小降温值
35.1～38.0	灰 10	8.2	13.4	3.0
	灰 12	8.7	13.9	3.4
	黑 8	11.3	16.4	6.2
	黑 10	12.2	17.4	7.0
	黑 12	12.9	18.2	7.6
30.1～35.0	灰 8	2.8	4.8	0.8
	灰 10	3.4	6.1	0.7
	灰 12	3.8	6.4	1.2
	黑 8	4.6	7.1	2.1
	黑 12	5.6	8.9	1.2
25.0～30.0	灰 8	3.1	6.9	0.7
	灰 10	3.2	6.4	±0.0
	灰 12	3.6	6.9	0.3
	黑 8	4.8	8.4	0.7
	黑 12	4.7	8.9	1.0

表 3-21　不同网型的遮光率与蒸散量减少率　　　　　　　　　　　％

项目	灰 10	灰 12	黑 8	黑 10	黑 12
遮光率	45	48	57	67	70
蒸散量减少率	35	38	41	60	60

(5)减弱台风袭击　遮阳网通风比塑料棚好,对风力的相对阻力小,所以只要在台风来临前将遮阳网固定好,就不易被大风吹损,对网内作物有一定的保护作用,据测定,一般网内的风速不足网外的 35％。

(6)保温防霜冻　晚秋至早春夜间浮面覆盖遮阳网可比露地气温提高 1.0～2.8℃。如上海市 1991 年 4 月 1—2 日出现晚霜冻,未盖网的小棚内气温下降到 −1.0℃,有 12.6％的番茄苗受冻害,而盖网的气温为 1.5℃,无冻害。在遇到严重冻害时,采用遮阳网浮动覆盖,因网下光照弱,温度回升缓慢,可缓解蔬菜的冻融过程,抑制因组织脱水而坏死,减轻霜冻危害。

(7)防虫防病　据在广州市调查,银灰色遮阳网避蚜效果达 88％～100％,油菜病毒病的防病效果达96%～99%,辣椒日灼病减少为零。

3.3.2.3 遮阳网的应用

遮阳网覆盖栽培的方式一般有温室遮阳覆盖(有内遮阳、外遮阳)、塑料大棚遮阳覆盖、中小拱棚遮阳覆盖、小平棚遮阳覆盖和遮阳浮面覆盖等。遮阳网的种类规格较多,在园艺作物覆盖栽培时应根据不同的需要加以选择。

(1)颜色 目前常用的遮阳网有全黑色、银灰色、黑色和绿色等。可根据使用的时间和不同的作物进行选择。一般以黑色和银灰色两种在蔬菜覆盖栽培上用得最普遍。黑色遮阳网的遮光降温效果比银灰色遮阳网的好,一般用于伏暑高温季节和对光照要求较低、病毒病为害较轻的作物。如目前广泛应用于南方地区夏秋季的小白菜和其他绿叶蔬菜的覆盖栽培。银灰色遮阳网的透光性好,且有避蚜作用,一般用于初夏、早秋季节和对光照要求较高,易感染病毒病的作物,如萝卜、番茄、甜椒、辣椒等蔬菜的覆盖栽培。用于冬春防冻覆盖,黑色、银灰色遮阳网均可,但银灰色遮阳网比黑色遮阳网效果好。

(2)遮光率 遮阳网的遮光率一般为25%～75%,高的可达85%～90%。在覆盖栽培中可根据不同的需要进行选择。夏秋覆盖栽培,对光照的要求低,不耐高温的小白菜和其他绿叶蔬菜,可选用遮光率较高的遮阳网;对光照要求较高,较耐高温的果菜类蔬菜,可选用遮光率较低的遮阳网;冬春防冻防霜覆盖以遮光率较高的遮阳网效果好。为了使用方便、节省成本,一般在生产应用中,普遍选用遮光率为65%～75%的遮阳网。在覆盖使用时,根据不同季节和天气情况,通过改变遮盖的时间及采取不同的遮盖方式进行调节,以满足不同作物的生长需要。

(3)幅宽 遮阳网的幅宽有多种规格,可根据不同的覆盖形式进行选用。目前一般以1.6 m和2.2 m的使用较为普遍。在覆盖栽培中,一般多采用多幅拼接,形成大面积的整块覆盖,使用时揭盖方便,便于管理,省工、省力,也便于固定,不易被大风刮起。可根据覆盖面积的长、宽选择不同幅宽的遮阳网来拼接。在拼接时,不可采用木棉线缝合,应采用尼龙线缝合,以增加拼接牢度。

(4)时间 在晴热型气候条件下也要注意在一天中的中午前后进行覆盖,早晚揭开,谨慎使用;在夏季多阴雨型气候条件下,不建议使用遮阳网覆盖。与露地栽培相比,遮阳网覆盖栽培蔬菜,尤其是叶菜类的粗纤维含量降低,口感好,产量高,但干物质重、蛋白质含量、维生素C含量等明显不如露地栽培,尤其亚硝酸盐积累量明显高于露地产品。为了解决这些问题,应当于采收前5～7 d揭网,以改善作物光合作用,提高产品营养品质。

3.3.2.4 铝箔遮阳保温膜

铝箔遮阳保温膜是指用5 mm宽的塑料条和铝箔条与合成丝线纺织而成的一种半透明覆盖材料,有封闭型和敞开型两种类型。如果采用铝箔条和透光塑料条组成,则为封闭型的,根据铝箔条的多少,可使遮光率达到20%～80%;如果铝箔条之间不加透光塑料条,则为敞开型的,遮光率一般为20%～35%。由于铝箔的反光作用,其降温性能优于其他遮阳网,同时由于铝箔有阻止热辐射的功能,在冬季应用该种保温膜有保温作用,可节省能源消耗。封闭型的铝箔遮阳保温膜节能率可达45%～70%,敞开型的达20%～35%。

3.3.3 防虫网

防虫网是以高密度聚乙烯为主要原料并添加抗紫外线、抗老化等助剂,经挤出拉丝编织而成的18～50目规格的网纱,具有耐拉强度大、抗热性、耐水性、耐腐蚀、耐老化、抗紫外线、无毒、无味、废弃物易处理等特点。

防虫网覆盖栽培主要用于夏、秋季园艺作物设施栽培。主要功能是用以阻隔各种害虫成虫潜入产卵繁殖,切断幼虫为害和传毒的途径,同时还具有一定的抗突发性自然灾害的能力,是实现蔬菜无(少)农药污染的环保型农业技术,是我国南方夏、秋高温多雨季节设施蔬菜栽培中,实现高产、优质、无污染和高效益生产的有效途径。在保护生物多样化的同时,达到自然控制蔬菜害虫为害的目的。

在蔬菜上使用防虫网的网眼密度一般以10～40目(每英寸长的孔数)为宜;颜色以白色、黑色和银灰色的为宜。10～20目防虫网一般用来阻挡个体较大的害虫,如棉铃虫、菜粉蝶、斜纹夜蛾、甜菜夜蛾等;20～30目防虫网可以用来阻挡蚜虫、温室白粉虱;更小的害虫如烟粉虱,则需要40目以上的防虫网。

防虫网覆盖的方式,一般在园艺设施通风口处应用,以切断虫源;其次还有浮面覆盖、矮平棚覆盖、小拱棚覆盖、大棚覆盖等。

3.3.4 外覆盖保温材料

外覆盖保温材料主要是一类用于园艺设施夜间覆盖保温的不透明覆盖材料,在我国应用最广泛的是单屋面日光温室的前屋面覆盖保温,近几年在河北、山东等地区发展起来的新型结构大棚,也开始采用保温覆盖,可实现北方地区塑料大棚蔬菜的周年生产。

3.3.4.1 传统外覆盖保温材料

传统的外覆盖保温材料有蒲席、草苫(草帘)、棉被、纸被等。

蒲席是用蒲草及芦苇各半编织而成的,草苫是用稻草编织而成的,草苫传热系数很小,厚度约17.5 mm的蒲席传热系数$K=1.78$ W/(m²·℃);厚度为20 mm的草苫传热系数$K=2.05$ W/(m²·℃),可使夜间温室热消耗减少60%。目前生产上使用的稻草苫一般宽1.5～1.7 m,长度为采光屋面之长再加上1.5～2m,厚度在4～6 cm(彩图3-8)。草苫的特点是保温效果好,取材方便。但草苫的编织比较费工,耐用性不太理想,一般只能使用3年左右。遇到雨雪吸水后重量增大,即使是平时的卷放也费时费力。另外,草苫对塑料薄膜的损伤较大。草苫的保温效果受草苫厚薄、疏密、干湿程度的不同而有很大差异,同时也受室内温差及天气状况的影响,一般可增温5～6℃。蒲席强度较大,卷放容易,常用宽度为2.2～2.5 m。目前市场上的蒲席、草苫质量缺乏统一标准,厚度和密度没有保证。据测试,致密的蒲席比稀松的可使室内温度提高1.0～2.0℃。近年草苫、蒲席等传统保温覆盖材料有逐渐被复合保温被取代的趋势。

纸被是由4～6张牛皮纸叠合而成的,在寒冷冬季或气温低的地区,为了提高保温性能,在蒲席、草苫下铺一层纸被,不仅增加了覆盖材料的厚度,而且显著减少了蒲席、草苫的缝隙散热,可使室内气温提高3.0～5.0℃。据沈阳地区试验,4层牛皮纸做的纸被保温效果可达到 6.8℃,而在同样条件下一层草苫的保温能力为 10℃。近年来纸被来源减少,而且纸被易被雨水、雪水淋湿,寿命也短,不少地区逐步用旧塑料薄膜替代纸被,有些则将废旧塑料膜覆盖在草苫上,既保温又防雨雪。

除草苫、蒲席和纸被外,曾经也有采用棉布(或包装用布)和棉絮(可用等外棉花或短绒棉)缝制而成的棉被作为保温材料,保温性能好,其保温能力在干燥高寒地区约为 10℃(在东北、内蒙古等严寒地区,以棉被作为覆盖材料,可使室温提高 7.0~8.0℃,高的达 10.0℃)(彩图 3-9)。其保温能力高于草苫、纸被。但棉被造价高,一次性投资大,防水性差,保温能力尚不够高。

3.3.4.2 现代保温覆盖材料

传统的保温覆盖材料笨重,不易铺卷,易污损薄膜,易腐烂,寿命短,质量得不到保证,加之芦苇、稻草等资源日趋紧张,促使人们去研究开发保温效果不低于蒲席、草苫,轻便、表面光滑、防水、使用寿命长的新型保温覆盖材料。

保温被是 20 世纪 90 年代研究开发出来的新型外保温覆盖材料。保温被是一种由内芯和外皮组成,具有多层结构的复合保温材料。内芯多采用保温性能良好的材料,是保温被的主体。通常由经消毒处理的针刺棉、腈纶棉、太空棉下脚料、废羊毛绒、塑料发泡片材、蜂窝塑膜等制成,具有一定厚度和密度。外皮多采用具有防雨、强度高、寿命长的材料,如防雨绸、塑料薄膜、喷胶薄型无纺布和镀铝反光膜等。保温被除具有良好的保温性能外,还具有防水、阻燃、防腐、使用寿命长、便于机械铺卷、成本低等性能。我国自 20 世纪 90 年代开始研发保温被以来,该技术发展很快,日趋成熟,目前已拥有一批价格合理、实用的产品。表 3-22 列出了几种保温被的传热系数[K,W/(m^2·℃)],表明现有市场上的多数保温被的 K 值比蒲席、草苫的小,保温效果好。图 3-20 是 20 世纪 90 年代初开发出来的几种外覆盖材料与草苫覆盖阳畦的保温效果。由图 3-20 可知,三个阳畦内的最低气温是一致的,有的保温被虽然传热系数比草苫要大一些,但实际保温效果却优于草苫,这是由于保温被比草苫致密,减少了缝隙散热。

我国各地研制的保温被种类已经非常多,多数产品的保温性能和机械操作性能都有保证,但其耐久性、防水性还需要进一步提高。如蜂窝塑膜、无纺布等材料几经机械传动碾压,很易破损;针刺棉、废羊毛绒、纤维棉等防水性能差。保温被通常采用缝纫机行缝工艺缝合,保温被与保温被间采用搭接式连接,都不利于防水。2004 年北京市农业科学院蔬菜研究中心研制出"自防水保温被"。该保温被的芯材采用"闭孔发泡材料",这种材料质轻,柔软保温,自防水(吸水率 0.01),耐候;外皮是涤纶布,强度高,耐候。该保温被采用整体黏合技术代替缝纫机行缝工艺,保温被与保温被间采用插接连接,所以防水性、耐用性都较好,使用寿命为 5~6 年,据测试,保温性能略优于 2.5~3 cm 厚的草苫。近几年北京某科技公司新研制的全防水保温被,其保护面层采用抗老化 PE 材质作基层的多层结构,表面带有红外线反射膜;保温芯材采用柔性的建筑保温材料——橡塑海绵,自身带有封闭的微孔,采用闭孔发泡工艺,因此,在经受挤压等情况下,不会吸水,减少了雨雪等的影响,保温性能恒定持久;保护面层与保温芯材之间采用粘贴方式,而不是缝合工艺,解决了针孔透水问题;对保温被采用整体拼接工艺,在现场安装时,对每片保温被的表面进行整体热合粘接,形成一个牢固的密封的整体,使用寿命可达 15 年以上,据多点试验结果,其保温效果能提高 2~4℃。

表 3-22　几种保温被的传热系数 K　　　　　　　　　　　　W/(m^2·℃)

材料组成	K
白色防水布＋3 mm 厚发泡聚乙烯＋1 200 g/m^2 毛毡＋铝箔	1.5～1.6
防水布＋无纺布＋1 000 g/m^2 毛毡＋防水布	1.6～1.7
白色无纺布＋薄膜＋10 mm 厚毛毡＋薄膜＋白色无纺布	2.0～2.3
防水布＋1 000 g/m^2 毛毡＋膜＋无纺布＋防水布	1.7
防水布＋1 000 g/m^2 毛毡＋膜＋防水布	1.7
防水布＋1 000 g/m^2 毛毡＋防水布	1.8

注：测试时各种保温被下方垫 0.10 mm PE 膜一层。

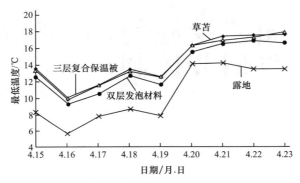

图 3-20　三种保温材料覆盖下阳畦内逐日最低气温

（测试时保温材料下方垫 0.10 mm PE 膜一层）

▶复习思考题◀

1．设施园艺生产对透明覆盖材料和外保温覆盖材料有哪些要求？

2．比较 PVC 膜、PE 膜和 EVA 膜的性能差异并分析原因。

3．简述普通 PE 膜、PVC 膜与功能性膜（防老化、防雾滴、长寿）在设施园艺作物生产中的应用。

4．简述遮阳网的性能与应用。

5．比较分析塑料薄膜、玻璃和 PC 板材作为连栋温室透明覆盖材料的优缺点。

第4章

园艺设施的环境特征与调节控制

》 **本章学习目的与要求**

1. 掌握园艺设施内光、温、湿、气、土5种环境因子的成因及特点。

2. 了解园艺作物生长发育对各个环境因子的要求。

3. 掌握园艺设施内各个环境因子的相互关系及调控措施。

园艺作物设施栽培是在人工建造的设施内进行的,因此生产者对设施内环境的干预、控制和调节要比在露地栽培时容易得多。设施栽培管理的重点是,根据园艺作物遗传特性和生物学特性对环境的要求,通过人为地调节和控制,尽可能使作物与环境间协调、统一、平衡,人工创造出作物生长发育所需的最佳的综合环境条件,从而实现园艺作物设施栽培的优质、高产、高效。

实现园艺作物设施环境调控标准化和栽培技术规范化,必须掌握以下3点:

第一,园艺作物的生物学特性及其对环境因子的要求。园艺作物种类繁多,同一种类又有许多品种,每一个品种在生长发育过程中又有不同的生长发育阶段(发芽、出苗、营养生长、开花、结果等),这些不同品种的不同生长发育阶段对周围环境的要求均不相同,栽培者必须对其了解。光照、温度、湿度、气体、土壤是园艺作物生长发育必不可少的5个环境因子,每个环境因子对各种园艺作物生长发育都有直接的影响,它们之间存在着定性和定量的关系,这是从事设施园艺生产所必须掌握的。

第二,各种园艺设施内的环境特点及建筑结构、设备和环境工程对环境的影响。明确形成各种环境特征的机理,清楚各个环境因子的分布规律,进而了解这些环境变化对设施内不同作物或同一作物不同生长发育阶段有何影响。这些是确立环境调控方法、改进园艺设施、建立环境控制标准等的依据。

第三,设施环境调控与栽培管理技术措施。了解设施内温、光、湿、气等气候环境以及土壤理化性状、营养、水分等土壤环境的调控措施,掌握设施园艺作物栽培的主要管理措施,使园艺作物生长发育与设施内小气候环境达到和谐统一。只有清楚园艺设施内的环境特征及掌握各种园艺作物生长发育对环境的要求,生产者才可能有生产管理主动权。

环境调控及栽培管理技术的关键,就是千方百计地使各个环境因子尽量满足栽培作物对光、温、湿、气、土的要求。作物与环境越和谐统一,其生长越健壮,必然高产、优质。农业生产技术的改进主要沿着两个方向进行:一是创造出适合环境条件的作物品种及其栽培技术;二是创造出使作物本身特性得以充分发挥的环境。而设施园艺,就是实现后一目标的有效途径。

4.1 光照环境及其调节控制

植物的生命活动都与光照密不可分,因为其赖以生存的物质基础是通过光合作用制造出来的。正如人们所说的"万物生长靠太阳",这句话精辟地阐明了光照对作物生长发育的重要性。目前,我国园艺设施类型中90%以上是塑料拱棚和日光温室,而塑料拱棚和日光温室以太阳光为唯一光源与热源,因此光环境对设施园艺生产是最重要的。

除少数地区和温室在育苗或栽培过程中采用人工光源外,设施内的光照来源主要依靠自然光,即太阳光能,它是指太阳辐射能中可被人的眼睛所感觉到的部分,即波长为390~760 nm的可见光部分。事实上,不同波长的光的亮度存在很大差异。例如,光波长550 nm即黄绿光处,是人眼感光最灵敏的峰段,然而对绿色植物而言却是吸收率较低的波段。除了可见光外,太阳辐射能中的红外线和紫外线对作物的生长发育也有重要影响。太阳辐射能在可见光(390~760 nm)、红外线(>760 nm)和紫外线(<390 nm)波段的分布分别占辐射

能总量的约 50%、48%～49% 和 1%～2%（图 4-1）。温室作物生产中光环境功能的表达，不仅依赖于可见光，还受红外和紫外辐射的影响。因此，光照度或光照强度，不如表示太阳辐射能状况的辐射通量密度[单位为 W/m² 或 kJ/(m²·h)]更能客观地反映光对植物的生理作用。

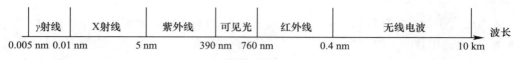

图 4-1　电磁波谱的波长分布

辐射通量密度（radiant flux density, RFD）表示太阳光辐射总量，即单位时间内通过单位面积的辐射能。其中，被植物叶绿素吸收并参与光化学反应的太阳辐射称为光合有效辐射（photosynthetically active radiation, PAR）。PAR 的单位为 W/m² 或 kJ/(m²·h) 或 μmol/(m²·s)。当涉及与植物光合作用有关的光能物理量时，采用光量子通量密度（photon flux density, PFD）或光合光量子通量密度（photosynthetic photon flux density, PPFD）来表示，前者指单位时间内通过单位面积的光量子数，后者则指在光合有效波长范围内的光量子通量密度，两者的单位均为 μmol/(m²·s)。

4.1.1　园艺设施的光照环境特点

园艺设施内的光照环境不同于露地，由于是人工建造的园艺设施，设施内的光照条件受建筑方位、设施结构、透光屋面大小与形状、覆盖材料特性与干洁程度等多种因素的影响。园艺设施内的光照环境除了从光照强度、光照时数、光的组成（光质）等方面影响园艺作物生长发育之外，光的分布对其生长发育也有影响。

1. 光照强度

园艺设施内的光照强度一般比自然光弱，这是因为自然光要透过透明覆盖材料才能进入设施内。在这个过程中，由于覆盖材料吸收、反射，覆盖材料内面结露的水珠折射、吸收等，透光率降低。尤其在寒冷的冬、春季节或阴雪天，透光率只有自然光强的 50%～70%。如果透明覆盖材料不清洁，使用时间长而染尘、老化等，透光率甚至不足自然光强的 50%。

2. 光照时数

园艺设施内的光照时数是指设施内受光时间的长短，因设施类型而异。塑料大棚和大型连栋温室因全面透光，无外保温覆盖，其设施内的光照时数与露地基本相同。但单屋面温室内的光照时数一般比露地要短，因为在寒冷季节为了防寒而覆盖保温材料，揭盖时间直接影响设施内光照时数。在寒冷的冬季或早春，一般在日出后才揭苫，而在日落前或刚刚日落就需盖上，一天内作物受光时间为 7～8 h，在高纬度地区冬季甚至不足 6 h，远远不能满足园艺作物对光照时数的需求。北方冬季生产用的塑料小拱棚或改良阳畦，在夜间也有防寒覆盖物保温，同样存在光照时数不足的问题。

3. 光质

园艺设施内光的组成（光质）也与自然光不同，主要与透明覆盖材料的性质有关。我国主要的园艺设施多以塑料薄膜为覆盖材料，透过的光质与薄膜的成分、颜色等有直接关系。

不同透明覆盖材料,其不同波段光的透过率也存在差异。如玻璃对可见光、近红外以及波长2 500 nm 以内的部分红外线透光率很高,但波长 300 nm 以下的紫外光基本无法透过。FRP 板、PC 板与玻璃一样,对波长 300 nm 以下的紫外光透光率低。EVA、PE 和 PVC 薄膜对可见光的透光率在 90％左右,对近红外光到波长 5 000 nm 的红外线光的透光率接近。但 EVA 和 PE 膜可透过 300 nm 以下的紫外光,PVC 只能透过 300～380 nm 的紫外光。

4. 光分布

露地栽培作物在自然光下的光分布是均匀的,园艺设施内的则不均匀。例如,单屋面温室的后屋面及东、西、北三面有墙,都是不透光部分,在其附近或下部往往会有遮阴。在朝南的透明屋面下,光照明显优于北部。园艺设施透明屋面形状的不同导致不同部位太阳光入射角不同,以及园艺设施内地面与透明屋面的距离不同,光照分布也不同。园艺设施内光分布的不均匀性,使得园艺作物的生长也不一致。据测定,温室栽培畦的前、中、后排黄瓜产量有很大的差异,前排光照条件好,产量最高,中排次之,后排最低,这也反映了设施内光照分布不均匀。

▶ 4.1.2 园艺设施的光照环境对作物生长发育的影响

4.1.2.1 园艺作物对光照强度的要求

园艺作物包括蔬菜、花卉(含观叶植物、观赏树木等)和果树三大类,根据对光照强度的要求不同,它们大致可分为阳性植物(又称喜光植物)、阴性植物和中性植物。

(1)阳性植物 这类植物必须在充足的光照下生长,不能忍受长期荫蔽环境。一般原产于热带或高原阳面,如花卉中的多数一二年生花卉、宿根花卉、球根花卉、木本花卉及仙人掌类植物等,蔬菜中的西瓜、甜瓜、番茄、茄子等,设施果树栽培种类中的多数葡萄、桃、樱桃等。这些种类都要求较强的光照,才能很好地生长,它们的光饱和点大多在1 100～1 300 $\mu mol/(m^2 \cdot s)$。光照不足会严重影响它们的产量和品质,特别是西瓜、甜瓜,含糖量会大大降低。

(2)阴性植物 这类植物不耐较强的光照,遮阴下方能生长良好,不能忍受强烈的直射光线。它们多产于热带雨林或阴坡,如花卉中的兰科植物、观叶类植物及凤梨科、姜科、天南星科、秋海棠科植物等,蔬菜中多数绿叶菜和葱蒜类等。这些种类都要求弱光照,才能很好地生长,它们的光饱和点在 500～800 $\mu mol/(m^2 \cdot s)$。

(3)中性植物 这类植物对光照强度的要求介于上述两者之间。一般喜欢阳光充足,但在微荫下生长也较好,如花卉中的萱草、耧斗菜、麦冬草、玉竹等,果树中的李、草莓等,蔬菜中的黄瓜、甜椒、甘蓝类、白菜、萝卜等。这些种类要求中光照,光饱和点在 800～1 000 $\mu mol/(m^2 \cdot s)$。

光照强度主要影响园艺作物的光合作用强度,在一定范围内(光饱和点以下),光照越强、光合速率越快,产量也越高。温室蔬菜的产量与光照强度关系密切,如每平方米接受100 MJ 光辐射的番茄的产量为 2.01～2.65 kg/m²,降低 6.4％和 23.4％光照,其产量分别损失 7.5％和 19.9％。黄瓜也有类似的情况。

表 4-1 列出了主要蔬菜作物的光补偿点、光饱和点及光合速率,可供温室栽培环境调控参考。

表 4-1　主要蔬菜作物的光补偿点、光饱和点及光合速率　$\mu\text{mol}/(\text{m}^2 \cdot \text{s})$

蔬菜种类	光补偿点	光饱和点	光饱和点时的光合速率
黄瓜	51.0	1 421.0	21.3
西葫芦	50.1	1 181.0	17.2
番茄	53.1	1 985.0	24.2
甜椒	35.0	1 719.0	19.2
茄子	51.1	1 682.0	20.1
甘蓝	47.0	1 441.0	23.1
花椰菜	43.0	1 095.0	17.3
结球莴苣	38.4	851.1	—
菜豆	41.0	1 105.0	16.7

表 4-1 描述的是单叶的光合作用特性,由于单叶光合作用特性对生产的实际指导意义不是很大,近年来更倾向于研究群体光合作用。群体光合速率(CP$_n$)的计算是以单位土地面积表示的。一般蔬菜作物群体光合作用的光饱和点要大大高于单叶光合作用的光饱和点。因为作物群体是由许多个体组成的,其叶片分布在不同的层次中,绝大部分植株叶片不能正面垂直接受太阳光,加之上部叶截获了较多光辐射,而中下部叶互相遮阳,光辐射截获量少,这种现象在设施栽培中尤为突出。虽然上部叶已达到光饱和点,但是中下部叶仍未达饱和,故群体光饱和点要高于单叶光饱和点。

光照强弱除对植物生长有影响外,对园艺产品的品质也有显著影响。提高光强有利于青葱抗氧化物质的合成。叶用莴苣的地上部分和地下部分硝酸盐的积累与光强呈负相关,而叶绿素含量与光强呈正相关。在相同温度环境下,随着钠灯补光强度增加,番茄果实中维生素 C、可溶性糖、可溶性固性物含量和糖酸比增加,有机酸含量降低。随着光照度的增强,薯芽菜可溶性蛋白、类胡萝卜素含量升高,硝酸盐含量降低,叶色变绿,硬度变大,咀嚼性变差。

4.1.2.2　园艺作物对光照时数的要求

光照时数的长短对园艺作物生长发育的影响,主要是通过影响作物光合作用和光周期现象而产生的。光周期是指昼夜周期中光照期和暗期长短的交替变化。光周期现象是生物对昼夜光暗循环格局的反应,如植物通过感受昼夜长短变化来控制开花或控制营养器官萌发、膨大等现象。根据对光周期反应的不同,作物可分为 3 类。

(1)长光性作物　作物光照期短于某一时数或者暗期长于一定时数时,如多数绿叶菜、甘蓝类、豌豆、葱、蒜等每天接受光照时数少于 12 h,则不抽薹开花。这对设施栽培有利,因为绿叶菜类和葱蒜类的产品器官不是花或果实(豌豆除外)。唐菖蒲是典型的长日照花卉,要求日照时数达 13 h 以上才能分化花芽。

(2)短光性作物　光照时数少于 12 h 能促进开花结实的蔬菜,为短光性蔬菜,如豇豆、茼蒿、扁豆、苋菜、蕹菜等。花卉中的一品红和菊花是典型的短日照植物,光照时数少于 10 h 才能分化花芽。

(3)中光性作物　对光照时数要求不严格,适应范围宽的作物,如黄瓜、番茄、辣椒、菜豆等。

需要说明的是,短光性作物对光照时数的要求不是关键,而是黑暗时间长短对发育影响很大;长光性作物则相反,光照时数至关重要,黑暗时间不重要,甚至连续光照也不影响其开花结实。

设施栽培可以利用此特性,通过调控光照时数达到调节开花期的目的。一些以块茎、鳞茎等贮藏器官进行休眠的花卉如水仙、仙客来、郁金香、小苍兰等,其贮藏器官的形成受光周期的诱导与调节。果树因生长周期长,对光照时数的要求主要体现在年积累量,如杏要求年光照时数达到 2 500～3 000 h,樱桃要求达到 2 600～2 800 h,葡萄要求达到 2 700 h 以上,否则不能正常开花结实,说明光照时数对园艺作物花芽分化,即生殖生长(发育)影响较大。设施栽培光照时数不足往往成为限制因子,因为在高寒地区尽管光照强度能满足要求,但一天内光照时间太短,若不进行补光,一些果菜类或观花的花卉就难以栽培成功。

4.1.2.3 光质及光分布对园艺作物的影响

一年四季中,光的组成由于气候的改变而有明显的变化。如紫外光的成分以夏季的阳光中最多,秋季次之,春季较少,冬季则最少。夏季阳光中紫外光的占比是冬季时的 20 倍,而蓝、紫光比冬季仅多 4 倍。因此,这种光质的变化可以影响到同一种植物不同生产季节的产量及品质。表 4-2 反映了光质对作物产生的生理效应。

表 4-2　各种光谱成分对植物的影响

光谱成分/nm	植物生理效应
>1 000	被植物吸收后转变为热能,影响有机体的温度和蒸腾情况,可促进干物质的积累,但不参加光合作用
1 000～720	对植物伸长起作用,其中 700～800 nm 辐射称为远红光,对光周期及种子形成有重要作用,并控制开花及果实的颜色
720～610(红、橙光)	被叶绿素强烈吸收,光合作用最强,某种情况下表现为强的光周期作用
610～510(主要为绿光)	叶绿素吸收不多,光合效率也较低
510～400(主要为蓝、紫光)	叶绿素吸收最多,表现为强的光合作用与成形作用
400～320	起成形和着色作用
<320	对大多数植物有害,可能导致植物气孔关闭,影响光合作用,促进病菌感染

不同光质对作物的形态结构、化学组成、器官发育以及干物质形成均有显著影响。此外,光质还会影响蔬菜的品质。如紫外光与维生素 C 的合成有关,相同品种的番茄、黄瓜等,玻璃温室栽培的,其果实维生素 C 的含量往往低于塑料薄膜温室栽培的,更低于露地栽培的,就是因为玻璃对紫外光的阻隔率高于塑料薄膜。此外,光质对设施栽培的园艺作物的果实着色、风味等均有影响,颜色一般较露地栽培的淡,如设施栽培的茄子为淡紫色,日光温室的葡萄、桃、番茄和塑料大棚的油桃等都比露地栽培的风味差,味淡、不甜。

不同光质还参与调控作物对逆境胁迫的抗性。比如,光质会影响作物对病虫害的抗性。红光处理的黄瓜受白粉病危害程度减轻,并能延迟和抑制黄瓜褐斑病的发生,降低甜椒、南瓜和番茄幼苗受辣椒疫霉的感染率;夜间补充红光能显著减轻细菌性叶斑病(Pst DC 3000)对番茄的危害;红光还能激活作物的系统性抗性,减轻茄果类和瓜类蔬菜根结线虫的发生。蓝光可通过诱导次生代谢产物的积累,增强甜瓜对白粉病的抗性。UV-B 处理可降低温室玫瑰的白粉病发病率。生长在远红光环境下的蔬菜对虫害的抗性减弱,害虫密度增加。UV-B 和 UV-C 照射下的线虫死亡率大幅度增加。生产实践中还通过紫外光(360 nm)和绿黄光(520～540 nm)诱捕害虫,从而减轻作物受害虫的威胁。光质还能直接影响病菌的生长及其致毒物质的活性,蓝光下炭疽病菌的孢子萌发率最低,青霉菌的侵染能力显著降低。

由于园艺设施内光分布不如露地均匀,作物生长发育不能整齐一致。同一种类或品种、同一生长发育阶段的园艺作物长得不整齐,不仅影响产量,而且成熟期也不一致。弱光区的产品品质差,且商品合格率降低,种种不利影响最终导致经济效益降低,因此设施栽培必须通过各种措施尽量减轻光分布不均匀的负面效应。

▶ 4.1.3 园艺设施光照环境的调节与控制

4.1.3.1 影响园艺设施光照环境的因素

园艺设施内的光照主要利用自然光,且利用率只有外界自然光照的$40\%～60\%$。人们通常说的自然光即阳光,它是太阳辐射能中可被眼睛感觉到的部分,是波长范围为$390～760$ nm 的可见光部分。这一波段的能量约占太阳辐射能总量的50%。太阳辐射能还包括紫外线(波长范围在$290～390$ nm,占$1\%～2\%$)和红外线(波长范围>760 nm,占$48\%～49\%$)。除了可见光外,紫外线和红外线对植物的生长发育也有重要的影响。因此,用太阳辐射能一词来表征植物光环境和描述光对植物生长发育的影响更恰当。

表示太阳辐射能大小的物理量是辐射通量密度,单位是 W/m^2 或 $kJ/(m^2 \cdot h)$,$1\ W/m^2 = 3.60\ kJ/(m^2 \cdot h)$。人们常把辐射通量密度说成是辐射强度,其实两者概念不同,辐射强度考虑了辐射通量的方向。表示物体被照明程度的物理量是光照度或光照强度,单位为 lx。辐射通量密度与光照强度之间的换算关系比较复杂。根据加阿斯特拉的资料,对波长为$390～700$ nm 的可见光波域,换算系数为 $1\ W/m^2 \approx 250\ lx$。

光照度或光照强度指单位面积上所接受可见光的光通量,不包括紫外线和红外线部分的能量。从图 4-2 和图 4-3 中还可看出,绿色植物吸收的波长与人眼所感觉的波长范围并不完全一致。人眼感光灵敏的高峰约在 550 nm 处(黄绿光),在此波长处,绿色植物的吸收率却比较低(对红光和蓝紫光最敏感)。所以,用 lx 表示的光照强度,不如用 W/m^2 或 $kJ/(m^2 \cdot h)$ 表示的辐射能通量密度更能客观地反映光对植物的作用。

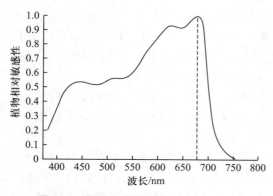

图 4-2　植物对不同光谱的相对敏感性

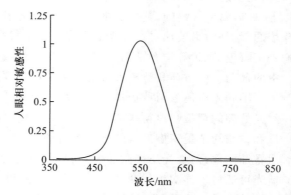

图 4-3　人眼对不同光谱的相对敏感性

设施园艺学

园艺设施内的光照除受时刻变化着的太阳位置和气象要素影响外,也受本身结构和管理技术的影响。其中,光照时数主要受纬度、季节、天气情况和防寒保温等管理技术的影响,光质主要受太阳位置及透明覆盖材料光学特性的影响,光照度及其分布受太阳位置和设施结构的影响。对设施内光照条件的要求是,能够最大限度地透过光线、受光面积大和光分布均匀。

（1）园艺设施的透光率（T）　指设施内的太阳辐射能或光照强度（I）与室外的太阳辐射能或自然光强（I_0）之比。即

$$T = \frac{I}{I_0} \tag{4-1}$$

太阳光由直射光和散射光两部分组成,园艺设施的透光率相应可分为直射光的透光率（T_z）和散射光的透光率（T_s）,因此园艺设施的透光率又可用下式表示:

$$T = T_z M + (1 - M) T_s \tag{4-2}$$

式中:M 为自然光中直射光占的百分数。

①散射光的透光率（T_s）。在通常情况下,T_s 取决于透明覆盖材料种类、园艺设施结构和类型及覆盖物的污染状况。

对某种类型的设施,T_s 可以由式（4-3）表示:

$$T_s = T_{so}(1 - r_1)(1 - r_2)(1 - r_3) \tag{4-3}$$

式中:T_{so} 为干洁透明覆盖材料的散射光透光率,系覆盖材料为水平放置时测得的,当屋面倾角较大时,应折减 2%～3%;r_1 为设施构架、设备等不透光材料的遮光损失率（一般大型温室的 r_1 在 5% 以内,小型温室的 r_1 在 10% 以内）;r_2 为覆盖材料老化造成的透光损失;r_3 为水滴和尘染造成的透光损失（一般水滴透光损失可达 20%～30%,尘染透光损失可达 15%～20%）。

太阳辐射中,散射辐射的比重与太阳高度和天空云量有关。太阳高度越小,散射辐射占比越大;太阳高度越大,散射辐射占比越小。当太阳高度为 0° 时,散射辐射占 100%,为 20°时占 90%,为 50°时占 18%。天空云量越多,散射辐射占比越大。散射辐射是太阳辐射的重要组成部分,因此在设计园艺设施的结构时,要考虑如何充分利用散射光的问题。

②直射光的透光率（T_z）。主要与投射光的入射角有关,即与设施方位、采光屋面坡度和太阳高度有密切关系。直射光的透过率由式（4-4）决定:

$$T_z = T_\alpha(1 - r_1)(1 - r_2)(1 - r_3) \tag{4-4}$$

式中:T_α 为干洁透明覆盖材料在入射角为 α 时的透光率;α 由太阳高度、温室方位和采光屋面坡度决定。

（2）室外光照的影响　温室内的自然光照来自室外太阳辐射,因此在光照强度、光分布以及光周期等方面,园艺设施内的光照环境首先受室外光照条件的影响。

（3）覆盖材料透光特性的影响　投射到园艺设施采光屋面透明覆盖物上的太阳辐射能,一部分被透明覆盖材料吸收,一部分被反射,剩余部分透过透明覆盖材料进入设施内。这三部分有如下关系:

$$吸收率 + 反射率 + 透射率 = 1 \tag{4-5}$$

干净玻璃或塑料薄膜的吸收率为10%左右,剩余的就是反射率和透射率。反射率越小,透射率越大。透明覆盖材料对直射光的透光率与光线的入射角有关,入射角越小,透光率越大。当入射角为0°时,光线垂直投射于透明覆盖物上,此时理论上反射率为0,透光率最大。图3-5表示玻璃与聚氯乙烯薄膜的透光率与入射角之间的关系。由图可见,玻璃与塑料薄膜的透光性质大致相同。透光率随着入射角的增大而减小,不过透光率与入射角的关系并不成简单的线性关系。当入射角为0°时,玻璃和聚氯乙烯薄膜的透光率达到90%;当入射角为40°或45°时,透光率下降明显,大于60°时透光率急剧下降;当入射角达85°时,透光率降至一半以下。日光入射角根据设施围护结构的不同部位和太阳高度的变化而时刻变化,一般对于温室主要采光面,应尽量使其在冬季一天中的主要采光时刻,日光的入射角小于40°。

(4)污染和老化的影响　园艺设施采光屋面透明覆盖材料的内外表面经常被灰尘、烟粒污染,玻璃和塑料薄膜内表面经常附着一层水滴或水膜,使设施内光照强度大为减弱,光质也有所改变。灰尘主要削弱900~1 000 nm和1 100 nm的红外线部分。两者共同影响,使园艺设施内的光照强度仅为露地的50%左右。此外,水膜的消光作用与水膜的厚度有关,当水膜厚度不超过1.0 mm时,水膜对薄膜的透光性影响很小。

透明覆盖材料老化也会使透光率减小,覆盖材料不同,老化的程度也不同,对透光率衰减的影响也不同。

(5)园艺设施的结构与方位的影响　园艺设施的结构与方位影响光的透过率和光照在设施内的空间分布,对直接辐射影响较大,而对散射辐射影响较小(二维码4-1)。

①采光屋面倾角的影响。设施采光屋面倾角主要影响光线的入射角,从而影响透光率。劳伦斯(Lawrence)研究过单栋温室玻璃屋面倾角与室内光强的关系,结果如表4-3所示。表中所列数值都是一些相对值。由表4-3可知,在一定范围内,温室屋面倾角越大,温室的透光率越高,而且因季节而异。

二维码4-1(图片)
不同建造方
位的大棚

表4-3　温室屋面倾角与室内光强的关系(北纬51°)　　μmol/(m² · s)

屋面倾角	12月22日		1月31日		2月12日		4月21日		5月31日		6月22日	
	S	W-E	S	W-E	S	W-E	S	W-E	S	W-E	S	W-E
25°	80	21	140	51	287	164	419	327	425	424	494	443
30°	90	21	154	51	302	162	425	310	479	413	485	431
35°	99	22	168	52	315	159	427	301	469	399	473	402
40°	107	—	179	52	325	156	425	293	455	385	457	—
50°	121	—	196	—	337	—	412	—	418	—	416	—
60°	129	—	206	—	338	—	385	—	367	—	360	—
70°	134	—	210	—	328	—	344	—	304	—	290	—
80°	135	—	208	—	307	—	291	—	230	—	216	—
90°	131	17	198	36	274	96	226	164	150	150	135	208

注:S表示透明屋面朝南;W-E表示透明屋面朝西或东。

单屋面日光温室的后屋面仰角对透光率也有一定的影响。因此,对于我国传统的单屋面温室而言,为了增大其透光率,选择合理的后屋面仰角,也是必须考虑的。

设施内光照强度与太阳的位置和屋面的角度有关系。太阳的位置用太阳高度角(h)和方位角(A)来表示,太阳高度角用太阳的直射光线与地平面交成的角度表示,方位角用太阳直射光线在地平面上与该地子午线的夹角表示,如图 4-4 所示。正午时太阳高度角(h_0)可由下式求得:

$$h_0 = 90° - \varphi + \delta \tag{4-6}$$

式中:φ 为地理纬度(北纬为正);δ 为太阳赤纬角,是太阳直射点的纬度,随季节而异(表 4-4)。

阳光的入射角(i)与太阳高度角(h)之间有如下关系:

$$i = 90° - h \tag{4-7}$$

对于屋面倾角为 α,向南的透明屋面,正午时太阳高度角 h_0' 可由式(4-8)求得(图 4-5)。

$$h_0' = 90° - \varphi + \delta + \alpha \tag{4-8}$$

当 h_0'、φ 和 δ 均为已知时,即可求出透明屋面的倾角 α。

表 4-4　季节与太阳赤纬角 δ

夏至 (6月21日)	立夏 (5月5日)	立秋 (8月7日)	春分 (3月20日)	秋分 (9月23日)	立春 (2月5日)	立冬 (11月7日)	冬至 (12月22日)
+23°27′	+16°20′	+16°20′	0°	0°	−16°20′	−16°20′	−23°27′

如果只从温室大棚设施内的直射光强考虑,最好的屋面倾角 α 应是在 $i=0$,$h_0'=90°$ 时,于是:

$$\alpha = \varphi - \delta \tag{4-9}$$

例如,北京(北纬 $39°54'$)冬至节时的屋面倾角应是:

$$\alpha = 39°54' - (-23°27') = 63°21'$$

但实际上这是不可能的,也是不科学的。在我国北方高纬度地区修建冬季生产用温室,如果按这个理论计算,会产生后墙要修建得很高大、造价高、栽培床面积小、遮阴面积大和保温性能差等缺点。

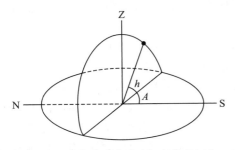

图 4-4　太阳高度角(h)和方位角(A)
Z. 天顶　N-S. 子午线(南北线)

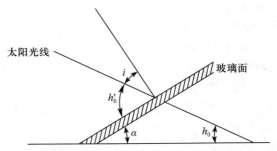

图 4-5　正午时倾斜面上 h_0' 的求算

对于屋脊东西延长的温室的南屋面，正午时其光线入射角 θ（图 4-6）为：

$$\theta = 90° - \beta - \alpha \qquad (4\text{-}10)$$

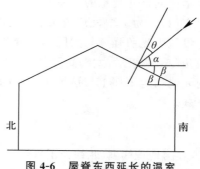

由入射角与透光率的关系，当 $i = 0° \sim 45°$ 时，直射光透光率变化不大（图 3-5），所以只要温室屋面与阳光入射角不超过 $45°$，温室内光照不会有显著减弱。因此，为保证有较高的透光率，要求 $\theta \leq 40°$，则有：

$$\beta \geq 50° - \alpha \qquad (4\text{-}11)$$

图 4-6　屋脊东西延长的温室正午屋面日光入射角

例如，在北京地区（约北纬 $40°$），冬季正午太阳高度角为 $26.5°$，则应使 $\beta \geq 23.5°$。实际上，为保证冬季每日有一定时间段透光率较高，屋面倾角还应更大，理想的情况应为 $\beta > 30°$。对于单屋面温室还应考虑地窗角度，冬季太阳高度低，为使光线尽量多地从窗进入温室，应将地窗适当加高，南屋面与地面的交角也相应加大（$60° \sim 65°$）。

屋脊东西延长的单栋温室直接辐射平均透过率随着屋面倾角的增大而增加，连栋温室的直接辐射透过率在屋面倾角为 $30°$ 时呈现最大值，然后随着屋面倾角的增大而减小；而不管温室是否连栋，温室内散射辐射透过率随着屋面倾角的增大而减小，但变化不大（图 4-7）。

②地理位置和季节的影响。以温室为例，中高纬度地区冬季温室的直接辐射平均透过率大小排序依次是：东西单栋＞东西连栋＞南北单栋＞南北连栋，东西栋温室比南北栋直接辐射平均透过率高 $5\% \sim 20\%$（图 4-8）。夏季各温室的变化与冬季正好相反，春、秋季的差异较小。无论建设方位如何，单栋温室比连栋温室的直接辐射平均透过率高。各类温室的冬至—夏至的直接辐射平均透过率变化与夏至—冬至的变化呈对称分布。不同设施类型和方位在低纬度地区的直接辐射透过率的差异比在中高纬度地区的小。

③园艺设施方位的影响。东西延长的连栋温室其直接辐射平均透过率的横向分布不均匀，屋脊结构等造成阴影弱光带，透光率大小相差近 40%；南北延长的连栋温室的光照分布较均匀，一般是中央位置的透光率高，东西侧面低 10% 左右（图 4-9）。有些温室覆盖材料，例如玻璃纤维增强聚酯树脂板（FRP）、减反射玻璃等，能将入射光线进行扩散反射和扩散透射，从而使直接辐射分散到一定的立体角范围内，形成散射辐射。散射辐射对于提高温室内部光照分布的均匀性和光能利用率是有益的。

④设施结构和设备的遮光影响。园艺设施的结构材料和设备的遮光可使温室内光照强度降低 10% 左右，工程设计中应尽可能减小构件遮光面积。

设施内骨架建材遮光面积与阳光入射角相关，入射角越小，建材遮光面积越小。当入射角为 $0°$ 时，建材遮光面积（Z）等于建材本身的宽度（G）；当入射角增大时，除建材遮光面积和宽度外，要加上厚度（P）的阴影（图 4-10）。如在太阳高度角为 $26°$ 时，厚度的阴影是：$P \times \tan(90° - 26°) = 2P$，约为厚度的 2 倍。中午前后，南北延长的设施因两侧墙部位入射角大，建材遮光面积也增大（达 $20\% \sim 30\%$）。纬度越高，太阳高度越低，建材的遮光面积越大。

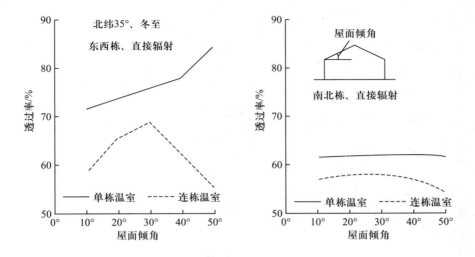

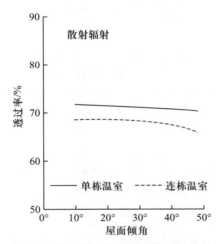

图 4-7　不同类型温室的屋面倾角与直接辐射和散射辐射的透过率

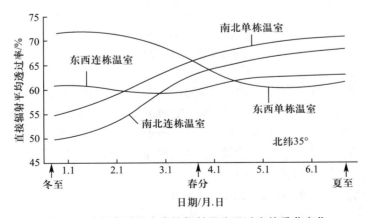

图 4-8　不同类型温室直接辐射平均透过率的季节变化

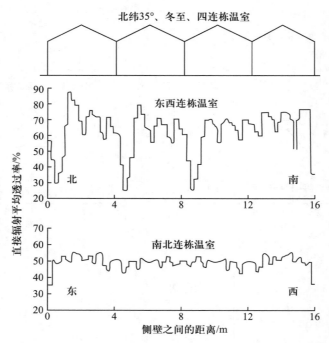

图 4-9　南北与东西栋温室直接辐射平均透过率的横向分布

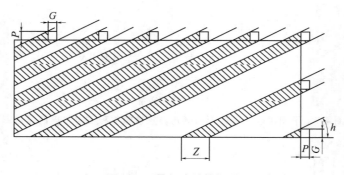

图 4-10　骨架建材的投影

G. 宽度　h. 太阳高度角　P. 厚度　Z. 遮光面积

⑤相邻园艺设施的间距影响。对于日光温室,为了保证相邻的温室内有充分的日照,不致被南面的温室遮光,相邻温室间必须保持一定的距离。确定相邻温室之间的距离时,主要应考虑温室的脊高加上草帘卷起来的高度,相邻间距应不小于上述两者高度的 2~2.5 倍,应保证在太阳高度最低的冬至节前后,温室内也有充足的光照。对南北延长的温室或塑料拱棚,相邻间距要求为脊高的 1 倍左右。

4.1.3.2　园艺设施光照环境的调节与控制

对园艺设施内光照条件的要求是光照充足、分布均匀。从我国目前的国情出发,对园艺设施光照环境的调控主要还是增强或减弱园艺设施内的自然光照。随着社会经济的发展,各种新型补光灯的发明及补光技术研究的进步,补光已成为改善园艺设施内光照环境的重要手段。

1. 改进园艺设施结构,提高透光率

(1)选择适宜的建筑场地及合理的建筑方位　确定的依据是设施生产的季节,当地的自然环境,如地理纬度、海拔高度、主要风向、周边环境(有否建筑物、有否水面、地面平整与否等)。

(2)设计合理的屋面角度　对于单屋面温室,主要设计好前屋面角、后屋面仰角和后屋面长度,这样既能保证透光率高又能兼顾保温。对于连接屋面温室,屋面角的设计要保证尽量多进光,还要防风、防雨(雪),使排雨(雪)水顺畅。

(3)选择合理的透明屋面形状　生产实践证明,拱圆形屋面采光效果更好,因此以柔韧性好的塑料薄膜作为透明覆盖材料的园艺设施,采光屋面多采用拱圆形屋面。

(4)合理设计骨架材料　在保证温室结构强度的前提下尽量减小骨架的粗度和厚度,以减少骨架的遮阴;如果是钢材骨架,可取消立柱,减少立柱的遮阴,有利于改善光环境。

(5)选用透光率高且透光保持率高的透明覆盖材料　我国园艺设施透明覆盖材料以塑料薄膜为主,应选用防雾滴且持效期长、耐候性强、耐老化性强的优质多功能薄膜、漫反射节能膜、防尘膜、光转换膜。有条件的大型连栋温室可选用玻璃或质量好的硬质塑料板材。

2. 改进管理措施

(1)保持透明屋面干洁　使塑料薄膜屋面的外表面少染尘,经常清扫以增加透光(彩图4-1),内表面应通过放风等措施减少结露(水珠凝结),防止光的折射,提高透光率。

(2)延长光照时间　在保温前提下,尽可能早揭晚盖外保温和内保温覆盖物,延长光照时间。在阴天或雪天,也应揭开不透明的覆盖物,光照时间越长越好(同样也要在防寒保温的前提下),以增加散射光的透过率。对于双层膜温室,可将内层改为白天能拉开的活动膜,以利于光照。

(3)合理布置行向和适度密植　为减少作物间的遮阴,密度不可过大,否则作物在设施内会因高温、弱光发生徒长。作物行向以南北行向较好,没有死阴影。若是东西行向,则行距要加大。单屋面温室的栽培床高度要南低北高,防止前后遮阴。

(4)加强植株管理　黄瓜、番茄等高秧作物及时整枝打杈,及时吊蔓,将下部老化的或过多的叶片摘除,防止上下叶片互相遮阴。

(5)选用耐弱光品种　设施内光照强度一般只有露地的50%～80%,有保温覆盖的温室冬季光照时间缩短,因此弱光是设施园艺作物冬季栽培面临的主要问题。生产上的关键配套技术措施是选择耐弱光品种,例如目前日光温室越冬栽培推广的黄瓜品种'津优385'、西葫芦品种'京葫36'等均属于设施专用的耐弱光品种。

(6)地膜覆盖　有利于地面反光,增加植株下层光照(二维码4-2)。

(7)利用反光　在单屋面温室北墙张挂反光幕(板),可使反光幕(板)前光照增加31%～44%,有效范围达3 m(表4-5)。

二维码4-2(图片)
地面覆盖反光

表 4-5　温室反光幕的增光率 %

项目	距后墙距离/m			
	0	1	2	3
总平均	40.0	29.1	18.9	9.2
地面 12 月平均	44.5	31.8	16.0	9.1
3 月平均	31.4	13.5	14.2	4.4
60 cm 高	43.0	20.8	12.3	7.5

注:表中数据为 1998 年 12 月 19 日至 1999 年 3 月 25 日交节气日 12 次测定平均值。

(8)采用有色薄膜　目的在于人为地创造某种光质,以满足作物对光质的特殊需要,获得高产、优质产品。如对于以生产绿叶蔬菜为主的园艺设施,可以选择覆盖紫光膜。但有色薄膜透光率偏低,只有在光照充足的前提下改变光质才能收到较好的效果。

(9)选用漫反射透明覆盖材料(彩图 4-2)　散射光玻璃或塑料薄膜作为覆盖材料已广泛应用于温室建设中,这类覆盖材料可把太阳光中部分直射光转换为散射光,且其光透过率不受影响,从而使得温室作物冠层内部光强均匀分布。由于植物叶片光合作用随着光强增强而趋于饱和的特性,光强分布越均匀作物冠层光能利用率越高。据研究,应用散射光覆盖材料的 Venlo 型玻璃温室番茄产量可增产 8%～10%,主要归因于散射光覆盖材料下光强分布更均匀、作物冠层上部叶片光合能力提升、叶面积指数增加;另外,晴天正午时分散射光覆盖材料可降低叶片温度、减少光抑制发生等,这些对于增产也有一定的贡献。

3. 遮光

二维码 4-3(图片)
覆盖遮阴物

遮光的主要目的是减弱设施内的光照强度和降低设施内的温度。遮光是园艺作物夏季设施栽培实现优质、高产的关键技术之一,对弱光性植物尤为重要。遮光 20%～40% 能使设施内温度下降 2～4℃。初夏中午前后,光照过强,温度过高,超过作物光饱和点,对生长发育有影响时应进行遮光;在育苗过程中移栽后为了促进缓苗,通常也需要进行遮光。遮光材料要有一定的透光率、较高的反射率和较低的吸收率,这样既可遮光又可降低室温。遮光方法有:①覆盖各种遮阴物,如遮阳网、无纺布、苇帘、竹帘等(二维码 4-3);②透明屋面喷涂遮光材料,如利索、立可宁、利凉等。

4. 人工补光

人工补光的一个目的是光周期补光,用以满足作物光周期的需要。如利用日光温室进行大蒜冬季栽培,要想蒜头能够在春节期间上市,必须进行补光,以满足大蒜鳞茎膨大对光周期的要求。为了抑制或促进园艺作物花芽分化,调节开花期,也需要人工补光(彩图 4-3)。这种补充光照要求的光照强度较低,称为低强度补光。

人工补光的另一个目的是作为光合作用的能源,补充自然光的不足。据研究,当温室内床面上光照日总量小于 100 W/m² 时,或光照时数不足 4.5 h/d 时,就应进行人工补光。因此,在北方冬季进行补光对园艺作物高产非常重要,但这种补光要求光照强度大。荷兰温室补光光强在 100～200 μmol/(m²·s),成本较高,国内主要用于育种或育苗设施,近几年在番茄、草莓冬季生产中有小规模试验研究,尚没有规模化应用。

人工补光对光源有三点要求:①要求有一定的强度(使床面上光强在光补偿点以上和光

饱和点以下）；②要求光照强度具有一定的可调性；③要求光谱能量满足作物生长发育需求，可采用类似作物生理辐射的光谱。

人工光源按照发光原理可分为热辐射和放电发光两大类，在植物生产中已普遍使用的有白炽灯、荧光灯、金属卤化灯和高压钠灯。近年来，发光二极管（light-emitting diode，LED）和激光（laser diode，LD）也开始用于设施园艺的生产。各种植物生产用人工光源的分光特性和产品性能的对比见表 4-6 和表 4-7。

表 4-6　荧光灯、金属卤化灯、高压钠灯及发光二极管的分光特性

项目	荧光灯				金属卤化灯	高压钠灯	发光二极管	
	白色标准型	白色三基色	红色	蓝色			红色LED	蓝色LED
光合有效光量子流密度/[μmol/($m^2 \cdot s$)]	100	100	100	100	100	100	100	100
光量子流密度/[μmol/($m^2 \cdot s$)]								
300～400 nm	3.1	3.9	3.7	2.2	7.2	0.6	0	0
400～500 nm	23.2	15.8	65.3	3.9	18.4	5.1	0	96.1
500～600 nm	52.8	39.5	32.0	30.7	55.9	58.4	0.2	4.0
600～700 nm	24.8	45.4	3.7	66.5	26.7	38.6	99.9	0.2
700～800 nm	8.9	9.0	3.3	23.2	8.7	8.2	0.2	0.2
R/FR[(600～700 nm)/(700～800 nm)]	2.79	5.08	1.10	2.87	3.09	4.71	562	0.98
R/FR[(660±5) nm)/(730±5) nm)]	3.81	9.70	2.70	8.01	2.74	6.03	4 148	0.81
P_{FR}/P_R	0.76	0.79	0.69	0.76	0.77	0.78	0.67	0.82

表 4-7　不同类型植物灯产品性能比较

人工光源	功率规格/W	400～700 nm 电转光效率/%	400～700 nm 光子效率/(μmol/W)	寿命(L70)/h	市场价格/(元/W)
荧光灯	21/28/36	22～25	1.0～1.1	6 000	1.5～2.5
高压钠灯	400/600/1 000	28～32	1.4～1.6	10 000	0.8～1.2
金属卤化灯	400/1 000	22～32	1.0～1.6	10 000	0.4～0.7
红色 LED	10～600	45～55	2.4～3.0	50 000	6～12
蓝色 LED	10～600	60～70	2.2～2.6	50 000	4～8
全光谱 LED	10～600	40～50	1.8～2.7	50 000	4～10

4.2　温度环境及其调节控制

温度是影响园艺作物生长发育的最重要的环境因子，它影响着植株体内一切生理变化，是植株生命活动最基本的要素。与其他环境因子相比较，温度是设施栽培中相对容易调节控制的关键环境因子。

4.2.1 园艺设施的温度环境对作物生长发育的影响

4.2.1.1 温度三基点

不同作物都有各自要求的温度三基点,即最低温度、最适温度和最高温度。园艺作物对温度三基点的要求一般与其原产地关系密切:原产于温带的,生长基点温度较低,一般在10℃左右开始生长;起源于亚热带的,在15～16℃时开始生长;起源于热带的,要求温度更高。因此,根据对温度的要求不同,园艺作物可分为耐寒性作物、半耐寒性作物和不耐寒性作物3类。

(1)耐寒性作物 抗寒力强,生长发育适温为15～20℃。这类植物的二年生种类一般不耐高温,炎夏到来时生长不良或提前完成生殖生长阶段而枯死。多年生种类或地上部枯死,宿根越冬,或以植物体越冬。一般利用比较简易的园艺设施如风障、改良阳畦、中小拱棚等,这类园艺作物即可越冬栽培,如三色堇、金鱼草、蜀葵、韭菜、菠菜、大葱等。

(2)半耐寒性作物 这类作物的抗寒力介于耐寒性作物与不耐寒性作物之间,可以抗霜,但不耐长期0℃以下的低温。一般在长江以南可露地越冬或露地生长,在北方须进行设施栽培,如紫罗兰、金盏菊、萝卜、芹菜、白菜类、甘蓝类、莴苣、豌豆和蚕豆等。这类植物的同化作用最适温度为18～25℃;超过25℃则生长不良,同化作用减弱;超过30℃时,几乎不能积累同化产物。

(3)不耐寒性作物 在生长期间要求较高的温度,不能忍受0℃以下的温度,一般在无霜期内生长,多为一年生植物或多年生温室植物。其中喜温植物如报春花、瓜叶菊、茶花、黄瓜、番茄、茄子和菜豆等,它们的生长适温为20～30℃,当温度超过40℃时几乎停止生长,而当温度低于15℃时,生长不良或授粉、受精不好。所以,在北方这类植物以春播或秋播为主,避开炎热的夏季和寒冷的冬季。最低温度到10℃时耐热植物就会生长不良,如冬瓜、丝瓜、甜瓜、豇豆和刀豆等。它们在30℃时生长最好,在40℃高温下仍能正常生长。喜温不耐寒的园艺作物,冬季生产只能在结构优化的节能型日光温室内进行,在高寒地区,还要采取加温措施,以保证其对温度的要求。

设施栽培应根据不同园艺作物对温度三基点的要求,尽可能使温度环境处在其生长发育适温内,即适温持续时间越长,生长发育越好,有利于实现优质、高产目标(图4-11)。露地栽培适温持续时间受季节和天气状况的影响,设施栽培则可以人为调控。

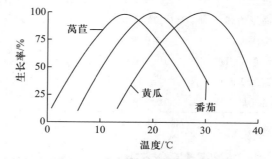

图4-11 温度对植物生长的影响

4.2.1.2 花芽分化和休眠与温度

各种园艺作物花芽分化的最适温度不同(表4-8)。许多二年生植物、多年生宿根及木本植物,需要低温春化或一定的需冷量才能完成花芽分化或打破休眠。如葱蒜类蔬菜、十字花科蔬菜等必须通过低温春化才能分化花芽,而许多果树需要一定的需冷量才能打破休眠。以产品生产为主(非采种为主)的设施葱蒜类蔬菜和十字花科蔬菜栽培要防止低温春化,而设施果树促成栽培很重要的技术措施是升温前要满足解除休眠的需冷量要求(表4-9),这样可及早打破休眠,促进提早成熟和提高产量。

表 4-8　一些园艺作物花芽分化和生长的适温范围　　　　　　　　　　　　　　　　℃

作物种类	花芽分化适温	花芽生长适温	作物种类	花芽分化适温	花芽生长适温
葡萄	20～30	20～25	小苍兰	5～20	15
草莓	26～27	—	菊花	>8～10	—
柑橘	10～15	20	黄瓜	15～25	20
郁金香	20	9	番茄	15～20	20
唐菖蒲	>10	—	辣椒	15～25	20

表 4-9　一些果树解除休眠的低温需求量　　　　　　　　　　　　　　　　　　　℃

树种	低温需求量	树种	低温需求量
桃	750～1 150	欧洲李	800～1 200
甜樱桃	1 100～1 300	杏	700～1 000
葡萄	1 800～2 000	草莓	40～1 000

注:果树解除休眠需要 7.2℃以下一定低温的积累。

4.2.1.3　光合物质生产和运输与温度

设施栽培是周年生产,大多数时间是在外界环境不适宜作物生长的季节进行生产,俗称反季节栽培,因而容易遭遇不利的高温或低温环境的影响。如冬季遇连续阴(雪)天时,日光温室长时间的低温、弱光、高湿等逆境对作物生长不利,白天影响其光合产物的合成,夜间影响其同化产物的运输,根系吸收机能降低。园艺植物遭受 0℃以上低温时易产生寒害,设施栽培中比较容易发生,主要是由于低温时间较长。当气温下降到 0℃以下时,会产生冻害,一般情况下设施栽培中不易出现,但塑料大棚中早熟栽培遇寒流时也会发生。在夏季,设施栽培还会发生高温危害。晴天时光照强,棚室内温度急剧上升,若放风不及时或通风量太小,棚内温度可高达 40℃以上,使作物叶片光合作用被抑制,一些生理代谢活动变为不可逆的。呼吸强度增加(夜高温尤为突出),甚至超过光合强度,园艺植物就会发生各种问题,如花芽分化受阻、落花、落果、产生畸形果等。因此,在设施栽培时冬春寒冷季节要严防低温危害,春夏温暖季节要严防高温危害。

4.2.1.4　不同生长发育阶段对气温的需求

植株经历种子发芽、幼苗生长、开花坐果、果实膨大、果实成熟等不同阶段的生长发育过程,不同生长期对温度的需求是不同的。对于喜温类蔬菜,一般种子发芽期适宜温度比营养生长期适宜温度高 1～2℃,产品器官形成期温度高于营养生长期温度;对于许多根菜类蔬菜,商品器官形成期温度低于营养生长期温度。园艺设施内栽培作物的温度管理要充分考虑作物不同生长发育阶段对温度的要求,同时兼顾光能利用率。

图 4-12 显示了净光合速率（PAR）与叶面积指数（LAI）对群体光合作用（PGC）的影响。可以看出LAI越大，PGC越强。因此，如何给予较高温度、迅速提高 LAI，是设施栽培作物生长前期重要的管理措施，因为园艺设施内的光能是十分宝贵的。而对于已经达到最适 LAI 的作物群体，由于可截获几乎所有有效光，再增加叶面积对植株生长的贡献不大，此时应保持在一个相对较低的温度，以平衡营养生长和生殖生长。

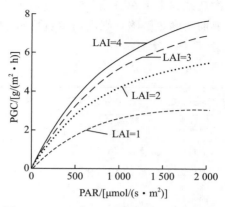

图 4-12　PAR 与 LAI 对作物 PGC 的影响

4.2.1.5　地温对园艺作物生长的影响

地温即土壤温度，它对园艺作物生长发育有重大影响，因为地温直接影响园艺作物根系吸收矿质营养和水分。地温还影响土壤微生物的活动，而土壤微生物活动影响有机肥的分解及肥料的转化，间接影响园艺作物的生长。当地温过低时，蔬菜根系的根毛不能发生，而根毛是根系吸收水分、养分最活跃的部分。当春季大棚早熟栽培定植过早时，即使气温达到要求，地温不够也影响缓苗。一般喜温蔬菜定植的最低地温要求是稳定达到 12℃ 以上，这样才能保证定植后作物根系生长，确保成活和缓苗。喜温蔬菜根系生长最适宜的土壤温度是 20～24℃，当冬季温室地温较长时间过低时，植株会出现叶片缺素症状和根毛坏死现象。

▶ 4.2.2　园艺设施的温度环境特点

4.2.2.1　园艺设施内温度的形成

园艺设施内热量的来源主要是太阳辐射，除加温温室外，所有园艺设施白天都依靠太阳辐射而增温，即使是加温温室，一般也只有在夜间或阴（雪）天太阳辐射热量不足时进行补充加温。白天太阳光线（波长 300～3 000 nm）通过玻璃、薄膜等透明覆盖物入射到地表面上，使地面获得太阳辐射热量，通过传导逐渐提高土壤温度。当气温低于地温时，地面释放热量，即通过辐射、传导或对流、乱流等，提高地表面之上的气温。另外，玻璃或薄膜能阻止部分长波辐射，使热能留在园艺设施内，提高气温。这种透明覆盖物的保温作用，被称为"温室效应"。温室效应是指在没有人工加温的条件下，园艺设施内获得或积累的太阳辐射能多于散失的能量，从而使设施内的气温高于外界气温的一种能力。

温室效应的成因有两个：一个是玻璃或塑料薄膜等透明覆盖物，既能让太阳的短波辐射（波长 300～3 000 nm）透射进园艺设施内，又能阻止设施内长波辐射透射出去而失散于大气之中；另一个是园艺设施为半封闭空间，内外空气交换弱，从而使蓄积热量不易损失。根据荷兰布辛格（J. A. Businger）的资料，第一个原因对温室效应的贡献为 28%，第二个原因为 72%。所以，设施内白天温度高除了与覆盖物的保温作用有关系外，还与被加热的空气不易被风吹走有关。温室效应与太阳辐射能的强弱、保温比和覆盖材料等有关。

4.2.2.2　园艺设施内的温度日较差

园艺设施内的温度日较差是指一天内园艺设施内最高温度与最低温度之差。其最高温与最低温的出现时间大致与露地相似,最高温出现在午后(14:00),最低温出现在日出前,不同之处是园艺设施内的温度日较差要比露地大得多。容积小的园艺设施如小拱棚尤其显著,例如,当外界气温为10℃时,大棚内的温度日较差约为30℃,而小拱棚的温度日较差可达40℃左右。加温温室由于可以补充加温,日较差较小,晴天时为10～15℃,日光温室中为15～27℃。适宜的温度日较差对园艺作物生长发育是有利的。园艺设施温度日较差的形成,是由于白天设施内的空气和地面受太阳辐射,温度逐渐升高,到13:00左右达到最高点,之后随着太阳辐射量的减少,气温逐渐下降。夜间,当气温低于地温时,土壤中贮存的热则向空间释放,并在夜间通过覆盖物以3 000～30 000 nm的长波(红外)辐射向周围放热,直至日出前。所以,设施内的温度在日出前最低,日出后因太阳辐射温度逐渐升高,从而形成了园艺设施内的温度日较差。

没有保温覆盖和加温设备的园艺设施内还会产生"温度逆转"现象,一般出现在阴天后或有微风的晴天夜间。在有风的晴天夜间,温室、大棚表面辐射散热很强,有时棚室内气温反而比外界气温还低,这种现象叫作"温度逆转"。其原因是白天增温了的地表面和植物体,在夜间通过覆盖物向外辐射放热,在晴朗无云、有微风的夜晚放热更剧烈。另外,在微风作用下,室外空气可以从大气逆辐射补充热量,而温室、大棚由于覆盖物的阻挡,室内空气得不到这部分补充热量,最终室温比外温还低。10月至翌年3月容易发生温度逆转,一般出现在凌晨,日出后棚室迅速升温,温度逆转现象消失。试验表明,温度逆转出现时,设施内的地温仍比外界高,所以作物不会立即发生冻害,但温度逆转时间过长或温度过低就会出问题。影响温度日较差的主要因素有:

1. 保温比

设施内的土壤面积 S 与覆盖物及维护结构表面积 W 之比称为保温比,用 β 表示,即 $S/W = \beta$。一般情况下保温比的最大值为1.0,但单屋面日光温室除外。单屋面日光温室的保温比是前屋面面积比上设施内土壤面积加墙体面积加后坡面积(凡是具备土地相当的热阻的维护结构,都可以按土地面积计算),因此日光温室保温比一般是大于1的,这也是日光温室加高以后温度性能还能够提高的原因之一。

保温比越小,说明覆盖物及维护结构的表面积越大,增加了同室外空气的热交换面积,降低了保温能力。一般单栋温室的保温比为0.5～0.6,连栋温室的为0.7～0.8。保温比越小,园艺设施的容积越小,相对覆盖面积大,所以白天吸热面积大,容易升温;夜间散热面积也大,容易降温,所以温度日较差也大。例如,当棚外气温为10℃时,大棚的温度日较差约为30℃,小拱棚的却能达40℃左右;在密闭情况下,小拱棚春天最高温度能达50℃,大棚可达40℃。

在设施栽培中,保持一定的温度日较差是重要的温度条件之一。在不加温的情况下,温度日较差是由太阳的辐射热和设施的保温性(即辐射收支差额)决定的。太阳辐射热随太阳高度、纬度和天气等条件不断地变化着,如果这些条件不变,即在一定纬度和季节里,园艺设施的温度日较差主要由其结构及保温性决定。

2. 覆盖材料

覆盖材料不同,设施内的温度日较差也不同。如对于同样规格的聚乙烯薄膜,漫反射膜对中红外区域的透光率低,在晴天中午最高温度低于同质普通膜;而夜间漫反射膜对长波热辐射透过率低,保温性优于普通膜。所以,对于相同结构的园艺设施,覆盖普通聚乙烯薄膜的温度日较差要大于覆盖聚乙烯漫反射薄膜的。

4.2.2.3　园艺设施的热收支

园艺设施是一个半封闭系统,这个系统不断地与外界进行着能量与物质的交换。假设进入温室的热量为 Q_{in},传出的热量为 Q_{out},根据能量守恒原理,蓄积于温室系统内的热量 $\triangle Q = Q_{in} - Q_{out}$。当 $Q_{in} > Q_{out}$ 时,温室因得热而升温。但根据传热学理论,系统吸收或释放热量的多少与其本身的温度有关,温度高则吸热少而放热多。所以,当系统因吸热而增温后,系统本身得热逐渐减少,而失热逐渐增大,促使 Q_{in} 与 Q_{out} 向着相反方向转化,直至 $Q_{in} = Q_{out}$。温室或其他园艺设施,便是通过上述方式调节自身温度,从而维持系统与外界环境的热平衡。系统本身与外界环境的热状况不断发生变化,因此,这种平衡是一种动态平衡。

根据上述热量平衡原理,只要增加传入的热量或减少传出的热量,就能使园艺设施内维持较高的温度水平;反之,便会出现较低的温度水平。因此,对不同地区、不同季节以及不同用途的园艺设施,可采取不同的措施,或保温、或加温、或降温,以调节控制设施内的温度。

1. 园艺设施的热量平衡方程

图 4-13 为温室等园艺设施系统的热收支模式图。图中箭头到达的方向表示热流的正方向。园艺设施内的热量来自两方面:一部分是太阳辐射能,另一部分是人工加热量。而热量的支出则包括 5 个方面:①地面、覆盖物、作物表面有效辐射失热;②以对流方式,设施内土壤表面与空气之间、空气与覆盖物之间进行热量交换,并通过覆盖物外表面失热;③设施内土壤表面蒸发、作物蒸腾、覆盖物表面蒸发,以潜热形式失热;④设施内通风、换气将显热和潜热排出;⑤土壤传导失热(图 4-13)。我们把直接由温差引起的传热称为显热传热,把由水的相变而引起的传热称为潜热传热。

综上所述,园艺设施的热量平衡方程为:

$$Q_r + Q_g = Q_f + Q_1 + Q_c + Q_v + Q_s + Q_{s'} \quad (4\text{-}12)$$

式(4-12)和图 4-13 仅是一种粗略的近似,忽略了室内灯具的加热量,作物生理活动的加热或耗热,以及覆盖物、空气和构架材料的热容等。图 4-14 所示为日光温室一天内的热收支状况,其中没有 Q_g(人工加热)一项,热量只来自太阳辐射。

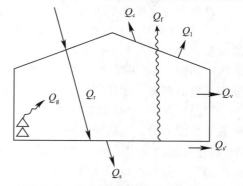

图 4-13　园艺设施热量收支模式图

Q_r：太阳总辐射能量; Q_f：有效辐射;
Q_g：人工加热; Q_c：对流传导失热(显热);
Q_1：潜热失热; Q_v：通风换气失热(显热和潜热);
Q_s：地中传热; $Q_{s'}$：土壤横向传导失热

2. 园艺设施的热支出(放热)

园艺设施内存在着热量的传导、辐射和对流。作为一个整体系统,各种传热方式往往是同时发生的,而且经常是连贯的,是某种放热过程的不同阶段,形成热贯流。园艺设施的热支出包括以下三部分。

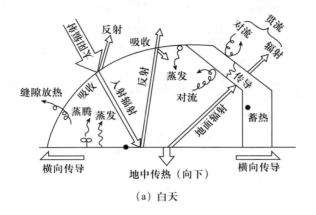

（a）白天

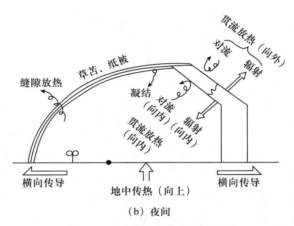

（b）夜间

图 4-14 日光温室热平衡示意图

（1）贯流放热　　如图 4-15 所示,把透过覆盖材料或围护结构的热量叫作设施表面的贯流传热量。这种贯流传热量是几种传热方式同时发生而形成的,它的传热主要分为 3 个过程:首先园艺设施的内表面 A 吸收了从其他方面来的辐射热和从空气中来的对流热,在覆盖物内表面 A 与外表面 B 之间形成温差,然后以传导方式将上述 A 面的热量传至 B 面,最后外表面 B 又以对流、辐射方式将热量传至外界空气中。

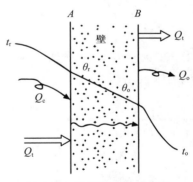

图 4-15 热贯流传热模式图

贯流传热量的表达式如下:

$$Q_t = A_w h_t (t_r - t_o) \qquad (4\text{-}13)$$

式中:Q_t 为贯流传热量,kJ/h;A_w 为园艺设施表面积,m^2;h_t 为热贯流率,$kJ/(m^2 \cdot h \cdot ℃)$;t_r 和 t_o 分别为园艺设施内外气温。

由式(4-13)可知,贯流传热量 Q_t 就是由温室内外温差引起的由室内流到室外的全部热量。

表 4-10 列出了不同物质的热贯流率。热贯流率的大小,除了与物质的导热率、对流传热率和辐射传热率有关外,还受室外风速的影响。风能吹散覆盖物外表面的空气层,带走热空气,使设施内的热量不断向外贯流。当风速为 1 m/h 时,热贯流率为 33.47 kJ/(m² · h · ℃);当风速为 7 m/h 时,热贯流率约为 100.42 kJ/(m² · h · ℃),增加了 3 倍。一般地,在无风情况下贯流放热是辐射放热的 1/10,当风速增加到 7 m/h 时就为 1/3,所以园艺设施外围的防风设备对保温很重要。

表 4-10　各种物质的热贯流率

种类	规格/mm	热贯流率/[kJ/(m² · h · ℃)]	种类	规格/cm	热贯流率/[kJ/(m² · h · ℃)]
玻璃	2.5	20.92	木条	厚5	4.60
玻璃	3~3.5	20.08	木条	厚8	3.77
玻璃	4~5	18.83	砖墙(面抹灰)	厚38	5.77
聚氯乙烯	单层	23.01	钢管		41.84~53.97
聚氯乙烯	双层	12.55	土墙	厚50	4.18
聚乙烯	单层	24.27	草苫		12.55
合成树脂板	FRP、FRA、MMA	14.64	钢筋混凝土	5	18.41
合成树脂板	双层	5.00	钢筋混凝土	10	15.90

(2)通风换气放热　园艺设施内自然通风或强制通风,建筑材料的裂缝、覆盖物破损及门窗缝隙等,都会导致园艺设施内的热量流失。当通风量较大时,温室通过通风传出的热量是温室向外传递热量的主要部分,尤其在夏季为降低室内气温采取大风量通风的时候,绝大部分室内多余热量是由通风气流排出室外的;而在冬季夜间温室密闭管理的情况下,由于存在各种缝隙,不能达到绝对的密闭,室内外仍有一定程度的空气交换,称为冷风渗透。冷风渗透量一般按通风换气次数计算,其表达式为:

$$Q_v = R \cdot V \cdot F(t_r - t_o) \tag{4-14}$$

式中:Q_v 为整个园艺设施单位时间的换气失热量;R 为每小时换气次数(表 4-11);V 为园艺设施的体积,m^3;F 为空气比热容,$F = 1.30$ kJ/(m³ · ℃)。

表 4-11　温室、塑料大棚密闭时每小时换气次数 R　　　　　　　　　　　　次/h

园艺设施类型	覆盖形式	R
玻璃温室	单层	1.5
玻璃温室	双层	1.0
塑料大棚	单层	2.0
塑料大棚	双层	1.1

由式(4-14)可知,换气失热量与换气次数有关,因此缝隙大小不同,其传热量差异很大。表 4-11 列出的是温室、塑料大棚密闭不通风时,仅因结构不严引起的每小时换气次数。

此外，换气失热量还与室外风速有关，风速增大时换气失热量增大，因此应尽量减少缝隙，注意防风。通风时必有一部分水汽自室内流向室外，因此通风换气时除有显热失热以外，还有潜热失热，在实际计算时，往往将潜热失热忽略。普通园艺设施不通风时仅因结构不严而从缝隙逸出的热量就为辐射放热的 1/5～1/10，因此温室结构的密闭性对冬季保温和节约能源非常重要。

换气失热量也称冷风渗透耗热量，可以用设施屋面表面积与室内外气温差及漏风传热系数之积粗略估算。对玻璃屋面，漏风传热系数可取值 0.35～0.58 W/(m² · K)；对塑料薄膜屋面，可取 0.23～0.47 W/(m² · K)。

另外，也可按门窗缝隙长度具体估算：

$$Q_v = 0.24 L I r (t_r - t_o) C \tag{4-15}$$

式中：L 为经过每米缝隙每小时渗入室内的空气量，m³/(h · m)（表 4-12）；I 为所有可开启的门窗漏风的缝隙总长度，m；r 为空气的容重，kg/m³，对 0℃冷空气可取 1.29 kg/m³；t_r、t_o 分别为室内外气温；C 为冷风渗入量门窗朝向修正系数，可参考表 4-13 数值。

表 4-12　每米门窗缝隙每小时渗入室内冷空气量 L　　　　　　　m³/(h · m)

结构	冬季平均风速/(m/s)					
	1	2	3	4	5	6
单层钢窗	0.8	1.8	2.5	4.0	5.0	6.0
双层钢窗	0.6	1.3	2.0	2.8	3.5	4.2
门	2.0	5.1	7.0	10.0	13.5	16.0
单层木窗	1.0	2.5	3.5	5.0	6.5	8.0
双层木窗	0.7	1.8	2.8	3.5	4.6	5.6

表 4-13　冷风渗入量门窗朝向修正系数 C

地点	北	东北	东	东南	南	西南	西	西北
北京	1.00	0.45	0.20	0.10	0.20	0.15	0.25	0.85
西安	0.85	1.00	0.70	0.35	0.65	0.45	0.50	0.30
呼和浩特	0.90	0.45	0.35	0.20	0.20	0.30	0.70	1.00
沈阳	1.00	0.90	0.45	0.75	0.75	0.65	0.50	0.80
哈尔滨	0.25	0.15	0.10	0.60	1.60	1.00	0.80	0.55
齐齐哈尔	0.90	0.10	0.10	0.35	0.35	0.40	0.70	1.00

（3）土壤传导失热　　土壤传导失热包括土壤上下层之间垂直方向上的传热和土壤水平方向的横向传热。无论是垂直方向上下土层之间的传热还是水平方向的横向传热，都比较复杂。垂直方向的传导失热可以用土壤传热方程表示：

$$Q_s = -\lambda \frac{\partial T}{\partial z} \tag{4-16}$$

式中：$\frac{\partial T}{\partial z}$ 为某一时刻土壤温度的垂直变化，其中 T 为土壤温度，z 为土壤深度，∂ 为微分符号；λ

为土壤的导热率,除与土壤质地、成分等有关外,还与土壤湿度有关,随土壤湿度增大而增大。

土壤中垂直方向的热传导仅发生在一定的层次,在40～45 cm深处,温室内土壤温度变化已很小,所以可以认为该深度以下热传导量很小。

土壤水平方向的横向传热,是园艺设施的一个特殊问题。在露地由于面积很大,土壤温度的水平差异小,不存在横向传热。园艺设施内则不然,由于室内外土壤温差大,横向传热不可忽视。荷兰布辛格(J. A. Businger)认为,土壤横向传热占温室总失热的5%～10%。

地中传热量指白天室内热空气向土壤贮热,夜间则由土壤向空气散热,即地面传热量为负值。当温室夜间加温而气温高于地温时,仍由室内空气传热给土壤。地面传热量还与距外墙的距离有关,距外墙越远,传热量相对减小。地中传热量的计算较复杂,一般可采用地面热流率估算值乘上地面面积求出。地面热流率是指每平方米、每小时经地面传入土壤(正值)或传出土壤(负值)的热量,其估算值见表4-14。

表 4-14　地面热流率的估算值　　　　　　　　　　　　　　W/(m² · h)

室内外气温差 $(t_内 - t_外)$/℃	无保温覆盖		有保温覆盖	
	南方暖地	北方寒地	南方暖地	北方寒地
<10	23	17	17	12
10～20	−12	−6	−6	0
>20	0	+6	+6	+12

综上所述,园艺设施总的放热量(Q),是围护结构放热量,即贯流传热量,通风换气放热量和土壤传导放热量三部分之和。在强风地区,Q值还应增加5%～10%。

4.2.2.4　园艺设施内的温度分布

园艺设施内气温的分布是不均匀的,不论在垂直方向还是在水平方向都存在温差。在寒冷的早春或冬季,园艺设施内边行的气温和地温比内部低很多。据长春蔬菜所的调查,离大棚两侧1.5 m、北侧2.4 m、南侧3.3 m的地方,5月黄瓜单株产量仅为0.5 kg左右,而内部黄瓜的单株产量为1.2～1.5 kg。园艺设施面积越小,边行低温地带占的比例越大,温度分布越不均匀。例如,宽15 m、长50 m的大棚,低温地带占30%,如将其加宽1倍,则低温影响带约占20%。如何克服园艺设施内温度分布不均匀的问题,是管理技术上的重要问题。

温室、大棚内温度空间分布比较复杂,在保温条件下,垂直方向的温差上下可达4℃以上,水平方向的温差则较小。园艺设施内的温度分布主要受太阳光的入射量、加温/降温设备的种类和安装位置、通风换气的方式、外界风向、内外温差及设施结构等多种因素的影响。

(1)太阳光的入射量　园艺设施内的受光部位是随着太阳位置的变化而变化的,同时又因屋面结构、倾斜角度、方位和肩高的不同,再加上建材的遮阴而引起各部位透射率的差异,使白天园艺设施内的不同位置形成温差,这是入射量引起园艺设施内温度分布不均的直接原因。如果园艺设施内部有作物生长,入射量的50%～60%以潜热的形式被用于土壤的蒸发和作物的蒸腾,使温度降低2～3℃;如果园艺设施内有水泥台和砖框等,增加了反射光,使这些部位的气温升高1～3℃;这是入射量引起温度分布不均的间接原因。

(2)园艺设施内气流运动　在一个不加温也不通风的温室内,气流的运动主要受温室内的对流和外界风向的影响。近地面土壤层空气增温而产生上升气流,但靠近透明覆盖物下部的空气由于受外界低温的影响而较冷,于是沿透明覆盖物分别向两侧下沉,此下沉气流在地表面内部水平移动,形成了两个对流圈,将热空气滞留在上部,形成了垂直温差和水平温差。室内外温差越大,园艺设施内温度分布越不均匀。当风吹到园艺设施上方时,在迎风面形成正静压,在背风面形成负静压。

密闭园艺设施内往往在上风一侧形成高温区,在下风一侧形成低温区。这是因为在屋顶或棚面上风一侧形成负压,向外抽吸室内空气,在下风一侧形成正压,向室内压缩空气,使室内形成贴地面气流方向、与外界风向相反的小环流,被加压的空气沿地面流向上风一侧(图4-16)。因此,安装加温设备时,在盛行风向的下风一侧应多配置散热管道。

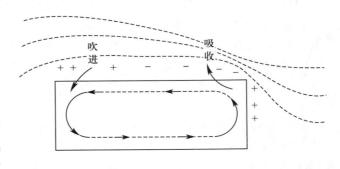

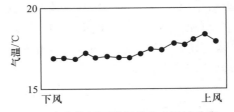

图4-16 由室外风而引起的室内温度分布

(3)加温技术 包括加温设备的种类和安装位置。加温设备的种类有点热源、线热源和面热源之分。用炉火加温,炉子周围温度很高,高温集中在一个点上,为点热源;用热水管道加温,热水通过铁管和暖气片,高温在一条线上,称为线热源;用电热温床加温,加温电热线分布在一个面上,为面热源。这几种热源的温度分布均匀性次序是:面热源>线热源>点热源。

加温设备的安置地点对设施内温度分布的均匀性影响很大。图4-17显示了连栋温室内温度垂直分布引起的番茄叶温与周围气温的差异。因此,加温时,为了使园艺设施内温度分布均匀,应遵循以下原则:

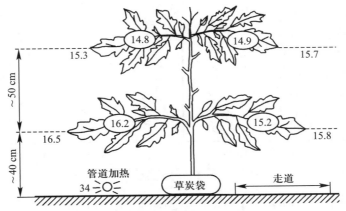

图4-17 连栋温室内番茄叶温与周围气温的差异(单位:℃)

①加热器与散热器应均匀分布,避免把加热器和散热器放在一起,形成局部高温区。

②对于单屋面温室加温,由于透明屋面是主要的散热面,散热器应设在南侧,以缓和透明屋面的降温,使温度分布趋于均匀。散热器若设在北边,将导致温差增大,特别是南侧土壤温度特别低。

③双屋面温室的加热管设在温室两侧的比设在中间的温度分布均匀。

④对空间大的连栋温室,在满足上述基本原则条件下,有条件的可采用3层立体散热器布置方案,在确保温度分布均匀的基础上,较好地满足作物不同器官生长对温度的要求。

(4)通风设备的种类和安装位置 自然通风的通风量是由窗口大小和窗口位置决定的。通风量大能减少温差,特别是能减少垂直温差,若窗口的位置不合适,容易产生无风区而增加温差。

强制通风的通风量比自然通风大,容易使垂直温差减少。强制通风一般是由一侧面吹向另一侧面的过道风,即从外边进来的低温空气开始向低处流动,逐渐被加热后向高处流动,在排气口前变高温,并在排气口附近与外界空气混合,温度边降边排出。由于这种水平气流的影响,上下形成了两个循环气流圈。这种气流依风力、进出口的位置以及气流与栽培畦和温室屋脊的方向等的变化而产生种种变化,进行影响温度分布。

(5)园艺设施结构 双屋面温室比单屋面温室温度分布均匀(图4-18),这是因为双屋面温室受热面、散热面都比较均匀。

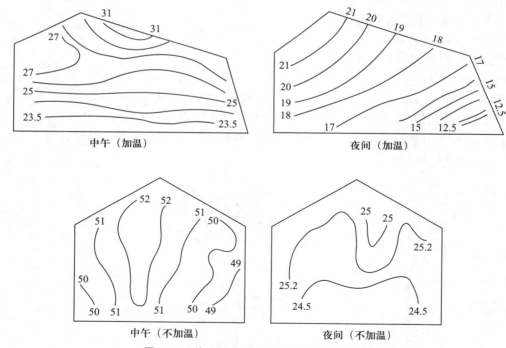

图 4-18 单、双屋面温室气温分布(单位:℃)

(6)内外温差 园艺设施内热源效率高时,能加大内外温差,导致贯流和辐射放热也加大,促进了对流,增加垂直温差。如果园艺设施内热源能维持较大的内外温差,温度的分布层则继续发展,各部位的温差加大。

设施园艺学

4.2.3 园艺设施温度环境的调节与控制

园艺设施内温度的调节和控制包括保温、加温和降温 3 个方面。温度调控要求达到：能维持适宜于作物生长发育的设定温度，温度的空间分布均匀，时间变化平缓。

4.2.3.1 保温

由图 4-14 可见，在不加温的情况下，夜间园艺设施内空气的热量来源是地中蓄热，热量失散途径是贯流放热和换气放热。夜间地中蓄热量的大小取决于日间地中吸热量和土壤面积（S），土壤的太阳辐射能吸收率（A）与射入温室的太阳辐射能（Q_r）有关。园艺设施内的贯流放热和换气放热则主要取决于热贯流率和通风换气量。由上述可知，保温的途径有以下 3 个。

（1）减少贯流放热和通风换气量　温室、大棚的散热有三种途径：一是经过覆盖材料的围护结构传热；二是通过缝隙漏风的换气传热；三是与土壤热交换的地中传热。三种传热量分别占总散热量的 70%～80%、10%～20% 和 10% 以下。各种散热的结果是使单层不加温温室和塑料大棚的保温能力比较小。即使气密性很高的园艺设施，其夜间气温最多也只比外界气温高 2～3℃。在有风的晴天夜间，有时还会出现室内气温反而低于外界气温的温度逆转现象。

为了提高温室大棚的保温能力，常采用各种保温覆盖，具体方法是增加保温覆盖的层数，采用隔热性能好的保温覆盖材料，以提高设施的气密性。其保温原理是：①减少向设施内表面的对流传热和辐射传热；②减少覆盖材料自身的热传导散热；③减少设施外表面向大气的对流传热和辐射传热；④减少覆盖面漏风而引起的换气传热。

从 20 世纪 60 年代后期普及塑料大棚生产以来，我国为了提高塑料大棚的保温性能，进一步提早和延后栽培时期，采用过大棚内套小棚、小棚外套中棚、大棚两侧加草苫，以及固定式双层大棚、大棚内加活动式保温幕等多层覆盖方法（彩图 4-4），都收获了较明显的保温效果。保温覆盖使用的材料和方法，可归纳如下：

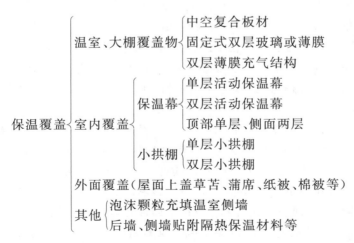

代替温室玻璃的中空复合塑料板材，其透射传热系数比玻璃小得多，如意大利生产的 16 mm 厚蜂窝状聚丙烯甲基甲酯中空板材，传热系数为 2.91 W/(m² · K)。德国和日本生

二维码 4-4(图片)
韩国三棚四膜的
覆盖栽培方式

产的中间间隔约 13 mm 的有机玻璃板材,可比单层玻璃或板材的保温能力提高 2～3℃,相当于一层保温幕的作用。韩国三棚四膜的覆盖栽培方式见二维码 4-4。固定式的双层玻璃温室或双层薄膜充气温室都有类似的保温效果。它们的共同问题是对光线有所减弱,不适于要求较强光照的作物。双层固定覆盖两层之间间隔 10～20 cm 的比间隔 5 cm 的保温能力强(约高 1℃),而间隔 10 cm 的比间隔 20 cm 的透光率好。两层间隔过大不仅透光差,而且由于两层之间空气对流传热增强,保温效果会变差。需要注意的是,应防止两层间的表面结露及尘埃污染。

不同覆盖方式其保温能力随保温幕材料不同而不同,热节省率如表 4-15 所示,可根据生产需要合理选择保温覆盖材料。

表 4-15   保温覆盖的热节省率   %

保温方法	保温覆盖材料	热节省率	
		玻璃温室	塑料大棚
双层固定覆盖	玻璃或聚氯乙烯薄膜	40	45
	聚乙烯薄膜	35	40
室内单层保温幕	聚乙烯薄膜	30	35
	聚氯乙烯薄膜	35	40
	无纺布	40	30
	混铝薄膜	30	45
	镀铝薄膜	45	55
室内双层保温幕	两层聚乙烯薄膜	45	55
	聚乙烯薄膜＋镀铝薄膜	65	65
外面覆盖	草苫或保温被	60	65

用 0.1 mm 厚的聚氯乙烯薄膜每层间隔 5 cm 做多层覆盖试验表明,盖 4 层、5 层的保温效果与盖 3 层的没有差异,所以室内保温幕实际上盖 2 层就足够了。

温室、大棚内套一层小拱棚,或在小拱棚外再盖草苫的保温方法,比较简单易行。它的作用是把地面向空气的对流辐射散热部分截留在小拱棚内,使小拱棚内气温提高 3～4℃。若用地中加温育苗,在地温较高(20℃左右)的情况下,小拱棚内的气温可比大棚内的气温高 10℃左右。

单屋面温室的外保温覆盖(彩图 4-5),过去多用稻草苫、蒲席,近年来越来越多地使用棉被、复合保温被和泡沫塑料等替代材料。蒲席的保温能力较强,内温可比外温提高 7～10℃,但价格贵且笨重;草苫保温能力稍差,只能提高 4～5℃。用几层牛皮纸做的纸被密闭性好,挡风保温,一般用在草苫、蒲席下面,可进一步提高保温能力。外覆盖若被雨雪打湿,保温能力显著下降,所以遇雨天和雪天时应在上面加盖薄膜。日光温室内采用多层覆盖方式,可使温室内气温在原有外保温覆盖基础上又提高 3～5℃,节能 30%～40%。李春生(2008)提出的"蓟春型"日光温室(图 4-19),采用双层拱架,保温被内置,避免了保温被被雨雪淋湿,也提高了保温效果,可使土壤温度提高 2～3℃。

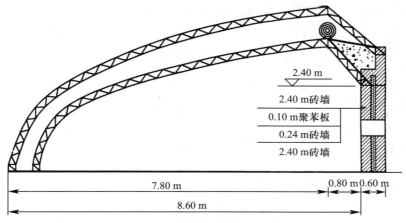

図4-19 "蓟春型"日光温室结构图

（2）增大保温比 对多数园艺设施而言,适当降低园艺设施的高度,缩小园艺设施的散热面积,有利于提高设施内的气温和地温。但单屋面日光温室因其墙体与后屋面具备与土壤相当的热阻,故其保温比一般是大于1的,因此日光温室适当加高后仍可以提高室内温度(彩图4-6)。

（3）增大地表热流量 提高园艺设施的透光率,使用透光率高的玻璃或薄膜,经常保持覆盖材料干洁,增加白天土壤贮存的热量。减少土壤蒸发和作物蒸腾量,土壤表面不宜过湿,进行地面覆盖也是一种有效的措施。设置防寒沟,防止地中热量横向流出。即在设施周围挖一条宽30 cm,与当地冻土层相当深的沟,沟中填入稻壳、碎秸秆、发泡水泥等保温材料。根据北京地区观测,有防寒沟的园艺设施内5 cm地温可比无防寒沟的高出4℃左右。单屋面温室多在前屋面南侧挖防寒沟(彩图4-7)。

4.2.3.2 加温

随着外界气温的下降,当园艺设施内的温度不足以满足栽培作物正常生长发育的需求时,需要采用人工加温的方法,使其内维持适宜的温度。如在我国北方地区,进行园艺作物越冬栽培时,为了维持设施内一定的温度水平,以保证作物的正常生长发育,须进行补充加温,不能进行外覆盖保温的连栋温室更是必要。

1. 加温设计要求

为了能使园艺设施内的作物正常生长发育,同时节省能源、降低成本,在加温设计上必须满足4点要求:①加温设备的容量适宜,应能经常保持室内的设定温度(地温、气温);②设备和加温费要尽量少,据测算,现代化连栋温室的加温费可占年生产运行费的50%～60%,必须尽量节省加温费,才能获得经济效益;③为确保园艺设施内空间温度分布均匀,时间变化平稳,要求加热设备配置合理,调节能力强;④加温设备占地少,便于栽培作业。

2. 最大采暖负荷的计算

在最寒冷的季节,为维持设计的室内外气温的温度差,在温室内需要增加的总加热量,叫作最大采暖负荷,其乘以安全系数就是加温设备必须具有的加温能力。因为采暖设备一定要具备这种能力,所以最大采暖负荷就成为确定采暖设备(锅炉等)容量指标的依据。在栽培期间,将每天的采暖负荷积算起来,就叫作期间采暖负荷,这是估算栽培期间燃料消耗量的依据。最大采暖负荷可以用粗略估算法或逐项计算法算出。

（1）粗略估算法　温室的最大采暖负荷 $Q(W/h)$ 等于温室的表面积 $F(m^2)$、采暖负荷系数 $U[W/(m^2 \cdot K)]$、设施内气温 $t_内$ 与设施外气温 $t_外$ 之差（℃）以及保温覆盖修正项（$1-f_r$）的乘积，即

$$Q = FU(t_内 - t_外)(1 - f_r) \qquad (4\text{-}17)$$

采暖负荷系数 U 对全光玻璃温室可取 6.2，对聚氯乙烯大棚取 6.6。保温覆盖的热节省率 f_r 的取值见表 4-15。

（2）逐项计算法　温室的最大采暖负荷 Q 等于围护结构耗热量（贯流放热）Q_t、漏风冷风渗透耗热量 Q_v 和温室地面传热量 Q_s 之和，即

$$Q = Q_t + Q_v + Q_s$$

在强风地区 Q 值还应增加 5%～10%。

无论粗略估算法，还是逐项计算法，所用的室内与室外气温差均指室内设计气温与室外设计气温之差，为此有一个室内外设计气温的确定问题。

关于室内温度的确定，温室蔬菜生产多以黄瓜、番茄为主，因此室内设计温度常以它们要求的温度为准。黄瓜、番茄都是喜温蔬菜，如果满足了它们的要求，基本上就能满足其他园艺作物对温度的要求。番茄、黄瓜的生长发育下限温度分别为 8℃和 10℃，因此温室设计的室内最低气温一般不低于 8℃或 10℃。我国北方温室栽培的蔬菜，都要求能在春节前后上市，也就是要保证在最冷的 1 月喜温蔬菜有适宜的生长温度，因此室温不能过低，一般确定室内的设计温度为 16～18℃。

关于室外设计气温，多采用数年一遇的低温，或用当地近 20 年中 4 年连续最低气温的平均值，也有使用保证率为 80%的最低气温。

3. 不同加温方式的特点及加温方式选择

我国传统的单屋面温室大多采用炉灶煤火加温，近年来也有采用锅炉水暖加温或地热水暖加温的。大型连栋温室则多采用集中供暖方式的水暖加温，也有部分采用热水或蒸汽转换成热风的采暖方式。塑料大棚大多没有加温设备，少部分使用热风炉短期加温，对提早上市及提高产量和产值有明显效果。用液化石油气经燃烧炉的辐射加温方式，对大棚防御低温冻害也有显著效果。

各种加温方式所用的装置不同，其加温效果、可控制性能、维修管理以及设备费用和运行费用等都有很大差异。现将几种主要采暖方式的特点及适用对象归纳于表 4-16。另外，热源在温室大棚内的部位及配热方式，对气温的空间分布有很大影响，所以应根据使用对象和配热方式的特点慎重选择。不同配热方式的特点见表 4-17。

（1）热风采暖　从设备费用看，热风采暖是最低的。按设备折旧计算的每年费用，大约只有水暖配管采暖费用的 1/5，对于小型温室，其差额更大。如果把热风炉设置在设施内，直接吹出热风，这种系统的热利用效率一般可达到 70%～80%，国外有的燃油热风机的热利用效率可达 90%。

热风采暖系统有热风炉直接加热空气及蒸汽热交换加热空气两种，前者适用于塑料大棚，后者适用于有集中供暖设备的温室。供热管道大多采用聚乙烯薄膜制成。供热管道除通过其外表面产生对流、辐射散热外，主要通过通风孔直接吹出热空气进行加热。

表 4-16　几种采暖方式的特点及适用对象

采暖方式	方式要点	采暖效果	控制性能	维修管理	设备费用	其他	适用对象
热风采暖	直接加热空气	停机后缺少保温性,温度不稳定	预热时间短,升温快	因不用水,容易操纵	比热水采暖便宜	不用配管和散热器,作业性好,燃烧空气由室内补充时,必须通风换气	各种温室、大棚
热水采暖	用60~80℃热水循环,或用热水与空气热交换,将热风吹入室内	因所用温度低,加热缓和,余热多,停机后保温性好	预热时间长,可根据负荷的变动改变温度	对锅炉要求比蒸汽的低,水质处理较容易	须用配管和散热器,成本较高	在寒冷地方管道怕冻,必须充分保护	大型温室
热汽采暖	用100~110℃蒸汽采暖,可转换成热气和热风采暖	余热少,停机后缺少保温性	预热时间短,自动控制稍难	对锅炉要求高,水质处理不严格时,输水管易被腐蚀	比热水采暖费用高	可作土壤消毒,散热管较难配置适当,容易产生局部高温	大型温室群,在高差大的地形上建造的温室
电热采暖	用电热线和电暖风加热采暖	停机后缺少保温性	预热时间短,自动控制稍难	使用最容易	设备费用低	耗电多,生产用不经济	小型温室、育苗温室、地中加温、辅助采暖
辐射采暖	用液化石油气红外燃烧取暖炉	停机后缺少保温性,可升高植物体温	预热时间短,控制容易	使用方便、容易	设备费用低	耗气多,大量用不经济,有二氧化碳施肥效果	临时辅助采暖
火炉采暖	用地炉或铁炉烧煤,用烟囱散热取暖	封火时仍有一定保温性,有辐射加热效果	预热时间长,烧火费劳力,不易控制	较容易维护,但操作费工	设备费用低	注意通风,防止煤气中毒	温室、大棚短期加温

　　热风炉设置在温室大棚内时(彩图 4-8),要注意室内新鲜空气的补充,供给热风炉燃烧用的空气量,每送出 10 000 J 热量每小时约需 4.78 m³ 的空气。对于需要较高采暖温度的作物,用热风采暖时其产量和品质不如用热水采暖好。

　　(2)热水采暖　热水采暖(二维码 4-5)的热稳定性好,温度分布均匀,波动小,生产安全可靠,供热负荷大,大中型永久性温室多采用此方式,如地源热泵采暖(彩图 4-9)、墙体热水蓄热保温(二维码 4-6)。热水采暖系统中热水循环流动的动力有自然循环和机械循环两种。自然循环热水

二维码 4-5(图片)
热水采暖

二维码 4-6(图片)
墙体热水蓄热保温

采暖系统要求锅炉位置低于散热管道散热器位置,提高供水温度,降低回水温度,以提高自然循环系统的作用压力,可用于管路不太长的小型温室。当管路系统过长,增加管径又不经济或锅炉位置不便安置过低的,为使热水采暖系统的作用压力大于其总阻力,就应改用机械循环装置。

温室中常用的散热器是铸铁圆翼形散热器,也可用四柱形暖气片和光面钢管,部分也用传热性能更好的钢串片散热器。

表 4-17 不同配热方式的特点

配热方式	方式要点	采暖方式	气温分布	作业性能	其他
上部吹出	从热风机上部吹出热风	热风采暖	水平分布均一,但垂直梯度大,上部形成高温区	良好	由于上部高温,热损失增大
下部吹出	从热风机下部吹出热风	热风采暖	垂直分布均一,但水平分布不均一	良好	
地上管道	在垄间和通道处设置塑料管道吹出热风	热风采暖(或热气交换成热风)	可通过管道的根数、长度、位置而自由地调节温度分布	必须注意保护管道	通常用末端开放型管道
头上管道	一般在 2 m 以上高度设塑料管吹出热风	热风采暖		良好	管道末端封闭,在下侧开小孔,向下方吹出热风较好
垄间配管	在垄间地面上 10～30 cm 高处配管道	热水采暖或蒸汽采暖	若散热管配置不当,会产生固定的不均匀	较难	兼有提高地温的效果
周围叠置配管	在温室四周及天沟下面集中配置几根管道	热水采暖或蒸汽采暖	离管道 10 m 以内距离处,水平、垂直温度分布都比较均匀	良好	由于管道层叠,散热效率下降,配管根数增加;因高温空气沿覆盖面上升,热损失变大
头顶上配管	在头顶上(一般 2 m 以上高处)配置管道	热水采暖或蒸汽采暖	管道上部形成高温,下部形成低温	良好	为消除上部高温,必须用周围配管和垄间配管组合,热损失最大,有辐射加温作用

(3)土壤加温　温室、大棚冬春季节地温低,往往不能满足作物对地温的要求。提高地温的方法有三种,即酿热物加温、电热加温和水暖加温。

酿热物加温是用马粪、厩肥、稻草、落叶等填入栽培床内,用水分控制其发酵过程产生热量的加温方式。管理上凭经验掌握,产热持续时间短,地温不容易控制均匀。近年来在日光温室越冬栽培中推广应用的秸秆生物反应堆技术属于酿热加温,兼具 CO_2 施肥效果。

电热加温使用专用的电热线,其优点是埋设和撤除都较方便,热能利用效率高。由于采用控温仪,容易实现高精度控制等,但耗电多、电热线耐用年限短,所以,一般只用于育苗床。

对于水暖加温,在采用水暖加温的温室内,在地下 40 cm 左右深处埋设塑料管道,用

设施园艺学

40～50℃温水循环,对提高地温有明显效果,并可节省燃料。用水暖加热提高地温,停机后温度维持时间长,效果较好。但应注意与地上部加温适当分开控制,以免地下部加温过多,地温过高。另外,地中加温管道周围土壤温度的分布,有向下方扩展比向上方扩展快的趋势,所以管道不宜埋设过深。进行地中加温时,土壤容易干燥,灌水量应适当增加。

4.2.3.3 降温

园艺设施内降温最简单的途径是通风,但在温度过高,依靠自然通风不能满足园艺作物生长发育要求时,必须进行人工降温。根据园艺设施的热收支,降温措施可从三方面考虑:减少进入温室中的太阳辐射能、增大温室的潜热消耗、增大温室的通风换气量。具体措施如下。

(1)遮光降温 在塑料拱棚和日光温室中进行夏季生产时,通常在设施骨架上采用遮光率为30%～80%不等的黑色或灰色遮阳网遮阳降温,室温相应可降低4～6℃。对于大型连栋温室,分外遮阳与内遮阳。前者在温室大棚顶部上方40 cm左右高处张挂透气性黑色遮阳网,通过钢缆驱动系统,齿条副传动开启和闭合,遮光60%左右时,室温可降低4～6℃,降温效果显著。室内在顶部通风条件下张挂保温兼遮阳的通气性XLS遮阳保温幕,这是由各4 mm的高反射型铝箔和透光型聚酯薄膜条带,通过聚酯纤维纱线以一定方式编织而成的,铝箔能反射90%以上太阳辐射,夏季内遮阳降温,冬季则有保温的效果。但在室内挂遮光幕,降温效果比挂在室外差。另外,也可在屋顶表面及立面玻璃上喷涂白色遮光物,但遮光、降温效果略差。

(2)屋面流水降温 流水层可吸收8%左右投射到屋面的太阳辐射,并能用水吸热冷却屋面,室温可降低3～4℃。采用此方法时需考虑安装费和清除玻璃表面的水垢污染问题,水质硬的地区需对水质作软化处理后再用。

(3)蒸发冷却降温 使空气先经过水的蒸发冷却降温后再送入室内,达到降温目的,如湿帘降温。

①湿垫排风法。在温室进风口内设10 cm厚的纸垫窗或棕毛垫窗,不断用水将其淋湿,温室另一端用排风扇抽风,使进入室内的空气先通过湿垫窗被冷却后再进入室内。一般可使室内温度降到湿球温度。但冷风通过室内距离过长时,室温分布常常不均匀,而且当外界湿度大时降温效果差。

②细雾降温法。在室内高处喷以直径小于0.05 mm的浮游性细雾,用强制通风气流使细雾蒸发达到全室降温,喷雾适当时室内可均匀降温(二维码4-7)。

③屋顶喷雾法。在整个屋顶外面不断喷雾湿润,使屋面下冷却了的空气向下对流,其降温效果不如通风换气与蒸发冷却相配合的好。湿垫排风法和屋顶喷雾法遇水质不好时,蒸发后留下的水垢会堵塞喷头和湿垫,需作水质处理,水质未处理时纸质湿垫会因为严重积垢而失效。

二维码4-7(图片)
喷雾降温

(4)通风换气降温 通风包括自然通风和强制通风。自然通风与通风窗面积、位置、结构形式等有关,通常温室均设有天窗和侧窗,采用"扒缝"的方式通风、换气、降温(二维码4-8)。日光温室设计有顶通风和腰部通风,有的会在山墙特别设计湿帘与风机降温系统,以利于春夏季温度升高后,与前屋面腰部风口对流通风。大棚跨度超过10 m时顶部应留有通风口,一般通过卷膜器卷膜放风。大型连栋温室因其容积大,当

二维码4-8(图片)
通风换气降温

自然通风后室内温度仍在 30℃ 以上时,须强制通风降温。

4.3 湿度环境及其调节控制

园艺设施内的湿度环境包含空气湿度和土壤湿度两个方面。水是园艺作物生长发育的命脉,也是植物体的主要组成部分,一般园艺作物的含水量高达 80%～95%,因此土壤湿度环境的重要性更为突出。

▶ 4.3.1 园艺设施的湿度环境对作物生长发育的影响

4.3.1.1 园艺作物生理活动与水分

园艺作物体内营养物质的运输,要在水溶液中进行,根系吸收矿质营养,也必须在土壤水分充足的环境下才能进行。园艺作物进行光合作用,水分是重要的原料,水分不足导致气孔关闭,影响 CO_2 吸收,使光合作用显著下降。缺乏水分,新陈代谢作用也无法进行。园艺作物叶片气孔的开闭、花朵的开放等,都需要有充足的水分。但空气湿度过高,会导致番茄、黄瓜叶片缺钙和缺镁,使叶片失绿,光合效率下降,从而导致产量下降。

4.3.1.2 园艺作物产品质量与水分

与粮食作物不同,园艺作物的产品如果水分不足,细胞缺水,则会萎蔫、变形,纤维增多,色泽暗淡,失去产品特有的色、香、味。因此,水分不仅影响园艺作物设施栽培的产量,还直接影响产品的质量及商品价值。

4.3.1.3 园艺作物生长发育与土壤水分

土壤水分直接影响作物根系的生长和对肥料的吸收,也间接影响地上部的生长发育。蔬菜每生产 1 g 干物质需要 400～800 g 的水,土壤水分减少时,因不能补充蒸腾的水分,植物体内水分失去平衡,根的表皮木质化,生长减退,甚至坏死;相反,土壤水分过多时,生长发育和果实成熟被推迟,也易诱发病害,还会使土壤通气性差,导致根际缺氧、土壤酸性提高而产生危害。

4.3.1.4 园艺作物生长发育对水分的要求

园艺作物对水分的需求一方面取决于根系生长状况及其吸水能力,另一方面取决于植物叶片的组织和结构,后者直接关系到植物的蒸腾效率。蒸腾系数越大,所需水分越多。根据园艺作物对水分的要求和吸收能力,可将其分为耐旱植物、湿生植物和中生植物。

(1)耐旱植物　抗旱能力较强,能忍受较长期的空气和土壤干燥而继续生长。这类植物一般具有较强大的根系,叶片较小、革质化或较厚,具有贮水能力或叶表面有厚茸毛,气孔少而下陷,具有较高的渗透压等。因此,它们需水较少或吸收能力较强,如果树中的石榴、无花果、阿月浑子、葡萄、杏和枣等,花卉中的仙人掌科和景天科植物,蔬菜中的南瓜、西瓜、甜瓜等。它们的耐旱能力均较强。

(2)湿生植物　这类植物的耐旱性较弱,生长期间要求有大量水分,或生长在水中。它们的根、茎、叶内有通气组织,与外界通气,一般原产于热带沼泽或阴湿地带,如花卉中的热带兰类、蕨类和凤梨科植物及荷花、睡莲等,蔬菜中的莲藕、菱、芡实、莼菜、慈姑、茭白、水芹、蒲菜、豆瓣菜和水蕹菜等。

（3）中生植物　这类植物对水分的要求属于中等,既不耐旱也不耐涝,一般旱地栽培要求经常保持土壤湿润。果树中的苹果、梨、樱桃、柿、柑橘和大多数花卉属于此类;蔬菜中的茄果类、瓜类、豆类、根菜类、叶菜类、葱蒜类也属于此类。

4.3.1.5　园艺作物病虫害与空气湿度

高湿(90％以上)或结露常是一些病害多发的原因,因为病原菌孢子的形成、传播、发芽、侵染等,均需要较高的空气湿度。有些病害在低湿条件,特别是高温、干旱条件下容易发生,如各种园艺作物的病毒病。干旱条件还容易导致蚜虫、红蜘蛛、烟粉虱等虫害发生。几种蔬菜主要病虫害的发生与空气湿度的关系见表 4-18。

表 4-18　几种蔬菜主要病虫害与空气湿度的关系　　　　　　　　　　　　%

蔬菜种类	病虫害种类	要求相对湿度	蔬菜种类	病虫害种类	要求相对湿度
黄瓜	炭疽病、疫病、细菌性病害	＞95		枯萎病	土壤潮湿
	枯萎病、黑星病、灰霉病、细菌性角斑病等	＞90		病毒性花叶病、病毒性蕨叶病	干燥(旱)
	霜霉病	＞85	茄子	褐纹病	＞80
	白粉病	25～85		枯萎病、黄萎病	土壤潮湿
	病毒性花叶病	干燥(旱)		红蜘蛛	干燥(旱)
	瓜蚜	干燥(旱)	辣椒	疫病、炭疽病	＞95
番茄	绵疫病、软腐病等	＞95		细菌性疮痂病	＞95
	炭疽病、灰霉病等	＞90		病毒病	干燥(旱)
	晚疫病	＞85	韭菜	疫病	＞95
	叶霉病	＞80		灰霉病	＞90
	早疫病	＞60	芹菜	斑点病、斑枯病	高温

4.3.1.6　园艺作物生长发育对空气湿度的要求

蔬菜是我国设施栽培面积最大的园艺作物,多数蔬菜光合作用适宜的空气相对湿度为 60％～85％,低于 40％或高于 90％时,光合作用会受到阻碍,从而使生长发育受到不良影响。不同蔬菜种类或品种或同种蔬菜不同生长发育期对空气湿度要求不尽相同,但其基本要求大体如表 4-19 所示。

表 4-19　蔬菜作物对空气湿度的基本要求　　　　　　　　　　　　%

类　型	蔬菜种类	适宜相对湿度
较高湿型	黄瓜、白菜类、绿叶菜类、水生菜	85～90
中等湿型	马铃薯、豌豆、蚕豆、根菜类(胡萝卜除外)	70～80
较低湿型	茄果类	55～65
较干旱型	西瓜、甜瓜、胡萝卜、葱蒜类、南瓜	45～55

大多数花卉光合作用适宜的空气相对湿度为 60％～90％,饱和差(VPD)在 1.0～0.2

kPa 范围的湿度(相当于在 20℃下相对湿度为 55%～90%)对园艺作物的生理和发育的影响较小。

4.3.2 空气湿度的调节与控制

4.3.2.1 园艺设施内空气湿度的形成与特点

(1)空气湿度的形成 设施内的空气水蒸气是由土壤水分的蒸发和植物体内水分的蒸腾,在设施密闭情况下形成的。表示空气潮湿程度的物理量称为湿度,通常用绝对湿度和相对湿度表示。绝对湿度是指单位体积内水汽的含量(g/m^3),是反映湿空气中水蒸气数量的参数。在调节空气的湿度(干燥除湿或加湿)时,需要确定对湿空气加入或减少的水蒸气数量,因此需掌握湿空气中水蒸气的数量及变化。

相对湿度(RH)是指在一定温度条件下空气中水汽压与该温度下饱和水汽压之比(%)。相对湿度反映了湿空气中水蒸气分压力接近饱和水蒸气压力的程度,是衡量空气干燥或潮湿程度的一个参数。在某温度下,相对湿度越小,表明空气越干燥,吸湿能力越强,反之则较为潮湿,吸湿能力较小。如表 4-20 所示,饱和水蒸气压力随温度的升高而增大。也就是说,当实际水汽压一定时,温度越高,相对湿度就越小;温度降低,饱和水蒸气压力减小,相对湿度就越大,直到实际水汽压与此温度下饱和水汽压相等时,相对湿度达到最大值(为 1 或 100%),这样的空气称为饱和湿空气。饱和湿空气中水蒸气数量达到最大,不再具有吸湿的能力。

表 4-20　不同气温下的饱和水蒸气压力

$t/℃$	e_s/Pa	$t/℃$	e_s/Pa	$t/℃$	e_s/Pa	$t/℃$	e_s/Pa
0	610.8	8	1 072	16	1 817	26	3 360
2	705.4	10	1 227	18	2 063	30	4 242
4	812.9	12	1 402	20	2 337	35	5 622
6	934.6	14	1 597	22	2 642	40	7 375

$$RH = \frac{e}{e_s} \times 100\%$$

式中:e 为实际水汽压,Pa;e_s 为饱和水汽压,Pa。

设施内高湿环境的形成,一方面,由于设施内作物生长势强、代谢旺盛、作物叶面积指数高,通过蒸腾作用释放出大量水蒸气;另一方面,温室内温度波动剧烈、昼夜温差大,在密闭情况下,温度降低,实际水汽压越来越接近其饱和水蒸气压力值,使棚室内水蒸气很快达到饱和,即相对湿度达 100%。设施内空气相对湿度比露地栽培高得多。

图 4-20 为温室内水分运移模式图。在白天通风换气时,水分移动的主要途径是土壤→作物→室内空气→外界空气。早晨或傍晚温室密闭时,外界气温低,引起室内空气骤冷,导致温室空气饱和水蒸气压减小,相对湿度达到 100%,从而发生"起雾"现象。白天通风换气时,室内空气饱和差可达 1 333～2 666 Pa,作物容易发生暂时缺水;如果不进行通风换气,则室内蓄积蒸腾的水蒸气,空气饱和差降为 133.3～666.5 Pa,作物不致缺水。因此,与其说是温度升高导致温室内部蒸腾、蒸发增强,不如说是温室内温度升高使空气的饱和水蒸气

压增大,从而增大了空气饱和差而使蒸腾、蒸发增强。

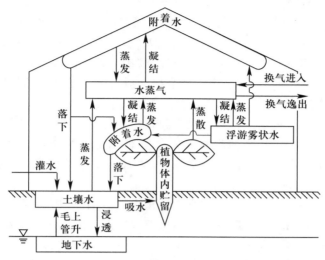

图 4-20　温室内水分运移模式图

（2）空气湿度的日变化　园艺设施内空气相对湿度的日变化趋势与温度的日变化趋势相反,夜间随着气温的下降,相对湿度逐渐增大,往往能达到饱和状态;日出后随着温度的升高,相对湿度开始下降,所以设施内的空气湿度日变化大。

高湿是园艺设施空气湿度环境的突出特点,图 4-21 为上海南汇蔬菜园艺有限公司 1997 年 1—3 月甜椒温室每天昼、夜和 24 h 平均空气相对湿度的情况。从图中可见,每天的平均空气相对湿度始终维持在 90% 左右,是相当高的。

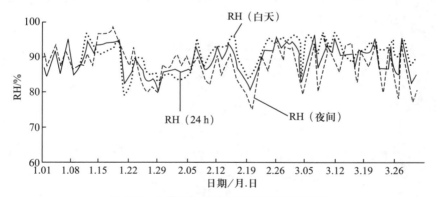

图 4-21　甜椒温室空气平均相对湿度（RH）

园艺设施内空气湿度的变化还与设施大小有关,一般情况是高大的园艺设施内空气湿度小,但局部湿差大;矮小的园艺设施内空气湿度大,但局部湿差小;空气湿度的日变化是矮小的比高大的园艺设施变化大。空气湿度的急剧变化对园艺作物的生长发育是不利的,容易引起凋萎。

（3）结露现象　园艺设施内空间受室外气候因子、室内调控方式、植物群体结构等的综合影响而必然存在垂直温差和水平温差,设施内温差进一步影响其空气湿度分布。在园艺设施内部,其绝对湿度（指水汽压或含湿量）是基本相同的,但由于设施内部温度差异的存在,其相对湿度分布差异非常大,在温度低的地方就会出现冷凝水。冷凝水的出现与积聚,会使设施内作物的表面结露。结露现象有以下四种:

①温室内低温区域的植株表面结露,当局部区域温度低于露点温度时就会发生。因此,设施内温度的均匀性至关重要,通常 3~4℃ 的温度差异,就会导致在低温区域出现结露。

②高秆作物植株顶端结露。在晴朗的夜晚,温室的维护结构将会向室外散发出大量的热量,这会导致高秆作物顶端的温度下降。当植株顶端的温度低于露点温度时,作物顶端就会结露。

③植物果实和花芽上的结露。植物果实和花芽上的结露常出现在日出前后,这是因为太阳出来后,室内温度升高,植株的蒸腾速率加快,使棚室内的绝对湿度提高。但是植物果实和花芽上的温度升高比棚室的温度升高滞后,从而导致室内空气中的水蒸气在这些温度较低的部位凝结。

④温室围护结构内表面结露。温室维护结构主要有墙体、屋面等,是构成温室空间,抵御环境不利影响的构件(也包括某些配件)。这部分构件直接与外界接触,温度较低,尤其是覆盖材料或保温幕的内表面易发生结露现象。

结露现象在露地极少发生,因为大气经常地流动,会将植物表面的水分吹干,难以形成结露。

(4)濡湿(沾湿)现象　园艺设施内产生濡湿现象的环境条件多为空气相对湿度高、水蒸气饱和差小,或绝对湿度高。作物沾湿是从屋面或保温幕落下的水滴、作物表面的结露、吐水现象(由于根压,作物体内的水分从叶片水孔排出)、雾等造成的。

4.3.2.2　空气湿度的调控

1. 除湿

从环境调控观点来说,空气湿度的调控,主要有防止作物沾湿和降低空气湿度两个直接目的。防止作物沾湿是为了抑制病害,实际上作物沾湿时间如能减少 2~3 h,即可抑制大部分病害。除湿的目的可归纳为表 4-21。

表 4-21　园艺设施内除湿的目的

直接目的			发生时间	最终目的
大分类	序号	小分类		
防止作物沾湿	1	防止作物结露	早晨、夜间	防止病害
	2	防止屋面、保温幕上水滴下落	全天	防止病害
	3	防止发生雾	早晨、傍晚	防止病害
	4	防止溢液残留	夜间	防止病害
调控空气湿度	1	调控饱和差(叶温或空气饱和差)	全天	促进蒸发蒸腾、控制徒长、提高着花率、防止裂果、促进养分吸收、防止生理障碍
	2	调控相对湿度	全天	促进蒸发蒸腾、防止徒长、改善植株生长势、防止病害
	3	调控露点温度、绝对湿度	全天	防止结露
	4	调控湿球温度、焓*	白天	调控叶温

注:* 焓是潜热与显热之和。

降低湿度,一方面可以在不改变温度(饱和水汽压不变)的情况下,去除空气中的水蒸气或减少水蒸气蒸发进入空气中,例如通风换气、覆盖地膜、微灌、选择无滴膜、空气吸湿等;另一方面可在不改变空气中水蒸气含量的情况下,升高温度(饱和水汽压增大),例如加温除湿。

(1)通风换气 设施内高湿是密闭所致。为了防止室温过高或湿度过大,对不加温的设施进行通风,其降湿效果显著。一般采用自然通风,通过调节风口大小、时间和位置,达到降低室内湿度的目的,但通风量不易掌握,而且室内降湿不均匀。在有条件时,可采用强制通风,可由风机功率和通风时间计算出通风量,便于精准控制(图 4-22)。

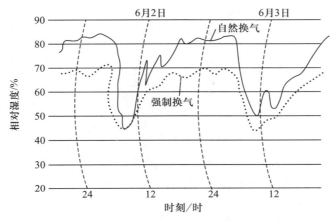

图 4-22 换气方式与室内相对湿度变化

(2)加温除湿 是有效措施之一。湿度的控制既要考虑作物的同化作用,又要注意病害发生和消长的临界湿度。保持叶片表面不结露,就可有效控制病害的发生和发展。

(3)覆盖地膜 可有效减少土壤水分蒸发。覆膜前夜间空气湿度高达 95%～100%,覆膜后可下降到 75%～80%(彩图 4-10)。

(4)选择合适的灌溉方式 采用滴灌、渗灌或膜下暗灌,能够节水增温、减少蒸发、降低空气湿度。

(5)采用吸湿材料 在设施内张挂或铺设有良好吸湿性的材料,用以吸收空气中的湿气或者承接薄膜滴落的水滴,可有效防止空气湿度过高和作物沾湿,特别是可防止水滴直接滴落到植物上。如大型温室和连栋大棚内部顶端设置的具有良好吸湿性能的保温幕,普通钢管大棚或竹木大棚内部张挂的无纺布二层幕等,均能达到自然吸湿降湿的目的。也可以在地面覆盖稻草、稻壳、麦秸等吸湿性材料,达到自然吸湿降湿的目的。

(6)防止覆盖材料和内保温幕结露 在温室覆盖材料内侧的结露和随之产生的水滴下落,将沾湿室内的植物和地面,造成室内异常潮湿的状况,增加室内的水分蒸发量。为避免结露,应采用防流滴功能的覆盖材料(二维码 4-9),或在覆盖材料内侧定期喷涂防滴剂,同时要保证覆盖材料内侧的凝结水能够有序流下和集中。

二维码 4-9(图片)
采用防雾棚膜降湿

(7)农业技术措施 适时中耕,通过切断土壤毛细管阻止地下水分通过毛细管上升到地表,蒸发到空间。通过植株调整去掉多余侧枝、摘除老叶,可以改善株行间的通风透光,减少蒸腾,降低湿度。

(8)采用除湿型热交换通风装置 采用除湿型热交换器(图4-23),能防止随通风而产生的室温下降。日本三原研制的热交换器是通过用多层塑料薄膜做成管道,使吸气和排气交叉进行。通过薄膜管道吸气和排气进行热交换,待吸气温度升高到与排气温度接近时再导入室内。这样连接吸气与排气的通风机启动后就可以得到高温低湿的进气,而排出的是低温高湿的空气,达到除湿的目的,同时可补充室内二氧化碳。

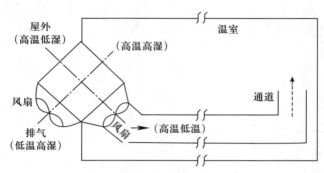

图4-23 除湿用全热交换型通风装置

通过上述方法可降低设施内空气的相对湿度,但是,相对湿度降低意味着空气饱和差增大,这又加剧了水分通过蒸腾、蒸发向空气中迁移。因此,设施内的湿度变化或水分迁移是在动态变化中不断进行的。

2. 加湿

大型园艺设施在进行周年生产时,到了高温季节还会遇到高温、干燥、空气湿度不够的问题,当栽培要求空气湿度高的作物,如黄瓜和某些花卉时,还必须加湿以提高空气湿度。研究表明,夏季增湿可以提高番茄及甜瓜产量。常用的加温方式及其效果如下。

(1)喷雾加湿 喷雾器种类较多,如电动喷雾加湿器、空气洗涤器、离心式喷雾器、超声波喷雾器等,可根据设施面积选择合适的喷雾器。此法效果明显,常与降温(中午高温)结合使用。

(2)湿帘加湿 主要是用来降温的,也可达到提高室内湿度的目的。

(3)温室内顶部安装喷雾系统 降温的同时可加湿。

4.3.3 土壤湿度的调节与控制

4.3.3.1 土壤湿度的特点

因为园艺设施的空间或地面有比较严密的覆盖材料,它们阻断了降雨对土壤耕作层的水分补充,所以土壤湿度只能由灌水量、土壤毛细管上升水量、土壤蒸发量以及作物蒸腾量来决定。与露地相比,设施内空气湿度高于室外,土壤蒸发量和作物蒸腾量均小于室外,因而温室土壤相对较湿润。

地面覆盖是最简单的保护栽培方式,地面盖上透水、透气性较差的覆盖材料之后,直接落到作物根际的降雨量以及土壤蒸发量都较小,所以土壤耕作层的含水量是由土壤毛细管上升水量和由覆盖物边缘(或定植穴)流入的水量与向边缘(或底土)流失的水量之差而定的。一般情况下,由覆盖物边缘流入和流失的水量变化不大,地面覆盖下的土壤耕作层湿度比较稳定。在降雨多的地区地面覆盖下偏湿,在干燥区偏干。

中小棚覆盖下的水量变化与地面覆盖的不同之处在于,前者内部增加了土壤蒸发和作物蒸腾的水分。这些蒸发、蒸腾的水分在塑料薄膜内面上结露,不断地顺着薄膜流向棚的两侧,逐渐使棚内中部的土壤干燥而两侧的土壤湿润,引起土壤局部湿差和温差,所以在中部一带需多灌水。温室、大棚的宽度较大,因而相对干燥部分所占比例更大。

4.3.3.2 土壤湿度的调控

在设施环境调控中,土壤湿度的调控是最重要、最严格的环节之一。土壤湿度的调控应当依据作物种类及生长发育期的需水量、体内水分状况以及土壤湿度状况而定。目前我国设施栽培的土壤湿度调控仍然依靠传统经验,主要凭人的观察感觉,调控技术的差异很大。设施园艺逐渐向现代化和精准管理方向发展,要求采用机械化、自动化灌溉设备,根据作物各生长发育期需水量和土壤水分张力进行土壤湿度调控。

(1)设施园艺作物的水分收支 由于降水被阻隔,空气交换受到抑制,设施内作物的水分收支与露地不同。其收支关系可用下式表示:

$$I_r + G + C = ET \tag{4-18}$$

式中:I_r 为灌水量;G 为地下水补给量;C 为凝结水量;ET 为土壤蒸发与作物蒸腾,即蒸散量。

设施内的蒸腾量与蒸发量均为露地的 70% 左右,甚至更小。据测定,太阳辐射较强时,平均日蒸散量为 2~3 mm,可见设施园艺是一种节水型农业生产方式。设施内的水分收支状况决定了土壤湿度,而土壤湿度直接影响到作物根系对水分、养分的吸收,进而影响到作物的生长发育和产量、品质。

(2)灌水指标 以设施栽培主要蔬菜为例,多数蔬菜含水量达 70%~90%,因此生长期间需要大量的水分。但是在设施栽培条件下,为了避免灌水过多、过勤造成空气湿度过高而诱发病害,通常对水分管理十分严格。一般按不同蔬菜的主根分布范围,将接近某发育期受阻碍的水分指标的时间,作为适宜灌水的时期。土壤水分含量一般用 pF 表示,pF 与土壤含水量成反比。如图 4-24 所示,作物根系可利用的土壤水分范围在 pF 1.5~4.2 之间,其中 pF 为 1.5~2.0 时最有利于作物生长发育,pF 为 3.0~3.3 时土壤水分不足,pF 小于 1.5 时则土壤水分过多,土壤通气状况恶化,植株生长发育不良。因此,应依据土壤 pF,参照作物各生长发育期的需水量和植物体内水分状况来进行设施土壤水分管理。这种方法简便易行,只要在设施内栽培床插入负压计,每天观测其变化值,根据水分变化和作物生长状况,就可以确定灌水时期。几种园艺作物的需水指标与灌水指标见表 4-22。

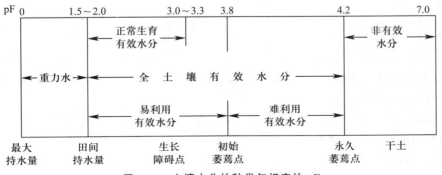

图 4-24 土壤水分的种类与相应的 pF

表 4-22 　几种园艺作物的需水指标与灌水指标

蔬菜种类	生殖生长和营养生长期需水指标(pF)	灌水指标(pF)
番茄	2.5～1.8	2.7～2.0
黄瓜	2.5～1.7	2.5～2.0
茄子	1.5～2.0	2.3～2.0
甜椒	1.5～2.0	2.5～2.0
芹菜	1.5～2.0	1.5～1.8
莴苣	2.0	2.2～2.5
草莓	1.5～2.0	1.5

（3）灌水量的确定　一种办法是依据设施内环境温度、光辐射、空气湿度、土壤湿度，以及作物生理需求来确定，通过试验作物在某季节的蒸发和蒸腾总量与蒸发器蒸发量的比值，制作比率曲线，再由蒸发器测出蒸发量，根据比率曲线，计算出一次灌水量（mm）。另一种方法是依据土壤含水量确定灌溉量，见下式：

$$m_{max} = 0.001 \, \gamma z p (\theta_{max} - \theta_{min}) \qquad (4\text{-}19)$$

式中：m_{max} 为灌水量，mm；γ 为土壤容重，g/cm^3；z 为土壤湿润土层深度，cm；p 为土壤湿润比，%；θ_{max} 为适宜土壤含水率上限（质量百分比），%；θ_{min} 为适宜土壤含水率下限（质量百分比），%。表 4-23 列出了主要蔬菜和果树的土壤湿润比、计划湿润层深度与设计耗水强度。

表 4-23 　主要蔬菜和果树的土壤湿润比、计划湿润层深度与设计耗水强度

作物	土壤湿润比/%		计划湿润层深度/cm	设计耗水强度/(mm/d)	
	滴灌	微喷灌		滴灌	微喷灌
番茄	50～80	—	30～50	3～4	—
黄瓜	50～80	—	30～50	4～5	—
青椒	60～90	—	20～30	3～4	—
生菜	80～90	80～100	10～20	2～3	3～4
其他蔬菜	60～90	70～100	10～60	2～3	3～4
瓜类	30～50	40～70	30～60	3～6	4～7
葡萄	30～50	40～70	60～80	3～6	—
果树	20～40	40～60	80～100	3～5	4～6

灌水量与作物种类、气象条件、土壤状况等有关。在寒冷季节，应一次多灌，间隔时间要长，以免频繁灌水降低地温。另外，也可以根据需要改变灌水的上、下限，应用时因地、因作物（生长状况或长势）制宜。

（4）灌溉技术　园艺设施内的灌溉既要掌握灌溉时期，又要掌握灌溉量，以达到节约用水和高效利用的目的。常见的灌溉方式有以下六种。

①畦灌或沟灌。省力、速度快。其控制办法只能从调节阀门或水沟入水量着手，浪费土地、浪费水（彩图 4-11）。

②喷壶洒水。传统方法，简单易行，便于掌握与控制。但只能在短时间、小面积内起到调节作用，不能根本解决作物生长发育需水问题，而且费时、费力，均匀性差。

③喷灌。采用安装在温室或大棚顶部 2.0～2.5 m 高处的喷灌设备，或利用喷杆上安装多个微喷头的移动式喷灌机，在温室内往复移动进行喷水（彩图 4-12）。这两种喷灌需采用至少 3 kg/cm² 以上的压力喷雾，采用 5 kg/cm² 的压力雾化效果更好。也可采用地面喷灌，即在水管上钻小孔，在小孔处安装小喷嘴，使水能平行地喷洒到植物的上方。

④滴灌。将水加压，经过滤送入管道，然后输送至滴头，以水滴或渗流、小股射流等形式，使水实时、适量地进入植物根系的灌溉方法（彩图 4-13）。滴灌仅部分湿润土壤，可以保持行间干燥，防止土壤板结，省水、省工、降低棚内湿度，抑制病害发生，但需要一定的设备投入。也可采用成本较低的塑料薄膜滴灌带，在每个栽培畦上固定一条，每条上面每隔 20～40 cm 有一对 0.6 mm 的小孔，用低水压也能使栽培畦灌水均匀。滴灌管放在地膜下面，可降低室内湿度，称为膜下灌溉。

⑤渗灌。把带小孔的水管埋在地下 10～20 cm 处，可直接将水浇到根系内，一般用塑料管，耕地时再取出。或选用直径为 8 cm 的瓦管，埋入地中深处，靠毛细管作用经常供给水分。此方法投资较大，花费劳力，但对土壤保湿及防止板结、降低空气湿度、防止病害效果比较明显。

⑥潮汐灌。以类似涨落潮方式对栽培床（池）内充水和放水，使灌溉水从栽培容器底部进入和排出，实现利用栽培容器内基质的毛细管作用向作物根系补水的灌溉方法。多用于育苗和盆栽花卉的水分管理。

设施园艺宜按下列规定选择灌溉系统，果菜、花卉、果树等作物宜选用滴灌，叶菜栽培及育苗宜选择微喷灌。常用的配置方式可参照表 4-24 执行。

表 4-24   温室灌溉系统的选择

设施类型	栽培作物或用途	配置方式（Ⅰ）	配置方式（Ⅱ）
塑料大棚 日光温室	果菜、花卉、果树	滴灌	滴灌＋微喷灌
	叶菜、育苗	微喷灌	微喷灌
	盆栽植物	滴灌	滴灌＋微喷灌
连栋温室	果菜、花卉、果树	滴灌＋微喷灌	滴灌＋移动式喷灌
	育苗	微喷灌或移动式喷灌	潮汐灌＋微喷灌或 潮汐灌＋移动式喷灌
	盆栽植物	滴灌＋微喷灌或 滴灌＋移动式喷灌	潮汐灌＋微喷灌或潮 汐灌＋移动式喷灌

参考：NY/T 2132—2012 温室灌溉系统设计规范。

4.4   气体环境及其调节控制

园艺设施内的气体条件不如光照和温度条件那样直观地影响着园艺作物的生长发育，往往为人们所忽视，但随着设施内光照和温度条件的不断完善，园艺设施内气体成分和空气流动状况对园艺作物生长发育的影响逐渐引起人们的重视。设施内空气流动不但对温度、湿度有调节作用,而且能够及时排出有害气体,同时补充 CO_2,对增强园艺作物光合作用、促进生长发育有重要意义。因此,为了提高园艺作物的产量和品质,必须对设施环境中的气体成分及其浓度进行调控。

4.4.1 园艺设施的气体环境对作物生长发育的影响

4.4.1.1 氧气(O_2)

园艺作物生命活动需要 O_2,尤其在夜间,光合作用不再进行,而呼吸作用仍需要充足的 O_2。地上部分的生长需氧来自空气,而地下部分根系的形成,特别是侧根及根毛的形成需要足够的 O_2,否则根系会因为缺氧而窒息死亡。在花卉栽培中,灌水太多或土壤板结常造成土壤中缺氧而危害根部。此外,在种子萌发过程中必须要有足够的 O_2,否则会因无氧呼吸产生酒精发酵,使种子丧失发芽力。

4.4.1.2 二氧化碳(CO_2)

CO_2 是园艺作物生命活动必不可少的,是光合作用的原料。大气中 CO_2 含量约为 0.03%,这个浓度并不能满足园艺作物进行光合作用的需要,若能增加空气中 CO_2 的浓度,将会大大促进光合作用,从而大幅度提高产量,称为"CO_2 施肥"。根据试验报道,采用 CO_2 施肥技术提高室内 CO_2 浓度,果菜与叶菜类蔬菜可获得 20%～120% 的增产效果,根菜类蔬菜可增产 2 倍以上;花卉可增加 10%～30% 花数,开花期可提前数日,花的品质也能得到提高。CO_2 对植物生理与形态也有一定的影响,在一定浓度范围内,提高 CO_2 浓度,可培育矮、粗、壮的蔬菜苗,且根系较发达。表 4-25 说明了增施 CO_2 对花卉生长发育的促进作用。露地栽培难以进行 CO_2 施肥,而设施栽培可以形成封闭状态,进行 CO_2 施肥并不困难。

表 4-25 花卉施用 CO_2 的效果

作物	鲜重增加率/%	开花数增加率/%	提早开花时间/d	备注
康乃馨	20～30	10～20	5～10	切花,提高品质
玫瑰	20～40	20～30	0～3	切花,减少盲枝
菊花	30～50	10～20	0～3	切花和盆花
秋海棠	30～50	10～20	1～8	盆花,叶片小型化
一品红	≥50	30～50	10～15	盆花

4.4.1.3 有害气体

大气中含有的气体成分比较复杂,有些气体对园艺作物有毒害作用,设施栽培时要格外注意,因为一旦在比较封闭的环境中出现有害气体,其危害作用比露地栽培大得多。常见的有害气体有氨气(NH_3)、二氧化氮(NO_2)、乙烯(C_2H_4)、氟化氢(HF)、氯气(Cl_2)、臭氧(O_3)等。若用煤火补充加温,还常发生一氧化碳(CO)、二氧化硫(SO_2)的毒害。北方面积较大的日光温室一般不进行加温,有害气体主要不是来自煤燃烧,而往往来自有机肥腐熟发酵过程中产生的 NH_3,或有毒的塑料薄膜、塑料管道挥发出的有害气体,如邻苯二甲酸二异丁酯[$C_6H_4(COOCH_9)_2$]。这种物质在高温下易挥发出 C_2H_4,从而对作物产生毒害作用。当园艺设施内通风不良,NH_3 在温室中积聚,浓度超过 40 $\mu L/L$ 以上大约 1 h,就会产生危害。若尿素和碳酸氢铵施用过量又未及时覆土,在高温强光下分解时也会有 NH_3 释放出来。有害气体毒害的黄瓜叶片见彩图 4-14。

1. 设施内产生的有害气体

(1)NH_3 和 NO_2　肥料分解过程产生的 NH_3 和 NO_2,其危害是由气孔进入植株体内而产生碱性损害,特别是在过量施用鸡粪、尿素等肥料的情况下易发生。它主要侵害植株的幼芽,使叶片的周围呈水浸状,其后变成黑色而渐渐地枯死,这种危害往往在施肥后 10 d 左右发生。如果土壤碱化或一次施肥过多,使硝酸细菌作用下降,NO_2 积累下来而后逐渐变为 NH_3,使土壤变为酸性,当 pH 在 5.0 以下时则挥发为 NO_2。

空气内 NH_3 浓度达到 5 $\mu L/L$、NO_2 浓度达到 2 $\mu L/L$ 时,从蔬菜外观上就可看出危害症状。NH_3 主要危害叶绿体,叶片逐渐变成褐色,以致枯死;NO_2 主要危害叶肉,先被侵入的气孔成为漂白斑点状,严重时除叶脉外叶肉都漂白致死。番茄易受 NH_3 危害,黄瓜、茄子等易受 NO_2 气体危害。塑料棚或温室内壁附着的水滴 pH 在 4.5 以下时,说明室内产生了对蔬菜作物有毒的 NO_2。NO_2 一般不侵害作物的新芽,而使中上部叶片背面产生水浸状不规则的白绿色斑点,有时全部叶片产生褐色小粒状斑点而逐渐枯死。

(2)SO_2 和 CO　园艺设施内进行煤火加温时,当煤中含硫化物多时,燃烧后产生 SO_2 气体;未经腐熟的粪便及饼肥等在分解过程中,也释放出较多的 SO_2。SO_2 遇水(或空气湿度大)时产生亚硫酸(H_2SO_3),它能直接破坏作物叶绿体。

园艺设施内空气中 SO_2 含量达到 0.2 $\mu L/L$,经 3~4 d,作物表现出受害症状;达到 1 $\mu L/L$ 左右,经 4~5 h 后,敏感的蔬菜作物表现出明显受害症状;达到 10~20 $\mu L/L$ 并且有足够大的湿度时,大部分蔬菜作物受害,甚至死亡。SO_2 经叶片气孔侵入叶肉组织,生理活动旺盛的叶片先受害,如气孔机能失调、叶肉组织细胞失水变形、细胞质壁分离等;植物的新陈代谢受到干扰,光合作用受到抑制,氨基酸总量减少。对 SO_2 敏感的花卉有蝴蝶兰、矮牵牛、波斯菊、百日草、蛇目菊、玫瑰、石竹、唐菖蒲、天竺葵、月季等;抗性中等的有紫茉莉、万寿菊、蜀葵、鸢尾、四季秋海棠;抗性强的有美人蕉。

受害的蔬菜叶片先呈现斑点,进而褪绿。SO_2 浓度低时,仅在叶背出现斑点;SO_2 浓度高时,整个叶片弥漫呈水浸状,逐渐褪绿。褪绿程度因作物种类而异,呈现白色斑点的有白菜、萝卜、葱、菠菜、黄瓜、番茄、辣椒、豌豆等;呈现褐色斑点的有茄子、胡萝卜、南瓜等;呈现烟黑色斑点的有蚕豆、西瓜等。

CO 是由煤炭燃烧不完全产生、烟道有缝隙而排出的毒气,对生产管理人员危害最大,浓度高时,造成死亡。应当注意燃料充分燃烧,经常检查烟道以及加强园艺设施的通风换气。在设施内燃烧煤、石油、焦炭,产生的 CO_2 虽然能起到气体施肥作用,但在燃烧过程中产生 CO 和 SO_2,对人体和蔬菜幼苗等均有危害。

(3)C_2H_4 和 Cl_2　设施内 C_2H_4 来源于有毒的塑料薄膜或有毒的塑料管。当有毒塑料薄膜大棚内 C_2H_4 浓度为 0.05 $\mu L/L$ 时,6 h 之后对其反应敏感的黄瓜、番茄和豌豆等开始受害;达到 0.1 $\mu L/L$ 时,2 d 之后番茄叶片下垂弯曲,叶片发黄褪色,几天后变白而死,黄瓜的受害症状与番茄相似。

有毒塑料薄膜的原料不纯,其中含有少量 Cl_2,而设施 Cl_2 的毒性比 SO_2 毒性大 2~4 倍。当设施内 Cl_2 浓度为 0.1 $\mu L/L$ 时,2 h 后即可危害十字花科蔬菜作物。Cl_2 也能分解叶绿素,使叶子变黄,危害症状与乙烯危害相似。因此,农用塑料制品一定要采用安全无毒的原料。

对氯敏感的花卉有珠兰、茉莉；抗性中等的有米兰、醉蝶花、夜来香；抗性强的有杜鹃花、一串红、唐菖蒲、丝兰、桂花、白兰花。

2. 大气污染产生的有害气体

近年来，随着城市工业化的发展，大气污染日趋严重，对园艺设施内气体环境造成了不良影响。由大气污染产生的有害气体如下。

(1)HF 主要从叶面气孔侵入，经过韧皮细胞间隙到达导管，使蒸腾、同化、呼吸等代谢机能受到影响。转化成有机氟化物影响酶的合成，导致叶组织发生水渍斑，后变枯呈棕色。氟化物对植物的危害首先表现在叶尖和叶缘，呈环带状，然后逐渐向内发展，严重时引起全叶枯黄脱落。一般在设施栽培中，特别是对于地热温室，由于水质不好而受氟化氢的危害还是比较严重的。不同蔬菜对 HF 的抗性不同，例如，大豆的受害临界浓度约为 50 mg/kg，萝卜的为 10～25 mg/kg 等。对氟特别敏感的花卉有唐菖蒲、郁金香、玉簪、杜鹃、梅花等；抗性中等的有桂花、水仙、杂种香水月季、天竺葵、山茶花、醉蝶花等；抗性强的有金银花、紫茉莉、玫瑰、洋丁香、广玉兰、丝兰等。

(2)O_3 O_3 所造成的受害症状随植物种类和所处条件不同而不同，一般受害叶面变灰色，出现白色的荞麦皮状的小斑点或暗褐色的点状斑，或不规则的大范围坏死。设施内作物受害的临界条件大致为 0.05 mg/kg 1～2 h。O_3 可影响碳水化合物的代谢和细胞的透过率，当 O_3 与 CO_2 共同存在时，会增大损害的严重程度。这种增大作用在两种气体浓度较低时即可显现，当 O_3 的浓度很高时，则表现出臭氧型损害症状。O_3 危害植物栅栏组织的细胞壁和表皮细胞，在叶片表面形成红棕色或白色斑点，最终可导致花卉等作物枯死。

▶ 4.4.2 园艺设施气体环境的调节与控制

4.4.2.1 CO_2 浓度的调节与控制

在半封闭或完全封闭的园艺设施内，作物不断地从有限的空气中吸收 CO_2，而外界大气中 CO_2 又不能及时补入，造成设施内 CO_2 浓度很低，不能充分满足作物生长发育需要而减产。因此，了解各种设施的 CO_2 浓度状况，采取通风换气措施或人为补充 CO_2（CO_2 施肥），不但可以促进增产，还有促进早熟和改善品质的效果。

1. 设施内 CO_2 浓度的变化及分布

(1)设施内 CO_2 浓度变化 温室中 CO_2 的收支模式如图 4-25 所示，其一天之中 CO_2 的变化规律是昼低夜高。当温室土壤中有机质含量较高时，土壤微生物活动以及有机物发酵可以释放出一定量的 CO_2，呼吸作用消耗温室中的 O_2，放出 CO_2。因此，在一天之中的夜间，土壤释放和植物的呼吸释放是其积累的主要原因，到凌晨时刻温室内 CO_2 积累到较高浓度，可达 600 μL/L 以上。日出后，随着作物开始进行光合作用，室内 CO_2 浓度迅速降低，1～2 h 内，室内 CO_2 浓度可降到低于室外大气的 CO_2 浓度。在密闭的温室中，到正午时甚至可能降至 100 μL/L 以下。

(2)设施内 CO_2 分布 设施内各部位的 CO_2 浓度分布不均匀。以温室为例，在晴天，当室内天窗和一侧侧窗打开时，作物生长发育层内部 CO_2 浓度降到 135～150 μL/L，比生

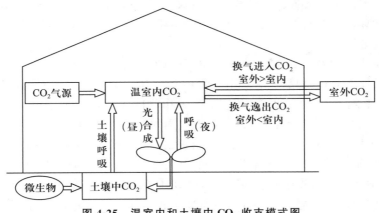

图 4-25　温室内和土壤中 CO_2 收支模式图

长发育层的上层低 50～65 $\mu L/L$，仅为大气 CO_2 标准浓度的 50% 左右。但在傍晚或阴雨天则相反，生长发育层内 CO_2 浓度高，上层浓度低。设施内 CO_2 浓度分布不均匀，使植株各部位的产量和产品质量不一致。

塑料大棚横断面的中部与边部的 CO_2 浓度分布也不均匀，使大棚中部黄瓜光合强度与边部的差异大，造成大棚中部为高产区、边部为低产区（表 4-26）。

表 4-26　塑料大棚各部位 CO_2 浓度、温度、光照强度与黄瓜光合强度的关系

项　目	时　刻				
	08:00	10:00	12:00	14:00	16:00
CO_2 浓度/($\mu L/L$)	2 100	950	400	220	200
温度/℃	22.0	28.5	32.5	30.5	30.0
光照强度/lx	26 000	36 600	50 000	43 000	23 500
光合强度/[mg CO_2/($dm^2 \cdot min$)]					
中部	4.25	2.80	0.28	0.57	
边部	1.13	1.7	0.28	0.28	

2. 设施内 CO_2 浓度的调控

（1）CO_2 施肥浓度　从光合作用的角度分析，接近饱和点的 CO_2 浓度为最适施肥浓度，但是 CO_2 饱和点受作物、环境等多因素制约，实际操作中很难把握，而且施用饱和点浓度的 CO_2 也不划算。通常，以 800～1 500 $\mu L/L$ 作为多数园艺作物的推荐施肥浓度，具体依作物种类、生长发育时期、光照及温度等条件而定，如晴天和温度高时施肥浓度宜高，阴天和冬季低温弱光季节施肥浓度宜低。CO_2 施肥浓度过高易引起作物生长异常，产生叶片失绿黄化、卷曲畸形和坏死等症状。CO_2 施肥浓度超过 900 $\mu L/L$ 后，基本上不再促进收益增加，而且浓度过高易对作物造成损伤和增加渗漏损失，尤其是用碳氢化合物燃烧作为 CO_2 肥源，在产生高浓度 CO_2 的同时，往往伴随高浓度有害气体的积累，因此适宜的 CO_2 浓度宜在 600～900 $\mu L/L$ 之间。

近年来,依据温室内的气象条件和作物生长发育状况,以作物生长模型和温室物理模型为基础,通过计算机动态模拟优化,将投入与产出相比较,确定瞬时 CO_2 施肥最佳浓度的研究,取得了较大进展。

(2)CO_2 施用时间及作物的生长发育阶段　CO_2 施肥必须在一定的光强和温度下进行,即在其他条件都适宜而只因 CO_2 不足影响光合作用时施用,才能发挥其良好的作用。一般温室在上午随着光照的加强,CO_2 浓度因作物的吸收而迅速下降,这时应及时进行 CO_2 施肥。冬季(11 月至翌年 2 月)CO_2 施肥时间约为上午 9:00,东北地区可适当延后,可在室内见光后 1 h 左右进行,春秋两季可适当提前。中午设施内温度过高,需要进行通风,可在通风前 0.5 h 停止,下午一般不施用。至于生长发育期中以哪个时期施肥最好,应随作物种类不同而不同。一般施用 CO_2 促进光合作用的效果取决于库的大小,在产品器官形成速度快的时期施用,效果较显著。例如,在黄瓜采收初期开始施用比较合理,施用过早黄瓜容易徒长。

日本设施栽培的 CO_2 施肥时间与我国的相似,而在北欧各国、荷兰等国家,CO_2 施肥常贯穿作物全生长发育期,全天候进行 CO_2 施肥,中午通风窗开至一定大小时自动停止。

(3)CO_2 来源及施肥设备　CO_2 肥源及其生产成本,是决定其在设施生产中能否被推广及应用的关键问题。CO_2 的来源或发生途径有以下几种。

①有机肥或作物秸秆发酵。依靠有机物分解产生 CO_2,肥源丰富,成本低,简单易行;但 CO_2 的发生较为集中,且发生量不便调控(彩图 4-15)。

②燃烧碳氢化合物。依靠燃烧煤油、天然气或液化石油气等燃料获得 CO_2。燃烧 1 L 煤油可产生 2.5 kg(1.27 m^3)CO_2 和 33 440 kJ 热量。要求燃烧后的气体中的 SO_2 及 CO 等有害气体不能超过对植物产生危害的浓度,因此要求燃料纯净,并采用专用的 CO_2 发生器。CO_2 发生器通常由燃烧筒、燃烧器、送风机和控制装置组成,燃烧产生的 CO_2 由送风机吹送扩散到室内。该法容易控制,但成本较高,荷兰的连栋温室全部采用此方式进行 CO_2 施肥,国内近几年建成的大型温室也多采用此方式,与温室加温结合。

③燃烧普通燃煤或焦炭。一般 1 kg 煤燃烧后产生 2~4 kg CO_2,因此费用低廉;但燃烧中常产生 SO_2 及 CO 等有害气体,不能直接作为气肥使用。图 4-26 为国内厂家开发的采用普通燃煤的温室 CO_2 发生设备,在使用中是将普通煤炉燃烧的烟气经过过滤器除掉粉尘和煤焦油等成分,再用气泵送入反应室,烟气通入特别配制的药液中,通过化学反应,有害气体被吸收后,输出洁净的 CO_2。

④液态 CO_2。作为酒精工业等生产的副产品,CO_2 经压缩为液态后盛于钢瓶内,使用时打开阀门释放到温室内。为了能方便地控制,应在钢瓶出口装设压力调节阀,将 CO_2 压力降至 0.1~0.15 MPa 后释放。在采用自动控制系统时,还需增设电磁阀,根据室内 CO_2 传感器检测的 CO_2 浓度和施用浓度的要求,控制电磁阀自动施用。为使 CO_2 在温室内均匀扩散,需采用管道输送,可采用直径为 8~10 mm 的塑料管,沿管长按每 0.8~1.0 m 的距离开设小孔,并在室内采用循环风机使空气流动,以促进 CO_2 均匀扩散。这种方式操作简便,便于控制,费用也较低,适合附近有液态 CO_2 副产品供应的温室生产地区。

⑤化学药剂发生 CO_2。在我国温室生产中也广泛采用碳酸氢铵与硫酸反应产生 CO_2,

即利用如下反应：

$$2NH_4HCO_3 + H_2SO_4 = (NH_4)_2SO_4 + 2H_2O + 2CO_2 \uparrow$$

实际使用中采用工业硫酸(浓度92%)，与碳酸氢铵的质量比为1∶1.5。目前国内已研制出专用的发生器，也有直接在塑料桶或瓷器等简易容器中反应的，该方法设备构造简单、操作简便、费用低，其反应副产物硫酸铵可作为化肥。

此外，在生产中也可采用盐酸与石灰石(碳酸钙)反应产生CO_2，即利用如下反应：

$$CaCO_3 + 2HCl = CaCl_2 + H_2O + CO_2 \uparrow$$

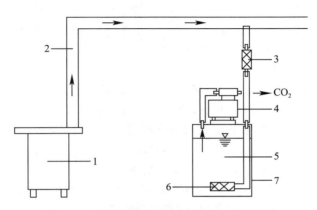

图 4-26　采用普通燃煤的温室 CO_2 发生设备
1. 普通煤炉；2. 烟筒；3. 过滤器；4. 气泵；5. 药液；6. 曝气管；7. 反应室

4.4.2.2　预防有害气体

关于预防有害气体危害设施栽培作物，目前尚无充分有效的措施，一般只是针对具体问题予以注意，改进栽培和施肥方法，使用抗性强的品种，提高作物的耐受能力。

(1)充分腐熟有机肥　避免在早春等低温期无通风或少通风条件下施用未腐熟有机肥，因为未腐熟有机肥在腐熟过程中释放 NH_3 等有害气体，对植物产生毒害。这种现象在早春和初冬栽培蔬菜中经常发生，要注意预防。

(2)防止农药残留污染及其对植物的药害　限制使用某些残留期较长的农药品种，例如多菌灵、杀螟粉等，这些农药的残留期在15～30 d。改进施药方法，如采用低容量和超低容量喷雾法，应用颗粒剂及缓释剂等，既可提高药效，又能减少用药量，缓释剂还可以使某些高毒农药低毒化。不能将不同种农药任意混用，不要在高温下喷药，药液浓度切勿过高，药量不可过大。

(3)防止大气污染　园艺设施应远离有污染源的地方，如矿山及化工厂等地，避免受排放的工业废气的污染。农用塑料化工厂要严格禁止使用正丁酯(C_4H_9)、邻苯二甲酸二异丁酯(DIBP)、己二酸二辛酯[$C_8H_{17}OOC(CH_2)_4COOC_8H_{17}$]等原料，以免产生有害气体，污染设施内的空气。采用指示植物检测气体污染。如荷兰检测 SO_2 用菊、莴苣、苜蓿、三叶草、荞麦等；检测 HF 用唐菖蒲、洋水仙。日本检测 SO_2 用苜蓿、大麦、棉、胡椒；检测 HF 用唐菖蒲、杏树、李树、玉米；检测 Cl_2 用水稻；检测 CH_4 用兰草；检测 O_3 用葡萄、烟草、柠檬、矮牵牛。

（4）防止地热水的污染　地热水的水质随地区不同而有差异,如有的地热水中含有HF、H_2S 等有害气体,常引起设施和器材的腐蚀、磨损和积水垢等。因此,在利用地热水采暖时应尽量不用金属管道,宜采用塑料管道。不能用地热水作为灌溉用水,以免污染土壤。

4.4.2.3　通风换气

从调控园艺设施的气体环境考虑,应当经常将通风窗、门等打开,以利于排出有害气体和换入新鲜空气。越是在寒冷的季节越要注意通风换气,因为通风换气与防寒保温往往是矛盾的,不可因噎废食。每天清晨温度比较低,为保温,原则上不应通风,但此时是设施内空气湿度最高、有害气体最多的时刻,应当打开通风口,一方面可以排出有害气体,降低湿度;另一方面可以换入新鲜空气以补充 CO_2。这也说明园艺设施内各个环境因子之间不是孤立的,通风可以有效地调控气体环境,但同时降低了园艺设施内的温度与湿度。所以,通风技术是环境调控的重要措施,一举多得。

（1）自然通风　我国园艺设施目前多以单栋小型为主,所以主要靠自然通风,利用设施内外气温差产生的重力达到换气目的,效果明显。自然通风可分为以下三种类型。

①底（地）窗通风型。从门和边窗进入的气流沿着地面流动,大量冷空气随之进入室内,形成室内不稳定气层,室内原有的热空气流向设施的上部,在顶部形成了一个高温区。而在棚四周或温室底部和门口附近,常有 $1/5 \sim 1/4$ 的面积受"扫地风"危害,造成幼苗生长缓慢,因此初春时应避免通过地窗和门通风。日光温室与塑料大棚如用地窗与侧窗通风,多用扒缝方式,通风口不开到底,多在肩部开缝,以避免冷空气直入危害。

②天窗通风型。天窗通风包括开天窗和顶部扒缝,天窗面积是固定的,通风效果有限,不如扒缝的好。天窗的开闭与当时的风向有关,顺风开启时排气效果好;逆风开启时增加进风量,排气的效果就差。天窗的主要作用是排气,连栋温室最好采用双向启闭的天窗,尽量保持顺风开启,才有利于排气。扒缝通风的面积可随设施内温度和湿度高低进行调节。

③侧窗、天窗通风型。天窗主要起排气作用,而侧窗（或扒缝）主要用于进气,从侧面进风,冷气流进入室内,将热空气向上顶,所以排气效果特别明显。春季通风时间极短或不通风,通风面积控制在 $2\% \sim 5\%$。随着外界温度的升高,开窗时间、面积要随之加长、加大。在 5 月上旬以后,室内最高气温可达 40 ℃以上,此时开窗或扒缝面积要占到围护结构总面积的 $25\% \sim 30\%$。

（2）强制通风　指用排风扇将室内空气排出或把外界空气吹入室内,强制性地使内外空气进行交换,前者称为排风方式,后者称为送风方式。大型连栋温室需进行强制通风。在通风的出口和入口处增设动力扇,吸气口对面装排风扇,或排气口对面装送风扇,使室内外产生压力差,形成冷热空气的对流,从而达到通风换气的目的。强制通风一般需要用到温度自动控制器,它与继电器相配合,排风扇可以根据室内温度变化情况自动开关,当室温超过设定温度时即进行通风。另外,为了使室内空气均一化,也有用通风管道进行通风的。即使是强制通风,自然通风也在起作用。强制通风大致分为以下三种方式。

①低吸高排型。吸气口在温室的下部,排风扇在上部。这种通风方式风速较大、通风快,但是温度分布不均匀,在顶部及边角常出现高温区[图 4-27(a)]。

②高吸高排型。吸气口和排风扇都在温室上部。这种配置方式往往使下部热空气不易

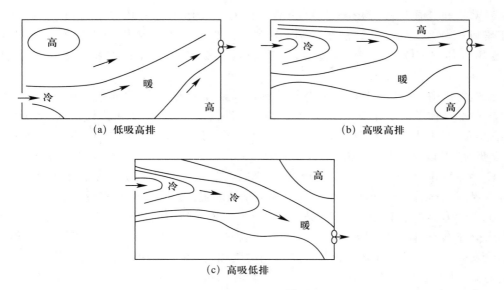

(a) 低吸高排

(b) 高吸高排

(c) 高吸低排

图 4-27　强制通风方式示意图

排出,常在下部形成一个高温区域,对作物生长不利[图 4-27(b)]。

③高吸低排型。吸气口在上部,排风扇在下部。这种配置方式使室内温度分布较均匀,只有顶部有小范围的高温区[图 4-27(c)]。

强制通风的目的是使设施内温度、湿度和气体环境得到迅速的改善,使不利的条件在较短的时间内变为有利的条件,比自然通风效果明显。由控温仪按照作物生长需要的温度和实际室内温度发出信号,排风扇自动开关,及时消除高温、高湿及排出有害气体,所以园艺作物产量比自然通风的高(图 4-28)。

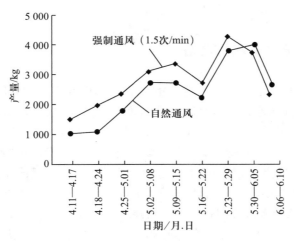

图 4-28　强制通风与自然通风的黄瓜产量(330 m²)

4.4.2.4　设施土壤气体环境及其调控

(1)土壤气体环境　作物根系有支持植株,吸收水分、无机养分并将其输送到地上部,以及贮藏有机物质等多种功能,这些功能与根的呼吸作用有密切关系,所以应当保持根的正常呼吸作用,提高作物根系的活力。为此,要求根圈环境中的土壤有良好的通气性,土壤气体中 CO_2 浓度不可过高,应当强调土壤气体环境是作物生长发育的重要条件。

土壤气体中 O_2 的减少和 CO_2 的增多影响蔬菜种子的发芽、根的生长和根对养分的吸收。一般蔬菜种子的发芽要求土壤中有 10%～50% 的 O_2。黄瓜和蒜较耐低 O_2 环境,当 O_2 浓度为 1% 时发芽率是 20%,当 O_2 浓度为 2% 时发芽率增加到 50%;芹菜和萝卜等在 O_2 浓度为 5% 以下时几乎不发芽。

O_2 浓度的降低还影响根对各种养分的吸收,如 N、P、K、Ca、B 的含量降低,Mg、Na 等的含量提高,所以在设施内要注意使用发酵好的有机肥,改进土壤的透气性。

土壤气体存在于土壤粒的间隙内,正常的土壤粒和间隙的比例大约是 1:1,间隙被气体和水分充满着,且其比例大约是 1:1。当孔隙的大小、孔隙率和含水量变化时,土壤的容气量也发生变化。要使土壤中保持一定比例的气体,土壤的结构应该是团粒结构。黏土团粒结构差,排水不好,容气量小。灌水量能影响容气量,设施内的灌水一般在土壤水分还较多时进行,灌水次数不能少。为使灌水后土壤中能保持 20% 以上的容气量,还需要改进土壤结构。

孔隙率和含水量除影响容气量外,也影响土壤气体的组成。一般情况是 CO_2 浓度比大气中高,而 O_2 浓度比大气中低,当土壤间隙小、水分多时,CO_2 浓度剧增和 O_2 浓度大幅度降低。土壤和大气中的气体交换主要是依靠扩散作用进行的,所以离表层越近、间隙越大,扩散阻力越小,气体越充足。

(2)土壤气体环境的调节 一般通过施用腐熟的有机肥或用作物秸秆改进土壤的透气性,由于透气性变好,其他物理性状如保温性、保水性和透水性也都提高。施用有机肥能提高土壤的保肥性和减少肥料对 pH 的影响。孔隙多、透气性好的土壤 O_2 含量高,有充分的氧供给呼吸作用,使根系发达,也促进了地上部的发育。

▶ 4.4.3　园艺设施内空气的流动

设施内空气流动状况不仅影响气温的分布,而且影响叶面的光合作用、蒸腾作用等生理过程。空气通过气流到达作物叶面时,叶面与空气摩擦产生黏性,从而在叶面附近形成一个风速较低的气层,称为叶面边界层(境界层)。空气中 CO_2 通过叶面边界层到达叶面,再从叶面上的气孔经过叶肉到达叶绿体内,然后参与光合作用。设施内有 0.5～1.0 m/s 的微风,可减小叶面边界层的阻力,有利于 CO_2 进入叶片气孔内。如果风速过大,会引起叶面蒸腾量过大,气孔张开度变小,导致光合作用强度逐渐降低。但这时如果能提高空气相对湿度到 80%,光合强度还能随着风速加快而有所增强。

对作物群体而言,为保证群体内的 CO_2 扩散,植株密度要合理,使设施内有适宜风速的空气流动,才能提高群体光合强度而增产。

为保证设施内有一定量的空气流动,除了熟悉气流循环规律、注意选择通风设备和通风方法外,还要注意通风量及其分布状况。在确定通风量时,不仅要考虑降温、降湿效果,还要考虑风速。为使植株群体内部有微风,最好有 0.5 m/s 左右的通风量,使过道风的方向和畦垄方向呈垂直交叉,这样能确保在植株群体内部有一定的风速,且通风量分布较均匀。在不能通风的季节里,可采用安装在设施上部的风扇或轴流风机搅拌空气,使其流动;或在强制通风的塑料薄膜风筒的一端(排气孔少的一端)增设一个压力型风扇,并将风筒与外界连接的进风口和排风扇关闭。当开动压力型风扇时,空气进入风筒,再从风筒的排气孔流入设施,从而引起微风。

关于送风的具体时间,有昼夜连续送风和夜间送风两个时间。试验结果表明,当风速为 50~70 cm/s 时,昼夜连续送风的番茄同化量比不送风的增加 192%,仅在夜间送风的也比不送风的增加 78%。夜间送风可使番茄叶内水分下降,从而促进第二天的光合作用而增产(图 4-29)。

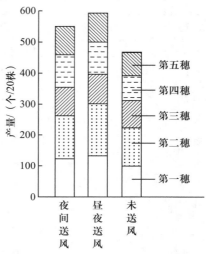

图 4-29　送风时间对番茄产量的影响

4.5　土壤环境及其调节控制

在土壤栽培中,土壤是园艺作物赖以生存的基础。一方面,土壤由气相、液相和固相组成,不仅固定和支持园艺作物根系和整个植株,而且为园艺植物根系提供生长所需的 O_2、水分和养分;另一方面,土壤是物理、化学和生物学性状的复合体,显著影响园艺作物根系的生长。因此,园艺设施内的土壤不仅关系到园艺作物的产量,而且影响了园艺作物生产的持续性。

健康肥沃的土壤具有土层疏松深厚、有机质含量高、土壤结构和通透性能良好、蓄水保肥能力强和微生态系统平衡等特性。其不仅能充分供应和协调土壤中的水分、养分、空气和热能,以保证作物的生长和发育,而且能提供良好的根际微生态环境,以保证作物的可持续生产。土壤中含有作物所需要的有效肥力和潜在肥力,采用适宜的耕作措施,能使潜在肥力转化为有效肥力,继而为作物所吸收利用。但是,持续利用土壤肥力可能造成土壤贫瘠,因此,在实际生产中需结合养土措施进行生产。

▶ 4.5.1　园艺作物对土壤环境的要求

4.5.1.1　园艺作物对土壤物理性状的要求

影响园艺作物生长的土壤物理性状主要包括土壤温度、湿度、容重、孔隙度、气体组成、土层厚度和地下水位等。

(1)土壤温度　园艺作物对土壤温度的要求与其温度适应性密切相关。不同作物适宜的土壤温度如表 4-27 所示。一般来说,耐寒和半耐寒作物的适宜土壤温度较低(如风信子为 7~9℃),喜温作物的适中(如黄瓜为 20~25℃),而耐热作物的较高(如番木瓜为 28~32℃)。

表 4-27　一些园艺作物最适宜的土壤温度　　　　　　　　　　　　　℃

花卉	土壤温度	蔬菜	土壤温度	果树	土壤温度
雏菊	15～20	黄瓜	20～25	桃	16～20
百合	18～24	西瓜	24～28	梨	18～22
石竹	8～11	番茄	26～30	柿	13～16
月季	23～26	茄子	25～30	杏	23～26
玫瑰	20～25	冬瓜	25～30	樱桃	17～19
仙客来	15～20	辣椒	28～32	葡萄	23～26
香豌豆	14～18	萝卜	20～25	苹果	15～20
郁金香	8～10	芹菜	16～21	柑橘	24～28
风信子	7～9	洋葱	22～26	香蕉	24～32
一品红	28～32	青花菜	18～22	芒果	16～20
兰科植物	10～20	叶用莴苣	15～20	番木瓜	28～32

　　我国日光温室冬季生产基本不加温,地温比较低。土壤在低温条件下,硝化细菌的活动性较弱,土壤中有机质矿化释放出的铵态氮和施入土壤的铵态氮化肥,不能被及时地氧化成硝态氮。铵态氮在土壤中积累,容易导致蔬菜氨中毒,低温下其毒害作用比常温下更明显。此外,低地温还影响钙的吸收,导致一些生理病害,如番茄脐腐病,甜椒和黄瓜叶子的斑点病等。

　　(2)土壤湿度　对大多数园艺植物而言,适宜的土壤湿度与其田间持水量密切相关。尽管不同园艺作物对土壤湿度的要求有所差异,多数作物适宜的土壤湿度为田间持水量的60%～90%。需要注意的是,一些园艺作物在不同生长发育时期对土壤湿度的要求不同(表4-28)。

表 4-28　一些园艺作物在不同生长发育期适宜的土壤湿度　　　　　　　　　%

作物/生长发育期	土壤湿度	作物/生长发育期	土壤湿度	作物/生长发育期	土壤湿度
黄瓜/幼苗期	60～70	番茄/幼苗期	60～70	辣椒/幼苗期	60～70
黄瓜/根瓜坐瓜前	60～70	番茄/结果期	60～80	辣椒/开花坐果前	70～80
黄瓜/结果期	80～90	马铃薯/幼苗期	50～60	辣椒/结果期	75～85
西瓜/幼苗期	63～67	马铃薯/发棵前期	78～82	辣椒/收获期	70～80
西瓜/伸蔓期	68～72	马铃薯/发棵后期	60～70	菜薹/全生长发育期	70～80
西瓜/果实膨大期	73～77	马铃薯/结薯期	80～85	萝卜/全生长发育期	65～80
甜瓜/幼苗期	68～72	马铃薯/收获期	50～60	韭菜/全生长发育期	80～90
甜瓜/伸蔓期	68～72	结球白菜/幼苗期	90～95	菜豆/全生长发育期	60～70
甜瓜/开花结果期	80～85	结球白菜/莲座期	80～85	南瓜/全生长发育期	70～80
甜瓜/果实成熟期	55～60	结球白菜/结球期	60～80	结球甘蓝/全生长发育期	70～80

设施园艺学

（3）土壤容重和孔隙度　理想的土壤容重为 $1.0 \sim 1.2 \ \text{g/cm}^3$，总孔隙度为 $60\% \sim 65\%$，大小孔隙比为 $1 : (1.5 \sim 4)$。

（4）土壤气体组成　土壤气体主要由 O_2、N_2、CO_2（浓度远高于大气中）和一些微量气体组成，是影响园艺作物生长的关键因素。O_2 是根系呼吸的必需气体，因此土壤中充足的 O_2 对园艺作物生长至关重要。当土壤透气性差而缺氧时，植株易发生烂根、沤根，导致死亡，如兰科、仙人掌科的花卉和观叶植物。蔬菜中的黄瓜、菜豆、甜椒等都对土壤缺氧敏感。

（5）土层厚度　园艺作物对土层厚度也有一定的要求。一般而言，园艺作物要求土层深厚，其中果树和观赏树木以 $80 \sim 120 \ \text{cm}$ 为宜，蔬菜和一年生花卉以 $20 \sim 40 \ \text{cm}$ 为宜。

（6）地下水位　园艺作物土壤的地下水位不能太高，这是因为设施栽培多在寒冷季节进行，若地下水位过高则地温不易上升。因此，一般要求园艺作物土壤的地下水位在距离土壤表面 $100 \ \text{cm}$ 以下。此外，园艺作物设施栽培要求土壤质地以壤土为好，因为壤土不仅具有较强的水分和养分固持能力，而且具有较强的保温水平。

4.5.1.2　园艺作物对土壤化学性状的要求

影响园艺作物生长的土壤化学性状主要包括土壤酸碱性（用 pH 表征）、盐分浓度（用电导率 EC 表征）、养分状况（包括有机质、全氮和速效养分）和盐基代换量等。

（1）土壤酸碱性　对作物生长的影响主要体现在两方面：一方面，不同作物因生理特性和环境适应性存在差异，其适宜的土壤 pH 不同（表 4-29）；另一方面，作物必需的营养元素在土壤溶液中的有效性与其 pH 密切相关（表 4-30）。尽管不同园艺作物对土壤的酸碱度的适应性不同，但大多数园艺植物适宜的 pH 介于 $5.5 \sim 7.0$ 之间，在该 pH 范围内，基本上所有植物必需的营养元素都能够维持较高的有效性。

表 4-29　一些园艺作物最适宜的土壤 pH

花卉	pH	蔬菜	pH	果树	pH
雏菊	5.5～7.0	黄瓜	6.3～7.0	桃	5.5～7.0
百合	5.0～6.0	西瓜	6.0～7.0	梨	5.5～8.5
石竹	7.0～8.0	番茄	6.0～7.5	柿	6.5～7.5
月季	6.2～6.8	茄子	6.5～7.3	杏	7.0～7.5
玫瑰	6.5～7.0	冬瓜	6.0～7.5	樱桃	6.0～7.5
仙客来	5.5～6.5	辣椒	6.2～8.5	葡萄	7.5～8.5
香豌豆	6.5～7.5	萝卜	6.0～7.0	苹果	5.4～8.0
郁金香	6.5～7.5	芹菜	6.0～7.5	柑橘	6.0～6.5
风信子	6.5～7.5	洋葱	6.0～8.0	香蕉	6.0～6.5
一品红	5.5～6.0	青花菜	5.5～6.5	芒果	5.5～7.0
兰科植物	4.5～5.0	叶用莴苣	5.8～6.3	番木瓜	6.0～6.5

表 4-30　决定作物营养元素有效性的 pH 水平

必需元素	pH	必需元素	pH	必需元素	pH
氮（N）	6.0～8.0	镁（Mg）	6.7～8.5	铁（Fe）	4.0～6.0
磷（P）	6.3～7.0,8.7～10.0	硫（S）	6.0～10.0	锰（Mn）	5.0～7.0
钾（K）	6.0～10.0	硼（B）	5.0～7.0,9.1～10.0	锌（Zn）	4.8～7.5
钙（Ca）	6.7～8.5	铜（Cu）	4.8～7.5	钼（Mo）	6.7～10.0

（2）土壤盐分浓度　显著影响园艺作物生长。当根际土壤盐分浓度过高时,作物根系因渗透胁迫而吸水、吸肥能力下降,其生长发育受阻,具体表现为:植株矮小,叶缘干枯,生长不良,根系变褐乃至枯死。在园艺作物中,蔬菜对土壤盐分比较敏感,表 4-31 给出了三种蔬菜作物的生长发育障碍和枯死临界点与土壤浸出液 EC 值的关系。

表 4-31　三种蔬菜作物的生长发育障碍和枯死临界点与土壤浸出液 EC 值的关系　　mS/cm

土壤	生长发育障碍临界点 EC			枯死临界点 EC		
	黄瓜	番茄	甜椒	黄瓜	番茄	甜椒
沙土	0.6(0.3)	0.8(0.4)	1.1(0.5)	1.4(0.4)	1.9(0.9)	2.0(0.9)
冲积壤土	1.2(0.6)	1.5(0.7)	1.5(0.7)	3.0(1.2)	3.2(1.3)	3.5(1.4)
腐殖质壤土	1.5(0.7)	1.5(0.7)	2.0(0.9)	3.2(1.3)	3.5(1.4)	4.8(1.9)

注:括号外数字为土:水＝1:2 的测定值;括号内数字为土:水＝1:5 的换算值。

（3）土壤有机质　是存在于土壤中的所有含碳的有机物质的总称,主要包括腐殖物质（占 60％～80％）和非腐殖物质（占 20％～30％）两大类。前者性质稳定,因难以分解而不易被植物吸收利用;后者易被微生物矿化成无机态养分,可供植物吸收利用。一些设施栽培发达的国家十分重视培肥土壤,温室内土壤的有机质含量高达 8％～10％,而我国设施土壤中只有 1％～3％,相差悬殊。提高土壤有机质含量对设施园艺作物生产有十分重要的作用:一方面,大多数园艺作物喜肥喜水,其产品器官鲜嫩多汁、个体硕大,要达到高产、优质目标,必须要有充足的有机肥;另一方面,设施栽培作物复种指数高,单位面积的产量也高,难以耐受瘠薄的土壤,所以必须要有肥力保证。

（4）土壤速效养分　适宜的土壤速效养分浓度有利于园艺作物对养分的吸收和利用。在园艺作物生产中,应将根层速效养分的浓度及营养元素间的平衡调整到根系功能发挥的最佳状态,既满足地上部生长发育的需求,又不导致根系对养分的过量和不平衡吸收,减少养分损失并提高养分利用效率。不同作物对土壤养分吸收的数量和比例不同（表 4-32）,这也是作物对根际土壤养分水平的低限要求。在实际生产中,考虑到土壤养分的空间异质性和迁移特性,应基于养分输入（施肥和土壤有机养分转化等）和输出（作物吸收、挥发和淋洗损失等）进行根层养分管理。

（5）盐基代换量　蔬菜作物对土壤盐基代换量要求较高,这是因为蔬菜作物根系的盐基代换量比较高,所以吸收能力强。例如,黄瓜、茄子、甘蓝、莴苣、菜豆、大白菜等蔬菜的根系的盐基代换量都较高,在 40～60 mmol/(L·100 g 干根);葱蒜类蔬菜的低一些,小于 40 mmol/(L·100 g 干根);而水稻的只有 23.7 mmol/(L·100 g 干根);小麦、玉米的则更低。蔬菜作物喜硝态氮肥，而对铵态氮肥比较敏感，施用过量铵态氮肥会抑制钙和镁的吸收，从而导致生长发育不良、产量下降。

表 4-32　主要蔬菜收获期的植株养分吸收水平

作物种类	大量营养元素/(g/kg 干物质)						微量营养元素/(mg/kg 干物质)					
	N	P	K	Ca	Mg	S	B	Cu	Fe	Mn	Zn	Mo
黄瓜	45～60	3～13	35～50	10～35	3～10	3～7	25～60	5～20	50～300	50～300	25～100	
番茄	40～60	3～8	29～50	10～30	4～6	4～12	25～60	5～20	40～200	40～250	20～50	
茄子	42～50	5～6	57～65	17～22	3～4	—	20～30	4～6	—	15～100	30～50	
辣椒	35～45	3～7	40～54	4～6	3～15	—	30～100	10～20	60～300	26～300	30～100	
南瓜	40～60	4～10	40～61	10～30	3～10	—	25～75	6～20	40～300	50～250	20～200	
苦瓜	45～60	3～13	39～59	14～35	3～10	4～7	25～60	—	50～300	50～300	—	
青花菜	32～55	3～8	20～40	12～25	2～4	3～8	30～100	5～15	30～200	25～200	0.4～0.7	
花椰菜	33～45	3～8	26～42	20～35	3～5	—	30～100	4～15	30～200	60～200	20～250	0.5～1.5
马铃薯	35～45	3～5	40～60	3～9	2～4	—	20～40	5～20	30～150	20～450	20～40	
芹菜	25～35	4～8	40～70	6～30	2～5	—	30～60	5～8	30～70	100～300	20～70	
菠菜	42～52	3～6	50～80	6～12	6～10	—	25～60	5～25	60～300	30～250	25～100	
芥菜	24～55	4～8	29～57	13～32	2～4	4～8	19～39	—	85～363	35～52		
结球莴苣	38～50	3～8	66～90	15～30	3～5	—	23～50	—		30～250		
茎用莴苣	25～40	4～6	50～80	14～20	5～7	—	30～100	7～10	50～500	30～90	26～100	>0.1
叶用莴苣	35～45	3～6	55～62	22～28	6～8	—	25～60		40～140	11～250		
抱子甘蓝	31～55	3～8	20～40	10～30	2～8	—	30～60	4～10	25～150	20～80	0.3～0.5	
结球甘蓝	36～50	3～8	30～50	11～30	4～8	—	25～75	5～15	30～200	25～200	20～200	0.4～0.7
大白菜	30～40	4～7	45～75	19～60	2～4	4～8	26～100		40～300	25～200		
洋葱	50～60	4～5	40～55	15～30	3～10	5～10	30～45	5～20	50～65	25～55		
萝卜	30～60	3～7	40～75	30～45	5～12	2～4	30～50	6～12	50～300	25～130	20～50	
胡萝卜	25～35	2～3	28～43	14～30	3～5	—	30～100	5～15	60～200	25～250	0.5～1.5	
甜玉米	28～35	3～4	18～30	6～11	2～5	—	25～60	5～20	40～200	40～250	20～50	
豌豆	40～60	3～8	20～35	12～20	3～7	—	25～60	5～20	50～300	300～400	25～100	>0.6
菜豆	30～60	3～7	22～40	3～5	2～5	—	26～60	7～20	50～300	50～300	20～60	>0.4
芋头	27～30	4～5	29～30	23～25	4～5	4～5	34～35	—	47～50	50～51		

4.5.1.3　园艺作物对土壤生物学性状的要求

土壤微生物直接或间接地参与调节土壤养分循环、能量流动、有机质转换，并通过直接致病和间接调节土壤养分有效性等作用影响作物生长和进化进程。健康的土壤是园艺作物获得优质高产的前提条件，应具有较丰富的微生物和线虫多样性，且有益微生物（例如固氮生物和植物促生菌）和非植食性线虫占据优势。

▶ 4.5.2　园艺设施土壤环境特点及对作物生长发育的影响

园艺设施如温室和塑料拱棚内温度高、空气湿度大、气体流动性差、光照较弱，而作物种植茬次多、生长期长,故施肥量大,根系残留量也较多,使得设施内土壤环境与露地土壤很不相同。

（1）设施内土壤水分与盐分运移方向与露地不同 由于温室是一个封闭(不通风)的或半封闭(通风时)的空间,自然降水受到阻隔,土壤几乎不受自然降水自上而下的淋溶作用,使土壤中积累的盐分不能被淋洗到地下水中。由于设施内温度高,作物生长旺盛,土壤水分蒸发和作物蒸腾作用比露地强,根据"盐随水走"的规律,土壤表层盐分的聚积速度也比露地快(图4-30)。

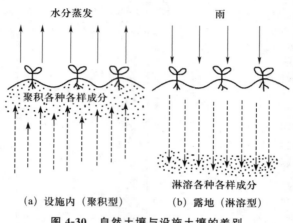

图 4-30　自然土壤与设施土壤的差别

（2）大量施肥,养分残留量高,产生次生盐渍化 设施生产多在寒冷季节进行,土壤温度比较低,施入的肥料不易分解和被作物吸收,容易造成土壤内养分的残留。生产者盲目认为施肥越多越好,往往采用加大施肥量的办法弥补地温低、作物吸收能力弱的不足,结果适得其反,尤其当铵态氮浓度过高时危害更大。据沈阳农业大学园艺系调查,当地多年种植蔬菜的温室的土壤 EC 值很多已接近临界值。由于设施土壤培肥反应比露地明显,养分积累进程快,容易发生土壤次生盐渍化,土壤养分也不平衡。一些生产年限较长的温室或大棚的土壤中养分不平衡,N、P、K 浓度过高,导致 Zn、Ca、Mg 相对缺乏。有的温室番茄"脐腐"果的比例高达 $70\%\sim80\%$,果实风味差,病虫害也多,这与土壤养分浓度障碍导致自身免疫力下降有关。调查表明,土壤 EC 值与设施使用年限成正比(图4-31)。

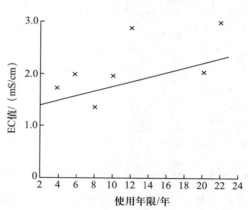

图 4-31　园艺设施使用年限与
土壤盐分浓度的关系

（3）土壤有机质含量高 设施菜田土壤相比露地土壤,有机肥投入量大,随栽培年限增加,土壤有机质含量呈逐年递增趋势。其中,有机质总量和易氧化的有机质含量高,土壤松结态腐殖质含量高,胡敏酸比例也高,说明有机质的质量提高,这对作物生长发育是有利的。沈阳农业大学园艺系研究证明,蔬菜产量和易氧化有机质含量呈显著正相关($r=0.763$)。

（4）设施土壤 N、P、K 浓度变化与露地不同 由于设施内土壤有机质矿化率高,N 肥施用量大，淋溶少，所以残留量高。沈阳农业大学园艺系证明其总残留量＞NO_3^--N 淋溶量＞NH_3 挥发量＞吸收量。调查结果表明，使用 3～5 年后温室表土盐分含量可达 200 mg/kg 以上，严重的达 1～2 g/kg，达盐分危害浓度低限（2～3 g/kg）。设施内土壤全 P 的转化率比露地高 2 倍，对 P 的吸附和解吸量也明显高于露地，P 大量富集（可达 1 000 mg/kg 以上），营养失衡，这些都对作物生长发育不利。

（5）土壤酸化　对作物有多种危害，如导致根系死亡。园艺设施土壤酸化的原因是多方面的，最主要的原因是 N 肥施用量过多，残留量大（图 4-32）。土壤酸化除直接危害作物外，还抑制了 P、Ca、Mg 等元素的吸收，P 在 pH＜6 时溶解度降低。日本的试验表明，连续施用硫酸铵和氯化铵时，土壤 pH 下降最明显。

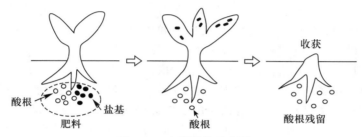

图 4-32　土壤酸化示意图

（6）土壤障碍　设施内栽培的作物种类比较单一，为了获得较高的经济效益，往往连续种植产值高的作物，而不注意轮作换茬，久而久之导致栽培作物产量和品质逐年降低，土传病害加重，产生连作障碍。连作障碍的产生与土壤养分失衡、土壤酸化和土壤微生态失衡密切相关，而微生态失衡在连作障碍中的作用越来越被重视。在设施园艺作物土壤中，微生物学障碍常常伴随土壤物理障碍和化学障碍发生。一些作物根系分泌的化感物质可能通过改变作物根际微生物群落组成加重植物的自毒作用。例如，黄瓜分泌的肉桂酸和香豆酸对黄瓜枯萎病病原菌——尖孢镰刀菌的侵染有促进作用。设施土壤生物环境处于微生态失衡状态主要表现在土壤微生物区系失衡和线虫区系失衡，这两个区系的失衡与土壤的其他性状存在各种复杂的关系。总之，设施菜田土壤作物根际微生态失衡并不是某一个或某几个因素简单作用的结果（图 4-33）。

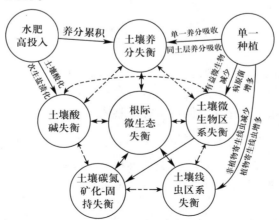

图 4-33　设施菜田土壤作物根际微生态失衡现状及可能的驱动机制

（7）土壤重金属累积　设施园艺作物生产中有机肥和化肥施用量偏高，土壤重金属随种植年限增加呈现累积趋势。中国农业大学蔬菜学系对环渤海湾地区不同年限温室土壤重金属的调查结果表明，温室土壤中锌、铜、砷和镉等含量随种植年限的增加均呈显著升高趋势。

4.5.3　园艺设施土壤环境的调节与控制

4.5.3.1　配方施肥

施肥是蔬菜设施土壤盐分的主要来源。目前，我国设施栽培尤其是蔬菜栽培中盲目施肥现象非常严重，化肥的施用量一般都超过蔬菜需要量的 1 倍以上。大量的剩余养分和副成分积累在土壤中，使土壤溶液的盐分浓度逐年升高，土壤发生次生盐渍化，引起生理病害加重。要解决此问题，必须根据土壤的供肥能力和作物的需肥规律，进行配方施肥。

配方施肥是设施园艺生产的关键技术之一。我国园艺作物配方施肥技术研究要远远落后于大田作物，但近几年设施蔬菜配方施肥技术取得很大进展，设施栽培中花卉与果树配方施肥的技术参数也在逐步形成。有关配方施肥的技术方案较多，现以蔬菜作物为例，在参考国内外大田作物和蔬菜配方施肥研究成果的基础上，根据我国设施蔬菜生产特点，提出一种以土壤养分平衡法和土壤有效养分校正系数法为基础的氮、磷、钾大量元素配方施肥技术，仅供参考。

（1）土壤养分平衡法　蔬菜配方施肥是在施用有机肥的基础上，根据蔬菜的需肥规律、土壤的供肥特性和肥料效应，提出氮、磷、钾和微量元素肥料的适宜用量以及相应的施用技术。

计划产量施肥量是指在一定的计划产量条件下，需要施入土壤的氮、磷、钾化肥的数量，单位可以按 kg/hm^2 计。具体计算方法如下：

$$计划产量施肥量 = \frac{计划产量吸肥量 - (有机肥供肥量 + 土壤供肥量)}{肥料的有效养分含量 \times 肥料利用率}$$

$$(4\text{-}20)$$

计划产量吸肥量是指在一定的计划产量条件下，作物需要吸收的营养元素总量。具体计算方法如下：

$$计划产量吸肥量 = \frac{计划产量（或目标产量）}{100} \times 100\ kg\ 蔬菜产量吸肥量$$

$$(4\text{-}21)$$

有机肥供肥量是指施入土壤中的有机肥对当季蔬菜的供肥量，一般可先把施用有机肥的数量确定下来，并根据其氮、磷、钾养分的含量和它们的当季利用率，算出施入有机肥所能提供的氮、磷、钾数量，余下的用化学肥料来补。具体计算方法如下：

$$有机肥供肥量 = 有机肥施入量(kg) \times 有效养分含量 \times 利用率 \qquad (4\text{-}22)$$

土壤供肥量是指在不施肥条件下，土壤能够提供给蔬菜的各种养分含量，通常需要进行不施肥处理试验，在获得了无肥处理产量以后再按式(4-23)计算：

$$土壤供肥量 = \frac{无肥区产量}{100} \times 100\ kg\ 蔬菜经济产量吸肥量 \qquad (4\text{-}23)$$

肥料的有效养分含量是根据某种肥料的有效成分含量确定的。肥料利用率是指当季作物从所施入肥料中吸收的养分占施入肥料养分总量的百分数。肥料利用率随肥料的种类、施肥量、作物产量和土壤的理化性质及环境条件的不同而变化。一般菜田氮素化肥的利用率为 30%～45%,磷素化肥的利用率为 5%～30%,钾素化肥的利用率为 15%～40%。有机肥料的养分利用率更为复杂,一般腐熟的人粪尿、鸡粪和鸭粪的氮、磷、钾利用率为 20%～40%,猪厩肥的氮、磷、钾利用率为 15%～30%。

(2)土壤有效养分校正系数法　这种方法是在土壤养分平衡法的基础上提出的。在土壤养分平衡法中,获得土壤供肥量参数,需要在田间布置缺氮、缺磷和缺钾试验,通过测算不施氮、磷和钾试验区的产量及蔬菜的 100 kg 经济产量吸肥量,分别计算出土壤氮、磷和钾的供肥量。而用土壤有效养分校正系数法可以不用上述试验,通过土壤养分测定和土壤有效养分校正系数来计算出土壤的供肥量。计算公式如下:

$$计划产量施肥量=\frac{计划产量吸肥量-有机肥供肥量-(N_s \cdot 0.15 \cdot r)}{肥料的有效养分含量×肥料利用率}$$

(4-24)

式中:计划产量施肥量、计划产量吸肥量、有机肥供肥量的计算方法与土壤养分平衡法的计算方法相同;N_s 为土壤有效养分的测试值,mg/kg;0.15 为每 667 m² 土壤耕层有效养分含量转换系数(以千克计);r 为土壤氮、磷、钾的有效养分校正系数。

土壤的有效养分校正系数与土壤的理化性质、有效养分含量、土壤有效养分的测定方法、蔬菜品种和栽培方式及产量有关。要想建立起土壤有效养分校正系数与有关参数的关系式,需要做大量的田间试验工作。根据现有的资料,暂定:土壤有效氮的校正系数为 0.6,有效磷(Olsen 法)的为 0.5,有效钾的为 1.0。

氮、磷、钾肥的具体施用技术,可根据不同蔬菜种类的需肥规律和有关栽培措施来定。一般磷肥作基肥一次性施用;钾肥可与磷肥一样,一次性作基肥施用,也可以分 2 次施用,2/3 作基肥,1/3 作追肥;氮肥的施用方式较多,一般以 1/3 作基肥,2/3 作追肥,并分 2～3 次追施。

(3)几种设施蔬菜配方施肥技术　具体介绍黄瓜、番茄、甜椒的配方施肥技术。

①黄瓜配方施肥技术。生产 1 000 kg 黄瓜需吸收氮 1.9～2.7 kg,五氧化二磷 0.8～0.9 kg,氧化钾 3.5～4.0 kg,三者的比例为 1:0.4:1.6。黄瓜全生长发育期需钾最多,且全生长发育期都需吸收钾肥;对氮肥的需求次之,苗期和生长中期吸收氮肥较多;结果期为磷肥吸收高峰期。

计划目标产量为 5 000 kg,在定植前,每 667 m² 施有机肥 5 000 kg,过磷酸钙 30～40 kg,硫酸钾 20～25 kg。结瓜初期进行第一次追肥,每 667 m² 施纯氮 3～4 kg,氧化钾 4～6 kg。盛瓜初期进行第二次追肥,每 667 m² 施纯氮 3～4 kg,氧化钾 5～6 kg。盛瓜中期进行第三次追肥,每 667 m² 施纯氮 3～4 kg。

②番茄配方施肥技术。生产 1 000 kg 番茄需纯氮 3.9 kg,五氧化二磷 1.2 kg,氧化钾 4.4 kg。每 667 m² 产番茄 4 000～5 000 kg,则需纯氮 15.4～19.3 kg,五氧化二磷 4.6～5.8 kg,氧化钾 17.8～22.2 kg。

在定植前,每 667 m² 施腐熟有机肥 3 000～5 000 kg,过磷酸钙 30～50 kg 或磷酸二氢铵 10～15 kg,硫酸钾 10～20 kg。把有机肥和化肥混合后均匀地撒在地表,并结合整地翻入土壤。一般在第一穗果开始膨大时进行第一次追肥，每 667 m² 施纯氮 5～6 kg，氧化钾 6～7 kg。第二次追肥是在第一穗果即将采收，第二穗果膨大时，每 667 m² 施纯氮 5～7 kg，氧化钾 6～7 kg。第三次追肥是在第二穗果即将采收，第三穗果膨大时，每 667 m² 施纯氮 5～6 kg，氧化钾 6～7 kg。

③甜椒配方施肥技术。生产 1 000 kg 甜椒需纯氮 4.9～5.2 kg，五氧化二磷 1.1～1.2 kg，氧化钾 6.0～6.5 kg。每 667 m² 产甜椒 4 000～5 000 kg，则需纯氮 21～26 kg，五氧化二磷 30～40 kg，氧化钾 26～32 kg。基肥施用方式和施用量同番茄。当蹲苗结束，第一果膨大时，进行第一次追肥，每 667 m² 施纯氮 5～6 kg，氧化钾 6～8 kg。当第一果（门椒）即将采收，第二层果实（对椒）和第三层果实继续膨大时，为需肥高峰期，应进行第二次追肥，每 667 m² 施纯氮 7～8 kg，氧化钾 5～7 kg。此后半个月左右进行第三次追肥，施肥量同第二次。15～20 d 后，进行第四次追肥，施肥量同第一次。

随着设施结构的优化和设施内环境控制能力的提高，近年来主要喜温果菜（黄瓜、番茄和甜椒）越冬长季节栽培的面积逐年扩大。越冬长季节栽培是指在 8—9 月育苗，10—11 月定植，元旦前后开始采收，采收期持续到翌年 6 月，整个生长期长达 10 个月左右的栽培茬口。越冬长季节栽培的喜温果菜因生长期长，产量高，追肥次数多，不适合采用上述施肥方案。同时需要注意的是，上述施肥方案给出的是基于目标产量的各个施肥时期氮、磷和钾的纯养分含量，使用时需要根据选用肥料的养分含量转化为投入肥料的质量，因此该方案不能直接作为生产农户的实际操作方案。

(4)设施蔬菜土、肥、水套餐施肥技术　针对设施蔬菜常年处于高强度水肥管理和长期连作种植模式下，菜田养分大量累积、土壤质量退化、作物抗逆性差、根系病虫害等时常发生的问题，中国农业大学相关课题组研究了基于"土、肥、水"综合调控的果菜类蔬菜套餐施肥技术。该技术的核心是结合菜田土壤施肥历史与土壤问题，从源头入手，改良土壤障碍问题；根据果菜类蔬菜不同生长发育期养分需求特性与施肥历史，选择营养型追肥产品；根据果类蔬菜生产的逆境胁迫情况，选择功能型液体肥产品；最终通过水肥一体化技术，少量多次，将水肥供应于作物根区附近，进行全程套餐施肥搭配，实现"土、肥、水"资源的高效利用。下面举例介绍几种主要设施蔬菜的套餐施肥技术。

①越冬黄瓜栽培。灌溉方式为滴灌。定植水灌水量控制在 20～30 m³/667 m²，定植后 3～5 d 及时灌水，促进缓苗，灌水量为 13～15 m³/667 m²。待根瓜坐住后再开始进行灌水施肥。进入 12 月之前，单次灌水量为 14～16 m³/667 m²，灌水间隔为 5～7 d；12 月至翌年 2 月，单次灌水量为 12～15 m³/667 m²，灌水间隔为 10～15 d，如遇极端气候，根据天气情况可调节灌水间隔在 15～25 d；3 月之后，单次灌水量为 15～20 m³/667 m²，灌水间隔为 5～7 d。

目标产量：10 000～15 000 kg/667 m²。

养分需求数量：纯氮 25～37 kg/667 m²、五氧化二磷 12～18 kg/667 m²、氧化钾 35～53 kg/667 m²。

基肥施用管理：3 000～4 000 kg/667 m² 粪肥或堆肥，同时可施 100 kg/667 m² 生物有机肥或土壤调理剂。

追肥施用管理：氮素供应目标值为 50～70 kg/667 m²，氮素养分推荐追肥总量为 28～33 kg/667 m²。一般按照氮素分配比例为苗期 4%、开花坐果期 15%、结瓜初期 25%、结瓜盛期 45%、结瓜末期 11% 进行分期调控。在冬季，可以选择含氨基酸、腐殖酸、海藻酸等具有促根抗逆作用的功能型水溶性肥料进行灌根或滴灌施肥,能够促进蔬菜根系生长,提高果菜类蔬菜的抗低温胁迫能力。对于土壤速效钾累积含量很高的大棚,需要考虑中钾含量配方并辅以水溶性镁的水溶性肥料,以防钾素供应过高引起的钙、镁离子的拮抗作用。

叶面施肥管理:在结瓜初期叶面喷施硼肥1~2次;结瓜盛期以叶面喷施方式补充钙镁肥,每次间隔15 d,喷施3~4次。华北地区日光温室越冬长季节黄瓜套餐施肥方案如表4-33所示。

表4-33　华北地区日光温室越冬长季节黄瓜套餐施肥方案

生长发育期	施肥方案
定植	定植前,施用3 000~4 000 kg/667 m² 有机肥,100 kg/667 m² 生物有机肥或土壤调理剂,调节土壤微生物区系平衡以及预防根结线虫
苗期	定植后7~10 d,灌定植水时施肥1次:16-20-14+TE水溶肥,5 kg/667 m²;同时施用腐殖酸液体肥(HA≥30 g/L,45-200-35,下同),5 L/667 m²
开花至根瓜采收	共施肥2次,10~15 d施肥1次。每次施用16-20-14+TE水溶肥8~10 kg/667 m²,腐殖酸液体肥5 L/667 m²,并叶面喷施流体硼肥15 mL/667 m²
结瓜初期	共施肥2次,15~20 d施肥1次。第1次,施用18-5-27+TE水溶肥12~15 kg/667 m²,钙镁清液肥(Ca≥70 g/L,Mg≥35 g/L,N 50 g/L,下同)5 L/667 m²;第2次,施用18-5-27+TE水溶肥12~15 kg/667 m²,腐殖酸液体肥5 L/667 m²
结瓜盛期	共施肥14次,2月施肥1次,施用18-5-27+TE水溶肥8~10 kg/667 m²,钙镁清液肥5 L/667 m²;3月和4月施肥7次,7~10 d施肥1次,每次施用18-5-27+TE水溶肥8~10 kg/667 m²,每个月施用1次钙镁清液肥5 L/667 m²;5—6月中旬施肥6次,每次施用18-5-27+TE水溶肥8~10 kg/667 m²
结瓜末期	共施肥2~3次,5~7 d施肥1次,每次施用18-5-27+TE水溶肥5~8 kg/667m²

②越冬栽培茄子。灌溉方式为滴灌。定植水灌水量控制在25~35 m³/667m²,定植后一周左右及时浇水,促进缓苗,一般灌水量为15 m³/667m²。进入12月前,单次灌水量为14~16 m³/667 m²,灌水间隔为5~7 d;12月至来年2月,单次灌水量为14~18 m³/667 m²,灌水间隔为10~15 d,如遇极端气候,根据天气情况灌水间隔可调节为15~20 d;3月之后,单次灌水量为14~16 m³/667 m²,灌水间隔在5~7 d。

目标产量:10 000~15 000 kg/667 m²。

养分需求数量:纯氮38~56 kg/667 m²、五氧化二磷10~12 kg/667 m²、氧化钾46~55 kg/667 m²。

基肥施用管理:3 000~4 000 kg/667 m² 粪肥或堆肥,100 kg/667 m² 生物有机肥。

追肥施用管理:氮素供应目标值为40~50 kg/667 m²,氮素养分追肥推荐总量为25~40 kg/667 m²。一般按照氮素分配比例为苗期11%、开花坐果期18%、结果初期28%、结果盛期33%、结果末期10%进行分期调控。

叶面施肥管理:开始花朵形成时以叶面喷施方式补充钙肥,每次间隔15 d,喷施3~4次;在花蕾期、花期和幼果期叶面喷施硼肥2~3次;在开花期到果实膨大前叶面喷施镁肥2~3次。华北地区日光温室越冬长季节茄子套餐施肥方案如表4-34所示。

表 4-34　华北地区日光温室越冬长季节茄子套餐施肥方案

生长发育期	施肥方案
定植	定植前,施用 3 000～4 000 kg/667 m² 有机肥,100 kg/667 m² 生物有机肥或土壤调理剂,调节土壤微生物区系平衡以及预防根结线虫
苗期	定植后 7～10 d,灌定植水时,施 16-20-14＋TE 水溶肥 5 kg/667 m²;同时施用腐殖酸液体肥 5 L/667 m²
开花坐果期	共施肥 2 次,15～20 d 施肥 1 次。每次施用 25-5-20 硝基肥 15～20 kg/667 m²,腐殖酸液体肥 5 L/667 m²,并叶面喷施流体硼肥 15 mL/667 m²
结果初期	共施肥 2 次,15～20 d 施肥 1 次。第 1 次施用 15-5-22 硝基肥 20～35 kg/667 m²,钙镁清液肥 5 L/667 m²;第 2 次施用 15-5-22 硝基肥 20～35 kg/667 m²,腐殖酸液体肥 5 L/667 m²
结果盛期	共施肥 11 次,2 月施肥 1 次,施用 15-5-22 硝基肥 8～10 kg/667 m²,钙镁清液肥 5 L/667 m²;3—5 月共施肥 9 次,10 d 施肥 1 次,每次施用 15-5-22 硝基肥 8～10 kg/667 m²,每个月施用 1 次钙镁清液肥 5 L/667 m²
结果末期	6 月共施肥 2 次,每次施用 15-5-22 硝基肥 10～15 kg/667 m²

4.5.3.2　合理灌溉和降低土壤蒸发量

设施栽培土壤出现次生盐渍化的原因并不是整个土体的盐分含量高,而是土壤表层的盐分含量超出了作物生长的适宜范围。土壤水分的上升运动和通过表层蒸发是土壤盐分积聚在土壤表层的主要原因。灌溉的方式和质量是影响土壤水分蒸发的主要因素,漫灌和沟灌都将加速土壤水分的蒸发,易使土壤盐分向表层积聚。滴灌和渗灌是最经济的灌溉方式,同时可防止土壤下层盐分向表层积聚,是较好的灌溉措施。近几年普遍采用膜下滴灌代替漫灌和沟灌,对防止土壤次生盐渍化起到了很好的作用。

4.5.3.3　增施有机肥和有机物料

设施内宜施用有机肥,因为其肥效缓慢,腐熟的有机肥不易引起盐分浓度上升,还可改善土壤的理化性状,增强透气性,提高含氧量,对作物根系有利。设施内土壤的次生盐渍化与一般土壤盐渍化的主要区别在于盐分组成,引起设施内土壤次生盐渍化的盐分主要是硝态氮盐,硝酸根离子占到阴离子总量的 50％ 以上。因此,降低设施土壤硝态氮含量是改良次生盐渍化土壤的关键。

施用作物秸秆是改良土壤次生盐渍化的有效措施。除豆科作物的秸秆外,其他禾本科作物秸秆的碳氮比范围都较宽,施入土壤以后,在被微生物分解的过程中,它们能够同化土壤中的氮素。据研究,1 g 没有腐熟的稻草可以固定 12～22 mg 无机氮,在土壤次生盐渍化不太严重的土壤上,每 667 m² 施用 300～500 kg 稻草较为适宜。在施用前,先把稻草切碎,一般应小于 3 cm,施用时要均匀地翻入土壤耕层;也可以施用玉米秸秆,施用方法与施用稻草相同。施用秸秆不仅可以防止土壤次生盐渍化,而且还能平衡土壤养分,增加土壤有机质含量,促进土壤微生物活动,降低病原菌的数量,减少病害。

采用秸秆还田或种植绿肥调控设施土壤微生物学障碍由来已久,这两种措施常常使土壤微生物生物量显著上升,从而有可能刺激细菌、真菌和线虫的繁殖。不同土壤微生物的碳氮比相对稳定,因此碳氮比适度的植物秸秆或绿肥有助于使养分循环维持在一个比较稳定的水平。

增施优质堆肥也是调控土壤微生物学障碍的有效技术措施。堆肥富含碳素及植物生长所需的大量元素和微量元素,且其中栖息着大量的植物有益微生物。优质堆肥主要通过如下直接或间接作用调控土壤微生物学障碍:提高土壤微生物多样性,增加土壤有益微生物数量,减少植物病原菌数量;诱导作物对病原菌产生抗性;改善土壤理化性状,包括容重、pH、电导率、孔隙度、通气性、湿度和团粒体结构等;增加土壤有机质含量,促进土壤-作物系统养分循环并减少土壤养分流失。

4.5.3.4 采用合理栽培制度或接种生防菌

轮作主要通过影响根际土壤微生物相关因子来增加目标作物产量。亲缘关系较远的作物轮作,能够促进利用不同类型碳源和氮源的微生物繁殖,提高土壤微生物功能和种类多样性。在南方地区采用水旱轮作模式,春季采用园艺设施种植蔬菜,夏秋季种植水稻,对恢复地力、减少生理病害和消灭土壤病原菌等,都有显著作用。

在土壤休闲期种植填闲作物,一方面可以提高土壤微生物多样性,另一方面可以减轻土壤的次生盐渍化程度,达到改良土壤性状的目的。合理的伴生栽培是控制作物根际土壤病原菌的有效措施之一。伴生栽培作物残体和根系分泌物在土壤中的积累容易引起土壤碳源和氮源数量和种类发生变化,从而通过改善土壤微生物多样性对病原菌生长和繁殖产生抑制作用。例如,小麦/黄瓜伴生可显著增加黄瓜土壤微生物种类并改善土壤酶学环境。由东北农业大学研发的伴生栽培调控设施菜田土壤连作障碍体系的应用已在我国东北设施蔬菜种植区获得了较大的成功。

与轮作相似,合理的间作和套种是提高主栽作物根际土壤微生物多样性,缓解作物根际土传病害的有效措施之一。例如,黄瓜间套作洋葱或大蒜可提高黄瓜根际土壤细菌多样性,提高土壤脲酶和过氧化氢酶活性,并对土壤真菌结构产生显著影响,从而增加作物产量。

接种生防菌能够抑制土壤病原菌数量,缓解土壤微生物学障碍。在诸多生防菌中,枯草芽孢杆菌以其良好的生防效果及在土壤中存活率高的特点而得到较广泛的应用。根据已有研究,枯草芽孢杆菌对土壤微生物学障碍的调控机制可能包括:产生枯草菌素、几丁质酶和活性蛋白等抑菌物质,直接抑制植物病原菌的生长与繁殖;抢夺营养物质及物理和生物学位点,间接抑制植物病原菌的发展;形成葡聚糖酶、纤维素酶等降解有机物质的酶,通过调节土壤-作物系统养分循环间接促进作物生长;诱导作物抗性并促进作物生长;与其他根际有益微生物协同促进作物生长。

4.5.3.5 种植嫁接苗

嫁接防治病害和促进作物增产的功效已得到国内外农业生产者的普遍认同。嫁接(彩图 4-16)可有效控制茄子黄萎病、瓜类枯萎病等。由于砧木根系可分泌与接穗根系不同的物质,这些砧木分泌物必然对微生物造成不同的影响,进而影响土壤-作物系统养分循环,从而改变作物生长发育状态。早期的研究已经探明,利用抗性砧木嫁接目标作物可影响土壤微生物相关因子。作物根际是土壤微生物与根系分泌物直接作用的最大场所,因此,嫁接砧木给根际微生物带来的影响必然最为直接。

4.5.3.6　土壤消毒

土壤中有病原菌、害虫等有害生物，也有硝酸细菌、亚硝酸细菌、固氮菌等有益生物。在正常情况下，这些微生物在土壤中保持一定的平衡，但连作时作物根系分泌物质的不同或病株的残留会引起土壤中生物条件的变化，从而打破了平衡状况，造成连作的危害。由于设施栽培有一定空间范围，为了消灭病原菌和害虫等有害生物，可以进行土壤消毒。

（1）药剂消毒　根据药剂的性质，有的灌入土壤，有的洒（撒）在土壤表面。使用时应注意药品的特性，现以几种常用药剂为例说明。

①甲醛（40%）。用于温室土壤或育苗床土消毒，可消灭土壤中的病原菌，但也会杀死有益微生物，使用时稀释50～100倍。使用时先将温室土壤或苗床内土壤翻松，然后用喷雾器均匀喷洒在地面上，再稍微翻动土壤，使耕作层土壤都能沾上药液，并用塑料薄膜覆盖地面保持2 d。待甲醛充分发挥杀菌作用后揭膜，打开门窗，使甲醛散发出去，2周后才能使用。

②硫黄粉。用于温室及床土消毒，可消灭白粉病菌、红蜘蛛等，一般在播种前或定植前2～3 d进行熏蒸，熏蒸时要关闭门窗，熏蒸一昼夜即可。

③氯化苦。主要用于防治土壤中的线虫，将床土堆成高30 cm的长条，床土的宽度由覆盖薄膜的幅宽而定，每30 cm^{2}注入药剂3～5 mL，须将药剂注入地面下10 cm处，然后用薄膜覆盖7 d（夏）或10 d（冬），之后将薄膜揭开放风10 d（夏）或30 d（冬），待没有刺激性气味后再使用。使用本药剂也会杀死硝化细菌，从而抑制氨的硝化作用，但在短时间内即能恢复。使用该药后密闭门窗，保持室内高温，这样能提高药效，缩短消毒时间。本药剂有毒，对人体有害，完成土壤消毒后要及时开窗通风。

④石灰氮（氰胺化钙）。这是一种高效的土壤消毒剂，其分解的中间产物氰胺和双氰胺对土壤中的微生物和昆虫具有很强的杀灭和驱避作用。在设施园艺生产中用石灰氮防治土传病害的有效性较早得到了论证。研究表明，采用石灰氮结合高温日晒闷棚，对土壤中镰刀菌的有效杀灭率可达到99%以上，可有效控制黄瓜设施栽培中枯萎病的发生。使用方法是将氰胺化钙全面均匀撒在土表，然后采用小型翻耕机械或人工翻耕使其与表土混合均匀，如能混合秸秆或稻草效果更佳。药剂与土壤、秸秆混合后灌水覆膜，保持土壤有一定的湿度，使氰胺化钙颗粒分解（氰胺化钙分解期间保持土壤湿度为60%～70%效果好）。施用氰胺化钙后10～20 d即可播种或定植，一般氰胺化钙的用量为60 kg/ 667 m^2，秸秆的用量为600～8 00 kg/ 667 m^2。

在使用上述四种药剂时都需提高室内温度，使土壤温度达到15～20℃或20℃以上，10℃以下不利于药剂汽化，效果较差。采用药剂消毒时，可使用土壤消毒机，土壤消毒机可将液体药剂直接注入土壤并到达一定的深度，同时使其汽化和扩散。消毒面积较大时，需采用动力式消毒机。按照运作方式不同，动力式消毒机有犁式、凿刀式、旋转式和注入棒式四种类型。其中凿刀式消毒机是悬挂到轮式拖拉机上牵引作业的，作业时凿刀插入土壤并向前移动，凿刀后部的药液注入管将药液注入土壤，而后以压土封板镇压覆盖。与线状注入药液的机械不同，注入棒式土壤消毒机利用回转运动使注入棒上下运转，以点状方式注入药液。

（2）蒸汽消毒　是土壤热处理消毒中最有效的方法，以杀灭土壤中有害微生物为目的。对大多数土壤病原菌，用60℃蒸汽消毒30 min即可杀死，但对烟草花叶病毒（TMV）

等病毒,需要用 90℃ 蒸汽消毒 10 min。对多数杂草种子,需要用 80℃ 左右的蒸汽消毒 10 min 才能杀死。土壤中除了有病原菌之外,还存在很多氨化细菌和硝化细菌等有益微生物,若消毒方法不当,有益微生物受害,也会引起作物生长发育障碍,因此必须掌握好消毒时间和温度。

蒸汽消毒的优点有:无药剂的毒害;不用移动土壤,消毒时间短、省工;因通气能形成团粒结构,可增强土壤的通气性、保水性和保肥性;能使土壤中不溶态养分变为可溶态,促进有机物的分解;能与加温锅炉兼用;消毒降温后即可栽培作物。

在进行土壤或基质消毒之前,需将待消毒的土壤或基质翻松好,用帆布或耐高温的厚塑料膜覆盖在待消毒的土壤或基质表面,四周要密封,并将高温蒸汽输送管放在覆盖物下方。每次消毒的面积与消毒机锅炉的性能有关,要达到较好的消毒效果,每平方米土壤每小时需要 50 kg 的高温蒸汽。有几种规格的消毒机,因有过热蒸汽发生装置,每平方米土壤每小时只需要 45 kg 的高温蒸汽就可达到预期效果。根据消毒深度的不同,每次消毒所需要的时间也不同(表 4-35)。需要说明的是,消毒时各种相关因素和条件,如土壤类型、天气等差异很大,因此表 4-35 中所列消毒时间仅供参考。

表 4-35　消毒机的土壤消毒深度和所需要的时间

消毒深度/cm	消毒时间/min			
	AGRIVAP 2004	AGRIVAP 2006	AGRIVAP 2008	AGRIVAP 20014
5	41	36	34	40
10	81	72	67	80
15	121	108	102	120
20	162	144	135	160
25	203	180	169	200
30	243	216	203	240
35	283	252	237	280
40	324	288	280	320
45	365	324	304	360
50	405	360	337	400
55	445	396	372	440
60	486	452	405	480

注:AGRIVAP 2004、AGRIVAP 2006、AGRIVAP 2008、AGRIVAP 20014 的覆盖面积分别为 75 m²、105 m²、150 m²、300 m²。

4.5.3.7　换土和无土栽培

换土是解决土壤次生盐渍化的有效措施之一,但是劳动强度大、不易被接受,只适合小面积应用。

当园艺设施内的土壤次生盐渍化严重,或者土传病害泛滥成灾,采用常规方法难以解决时,可采用无土栽培技术(彩图 4-17),以解决土壤栽培存在的问题。

4.6.1 综合环境管理的目的和意义

设施园艺的光、温、湿、气、土5个环境因子是同时存在的,综合影响作物的生长发育。在实际生产中,各因子是同时起作用的,它们具有同等重要性和不可代替性,缺一不可又相辅相成,当其中某一个因子发生变化时,其他因子也会受到影响随之发生变化。例如,当温室内光照充足时,温度会升高,土壤水分蒸发和植物蒸腾加速,使得空气湿度加大,此时若开窗通风,各环境因子则会发生一系列的改变。生产者在进行管理时要有全局观念,不能只偏重于某一个方面。

设施内环境要素与作物、外界气象条件以及人为的环境调控措施相互密切关联,环境要素的时间、空间变化都很复杂。有时为了使室内气温维持在适温范围,当人们采取通风,或是采取保温、加温等环境调节措施时,常常会连带着把其他环境要素(如湿度、CO_2浓度等)调节到一个不适宜的水平,结果从作物的生长来看,这种环境调节措施未必是有效的。例如,春天为了维持夜间适温,常常提早关闭大棚保温,造成夜间高湿、结露严重,引发霜霉病等病害;清晨为消除叶片上的结露而大量通风时,又会使室内温度下降,影响了作物的光合作用等。总之,设施内环境与作物生理的关系是很复杂的(图 4-34)。

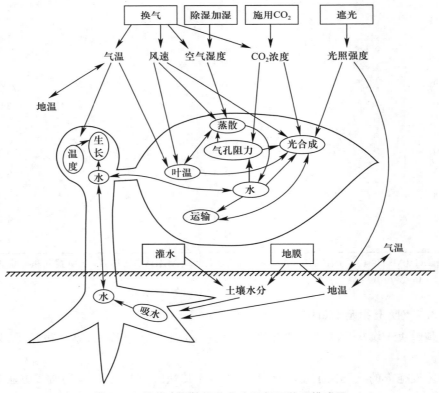

图 4-34　设施内环境和作物生理相互关系模式图

人们早就注意到要将各个环境要素综合起来考虑,根据它们之间的相互关系进行调节。所谓综合环境调控,就是以实现作物的高产、稳产为目标,把关系到作物生长的多种环境要素(如温度、湿度、CO_2 浓度、气流速度、光照等)都维持在适于作物生长发育的水平,而且要求使用最少量的环境调节装置(通风、保温、加温、灌水、施用 CO_2、遮光、利用太阳能等各种装置),既省工又节能,便于生产人员管理的一种环境调节控制方法。采用这种环境控制方法的前提条件是,各种环境要素控制目标值的设定必须依据作物的生长发育状态、外界的气象条件以及环境调控措施的成本等情况综合考虑。

4.6.2 综合环境管理的方式

综合环境管理初级阶段可以靠人的分析判断和操作,高级阶段则要使用计算机实行自动化管理。

4.6.2.1 依靠人进行的综合环境管理

单纯依靠生产者的经验和头脑进行的综合管理,是综合环境管理的初级阶段,也是采用计算机进行综合环境管理的基础。

许多生产能手早就善于把多种环境要素综合起来考虑,并根据生产资料成本、产品市场价格、劳力、资金等情况安排茬口、调节上市期和上市量,为争取高产、优质和高效益而进行综合环境管理,并积累了丰富的经验。

人脑管理系统和计算机管理系统的工作过程是不一样的:计算机获知环境信息是靠各种传感器,而生产能手是通过感官和简单的温湿度仪器观测;指挥计算机管理系统工作的,是在人的科学管理知识基础上编制的计算机程序,而人进行管理靠的是从各种渠道获取、积累的知识。计算机依据人规定的工作程序对获知的信息进行综合判断,决定采取哪种措施,控制相应的机构去动作,而生产能手则根据自己掌握的知识和获得的情况进行综合分析判断,然后决定采取某一种或多种措施,再由人去完成管理操作。

从以上比较看出,依靠人脑实行的综合环境管理对管理人员的要求是:①要具备丰富的知识;②要善于并勤于观察情况,随时掌握情况变化;③要善于分析思考,能根据情况做出正确的决断,集思广益;④能让作业人员准确无误地完成所应采取的措施。

原北京农业科学院气象室(现中国农业科学院环境与发展研究所),通过对大棚黄瓜生产与环境管理情况的调查,将每天的光温观测资料和黄瓜逐次采收量结合起来计算分析,得出塑料大棚黄瓜采收量与光温指标间的关系(表4-36);中国农业大学蔬菜系通过试验、观测及生产实践,得出温室黄瓜水分管理量化指标(表4-37)。这些工作对环境综合管理都是很有意义的。

表 4-36 塑料大棚黄瓜产量形成的光热条件指标

光热条件指标	$667\ m^2$ 产量水平/(kg/d)		
	正常产量(150±)	产量高峰(250±)	明显减产(<150)
平均日积光/[MJ/($m^2 \cdot d$)]	≥16.75	20.93~25.12	<12.56
平均光照强度/lx	≥40 000	40 000~60 000	<35 000
平均日照时数/(h/d)	>6	10±	<5

光热条件指标	667 m² 产量水平/(kg/d)		
	正常产量(150±)	产量高峰(250±)	明显减产(<150)
平均日积温/(℃/d)	≥400	500±	<360
平均白天>20℃积温/(℃/d)	>200	300±	<200
平均夜间>10℃积温/(℃/d)	>160	200±	<160
平均最高气温/℃	30±	≥30	<30
平均最低气温/℃	13～15	≥15	<10
>28℃时数/(h/d)	5±	6±	—
<10℃时数/(h/d)	—	—	4～5
地温变幅/℃	16～23	17～22	15～23

注:光照或热量条件单一不足,均可造成减产。

表 4-37 温室黄瓜水分管理量化指标

季节	水分管理	天气	苗期	初瓜期	盛瓜期	末瓜期
冬春茬	667 m² 灌溉量/m³	阴天	6	7	19	9
		晴天	16	21	32	15
	灌溉间隔/d		15	7	4	3
秋冬茬	667 m² 灌溉量/m³	阴天	4	6	6	7
		晴天	18	18	18～21	18
	灌溉间隔/d		15	6	10～14	15

4.6.2.2 采用计算机的综合环境管理

将计算机用于设施园艺环境控制的技术开始于 20 世纪 60 年代,随着微型计算机的问世,设施环境调控技术得到了迅速发展。

我国在 20 世纪 80 年代初期开始将计算机应用于温室的管理和控制领域。清华大学首先提出了应用单片机控制人工气候箱的方法和思路,此后中国农业科学院先后报道了 Z-80C 微机控制温室的软硬件实施方案,以及利用 Z-80 双板机控制气候箱自然光照的模拟试验。一些单位研究的以节能为目标的温室微机人工气候控制系统,取得了良好的应用效果。在单片机和单板机应用方面,中国农业科学院环境与发展研究所(环发所)等单位,研制了 TP-801 微型单板机人工气候箱控制与管理系统。20 世纪 90 年代初期,中国农业科学院环发所又和蔬菜花卉研究所共同研制开发了温室控制与管理系统,并采用 Visual Basic 开发了基于 Windows 操作系统的控制软件。20 世纪 90 年代中后期,江苏理工大学研制开发了温室软硬件控制系统,该系统能对营养液系统、温度、光照、CO_2 施肥等进行综合控制,是目前国产化温室计算机控制系统较为典型的研究成果。在此期间,中国科学院石家庄现代化研究所、中国农业大学和中国科学院上海植物生理研究所等单位,侧重不同领域,研究了温室计算机控制与管理技术。"九五"和"十五"(1995—2005)期间,国家在有关工厂化农业(设施园艺部分)的国家重大科技攻关项目中加大了计算机应用研究的力度,专门设置了相关专题,推动了我国设施园艺环境调控的计算机应用。

设施园艺学

所谓设施园艺环境综合调控,实质上是指创造作物生长发育所需最佳环境,以获取最大生产效益为目的,根据环境因子间的互作规律,利用传感器、计算机等元器件所进行的设施园艺环境综合调控过程。该过程由于以下原因显得极其复杂:其一,植物对环境的定量需求存在着不定性,植物对环境具有抗逆性、耐受性与顺应性,其机理极为复杂,涉及生命的内涵、本质,直到今天也不能全部明了。因此,环境因素的目标值并不是固定不变的,而是可以随着作物与环境的互作而发生变化,这就影响到控制实践中的目标值设定。其二,气象因素的变化具有随机性,室外日照、气温、风速(向)等气象因子变化无常,表现在设施内环境调控上就是干扰的随机性,其变化规律难以准确描述,势必影响调控精度。其三,环境因素间具有耦合性,例如,提高温室气温,空气相对湿度会相应降低,进而又会影响到地面蒸发与植株蒸腾强度,并且这些耦合规律也难以准确量化表达。其四,园艺设施结构呈现多样性,不同设施的几何尺寸千差万别,园艺设施的建筑材料与覆盖材料也相差很大,这些决定了传热特性各异,会影响到控制软件的通用性。诸如此类的"不定性""随机性""耦合性""多样性"等,决定了设施园艺环境调控的复杂性。这在控制学上也称为复杂系统,迄今为止尚未确立这样的系统控制理论。因此,想要像工业过程一样对设施园艺环境进行精确调控是非常困难的。当然,也正因为作物对环境具有适应性、耐受性等特点,在一般情况下并不要求将环境调控到"精确点",而是调控到一个"合适"的范围。实际上,这样一个"合适"的范围是随着园艺设施装备水平的变化而变化的,如对塑料大棚、日光温室的仅靠人工经验的环境管理,其变化范围较大,而对现代化温室、人工气候室、植物工厂的环境调控,这一"合适"的范围则变得更窄或更加精确。

温室是园艺设施的高级类型,可以进行周年生产,但环境调控难度大、要求技术水平高。大型连栋温室的面积和空间大,结构复杂,故以此为例加以阐述。

1. 自动控制的基本概念

所谓控制,就是为了实现某种目的、愿望和要求,对所研究的对象进行的必要操作。控制可分为人工控制和自动控制。利用人工操作的通称为人工控制;利用控制装置,自动地、有目的地操作(纵)和控制某一(些)设备或某一(些)过程,从而实现某一(些)功能或状态,这就称为自动控制。例如,温室保温幕帘可以依靠人工在日出后拉开,到日落时盖上。若采用光敏器件检测光照,通过相应的调节器和电动装置,当天黑时幕帘自动拉上,天亮后幕帘自动揭开,便实现了对幕帘的自动控制。

2. 自动控制系统的类型

应用自动控制的生产过程系统,称为生产过程的自动化系统,简称自动控制系统。自动控制系统种类繁多,就其控制的对象或控制的具体过程而言,通常有如下分类。

(1)按所控制的变量性质分类 可分为断续控制系统和连续控制系统。

①断续控制系统。由各种具有开关性质的元件(简称开关元件)组成的有断续作用的控制系统,该系统的输入和输出变量均为开关量,常用的具有"接通"和"断开"两种状态的开关元件主要有电磁继电器、接触器、半导体二极管和三极管以及数字集成电路(芯片)等。

②连续控制系统。连续控制系统不同于上述断续控制系统,其特点是该系统随时随地检测被控对象的工作状态,当发现被控量(也称输出量)与目标值具有一定的偏差时,系统便会自动进行调整。连续控制系统的结构虽然较复杂,但其控制精度和快速性以及可靠性均优于断续控制系统,因而会大大提高劳动生产率和产品的品质。

（2）按控制系统有无反馈分类　可分为开环控制系统和闭环（反馈）控制系统。所谓反馈是指将系统的输出信号或该系统中某个环节的输出信号返送到该系统的输入端，再与输入信号一同作用于该系统本身的过程。

①开环控制系统。没有反馈的控制系统称为开环控制系统，对于这种系统，给定一个输入量，便有一个相应的输出量。例如，温室保温幕开启和关闭，光敏元件判断日出或日落，一旦发出执行命令，便会一次性地完成幕帘的启或闭的控制任务，并不对控制结果进行检测。

②闭环控制系统。具有反馈的控制系统称为闭环控制系统，在这种系统中，借助反馈将输出量与目标值相比较，产生使输出量与目标值相一致的调节动作。如温室自动供热系统要通过温度敏感元件检测出室内的实际温度值，并与目标温度值相比较，得出温度偏差信号，借助相应的调节装置和执行机构调节加温装置，使室内温度改变，而后再进行新一轮的检测和调节，从而保证室内温度在期望的范围内。

温室环境控制采用何种系统，应通过技术上和经济上两方面比较确定。通常对操作次数较少，不存在精度要求的环境参数，可采用开环控制；对精度要求较高，干扰作用强，操作频繁的环境参数，如温度参数中的加温、降温等，应采用闭环控制。

3. 自动控制系统的组成

自动控制装置尽管多种多样，但均必须由传感器、调节器和执行器三大部分构成。传感器由具有一定物理特性的敏感元件，如热敏电阻、湿敏电阻及相应的测量变换电路等组成。它能够检测各种环境参数，并转换成某一特定信号（电压、电流、气压或机械位移等），送至调节器。

调节器是自动控制装置的核心部件，它将传感器送来的实测值与目标值相比较，检出偏差，再按照已经确定的运算规律算出结果，并将结果用特定的信号（电量、电气接点的通断、气压等）送至执行器，实现预定的控制和调节。计算机在自动控制系统中主要起"调节器"的作用。

执行器是一些动力部件（电动、气动、液动等），它接收调节器发送来的特定信号，负责改变调节机构（如电磁阀门、窗扇等）的位置，自动地调节某一参数的状态。

由于实际的自动控制系统由多种元器件和设备组成，种类繁多，为了能清楚地表明各部分的功能、各部分的相互联系和信号的流向，通常用方框图表示系统的组成。功能相同的一组元器件、设备或某一个过程称为一个环节，用方框表示，方框间的带箭头联络线表示两个相关环节间的相互作用和信号的传递方向。

图 4-35 所示为一温室热水采暖的自动控制系统，它所调节的参数是室内温度，用 X_{sc} 表示，温度的目标值用 X_{sr} 表示。被调节参数 X_{sc} 经传感器的测量和转换反馈给输入端，其与目标值 X_{sr} 之差称为偏差，用 e 表示（$e = X_{sr} - X_{sc}$），这一偏差 e 将引起调节机构发生动作，使 X_{sc} 发生变化，这种循环持续到 e 减少至零为止。

应用方框图有助于了解系统的组成和相互联系，为分析系统提供方便，同时还可以揭示不同系统在物理特性方面的相似性。

▶ 4.6.3　采用计算机的温室环境综合调控

如前所述，在温室环境调控方面，计算机主要起"调节器"的作用。只不过在温室环境调控系统中，环境因素众多，关系复杂，加之作物对环境的要求又因时因地而变，这就要求此"调节器"具有强大的"比较"和"计算"功能，而计算机可具备这些功能，因此计算机在温室环境调控

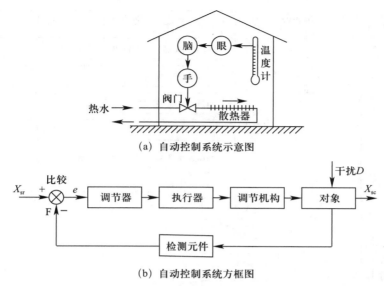

(a) 自动控制系统示意图

(b) 自动控制系统方框图

图 4-35　温室热水采暖的自动控制系统

中起到重要作用。20 世纪 60 年代,荷兰人首次将计算机用于温室环境调控,50 多年来,计算机温室环境调控的软硬件设施开发研究和技术更新方面突飞猛进的发展。尽管计算机可以在温室环境调控方面发挥巨大作用,但温室生产对象是具有生命的园艺作物,其生长发育管理需要根据作物种类、生长发育阶段、天气、土壤等而适时采取必要的环境管理与技术措施。也就是说,需要将计算机的功能与管理者的经验和技术良好地结合,取长补短,才能获得作物的高产和优质。

图 4-36 所示为计算机温室环境综合调控系统的结构。具体来说,在温室环境综合调控系统中的计算机可以发挥以下三项功能。

(1)调控环境　一般都采用通用型的程序结构,能适合多种使用情况。程序中一般只规定控制的方法,如比例控制、差值控制等,即根据几个环境要素的相互关系规定一些计算的关系式,以及根据计算结果对各种机器进行控制的逻辑。各种具体环境要素的设定值,由用户根据要求事先输入计算机中,并根据现场情况及时变更。例如,该系统对室温的调节是通过天窗和两层保温幕的开关,以及水暖供热管道的开关来实现的。

(2)紧急处理　当某一环境参数如室温超出用户设定的最高温度或最低温度时,系统自动报警,现场亮指示灯,并在中心管理室的主机监视器屏幕上显示故障内容或红色符号。再比如停电时对数据的保护等。

(3)数据采集处理　该系统能随时以图表方式,用彩色打印机打出温室内外环境要素值、环境控制设备的运行状态及输入的设定值等。计算机温室环境综合调控系统的作用发挥的好坏,取决于栽培者对数据分析处理的能力的强弱。

▶ 4.6.4　基于物联网技术的温室环境管理

物联网(internet of things)就是物物相连的互联网。物联网技术是通过各种信息传感设备,按约定的协议,将任何物品与互联网相连接,进行信息交换和通信,以实现智能化

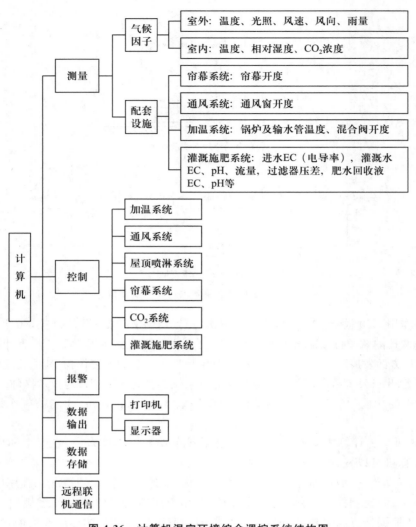

图 4-36　计算机温室环境综合调控系统结构图

识别、定位、追踪、监控和管理的一种网络技术。在信息技术快速发展的时代背景下，随着"智慧地球"概念的提出，物联网作为一种技术手段迅速与相关的领域结合，形成了以物联网为核心，具有行业特色的众多应用。智慧农业正是在这种前提下提出的，它是一种基于物联网的面向农业领域的应用。智慧农业是物联网时代现代农业的具体实现，解决了当前技术条件下农业生产、流通等领域的技术问题。智慧农业在设施园艺产业有广阔的应用空间，温室大棚的自动化监控系统已经投入使用，系统已能够进行智能化的监测、控制、分析及决策。融合智慧农业的设施园艺系统具有网络互联、智能管理、自动控制等特点，智慧农业的广泛应用将极大地促进设施园艺的发展。国家《物联网"十二五"发展规划》中将智能农业作为重点应用领域，其中"农业生产管理精准化、生产养殖环境监控"作为一个重要内容。设施园艺物联网技术主要利用传感器实现设施园艺生产环境信息的实时感知，利用自组织智能物联网对感知数据进行远程实时监控。通过物联网技术监控环境参数，为设施农作物生产提供科学依据，优化农作物生长环境，不仅可获得作物生长的最佳条件,提高产量和品质,实现设施园艺作物的精准化管理,同时可提高水资源、化肥等农业投入品的利用率和产出率。

从技术架构上来看,物联网可分为 3 层:感知层、网络层和应用层(图 4-37)。感知层由各种传感器以及传感器网关构成,包括 CO_2 浓度传感器、温度传感器、湿度传感器、二维码标签、RFID 标签和读写器、摄像头、GPS 等感知终端。感知层的作用相当于人的眼、耳、鼻、喉和皮肤等器官,其主要功能是识别物体、采集信息。网络层由各种私有网络、互联网、有线和无线通信网、网络管理系统和云计算平台等组成,相当于人的神经中枢和大脑,负责传递和处理感知层获取的信息。

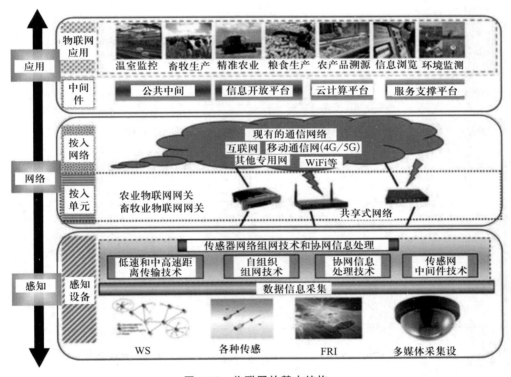

图 4-37　物联网的基本结构

在物联网应用中有 3 项关键技术,具体如下。

(1)传感器技术　是计算机应用中的关键技术。众所周知,到目前为止绝大部分计算机处理的都是数字信号。自从有计算机以来就需要传感器把模拟信号转换成数字信号,然后计算机才能处理。

(2)RFID 技术　也是一种传感器技术。RFID 技术是把无线射频技术和嵌入式技术融为一体的综合技术,RFID 在自动识别、物品物流管理领域有着广阔的应用前景。

(3)嵌入式系统技术　是把计算机软硬件、传感器技术、集成电路技术、电子应用技术综合为一体的复杂技术。经过几十年的演变,以嵌入式系统为特征的智能终端产品随处可见;小到人们身边的音频播放器,大到航天航空的卫星系统。嵌入式系统正在改变着人们的生活,推动着工业生产以及国防工业的发展。如果用人体作一个简单比喻,物联网中的传感器相当于人的眼、鼻、皮肤等感官,网络就是神经系统,用来传递信息,嵌入式系统则是人的大脑,在接收到信息后进行分类处理。这个比喻很形象地描述了传感器和嵌入式系统在物联网中的位置与作用。

近年来,随着信息技术的发展,温室环境监控系统也不断地采用新技术,智能温室环境监控系统应运而生。它是实现温室智能化、网络化管理的有效手段,有助于提升温室管理的效率和降低农业工人的劳动强度。智慧农业系统是典型的复杂系统,系统设计的不合理会直接导致数据的不确定及数据不可用。农业物联网是智慧农业的核心技术,当前的智能温室环境监控系统也多采用农业物联网作为其核心技术手段,设计成智能温室环境监控物联网系统(图 4-38)。

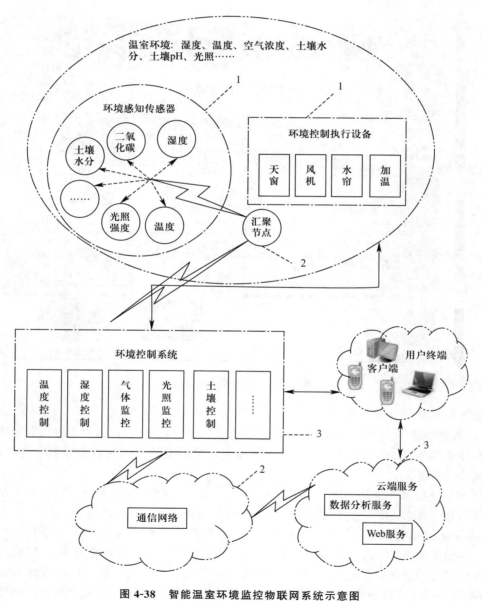

图 4-38　智能温室环境监控物联网系统示意图

1. 感知层;2. 网络层;3. 应用层

设施园艺学

4.6.5　设施园艺综合环境管理的发展趋势

（1）信息采集准确便捷　信息采集技术及设备将进一步更新，微型化、智能化、移动化、多样化农业物联网传感器的种类和数量将快速增长，向微型智能化发展，感知将更加全面、透彻。重视传感器的可靠性设计、控制与管理，重视市场竞争、个性化特色和产业化应用。通过运用全新的材料搭建相应的新结构，进一步实现传感器技术的低成本和高效性。对于温室种植，物联网技术通过温度、湿度、pH、光、离子等的传感器设备，对植物生长环境进行有效监测，保证工作人员第一时间掌握温室的生长环境，对环境做出及时调控，保证农业作物的健康生长。

（2）智能管控技术升级　嵌入式、模块化、集成化的实时传感器与大数据、云计算深度融合，技术集成更加优化，实现计算处理能力和信息存储资源的分布式共享，微功耗、低成本、高可靠性等参数指标进一步提升。将数据分析和人工智能相结合，站在全球化的角度对农业生产的规律进行分析，研究关键环境要素智能调控技术，根据作物生长环境和自身特点的差异性进行精准的管理，提高农业经营管理水平，实现农业生产的智能化。基于人工智能技术的各种诊断与决策支持系统等，会被广泛应用于设施园艺作物的生产管理过程。

（3）控制装备协调发展　围绕设施园艺的关键技术，基于设施作物模型的数据采集与智能化控制装备，设施栽培节能与资源高效利用装备，连作障碍防控等设施园艺产品安全生产装备，设施栽培定苗、定植、移栽、管理、收获、产后处理等低成本、高效率配套装备，将得到快速发展与应用，以提升装备的智能化水平。

（4）产业化和标准化增强　随着相关技术的不断发展和产业链日趋成熟，设施园艺的参数指标更加严格，生产管理工艺更加精细，产品内在质量和外观表现更加出色。目前，世界各国普遍重视新产品和自主知识产权的开发，增强核心竞争力。因此，设计无污染、可持续的循环农业生产体系，研究设施园艺环境管理中传感、互联互通、数据处理及自动控制等各环节的智能管控标准，实现设施环境上下游接口连接的统一性、完整性、协调性和标准化，提高农业生产效率、降低农业生产人工成本，是未来的发展趋势。

▶复习思考题◀

1. 园艺设施内的光环境有何特点？影响园艺设施透光率的因素有哪些？如何进行园艺设施光环境的调节与控制？

2. 园艺设施内的温度是怎样形成的？传热方式与失热途径有哪些？

3. 园艺设施内温度分布不均匀的原因有哪些？如何进行温度环境的调控？

4. 园艺设施内的空气湿度有何特点？如何进行空气湿度的调控？

5. 园艺设施内的气体环境有何特点？如何预防有害气体？

6. 如何进行设施内 CO_2 施肥？

7. 园艺设施内的土壤环境有何特点？如何进行设施土壤的调控？

8. 什么是园艺设施的综合环境调控？为什么说综合环境调控是一个复杂的工程？其发展趋势如何？

chapter **5**

第5章

园艺设施的规划设计与建造

➤ **本章学习目的与要求**

1. 掌握园艺设施的总体设计及结构设计的原则与要求。
2. 掌握园艺设施规划设计的内容与步骤。
3. 了解塑料大棚、日光温室和连栋温室对建筑施工的要求。

　　我国幅员辽阔,地形复杂,各地气候条件差异较大。各地的园艺设施有着不同的特点和要求,在设计建造时必须合理规划布局。如图 5-1 所示,国内学者依据温室生产所需气候因子,对我国陆地范围内连栋温室生产布局进行区划,从北到南共分成 9 个一级区和 18 个二级区。同时我国存在着发展不平衡的问题,各地市场需求也不尽相同,因此,各种类型不同层次的园艺设施应协调发展。进入 21 世纪以来,我国设施园艺发展方式由数量规模型向质量效益型转变,先进的种植技术、工程技术、材料技术、信息化技术以及新型装备在生产实际中的推广应用,助推设施园艺产业提质增效,同时也使得园艺设施的规划、设计、建造等方面表现出高度的专业化、工程化的特点。另外,为实现设施农业工厂化生产的目标,在工程建设和作物种植管理方面都制定和执行了一系列的标准及规范。早在 2001 年,中国农业工程学会组织全国温室企业和相关科研、教学单位开展了温室行业标准制定方面的工作,至今为止由国家质监局批准颁布的有关温室工程的国家和行业标准约 25 项,各级地方出台的相关标准更是多达数十项。这些标准涵盖了温室性能、建筑和结构设计、施工与建造、设备及安装、质量监督等,是园艺设施规划设计重要的依据。随着设施园艺工程建设专业化、规范化程度的不断提高,对温室建设项目的监督管理也正逐步完善和规范。总之,我国园艺设施正向着专业化、标准化、工程化的方向蓬勃发展。

图 5-1　中国温室的气候区划

第 5 章　园艺设施的规划设计与建造

201

5.1.1 园艺设施的建筑特点与要求

园艺设施是指能够提供给园艺作物生长发育所需要的适宜的环境条件,可进行作物高效生产的拱棚、温室等农业设施,包括农业建筑物及其配套设施设备所构成的工程系统。园艺设施既属于农业建筑学的范畴,同时又对应于农业工程学中的植物性生产环境工程,即指利用地膜覆盖、塑料棚、玻璃温室和人工气候室等为作物生长创造良好环境的工程设施;广义上还包括大田生产的防冻、防霜、防雹等工程技术及装备。

园艺设施与一般工业及民用建筑不同,其有以下的特点:

(1)充分满足园艺作物生长发育要求的环境条件　园艺设施是栽培蔬菜、花卉、果树等园艺作物的场所,为了满足作物生长发育的要求,园艺设施应保证白天能充分利用太阳光,获得大量光和热,夜间应有良好的密闭保温性。大型连栋温室或条件好的日光温室还应有补光、加温、通风、降温等环境调控设备。随着作物生育阶段的不同和不同季节天气的变化,这些环境调控设备能及时调控园艺设施内的小气候,特别是春夏季的高温、高湿,以及秋冬季的低温、弱光。以上小气候不仅影响作物的生育,还易诱发病虫害,所以要求园艺设施结构合理,各种环境调控设备灵敏度高,能够及时调控作物生长发育环境。

(2)具有良好的生产作业条件　设施园艺作物生产须达到高效率高效益的目标。因此,除了装备环境调控设备之外,还需要配备一些必要的高效生产装备,如吊绳支架、无土栽培系统、物流设备、植保设备等。同时园艺设施内也应适宜于劳动作业,保护劳动者的身心健康。室内要有足够大的空间,减少立柱,增大柱距,便于室内生产管理。但也不可空间过于高大,一方面不利于保温,另一方面会增加建造成本,同时,也不利于放风和防寒保温覆盖物卷铺等作业。采暖、灌水管道等设备的配置应注意不影响耕地和其他生产作业。

(3)具有坚固的结构　在园艺设施使用过程中,将承受风、雨、雪以及室内生产、设施维护作业等产生的荷载作用,其设计和建造必须切实保证结构安全。

(4)透明覆盖材料的选用　透明覆盖材料对园艺设施内的光照和温度环境均有重要的影响。要求选用透光率高、保温性好的覆盖材料,此外,覆盖材料应不易污染,抗老化耐用,且防滴性好。玻璃仍然是连栋温室理想的覆盖材料,保温透光性能好,寿命长,但比较昂贵。目前各种农用塑料薄膜在我国应用最多,虽然其透光、保温性和防滴性等较差,寿命短,但价格便宜。

(5)建造成本不宜太高　降低建筑成本和运行管理费用,是设施园艺能否实现经济效益的关键。这与坚固的结构、完备的环境调控功能等要求是互相矛盾的,因此,应根据当地的气候条件和经济情况,合理考虑建筑规模和设计标准,选择适用的园艺设施类型和结构、建筑材料以及环境调控的设备。另外,园艺设施是轻体结构,使用年限一般为10~20年,在结构设计的设计参数取值和建筑规模上,应与工业建筑及民用建筑有所不同。

5.1.2 园艺设施规划设计的内容和重要性

从工程学的角度来说,园艺设施的规划设计是指园艺设施工程规划设计,即在综合考虑区域内的社会、经济、科技、地理、气候、交通、区位等诸多因素的基础上,通过对拟建设工程项目未来的发展目标和定位,以及预期达到的社会效益、经济效益、技术指标等进行详细思考论证后,提出项目的发展方向、发展方式和实施的主要内容等,然后按照规划设计的要求完成场址选择、生产工艺设计确定、总平面规划、温室工程设计等工作。

园艺设施规划设计按工作流程和细化程度可大致分为总体规划和工程设计两个阶段。总体规划阶段的主要内容为场址选择、生产工艺设计、总平面规划等。工程设计阶段的主要内容为温室工程及配套设备的设计。各阶段的主要工作内容如表 5-1 所示。

表 5-1　园艺设施规划设计的主要内容

设计阶段			主要内容
一、总体规划阶段		准备阶段	核实设计文件,明确设计思想、设计原则,选择合理的设计标准
	生产工艺设计	温室类型选择	按温室用途的分类进行类型选择
		品种选择	确定栽培品种、产品种类
		生产模式	选择全自动化、半自动化、人工为主
		栽培模式	土栽、盆栽、无土栽培、立体栽培模式的确定
		工艺流程	确定从原料购入到产品出售一系列生产环节
		环境要求	确定温、光、湿度、气体成分等环境因子的管理指标
		温室设备初步选择	生产设备、环控设备、其他设备的选择
	场址选择		勘测调查、定点定位
	总平面规划		制订设计方案及设计说明;图纸绘制,绘制场区总平面规划图、生产与辅助性建筑和生活性建筑平面图,以及道路、给排水、采暖、电力电讯、绿化工程规划图等;初步制订工程投资概算
二、工程设计阶段		主要建筑材料选择	选择覆盖与围护结构材料
	温室建筑设计	平面设计	划分栽培单元(按生态学原则、植物地理学原则等分区);布置栽培床、设置走道与出入口;管理与辅助间布局等
		剖面、立面设计	温室跨度和各种高度(檐高、室内净高、室内外地平面高程)的确定,屋面坡度、空间利用方式(阶梯式、叠层式、悬挂式等立体栽培装置剖面设计)的确定
		主要建筑构造设计	基础、地面、墙体、屋面、门窗、围护结构连接、屋脊、屋架与檩椽条、天沟、剪刀支撑、开窗机构处的构造等
	温室结构设计	结构形式与几何尺寸选择	屋面形式、屋面坡度、屋架尺寸、柱子尺寸、檩条尺寸、基础尺寸等
		结构材料确定与设计荷载计算	竹木、薄壁型钢、铝合金型材等结构材料;风雪、结构自重、作物重量、设备重量等荷载计算
		结构设计、结构计算、结构方案比较与选择	屋顶体系、拱排架体系、支撑体系、基础等的结构设计与计算以及方案选择
	配套设备工程设计	通风与降温系统	通风与降温方式、通风量计算、通风与降温设备选型、设备布置
		加温与保温节能系统	采暖条件、采暖方式、采暖负荷、采暖设备选型、设备布置
		人工光源与配电系统	补光要求、补光方式、补光量计算、补光设备选择、用电量计算、供电方式与设备选型、电路布置
		灌溉与施肥系统	灌溉系统设计、灌溉设备选型、灌溉设备设施布置
		CO_2 施肥系统	CO_2 施用方式、使用设备
		环境自控系统	控制方案、硬件设备、软件系统选择与布置

近年来,我国设施园艺发展很快,特别是温室和塑料拱棚正在由小型发展到大型,由单栋发展到连栋,由竹木结构转向钢筋混凝土结构、钢结构,由半永久式转向永久式发展。内部设施装备也正在由简单到复杂,由手动操作到机械化及自动化方向发展。如果我们不了解这方面的专业知识而去设计建造,就会浪费物质资料,间接给生产造成损失。园艺设施规划设计的重要性主要体现在以下方面:

首先,避免选择气象条件、水文地质条件、大气质量条件等不适宜的建造场所,会造成温室大棚建设成本增加或使用性能不佳,以及生产运行费用过高。例如,在冬季风口地点建造温室,会加大温室的采暖负荷,从而增加采暖设备及加温成本;场区的总平面规划设计不合理,影响到各单体建筑功能的发挥,以及道路、供电线路、供热管网等合理布置,特别是前后相邻温室间距过小或者过大,造成温室间的相互遮阴或者造成场区土地利用率下降。若不按照建筑物功能进行分区布局,则会增加道路、供电线路的复杂性,从而增加整个工程造价。

其次,避免单体的温室大棚因工程设计和施工不当,造成安全性事故;或是建筑结构不合理造成室内环境性能不佳,导致运行期间环境调控困难;或是建造标准及设备配置规格过高,造成资源浪费。例如,近年来,很多地方新建的温室大棚,在大雪或暴风的侵袭下倒塌,就是结构计算失误,或者工程施工不当所造成的。如果把园艺设施设计与施工完全让民用建筑设计建造单位来承担,并且按照民建的设计施工规范来执行,则容易忽略园艺作物生产工艺的特点和要求,造成采光不合理、建材使用过多、采暖系统设计超量或不足等,以上都会造成很大的浪费。在施工方面也会因施工、安装不合理,影响工程质量以及后期的生产管理。

5.1.3　园艺设施场地的选择

园艺设施的建设场地与其结构性能、建设成本、环境调控、经营管理等方面有很大关系,因此在建造前要慎重选择场地。

5.1.3.1　地形与地质条件

（1）地形　选择地势平坦、开阔、向阳的场地或者向南、向东南、向西南的缓坡。平坦和南向缓坡可使温室获得充足的太阳辐射,同时,又便于平整土地,有利于温室排水,节省建造成本。一般要求场区内坡度在5%以内。温室是一种采光建筑,在选址时应避开影响采光的建筑物或阻挡物。

（2）水文地质条件　选择地下水位低的场区。地下水位高,对温室的地面种植灌溉效果有直接影响,也对温室的基础工程有不利影响。对于建造连栋玻璃温室的场地,要进行地质调查和勘探,分析地基土壤构成和下沉情况以及地基承载力等,避免局部软弱带、不同承载能力地基等导致不均匀沉降,确保温室安全。一般要求园艺设施地基承载力应在 50 t/m² 以上。

5.1.3.2　土壤条件

对于进行土壤栽培的园艺设施,应选择土壤肥沃疏松、有机质含量高、无盐渍化和其他污染源的地块。一般要求壤土或沙壤土,最好在 3～5 年内未种过瓜果类作物,以减少病虫害发生。对于进行无土栽培的园艺设施,可不考虑土壤条件。

5.1.3.3　气候条件

气候条件是影响园艺设施安全和经济性的重要因素之一,主要包括气温、光照、风和雪等气象因子条件。

(1)气温　温室建设地点区域内的气温变化过程是进行温室冬季加温和夏季降温能耗估算的依据。一般理想的气温条件是冬季平均温度高,夏季平均温度低,这样园艺设施的冬季加温和夏季降温负荷小,相应的运行能耗也就低。

(2)光照　光照强度和光照时数对园艺设施内作物的光合作用及室内温度状况有着很重要的影响。要求冬季日照百分率不低于40%,最好在50%以上。选择光照充足的地区建造温室,可以保证园艺设施内光照和热量的需求,可避免人工补光,节约能耗。

(3)风　在选址时需考虑风速、风向和风带的分布。风速大能增加园艺设施的散热,不利于保温节能;同时,会提高园艺设施结构安全性的要求,加大园艺设施的材料用量,增加建设投资,所以应选择避风向阳地带建造园艺设施,且要求场地四周没有障碍物,高温季节气流通畅,有利于设施内的通风换气。还应避免寒风带、强风带地区建造园艺设施,以利于设施结构安全及保温节能。

(4)雪　雪压是园艺设施的主要荷载。特别是排雪困难的大中型连栋温室需要考虑提高设施结构的安全性。连栋温室屋面清雪主要依靠室内加温,将积雪融化后以雪水的形式排出,但融化积雪需要大量的热量,会增加温室采暖负荷。选址时应避免多雪地区。

5.1.3.4　场区周围环境状况

在温室生产中,空气、水源、土壤受到污染将严重影响温室产品的品质,在选址时应避免温室周围有污染源,如大的工矿企业,或选在这些工厂的上风向以及空气流通良好的地带。

5.1.3.5　场区及外围基础设施条件

(1)交通　温室建设场区是一个生产场所,同时也是一个物流场所,生产资料要运进,生产产品要运出。因此,园艺设施的场址应选择交通便利地区,但应避开主干道,以防灰尘和空气污染。

(2)电力　大型温室对电的依赖性很大,必须从电力供应的数量、稳定性、管线架设的便利性等多方面综合考虑。避免生产关键时刻停电造成经济损失。温室供电电力负荷等级为三级,对特殊要求的温室应配置双路供电或自备电源。

(3)给水　水源和水质是选址时必须考虑的因素。应尽量靠近水源且水量丰富,水质好,pH中性或微酸性,无污染。采用城市供水管网,应确保管网的可靠性,并建立小型储水设施和提灌设备,以备管网出现故障时之需。温室灌溉系统供水压力和流量应能满足灌水器的工作要求,按《微灌工程技术标准》(GB/T 50485—2020)执行。蓄水池的容积应满足2 h的高峰需水量。

在对上述因素认真调查和充分考虑的基础上,保证所选场地的综合条件最优,为下一步的建造施工和使用打下良好的基础。

5.1.4.1　总体规划布局原则

(1)对场区按功能进行分区　设施园艺生产基地除了一定规模的温室群,还必须有相应的配套建筑及设施才能够正常生产。将场区按生产基地的功能划分为种植区(生产区)、辅助生产区、销售管理区。

种植区的设施包括育苗温室、生产温室、工厂化育苗播种车间、专用催芽室等。辅助生产区的设施有锅炉房、水塔、水泵房、配电室、产品储藏保鲜库、种子库、生产资料库、待运产品库、运输车辆与农机库、货场等。销售管理区的设施包括公共停车场、办公室、销售厅、产品展示区、实验检测室等。

(2)各功能区空间位置独立且道路联系顺畅　销售管理区和生产区既空间独立,又通过道路顺畅联系起来。将生产原料供应道路和外来消费者道路分开设置,并要符合生产资料购入、播种、育苗栽培、生产收获、贮藏加工、外运销售一系列流程。避免流程重复和管线干扰,提供适宜的栽培生产、管理操作、贮藏和装运条件。在考虑场区内部的交通道路设置时,场区道路应分主次,主干道宽度宜为 6 m,次干道宽度宜为 3~4 m。道路宜采用混凝土路面。一般单体温室周围的道路宽度宜为 2~4 m,道路与温室外墙的距离不宜小于 1 m。

(3)各分区的设施集中连片优化布局　首先将种植区的温室群布置在场地采光、通风等最佳的位置,尽量安排在土壤肥沃的地带。对温室群可以再按生产模式和作物种类划分成若干小区,每个小区自成一个独立体系。辅助生产区安排在土壤条件较差地带,并集中布置,减少占地。辅助生产区布置锅炉房、水塔、料场、仓库等设施,应建在温室群的北面,既避免对温室造成遮阳,又可以阻挡北风,提高温室保温性,还可以提高场地整体土地利用率。锅炉房及烟囱应布置在主导风向的下风处,防止烟尘飘落在温室上。如果辅助生产区道路不做硬化,最好有独立的道路与公路相通,避免道路穿过种植区,扬起的尘土污染覆盖材料。在管理区安排办公室、市场、加工厂等建筑,这些设施功能与种植区联系紧密,应紧邻种植区,道路要短,但要与外界交通方便。

(4)场区内部需绿化及在场区边缘设置防护林带　场区内部绿化应以灌木和草坪为主,避免种植高大树木。场区边缘设置的防护林带应距离温室建筑 30 m 以上。

5.1.4.2　园艺设施的方位

园艺设施方位是指设施屋脊的延长方向(走向),大体分为南北延长和东西延长两种方位。设施的方位影响其内部的光热环境。塑料大棚覆盖全面透光的塑料薄膜,其方位多为南北延长。光照分布是上午东部受光好,下午西部受光好,日平均光照强度各部分基本相同,全棚受光比较均匀,局部温差也较小。东西延长的塑料大棚南侧光照强度高,北侧光照强度低,受光不均匀。

日光温室(单屋面温室)坐北朝南,为东西走向。对北纬 40°以北的高纬度地区和晨雾大气温低的地区,日出时不能立即揭帘受光,方位可适当偏西,以便更多地利用下午的日光,称"抢阴"。对于冬季不太寒冷且雾不多的地区,方位应适当偏东,以充分利用上午的阳光,有利于作物光合作用,称"抢阳"。无论方位偏东偏西,偏斜角一般为 5°~10°,不宜太大。

应当指出,这里所指的南北,是地理南北极,不是地磁场南北极。用罗盘仪确定方位角时,必须将当地的磁偏角减去或加上(磁偏角北偏东减去,北偏西加上),才能得到地理南北极方向。各地有不同的磁偏角,如北京的磁偏角为北偏东 $5°57'$,沈阳为北偏东 $7°30'$,西安为北偏东 $2°11'$等,当地具体的磁偏角可查询相关资料。

对于连栋温室,由于其全面进光的特性,其方位对室内光热环境影响较小。屋脊南北走向时,室内光照较均匀,应用较多;屋脊东西走向时,由于太阳入射角度等,屋顶高度水平面上东西向布置的结构构件易在室内地面上产生死阴影,形成弱光带,但室内总进光量多。连栋温室应根据使用季节以及作物对光照的敏感度等来确定方位。

5.1.4.3　园艺设施的间距

合理确定温室间距是既能提高土地利用率,又能保证温室冬季光照环境的重要手段。温室间距分为前后相邻温室间距以及左右相邻温室间距。前后相邻温室间距是指前排温室北墙外侧到后排温室前屋面南沿的水平距离。如果从土地利用率上考虑,其间隔越狭窄越好。但从遮阴和通风角度考虑,过狭窄则不利于采光和通风。确定前后相邻温室间距一般以前栋温室不影响后栋温室的采光为条件。一般为温室脊高 $2\sim3$ 倍,纬度高的地区距离要大一些,纬度低的地区则小一些。左右相邻温室间距,最好参考道路的宽度,机耕道双向行驶一般 6 m 以上,单向行驶一般 2 m 左右。并且排列位置一致,形成风道,保证通风良好。

日光温室一般要能够满足生产喜光作物的要求。在平面布局中对前后相邻温室的间距有着严格的计算方法。

1. 平地前后相邻日光温室间距的计算

平地前后相邻日光温室间距如图 5-2 所示,采用式(5-1)来计算。

$$D = H \cdot ctgh \cdot \cos(a-a') - L \qquad (5\text{-}1)$$

式中:D 为前后排温室间距,H 为温室脊高(含保温被卷起的高度),h 为太阳高度角,a,a' 分别为太阳方位角和温室后墙方位角,L 为后屋面水平正投影长度(含后墙厚度)。

利用式(5-1)可以求出平地上确定采光时间以及确定温室偏东或偏西角度后所需要的温室间距。为使用方便,以下给出冬至日设定温室脊高 $H=1$ m 时,不同地理纬度、不同采光时间以及不同温室方位角下 $D+L$ 的取值,如表 5-2 所示。应用该表时,用实际脊高乘以表中对应值即可。如北纬 $42°$建造日光温室,温室方位偏东 $5°$,温室脊高 4.0 m。要求冬至日采光 4 h(不遮阴光照时间),则 $D+L$ 的取值为 $4×2.66=10.64$ m。

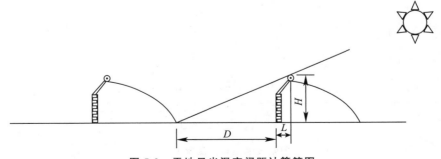

图 5-2　平地日光温室间距计算简图

表 5-2　确定日光温室间距的 **D＋L**（冬至日温室脊高 *H*＝1 m）

纬度		D＋L/m	
		4 h 光照	6 h 光照
北纬 36°	偏东（西）0°	1.93	2.42
	偏东（西）5°	2.02	2.6
	偏东（西）10°	2.09	2.77
北纬 38°	偏东（西）0°	2.11	2.68
	偏东（西）5°	2.2	2.88
	偏东（西）10°	2.28	3.06
北纬 40°	偏东（西）0°	2.31	2.99
	偏东（西）5°	2.41	3.21
	偏东（西）10°	2.5	3.41
北纬 42°	偏东（西）0°	2.55	3.38
	偏东（西）5°	2.66	3.63
	偏东（西）10°	2.76	3.85
北纬 44°	偏东（西）0°	2.84	3.87
	偏东（西）5°	2.96	4.15
	偏东（西）10°	3.07	4.4

注：采光时间以正午 12:00 为中点，上、下午时间对称。

2. 向阳坡地上日光温室间距计算

向阳坡地上前后相邻日光温室间距如图 5-3 所示，采用式（5-2）来计算。

$$D=(H-H')\cdot ctgh\cdot \cos(a-a')-L \qquad (5\text{-}2)$$

式中：H 为前排温室脊高（含保温被卷起的高度），H' 为前后排温室高程差。

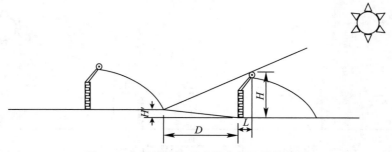

图 5-3　向阳坡地上日光温室间距计算简图

园艺设施荷载是指施加在园艺设施结构上的分布力或集中力。对园艺设施进行结构设计时,要逐项计算荷载,根据荷载的数值,再计算构件的应力,所以荷载大小是园艺设施结构设计的基本依据。取值过大,则结构粗大,增加阴影,影响作物生长,浪费材料,增加成本;取值过小,经不起风雪的袭击,而发生损坏倒塌,给生产和人身安全造成严重后果,因此确定设计荷载是一项慎重周密的工作。

按照各类园艺设施在使用中可能出现的各种情况,将荷载划分为两类,即恒载和活载。

5.2.1.1　恒载(D)

恒载又称"永久荷载",是指在结构使用期间,其值不随时间变化,或其变化与平均值相比可以忽略不计的荷载。对于温室结构,恒载主要是指温室本身的重量,例如梁、柱等支撑结构的荷载、墙体荷载、屋面荷载、永久性设备荷载等。

1. 支撑结构荷载

支撑结构荷载是指温室梁柱结构、檩条及橡条结构等的自重。支撑结构荷载可根据构件设计尺寸和材料密度计算确定。由于温室结构设计是个优化的过程,在设计之前没有准确的构件尺寸,在设计中经常采用简化处理的方法。例如,参考已有同类型温室计算;或者根据大多数温室钢结构单位面积耗钢量进行估算,玻璃及 PC 板温室单位面积耗钢量一般为 $10\sim15\ \mathrm{kg/m^2}$,塑料薄膜温室单位面积耗钢量一般为 $7\sim10\ \mathrm{kg/m^2}$。也可采用下列公式进行计算确定。

$$支撑结构恒载(\mathrm{kg/m^2})=0.06+0.09×跨度(\mathrm{m}) \tag{5-3}$$

2. 墙体荷载和屋面荷载

墙体荷载主要是指墙体材料的质量。屋面荷载主要是指屋面覆盖材料的质量。温室墙体材料和屋面覆盖材料的质量要通过计算得出。温室常用覆盖材料的密度见表 5-3。

表 5-3　温室常用覆盖材料密度　　　　　　　　　　　　　　　　　　$\mathrm{kg/m^2}$

序号	名称与规格	面(体)密度	序号	名称与规格	面(体)密度
1	4 mm 厚玻璃	10	5	10 mm 厚双层中空 PC 板	1.7
2	5 mm 厚玻璃	12.5	6	1 mm 厚 PC 浪板	1.2
3	铝合金	2 700	7	0.2 mm 厚聚乙烯膜	0.2
4	8 mm 厚双层中空 PC 板	1.5	8	双层中空玻璃	25

3. 永久性设备荷载

永久性设备荷载是指温室中加热、通风、降温、补光、遮阳、灌溉等永久性设备的荷载。当加热系统和灌溉系统的主供水管、回水管如悬挂于结构时,其荷载取水管装满水的自重。遮阳保温系统的荷载按材料自重计算垂直荷载,并按压/托幕线或驱动线数量计算水平拉力。补光系统、通风及降温系统设备的自重由供货商提供。

温室内永久设备荷载难以确定时,可以按照 70 N/m² 的纵向均布采用。

此外,任何支撑在结构上滞留较长时间(通常超过 90 d)的荷载,如吊篮、种植器等,均应考虑其作为恒载。

5.2.1.2　活载(L)

活载又称为"可变荷载",是指在结构使用期间,随时间变化而变化,且其变化值与平均值相比不可忽略的荷载。对于温室结构,活载主要包括:雪载、风载、作物荷载、活动型设备荷载、安装检修荷载等。

1. 雪荷载(S)

雪荷载(雪载)就是作用在温室屋面水平投影面上的雪压,其标准值按下式计算。

$$S = S_0 \times \mu_r \times C_t \tag{5-4}$$

式中:S_0 为基本雪压标准值,kN/m²;C_t 为加热影响系数;μ_r 为屋面积雪分布系数。

屋面雪载均作用于温室水平投影方向,在一般情况下,雪载的作用应考虑风载和积雪滑落对积雪分布造成的影响。因此,温室雪载的作用形式有两种:一种是均布雪载,另一种为不均匀雪载。连栋温室的屋面雪载按不均匀考虑时,屋面雪载分布取值可采用图 5-4。

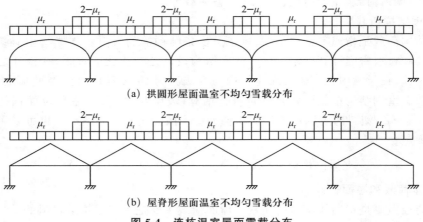

(a) 拱圆形屋面温室不均匀雪载分布

(b) 屋脊形屋面温室不均匀雪载分布

图 5-4　连栋温室屋面雪载分布

(1)基本雪压　是以某地空旷平坦地面上 30 年一遇的最大积雪的自重来确定的。各地基本雪压可以采用全国基本雪压分布图的数据。几个主要城市的积雪深和雪压见表 5-4。

表 5-4　几个主要城市的积雪深和雪压

城市名称	积雪深/cm	雪压/Pa	城市名称	积雪深/cm	雪压/Pa
哈尔滨	41	450	太　原	16	200
长　春	18	350	呼和浩特	30	300
沈　阳	20	400	西　安	22	200
大　连	16	400	兰　州	8	150
天　津	16	250	乌鲁木齐	48	600
北　京	24	300			

设施园艺学

当建设地点的基本雪压在规范中没有给出时,可根据当地年最大降雪深度计算。

$$S_0 = \rho g h \qquad (5-5)$$

式中:ρ 为积雪密度,kg/m^3;g 为重力加速度,$9.8\ m/s$;h 为积雪深度,指从积雪表面到地面的垂直深度,m。

我国各地积雪平均密度按下述取用:东北及新疆北部 $150\ kg/m^3$;华北及西北 $130\ kg/m^3$,其中青海 $120\ kg/m^3$;淮河、秦岭以南一般 $150\ kg/m^3$,其中江西、浙江 $200\ kg/m^3$。

当地没有积雪深度的气象资料时,可根据附近地区规定的基本雪压和长期资料,通过气象和地形条件的对比分析确定。山区的基本雪压应通过气象资料分析确定,当无实测资料时,可采用当地基本雪压乘以系数 1.2。

(2)加热影响系数　是为了考虑温室加温方式和屋面采光材料的热阻对雪载的影响。温室由于透明覆盖材料的热阻较小,当室内温度较高时,热量会很快从透明覆盖材料传出,促使屋面积雪融化,进而造成屋面积雪分布的不同和数值变化。因此,温室加温方式对屋面雪载的影响必须加以考虑,并且加温方式的选择应该能代表温室整个使用寿命期内的实际发生状况。如不能确认其整个寿命期内的加温方式,则须按间歇加温方式选择采用。表5-5 列出了不同透明覆盖材料温室屋面的加温影响系数。

表 5-5　不同屋面覆盖材料的加热影响系数 C_t

屋面覆盖材料类型	加热影响系数 C_t		屋面覆盖材料类型	加热影响系数 C_t	
	加热温室	不加热温室		加热温室	不加热温室
单层玻璃	0.6	1.0	多层塑料板	0.7	1.0
双层密封玻璃板	0.7	1.0	单层塑料薄膜	0.6	1.0
单层塑料板	0.6	1.0	双层充气塑料薄膜	0.9	1.0

(3)屋面积雪分布系数　与温室屋面形状有关,它不仅影响雪载的大小,也影响雪载的分布,是造成温室雪载分布差异的最重要因素。按《建筑结构荷载规范》50009—2012)根据温室的屋面形状选取屋面积雪分布系数。

此外,在雪载计算中,当出现连栋温室高低错落、屋脊不平行或周边存在阻碍积雪滑落等情况,要考虑雪载漂移所造成的雪载附加堆积或偏移所造成的影响,即雪载会出现不均匀或集中作用的情况。

2. 风荷载(W)

风荷载是作用在温室表面上计算用的风压。垂直于建筑物表面上的风荷载标准值应按下式计算。

$$W = \mu_s \mu_z W_0 \qquad (5-6)$$

式中:W 为风荷载标准值,kN/m^2;μ_s 为风荷载体形系数;μ_z 为风压高度变化系数;W_0 为基本风压,kN/m^2。

(1)基本风压　是以当地空旷平坦地面离地 $10\ m$ 高统计得到的 30 年一遇 $10\ min$ 平均最大风速 $v_0(m/s)$ 为标准,按 $W_0 = \dfrac{v_0^2}{1\ 600}$ 确定的风压值。各地基本风压可参照我国《建筑结构荷载规范》(GB 50009—2012)中"全国基本风压分布图"。

（2）风荷载体形系数　温室风荷载体形系数反映了不同形状的温室在风载作用下产生不同反应的系数，是造成温室风载不同形式和大小的重要因素之一，不仅确定了风载的大小，也确定了风载的作用方向。温室常见的风荷载体形系数见图5-5。

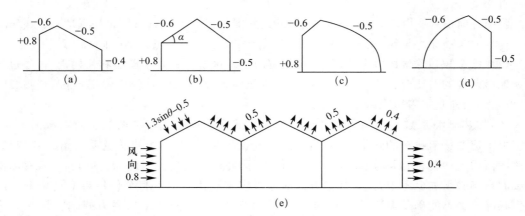

图 5-5　风荷载体形系数

（3）风压高度变化系数　温室的风压高度变化系数主要考虑不同高度风速变化对风荷载的影响，对于一般性生产温室来讲，温室平均高度多在 6.0 m 以下，因此该系数对温室风荷载的影响不大。

温室整体强度计算中，屋面风压高度变化系数应按"温室平均高度"计算，"温室平均高度"是指地面到温室屋面中点的高度，即檐高与屋面矢高一半的和。风压高度变化系数采用"温室平均高度"作为距地面或海平面的高度，按不同的地面粗糙程度确定，其数值见表5-6。

在计算温室主体结构时，可按上述类别选取，在计算温室构件时，可直接选取 B 类。

表 5-6　风压高度变化系数

离地面或海平面高度/m	地面粗糙度类别				离地面或海平面高度/m	地面粗糙度类别			
	A	B	C	D		A	B	C	D
5	1.17	1.00	0.74	0.62	50	2.03	1.67	1.25	0.84
10	1.38	1.00	0.74	0.62	60	2.12	1.77	1.35	0.93
15	1.52	1.14	0.74	0.62	70	2.20	1.86	1.45	1.02
20	1.63	1.25	0.84	0.62	80	2.27	1.95	1.54	1.11
30	1.80	1.42	1.00	0.62	90	2.34	2.02	1.62	1.19
40	1.92	1.56	1.13	0.73	100	2.40	2.09	1.70	1.27

注：地面粗糙度 A、B、C、D 四类的含义如下。A 类指近海海面和海岛、海岸、湖岸及沙漠地区；B 类指田野、乡村、丛林、丘陵以及房屋比较稀疏的乡镇和城市郊区；C 类指有密集建筑群的城市市区；D 类指有密集建筑群且房屋较高的城市市区。

3. 作物荷载

作物荷载是指直接悬挂在温室结构上的作物的重力，是温室的特有荷载。当悬挂在温室结构上的作物荷载持续时间超过 30 d，则作物荷载应按照永久荷载考虑，表5-7 给出了不

设施园艺学

同作物的吊挂荷载。结构计算中应明确作物荷载的吊挂或摆放位置和荷载作用的构件。

表 5-7　作物荷载标准值　　　　　　　　　　　　　　　　　kN/m²

作物种类	番茄、黄瓜	轻质容器中的作物	重质容器中的作物
荷载标准值	0.15	0.30	1.00

4. 安装检修荷载

安装检修荷载主要考虑在安装施工和设备检修维护过程中可能产生的荷载,可作用在构件的任何部位,覆盖材料镶嵌条为 0.35 kN/m²,支撑结构其他构件为 1.0 kN/m²。

5. 设备荷载

设备荷载主要是运输轨道,即经常移动或荷载值经常变化的荷载,其作用方式随设备运行特点变化。例如,安装输送轨道的温室,轨道活载为 1.25 kN/m²;如果运送化肥,上述荷载需再增加 1.0 kN/m²,计算时要考虑刹车力。

5.2.1.3　荷载组合

上述五种荷载都有可能作用于温室,但上述五种荷载却不可能同时作用于温室,也不可能同时都达到最大值。因此,在温室设计时应该考虑各种荷载的组合情况。

考虑温室在使用过程中,可能出现的各种受力情况,分析各种荷载可能同时出现的可能性,考虑各种荷载的作用效应以及可能相互抵消作用效应的组合,参考日本园艺设施安全标准,温室结构设计时采用极限状态设计,荷载组合见表 5-8。

表 5-8　荷载分项系数和组合系数

组合	恒荷载	活荷载	雪荷载	风荷载
D	1.2	—	—	—
$D+L$	1.2	1.4	—	—
$D+S$	1.2	—	1.4	—
$D+W$	1.2(0.85)	—	—	1.4
$D+L+W$	1.2	1.4	—	1.4×0.85
$D+S+W$	1.2	—	1.4	1.4×0.85

注:在荷载组合时应考虑横向和纵向两种风向的作用。

风载作用时,屋面受风的作用可能是吸力也可能是压力,这取决于屋面的形式、坡度、侧窗的开启与否以及风的作用方向,而屋面吸力的作用效应和恒荷载的作用效应相抵消或部分抵消,因此,表中对 $D+W$ 组合考虑了恒荷载与屋面吸力和屋面压力组合两种情况,在屋面风吸力组合时恒荷载的分项系数取 0.85,在屋面风压力组合时恒荷载的分项系数取 1.2。

温室结构属于轻型钢结构,温室的自重较轻;同时温室属于柔性建筑,结构的自振周期较长;在一般情况下,温室的地震作用很小,往往小于风荷载所引起的水平作用,因此设计中可不考虑地震作用的组合。

▶ 5.2.2　塑料大棚设计与建造

塑料大棚是用塑料薄膜覆盖的大型拱棚,由于其建造容易,使用方便,投资较少,国内外均广泛在生产中应用。

5.2.2.1 长度和跨度

塑料大棚的长度以 40～60 m 为宜,最长不宜超过 100 m。如果过长,管理不方便。塑料大棚的跨度多为 8～12 m,跨度过宽,使得棚内通风不良。在塑料大棚面积和其他条件相同的情况下,大棚的跨度越大,拱杆负荷的重量越大,抗风的能力相对下降,扣薄膜也越困难,薄膜不易绷紧,会经常颤动,更易被风吹破;反之,大棚的跨度越小,拱杆越密,抗风能力越强。大棚的长宽比对稳固性有较大影响,面积相同的大棚,长宽比值越大,周长越长,地面固定部分越多,其稳固性越强,但跨度太窄,有效利用面积小。通常认为长宽比等于或大于 5 较好。例如,500 m² 的大棚,长 50 m 时跨度 10 m,周长只有 120 m,其稳固性不如跨度为 8 m,长 62.5 m 的大棚,其周长为 141 m。

5.2.2.2 高度

竹木结构塑料大棚中脊高多为 1.8～2.5 m,肩高 1.0～1.2 m;钢架塑料大棚中脊高多在 2.8～3.0 m,肩高 1.5～1.8 m。

风力对大棚的损坏方式之一,是风速较大时形成对棚膜的举力,会使棚面薄膜鼓起,随风速的变化,棚膜不断鼓起落下地振荡,易造成棚膜破损或挣断压膜线,使大棚"上天"。根据流体力学的原理,风速越大,气流对棚膜的抬举力量越大,薄膜鼓起越严重,如果大棚外表面形状复杂,造成气流变化急剧,则棚膜振荡现象更加严重。因此,在大棚体型设计时,应尽量降低其对风的扰动程度,在满足内部使用空间要求的前提下,大棚高度应尽量低一些,因为大棚越高,气流掠过时速度增大越多,且不同部位变化越大,棚膜的振荡情况越严重。实践证明,北方大棚的高跨比(棚高/跨度)以 0.25～0.3 较好,南方还要考虑有利自然通风等问题,高跨比宜大些,为 0.3～0.4。此外,大棚外形上应圆滑,如采用流线型棚面,风掠过时气流平稳,具有减缓棚膜振荡的作用,且棚膜压紧均匀,有利于提高其抗风的能力。

5.2.2.3 通风

塑料大棚跨度小于 10 m,只需要在两侧设通风带,若大于 10 m,棚顶正中部应设通风带,均采用"扒缝"方式通风。

5.2.2.4 塑料大棚设计建造应考虑的问题

(1)大棚的稳固性 对塑料大棚安全威胁最大的自然力就是风,风可以通过三种方式损坏大棚:一是风直接对大棚施加压力,其作用在大棚的迎风坡面,大棚结构应该能承受当地30 年一遇的风压;二是当风掠过大棚时,不同时间在薄膜外表面不同部位的风速变化,导致棚内外发生压强差,从而使之破坏;三是外界空气以很高速度直接涌入棚内,产生对塑料棚膜的举力。因此,塑料大棚的稳固性既决定于骨架的材质、薄膜质量、压膜线的牢固程度,也与大棚的长跨比、棚面弧度、高跨比有密切关系。

(2)妥善固定骨架杆件,维持几何不变体系 要求在大棚的设计和建造中,无论使用何种骨架建材,都必须对骨架中各种构件的连接点和节点加以固定,使骨架各杆件应连接构成几何上稳定不变的体系。骨架连接点和节点固定用工不多且用料不贵,技术也简单,但关系重大。

(3)重视防腐,延长使用寿命 对于竹木结构大棚,可对木立柱进行防腐处理,埋于地下

设施园艺学

的基部可以采用沥青煮浸法处理,地上部分可用刨光刷油、刷漆、裹塑料布带并热合封口等方法处理。竹拱可刨光烘烤造型后刷油。对于竹拱、钢梁、水泥柱大棚,各种钢件防腐处理可以采用镀锌或者刷漆等方法。对于钢管大棚,应选用镀锌钢管,连接件和焊口部分要进行镀锌处理。

5.2.3 日光温室设计与建造

5.2.3.1 日光温室几何尺寸

日光温室的几何尺寸主要包括跨度(B)、脊高(H)、后墙高度(h)、后屋面水平投影宽度(b)、后屋面仰角(β)、前屋面角(α)等,见图 5-6。

跨度是指温室后墙内侧到前屋面骨架基础内侧之间的净距离。脊高是指温室屋面最高点与室外地平面之间的距离。后墙高度是指温室地面设计标高与后屋面与后

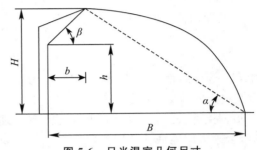

图 5-6　日光温室几何尺寸

墙内表面交线之间的距离。后屋面水平投影长度是指温室后屋面在水平面上的投影长度。后屋面仰角是指温室后屋面内侧斜面与水平面的夹角,即图 5-6 中的角 β。前屋面角是指温室前屋面底部与屋脊连线与水平面的夹角,即图 5-6 中的角 α。

日光温室几何尺寸确定应遵循下列原则:①保证冬季生产时正午前后(10:00—14:00),4 h 内,太阳直射光对温室前屋面的入射角不应大于 43°;②满足夏秋季生产时温室种植区最后一排作物的冠层全天能够接受太阳直射光照射。

5.2.3.2 采光设计

太阳辐射既是园艺设施的热量来源,又是栽培作物光合作用的能量来源。在我国北方,园艺设施生产的特点就是要经历一年中日照时间最短、日照强度最弱的季节,因此,搞好园艺设施的采光设计,最大限度地接收太阳辐射,这是保证设施内作物栽培取得成功,获得高产高效的关键。

1. 前屋面角

采光设计包括两个方面:一是太阳能截获,二是太阳能的透过。日光温室屋面合理太阳能截获是指一年四季均可满足喜温作物生产所需光热资源的温室屋面太阳辐射能截获。冬季外界温度低,放热量较大,作物生产要求温室截获的太阳辐射量较大,因此选用一年当中太阳辐射最弱的冬季温室太阳能截获量作为温室设计标准。

一般海拔 50 m 以下北纬 40°地区春分日塑料大棚内最低气温在 10℃ 以上,是塑料大棚果菜定植期。也就是说,在这一地区春分日无保温覆盖的塑料大棚内,果菜可以安全生长,如果冬至日日光温室内白天接受的光辐射量等于或大于这一地区春分日地面地平面接收的光辐射量,而夜间降温小于 10℃,冬至日日光温室内就可进行果菜生产。因此,确保冬至日日光温室采光面(斜面)截获的太阳能等于或大于海拔 50 m 以下北纬 40°地区春分日地平面截获的太阳能,我们将这一指标确定为日光温室屋面的合理太阳能截获,由此设计的日光

温室屋面角为日光温室合理太阳能截获屋面角。

按照日光温室合理的太阳能截获理论,单位日光温室长度太阳能截获量为

$$J_{w,a} \cdot X_1 = J_{s,0} \cdot L \tag{5-7}$$

式中:$J_{w,a}$ 为冬至日日光温室采光面倾角 α 时的太阳辐射强度;$J_{s,0}$ 为海拔 50 m 以下北纬 40°地区春分时地平面太阳辐射强度;X_1 为日光温室前屋面斜长,m;L 为温室跨度,m。$J_{s,0}$ 可以通过测定来确定,一般海拔 50 m 以下 40°N 地区春分日地平面截获的太阳辐射能为 4.03 kW·h/m²;X_1 一般可按 L 进行设计,由此可计算出 $J_{w,a}$。

温室屋面截获的太阳直射辐射量 $J_{w,a}$ 可由下式计算。

$$J_{w,a} = J_n \left[\sin h \cos\alpha + \cos h \sin\alpha \cos(A - \gamma) \right] \tag{5-8}$$

式中:J_n 为法线面太阳直射辐射量;h 为太阳高度角;A 为太阳方位角;γ 为温室方位角;α 为温室前屋面角。

根据上述公式,可以计算出日光温室合理太阳能截获的前屋面角 α。在北纬 30°~48°地区,合理太阳能截获的屋面角为 29.7°~45.6°,见表 5-10。

日光温室合理太阳能透过是指大于等于理想太阳能透过率 95%的太阳能透过,由此确定日光温室屋面角为合理屋面角。

太阳能透过率与光线入射角呈负相关,但不同入射角区段的太阳能透光率的变化不同。据测定(图 3-5),当温室覆盖面的光线入射角在 0~45°时,每增加 1°,透光率平均减少 0.11%,累计减少 4.9%;当入射角在 45°~70°时,每增加 1°,透光率平均减少 0.72%,累计减少 18.0%;当入射角在 70°~90°时,每增加 1°,透光率平均减少 3.30%,累计减少 66.0%。

按照日光温室合理太阳能透过概念,只要保证生产期间太阳高度角最低时白天大部分时刻太阳直射光线的入射角应在 40°以内,就可获得较大的透光率。

在冬至日 10:00—14:00,太阳入射角均能小于 40°,温室的采光较好,这样设计得出的前屋面角被称作合理太阳能透过屋面角。

太阳光线与日光温室前屋面所构成的入射角,是由太阳高度角和前屋面角所决定的。日光温室前屋面角的设计是以地理纬度、冬至时的太阳高度角为依据的,所以入射角的大小完全由前屋面角决定。

太阳高度角是指太阳的直射光线与地平面的夹角,其大小与地理纬度、季节和一天中的时间有关,用下式计算。

$$\sin h = \sin\varphi \sin\delta + \cos\varphi \cos\delta \cos\omega \tag{5-9}$$

式中:h 为太阳高度角;φ 为地理纬度,北半球取正值;δ 为太阳赤纬角,即地球与太阳的连线与地球赤道平面的夹角;ω 为太阳时角,以当地正午为零,每小时变化 15°,午前为负,午后为正。

真正午时(即太阳位于当地子午面时)的太阳高度角 h_0,则用下式计算。

$$h_0 = 90° - \varphi + \delta \tag{5-10}$$

不同季节的太阳赤纬角见表 5-9,也可按照计算日在一年中的日序数 n 按下式计算:

$$\delta = 23.45 \sin\left(360 \times \frac{284 + n}{365}\right) \tag{5-11}$$

表 5-9　　　季节与太阳赤纬角

季节	夏至	立夏	立秋	春分	秋分	立春	立冬	冬至
日/月	21/6	5/5	7/8	20/3	23/9	5/2	7/11	22/12
赤纬角	+23°27′	+16°20′		0°		−16°20′		−23°27′

在一天之内的任意时刻,当阳光照射在坡度为 α 的朝向正南的日光温室的前屋面上时,太阳入射角 θ 满足以下表达式。

$$\cos\theta = \sin\alpha \cos h \cos A + \cos\alpha \sin h \tag{5-12}$$

式中:θ 为太阳入射角;α 为温室前屋面角;A 为太阳方位角,指太阳直射光线在地平面上与该地子午线的夹角(下午为正,上午为负),可用下式计算:

$$\sin A = \frac{\cos\delta \cdot \sin\omega}{\cos h} \tag{5-13}$$

根据合理太阳能透过屋面角的定义,太阳时将取上午 10:00 的数值,为 −30°,太阳入射角为 40°,以及当地纬度、冬至日赤纬角代入式 5-9、式 5-12、式 5-13,可计算出合理太阳能透过屋面角。在北纬 30°～48°地区,合理太阳能透过屋面角为 25.5°～45.1°,见表 5-10。

5-10　　不同地理纬度合理太阳能透过屋面角与合理太阳能截获屋面角　　　　(°)

北纬	冬至正午 太阳高度角	冬至 10:00 太阳高度角	合理太阳能 透过屋面角	合理太阳能 截获屋面角
30°	36.5	29.2	25.5	29.7
32°	34.5	27.5	27.8	31.1
34°	32.5	25.8	29.1	32.5
36°	30.5	24.1	31.4	33.4
38°	28.5	22.4	33.7	35.4
40°	26.5	20.6	36.0	37.0
42°	24.5	18.9	38.3	38.7
44°	22.5	17.1	40.6	40.4
46°	20.5	15.4	42.9	43.6
48°	18.5	13.6	45.1	45.6

实际上,日光温室屋面设计既要考虑透光率,也要考虑太阳能截获,但是由于采用太阳能合理截获方法计算出的日光温室屋面角,已经大于采用太阳能合理透过率方法计算出的日光温室屋面角,即只要满足太阳能合理截获就可满足太阳能合理透过的基本要求。

2. 前屋面形状

日光温室屋面形状有两大类:一类是由一个或几个平面组成的折线型屋面;另一类是由一个或几个曲面组成的曲线型屋面。对塑料薄膜覆盖的日光温室,前屋面采用曲线型对固定薄膜有利,并且受力更合理,因此,日光温室屋面常采用曲线型。目前日光温室常采用圆弧形、抛物线形及圆弧加抛物线形等曲线形状。研究表明,在日光温室脊高、跨度、后屋面水平投影长度确定的情况下,采用不同的前屋面形状,日光温室总进光量相差不足 5%,对温室透光影响不大。

在日光温室前屋面角确定后,前屋面的曲线形状要满足实际生产的需求。根据作物生长和人员操作,前底角不能太低;为了放帘方便,前屋面最高处的倾角不能太小;考虑薄膜的紧固问题,前屋面的直线段也不能太长,以免刮风时引起风振。前屋面由若干个切线角组成,按 1 m 一个切线角,则前屋面底角为理想屋面角,1 m 处 35°~40°,2 m 处 25°~30°,3 m 处 20°~25°,4 m 以后 15°~20°,最上部 15°左右。

3. 日光温室跨度

日光温室的跨度宜为 6~12 m,可根据建设地区的纬度按表 5-11 采用。同纬度地区,可根据冬季室外温度的高低,适当减小(温度低的地区)或增大(温度高的地区)日光温室跨度的取值。

表 5-11　不同纬度地区日光温室跨度

纬度	<35°	35°~39°	39°~45°	≥45°
跨度/m	10~12	9~12	8~10	6~8

4. 日光温室脊高

日光温室的脊高 H 宜按式(5-14)计算。

$$H = \frac{B + H_1 \sqrt{\left(\dfrac{1}{\sin^2 h_{夏}} - 1\right)} - P_1}{\sqrt{\left(\dfrac{1}{\sin^2 \alpha} - 1\right)} + \dfrac{1}{\sqrt{\left(\dfrac{1}{\sin^2 h_{夏}} - 1\right)}}} \tag{5-14}$$

式中:B 为日光温室跨度;H_1 为夏季温室内作物的植株高度,吊蔓作物一般取 2.0 m;P_1 为日光温室走道宽度,一般取 0.6~0.8 m;$h_{夏}$ 为夏季计算日正太阳高度角,可根据式(5-6)计算,夏季计算日取夏至日;α 为温室的前屋面角。

5. 日光温室后屋面水平投影宽度

日光温室后屋面水平投影宽度与温室的采光和保温关系密切,日光温室后屋面水平投影宽度宜按式(5-15)计算:

$$b = (H - H_1) \sqrt{\left(\frac{1}{\sin^2 h_{夏}} - 1\right)} + P_1 \tag{5-15}$$

6. 后屋面仰角

日光温室后屋面仰角的大小影响到后墙的采光,应满足当地日光温室春季作物定植时,后屋面白天都有太阳直射光照射。根据这一原则,后屋面仰角一般取 40°~45°,在纬度高的地区取小值,纬度低的地区取大值。

7. 后墙高度

当日光温室脊高、后屋面仰角以及后屋面水平投影长度确定后,后墙高度可以通过下式

设施园艺学

计算。

$$H_2 = H - bt\,\mathrm{g}\beta \tag{5-16}$$

式中：H 为日光温室脊高；b 为日光温室后屋面水平投影宽度；β 为日光温室后屋面仰角。

后墙高度应便于人员行走，还要有一定的蓄热面积，一般不宜小于 2.2 m。

8. 日光温室的长度设计

日光温室长度一般以 60～100 m 为宜，可根据地形尺寸、风机湿帘合理间距、卷帘机合理工作长度、室内物资运输设备的经济运输距离等因素确定。随着温室配套设备的完善，操作管理不断简化，劳动强度不断降低，生产中多按栽培面积 667m^2 来设计温室，其长度可达到 90～100 m，作为生产温室也比较适宜。如果日光温室长度过小，则两侧山墙遮阴面积所占比例相对较大，影响产量且单位面积造价增加；若长度过大，则管理不便。当日光温室长度超过 60 m 时，如采用砖后墙，后墙应在中部预留伸缩缝。如果前屋面采用自动卷帘被时，温室长度的确定应不超过卷帘机的有效工作长度。另外，日光温室长度应是承重骨架间距的整数倍，靠山墙处也须放置骨架，以便于山墙的准确施工。

5.2.3.3 保温设计

日光温室能在冬季和早春生产园艺作物，关键是通过科学的采光设计，最大限度地获取太阳辐射能，还要尽可能减少热量损失，以满足作物对光温的需求。日光温室在密闭的条件下，在严寒冬季光照充足的午间，室内气温可达到 40℃以上，但是如果没有较好的保温措施，午后随着太阳高度角的变化，光照减弱，温度会很快下降。特别是夜间，没有热能来源，各种放热有可能使温度下降到作物生育极限温度以下，遇到灾害性天气，往往发生冷害、冻害。因此，日光温室要有合理的保温设计，来满足作物正常生育对温度条件的要求。日光温室的保温性与温室墙体结构、后屋面长短、厚度及前屋面的保温覆盖物等有关。

1. 后墙和后屋面的保温设计

日光温室墙体和后屋面都是温室的围护结构，既要有阻止温室内热量向外传递的能力（即保温性能），又要有一定的贮存热量的能力（即蓄热性能）。围护结构阻止热量传递的能力可用热阻来评价，热阻越大，保温能力越强。日光温室室内外温差越大，要求围护结构的热阻就越大。围护结构的热阻可用下式计算。

$$R_0 = \sum_{i=1}^{n} \frac{\delta_i}{\lambda_i} \tag{5-17}$$

式中：R_0 为围护结构总热阻，m^2·℃/W；δ_i 为第 i 层材料的厚度，m；λ_i 为第 i 层材料的导热系数，W/m·℃。

围护结构满足一定保温要求所必需的最小热阻，称为低限热阻。日光温室墙体和后坡所具有的热阻应大于所要求的低限热阻。我国原农业部（现农业农村部）行业标准 NY/T610—2002《日光温室技术条件》中建议的日光温室围护结构低限热阻值见表 5-12。

表 5-12　日光温室围护结构的低限热阻

室外设计温度/℃	热阻值/(m² · ℃/W)	
	后墙、山墙	后屋面
−4	1.1	1.4
−12	1.4	1.4
−21	1.4	2.1
−26	2.1	2.8
−32	2.8	3.5

日光温室的室外设计温度指历年最冷日温度的平均值。一般取近30年的气象数据进行统计,如果当地没有长期气象统计数据,也可采用近10年的统计数据。我国北方地区主要城市的温室室外设计温度见表5-13,对于其他地区,可参考周围附近地区的气象资料。

表 5-13　日光温室的室外设计温度　　　　　　　　　　　　　　　℃

地名	温度	地名	温度	地名	温度	地名	温度
哈尔滨	−29	克拉玛依	−24	北京	−12	青岛	−9
吉林	−29	兰州	−13	石家庄	−12	徐州	−8
沈阳	−21	银川	−18	天津	−11	郑州	−7
锦州	−17	西安	−8	济南	−10	洛阳	−8
乌鲁木齐	−26	呼和浩特	−21	连云港	−7	太原	−14

按室外设计温度确定了低限热阻,同时确定了围护结构的材料和构成方式,根据式5-17可计算出围护结构的材料厚度。

围护结构的蓄热性能用蓄热系数来表示,是衡量材料储热能力的重要性能指标,它取决于材料的导热系数、比热和容重。材料的蓄热系数可用下式计算。

$$S = \sqrt{\frac{2\pi\lambda c\rho}{T_{\mathrm{p}}}} \tag{5-18}$$

式中:c 为墙体材料的比热容,J/(kg · ℃);ρ 为墙体材料的密度,kg/m³;T_{p} 为墙体外部热流波与温度波的作用周期,h。

由式(5-18)可知,当墙体外部热流波与温度波的作用周期一定时,重质材料(如砌块砖)的密度、比热容及导热系数都大,因此,重质材料的蓄热系数也大,其蓄热性能好;而轻质材料(如聚苯保温材料)的密度、导热系数都小,比热容却与砌块砖的相差不大,因此轻质材料的蓄热系数也小,其蓄热性能差。

对于日光温室围护结构,只采用热阻这个指标不能全面评价围护结构的热工性能。围护结构的热惰性是指对外界温度波动的抵抗能力,以材料蓄热系数和材料层热阻的乘积作为围护结构热惰性的指标。热惰性指标越大,说明外来的热波穿透围护结构所需要的时间越长,波动幅度被减弱的程度也越大,板壁热惰性越好。一般采用热惰性指标作为评价围护结构的热工性能。

日光温室墙体有单质结构墙体和异质复合结构墙体。单质结构墙体指墙体由同一种材料组成,如土墙、砖墙、石墙;异质复合结构墙体是由两种或两种以上材料分层复合而成,如内层为砖,中间有夹层,外层为砖或加气砖。

单质结构墙体最常用的是土墙。鞍山市园艺研究所对土墙厚度与保温性能进行了研究,设计三种不同的土墙:①土墙厚 50 cm,外覆一层薄膜;②土墙厚 100 cm;③土墙厚 150 cm,其他条件相同。其结果表明:自 1 月上旬至 2 月上旬,②比①室内最低气温高 $0.6\sim0.7\,℃$,③比②室内最低气温高 $0.1\sim0.2\,℃$;室内最高气温差分别为 $0.2\sim0.5\,℃$ 和 $0.1\sim0.3\,℃$。由此可知,随着墙体厚度的增加,保温能力也增加,但厚度由 50 cm 增至 100 cm,增温明显;由 100 cm 增至 150 cm,增温幅度不大,说明实用意义不大。根据经验,单质土墙厚度可比当地冻土层厚度增加 30 cm 左右为宜。

复合结构墙体一般由轻质的保温材料和承重及蓄热材料组成,各种材料的排列组合对日光温室的保温性也有一定的影响。目前常用的复合结构墙体是由砖和聚苯板组成的,早期的复合墙体从内到外的排列顺序是红砖、聚苯板、红砖,轻质的保温材料放在墙体中间夹层中。这种排列的缺点是保温材料将重的蓄热材料分开,不利承重材料的蓄热。最近几年新建温室墙体多数已按目前民用建筑的做法将保温层(如聚苯保温材料)放在承重蓄热墙体(如砌块砖)的外侧,其优点如下:①保温层处于承重层外侧,大大降低了承重层温度应力的起伏,避免承重层受损,提高了结构的耐久性。围护结构冬夏之间的温度差大,若采用外侧保温方式,可减少承重层的反复温差作用和相应的温度变形。②承重层材料的热容量都比保温材料要大得多,因此,外保温方式可改善设施内的热稳定性。当室内温度变化时,可保证围护结构内表面温度不致急剧地下降。③冬季温室内水汽向外渗透,外保温方式不易产生围护结构内部冷凝。

关于墙体的保温性能,主要应考虑墙体材料的导热系数、吸热系数和蓄热系数等几个热工参数。保温能力强的墙体,应是由蓄热能力强的材料和导热能力低的材料复合组成的。表 5-14 列出了日光温室常用材料的热物性参数。

日光温室的后屋面也会影响其保温性能。根据宁夏农业科学院的研究,无后屋面的温室,在煤火加温的条件下,平均气温维持在 $8.6\sim9.7\,℃$,最低气温在 0 ℃ 左右,10~20cm 地温为 $7.8\sim8.6\,℃$;而有后屋面的温室,无煤火加温,平均气温可达 $12.3\sim14.4\,℃$,最低气温 3~3.5 ℃,10~20 cm 地温为 $12.3\sim14.4\,℃$。两种日光温室的差异主要受后屋面的影响,说明日光温室应有后屋面,以利保温。

日光温室后屋面主要以保温为主,其构筑形式相对比较简单,一般由防水层、承重层和保温层等多层材料组成。防水层在最外层,承重层在最底层,中间为保温层。传统的日光温室后屋面主要有两大类型,即秸秆+泥土构筑形式和木板+聚苯板+混凝土构筑形式。随着建筑材料技术的不断进步,目前日光温室后屋面多采用轻质高效保温材料,较常见的是聚苯板、挤塑板、玻璃棉等。需要注意的是,采用这些轻质保温材料的同时,需要确保屋面的承压能力。此外,为保证后屋面有较好的保温性,应具有足够的厚度,在冬季较温暖的河南、山东和河北南部地区,厚度为 30~40 cm;东北、华北北部、内蒙古等寒冷地区,厚度为 60~70cm。

2. 前屋面的保温设计

日光温室的前屋面是采光和获取热源的主要途径,但在夜间,前屋面也是温室的主要散热面,占温室总散热量的 $70\%\sim80\%$,所以阻止或减少前屋面的热量失散,对提高日光温

表 5-14　日光温室常用材料的热物性参数

材 料 名 称	密度 ρ/ (kg/m³)	导热系数 λ/ [W/(m·℃)]	蓄热系数 S_{24}/ [W/(m²·℃)]	比热容 c/ [kJ/(kg·℃)]
钢筋混凝土	2 500	1.74	17.20	0.92
碎石或卵石混凝土	2 100～2 300	1.28～1.51	13.50～15.36	0.92
粉煤灰陶粒混凝土	1 100～1 700	0.44～0.95	6.30～11.40	1.05
加气、泡沫混凝土	500～700	0.19～0.22	2.76～3.56	1.05
石灰水泥混合砂浆	1 700	0.87	10.79	1.05
砂浆黏土砖砌体	1 700～1 800	0.76～0.81	9.86～10.53	1.05
空心黏土砖砌体	1 400	0.58	7.52	1.05
夯实黏土墙或土坯墙	2 000	1.1	13.3	1.1
石棉水泥板	1 800	0.52	8.57	1.05
水泥膨胀珍珠岩	400～800	0.16～0.26	2.35～4.16	1.17
聚苯乙烯泡沫塑料	15～40	0.04	0.26～0.43	1.6
聚乙烯泡沫塑料	30～100	0.042～0.047	0.35～0.69	1.38
木材（松和云杉）	550	0.175～0.350	3.9～5.5	2.2
胶合板	600	0.17	4.36	2.51
纤维板	600	0.23	5.04	2.51
锅炉炉渣	1 000	0.29	4.40	0.92
膨胀珍珠岩	80～120	0.058～0.07	0.63～0.84	1.17
锯末屑	250	0.093	1.84	2.01
稻壳	120	0.06	1.02	2.01

室内夜间温度具有十分重要的作用。日光温室前屋面保温覆盖方式主要有两种。

（1）外覆盖　即在前屋面上覆盖草苫、纸被、轻型保温被等材料。草苫是最传统的覆盖物，由芦苇、蒲草等材料编织而成，其本身导热系数小，由于材料疏松，孔隙中间有许多静止空气，保温效果良好，可使夜间日光温室热损失减少约 60%。在冬季寒冷地区，常常在草苫下附加 4～6 层牛皮纸缝合而成的纸被，这样不仅加厚覆盖层，而且弥补草苫稀松导致缝隙散热的缺点，提高保温性。但草苫等传统的覆盖材料较为笨重，易污染和损坏薄膜，且易浸水、腐烂等，因而 20 世纪 90 年代开始逐渐被一类新型的轻便、防水且保温性能不低于草苫的保温被取代。目前可选择的保温被种类很多，可根据需要选择性价比适宜的外保温覆盖材料，保温被类型可参考第三章相关部分内容。

（2）内覆盖　即在室内张挂保温幕，又称二层幕、节能罩，白天揭晚上盖，可减少热损失10%～20%。保温幕多采用无纺布，银灰色反光膜或聚乙烯膜、缀铝膜等材料。

3. 减少缝隙冷风渗透

在严寒冬季,日光温室的室内外温差很大,即使很小的缝隙,在大温差下也会形成强烈对流交换,导致大量散热。特别是靠门一侧,管理人员出入开闭过程中,不能避免冷风渗入室内,应设置缓冲间,室内靠门处张挂门帘。日光温室墙体、后屋面建造都要无缝隙,夯土墙、草泥垛墙,应避免分段构筑时垂直衔接,而采取斜接的方式。后屋面与后墙交接处,前屋面薄膜与后屋面及端墙的交接处都应注意不留缝隙。前屋面薄膜接缝处、后墙的通风口等,在冬季严寒时都应注意封闭严密。

4. 地面保温

土壤横向散热是指温室内外表层土壤存在温差,致使热量通过土壤向外散失。为减少土壤横向散热,可采取一定的地面保温措施。

对于温室的北、西、东三个方向,由于外墙厚度较大,由室内向室外通过土壤传热的路径较长,为减小土壤横向传热,如果墙体是有保温层的复合墙体,可将墙体保温层延伸至基础内一定深度。如果温室的南侧设有连续的基础墙,可以在基础墙内侧贴上 5 cm 厚的聚苯乙烯板,能够有效地阻止土壤散热。如果温室南侧无连续基础,可在温室南侧设置防寒沟,沟深应大于当地的冻土层深度,沟宽一般为 40 cm,沟内填入珍珠岩、稻壳、麦秸等保温材料,用塑料薄膜覆盖,表层覆土,可减少温室内热量通过土壤外传,同时也阻隔外面冻土对温室内土壤温度的影响,防寒沟可使温室内南侧 1 m 范围内 5 cm 深处土温平均提高 2～4℃。

5.2.3.4　日光温室的建造

1. 场地定位及平地放线

场地定位就是依据设计图先将场地内道路和边界方向位置定下来。道路和边线定位的方法:首先用罗盘仪测出磁子午线,然后根据当地磁偏角调正并测出真子午线,再测出垂直道路的东西方向线。

没有仪器可用立杆法测出真子午线。即在要修建道路的地方立一垂直于地面的木杆,于 10:00—14:00 每 10 min 测一次木杆的影长和位置,其中木杆最短的阴影线便是当地的真子午线。再用"勾股弦"法做真子午线的垂直线,便是正东西方向线。所谓"勾股弦"法就是应用勾股弦定理作垂线,具体方法是用米尺或测绳,由 0 开始,0～3 m 为一段;3～7 m 为一段;7～12 m 为一段。将测绳 3 m 段与子午线重合,并将 3 m 处固定,然后一人拿着测绳握住 7 m 处向东走,另一人握住 12 m 处向西南走使 12 m 处与 0 处重合,便围成直角三角形,作 4 m 边的延长线便是真子午线的垂直线(图 5-7)。如果温室偏东 10°,道路也要偏东10°,这可用三角函数计算测出道路偏东 10°的方向线。即先在真子午线上由测点向南量出10 m 长的线段,然后在 10 m 处按对边长＝测线长×正切 10°算出对边长为 1.76 m,再用"勾股弦"法由 10 m 处向东做子午线的垂线,并量出 1.76 m 长的线段,最后将 1.76 m 处与测点连线,这条线便是偏东 10°道路和方向线,再用"勾股弦"法做偏东 10°线的垂线,便是东西路的方向线(图 5-8)。

场地道路定位后,要对温室建设用地进行平整,清除各种杂物,再对各栋温室定位。温室定位一般依据主干道路方位进行。

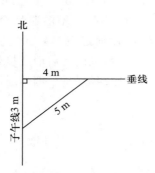

图 5-7　用"勾股弦"法做子午线垂线

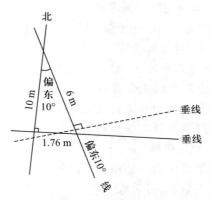

图 5-8　用三角函数求出偏东 10°线位置

2. 基础

对于砖石结构墙体要有基础,为防止土壤冻、融的影响,温室基础的埋深应大于当地的冻土深度。在北纬 38°～42°地区,基础一般埋深 0.5～1.2 m;北纬 43°～46°地区,埋深 1.0～1.8 m;北纬 47°～48°地区,埋深 1.6～2.4 m。对于土墙,在砌墙的位置,把墙基夯实,但土坯墙需用砖、石砌地基。

基础的材料一般是砖、毛石、混凝土、灰土、三合土等。日光温室后墙和山墙多采用无筋刚性墙下条形浅基础,前底角支撑骨架多采用无筋刚性独立浅基础。刚性条形浅基础一般用砖或石块砌筑的基础高度只需 50～60 cm,其下层不足冻土层深度部分可通过填充垫层解决,垫层有沙垫层、碎石垫层、粉煤灰垫层、干渣垫层、土垫层等。填充垫层时,应采用机械碾压、平板振动和重锤夯实等方法施工,以保证地基下层不容易变形。刚性独立浅基础的做法是先按当地冻土层深度下挖条形基础坑,然后按照骨架间距在距离地基顶部 50～60 cm 下方做 45 cm 见方的沙或碎石、粉煤灰、干渣等垫层;最后在垫层之上用砖或石块砌筑高为 50～60 cm 的 37 cm 见方基础。

3. 墙体

根据材料不同,日光温室墙体可分为土墙、砖墙、石墙和异质复合墙体。

(1)土墙　建造方法有三种:一是夯土墙,即用长 4～5 m、宽 25～30 cm、厚 5 cm 以上的四块木板,夹在墙体两侧,外加支撑,中间填土,边填土边夯实,夯土墙要叠压式衔接,不能垂直靠接;二是压土墙,把土推到墙的位置,用压路机或履带拖拉机压实,边压边推土,到设计高度后,按要求厚度切去多余的土;三是草泥垛墙,即在土中掺入 15～20 cm 长的稻草,用水和匀后,用钢叉挑泥垛墙,每垛 0.5 m 左右,需晾晒 3～5 天,待墙干后再继续向上垛。

(2)砖墙　其厚度根据保温要求而定。砌筑的方法一般为内外搭接、上下错缝,以保证墙体坚固。砖墙的质量要求横平竖直,灰缝均匀饱满,墙面整齐干净。砖墙除使用普通黏土砖外,还可以使用灰砂砖、矿渣砖、粉煤灰砖,也可以使用黏土空心砖、加气混凝土砖等。

(3)空心墙体　墙体内侧砌筑 24 cm 砖墙,中空 6 cm 内衬塑料薄膜,外侧砌筑 12 cm 或 24 cm 砖墙。每砌筑 50 cm 高度,每隔 100 cm 用 $\phi10$ mm 短钢筋将内外侧墙体连接一体。

(4)夹心墙体　在内外砌两层砖墙,中间留 10～20 cm,填上保温材料,如珍珠岩、蛭石、炉渣等。例如,在北京地区,填充墙厚度多为 600～650 mm,即内外均砌 240 mm 厚砖墙,中间留 120～150 mm 厚,填上保温材料,两层砖墙在顶部连接密封。在两层砖墙之间要有

设施园艺学

拉力砖,墙体才能坚固。当砖墙体砌到 0.5~1 m 时,填入保温材料。

(5)外贴保温层墙体　墙体内侧砌筑 37 cm 或 50 cm 砖墙,外侧粘贴 10~12 cm 厚保温材料。保温材料主要有聚苯板和岩棉板。

(6)石墙　石块蓄热能力强,承重能力大,是较为理想的日光温室墙体材料。砌筑石墙时应注意石块的大面朝下,以便灰浆填满石料缝隙。石块的外露表面应平齐,每层石块要互相错缝,应尽量使用"丁""顺"石块间隔排列、交错搭接。石墙的导热快,保温性能差,必须在墙体外侧加上保温层。保温层可以采用贴聚苯板方法,但需要在墙体外侧抹上水泥面,然后粘贴聚苯板;也可以培 1.0~1.5 m 厚的防寒土。

在建墙时,应把后墙顶部的外侧加高 30~40 cm,使温室的后墙与后屋面衔接处封闭严实。

4. 后屋面

日光温室后屋面常见形式由钢架结构、彩钢板和混凝土防护层组成。先在钢拱架紧靠顶板及后坡中部焊接两道 30 mm×5 mm 扁铁,屋脊顶部及前屋面 60 cm 处焊接两道 50 mm×50 mm×5 mm 角铁,用以固定彩钢板支撑后坡,安装 10 mm 厚插口式夹芯彩钢板(用 120 mm 钻尾丝固定),下好金属网片,用混凝土砂浆抹平,做好防水处理。

5. 前屋面骨架

目前,日光温室骨架主要为钢拱架,钢拱架顶部固定在砖墙顶端的混凝土顶板上,底部固定在前屋面底角的砼梁上,间距 1.2 m,安装横拉杆 3 道。以两山墙内侧拱架为基准,在温室后坡、顶部、腰部、前角分别挂线,在两山墙内侧 1.2 m 处分别安装第一道钢拱架,钢拱架安装在后墙内侧 20 cm 处,插入砼梁 10 cm,两端分别用砖块、扁铁支垫找平,用钢管斜撑固定,并在温室中间安装一道钢拱架,调整水平,从一侧依次安装,用横拉杆弹簧卡连接,横拉杆与山墙预埋件焊接,钢拱架安装完成后进行再次调平,保持屋面水平拱形一致,然后进行混凝土顶板和砼梁浇筑。

6. 覆盖薄膜

前屋面的薄膜要在霜冻出现以前覆盖,尤其是日照百分率低的高纬度地区,更应提早覆盖,以利冬前蓄热。覆盖薄膜宜选在无风的晴天上午进行。

日光温室前屋面长度有差异,塑料薄膜的规格也不一致,因此,在覆盖前按所需宽度把薄膜剪裁为三幅进行烙合。上幅宽 1.5 m,中间幅宽依温室跨度而定,下幅宽 1.5 m。每幅膜的上边要黏合宽 20 cm 的加强固定带。上幅上边穿入一根直径 2.6 mm 的钢丝,固定在后屋面上。中幅和下幅卷边内穿入麻绳或塑料绳。从上至下依次覆盖好薄膜,三幅膜搭接的部位,应保证重合宽度 30 cm 左右,且要上膜压下膜,生产上用于"扒缝"放风,也可安装卷膜通风机构。卷膜通风机构就是将通风口下沿部位的塑料薄膜固定缠绕在卷膜轴上,随着卷膜轴的转动卷起或展开塑料薄膜。卷膜轴为沿屋脊通长方向焊接的钢管,端部焊接或栓接操作手柄。最下一幅薄膜的下端,埋入土中固定。塑料薄膜两端包在山墙外侧,边缘卷上两根短竹竿钉在墙上。压膜线自温室屋脊至底角在两骨架之间压紧塑料薄膜。

7. 保温覆盖物

采用卷绳式卷帘机时,将覆盖物的一端固定在屋脊上,另一端固定在铁管上,并将尼龙绳的一端固定在卷帘机的转轴上,另一端穿过保温覆盖物后折返过来再固定在卷帘机转轴上。采用折臂式卷帘机时,将卷帘机的折臂顶端固定在铁管中间;不采用卷帘机时,将尼龙绳的一端固定在屋脊上,另一端穿过保温覆盖物后折返过来再固定在屋脊上。

8. 防寒沟

防寒沟设在温室前底脚或后墙基部 1 m 以内,沟宽 30～40 cm,深度不小于当地冻土层厚度,略长于温室长度。在沟中填入珍珠岩、稻壳、麦糠或碎秸秆等保温材料,压实后再覆土,土层厚 10～15 cm,土上盖耐老化农膜,防雨水浸入。

▶ 5.2.4　连栋温室设计与建造

连栋温室是指两跨或两跨以上通过屋檐处天沟连接起来成为一个整体的温室。

5.2.4.1　连栋温室建筑尺寸

我国目前的温室建筑模数通常采用 100 mm 进制。连栋温室的建筑尺寸分为单元尺寸和总体尺寸。

1. 连栋温室的单元尺寸

单元尺寸主要包括跨度、开间、檐高、脊高等,如图 5-9 所示。跨度是指垂直于天沟方向温室的最终承力构架在支撑点之间的距离。开间是指平行于天沟方向温室最终承力框架之间的距离。檐高是指温室柱底到温室屋架与柱轴线交点之间的距离。脊高是指温室柱底到温室屋架最高点之间的距离。

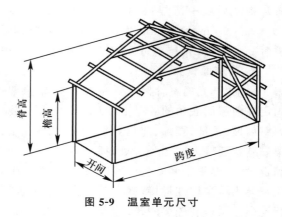

图 5-9　温室单元尺寸

2. 连栋温室的总体尺寸

总体尺寸包括连栋温室的长度、宽度、总高。长度是指连栋温室在整体尺寸较大方向的总长。宽度是指连栋温室在整体尺寸较小方向的总长。总高是指温室柱底到温室最高处之间的距离,最高处可以是温室屋面的最高处或温室屋面外其他构件(如外遮阳系统等)的最高处。

5.2.4.2　连栋温室建筑设计

1. 连栋温室的规模

连栋温室的总体尺寸决定了连栋温室的平面和空间规模。一般来讲,温室规模越大,室内小气候稳定性越好,单位面积造价也相应较低,但总投资增大。因此,连栋温室的规模需要根据园艺生产需求、场地条件、投资规模等因素综合确定。生产用连栋温室,面积至少应 10 000 m²(1 hm²),随着规模化和机械化程度提高,最小设计规模变大,荷兰近几年新建温室规模多在 50 000 m² 及以上;科研温室的规模较小,一般为 500～2 000 m²。

2. 连栋温室的单元尺寸

(1)跨度　目前常用的连栋温室跨度尺寸有 6.00 m、6.40 m、7.00 m、7.20 m、8.00 m、9.00 m、9.60 m、10.00 m、10.80 m、12.00 m、12.80 m。跨度的合理确定与连栋温室的结构形式、结构安全、平面布置等有直接的关系。选用温室跨度时,需考虑温室结构、作物栽培、机械操作以及管理等多方面要求,既要满足作物正常生育要求,又要保证温室结构安全,且建筑造价要低。

设施园艺学

（2）开间　连栋温室开间通常为 3.00 m、4.00 m、5.00 m,可根据操作空间需要进行选择。

（3）檐高　连栋温室檐高通常为 3.00 m、3.50 m、4.00 m、4.5 m。檐高应满足使用要求,对采用机械耕作或运输的温室应保证其安全通行高度,还应考虑室内作物高矮以及空间布置情况等因素。适当提高檐高有利于连栋温室的通风和降温,但从造价、节能以及结构安全的角度考虑,则檐高低些较为有利。选用时应根据实际情况综合考虑,一般生产性连栋温室的檐高多在 3.5m 左右,近年来有增高趋势。

3. 连栋温室屋面角

连栋温室屋面角是指温室屋面与水平面的夹角。屋面角的选择需要考虑结构受力、透光以及保温性能等因素。

连栋温室的屋面角影响连栋温室的透光性能。太阳光垂直于屋面时,也就是太阳入射角为零时,屋面对太阳光的反射最小,透光率最高。当太阳入射角在 40° 以内,屋面的透光率变化不大。因此,一般根据当地冬至日正午的太阳高度,使屋面的太阳入射角控制在 0°～40°,来确定连栋温室的屋面角。芬洛（Venlo）型连栋温室屋面角较常用的有 22°、23°、26.5° 三种,可根据作物种类、纬度及覆盖材料进行选择。玻璃温室多采用 22° 和 23°,PC 板温室多采用 26.5°。

在连栋温室的建筑设计中,还需要考虑保温性。温室保温比是衡量温室保温性能的基本指标之一,是指温室内地面面积与全部外围护结构表面面积之比。温室的全部外围护结构表面（屋面与墙面）是温室与外界接触的散热面,其面积相对于地面面积越小,越有利于温室的保温。保温比越大,温室的保温性越好。一般连栋温室规模越大,其保温比越大,保温性越好。

5.2.4.3　连栋温室结构形式

连栋温室结构是由温室构件组成的用来抵抗各种纵向或横向作用的平面或空间体系,包括承重体系、围护体系以及与这些体系有直接关系的配套机构等。承重体系是连栋温室结构的最基本部分,主要由立柱、屋架结构、屋盖结构、檩-椽结构构成。连栋温室结构形式变化主要在屋盖结构和屋面梁结构两个方面。

1. 屋盖结构

屋盖结构是温室承受纵向作用的结构系统,其承担了温室大部分外力作用。按照屋面的传力形式,屋盖结构可分为有檩体系和无檩体系两种。有檩体系屋盖（图 5-10）,力的传递方式为"荷载—采光材料—椽条—檩条—屋盖结构",一般应用在大型屋面连栋温室。无檩体系屋盖（图 5-11）,力的传递方式为屋面荷载直接传递到屋面梁或天沟,常应用在跨度小于 3.2 m 的刚性覆盖材料屋面温室和各种柔性覆盖材料屋面温室。

2. 屋架结构

屋架结构是温室结构的重要部分,由屋面梁与立柱构成。屋面梁也是温室结构中变化最多的构件,可采用多种形式,以满足不同跨度、不同屋盖形式或采光材料的要求,其结构按构造方式的不同可分为桁架式、组合式两种。桁架式屋面梁采用实腹式上弦杆、实腹式下弦杆和腹杆组成。上弦杆轴线形状可以是山形、弧形、多边形或水平,如图 5-12 所示。这种形式的屋面梁构造简单,加工方便,在 8.0～12.0 m 跨度范围内受力十分合理,是目前温室结构中最为常见的形式。

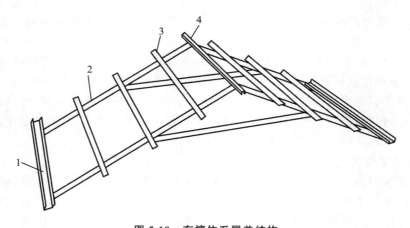

图 5-10　有檩体系屋盖结构

1. 天沟；2. 屋面梁；3. 檩条；4. 脊檩

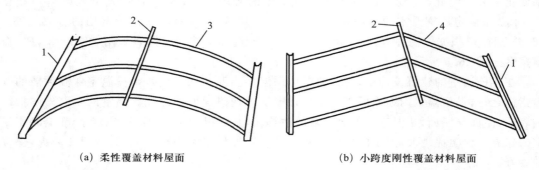

（a）柔性覆盖材料屋面　　　　　　　　　　　　（b）小跨度刚性覆盖材料屋面

图 5-11　无檩体系屋盖结构

1. 天沟；2. 脊檩；3. 屋面拱梁；4. 屋面梁（椽条）

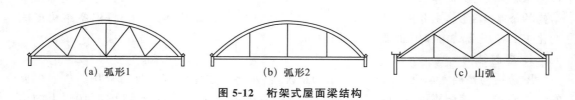

（a）弧形1　　　　　　　　（b）弧形2　　　　　　　　（c）山弧

图 5-12　桁架式屋面梁结构

组合式屋面梁由桁架式上弦杆、实腹式下弦杆和腹杆构成，如图 5-13 所示。该结构构造较为复杂，制造、运输和安装要求高，目前仅在欧洲一些国家（如比利时、瑞典、英国等）的跨度大于 12.0 m 的温室中使用。

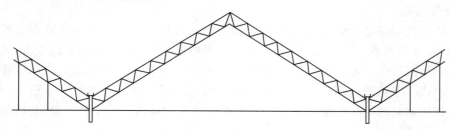

图 5-13　组合式屋面梁结构

5.2.4.4 连栋温室结构材料

连栋温室结构材料主要有钢材、铝材、钢筋混凝土等。钢材和铝材具有截面小、质量小、加工便利、耐久性长等优点，它们在连栋温室设计和生产中得到了广泛的应用，成为最主要的连栋温室构件材料。

1. 钢材

钢材主要采用 Q235 沸腾钢，是满足国家现行标准 GB 700—2006《普通碳素结构钢技术条件》的热轧型钢和冷弯薄壁型钢，有时也采用圆钢或无缝钢管等，特别是冷弯薄壁型钢，具有截面合理、质量小、型号多样、取材方便等特点，成为连栋温室结构的主要钢材品种。

（1）热轧钢板　在连栋温室结构中，主要采用薄钢板和扁钢。薄钢板的厚度为 0.35～4 mm，宽 500～1 500 mm，长 0.4～5 m，主要用于梁柱构件的加工、制作。扁钢厚 4～60 mm，宽 12～200 mm，长 3～9 m。用于组合梁的腹板、翼板及节点板和零件等。

（2）热轧型钢　连栋温室主要采用普通工字钢和普通槽钢。普通工字钢的常用型号为 10～63 号，长 5～9 m。普通槽钢的常用型号为 5～40 号，长 5～19 m。

（3）薄壁型钢　由薄钢板模压或冷弯制成，其截面形式及尺寸可按照要求合理确定。薄壁型钢能充分利用钢材的强度，减小端面尺寸，节约钢材，因而在温室结构中得到广泛的应用。薄壁型钢主要有方钢管、矩形钢管、槽钢、内卷边槽钢、外卷边槽钢、Z 型钢、卷边 Z 型钢、角钢、卷边角钢、焊接薄壁钢管等形式，厚度一般为 1.5～5 mm。一般开口端面厚度不小于 1.5 mm，其他构件厚度不小于 2.0 mm。常见温室用薄壁冷弯型钢截面见图 5-14。

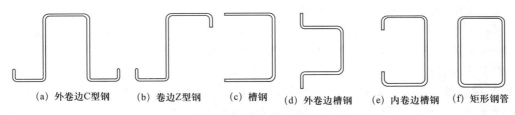

| (a) 外卷边C型钢 | (b) 卷边Z型钢 | (c) 槽钢 | (d) 外卷边槽钢 | (e) 内卷边槽钢 | (f) 矩形钢管 |

图 5-14　常见温室用薄壁冷弯型钢截面形式

（4）无缝钢管　是用在露天以承受风力为主的结构，如遮阳设施。无缝钢管外径一般为 50～300 mm，厚度一般为 4～14 mm。

（5）连栋温室结构用钢材的构造要求　对于温室用钢材，当构件厚度小于 3 mm 时，必须进行可靠的防腐处理，如热浸镀锌。温室结构的主要构件采用闭口管材时，壁厚应大于 1.5 mm；采用开口冷弯构件时的壁厚应大于 2 mm。

（6）钢材的表面防腐　目前，钢材表面防腐处理的常用方法有表面涂防锈漆和表面镀锌两种，表面镀锌又分为电镀锌（冷镀）和热浸镀锌（热镀）两种。热浸镀锌是国内外连栋温室钢材表面防腐的主要措施。传统的热浸镀锌处理是在构件加工后整体镀锌，安装时不再加工，能保证温室骨架的整体防腐能力。近来为了降低成本，也有采用热浸镀锌钢管或板材直接加工一次成型的做法。对此，应特别注意选择加工工艺，使材料在加工过程中不破坏表面镀层。另外，温室构件在运输和安装过程中，不得碰撞、切割和焊接镀锌表面，以免镀层破坏，影响构件的使用寿命。

2. 铝材

温室用铝材主要选用锻铝 LD31-RCS。铝材主要用于温室的椽条或直接用作温室屋面梁、天沟等。

3. 钢筋混凝土

钢筋混凝土主要用于连栋温室基础和基础圈梁，混凝土采用 C15 或 C20，钢筋采用Ⅰ级或Ⅱ级钢筋。混凝土和钢筋的有关力学和物理指标参见表 5-15 和表 5-16。

表 5-15　混凝土强度设计值和弹性模量　　　　　　　　N/mm²

混凝土等级	轴心抗压 f_c	弯曲抗压 f_{cm}	抗拉 f_t	弹性模量 E
C10	5	5.5	0.65	1.75×10^4
C15	7.5	8.5	0.9	2.20×10^4
C20	10	11	1.1	2.55×10^4
C25	12.5	13.5	1.3	2.80×10^4

注：C10 级混凝土主要用于垫层。

表 5-16　温室用钢筋强度设计值和弹性模量　　　　　　　　N/mm²

钢筋种类	抗拉强度 f_y	抗压强度 $f_{y'}$	弹性模量 E
Ⅰ级热轧	210	210	2.10×10^5
Ⅱ级热轧	310	310	2.00×10^5
Ⅰ级冷轧	250	210	2.10×10^5

5.2.4.5　连栋温室结构设计的过程

连栋温室结构设计就是分析温室结构整体各个构件的力学反映，并在符合国家有关规范和标准的前提下，将温室结构各个部分具体化的过程。

对于连栋温室的结构设计，先要对各种结构形式进行初步的比较分析后，选择适当的结构形式；然后确定连栋温室的几何尺寸，如跨度、檐高、脊高、构件长度等；再确定各类构件的材料种类，分析荷载作用形式和特点，计算荷载数值大小及组合方式；选择计算方法，进行力学分析和截面分析，按照承载能力极限状态和正常使用极限状态对结构构件进行分析；通过计算比较，在满足国家有关设计标准与规范要求的前提下，确定整体和各个构件的具体参数；对设计结果再次进行比较和分析，进行局部调整或整体调整；确定最终设计结果，完成设计文件和生产工艺方案。

◢◢◢复习思考题◣◣◣

1. 园艺设施场区的总体规划布局原则有哪些？
2. 日光温室的采光设计包括哪些内容？
3. 日光温室的前屋面倾角应如何确定？
4. 应从哪些方面加强日光温室的保温性？怎样提高其蓄热能力？
5. 如何选择建造园艺设施的场地？
6. 园艺设施的荷载有哪些？

chapter **6**

第6章

无土栽培技术

➤ **本章学习目的与要求**

1. 了解无土栽培的概念与特点;

2. 掌握目前生产中常用无土栽培类型、营养液的配制与管理;

3. 熟悉无土栽培在园艺作物生产、休闲观光农业和植物工厂中的应用。

自古以来农业的传统概念为"辟土种谷曰农",也就是说农业离不开土壤。而无土栽培恰恰相反,是不需要天然土壤的农业,它是将作物生长发育所需要的各种矿质营养元素配制成营养液,通过不同的供液方式,将其供给作物根系,使之正常生长发育获得产品,故称为无土栽培(soilless culture)或称营养液栽培(nutriculture)。无土栽培使人们摆脱受自然约束的传统耕作方式,向栽培的"自由王国"前进一大步。

6.1　无土栽培的概念与特点

▶ 6.1.1　无土栽培的发展历程

无土栽培是在相对封闭的根际环境中,人工供给水肥营养,来满足植物正常乃至更好地生长的一项技术手段,是一种不用天然土壤来栽培植物的方法。与种在土壤中的植物有所不同,无土栽培根系生长的空间在与自然环境隔离并处在受"局限"的空间中。

无土栽培的核心是营养液,矿质营养的成分和组配又是营养液的核心。人类对植物矿质营养的探索,可以追溯到公元前 600 年至亚里士多德时代,但是目前比较公认的是在 1600 年比利时科学家 Van Helmont,通过著名的柳树试验得出"植物从水中获得生长所需物质"的正确结论。

1838 年德国科学家斯普兰格尔,鉴定出来植物生长发育需要 15 种营养元素。1859 年德国著名科学家 Sachs 和 Knop,建立了直到今天还沿用的、用溶液培养来研究植物矿质营养的方法。在此基础上,逐步演变和发展成为今天的无土栽培实用技术。

1920 年营养液的制备达到标准化,但这些都是在实验室内进行的试验,尚未应用于生产。1929 年美国加利福尼亚大学的 W. F. Gericke 教授,利用营养液成功地培育出一株高 7.5 m 的番茄,采收 14 kg 果实,引起人们极大的关注,被认为是无土栽培技术由试验转向实用化的开端。

1935 年一些蔬菜和花卉种植者,在 Gericke 教授指导下,进行了大规模的生产实践,首次把无土栽培发展到商业规模,面积最大的有 0.8 hm² 。同时美国中西部发展了一些沙培和砾培的技术,水培技术也很快传到了欧洲、印度和日本等地。Gericke 教授把无土栽培定义为"hydroponics"(hydro 是"水"的意思,ponics 意为"放置")。

第二次世界大战期间,战争后勤供给的需要促进了无土栽培迅速发展。在 Gericke 教授指导下,泛美航空公司在太平洋中部荒芜的威克岛上种植蔬菜,用无土栽培技术,解决了驻岛部队吃新鲜蔬菜的问题。以后英国农业部也对水培发生兴趣,1945 年英国空军部队在伊拉克的哈巴尼亚和波斯湾的巴林群岛开始进行无土栽培,解决了吃菜只靠飞机由巴勒斯坦空运的问题。在圭亚那、西印度群岛、中亚的不毛沙地上,科威特石油公司等单位都运用无土栽培为他们的雇员生产新鲜蔬菜。

由于无土栽培在世界范围内的不断发展,1955 年 9 月,在第 14 届国际园艺会议上成立了国际无土栽培工作组,成员仅有 12 人。而到了 1980 年召开的第五届国际无土栽培会议时,出席人员已达 175 人,发表论文 50 多篇,并在会上决定把"无土栽培工作组"改称为"国际无土栽培学会"(International Society of Soilless Culture, ISOSC)。目前世界上已有 100 多个国家和地区掌握了无土栽培技术,应用于蔬菜、花卉、果树和药用植物的栽培。

随着国内设施园艺的快速发展,国内大型温室普遍已经采用无土栽培技术,而在日光温室、塑料大棚中设施栽培的土壤连作障碍问题日趋突出,对无土栽培的需求不断增加,近年来我国无土栽培的面积迅速扩大。

▶ 6.1.2 无土栽培的特点

尽管无土栽培需要较高的投入和生产成本,与土壤栽培相比,仍有许多特点:

(1)产量高、品质好　与土壤栽培相比,无土栽培能充分发挥作物的生产潜力,产量可提高成倍或几十倍,如表 6-1 所示。

荷兰温室番茄无土栽培每 667 m^2 年产量高达 4 万 kg;中国农业科学院蔬菜花卉研究所采用有机生态型无土栽培技术生产番茄,每 667 m^2 年产量达到 2 万 kg;北京宏福国际农业科技有限公司采用椰糠栽培番茄,每 667 m^2 年产量超过 3 万 kg;挪威黄瓜无土栽培一年多茬,每 667 m^2 最高年产量超过 6 万 kg。

由于较高的投入和生产成本,各种作物产量的盈亏点较土壤高。据统计,2016 年荷兰大型温室生产的大番茄产量盈亏点为 51.3 kg/m^2,串番茄产量盈亏点为 47.7 kg/m^2,黄瓜产量盈亏点为 76.7 kg/m^2,彩椒产量盈亏点为 24 kg/m^2,茄子产量盈亏点为 37 kg/m^2,温室作物的产量要在这个盈亏点以上才能盈利,意味着实际产量都比这个高,充分体现了无土栽培高产的优势。

表 6-1　无土栽培与土壤栽培产量比较　　　　　　　　　　　　t/hm²

作物	土壤栽培	无土栽培	两者相差倍数
番茄	10.5～25.0	150.0～600.0	12～20
黄瓜	33.5	100.0～900.0	3～25
生菜	10.0	23.5	2.4
马铃薯	7.4	154.4	20.8
豌豆	2.5	22.2	8.9
甘蓝	14.8	20.5	1.4
水稻	1.1	5.6	5.1
小麦	0.7	4.6	6.6
大豆	0.7	1.7	2.4

日本筑波科学城采用全新的调控系统,最大限度地满足作物对水、肥、气、光、热等条件的要求,采取水平放任栽培法,水培番茄根茎粗可超过 20 cm,一株番茄可长成一棵番茄树(彩图 6-1),年结果实 13 000 余个,1 株黄瓜生产 3 300 条瓜,1 株甜瓜生产 90 个瓜,最大限度地发挥了植物的生产能力。

无土栽培不仅产量高,而且品质好。例如,番茄的外观形状和颜色好,维生素 C 的含量可增加 30%,矿物质含量增加近 1 倍(表 6-2)。

表 6-2　番茄的矿物质含量(以鲜重计)　　　　　　　　　　　　　　　　%

种植方式	钙	磷	钾	硫	镁
土壤栽培	0.20	0.21	0.99	0.06	0.05
无土栽培	0.28	0.33	1.63	0.11	0.10

无土栽培提高了花卉产品的质量,例如,香石竹的香味变得浓郁,花期延长,开花数增多,单株开花数为 9 朵,土壤栽培只有 5 朵,明显提高了商品质量。

(2)节约水分和养分　作物土壤栽培时,灌溉水分和施入的养分大量渗漏流失,浪费很多,无土栽培可以使作物充分吸收和利用养分和水分,避免了流失(表 6-3)。

表 6-3　无土栽培与土壤栽培的耗水比较

方式	水分消耗/L	茄子产量/kg	产量∶水
土壤栽培	5 250	13.05	1∶400
水培	2 000	21.50	1∶93
雾培	1 000	34.20	1∶29

注:试验地点在意大利;试验面积为 4 m²。

无土栽培不但省水,而且省肥。据统计,土壤栽培养分损失 50%左右。由于科学施肥技术水平低,我国肥料利用率仅达 30%～40%。在土壤中肥料溶解和被植物吸收利用的过程很复杂,不仅损失多,而且各种营养元素的损失不同,使土壤溶液中各元素间很难维持平衡。而无土栽培作物种在栽培槽中,作物不同生育阶段所需的各种营养元素,是人工配制成营养液施用的,不仅不会流失,而且能保持平衡,所以作物生长发育健壮,生长势强,增产潜力可充分发挥出来。

(3)省力省工、易于管理　无土栽培不需中耕、翻地、锄草等作业,省力省工。浇水追肥同时解决,由供液系统定时、定量供给,管理十分方便。一些发达国家,已进入计算机控制时代,供液及营养液成分的调控全用计算机管理,与工业生产的方式相似,日本称之为"健幸乐美"农业。

(4)避免土壤连作障碍　在设施栽培中,土壤极少受自然雨水的淋溶,水分、养分运动方向自下而上。土壤水分蒸发和作物蒸腾,使土壤中的矿质元素由土壤深层移向表层,长年累月年复一年,土壤表层积聚了很多盐分,对作物有危害作用。土壤盐分积聚,以及多年栽培相同作物,造成土壤养分失衡,发生连作障碍,一直是个难以解决的问题,而应用无土栽培则从根本上解决了此问题。土传病害也是土壤栽培的难点,土壤消毒不仅困难而且消耗大量能源,成本高,且难以消毒彻底。若用药剂消毒一方面缺乏高效药品,另一方面药剂有害成分的残留污染环境、危害健康,无土栽培则可避免或杜绝土传病害。

(5)不受地区限制、充分利用空间　无土栽培使作物彻底脱离了土壤环境,因而也就摆脱了土地的约束。耕地被认为是有限的、最宝贵的、又是不可再生的资源,尤其对一些耕地缺乏的地区和国家,无土栽培就更有特殊意义。无土栽培进入生产领域后,地球上许多沙漠、荒原、海岛等或难以耕种的地区,都可采用无土栽培加以利用。此外,无土栽培还不受空间限制,可以利用城市楼房的平面屋顶种菜、种花,无形中扩大了栽培面积,改善了生态环境。

(6)清洁卫生　无土栽培的生产场地没有土壤,作物生长在栽培槽或容器内,供应水分、养分均通过管道或专用的供液系统,现场清洁卫生。水培施用的是无机肥料,没有臭味,不污染环境,尤其室内种花,更要求清洁卫生、无异味。一些高级饭店、宾馆,过去租摆花卉,施肥造成的异味,是个难以解决的问题,无土栽培养花,使该问题迎刃而解。

(7)有利于实现自动化控制 无土栽培使农业生产摆脱了自然环境的制约,可以按照人的意志进行生产,所以无土栽培是一种受控农业,有利于实现农业机械化、自动化。目前在荷兰、俄罗斯、美国、日本、奥地利等国家都有水培"工厂",是现代化农业的标志。20世纪90年代以后,我国先后引进了许多现代化温室,同时也引进了配套的无土栽培技术,在一些科技示范园区加以展示,有力地推动了我国农业现代化进程,水培和基质栽培目前已经在国内生产中得到运用,国内目前的大型温室和植物工厂中都已经普遍采用无土栽培技术。

上述几个方面,反映了无土栽培发展前景良好。但是,无土栽培技术在走向实用化的进程中也存在不少问题,突出的问题是成本高、一次性投资大;同时还要求较高的管理水平,这也不是任何地方都能做到的。从理论上讲,进一步研究矿质营养的生理指标,如何解决某些作物的早衰,减少管理上的盲目性,都是有待解决的问题。此外,无土栽培中的病虫防治,基质和营养液的消毒与循环利用,废弃基质的处理等等,也需要进一步研究解决。

6.2　无土栽培的方式与设施

无土栽培的方式很多(图6-1),但大体上可分为两类:一类是用固体基质来固定根部;另一类是不用固体基质固定根部。此外,也有按照供液方式的不同来进行分类的,但是,相同的基质会有不同的供液方式,容易造成混乱,故按基质的有无和种类来分类较为实用。

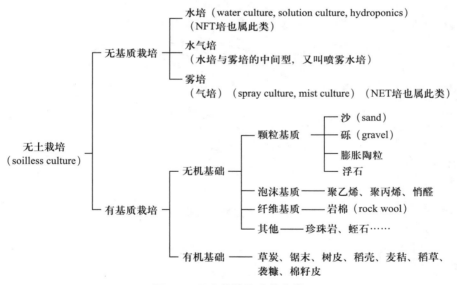

图 6-1　无土栽培方式的分类

▶ 6.2.1　水培及其设施

6.2.1.1　水培的特点

水培是指植物根系直接与营养液接触,不用基质的栽培方法。水培根据其营养液层的深度、设施结构，以及供氧、供液等管理措施的不同，可划分为两大类型：一是营养液液层较深、植物由定植板或定植网框悬挂在营养液液面上方，而根系从定植板或定植网框伸入到营养液中生长的深液流水培技术（deep flow technique，DFT），也称深液流技术；二是营养液液层较浅，植株直接种在种植槽内，根系在槽底生长，大部分根系裸露在潮湿空气中，而营养液呈一浅层在槽底流动的薄层营养液膜技术（nutrient film technique，NFT）。它的原理是使一层很薄的营养液（0.5～1 cm），不断循环流经作物根系，既保证不断供给作物水分和养分，又不断供给根系 O_2，解决了 DFT 生产过程中的根际缺氧问题。NFT 法栽培作物，灌溉技术大大简化，不必每天计算作物需水量，营养元素可均衡供给。根系与土壤隔离，可避免各种土传病害。它不用固体基质，只要维持浅层的营养液在根系周围循环流动，就可较好地解决根系呼吸对氧的需求。NFT 设施的结构轻便简单，可大大降低生产成本。

6.2.1.2　水培的设施

1. 薄层营养液膜技术（NFT）

NFT 设施主要由种植槽、贮液池、营养液循环流动装置三个主要部分组成（图 6-2）。此外，还可以根据生产实际和资金的可能性，选择配置一些其他辅助设施，如浓缩营养液罐及定量吸肥泵，营养液加温、冷却、消毒等控制装置。常见的利用营养液膜技术栽培的作物有生菜（二维码 6-1，彩图 6-2）、番茄（彩图 6-3）等。

二维码 6-1（图片）
营养液膜水培生菜

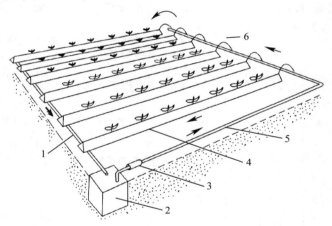

（a）全系统示意图

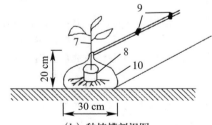

（b）种植槽剖视图

图 6-2　NFT 设施组成示意图

1. 回流管；2. 贮液池；3. 泵；4. 种植槽；5. 供液主管；6. 供液支管；
7. 苗；8. 育苗钵；9. 夹子；10. 聚乙烯薄膜

（1）种植槽　可以用各种各样的管道做成，也可以用其他硬质、软质的，可盛装营养液，不漏水的材料来做成，例如，土工膜、硬质塑料板等。如果用塑料管道，一般可以采用UPVC材料，形状有圆形、方形或者其他异形。管道最好选用达到或者接近饮用水水管标准的材料。管道上的株行距根据种植作物类型的不同而有差异。种植管道一般都用镀锌方管或者圆管做成的架子支撑起来。大株型作物如黄瓜、番茄的种植槽要有一定的坡降（约1∶75），营养液从高端流向低端比较顺畅，槽底要平滑，不能有坑洼，以免积液。小株型作物种植密度应增加，才能保证单位面积产量，坡降1∶75或1∶100。坡降比例高低不同，营养液流速不同，应根据不同作物调节供液量。

（2）贮液池　其容量以足够整个种植面积循环供液之需为宜。对大株型作物贮液池一般设在地平面以下，以便营养液能及时回流到贮液池中，其容积按每株3～5 L计算；对于小株型作物，其容积一般按每株1～1.5 L计算。一般将营养液池的体积设计到可以承接整个种植系统中的营养液总体积的2/3～3/4，增加贮液量有利于营养液的稳定。

（3）供液系统　主要由水泵、管道、滴头及流量调节阀门等组成。水泵应选用耐腐蚀的自吸泵或潜水泵，水泵的功率大小应与种植面积和营养液循环流量相匹配。管道均应采用塑料管道，以防止腐蚀。安装管道时，应尽量将其埋于地面以下，一方面方便作业，另一方面避免日光照射而加速老化。

（4）其他辅助设施　因为NFT种植槽中的液层较浅以及整个系统中的营养液总量较少，所以在种植过程中，营养液的管理比较复杂，特别是气温较高，植株较大时，营养液的浓度及其他一些理化性质变化较快，采用人工方法调控比较困难，通常增加一些辅助设施进行自动化控制。辅助设施主要有供液定时器、电导率（EC）和pH自控装置、营养液温度控制装置和安全报警装置。EC、pH、温度等自动调节装置的产品质量要稳定可靠、灵敏性好，要经常检测其是否失灵，以免影响作物生长。

2. 深液流技术（DFT）

深液流技术与薄层营养液膜技术（NFT）的不同之处是流动的营养液层较深（5～10 cm），植株部分根系浸泡在营养液中，其根系的通气靠向营养液中加氧来解决。这种系统的优点是缓冲能力较强，解决了在停电期间NFT系统不能正常运转的困难。该系统的基本设施包括：栽培槽、贮液池、水泵、营养液自动循环系统及控制系统、植株固定装置等。砖砌的水泥种植槽宽度一般为80～100 cm，连同槽壁外沿不宜超过150 cm，以方便操作和防止定植板弯曲变形、折断等，目前还开发了用聚苯板连接而成的栽培槽，宽度为30～60 cm。不论何种栽培槽，槽内均铺设塑料膜以防止营养液渗漏，槽上盖2 cm厚的泡沫板。营养液由地下营养液池经水泵注入栽培槽，栽培槽内的营养液通过液面调节栓经排液管道进入过滤池后，又回流到地下营养液池，使营养液循环使用（图6-3）。贮液池建于地下，其容积可按每个植株适宜的需液量来推算。大株型的番茄、黄瓜等的需液量为每株15～20 L，小株型的叶菜类每株3 L左右。算出总需液量后，按照1/2量存于种植槽中，1/2存于地下贮液池。营养液自动循环系统及控制系统同NFT。

3. 动态浮根系统（DRF）

动态浮根系统（彩图6-4）是指栽培床内进行营养液灌溉时，作物根系随着营养液的液位变化而上下浮动。营养液达到设定深度后，栽培床内的自动排液器将超过深度的营养液排出去，使水位降至设定深度。此时上部根系暴露在空气中可以吸氧，下部根系浸

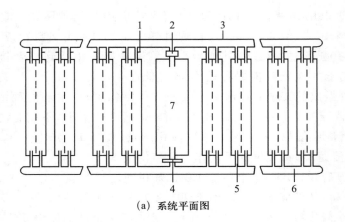

(a) 系统平面图

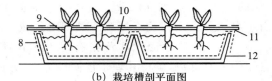

(b) 栽培槽剖平面图

图 6-3 简易 DFT 生菜栽培系统示意图

1. 手动阀；2. 水泵；3. 进液管；4. 过滤池；5. 液面调节栓；6. 回液管；

7. 地下营养液池；8. 塑料薄膜；9. 塑料育苗钵；10. 营养液；11. 泡沫板；12. 栽培槽

在营养液中不断吸收水分和养分,不会因夏季高温而降低营养液中溶解氧浓度,可以满足植物的需要。动态浮根系统由栽培床、营养液池、空气混入器、排液器与定时器等设施组成。

4. 浮板毛管水培系统(FCH)

浮板毛管水培系统系浙江省农业科学院和南京农业大学研究开发的,有效地克服了NFT 和 DFT 的缺点,根际环境条件稳定,供氧充分,液温变化小,不会因临时停电影响营养液的供给。该系统已在番茄、辣椒、芹菜、生菜等作物上应用,效果良好。

浮板毛管水培系统由栽培床、贮液池、循环系统和控制系统四部分组成。栽培槽由聚苯板连接成长槽,一般长 15～20 m,宽 40～50 cm,高 10 cm,安装在地面同一水平线上,内铺 0.08 mm 厚的聚乙烯薄膜。营养液深度为 3～6 cm,液面飘浮 1.25 cm 厚的聚苯板,宽度为 12 cm,板上覆盖亲水性无纺布(50 g/m²),两侧延伸入营养液内。通过毛细管作用,浮板始终保持湿润,作物的气生根生长在无纺布的上下两面,在湿气中吸收氧。秧苗栽在有孔的育苗钵中,置于定植板的孔内,正好把行间的浮板夹在中间,根系从育苗钵的孔中伸出时,一部分根伸到浮板上,产生气生根毛吸

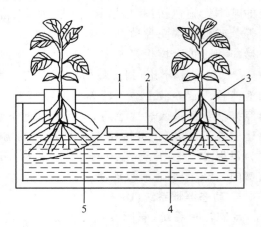

图 6-4 FCH 系统栽培槽断面图

1. 定植板；2. 浮板；3. 定植杯；4. 营养液；5. 无纺布

收氧(图6-4)。栽培床一端安装进水管,另一端安装排液管,进水管处顶端安装空气混合器,增加营养液的溶氧量,这对刚定植的秧苗很重要。贮液池与排水管相通,营养液的深度通过排液口的垫板来调节。一般在幼苗刚定植时,栽培床营养液深度为6 cm,以后随着植株生长,逐渐下降到3 cm左右。这种设施使吸氧和供液矛盾得到协调,运行过程降低耗电的成本,相当于营养液膜系统的1/3。

5. 储液储气式栽培系统

储液储气式栽培系统由上海市设施园艺技术重点试验室孙桥实验室研发,该系统分成基质、空间和营养液三部分,外形如桶状,内装配网芯一个,较好地调节了装置内固体、气体、液体三相的平衡,解决了无土栽培根际供液和供氧的矛盾,装置底部的营养液层在一定时间内能够持续供给植株充足的营养和水分,保障植株生长,具有易于移动、便于提早定植、节省基质和营养液的特点。

该系统装置如图6-5所示,主要由外桶和礼帽状带孔眼的网芯组成,网芯盘将外桶分成上、下两部分,下部有营养液层和气室,上部及网芯筒内填放栽培基质。在网芯盘上镶有通气管,在外桶的最下面的相对两边设有进液口和出液口,可以用来调节装置中营养液的量。

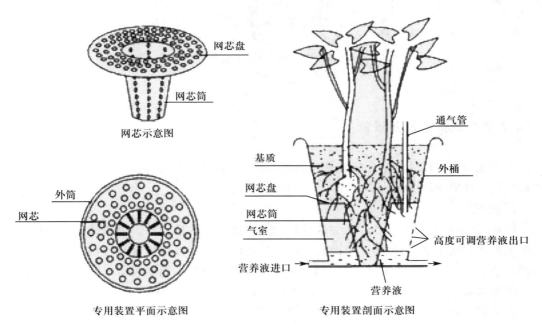

图6-5 储液储气栽培系统示意图

🔹 6.2.2 雾培及其设施

雾培(彩图6-5)是利用喷雾装置将营养液雾化,使植物的根系在封闭黑暗的根箱内,悬空于雾化后的营养液环境中。黑暗的条件是根系生长必需的,以免植物根系受到光照滋生绿藻,封闭也有利于保持根系环境的温度。例如,用1.2 m×2.4 m的聚苯乙烯泡沫塑料板栽培莴苣,先在板上按一定距离打孔作为定植孔,然后将泡沫板竖立成A字形状,使整个封闭系统呈三角形。

喷雾管设在封闭系统内的地面上,在喷雾管上按一定的距离安装喷头(图 6-6)。喷头的工作由定时器控制,如每隔 3 min 喷 30 s;将营养液由空气压缩机雾化成细雾状喷到作物根系,根系各部位都能接触到水分和养分,生长良好,地上部也健壮高产。由于雾培采用立体式栽培,空间利用率比一般栽培方式提高 2～3 倍,栽培管理自动化,植物可以同时吸收氧、水分和营养。雾培系统成本很高,一般用于观光农业。一般来说,科研单位只用雾培系统做研究根系的设备,目前国内在生产上有应用雾培系统进行脱毒马铃薯快繁的报道。

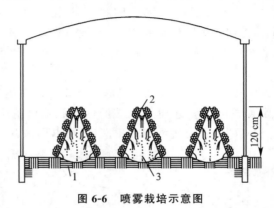

图 6-6　喷雾栽培示意图
1. 塑料薄膜;2. 聚苯板;3. 雾化喷头

6.2.3　基质培及其设施

基质栽培是将植株固定在盛装基质的槽、袋等栽培容器中,将营养液浇灌到基质中,供植物生长发育的栽培方式。

1. 槽培

槽培(彩图 6-6)是将基质装入一定容积的栽培槽中以种植作物。可用砖砌槽框抹水泥建造永久性的栽培槽,也可用木板做成半永久性栽培槽或直接用模具生产出以泡沫压缩板为材料的栽培槽等。为了降低生产成本,也可就地挖成沟槽再铺薄膜做成栽培槽。总的要求是防止渗漏并使基质与土壤隔离,通常可在槽底铺两层塑料薄膜。

栽培槽的大小和形状,取决于不同作物,例如,番茄、黄瓜等蔓生作物,通常每槽种植两行,以便于整枝、绑蔓和收获等田间操作,槽宽一般为 0.4～0.48 m(内径)。对某些矮生作物可设置较宽的栽培槽,进行多行种植,只要方便田间管理即可。栽培槽的深度以 15～20 cm 为宜。槽的长度可由灌溉能力(保证对每株作物提供等量的营养液)、温室结构以及田间操作所需走道宽度等因素来决定。槽的坡度至少应为 0.4%,这是为了获得良好的排水性能,如有条件,还可在槽的底部铺设一根多孔的排水管。

常用的槽培基质有椰糠、沙、蛭石、锯末、珍珠岩与草炭等,可利用单一基质也可利用混合基质。一般在基质混合之前,应加一定量的肥料作为基肥。例如,草炭 0.4 m³,炉渣或珍珠岩 0.6 m³,硝酸钾 1.0 kg,蛭石复合肥 1.0 kg,消毒鸡粪 10.0 kg。混合后的基质不宜久放,应立即使用,因为久放后一些有效养分会流失,基质的 pH 和 EC 也会有变化。

基质装槽后,布设滴灌管,营养液可由水泵泵入滴灌系统后供给植株(图6-7),也可利用重力法供液(图6-8),不需要动力。

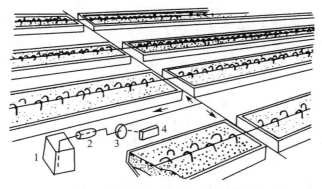

图 6-7 槽培系统和滴灌装置(水泵供液系统)示意图
1. 营养液罐;2. 过滤器;3. 泵;4. 计时器

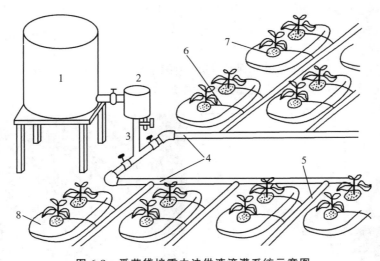

图 6-8 番茄袋培重力法供液滴灌系统示意图
1. 营养液罐;2. 过滤器;3. 主管;4. 支管;5. 毛管;
6. 水阻管;7. 滴头;8. 枕式栽培袋

2. 袋培

袋培除了基质装在塑料袋中以外,其他与槽培相似。袋子通常由抗紫外线的聚乙烯薄膜制成,至少可使用2年。在光照较强的地区,塑料袋表面应以白色为宜,以利反射阳光并防止基质升温。相反,在光照较少的地区,袋表面应以黑色为宜,利于冬季吸收热量,保持袋中的基质温度。

袋培的方式有两种:一种为开口筒式袋培(彩图6-7),每袋装基质10~15 L,种植一株作物;另一种叫作枕头式袋培(彩图6-8),每袋装基质20~30 L,种植两株作物。无论是筒式袋培还是枕式袋培,袋的底部或两侧都应该开2~3个直径为0.5~1.0 cm的小孔,以便多余的营养液从孔中流出,防止沤根。袋培的方式相当于容器栽培,互相隔开,若供液滴头一旦堵塞又没能及时发现,这一袋(或筒)作物不能得到水肥供应就会萎蔫或死亡,因此,滴灌系统对抗堵塞要求和管理的要求高。袋培的优点是彼此隔开,根际病害不易传播蔓延。

3. 岩棉栽培

用岩棉作栽培基质,采用滴灌方式供应营养液的无土栽培方式称为岩棉栽培(彩图6-9)。根据营养液是否循环利用,岩棉培可以分为开放式岩棉培和循环式岩棉培两种。开放式岩棉培生产中的营养液不经收集或经收集后没有重复利用,采用直接排放的形式,该种形式营养液管理简单,不会发生营养液循环导致的根传病害蔓延,但多余营养液直接排放容易污染外界环境和地下水等。循环式岩棉培生产中营养液经收集消毒后循环利用,优点是不会造成营养液的浪费和污染环境,但对营养液管理要求严格,必须配备营养液的消毒装置和系统,管理不当易造成根际病害的传播和蔓延。目前荷兰的岩棉栽培已全部采用循环式栽培系统,这也是未来趋势,因此重点介绍循环式栽培系统,也称封闭式岩棉栽培系统。为保证岩棉培顺利进行,一般需要配套栽培所需的硬件系统,主要包括岩棉栽培支撑系统、营养液灌溉系统、营养液回收利用系统、营养液消毒系统等。

(1)岩棉栽培支撑系统 多采用栽培床架,不仅起到支撑岩棉的作用,栽培床架内还含有营养液收集通道,多余营养液可进行回收利用。目前,国外一般采用定制化的栽培槽架。以荷兰Formflex岩棉栽培槽架(图6-9)为例,该栽培槽架一般为"几"字形,主要包括岩棉支撑系统、营养液收集通道、落秧系统等部分。在岩棉支撑床架设计和施工时,一定要注意栽培床面平整,进行营养液回收的还要保持一定的倾斜角度,一般要求坡降为1∶100,防止营养液局部位置过多的聚集,导致生成绿藻或发生病虫害。

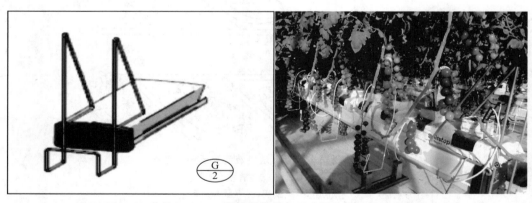

图 6-9 荷兰 Formflex 岩棉栽培槽架示意图和实际栽培效果图

(2)营养液灌溉系统 目前均采用水肥一体化供应设备,主要包括灌溉首部、滴灌(箭)系统、营养液回收系统等。灌溉首部一般由比例施肥器(或施肥机)、浓缩营养液贮液罐组成,灌溉时比例施肥器(或施肥机)吸取浓缩营养液,与水源按一定比例混合成为工作营养液,经过滴灌(箭)系统准确地供给到岩棉上种植作物的根部。其关键在于比例施肥器和水源流量控制阀及肥水混合器可自动控制。

(3)营养液回收利用系统 一般由营养液过滤系统和消毒系统两部分组成,过滤系统可以过滤掉沙石等杂物,消毒系统则对营养液进行消毒以便回收利用。目前常用的消毒方法为紫外线消毒,营养液经紫外线照射消毒后回收利用。

在栽培作物之前,用滴灌的方法把营养液滴入岩棉垫中,使之浸透,一切准备工作就绪以后,就可定植作物。岩棉栽培的主要作物是番茄、甜椒和黄瓜。定植后即把滴灌管固定到岩棉块上,让营养液从岩棉块上往下滴,保持岩棉块湿润,以促使根系在岩棉块中迅速生长,这个过程需7~10 d。当作物根系长入岩棉垫以后,可以把滴灌滴头插到岩棉垫上,以保持根茎基部干燥,减少病害。

4. 沙培

1969年,在丹麦人开始采用岩棉栽培的同时,美国人开发了一种完全使用沙子作为基质的、适于沙漠地区的开放式无土栽培系统,即沙培(彩图6-10)。在理论上这种系统具有很大的潜在优势:沙漠地区的沙子资源极其丰富,不需要从外部运入,价格低廉,也不需要每隔一两年进行定期更换,是一种理想的基质。

沙子可用于槽培,然而在沙漠地区,一种更方便、成本又低的做法如下:在温室地面上铺设聚乙烯塑料膜,其上安装排水系统(直径5 cm的聚氯乙烯管,顺长度方向每隔45 cm环切1/3,切口朝下),然后再在塑料薄膜上填大约30 cm厚的沙子(图6-10),如果沙子较浅,将导致基质中湿度分布不均,作物根系可能会长入排水管中。用于沙培的温室地面要求水平或者稍微有点坡度,同时向作物提供营养液的各种管道也必须相应地安装好。对栽培床排出的溶液须经常测试,若总盐浓度大于3 000 mg/L,则必须用清水洗盐。

图6-10　温室全面铺沙床的沙培断面示意图
1. 地面铺的膜;2. 供液管;3. 排水管

5. 有机生态型无土栽培

有机生态型无土栽培(图6-11,彩图6-11)使用有机基质,但不用传统的营养液灌溉植物,而使用有机固态肥并直接用清水灌溉作物的一种无土栽培技术。由中国农业科学院蔬菜花卉研究所研究开发成功。有机生态型无土栽培技术除具有一般无土栽培的特点外,还具有如下特点:

(1)用固态有机肥取代传统的营养液　有机生态型无土栽培是以各种有机肥的固体形态直接混施于基质中,作为供应栽培作物所需营养的基础,在作物的整个生长期中,可隔几天分若干次将固态肥直接追施于基质表面上,以保持养分的供应浓度。

(2)操作管理简单　有机生态型无土栽培在基质中施用有机肥,不仅各种营养元素齐全,其中微量元素也可满足需要。因此,在管理上着重考虑氮、磷、钾三要素的供应总量及其平衡状况,大大地简化了营养液的管理过程。

(3)大幅度降低无土栽培设施系统的一次性投资　由于有机生态型无土栽培不使用营养液,从而可全部取消配制营养液所需的设备、测试系统、定时器、循环泵等。

(4)大量节省生产费用　有机生态型无土栽培主要施用消毒的有机肥,与使用营养液相比,其肥料成本降低60%~80%,从而大大节省了生产成本。

有机生态型无土栽培设施与一般基质培相同,只是更简化了,但其缺点是养分的精准调控相对困难。

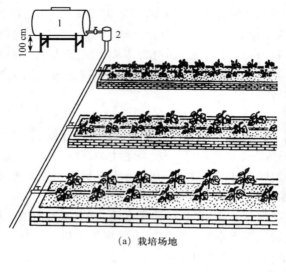

(a) 栽培场地

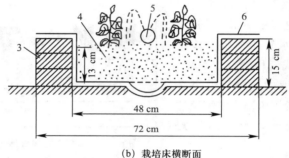

(b) 栽培床横断面

图 6-11　有机生态型无土栽培示意图

1. 贮水罐;2. 过滤器;3. 红砖;4. 有机肥＋混合基质;5. 滴灌带;6. 塑料膜

6. 潮汐式灌溉基质栽培

　　潮汐式灌溉基质栽培设施系统,其栽培箱与灌溉管道构成有机整体(也可以分离),管道系统的主给水管(首端)与排液主管(末端)是分设的(由排液阀、上限液位控制分流管实现两者连接),其余管网系统既是给液管网,也是排液管网,两者功能合二为一,而且主管、一级支管、二级支管均埋设地下,三级支管与栽培箱底部的给排液口对接,形成整体封闭的系统。该系统克服了传统的滴管灌溉管路易堵塞、灌溉不均匀及积水的问题。

　　(1)营养液池与管道系统　如图 6-12 所示,营养液池一般设于地面以下,通常采用混凝土浇筑或砖混砌筑,做好防水、防渗处理。小规模栽培可以采用塑料罐或玻璃钢储液罐。营养液池(2)的容积要根据栽培面积或栽培箱的总数量来计算,通常每 667m² 温室可定植黄瓜、番茄、茄子 1 800～2 000 株,长方形的栽培箱(17)以每箱定植 4 株计算,需要 450～500 个栽培箱,单箱最大灌水量为 22 L,需要营养液池的容积为 11 m³,实际容积应比理论体积大 20％为宜。管道系统采用 PVC 管材及相应配件,在给液首端设搅拌管及搅拌阀(5)、强排管及强排阀(6)、给液主管及给液阀(8),给液主管连接潜水泵(4)。在给液主管(增粗缓流段)(10)设栽培箱上限液位控制装置(分流管)(9),分流管与排液主管并联连接,排液主管前端设排液控制阀(11),后端设紫外线消毒器(7)。

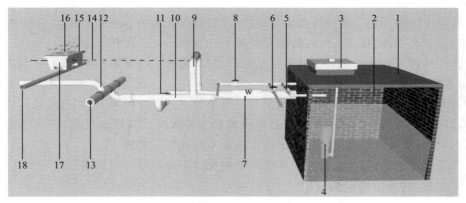

图 6-12 营养液池与管道系统示意图

1. 地平线；2. 营养液池；3. 操作口；4. 潜水泵；5. 搅拌管及搅拌阀；6. 强排管及强排阀；
7. 排液主管及紫外线消毒器；8. 给液阀；9. 上限液位分流管；10. 给液主管（增粗缓流段）；
11. 排液主管控制阀；12. 给排液二级支管；13. 给排液一级支管；14. 灌溉上限液位；
15. 定植盖；16. 塑料过滤网杯；17. 栽培箱；18. 给排液三级支管

（2）栽培容器　为长方形的栽培箱(17)，内置塑料过滤网杯(16)，栽培箱上覆盖 3 片互相插接的定植盖(15)，每箱可定植 4 株果菜。栽培箱长 70 cm，顶盖宽 32 cm，高 23.5 cm，箱子底部以四角为支腿，支腿内部是"空腔"，具有存储基质、水的功能；在栽培箱底部中间设有一个直径为 29 mm 的给排液口，给排液口边沿具有可插接固定过滤网杯的卡口结构；网杯的底部封闭，扣在箱底的给排液口上，四周为 40~60 目的塑料网纱；基质填注后，网杯起到隔离、过滤基质不进入管道系统的作用，而水肥(液体)可以双向通过网杯，实现灌溉。

（3）给排液管路　与栽培容器之间形成整体的"U 形"水位，互通的管路使灌溉时水位能同步上升，所有栽培箱内的基质"同时、同位、同量"接受水肥的灌溉。灌溉结束后打开排液阀，排出多余水肥。将灌溉最高液位即上限液位设定在能"淹没栽培箱基质表面"的高度上，以水泵动力经给液主管提升的营养液超过设定的上限液位时，能从上限液位分流管流到排液主管中，再流回到营养液池中。

6.3　无土栽培的营养液

营养液是将含有园艺作物生长发育所需要的各种营养元素的化合物，溶解于水中配制而成的。营养液是无土栽培的核心，只有掌握了营养液的组成、配制原理、变化规律和管理技术，才能使无土栽培获得成功。这就要求我们必须了解营养液的组成、各营养元素的特点、配制技术和无土栽培过程中如何管理等问题。

6.3.1　营养液的组成

6.3.1.1　营养液组成的原则

①营养液必须含有植物生长所必需的全部营养元素。现已确定高等植物必需的营养元

素有 16 种,其中碳主要由空气中的 CO_2 供给,氢、氧由水与空气供给,其余 13 种元素由根部从营养液中吸收,因此,营养液是由含有这 13 种营养元素的各种化合物溶于水中组成的。其中大量元素有 N、P、K、Ca、Mg;微量元素有 Fe、Cu、Mn、Zn、B、Cl、S、Mo。

②含各种营养元素的化合物通常都是无机盐类,也有一些是有机螯合物,它们可以溶于水,呈离子状态,根部可以吸收。

③营养液中各营养元素的数量、比例应符合植物生长发育的要求,而且是均衡的。

④营养液中各营养元素的无机盐类构成的总盐分浓度及其酸碱反应,符合植物生长发育的需求,在被根吸收过程中产生的生理酸碱反应是比较平衡的。

⑤在栽培植物的过程中,组成营养液的各种化合物应在较长时间内保持有效状态。

6.3.1.2 营养液组成的依据

营养液配方是在保证作物能正常生长发育,且有较高产量的情况下,对植物和土壤进行营养分析,而测出的各种大量元素和微量元素的吸收量。营养液配方是根据不同元素的总离子浓度及离子间的不同比率而配制的,同时又根据作物栽培过程中不同生长发育阶段的特点,不断地对营养液的组成进行修正、调整和完善。根据试验方法不同,科学家提出了国际上普遍认可的三种理论及其配方,即园试标准配方、山崎配方和斯泰纳配方。

(1)园试标准配方 是日本兴津园艺试验场经过多年的研究而提出的,其根据是从分析植株对不同元素的吸收量,来决定营养液配方的组成。

(2)山崎配方 是日本植物生理学家山崎肯哉以园试标准配方为基础,以果菜类蔬菜为试材研究提出的。他根据作物吸收元素量与吸水量之比,即吸收浓度(n/w 值),来决定营养液配方的组成。

(3)斯泰纳配方 是荷兰科学家斯泰纳依据作物对离子的吸收具有选择性而提出的。斯泰纳营养液是以阳离子(Ca^{2+}、Mg^{2+}、K^+)物质的量之和与相近的阴离子(NO_3^-、PO_4^{3-}、SO_4^{2-})物质的量之和相等为前提,而各阳离子、阴离子之间的比值,则是根据植株分析得出的结果而制订的。根据斯泰纳试验结果,阳离子比值为 $K^+:Ca^{2+}:Mg^{2+}=45:35:20$,阴离子比值为 $NO_3^-:PO_4^{3-}:SO_4^{2-}=60:5:35$ 时最为适宜。

6.3.1.3 营养液的电导率

电导率(electrical conductivity,EC)是溶液所含总盐量的导电能力,单位为 mS/cm。测定电导率的仪器称为电导率仪。电导率仪的测定时间短,方法简单而准确,在无土栽培营养液管理中广泛应用。

在开放式无土栽培系统中,营养液的电导率一般控制在 2.0~3.0 mS/cm;在封闭式无土栽培系统中,绝大多数作物营养液的电导率不应低于 2.0 mS/cm,当 EC<2.0 mS/cm 时,营养液中就应补充足够的营养成分,使 EC 上升到 3.0 mS/cm。这些补入的营养成分,可以是固体肥料,也可以是预先配制好的浓溶液(母液)。

6.3.1.4 营养液的氢离子浓度(pH)

营养液的氢离子浓度(pH)通常用 nmol/L 来表示。当溶液呈中性时,溶液中 H^+ 浓度和 OH^- 浓度相等,此时的氢离子浓度为 100 nmol/L(pH=7.0);当 OH^- 占优势时,氢离子浓度小于 100 nmol/L(pH>7.0),溶液呈碱性;反之,H^+ 占优势,氢离子浓度大于 100 nmol/L(pH<7.0),溶液呈酸性。

pH 的测定,最简单的方法可以用石蕊试纸进行比色,但这只能测出大概的范围,准确的测定要用 pH 仪,测试方法简单、快速、准确,是无土栽培必备的仪器。

大多数园艺植物的根系,在氢离子浓度为 $316.3 \sim 3\ 163.0\ nmol/L$(pH $5.5 \sim 6.5$)的弱酸性范围内生长最好,因此,无土栽培的营养液酸碱度也应该在这个范围内。氢离子浓度过低(pH>7),会导致 Fe、Mn、Cu 和 Zn 等微量元素沉淀,腐蚀循环泵及营养液供应系统中的金属元件,严重时会使植株过量吸收某种或几种元素,降低了对其他元素的吸收,易造成植株缺素。氢离子浓度(pH)不适宜,植株的反应是根尖发黄和坏死,之后叶片失绿。

6.3.2　营养液中元素的有效形态

营养液中大量元素和微量元素可来源于不同的化合物,应根据植物的生长发育特点来选择。对营养液中元素有效形态影响比较大的是氮源和铁源的选择。

6.3.2.1　营养液氮源的选择

营养液氮源的选择是无土栽培以至整个农业生产上长期以来不断研究探索的问题,其主要体现在铵态氮与硝态氮哪一个更适合于不同作物的不同生长发育阶段的需求。

现已公认,铵态氮和硝态氮都是很容易被植物吸收和同化的氮源,而且实际生产也证明,无论是铵态氮还是硝态氮都可以作为植物生长和高产的良好氮源。日本著名植物生理学家坂村彻在 20 世纪 50 年代报道铵态氮和硝态氮的营养效果是没有差异的,在应用上之所以产生差异,是由于二者的生理酸碱性及其离子的特性不同,会引发的营养液的酸碱度变化,从而影响其他离子的吸收。

例如,铵盐 $(NH_4)_2SO_4$、NH_4Cl,甚至 NH_4NO_3 都是生理酸性盐,尤以 $(NH_4)_2SO_4$、NH_4Cl 为甚。而 NH_4^+ 是一价阳离子,具有对二价阳离子的拮抗作用,尤其对 Ca^{2+} 的吸收有明显的抑制,而生理酸性所带来的 H^+ 更是 Ca^{2+} 的强拮抗者。所以,使用铵盐作氮源时容易出现缺钙以致作物生长不良,甚至伤害根系的细胞而使作物死亡。硝酸盐 $NaNO_3$、KNO_3、$Ca(NO_3)_2$ 都是生理碱性盐,会引起营养液的 pH 升高,造成一些营养元素因沉淀而失效(Fe、Mg 等),因此,使用生理碱性强的硝酸盐,常会出现缺铁、缺镁等而使作物生长不良。

很多研究结果证明,只要合理应用两种氮源,都会促进植物的生长。在使用不同氮源时,要注意中和其生理酸碱性,在铵态氮作氮源时,适当增加钙的用量可以降低铵态氮吸收时带来的酸性对钙吸收的影响;在硝态氮作氮源时,适当选用螯合铁为铁源时,可以降低硝态氮吸收时带来的碱性对铁吸收带来的影响。华南农业大学研究结果表明,用 NH_4NO_3 和 $CO(NH_2)_2$ 为氮源(铵态氮占总氮量的 75%)水培番茄,其产量与用 $Ca(NO_3)_2$ 和 KNO_3 为氮源的处理没有显著的差异(表 6-4),原因是在营养液中加大了钙的用量(比原配方增加 25% 的钙)和控制了营养液的 pH(6.5 ± 0.5)。

表 6-4　不同氮源对番茄的效果

处理	果重/(kg/株)	果数/(个/株)	茎叶干重/(g/株)
$Ca(NO_3)_2 + KNO_3$	2.05	19	12.1
$NH_4NO_3 + CO(NH_2)_2$	2.37	22	14.8

注:营养液剂量(mmol/L):N 9,P 1,K 5,Ca 2.5,Mg 1,每株用液 10 L,更换 6 次,pH 控制在 6.5 ± 0.5;表中数据为 16 株平均值,差异不显著。

原北京农业大学(现中国农业大学)园艺系对黄瓜、番茄、甜椒的无土栽培(基质栽培)不同形态氮素比较试验证明,选择氮源还与光温环境有关,低温弱光季节营养液中的氮源应提高铵态氮的比例,高温光照充足的季节应加大硝态氮的比例,这对黄瓜无土栽培的效果尤为显著。酰胺态氮源(尿素)也是无土栽培的良好氮源,在我国来源广,价格相对低廉,便于运输,氮素含量高,尤其适于作为基质栽培的氮源,但它只适合在光温环境比较好的季节使用。

营养液氮源的有效形态还与栽培方式有关,基质栽培因为基质的理化性状、缓冲能力都与营养液之间存在交互作用,所以三种形态的氮源都可使用且生产效果良好。水培营养液因缓冲能力差,一般多以硝态氮为主,铵态氮及 $CO(NH_2)_2$ 比例不宜过高。

近年来,也有研究其他氮源对蔬菜的影响,范雅姝等(2017年)研究报道海带浸泡液复配植物氨基酸粉而成的海藻肥稀释 3 000 倍促进了生菜的生长,其鲜重、叶绿素、还原糖、蛋白含量分别增加 23.21%、4.21%、35.48%、35.71%。不论叶菜还是茄果类蔬菜,铵态氮、硝态氮、酰胺态氮三种氮素配合施用都可以带来较好的产量和品质,除高产外,铵态氮或酰胺态氮替代了部分硝态氮,进而降低了蔬菜中的硝态氮含量,提高了其食用安全性,这样配比的营养液值得在农业生产中进行推广应用(刘备,2015)。屈媛(2013)研究认为以 5 mmol/L 的谷氨酸作为氮源,可以促进春石斛的生长。

6.3.2.2　营养液铁源的选择

营养液铁源的选择,也是长期以来困扰人们的问题之一。最初使用无机盐,如 $FeCl_3$、$FeSO_4$ 等,这些铁盐在 pH 升高时很容易变成 $FePO_4$、$Fe(OH)_3$ 沉淀而失效。以后改用有机酸铁,如柠檬酸铁和酒石酸铁,有机酸铁比无机盐效果好一些,但其本身很不稳定,效果也不理想。随着近代化学科学的发展,许多能与铁作用形成螯合铁的有机化合物(氨基多元羟酸类)在无土栽培中得到广泛的应用,保证铁源的供应效果。目前,生产广泛应用的螯合剂有乙二胺四乙酸(EDTA)、二乙三胺五乙酸(DTPA)、环己烷-1,2-二胺四乙酸(CDTA)、乙二胺双(邻羟苯基乙酸)(EDDHA)等。

金属螯合物的稳定性受溶液 pH 的影响,当多种金属离子共同存在时,它们之间会互相竞争成为螯合物。例如,以 EDTA 为螯合剂,在低的 pH 时,螯合铁占优势;pH 6～7 时,锌占优势;再高的 pH 时,钙、镁占优势,其他离子会成离子状态存在。因此,要根据螯合的目的离子不同来选用不同的螯合剂与调控 pH。

据研究,以螯合铁为例,Fe-EDTA 在 pH 6.5 以上不稳定,易被 Ca^{2+} 所置换;Fe-DTPA、Fe-CDTA 在 pH 7.2 以上不稳定;而 Fe-EDDHA 在整个 pH 范围都是稳定的,但其价格昂贵,我国尚未见生产用的产品。当今无土栽培生产中最常用的铁螯合剂是 EDTA,因其价格比较低且易得,已有制成乙二胺四乙酸一钠铁和乙二胺四乙酸二钠铁的成品(NaFe-EDTA、Na_2Fe-EDTA)出售。

螯合铁的用量一般按铁元素质量计,每升营养液用 3～5 mg 就能满足作物生长的需要。

▶ 6.3.3　营养液的配制

6.3.3.1　营养液配制的原则

营养液的配制必须遵循营养液的组成原则。即营养均衡,各种营养元素的数量与比例都应符合植物生长发育的要求,营养液的总盐分浓度及酸碱反应都应符合植物生长发育的需求,组成营养液的各种化合物溶于水后形成的离子,应在较长的时间内保持有效形态等。营养液配制要避免出现难溶性沉淀,以防降低营养元素的有效性。

在制备营养液的许多盐类中,硝酸钙容易和其他化合物发生反应而产生沉淀,如硝酸钙和硫酸盐混在一起易产生硫酸钙沉淀,硝酸钙的浓溶液与磷酸盐混在一起易产生磷酸钙沉淀。在配制浓缩液时要把它们分别存放。

大面积生产时,为了配制方便,一般都是先配制浓缩液(母液),然后再进行稀释,因此需要两个贮液罐,一个盛硝酸钙溶液,另一个盛其他盐类的溶液。此外,为了调整营养液的氢离子浓度(pH)的范围,还要有一个专门盛放稀释到10%浓度的酸液罐。在自动循环营养液栽培中,这三个罐均用 pH 仪和 EC 仪自动控制。当栽培槽中的营养液浓度低于标准浓度时,浓缩液罐会自动将营养液注入营养液槽,经过稀释,配成浓度适宜的营养液供应植株。当营养液中的氢离子浓度(pH)超过标准时,酸液罐也会自动向营养液槽中注入酸。在非循环系统中,这三个罐的母液会按照设定的比例配比稀释后,供应植物。

浓缩液罐里的大量元素母液浓度一般是 100 倍贮存,即母液与稀释液之比为 1∶100,微量元素母液与稀释液之比为 1∶1 000。

6.3.3.2 营养液配制对水质的要求

(1)水源 自来水、井水、河水和雨水,是配制营养液的主要水源。井水、河水和雨水使用前应对水质进行化验,一般要求水质和饮用水相当。

收集雨水要考虑当地空气污染程度,污染严重时不可使用。当地的年降雨量达 1 000 mm以上方可作为水源,若达 1 000 mm 以上,可以通过收集雨水的方式满足当地无土栽培所需水量。若以河水作为水源,须经处理,符合饮用水卫生标准的才可使用。

(2)水质 有软水和硬水之分。水的软硬是以水中各种钙、镁的总离子浓度高低而定。软水和硬水的标准统一以每升水中 CaO 的质量表示,1°=10 mg/L。0°~4°为很软水,4°~8°为软水,8°~16°为中硬水,16°~30°为硬水,30°以上为极硬水。用作营养液的水,硬度不能太高,一般以不超过10°为宜。

(3)pH 营养液等 pH 一般应在 5.5~7.5 之间。

(4)溶解氧 使用前应接近饱和。

(5)NaCl 含量 应小于 2 mmol/L。

(6)重金属及有害元素含量 不超过饮用水标准。

6.3.3.3 营养液配方的计算

一般在进行营养液配方计算时,因为钙的需要量大,并在大多数情况下以硝酸钙为唯一钙源,所以计算时先从钙的用量开始,钙的量满足后,再计算其他元素的量。依次是计算氮、磷、钾,最后计算镁,因为镁与其他元素互不影响。微量元素需要量少且在营养液中的浓度非常低,所以每个元素均可单独计算,而无须考虑对其他元素的影响。无土栽培营养液配方的计算方法较多,有三种较常用的方法:一是百万分率(10^{-6})单位配方计算法;二是毫摩尔(mmol/L)计算法;三是根据单位体积(L)/mg 的元素所需肥料用量,乘以该元素单位体积(L)所需的用量,以 mg 计,求出营养液中该元素所需的肥料用量。

计算顺序:①配方中 1 L 营养液中钙的质量(mg),再求出 $Ca(NO_3)_2$ 的用量;②计算

$Ca(NO_3)_2$ 中同时提供的氮的浓度；③计算所需 KNO_3 的用量；④计算所需 $NH_4H_2PO_4$ 的用量；⑤计算所需 $MgSO_4$ 的用量；⑥计算所需微量元素用量。

6.3.3.4 营养液所使用的肥料

考虑到无土栽培的成本，配制营养液的大量元素通常使用价格便宜的农用化肥。微量元素由于用量较少，通常使用化学纯的化学试剂配制。配制营养液所用的肥料及其使用浓度如表 6-5 所示。这些肥料的共同特点是在水中溶解度高而且价格便宜。Fe、Cu、Zn、B、Mn、Mo 等微量元素，虽然作物对其需要量不大，但必不可少，Fe 尤为重要，是微量元素中需要量最大的，无土栽培中常因缺 Fe 而发生生理性病害。

表 6-5　营养液用肥及其使用浓度　　　　　　　　　　　　　　μL/L

元素	使用浓度	肥料
硝态氮	70～210	KNO_3、$Ca(NO_3)_2 \cdot 4H_2O$、NH_4NO_3、HNO_3
铵态氮	0～40	$NH_4H_2PO_4$、$(NH_4)_2HPO_4$、NH_4NO_3、$(NH_4)_2SO_4$
P	15～50	$NH_4H_2PO_4$、$(NH_4)_2HPO_4$、KH_2PO_4、K_2HPO_4、H_3PO_4
K	80～400	KNO_3、KH_2PO_4、K_2HPO_4、K_2SO_4、KCl
Ca	40～160	$Ca(NO_3)_2 \cdot 4H_2O$、$CaCl_2 \cdot 6H_2O$
Mg	10～50	$MgSO_4 \cdot 7H_2O$
Fe	1.0～5.0	Fe-EDTA
B	0.1～1.0	H_3BO_3
Mn	0.1～1.0	Mn-EDTA、$MnSO_4 \cdot 4H_2O$、$MnCl_2 \cdot 4H_2O$
Zn	0.02～0.2	Zn-EDTA、$ZnSO_4 \cdot 7H_2O$
Cu	0.01～0.1	Cu-EDTA、$CuSO_4 \cdot 5H_2O$
Mo	0.01～0.1	$(NH_4)_6Mo_7O_{24}$、$Na_2MoO_4 \cdot 2H_2O$

6.3.3.5 经典营养液配方示例

目前，世界上已发表了很多营养液配方，1966 年在相关的专著中已收集到的配方就达 160 多种，其中以美国植物营养学家霍格兰(D. R. Hoagland)研究的营养液配方最为有名，被世界各地广泛使用，世界各地的许多配方都是参照霍格兰的配方因地制宜加以调整演变而来的。日本兴津园艺试验场研制了一种称为"园试配方"的均衡营养液，也被广泛使用。这两种营养液的大量元素配方如表 6-6 所示。营养液微量营养元素用量见表 6-7。其余诸多配方多是在此基础上进行调整的。

表 6-6　营养液配方示例(大量元素)

化合物分子式	霍格兰配方(Hoagland 和 Arnon，1938)				日本园试配方(堀，1966)			
	化合物用量		元素含量/(mg/L)	大量元素总计/(mg/L)	化合物用量		元素含量/(mg/L)	大量元素总计/(mg/L)
	mg/L	mmol/L			mg/L	mmol/L		
$Ca(NO_3)_2 \cdot 4H_2O$	945	4	N 112　Ca 160	N 210	945	4	N 112　Ca 160	N 243
KNO_3	607	6	N 84　K 234	P 31 K 234	809	8	N 112　K 312	P 41 K 312
$NH_4H_2PO_4$	115	1	N 14　P 31	Ca 160 Mg 48	153	4/3	N 18.7　P 41	Ca 160 Mg 48
$MgSO_4 \cdot 7H_2O$	493	2	Mg 48　S 64	S 64	493	2	Mg 48　S 64	S 64

表 6-7　营养液微量营养元素用量(各配方通用)　　　　　　　　　　　mg/L

化合物分子式	营养液化合物含量	营养液含元素
$Na_2Fe\text{-}EDTA$(含铁 14.0%)	20~40*	2.8~5.6
H_3BO_3	2.86	0.5
$MnSO_4 \cdot 4H_2O$	2.13	0.5
$ZnSO_4 \cdot 7H_2O$	0.22	0.05
$CuSO_4 \cdot 5H_2O$	0.08	0.02
$(NH_4)_6Mo_7O_{24} \cdot 4H_2O$	0.02	0.01

注：* 易缺铁的植物选用高用量。

6.3.3.6　营养液的配制方法

营养液一般用浓缩液(母液)配制。在加入各种母液的过程中,要防止沉淀的出现。配制步骤:在大贮液池中先放入相当于要配制的营养液体积的 40% 水量,将母液 A 应加入量倒入其中,开动水泵使其扩散均匀,然后再将母液 B 慢慢从注水口随水加入,让水源冲稀母液 B 后注入贮液池中逐渐扩散,最后将水补足。用 pH 计测其 pH,用电导率仪测其 EC,看是否与预配的值相符。若需要调 pH,则应先取一定体积的所配制营养液用稀磷酸调试,记录所需的稀磷酸体积,然后按比例将所需的磷酸边搅拌边加入贮液池中。

6.3.4　营养液管理

营养液管理与土壤栽培施肥及浇水管理完全不同,其技术性很强,是无土栽培,尤其是水培成败的技术关键。营养液配成后到施用于作物的流程如图 6-13 所示,全过程的每一步都要精心管理。

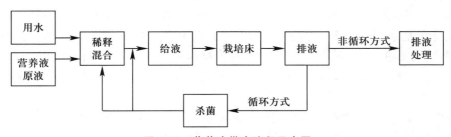

图 6-13　营养液供应流程示意图

6.3.4.1　营养液配方的选择

作物的种类不同,或者作物的生长发育时期不同,所需要的营养液配方也不同。对无机元素的吸收种类和吸收量因作物种类和品种不同而异,应根据作物的种类、品种以及无土栽培的不同方式,进行营养液配方的选择。对于没有专用配方的作物,一般建议选择通用配方,在通用配方基础上根据作物的养分需求特点进行配方优化。

6.3.4.2　营养液浓度的管理

营养液浓度的管理直接影响作物的产量和品质,不同作物营养液浓度管理指标不同,而且同一作物的不同生育期营养液浓度管理也不相同。不同季节营养液浓度管理也不同,一般夏季用的营养液浓度比冬季略低些为宜,但是也有个别作物浓度管理恰巧相反。例如,日本的三叶芹夏季时 EC 浓度提高到 4.5 mS/cm,目的在于抑制根腐病菌的繁殖。无土栽培网纹甜瓜,收获前提高营养液浓度,可以增加果实的糖度;番茄无土栽培时高浓度管理比低浓度管理的果实糖度高。

在栽培过程中要经常用电导率仪测量检查营养液浓度的变化,但是电导率仪仅能测量出营养液总离子浓度,无法测出某一种元素的含量,因此,有条件的地方,每隔一定时间要进行一次营养液的全面分析。没有条件的地方,也要经常细心地观察作物生长情况和有无生理病害的迹象发生,若出现缺素或营养过剩的生理病害,要立即调整营养液的配方或某几种元素的浓度。

6.3.4.3　营养液酸碱度(pH)的管理

营养液的 pH 一般要维持在最适 pH 范围,尤其水培,对 pH 的要求更为严格。这是因为各种肥料成分均以离子状态溶解于营养液中,pH 会直接影响各种肥料的溶解度,从而影响作物的吸收。尤其在碱性情况下,会直接影响金属离子的吸收而发生缺素的生理病害。若营养液 pH 较高,则采用稀硫酸或稀磷酸来调整;若营养液 pH 较低则采用氢氧化钠或氢氧化钾来调整。

6.3.4.4　营养液温度的管理

气温是影响作物生育的重要环境因素之一,根际温度也是影响作物生育的重要环境因素之一。营养液的温度不仅直接影响根的生长与生理机能,而且影响营养液中溶存氧的浓度、病菌繁殖速度等,从而影响到栽培作物的生育、产量和品质,因此,营养液温度的调节和控制非常重要。一般会采用温控仪与加温(降温)设备相结合来控制营养液的温度。

6.3.4.5　供液方法与供液次数的管理

无土栽培的供液方法有连续供液和间歇供液两种。基质栽培或岩棉栽培通常采用间歇供液方式,每天供液 1～10 次,每次 3～10 min,视一定时间供液量而定。供液次数多少要根据基质持水能力、季节、天气、苗龄大小、生育期来决定。例如,早春甜瓜苗期需要控水蹲苗,防止茎叶长势过旺,加之早春温度又低,每天只供一次液即可;授粉期和果实膨大期需水量大,又值夏季高温,每天需供液 3～10 次;阴雨天温度低,湿度大,蒸发量小,供液次数也应减少。

水培有间歇供液的,也有连续供液的。间歇供液一般每隔 2 h 一次,每次 15～30 min;连续供液一般是白天连续供液,夜晚停止。但无论哪种供液方式,其目的都在于应用强制循环方法增加营养液中的溶氧量,以满足根系对氧气的需要。

6.3.4.6　营养液的补充与更新

对于非循环供液的基质栽培或岩棉栽培,所配营养液一次性使用,每次供应的营养液均是新的,所以不存在营养液的补充与更新。在循环供液系统中,每循环一次,营养液都会被作物吸收、消耗,液量会不断减少,营养液的浓度会降低,回液的量不足 1 d 的用量,就须补充添加。循环供液不仅有营养液补充问题,还存在营养液更新问题。所谓营养液更新,就是把使用一段时间以后的营养液全部或部分排出,重新配制。因为使用时间长了,营养液组成浓度会发生变化,为了避免植株生育缓慢或发生生理病害,一般在营养液连续使用 2 个月以后,须进行一次全量或半量的更新。

6.3.4.7 营养液的消毒

虽然无土栽培根际病害比土壤栽培少,但是地上部一些病菌会通过空气、水,以及使用的装置、器具等传染,尤其是在营养液循环使用的情况下,如果栽培床上有一棵病株,就会通过营养液循环而传染整个栽培床,所以需要对使用过的营养液进行消毒。在国外,营养液消毒最常用的方法是高温热处理,处理温度为 90℃,但需要消毒设备,也可用紫外线照射消毒,用臭氧、超声波处理的方法也有报道,目前常用营养液消毒方法是紫外消毒,认为比较经济有效的营养液消毒方法是慢砂过滤方法(表 6-8)。

表 6-8　1 hm² 无土栽培温室营养液消毒成本

消毒方法	设备投资/欧元	运行成本/(欧元/m³)
高温	19 100	0.89
紫外线	10 300	0.54
臭氧	27 500	1.19
H_2O_2＋催化剂	9 300	0.42
慢砂过滤	4 700	0.27

最早的慢砂过滤设备出现于 1804 年的苏格兰,由 JohnGibb 开发,用于生产纯净水。慢砂过滤器的设计很灵活,可以是金属罐或塑料容器,也可以是室外的人工池塘,过滤器的大小由无土栽培温室面积及过滤速度决定。慢砂过滤使用的过滤介质不仅有沙子,还可以用珍珠岩、粒状岩棉、玻璃丝、砾石等。慢砂过滤可以有效去除疫霉属和腐霉属等真菌,但镰刀菌、病毒和线虫只能去除 90％～99.9％,消毒效果与高温和紫外线消毒效果相当。

6.4　无土栽培基质

无土栽培基质是指一类用于固定作物,保持一定的空气、水分和养分供作物吸收,可部分或全部代替土壤,由非土壤成分组成的固体物质。无土栽培常见的固体基质分有机基质和无机基质。无机基质如沙、砾石、蛭石、珍珠岩、岩棉等;有机基质如锯末、草炭、椰壳纤维等。随着具有良好性能新型基质的不断开发并投入应用,作物固体基质栽培具有性能稳定、设备简单、投资较少、管理较易的优点得到充分发挥,并有较好的实用价值和经济效益,因而被越来越多的栽培者采用,成为我国无土栽培的主要形式。

6.4.1　基质理化性状及要求

6.4.1.1　基质的理化性状

1. 物理性状

基质物理性状反映基质固定作物、保水性和透气性的能力,主要衡量指标有粒径、容重、比重、总孔隙度、通气孔隙、持水孔隙、大小孔隙比等。

（1）粒径　指基质颗粒的直径大小，单位为 mm。基质的颗粒大小直接影响着容重、总孔隙度和大小孔隙比。同一种基质颗粒越细，容重越大，总孔隙度越小，大小孔隙比越大；反之，颗粒越粗，容重越小，总孔隙度越大，大小孔隙比越小。要使基质能满足根系吸收水分和氧气的要求，基质颗粒既不能太粗，也不能太细。颗粒太粗，虽然通气性较好，但持水性差，种植管理上要增加浇水次数；颗粒太细，虽然有较高的持水性，但基质内水分过多，易导致通气不良和过强的还原状态，不利于养分流通和吸收，影响根系生长。

（2）容重　指单位体积内干燥基质的重量，单位为 g/L 或 g/cm^3。基质的容重反映基质的疏松、紧实程度。容重过大，则基质过于紧实，总孔隙度小，通气透水性差，这种基质操作不方便，也影响作物根系生长；容重过小，则基质过于疏松，基质过轻，总孔隙度大，虽具有良好通透性，但浇水时易漂浮，不利于固定根系。

（3）比重　指去除孔隙体积，基质干物质质量与干物质体积的比值，单位为 g/cm^3，基质比重与其矿物质的组成和含量密切相关。基质粒径小，矿物质含量高，其比重就大。

（4）总孔隙度　指基质中持水孔隙和通气孔隙的总和，以相当于基质体积的百分数（％）计。总孔隙度大的基质较轻，基质疏松，容纳空气与水的量就大，有利于作物根系生长，但对于作物根系的支撑固定作用较差，易倒伏。总孔隙度（％）可以按下列公式计算：

$$总孔隙度 = \left(1 - \frac{容重}{比重}\right) \times 100\%$$

（5）通气孔隙　也称大孔隙，指孔隙直径在 0.1 mm 以上，灌溉后的溶液不会吸持在这些孔隙中而随重力作用流出的那部分空间，因此这种孔隙的作用是贮气。

（6）持水孔隙　也称小孔隙，指孔隙直径为 0.001～0.1 mm 的孔隙，水分在这些孔隙中会由于毛细管作用而被吸持，充满于孔隙内，也称为毛管孔隙，存在于这些孔隙中的水分称为毛管水，这种孔隙的主要作用是贮水，没有通气作用。

（7）大小孔隙比　也称气水比，指在一定时间内，基质中容纳氧气、水分的相对比值，通常以基质的大孔隙和小孔隙之比来表示，并且以大孔隙值作为 1。用以下公式表示：

$$大小孔隙比 = \frac{通气孔隙}{持水孔隙}$$

2. 化学性状

基质化学性状反映基质的化学稳定性、酸碱性、缓冲性、养分释放和导电率等能力，因而了解基质的化学性状及其作用，可使生产者在选择基质和配制、管理营养液时做到有针对性，有助于提高栽培管理的效果。反映基质化学性状的有以下指标：

（1）化学组成　指基质所含有的化学物质种类及其含量，包括植物可吸收利用的有机营养、矿质营养以及有毒有害物质等。基质种类不同，化学组成不同，因而化学稳定性也不同。一般由无机物质构成的基质，如河沙、石砾等化学稳定性较高，而由有机物质构成的基质，如锯末屑、稻壳等化学稳定性较差，但草炭的性质较为稳定，使用起来也最安全。

（2）EC　指基质未加入营养液之前，本身具有的电导率，反映基质内部已经电离的盐类溶液浓度，一般单位为毫西门子/厘米（mS/cm）。基质 EC 的高低直接影响营养液的成分和作物根系对各种元素的吸收。

（3）pH　反映基质的酸碱度。基质本身有一定的酸碱性，过酸或过碱的基质，都会影响到营养液的酸碱性,严重时会破坏营养液的化学平衡,阻止作物对养分的吸收。

(4)CEC 指在一定 pH 条件下,基质含有可代换性阳离子的数量,一般以 100 g 基质代换吸收阳离子的量,以毫摩尔计(mmol/100 g 基质)来表示。高盐基代换量基质会对营养液的组成产生较大影响,一般有机基质如树皮、锯末屑、草炭等可代换的物质多;无机基质中蛭石可代换物质较多,而惰性基质可代换物质很少。

(5)缓冲能力 指基质在加入酸碱物质后本身所具有的缓和酸碱变化的能力。缓冲能力大小主要由阳离子代换量、基质中的弱酸及其盐类的多少决定的。一般来说,植物性基质如锯末屑、草炭、生物炭等都具有缓冲能力;而矿物性基质除蛭石外,大多数没有或很少有缓冲能力。

6.4.1.2 作物生长对栽培基质的要求

无土栽培用的基质不能含有不利于植物生长发育的有毒有害物质,且要能为植物根系提供良好的水、气、肥、热、pH 等条件,充分发挥其不是土壤胜似土壤的作用;还要能适应现代化生产要求,易于操作及标准化管理。适合作物育苗和栽培的基质要求如下:

(1)具有良好的物理性状 基质必须疏松,保水、保肥又透气,其粒径最好为 0.5~10 mm,总孔隙度>55%,通气孔隙为 25%~30%,容重为 0.1~0.8 g/cm³,大小孔隙比为 1:(2~4)。

(2)具有稳定的化学性状 基质组成稳定,缓冲性能好,不会使营养液发生变化。基质 pH 以 6.5~7.0 为宜,CEC 在 10~100 mmol/100 g 比较适宜。一般育苗基质 EC 应< 1.5 mS/cm,栽培基质 EC 为 1.5~2.5 mS/cm;C/N 比维持在 30 左右时较适合于作物生长。

(3)具有一定的弹性和伸长性 基质既能支持住植物地上部分不发生倾倒,又不妨碍植物地下部分伸长和肥大。

(4)适于栽培各种作物 且适合作物各个生长阶段,甚至包括组织培养试管苗出瓶种植。

(5)不含有害物质 本身不携带土传性病虫草害,也不易滋生外来病虫害。

(6)日常管理方便 不会因遭受高温、熏蒸、冷冻而发生变形变质,便于重复使用时进行消毒处理。

(7)来源广泛,价格低廉 不受地区性资源限制,便于工厂化批量生产,且价格便宜,种植者在经济上能够承受。

6.4.2 无土栽培基质种类

用于无土栽培的基质种类很多,按基质来源可分为天然基质(如沙、石砾)和人工合成基质(如岩棉、陶粒等)。按基质成分组成可分为无机基质和有机基质,无机基质以无机物组成或是不可分解的基质,如沙、石砾、岩棉、珍珠岩和蛭石等;有机基质以有机残体组成的基质,如草炭、椰糠、蔗渣、菇渣等。按基质性质分类可分为惰性基质和活性基质两类,惰性基质是指基质本身无养分供应或不具有阳离子代换量的基质,如沙、石砾、岩棉等;活性基质是指具有阳离子代换量,本身能供给植物养分的基质,如草炭。按使用时组分不同可分为单一基质和复合基质,单一基质是以一种基质作为生长介质的,如沙培、砾培、岩棉培和椰糠培等;复合基质是由两种或两种以上的基质按一定比例混合制成的基质,可以克服单一基质过轻、过重或通气不良等缺点。在具体生产实践中,可根据当地的基质来源,因地制宜加以选择。尽量选用原料丰富易得、价格低廉、理化性状好的材料作为无土栽培基质。

6.4.2.1 无机基质

无机基质有沙子、珍珠岩、蛭石、农用岩棉、陶粒等。

1. 沙子

沙子在沙漠、岛礁、沿海等地区资源极其丰富,是无土栽培中最早应用的基质之一。沙子取材方便,价格低廉,无须每隔 1~2 年进行定期更换,属永久性的基质。但其缺点是容重大,搬运不方便,持水能力差,理化性状因其组成和来源存在较大差异,影响栽培效果。

沙子主要成分是二氧化硅,容重为 1.5~1.8 g/cm³;总孔隙度约为 30.5%,通气孔隙为 29.5%,持水空隙为 1.0%;不同粒径的沙对作物生长有较大影响,粗沙透气好而持水力差,细沙及粉沙相反。1~1.5 mm 粒径的沙粒持水力为 26.8%;0.5~1 mm 的为 30.2%;0.32~0.5 mm 的为 32.4%。pH 一般为中性偏酸性,除钙含量高外,其他大量元素含量较低,铁、锰和硼等微量元素含量较高,阳离子代换量极低。

沙子作为无土栽培基质时不宜过细,粒径大小在 0.6~2.0 mm 范围内较为适宜,使用前应过筛,剔除过大的砾石,用水冲洗以除去泥土及细沙。沙子在用前应进行化学分析,确定有关成分含量,以保持营养成分的合理用量和有效性。在栽培过程中,水肥供应量及浓度不宜过大,否则沙子容易积盐,导致滴灌管堵塞。

2. 珍珠岩

珍珠岩也称膨胀珍珠岩,是由硅质火山岩形成的矿物质,因其具有珍珠状球裂纹结构而得名。珍珠岩经破碎、预热、高温(1 160~1 280℃)瞬间焙烧膨胀后,形成一种蜂窝泡沫状结构的白色颗粒,具有无数不规则的密闭气孔,膨胀后的体积是原来体积的 10~30 倍。这种结构决定了它具有质量轻、透气好、吸附性强、疏松和无病原菌等优良特性,为作物生长发育提供了良好的水、肥、气、热等条件,广泛应用于工厂化育苗和无土栽培生产中。

珍珠岩主要成分为二氧化硅,容重为 0.03~0.16 g/cm³,持水能力 568.7~598.8%;总孔隙度约 79.6%,通气孔隙为 38.0%,持水孔隙为 41.6%。园艺作物栽培用珍珠岩粒径大小为 3~6 mm。珍珠岩 pH 为 6.5~7.8,阳离子代换量低,几乎没有缓冲作用。

珍珠岩粉尘污染较大,使用前先用水喷湿,以免粉尘乱飞。珍珠岩基质较轻,浇水过多时常会浮于介质表层,造成介质"分层",以致介质上部过干,下部过湿。珍珠岩在栽培过程中一般要与其他基质一起混配使用,若珍珠岩比例过大,植物根系生长环境过于疏松,植物根系不能与介质紧密结合,作物发生倒伏,成活率降低。此外,珍珠岩在拌制、运输过程中易开裂、分层,基质循环使用时,应重新补充部分珍珠岩。

3. 蛭石

蛭石又称膨胀蛭石,是一种含镁、铁的铝硅酸盐类的矿物,由两层层状的硅氧骨架通过氢氧镁石层或氢氧铝石层结合而形成双层硅氧四面体,"双层"之间有水分子层。蛭石在高温焙烧时(850~1 000℃)会发生剧烈膨胀,弯曲呈水蛭(蚂蟥)状而得名,颜色一般为金黄色和黄白色。蛭石原矿经过高温加热后,其体积可迅速膨胀 8~20 倍,具有较强的保水性、吸附性和无病原菌等优点,是广泛用于园艺作物无土栽培的基质。

蛭石主要成分为二氧化硅,容重为 0.05～0.2 g/cm³,持水能力 500～650%;总孔隙度约 81.7%,通气孔隙为 15.4%,持水孔隙为 66.3%。pH 一般为 7.6～9.0;EC 为 0.36～0.67 mS/cm;具有较高的阳离子代换量,达 100 mmol/100g 以上。

无土栽培时,易选用粒径大的蛭石(>2 mm),育苗时可稍细些(<1.0 mm)。蛭石呈弱碱性,不宜单独使用,一般与弱酸性基质混合使用。蛭石较容易破碎,其结构易受到破坏,导致孔隙度减少。因此,在运输、种植过程中不能受到重压。一般使用 1～2 次后,须重新更换。

4. 农用岩棉

农用岩棉是由玄武岩、白云石或石灰石、少量矿渣与焦炭混合,经 1 500℃～2 000℃的高温熔化抽丝而成的一种纤维状矿物。用于无土栽培的农用岩棉,在制作工艺过程中加入了酚醛树脂和亲水剂,不仅吸水性、保水性和通气性能佳,而且具有质地柔软、均匀、无病原菌等优良特性,很好地解决了水分、养分和氧气的供应难题,有利于作物根系生长。丹麦是世界上最早开发出农用岩棉的国家,并作为单一基质应用于无土栽培生产。

岩棉呈黄色,主要化学成分为二氧化硅,占 39.5%,其次为氧化钙,占 16.0%。岩棉纤维粗细为 6～7 μm,其容重为 0.08～0.10 g/cm³,总孔隙度约 97.2%,通气孔隙为 52.0%,持水孔隙为 45.2%。岩棉属于惰性基质,阳离子代换量低,化学性质稳定,其本身不吸收养分,营养物质可直达作物根系,从而方便调节营养液的 pH 和 EC。新岩棉 pH 较高,一般为7.0～8.5,经酸性营养液浸泡后,其 pH 下降。

岩棉用于无土栽培时主要有以下用途:一是作为育苗基质块,一般中间有孔,并配有岩棉塞,在育苗期使用,可直接播种,有的没有孔可作花卉扦插使用;岩棉块四周用一层 PVC 包裹,防止水分蒸发和根系蔓延。二是栽培用岩棉条,在成苗生长期使用。岩棉条外面用一层外白、内黑的 PVC 膜包裹,以防止水分蒸发,并保持根部处于适当的温度;同时,要防止藻类和病菌的滋生。

随着农用岩棉栽培技术的应用发展,如何处理废岩棉成为人们普遍关心的问题。岩棉纤维具有优良的化学性状,栽培 2 年或更长时间后,其形状基本不变。因此,废旧岩棉可以作为黏性土壤的改良剂,也可以用于加工成板、砖等制品,用于建筑材料。

5. 陶粒

陶粒又称膨胀陶粒、多孔陶粒或海氏砾石,是用陶土在 1 600℃下加热膨胀而成的,呈粉红色或赤色。陶粒具有干净、整洁、美观、质量轻、无病原菌、可清洗、经久耐用、化学性状比较稳定等特点。陶粒质轻疏松多孔,比表面积大,可吸附大量水分及营养物质,保肥能力适中,是切花和盆栽花卉生产中适宜的无土栽培基质,应用前景广阔。

陶粒主要化学成分为二氧化硅,占 58%,其次为三氧化二铝,占 23.0%。其粒径大小一般为 5～15 mm,容重为 0.58～0.70 g/cm³,总孔隙度约为 70.9%,通气孔隙为 35.1%,持水孔隙为 35.8%。陶粒 pH 因陶土成分不同而差异较大,一般为 6.2～9.0。陶粒养分含量少,阳离子代换量较低,为 6～21 mmol/100g。

陶粒具有良好的保水、排水性能及透气性,当其内部孔隙没有水分时就充满空气,有充足水分时,吸入一部分水分,仍能保持部分气体空间;作物根系周围水分不足时,陶粒孔隙内的水分可扩散到表面,供根系吸收和维持根系周围的湿度。陶粒单价高于珍珠岩、蛭石等,但耐用性强,反复清洗不易粉碎,一般能够使用 8 年以上,因而实际成本并不高。选择陶粒作为花卉无土栽培时,须选择表面光滑无棱角的圆形陶粒,否则易伤根,引起根腐烂,直至植物枯死。

6.4.2.2 有机基质

1. 草炭

草炭又称泥炭,是由植物枯死的残体经过不充分的氧化分解作用而堆积形成的,通常呈棕色或黑褐色,大多存在于湖沼地带,被公认为是世界上最好的基质之一。草炭有机质和腐殖酸含量丰富,疏松多孔,通气透水性好;其吸附螯合能力强,离子交换能力和盐分平衡控制能力大,具有较高的生物活性,是良好的作物栽培基质。草炭在西方发达国家使用历史较长,且开采技术先进,广泛用于花卉、蔬菜和食用菌等园艺作物栽培。

草炭依据形成条件、植物群落特性和养分情况,可分为低位、高位和过渡草炭三种类型。低位草炭是在积水低洼地和富有矿物质的地下水源条件下形成的物质,以芦苇、薹草等草本植物为主,其特点是腐殖酸、氮素和矿质元素含量高,有机质少,酸性低,分解程度高。高位草炭一般在地势较高的潮湿地区,以水藓植物为主,其特点是氮素和矿质元素含量少,而有机质含量高,酸性较强,分解程度小。过渡草炭,又称中位草炭,是介于两种草炭之间的类型。

不同类型草炭物理性状存在差异,粒径大小一般在 $1\sim5$ mm 之间,高位草炭容重为 $0.04\sim0.07$ g/cm^3,总孔隙度为 $94.9\%\sim97.1\%$;中位草炭容重为 $0.07\sim0.10$ g/cm^3,总孔隙度为 $93.4\%\sim95.1\%$;低位草炭容重为 $0.16\sim0.27$ g/cm^3,总孔隙度为 $79.9\%\sim88.2\%$。草炭 pH 为 $4.8\sim6.2$,呈酸性;EC 为 $0.22\sim0.5$ mS/cm,有机质高达 70% 以上;阳离子代换量可达 $80\sim150$ mmol/100 g,保肥性较强。

草炭作为不可再生资源,面临着储量有限,大量开采会造成生态环境毁灭性破坏等问题。因此,寻找能代替或部分代替草炭的栽培基质是未来基质研究的主要方向。

2. 椰糠

椰糠是椰子产品加工后的副产品或废弃物,从椰子外壳纤维加工过程中脱落下的一种纯天然的有机基质。椰糠基质具有纯天然、无污染、绿色环保、无异味、保水保肥性好、透气性强等特性,是目前世界上园艺栽培中应用最广泛、效果最为理想的无土栽培基质之一。椰糠最早作为高端花卉的栽培基质,后来逐渐应用于蔬菜栽培中。椰糠基质生产主要集中在澳大利亚、斯里兰卡、印度、马来西亚、菲律宾等国家,我国海南也有少部分椰糠生产,但大多数椰糠基质主要从印度和斯里兰卡进口。不同产地的椰糠基质,由于椰子品种、气候条件以及处理工艺的不同,其理化性状存在较大差异。

椰糠基质颜色一般呈褐黄或棕黄色,木质素含量为 $75\%\sim92\%$,有机质含量较高,可达 90% 以上,自身降解慢,结构稳定性佳,使用寿命长。其容重为 $0.16\sim0.32$ g/cm^3,总孔隙度约为 94%,通气孔隙为 21.5%,持水孔隙为 72.5%,饱和含水量为 371.02%。椰糠偏弱酸性,pH 为 $5.5\sim6.8$;EC 为 $1.36\sim3.52$ mS/cm,矿质营养元素丰富,其中含有一定量的铁、锰等微量元素;阳离子代换量为 $60\sim130$ mmol/100g,保肥能力较强。

为便于运输,椰糠基质通常是以压缩状态存在,使用时,加水后体积可以膨胀数倍以上。压缩的规格主要有块状和条状,压缩成块状后,质量为 $4.5\sim5$ kg,加水膨胀后体积为 65 L

左右,一般作为育苗基质或复配成栽培基质使用;压缩成条状后,外面包裹内黑外白的塑料薄膜,加水后体积可以膨大到原来的 4 倍左右,主要用于现代化温室高架无土栽培基质,是岩棉的最佳替代基质。

椰糠的生产厂家良莠不齐,一些椰糠基质的含盐量比较高,选择时要注意其 EC。对于含盐量较高的产品,先用 3‰硝酸钙溶液浸泡椰糠 24 h,然后用清水冲洗,直至椰糠基质 EC 小于 0.5 mS/cm 时方可安全使用。椰糠基质纤维有长短之别,粒径越长,透气性越好,但是保水性越差。因此,在具体选择时,应根据使用用途而定,如作栽培基质使用,应采用椰糠纤维长度在 10～20 mm 较为适宜;而作育苗基质时,应选择椰糠纤维长度在 5～10 mm 为宜。

3. 菇渣

菇渣又称菌糠,是指食用菌人工栽培收获产品后剩下的培养基废弃物。我国是食用菌栽培大国,每年产生大量菇渣,若处理不当,会给严重污染环境。菇渣中富含有机质、菌丝体、粗纤维、粗脂肪、蛋白质、大量元素和微量元素等,经过发酵处理后,可用于无土栽培的基质。根据生产食用菌培养料不同,菇渣可分为草腐型和木腐型两种类型,草腐型菇渣主要由水稻秸秆和小麦秸秆等草本材料组成;木腐型菇渣由木屑、棉籽壳等木本材料组成。不同类型菇渣,其理化性状存在较大差异。

草腐型菇渣容重为 0.41～0.53 g/cm³,总孔隙度约为 78.5%,通气孔隙为 10.8%,持水孔隙为 67.7%;其 pH 为 6.7～7.7,EC 为 3.77～5.22 mS/cm,C/N 比在 12.34～12.87。木腐型菇渣容重为 0.16～0.24 g/cm³,总孔隙度约为 66.3%,通气孔隙为 26.1%,持水孔隙 40.2%;其 pH 为 6.4～8.6,EC 为 2.57～3.79 mS/cm,阳离子代换量为 36.1 mmol/100 g,C/N 比为 19.53～33.2,腐熟程度低。

大多数菇渣 pH 呈中性或偏碱性,主要是由于菇渣培养料中的矿质辅料中添加了石膏粉、碳酸钙、石灰、过磷酸钙等物料。菇渣发酵后 EC 普遍较高(>2.5 mS/cm),不能直接用于育苗或栽培,否则对作物生长不利;实际使用时可采用淋溶的方式,或者与珍珠岩、蛭石等无机基质混合后使用,以降低菇渣 EC。菇渣必须经过充分发酵,才可作为无土栽培基质,否则使用时基质中容易长菇,不仅消耗基质营养,还会影响作物生长。

4. 锯末屑

锯末屑也称锯末木屑,是木材加工的下脚料,指从树木上截干锯板时散落下的沫状木屑,具有干净卫生、疏松透气、吸湿保水性强、缓冲性能好等优点,适合用于月季、兰花、文竹等花卉苗木无土育苗和栽培的基质。

锯末屑富含纤维素、半纤维素和木质素等组分,结构稳定性好,不易降解,纤维素含量 45.28%,有机质含量高,可达 90%以上。其容重 0.13～0.20 g/cm³,总孔隙度约为 85.56%,通气孔隙 34.43%,持水孔隙 51.13%。锯木屑一般呈中性或微酸性,pH 为 5.8～7.2,EC 为 0.76～1.11 mS/cm,阳离子代换量较低,为 26.92 mmol/100g,保肥能力较弱。

在利用锯末屑作为基质原料时,一定要先了解其来源。来自海边或盐碱地的木材可能含有过量的盐分,这种锯末屑最好不用,如果必须用,则一定要用水洗盐,使其 EC 降低到 1.0 mS/cm 以下。一些木材化学成分有毒,如多数松柏科的锯末屑含有树脂和松节油等有害物质,对植物生长发育不利,也不适合作为作物育苗或栽培基质使用。新鲜锯末屑须经过发酵后,才能安全使用。由于其 C/N 比高,自然发酵速度慢,一般通过添加发酵剂调节 C/N 比值,才能取得较为理想的发酵效果。

5. 醋糟

醋糟是以淀粉原料为主料在固态发酵酿造食醋过程中产生的残渣,通过堆置发酵形成的新型有机基质。醋糟来源广泛,价格低廉,养分丰富,富含大量的粗纤维和粗蛋白质,不易碎,经久耐用,作为一种基质原料,可以促进植株生长发育,增强植物抗病能力,提高作物产量和品质,应用潜力巨大。目前,醋糟基质已作为替代草炭基质在园艺作物育苗和栽培中得到广泛使用,并投入到商品化生产。

醋糟基质粒径一般为 3~5 mm,容重为 0.14~0.23 g/cm³,总孔隙度约 78.8%,通气孔隙为 35.0%,持水孔隙为 43.8%。未发酵醋糟 pH 呈酸性,为 4.8~5.6,全 C 含量为 46.7%;充分发酵后的 pH 在 6.6~6.9。EC 为 4.80~9.17 mS/cm,盐分含量高,富含钙、磷和钾等矿质元素,阳离子代换量为 57.77 mmol/100g。

醋糟原料酸性较强,需要通过充分发酵降酸后才能使用;发酵后的醋糟基质 EC 高,一般不能单独作为育苗或栽培基质使用,通常与珍珠岩、蛭石等 EC 较低的基质混合使用。此外,醋糟基质颗粒粗、通气孔隙大,可利用粉碎技术调整孔隙度和容重。但由于醋糟基质在发酵完成后,含有较高的水分,需要将醋糟基质含水率降至 30%~35%,再采用挤压粉碎技术,进行半湿法。也可通过晾晒等措施降低基质的含水率。

6.4.2.3 复合基质

复合基质也称混合栽培基质,是指两种或两种以上结构性质不同的单一基质按照一定比例混配而成的基质。复合基质既可弥补单一基质理化性状缺陷,充分协调水、气、养分状况,为作物生长创造良好的条件,也可以结合当地资源优势,就地取材,降低基质生产成本等优势。目前,复合基质栽培已成为我国应用最广泛的一种基质培方式,多用于茄果类、瓜类和花卉等作物无土栽培生产,取得了良好的经济效益、社会效益和生态效益。

基质的选择与配制不仅是复合基质栽培成功的关键和基础,也充分反映了无土栽培的水平。复合基质配制时,首先要考虑基质容重、孔隙度等物理性状,在其适宜的范围内,再进一步调节化学性状,其中要满足作物生长对 pH 的需求,最后调节速效养分含量,才能获得最佳的复合基质配方。早期世界各国普遍将草炭、蛭石和珍珠岩等基质按一定体积复配用于作物育苗或无土栽培的基质。而草炭短期内不可再生,资源紧缺,使用过度会破坏生态环境,且购买成本越来越高。近年来,我国高校、科研院所充分利用当地工农业固体废弃物进行堆体发酵,开发形成具有一定区域特色的基质及其复合基质配方。

▶ 6.4.3 基质消毒处理

基质在生产和储运过程中可能会携带病菌、虫卵、害虫和杂草种子,并且经过一段时间使用后,空气、灌溉水、前茬种植过程滋生的病菌,以及基质本身带有的病菌等逐渐增多,影响后茬作物生长,严重时会造成病原菌大面积传播以致作物绝收。因此,在大部分基质使用前或在每茬作物收获后,下一次使用前,须对基质进行消毒处理,以达到杀灭基质中病虫害和杂草种子的目的。基质消毒处理的方法主要有化学消毒和物理消毒两大类。

6.4.3.1 化学消毒

利用化学药剂对基质病原菌进行消毒,方法比较简单,处理时间较短,特别是在大规模生产上使用较方便。但化学消毒不容易杀灭基质中的杂草种子,药剂残留会污染环境,且对操作人员有一定的副作用。

(1)甲醛　又称福尔马林,是一种良好的杀菌剂,但是杀虫效果较弱。一般在使用时会将原液稀释 50 倍,按每平方米基质均匀喷洒 20～40 L,用塑料薄膜覆盖封闭 1～2 d 后揭膜,然后暴晒或风干一周左右,基质就可以重新使用了。

(2)高锰酸钾　属于强氧化剂,使用时直接将 0.1%～1% 的高锰酸钾溶液喷洒到基质上,搅拌均匀,用塑料包埋 0.5 h 左右,清水冲洗干净即可。一般用于沙、砾石等比较容易清洗的惰性基质,不能用于吸附能力较强的草炭、锯木屑等基质,否则会有残留,造成植物锰中毒。

(3)氯化苦　消毒处理时,先将基质堆成 30 cm 高,每隔 30 cm 打一个深 10～15 cm 孔穴,然后注入 3～5 mL 氯化苦溶液,在 15℃ 左右的环境条件下覆盖薄膜熏蒸一周,去掉薄膜晾晒一周后即可使用。

(4)漂白剂　常用的漂白剂有漂白粉或者次氯酸钠,特别适合于砾石、沙子的消毒。使用时将其制成 0.3%～1% 的药液,浸泡基质 0.5 h 以上,然后用清水冲洗干净,消除残氯即可。

(5)硫酰氟熏蒸剂　是一种优良的广谱熏蒸剂,具有扩散渗透性、残留量低、毒性较低等特点,对疫病、青枯病等土传病害具有较好的杀菌效果。使用时先将基质用薄膜覆盖密封,然后按每平方米基质加入 20～40 g 硫酰氟,密封熏蒸 5～7 d 后,揭开薄膜通风 7 d 左右即可使用。

6.4.3.2 物理消毒

物理消毒对人畜安全,能有效杀灭基质病原菌,不会对环境造成污染,极具推广应用价值。比较常见的消毒方法主要有太阳能消毒、蒸汽消毒、火烧消毒、远红外消毒和微波消毒等。

(1)太阳能消毒　利用夏秋高温季节,通过覆膜储积太阳热能,创造高温、高湿和缺氧的环境,达到杀灭病虫草害的目的,是一种安全、廉价、简单实用的基质消毒方法。一般把基质堆成 30～50 cm 高、长形或方形的堆;同时喷湿基质,使基质含水量保持在 80% 以上,然后用薄膜覆盖基质堆,密封温室或大棚,暴晒 10～15 d,消毒效果良好。

(2)蒸汽消毒　通过向基质中通入 180～200℃ 的蒸汽来杀灭杂草和病原微生物,具有工作效率高、清洁环保以及改善基质团粒结构和通透性等优点,且消毒后短期内即可播种。但此种消毒方法运行成本高,使用场合易受限制。

(3)远红外消毒　通过远红外加热元件对基质进行加热,基质内温度可达 80℃ 以上,以杀死病原菌。此方法一般用于育苗基质消毒,将消毒育苗基质投入到基质消毒机进料斗中,进料斗中的搅拌器系统一直进行搅拌,使得基质均匀、顺畅地散落在消毒盘上,消毒盘固定在输送链上,在输送链的带动下向前移动,在移动过程中消毒盘下内置的远红外加热元件对基质进行高温加热消毒。

（4）微波消毒　利用频率 300 Hz～300 GHz、波长为 1～1 000 m 微波的热效应和生物效应，来杀死基质中杂草种子及病原微生物，具有操作简便、无毒、无污染和无残留等优点，其杀灭效率和杀灭效果均远优于其他物理消毒方法。但微波消毒装置使用成本相对较高，限制其推广应用。

6.5　无土栽培的应用

无土栽培除了可以用于蔬菜、花卉、果树等园艺作物的生产，满足一般的设施园艺作物生长需求外，还可用于休闲观光农业、植物工厂等，以下简要介绍其应用。

▶ 6.5.1　无土栽培在园艺作物生产中的应用

无土栽培广泛应用于蔬菜、花卉和果树等园艺作物的生产，番茄、生菜、草莓和盆栽花卉等是世界各国无土栽培面积相对都比较大的园艺作物，本书第 9 章花卉设施栽培技术主要以无土栽培技术为主，本节简单介绍番茄、生菜、草莓无土栽培技术要点。

6.5.1.1　番茄无土栽培技术要点

1. 栽培方式

番茄无土栽培可采用基质栽培和水培。番茄的基质栽培，可分为岩棉、蛭石、沙等无机基质栽培，以及草炭、锯末、芦苇末、椰子壳等有机基质栽培。采用基质栽培，管理方便，技术难度不大，栽培基质来源广泛，可充分利用不同地区自然资源，成本较低，是番茄无土栽培的主要方式。栽培基质以有机基质为主的，优点是基质缓冲性能好，管理简单，容易获得成功；缺点是由于有机基质的缓冲性能，营养液的精准调控比较困难，营养液管理仍以经营管理为主；基质栽培中的岩棉栽培和椰糠栽培，番茄的水培，包括深液流系统、营养液膜系统、浮板毛管水培系统等方式，在营养液管理上均可实现定量化和精确化，但管理水平要求高，技术难度大，一次性投资大，适用于技术与经济实力强的企业，适合进行规模化生产。小规模应用以有机无机复合基质栽培产投比更高。

2. 关键管理技术

无土栽培与土壤栽培不同的关键管理技术主要是定植方法和营养液管理，其他管理技术如环境调控、植株调整等同土壤栽培。

（1）定植方法　岩棉栽培移栽时可将岩棉育苗块直接放在岩棉种植垫上；水培番茄（二维码 6-2）移苗时将幼苗连同育苗基质一起从育苗穴盘或营养钵中取出，放入定植杯中，用少量石砾固定即可定植到种植槽中；水培定植时要注意育苗床的营养液与种植槽中营养液温差不能超过

二维码 6-2（图片）
番茄无土栽培

5℃，如温差大于 5℃，易伤根。基质栽培番茄移栽时直接将小苗从育苗穴盘或营养钵中取出后种植在栽培槽或种植袋中。

（2）营养液管理　番茄营养液配方很多，其基本成分都很相似，但浓度差异较大。山崎配方的组分及浓度与吸收组分及浓度基本相符合，是一种均衡营养液配方，同时硝态氮与EC 浓度一致，易于调控。因此，山崎配方广泛应用于番茄无土栽培。

番茄生长前期,对 N、P、K 的吸收旺盛,营养液中 N 素浓度下降较快,山崎配方中硝态氮浓度下降很容易用 EC 的测定值来判断,因为 EC 与硝态氮浓度存在着密切关系。但是生长后半期的番茄,对 Ca、Mg 的吸收量迅速下降,造成营养液中 Ca、Mg 元素的积累;而同时对 P、K 的吸收量迅速增加,使营养液中 P、K 元素含量迅速下降。EC 与 K^+ 浓度之间的关系不显著,因此,根据 EC 来调整营养液浓度时,很难使营养液恢复到原有的均衡水平。总之,在生长后期,需要定期分析营养液组成成分,以便及时调整或更新。

延迟栽培的秋番茄,生长初期正处于高温季节,为防止长势过旺,可用 0.7 个单位浓度的山崎配方;以后,随着生长进程逐渐提高营养液浓度,到第三花序开花期,恢复到 1 个单位浓度(EC 为 1.2 mS/cm);到摘心期,浓度增加到 EC 为 1.7 mS/cm;摘心期以后浓度增加到 EC 为 1.9 mS/cm。许多研究和生产实践表明,高浓度营养液与较低浓度营养液处理之间,虽然产量差异不大,但高浓度营养液下,果实的含糖量较高,有的农户到果实收获期,把营养液浓度提高到 EC 为 3 mS/cm,能有效地改善品质又确保产量。

在番茄无土栽培实践中,为获得更高产量和最佳品质,根据番茄不同生育时期的需肥特点,除对营养液总的浓度进行调整外,还应对各生育阶段 N、P、K、Ca、Mg 的浓度进行适当增减,在浇灌基质时,必须适当降低 NH_4^+ 和 K 的浓度,而适当增加 Ca、Mg 的浓度。另外,在采用岩棉栽培时,很容易发生苗期缺硼现象,因此,浇灌岩棉时,一定要适当增加 B 的浓度。在开花前的营养生长期,番茄需要 N 和 Ca、Mg 的量较大,而需 K 的量相对较小。到第三花序以后,第一穗果已开始膨大,此时番茄需要大量的 K,而需 Ca、Mg 的量则相对减小。到第十二花序以后,作物已基本处于一种营养生长和生殖生长的平衡状态,因此,营养液供应又可回到标准配方。

番茄生长适宜的营养液 pH 为 5.5~6.5。一般在栽培过程中 pH 呈升高趋势,当 pH<7.5 时,番茄仍正常生长,如果 pH>8,就会破坏营养成分的平衡,引起 Fe、Mn、B、P 等的沉淀,造成缺素症,必须及时调整。

有机生态型栽培方式的营养供应通过定期追肥来解决。先在基质中按每立方米基质混入 10~15 kg 消毒鸡粪、1 kg 磷二铵、1.5 kg 硫铵、1.5 kg 硫酸钾作基肥,定植 20 d 左右开始第一次追肥,以后每 10 d 追肥一次。水分供应频率与栽培基质的持水性密切相关,一般在定植后 3~5 d 进行,每 3~5 d 一次,每次 10~15 min,在晴天的上午灌溉,阴天不浇水。

6.5.1.2　生菜无土栽培技术要点

1. 栽培方式

生菜生长期短,生长速度快,苗期一般在 15~20 d,定植后,散叶生菜 15~40 d 即可收获,结球生菜 50~70 d 也可收获。生菜株型小,最适宜进行水培形式栽培,因此,NFT 和 DFT 是生菜无土栽培主要方式。

2. 关键管理技术

(1)育苗　采用水培技术栽培生菜(二维码 6-3)一般采用岩棉块或海绵块育苗,种子播于 2.5 cm 见方的育苗岩棉块或海绵块上,每块播 1 粒种子,刚开始浇灌清水,待子叶展平后开始浇灌 1/2 剂量的园试通用配方营养液,待长出 3~4 片真叶时即可定植。

二维码 6-3(图片)
生菜无土栽培

(2)定植　定植前应准备好定植床,设置好供液系统和水泵,检查好定植床的密闭性，以及供液系统工作的良好性，并对整个系统进行消毒处理。定植板一般由3 cm厚的泡沫塑料板制成，定植孔的直径为3 cm左右。配好营养液，调制水泵后，并检查整个系统是否漏水。生菜的栽培密度一般株行距为20 cm×20 cm，每平方米25株为宜。

（3）营养液管理　比较常见的生菜营养液配方是日本山崎莴苣配方，或者是园试配方1/2剂量。营养液浓度的大小影响生菜对水分和营养的吸收，从而影响生菜的产量和品质。有研究结果表明，在结球前（11片叶）营养液的电导率以2.0 mS/cm为宜，营养液电导率过低，则营养液里含有的营养物质过少，不利于生菜的生长，而营养液电导率过高，则会阻碍生菜对水分和养分的吸收，影响生长速度和产量；进入结球期，营养液浓度可适当提高，营养液的电导率应控制在2.0～2.5 mS/cm。

水培生菜，生菜的生长期短，因此，营养液一般不需更换，按照不同阶段进行浓度管理即可，及时进行水分和养分的补充。为了增加营养液中溶氧量，营养液需要进行循环，一般白天每小时循环15～20 min，夜间2 h循环15～20 min，基本能够满足生菜生长对氧气需求。在收获前1周，不必再补充营养，这样不会降低产量，但可显著降低生菜的硝酸盐含量。在整个栽培过程中，通过添加一定量的磷酸调整营养液的pH保持在5.5～6.5。

6.5.1.3　草莓无土栽培技术要点

1. 栽培方式

草莓无土栽培的主要形式为基质培和水培。

草莓基质培所用基质可以是单一基质，如岩棉，也可以采用不同基质按一定比例混合而成的复合基质。设施栽培时，可设置适宜高度的栽培床（槽），以便作业，降低劳动强度。槽式基质栽培草莓时，可按20 cm×20 cm的株行距直接把草莓幼苗定植到基质中，营养液要以滴灌的形式加入。

草莓水培，可采用NFT、DFT和雾培等。

2. 关键管理技术

（1）定植　采用DFT栽培定植草莓苗时，先在定植杯底放入约占定植杯高度1/4的小石砾，然后再放入草莓苗，并用少量石砾固定，不要直接将根系放到定植杯底部，以防营养液浸泡幼苗根系时间太长而烂根。将已移好幼苗的定植杯放在种植槽中，株行距以20 cm×20 cm为宜。采用NFT栽培定植草莓时，将草莓苗定植在8 cm×8 cm×5 cm的岩棉育苗块中，然后再放入种植槽中让其生长，每667 m²定植8 000株左右。基质栽培定植时只要将植株栽入基质中即可。注意尽可能使植株根茎基部弯曲处的凸面向栽培槽外侧，利于通风透光，也便于采收。基质培一般采用双行定植，行距为25～30 cm，株距15～20 cm，可进行三角形定植，也可采用矩形定植，每667 m²定植10 000株左右。

（2）营养液管理　草莓无土栽培可使用日本园试通用配方、山崎草莓配方及华南农业大学果菜配方。在开花前控制较低的营养液浓度，可控制畸形果的发生，开花后增加营养液的浓度，以防止植株早衰。草莓无土栽培容易出现缺钙和缺硼现象，表现为畸形花和叶枯症状。特别是花芽分化期缺硼极易导致畸形花。除及时调节营养液中钙、镁浓度外，也可进行叶面喷硼肥。控制营养液的pH在5.5～6.5。

基质栽培可根据植株生长状态和天气情况进行供液，基质含水量控制在最大持水量的70%～80%，也可按单株日最大耗水量0.3～0.8 L进行供液。营养液以滴灌方式供应，也可采用简易滴灌带供液。无论何种供液方式，均可用定时器控制供液时间。

水培可利用定时器来控制营养液间歇供应的时间。采用 DFT 技术种植草莓,在开花前,每小时开启水泵循环 10 min,开花后将水泵循环供液的时间增加至 15～20 min/h。采用 NFT 技术种植草莓,在定植至根垫形成之前,按 0.2～0.5 L/min 的流量连续供液,根垫形成后按 1～1.5 L/min 的流量连续以 15～20 min/h 的间歇供液方式供液。

6.5.2 无土栽培在休闲观光农业上的应用

休闲观光农业是把休闲、观光、旅游与农业结合在一起的一种旅游活动,它的形式和类型很多。它是为满足人们对精神和物质需求而开展的,可吸引游客前来观、赏、习、品、摄、购的现代农业形态,是旅游业与农业之间交叉性的新兴产业。休闲观光农业是一种以农业和农村为载体的新型生态旅游业,是现代农业的组成部分,是结合生产、生活与生态三位一体的农业,在经营上表现为产供销及休闲、旅游、服务等产业于一体的农业发展形式,是区域农业与休闲旅游业有机融合并互生互化的一种促进农村经济发展的新业态。

休闲观光农业的设施装备不能完全按照生产型设施农业模式来建设,应该按照旅游景观的目标去设计或"美化"农业设施,在保持设施使用功能和使用效果的前提下,使各种生产保护设施、设备成为物化景观,赋予其文化艺术内涵。同时,要根据季节、种养模式和品种的不同采用不同的设施和技术,与传统造园艺术结合建成多姿多彩的农业景观。

近年来随着温室大棚、塑料管道、自动控制装置的应用,以及无土栽培技术的成熟和原材料价格的降低,同时随着投资者和消费者对无土栽培生产设施和生产产品的广泛认可,以及各地国家级、省级、市县级以及乡镇级农业科技示范园的建设,作为体现现代农业科技"制高点"的无土栽培技术,90% 以上的农业园区都会进行示范展示,这些都极大地推动了无土栽培技术的迅猛发展。且随着我国休闲观光农业的蓬勃发展,无土栽培技术与各种造型奇特的立体无土栽培设施备受推崇。在诸多农业休闲观光园中,无土栽培技术已成为不可或缺的"景观"科技元素。城市化发展,推动了无土栽培技术的发展,可以不用土壤来种植蔬菜、花卉,开拓了植物的"干净"种植模式,也逐渐被城市家庭种植爱好者接受,无土栽培正悄然进入了城市的家庭阳台、屋顶等场所,在一定程度上解决了城市环境污染以及食品安全隐患。

1. 无土栽培的功能

无土栽培作为一种先进的栽培方式,其在休闲观光农业中的功能主要有以下三点:

(1)展示功能　无土栽培不同于常规的土壤栽培,它更多地通过一些工程装备来实现栽培过程的设施化、自动化、智能化和景观化,显著提高了农业生产的科技内涵。无土栽培是现代农业的标志之一,也是观光农业不可或缺的技术模式,各种栽培模式的设施装置可演变出多种立体栽培造型。目前,各种形式的无土栽培装置在观光农业中都有应用,其中立体式无土栽培可实现离地、多层立体种植,造型新颖美观,因而成为休闲观光农业园的首选生产、造景的科技元素。立体无土栽培包括柱式、墙式、管道多层式等栽培模式。

(2)艺术观赏功能　观光型无土栽培技术不同于生产型无土栽培,它在应用中更需要注重品种的色差搭配和栽培设施的艺术化、立体化布局,比如设施布局的曲线化、图案化,品种及颜色的艺术画面组合等,配合嫁接、盆栽、树式栽培等栽培技术,赋予栽培过程较高的科技、文化、艺术内涵,提高观光效果。瓜果蔬菜品种丰富,色彩艳丽,不仅利于栽培造型,还可根据季节变换进行色彩搭配,组成各种节庆艺术图案,进而提高观赏价值,增加观赏视点,提高旅游者的兴趣和体验感。

(3)科普教育功能 无土栽培技术在观光农业中的应用,将农业生产和观光融为一体,不仅是观光,还可发挥其农业科普教育的功能,如通过无土栽培各种技术模式及多种品种的栽培展示,可以作为学生开展植物学、植物生理学、生物生态学、植物营养学及无土栽培科技等有关的知识学习和体验,可以根据不同层级的学生的接受程度,设计不同的知识点、实践操作体验。无土栽培设施化、自动化、智能化装备及丰富多彩的栽培作物种类,给人以新颖、直观、生动、说服力强的视觉体验效果,帮助学生了解栽培工程、植物种类、作物生长发育、矿质营养等方面的知识,让学生以放松的心态进行学习,劳逸结合,更有利于记忆和接受并保持热情。普通游人在观光休闲的同时也了解到现代农业的科技进步,改变人们对传统农业的认知。无土栽培设施的轻便、简洁、美观及小型化组合,可成为家庭阳台园艺的替代模式,让现代农业与城市居家生活实现零距离对接,丰富城市居民的健康生活。

2. 常见的无土栽培设施

目前在观光农业园区中常见的无土栽培设施有以下几种:

(1)果菜类蔬菜树栽培设施 蔬菜树式栽培也叫蔬菜单株高产栽培,是把具有无限生长特性的直立和蔓生草本蔬菜进行单株"树形化"或"巨型化"培育,以主攻植株冠幅面积、单株高产和延长生长结果周期为目标,是一种纯观光、科普型的栽培模式。

蔬菜树栽培多选用番茄(彩图 6-12)、茄子、黄瓜、西瓜、甜瓜、冬瓜、蛇瓜、甘薯等作物。

蔬菜树式栽培所需的设施主要由营养液池(罐)、栽培池、灌溉管路、空中吊蔓支架等组成。营养液池根据一个品种的树式栽培的棵型来设计其体积,一般设在地下,做好防渗处理,留操作口高出地面。栽培池设在地面,一般栽培番茄树、黄瓜树、红薯树的栽培池体积不少于 $1.2\ m^3$,通常深度不少于 $50\ cm$,方形或圆形,或艺术造型,尽可能增加根系伸展的横向空间。灌溉管路,如果采用水培,可以从栽培池的一侧给液,另一侧回液,给液要控制好流速,避免把根系推向一侧。为了避免根系被水流冲向一侧,通常可以在栽培池中设塑料网格+无纺布,栽培初期营养液不循环,让根系均匀放射状向四周延伸并生长在无纺布上形成骨干根,使后期发生的根系能均匀展开。如果是基质栽培,则需要在基质表面均匀布设滴箭,间隔 $15\sim20\ cm$。空中吊蔓网架采用 $15\sim20\ cm$ 见方的钢丝网+方钢骨架,吊挂在温室横梁上,或另设钢柱支撑。硬性钢丝网能确保吊秧及果实膨大后的重量不塌陷,使枝叶和果实完全分层形成可观赏的理想效果。

蔬菜树的株形培育中选留和控制分枝极为关键。在培育主要分枝过程中,一是要确定分枝的部位和分枝数;二是要确定分枝的间距和分布的合理性。由于不同蔬菜的分枝特性和分枝数量差异较大,对分枝的培育与选留应采取不同的措施。对不易产生分枝的蔬菜品种,如南瓜、蛇瓜、西瓜、冬瓜等,需要通过不断摘心的措施来促进侧芽萌发形成分枝;而对于容易产生分枝的蔬菜种,如番茄、茄子、辣椒、甜椒、甜瓜、黄瓜等,一般每个叶腋都能产生分枝,本身就很容易造成分枝过多而影响植株的纵向生长。因此,容易产生分枝的品种可以从主干基部 $30\ cm$ 以上开始选留骨干分枝,先留两个对生或三叉分枝,而后在一级分枝上隔 $20\sim30\ cm$ 再促生或选留两个对生或互生分枝,依次类推,到植株上架前大小分枝数应达到 $30\sim90$ 个,而且分布均匀有序,形成"树形的分枝骨架"。植株所有分枝上架后,分枝的生长和分布就要根据不同蔬菜种的叶片大小和叶片节位的稀密程度来确定分枝的去留,一般要求分枝分布呈放射状向四周均匀爬延伸展。

蔬菜树栽培应根据品种、生长发育阶段和不同季节进行营养和水分调控。一般在定植初期要保持基质较低的含水量,确保植株不缺水萎蔫即可,营养液的浓度与苗期基本相同。随着植株营养体的壮大,叶面积不断扩大,分枝不断增多,对水肥的需求也不断增加,这时应根据光照、温度、湿度的变化及时补充水肥,不能采取过度控水措施,以免伤害须根。植株一旦由于基质含水不足或基质中养分浓度过高而引起生理脱水,就会伤害根系和影响养分的输送,使植株形成僵化苗、老化苗,茎干增粗受抑制,难以培育出茎干粗壮、树势强盛的蔬菜树。在营养生长阶段,营养液配方中可以适当提高 N、Ca 的比例,在生殖生长阶段可以增加 P、K 的比例。但在营养调控上主要是关注根部基质中 EC 和 pH 的变化。一般南瓜、黄瓜、葫芦、甜瓜、甜椒、红薯等品种,夏秋季节根部基质的 EC 应控制在 2.2~2.4 mS/cm,不能超过 2.6 mS/cm;冬春季节控制在 2.4~2.6 mS/cm,不超过 2.8 mS/cm。西瓜、冬瓜、番茄、茄子、蛇瓜等品种的 EC 可以适当提高 0.2~0.3 mS/cm。大部分品种根部基质的 pH 都可控制在 5.5~6.5。

(2)三角柱式栽培设施 是一种"六边"三角种植的栽培钵串叠而成的栽培柱。生产性应用一般将立柱钵串叠到 180~200 cm 高,由 11~13 个栽培钵串叠而成;观光农业上栽培展示使用,立柱的高度没有严格规定,一般在 90~360 cm,高低错落结合,形成立体栽培景观;家庭阳台栽培一般由 6~12 个栽培钵串叠而成。三角立柱栽培钵串叠前需先装基质,在钵的空腔内先衬垫一层无纺布,将基质或海绵灌注入无纺布中,至 8~9 成满,再将无纺布边沿覆盖在基质表面,实际上是用无纺布把基质包裹起来,避免串叠立柱钵时出现基质撒溢现象。

安装时,将栽培钵一个个串叠在直径 50 mm 的 PVC 管(栽培柱柱芯管)上,底部设一个基座盒,再依次串叠,每层的栽培孔要错位,避免上下植株密集重叠。栽培柱间距按柱中至柱中距离 70~150 cm 不等的间距进行布置定位。立柱上方需要布设钢管或铁丝网格,按栽培柱布设的位置,在顶部设纵横交叉的立柱管固定交会点,用铁丝把柱芯管与交会点绑缚或用螺丝固定。在立柱顶部布设滴灌设施,按立柱的南北纵向布设供液支管,在温室的南北中部或南北一端铺设东西向主管路,主管路可根据栽培面积大小,考虑是否需要分区控制供液,安装定时供液控制阀,即可实现分区定时供液。在每个立柱上方的支管上插 2~3 根滴箭软管或发丝管。

设施安装完成后先进行试水,要使每个柱子上每一层栽培钵的定植孔中的基质、无纺布被水分充分湿润,才能进行定植。定植时在定植口底部添加少许珍珠岩,将培育好的作物小苗带定植杯直接插入定植孔中,完成定植作业。每次供液时间设在 15~30 min 不等,每天供液 3~6 次。

三角立柱栽培模式可以栽培各种散叶或分枝型的绿叶菜及各种矮生花草,不适宜栽培草莓、结球叶菜(如结球生菜、卷心菜)、根菜(萝卜)等品种。一般常见的叶用甜菜、散叶生菜、木耳菜、番杏、紫背天葵、乌塌菜、奶白菜等品种都适宜栽培。

(3)绿叶菜多层立体水培 采用钢构支架做成立体多层槽式 DFT 水培,支架内宽 60 cm,长 400~2 000 cm,架高 160~200 cm,设 3~5 层不等,每层间距 40~60 cm,一般底层离地应不低于 20 cm。将国内某无土栽培公司专业开发的 DFT 水培设施通用底槽与四种不同定植板结合使用,可栽培各种不同类型的叶类蔬菜。通常最上层栽培对光照要求强、温度要求高的大棵型叶菜,中间栽培棵型相对偏小、不耐强光高温的叶菜品种,下层栽培喜阴叶菜或芽苗菜。将对温度、光照、营养需求不同的品种按照垂直光温资源的条件进行合理定位,这样有利于发挥每一种作物的生产潜能,提高叶菜立体栽培的综合产量,实现每层同一品种蔬菜品质的相对一致性。

用于观光栽培的叶菜类蔬菜品种很多,除了常规栽培的生菜、苋菜、小白菜、芹菜以外,许多彩色蔬菜、药用蔬菜、芳香蔬菜、野生蔬菜也是很好的栽培素材,栽培观光的效果更好。

①彩色蔬菜:红叶甜菜、白梗甜菜、黄梗甜菜、紫叶生菜、花叶生菜、花叶苋菜、红叶苋菜、白叶苋菜、紫背天葵、白背天葵、京水菜、乌塌菜、奶白菜、红菜薹、金丝芥菜、花叶苦苣、结球菊苣、大叶木耳菜、红叶木耳菜等。适宜于水培、立体栽培和盆栽等。

②药用蔬菜:蒲公英、鱼腥草、叶用枸杞、桔梗、车前草、马兰、板蓝根、马齿苋等。适宜于基质槽式栽培或基质盆栽。

③芳香蔬菜:香芹、紫苏、薰衣草、薄荷、罗勒、荆芥、留兰香、迷迭香、香蜂花、茴香、球茎茴香、神香草、芝麻菜、藿香等。适宜于基质床栽培或盆栽。

④野生蔬菜:苦麻菜、鸭儿芹、水芹菜、土人参、荠菜、冬寒菜等。适宜于水培或基质栽培。

(4)链条组合式墙体栽培   其设施是由长条形的单侧或双侧多孔种植槽、配套定植杯、集液槽、顶槽盖和灌溉系统构成的。这种栽培模式不适宜作为立体生产栽培使用,一般可作为温室"景墙"来布置,通常可作为温室东西分区的绿色"隔离墙",也可布置在温室的北墙,或作为入口区的景观"照壁墙",或作为生态雅间、休息空间的立体绿色装饰等。在这些场合应用,栽培墙的间距可以不受严格限制,但要确保太阳光能均匀照射到墙体立面上下为度,以确保墙面上的作物生长趋于一致。

设施安装时,先砌墙体基座,基座宽度与墙体栽培槽外径(以定植钵凸起外围尺寸为准)一致,基座中预埋直径 75～110 mm 的回液管,在回液管上按墙体栽培集液槽底部的排液口设置回液口。也可直接在基座上砌一条回液槽,再排入地下管道回流至营养液池中。组装墙体时,底层先布置集液槽,第二层从左到右依次搭接栽培槽,第三层从右到左依次叠接栽培槽,使上下层栽培槽的定植口位置错开,一层一层串叠栽培槽,至高度达到设计要求(一般正常栽培墙高 180～200 cm,也可达 300 cm)到顶部加盖一层槽盖,形成一面完全封闭的墙体栽培设施。每层栽培槽在上墙安装前,槽腔内需要衬垫无纺布并填充基质,基本原理和方法同三角立柱栽培。栽培槽两端的轴管下端固定在基座上,顶部与温室柱进行连接固定。在栽培墙的顶槽盖上布置供液支管,在支管上插入发丝管或滴管软管,每根滴管间距为 8～10 cm。

设施安装完成后先试水,要使整体栽培墙上的每一个定植孔中的基质、无纺布被水分充分湿润,才可进行定植。定植时在定植口底部添加少许珍珠岩,将培育好的作物小苗带定植杯直接插入定植孔中即可。每次供液时间设定在 15～30 min,每天供液 3～6 次。

墙体栽培与三角立柱栽培一样,主要适合栽培散叶型和分枝型的绿叶蔬菜和各种矮生花草,不适宜栽培草莓、结球叶菜等。一般常见的叶用甜菜、散叶生菜、木耳菜、番杏、紫背天葵、乌塌菜、奶白菜等都可栽培。

(5)螺旋仿生立柱式水培   其设施是根据一些宽叶植物叶片在主杆上螺旋着生的原理而"仿生"设计的,改变了传统立柱栽培"中柱粗大"而种植孔偏小的结构缺陷。每个栽培钵在柱体上呈螺旋形叠加排列。作物根系伸展在栽培钵的营养液中,植株定植位点与中柱有一定间距,从而把"中柱"对作物遮光的影响与作物横向生长的影响降至最低限度。

螺旋仿生水培设施较传统立柱栽培设施,具有更广泛的应用价值,即可用于叶菜、芽苗菜的立体生产,也可用于观光场所的景观造景,特别适用于家庭阳台农业的种植。生产性应用,一般将栽培柱串叠到高 180～200 cm,需要 22～25 个栽培钵串叠而成;观光场所应用对栽培柱高度没有严格要求,可高可低或高低错落设置;家庭阳台栽培一般 10～20 个栽培钵串叠即可。

栽培柱底部需要设回液管,根据栽培柱的行距,在对应位置的地下或地表安装回液管路,在每柱底层栽培钵的排液口位置设回液管口。回液管口径为 20 mm,地下回液管根据栽培面积、管线距离、营养液回流量进行设计,直径为 40～110 mm。

安装时将栽培钵串叠在直径 75 mm 的 PVC 柱芯轴管上,栽培柱布局间距按柱中至柱中 80～150 cm 的间距进行定位布置。栽培柱上方需要布设钢管网格,按栽培柱的布局位点上方纵横设置,管网交叉点即作为栽培柱顶端的固定点,用细铁丝绑缚或螺丝固定。供液管路设在栽培柱上方的钢管网上,按栽培柱的南北纵向布设供液支管(直径 20～32 mm),在每个栽培柱的顶层栽培钵给液口位置,从支管上分出一个变径三通(直径 20～32 mm)和一个小球阀(直径 12 mm)及弯头,将弯头或引管插入栽培柱最顶层的栽培钵内。在温室的南北中部或南、北任一端铺设东西向主管路,主管路根据栽培面积大小,可考虑进行分区供液。设施安装完成后先试水,要调节好每个栽培柱上的供液流量,确保每个栽培柱从顶层栽培钵到底层栽培钵的流速及给排液时间达到基本一致,避免溢流和漏液,盖上定植盖即可进行定植作业。定植时,将培育好的水培苗插入定植孔中即可。每次供液时间 15～30 min 不等,每天供液 3～4 次。

螺旋仿生立体水培模式可以栽培大部分叶类蔬菜和各种矮生花草及草莓,还可进行细叶菜和芽苗菜的培育,这是其他任何一种柱式栽培所无法实现的,该类立体水培模式显著扩大了栽培品种的范围。栽培大棵型叶菜(结球生菜、羽衣甘蓝),每层栽培钵定植一棵即可;栽培中棵型(散叶生菜、花叶生菜)蔬菜,每层栽培钵定植 3 棵;小棵型定植 7 棵(油麦菜、空心菜、紫背天葵等);细叶菜、芽苗菜等采用内嵌式种植盘,密度可进一步加大。

▶ 6.5.3　无土栽培在植物工厂中的应用

植物工厂(plant factory)是通过设施内高精度环境控制实现农作物周年连续生产的系统,即利用计算机对植物生育的温度、湿度、光照、CO_2 浓度以及营养液等环境条件进行自动控制,使设施内植物生育不受或很少受自然条件制约。日本千叶大学的古在丰树教授把植物工厂分为"人工光型""自然光型"及"自然光与人工光并用型"。

人工光型植物工厂是完全利用人工光源在可控环境下利用无土栽培技术实现具有高产高效、节能环保、清洁健康、生态智能特征的周年稳定的植物清洁生产模式。与蔬菜、花卉、药用植物等利用温室或大田进行园艺生产相比,植物工厂产业化生产的产品产量更高、品质更好,尤其是其周年稳定清洁供应和优质高产高效的技术特征,更适合未来社会的市场需求与消费升级。然而,即使是在植物工厂产业化发展已经基本成型的日本,由于技术水平和经济核算的制约,植物工厂技术依然存在建设成本高、生产成本高、产量和品质未达到预期水平等问题,能够实现盈利或持平的企业也就 60%～70%,不少企业依然处于亏损状态。截至 2019 年,日本和中国的植物工厂都已达到 200 家左右。以下介绍几处在日本和中国已经投产的植物工厂。

1. 日本未来有限公司的人工光型叶菜植物工厂

日本未来有限公司(MIRAI CO,LTD)成立于 2004 年 9 月,是一家以植物工厂和水耕栽培设备的研究开发与销售、设备售后的工厂运营及栽培技术支持、水耕蔬菜的生产与销售为主体业务的高新企业,其研发活动是与千叶大学共同开展的。目前,拥有 4 栋自己经营的植物工厂,即日产生菜 500 株的多贺城 Green Room;日产生菜 10 000 株的多贺城 Green Room、柏之叶 Green Room 工厂,以及日产生菜 3 000 株千叶大学内 Green Room。植物工厂产品已经面向蒙古国、俄罗斯等地出口。日本未来有限公司的技术优势是紧密地围绕在日本千叶大学的周围,并与其共同开展研发活动,将其自有工厂积累的人工光蔬菜生产经验反馈到植物工厂设计建设和栽培管理中。

基于 LED 的多贺城 Green Room 在改造前是一个半导体工厂,将其改建为利用 15 层水耕栽培、全面采用 LED 照明的日产生菜 10 000 株的人工光利用型植物工厂。原来的半导体工厂的建筑面积为 2 300 m²,层高为 7 m,植物工厂改造后栽培面积为 1 400 m²、栽培架的层高为 6 m,按照 7 h/d 的工作量安排的实际用工数(20 人),主要生产生菜和香草,销售对象是超市、连锁餐厅、连锁咖啡店等。该植物工厂采用 LED 光源共计 17 500 支,从育苗室出来后的初期阶段采用白色和红色 LED 光源,其光质偏白以促进光合作用,然后再照射由红色和蓝色组合的 LED 光源,其光质偏红以促进叶片和根茎的生长,临近收获期时采用偏白的 LED 光源以促进光合作用。与使用荧光灯的柏之叶 Green Room 的人工光型植物工厂相比,基于 LED 的多贺城 Green Room 的耗电量减少 40%,其收获量提高 50%。据该公司介绍,为了避免因多层栽培架在高度方向上的温度、风量及光照强度等产生明显差异,科学而合理地布局空调和设备十分必要。该植物工厂自 2014 年 5 月投产后运行良好,产量基本能达到设计目标。

然而,日本未来公司的发展也不是一帆风顺。在投入巨资新建了两座 10 000 株规模植物工厂后,由于没有及时扩大销售网络,运营成本大幅增加的同时,营业收入却没有跟上,最终导致资金链断裂。2016 年 7 月,日本未来公司在引进外部资金的情况下进行资产重组和业务调整。经过调整后,未来公司将销售对象锁定为净菜加工业和连锁汉堡店。依托植物工厂的精细化管理,为其生产特定大小规格的生菜,叶片刚好匹配汉堡或三明治的需求大小,此举给公司带来了大量的订单,该公司的运营慢慢走上了正轨。

除了蔬菜销售业务,日本未来公司大力拓展海外植物工厂商业化推广业务。针对中国市场的开拓,日本未来有限公司同国家蔬菜工程技术研究中心及未来智农(北京)科技有限公司签订了植物工厂领域合作框架性协议,经过三方的共同努力先后在内蒙古通辽市、江苏省昆山市、北京市建设三处人工光型植物工厂。

2. 日本日清纺股份有限公司(Nisshinbo Group)的人工光型草莓植物工厂

日本日清纺股份有限公司新规事业开发部于 2010 年成立植物工厂研发组并开展草莓和叶菜的植物工厂生产。草莓株矮,需光量不大,果实价值高,因此,是适宜于在人工光型植物工厂中生产的植物种类。日本千叶大学率先在日本开展了草莓的人工光栽培研究,其后由日本日清纺股份有限公司开展了草莓人工光生产的商业化。于 2011 年 3 月在日本德岛

设施园艺学

县德岛市建设了 10 000 株草莓植物工厂进行中试,到 2012 年 9 月已扩展为占地面积为 6 000 m² 、种植草莓 10 万株的草莓植物工厂,每个栽培单元的层高为 3.2 m,有 20 m 的五层栽培床 8 列,每月能稳定生产 6～7 t 草莓(折合每年 0.8 kg/株,一般设施种植则为每年小于 0.2 kg/株),并注册商品名为"あぽろべりー"开始销售,销量的 90％ 用于蛋糕加工。公司于 2014 年 1 月在静冈县藤枝市又建设了同样占地面积为 6 000 m² 、种植草莓 10 万株的草莓植物工厂。日清纺股份有限公司的草莓植物工厂的突出之处在于,利用营养液管理、温湿管理、光照管理等环境控制手段可有效地调控草莓果实的大小、糖酸比、口感等品质指标,无论是在冬季还是夏季都能生产出品质如一的果实,耐储藏性更好。

3. 福建中科生物股份有限公司植物工厂

2015 年 12 月,作为中国 LED 芯片大厂的福建三安集团与中国科学院植物研究所合作,共同发起成立了"福建省中科生物股份有限公司(简称中科生物)",建立了"中科三安植物工厂",从光电产业跨界到"光生物"产业,成为中国 LED 生产企业产业化投资建设植物工厂的先例。中科生物的定位为集科研、生产、示范、孵化等多功能于一体的新兴光生物产业投资,注册资金为 1 亿元。2016 年 6 月,占地面积为 3 000 m² 的三层式建筑、栽培面积超过 10 000 m² 的中科三安植物工厂建成投产,并围绕植物工厂核心技术进行了系列技术的产业化研发。公司成立 4 年来,在植物工厂产业化关键设备开发方面已取得重要成果,开发出模块式整合栽培系统、基于植物专用的光配方灯具开发和光环境调控技术、通用型及专用型植物水培营养液配方等,开发的包含科研生产应用的植物光照六大系列产品已取得美国 UL 认证,该公司在光生物、成套设备,以及规模化节能型植物工厂系统的研发、集成和示范领域已成为国际领先的科技公司和系统解决方案供应商。目前该公司利用全人工光植物工厂已经成功栽培了除叶菜外的番茄、黄瓜、彩椒、食用花卉和蓝莓等多种园艺作物,以及金线莲、医用大麻等中药材。

截至 2020 年 6 月,该公司累积推广建成 178 158 m² 的蔬菜、药用植物等植物工厂,其中大于 3 000 m² 的植物工厂 18 座,总面积为 135 296 m² 。该公司自营的福建湖头植物工厂产业化基地,占地 20 万 m² ,共 8 栋厂房,建有全球单体建筑面积最大(1 万 m²)的植物工厂,日产高品质蔬菜 1.8 t;建成并投产国际上首个药用植物金线莲商业化植物工厂,生产的药用植物产品已上市并出口东南亚;建有 2 000 m² 的自动化工厂,实现了除采收外从播种、移栽、包装和清洗等生产全过程的机械化与自动化。建成了安徽金寨植物工厂产业化基地,一期已建成 3 栋植物工厂,主要进行霍山石斛和白及等药用植物和蔬菜工厂化生产。此外,还有美国拉斯维加斯植物工厂产业化基地,占地面积为 20 000 m² ,一期投产 7 000 m² 的蔬菜工厂,主要生产生菜、芽苗菜,满足当地的市场需求。除了公司自营植物工厂,还技术入股新加坡 VertiVegies 公司植物工厂并进行了大型植物工厂技术的整体输出,建成山西长治天苑植物工厂,面积 9 744 m² ,主要进行蔬菜、药用植物和种苗的生产。

4. 深圳喜萃植物工厂

深圳喜萃植物工厂成立于 2015 年 7 月的华星环球(深圳)农业有限公司以室内垂直农场为主营业务,在 2016 年底建成占地面积为 3 000 m² ,预定生产规模为日产 10 000 株生菜的喜萃植物工厂。该厂坐落于深圳市龙岗区靠近海边的深圳艺象 iDTOWN 国际艺术区,前身是某印染厂。该植物工厂利用废弃的半栋二层建筑式厂房改造而成,实际完成预定建设规模的 2/3,运营其中的一半,日产量折合为 2 000～2 500 株生菜。喜萃植物工厂取得了瑞士 GAP 认证和中国 GAP 认证,也获得了蔬菜供港资质认证。蔬菜生产车间内有 6 列 12 层立体栽培架,长度在 15 m 以上,使用 1.5 m 长的红蓝组合 LED 灯具,光照强度约为 200 μmol($m^2 \cdot s$),采用椰糠基质进行穴盘漂浮育苗。育苗结束后将蔬菜种苗从穴盘高密度转移到低密度进行定植,栽培 14 d 后采收,栽培期间采用底面灌水。叶菜采收和包装时带根,利用"活体菜"的方式进行销售,消费者在打开包装后切除根系即可免洗食用。

需要注意的是,尽管人工光植物工厂在实现蔬菜清洁生产和稳定生产的优势上明显,但根据我国蔬菜种植面积大、种类多、价格低的现实,我国人工光植物工厂的发展肯定只会限制在一定规模内发展,即使是在蔬菜价格高昂的日本,其植物工厂在蔬菜生产中的应用也受到限制。目前主要的制约因素体现在:①缺少适用于人工光型植物工厂的高效率、低价格的 LED 光源的市场供应;②未能形成较为成熟的植物工厂规划设计与资材供应服务;③环境控制技术软硬件难以对应植物工厂的高效生产,其有效性还有待提高;④针对特定植物(品种)的生产工艺标准与规模化生产技术(生产自动化)还不成熟;⑤未能培育出稳定而持续的客户群体(生产与销售的对接不顺畅);⑥植物工厂运行成本高,导致蔬菜价格高居不下;⑦生产的蔬菜种类比较单一,目前国内外的植物工厂基本以生产叶菜为主,而且主要为生菜。国内现有的占地面积在 1 000 m^2 以上的人工光型蔬菜植物工厂都是亏损的,若能对各种技术途径进行改进,使得植物工厂的蔬菜产量提高 30% 以及生产成本降低 30%,才有可能盈利。

▶▶复习思考题◀◀

1. 无土栽培技术有哪些特点?
2. 无土栽培有哪些主要方式?DFT 和 NFT 的特点是什么?
3. 无土栽培对基质有哪些要求?基质栽培和水培的区别是什么?
4. 营养液配制和管理应注意哪些方面?
5. 无土栽培在休闲观光农业中有哪些功能?
6. 无土栽培在人工光植物工厂应用时应考虑哪些因素?

第7章

工厂化育苗

≫ 本章学习目的与要求

1. 掌握蔬菜工厂化育苗的方式和流程。

2. 了解工厂化育苗的设施设备。

3. 掌握工厂化育苗的关键技术。

4. 熟悉现代种苗生产经营管理。

▶ 7.1.1 工厂化育苗概述

工厂化育苗指在完全人工可控环境条件下,采用工业化生产工艺流程以及机械化、自动化、智能化手段,按照现代企业管理要求,快速、稳定、批量生产标准化与商品化蔬菜秧苗的方式。工厂化育苗利用健康、活力高的种子,环境可控,能给予秧苗生长发育最佳环境条件和操作,秧苗质量标准化,苗龄短,质量稳定一致,育苗效率高,幼苗素质好,是国际蔬菜育苗产业的发展方向和最终目标。

工厂化育苗有其显著的特点:①主要育苗环境因子可按规定指标进行智能控制与调节,可以较好地满足幼苗生长的需要;②育苗技术有规范化操作规程和统一的标准;③育苗基本技术环节由计算机控制,实现机械化或自动化,并向自动作业流水线方向发展;④实现幼苗周年生产及四季供应,形成独立的专业化、商品化育苗企业。⑤育出幼苗整齐一致,质量稳定,定植后缓苗快。

工厂化育苗又称为无土育苗,包括基质育苗、营养液育苗等,它集成了设施园艺的关键技术,将种苗培育和贮运的全过程变成一个工业化的生产和管理过程。工厂化育苗的特点:采用专一的育苗基质配方,利用基质或者有机肥料生产的设施设备,通过微生物的作用,快速腐熟加工成为种苗培育的专用基质;丸粒化、包衣等特殊的种子处理技术,保障了出苗的整齐一致;精量播种机精准完成基质搅拌、基质装盘、压穴打孔、播种、覆盖、浇水等工艺流程;催芽室精确控制温度、湿度和气体交换条件,提供种子萌发的最佳条件;种子萌发后进入育苗温室,在人工控制环境中,通过温度、湿度、CO_2、灌溉和施肥等调控措施获得优质种苗,经炼苗、包装后进入种苗贮运阶段。总之,从精量播种到运输物流,工厂化育苗实现了从种子处理、精量播种、穴盘运输、基质消毒、灌溉施肥、嫁接作业到贮运物流等生产过程的标准化,保障了种苗培育的机械化、自动化和智能化。计算机、物联网技术的应用,通过种苗质量管理软件,工厂代育苗能够实现种苗环境控制的自动化,种苗生产管理的信息化,可提升种苗精准作业技术水平和营销管理的技能水准。

▶ 7.1.2 工厂化育苗方式

工厂化育苗方式主要有以下几种。

(1)穴盘育苗 是工厂化育苗最常用的一种育苗方式,是以草炭、蛭石、珍珠岩等轻型基质材料为育苗基质,以不同规格的塑料穴盘为育苗容器,用自动化精量播种生产线完成基质装填、压穴、播种、覆土、浇水等系列作业,在催芽室完成种子萌发、顶土、出苗,进入温室培育成苗的工厂化育苗技术体系(彩图 7-1)。

(2)营养液育苗 也称水培育苗,是利用成型的膨化聚苯乙烯泡沫格盘,利用基质、聚氨酯泡沫块、岩棉块、海绵块等固定幼苗根系,直接在营养液内育苗的一种育苗方式(彩图 7-2)。

水培育苗更适宜于深夜流栽培、营养液膜栽培、浮板毛管栽培、深水漂浮栽培、管道栽培等营养液无土栽培模式。

（3）嫁接育苗　将接穗靠接或插接到砧木上，二者愈合后培育成新苗的方法称为嫁接育苗（彩图7-3）。嫁接育苗广泛应用于园艺作物、药用植物和经济林木的繁育，能够提高西瓜、甜瓜、黄瓜、番茄、茄子、辣椒等蔬菜作物的抗病性、抗逆性，改良柑橘、葡萄、苹果、香蕉、甘蔗、樱桃等果实品质，提高梅花、菊花、仙人掌类植物的观赏性和抗逆性等。砧木品种的选育、嫁接方法、嫁接过程和苗期管理等关键技术环节决定嫁接效果和嫁接种苗的成活率。

（4）扦插育苗　是指将植物体的部分营养器官，如枝条、侧芽或者腋芽等，插入基质中诱导生根，然后培育成苗的育苗方式（彩图7-4）。扦插育苗具有保持种性，取材容易，发根快，开花结果早，繁殖系数高，节省种子，缩短育苗周期等优势，适宜于多层立体工厂化育苗，在花卉、果树育苗中最为常用，也用于大白菜、甘蓝的腋芽扦插，还有人参果、番茄、无籽西瓜、香椿等的育苗。

（5）组培育苗　是基于植物细胞全能性，利用植物组织培养技术的育苗方法，又称为离体微繁殖，多与穴盘育苗相衔接。植物组织培养选取植物的茎尖、叶片、根尖等外植体，在无菌条件下，利用人工培养基诱导植物细胞的定向分化，最终形成新的植株。组培育苗在工厂化育苗中发挥着重要的作用，可以防止园艺作物种性的退化，常用于优良品种的快速无性繁殖。目前已有近400种植物离体培养获得成功，常用于兰花、菊花、香石竹等花卉种苗的快速繁殖，在草莓、葡萄、无籽西瓜、马铃薯、甘蔗、桉树、杨树等经济作物的种苗生产中应用广泛。组培育苗的关键技术环节包括无菌操作外植体的获取、分化诱导和增殖、植株再生、生根诱导和移栽驯化等关键步骤（彩图7-5）。

（6）容器育苗　特指基质育苗中采用育苗钵、育苗箱体、无纺布袋、控根容器等进行育苗的一种育苗方式（彩图7-6），适用于部分蔬菜、花卉、果树和林木种苗的培育，能够更好地培育发达的根系，便于种苗的长距离运输，适用于机械化移栽。

（7）营养块育苗　以草本泥炭为主要原料，通过机械压制制成特定形状的营养块，内含幼苗生长必需的养分。使用时将种子直接播种在营养块中，育苗过程中只需要进行水分管理。营养块育苗（彩图7-7）方法简单，适用于自动化的移苗机械。

▷ 7.1.3　工厂化育苗的工艺流程

工厂化育苗的生产工艺流程较复杂，以穴盘育苗为例简述工厂化育苗的工艺流程：①准备阶段，种子处理包括选种→消毒→浸种；基质处理包括基质配方的选择→碎筛→加入有机肥→混合→消毒；穴盘消毒待用。②播种阶段，包括基质搅拌→装盘→打孔→播种→覆盖→浇水；放入种苗运输车。③催芽阶段，按照不同种类种子萌发要求，设定昼夜温度，湿度和新风换风时间，在60%的种子萌发时转移至育苗温室。④苗期管理阶段，是种苗培育的主要阶段，时间较长，优化种苗温室光、温、水、气等环境，采用基质施肥或者营养液补充施肥。⑤出室前炼苗阶段，降低夜间温度，减少水分供应，喷施防病农药。主要流程如图7-1所示。

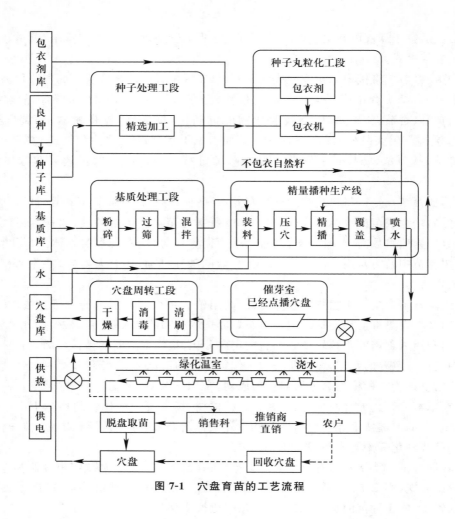

图 7-1　穴盘育苗的工艺流程

7.2 工厂化育苗设施设备

　　育苗设施由育苗温室、播种车间、催芽室、计算机管理控制室等组成,并配置了完善的加温、降温和遮阴保温系统,以及补光系统、二氧化碳施肥系统和计算机管理系统等。从精量播种到运输物流,工厂化育苗的主要生产设备包含种子处理、精量播种、穴盘运输、基质消毒、灌溉施肥、嫁接作业和储运物流等,这些设备保障了种苗培育的机械化、自动化和智能化生产。覆盖材料、苗床、穴盘、种苗转移车、种苗分离机、移苗机、嫁接作业生产线等也是工厂化育苗的重要辅助设备。

▶ 7.2.1　工厂化育苗设施

7.2.1.1　育苗温室

种苗生长发育的绝大多数时间是在育苗温室里度过的,种子完成催芽后,即转入育苗温室中,直至炼苗、包装后进入种苗运输环节。因此,育苗温室是幼苗绿化、生长发育和炼苗的主要场所,是工厂化育苗的主要生产车间。育苗温室应满足种苗生长发育所需要的温度、湿度、光照、水肥等条件。

用于种苗工厂化生产的育苗温室有塑料大棚、日光温室和玻璃温室等,它们的结构框架、通风、加温、降温、遮阴和自动控制等设施设备配置与栽培温室的基本相同,在苗床、灌溉、补光等设备配置上,存在较大的差异。专用育苗温室设施设备的配置高于普通栽培温室的,除了配置通风、帘幕、降温、加温系统外,还应装备苗床、补光、水肥灌溉、自动控制等设施和装备,以保证种苗的高效生产。此外,人工光型植物工厂(闭锁型人工光育苗系统)可使育苗环境适宜而稳定,因此,在工厂化育苗中也得到了推广应用。

7.2.1.2　播种车间

播种车间是进行播种操作的主要场所,通常也作为成品种苗包装、运输的场所,一般有播种设备、催芽室、育苗温室控制室等组成,很多育苗工厂将温室的灌溉设备和储水罐也安排在播种车间内(图7-2)。播种车间内的主要设备是播种流水线,或者用于播种的机械设施。在播种车间的设计中,要根据育苗工厂的生产规模、播种流水线尺寸等合理确定播种车间的面积和高度,而且要注意空间使用中的分区,使基质搅拌、播种、催芽、包装、搬运等操作互不影响,有足够的空间进行操作;也可以与包装车间连为一体,便于种苗的搬运,提高播种车间的空间利用率。

图 7-2　播种车间

播种车间一般与育苗温室相连接,但不能影响育苗温室的采光。播种车间目前多以轻型结构钢和彩色轻质钢板建造,可实现大跨度结构,提高空间利用率。彩钢板是表面高强度镀锌的彩色钢板,芯材为自熄性 EPS 难燃材料,通过自动复合成型机,用高强度黏合剂将表面钢板和芯材黏合,经加压、加热而成的板材。彩钢板隔热保温,导热系数 $\lambda \leqslant 0.038$ W/(m·K),阻燃性氧指数 $\geqslant 30$,耐腐蚀盐酸水连续喷射 500 h,一般使用周期为 $10 \sim 15$ 年,而且施工周期短,安全灵活,是一种理想的播种车间建造材料。此外,播种车间应该安装给排水设备,大门的设置应该在 2.5 m 以上,便于运输车辆的进出。

7.2.1.3　催芽室

催芽室(图7-3)提供种子发芽的环境条件使其尽快发芽,因此催芽室的温度、湿度和氧气等条件要适宜,有些种子在发芽过程中还需要光照。催芽室多以密闭性、保温隔热性能良好的材料建造,常用材料为彩钢板。为方便不同种类、批次的种子催芽,催芽室的每个单元以 20 m² 为宜,一般应设置三套以上。

图 7-3　种苗催芽室外观及内部结构

催芽室设计的主要技术指标:温度应控制在 20～35℃;相对湿度为 75%～90%;气流均匀度 95% 以上。主要设备包括加湿系统、加温系统、新风回风系统、风机、补光系统以及计算机自动控制器等。下面主要介绍四种较为重要的设备。

(1)加湿系统　催芽室应保持较高的湿度,以保证种子萌发过程中的水分条件,若催芽室湿度过低,会加快穴盘中基质水分的散失,导致种子吸涨困难,影响发芽率和发芽势。催芽室的加湿可以选用离心式加湿器,制热器采用不锈钢电极棒。在空气相对湿度为 55% 时,若催芽室内相对湿度加至 90%,20 m² 的催芽室加湿量为 2.5 kg/h 左右。

(2)加温系统　种子萌发的适宜温度因作物而异,一般应控制在 20～35℃,过高过低都会影响种子的发芽率和发芽势,进而影响种苗质量。一间 20 m² 的催芽室,采用功率为 6 000 W 的不锈钢热片式管道加温器,制热量为 8 932 W,即可满足生产需要。

(3)新风回风系统　氧气是种子发芽的重要条件之一,由于催芽室相对密闭,若不进行新鲜空气的补充和室内废气的排放,催芽室中的二氧化碳浓度将逐渐增加,氧气浓度逐渐下降,一些有害气体也会逐渐积累,严重影响种子萌发。新风回风系统用于调节新风与回风比率,为催芽室补充新风和排出废气,所设计的系统可调节为全新风或者内部循环风。

(4)风机　催芽室设计气流组织多为垂直单向气流,利用风机使室内气体发生交换和流动,从而保证室内气流的均匀度。选用防潮、耐高温的管道风机,安装在新风回风系统前。风机是催芽室控制气流精度的主要设备。

催芽室的操作方式:①系统正常工作时温度、湿度到达设定范围时,系统自动停止工作,风机延时自动停止;温度、湿度偏离设定范围时,系统自动开启并工作。②湿度进入设定范围时,加湿器自动停止工作;加热器继续工作,风机继续工作。③如风机、加湿器、加热器、新回风混合段等发生故障,报警提示,系统自动关闭。

7.2.1.4　控制室

控制室是工厂化育苗过程中对温度、光照、湿度、营养液灌溉等实行有效监控和调节的场所,是保证种苗质量的关键。控制系统由传感器、计算机、电源、监测、配电柜和控制软件等组成,对各种环境因子及补光系统、微灌系统实施准确而有效的控制。控制室还兼有数据采集处理、图像分析与处理等功能。

▶ 7.2.2 工厂化育苗生产设备

育苗生产设备主要包括种子处理设备、精量播种设备、消毒设备、灌溉和施肥设备以及种苗储运设备等。

7.2.2.1 种子处理设备

种子处理设备是指育苗前,根据农艺和机械播种的要求,采用生物方法、化学方法、物理方法处理种子的设备。经过处理的种子,能提高发芽率和出苗率,促进幼苗生长,减少作物病虫为害等。种子处理设备包括种子拌药机、种子表面处理机械、种子单粒化机械和种子包衣机等,以及用 γ 射线、高频电流、红外线、紫外线、超声波等物理方法处理种子的设备。广义的种子处理设备还包括种子清选机械和种子干燥设备,其构造和原理与谷物干燥设备基本相同,但使用热气流的温度较低,以免影响种子发芽。现在拥有成套设备的现代化种子加工厂,已逐步取代了种子处理的单机作业。种子加工工厂拥有自动化的运输系统、控制中心和完善的检验设备,种子处理的全过程实行流水线生产,形成种子处理和供应的中心。

(1)种子拌药机 由种子箱、药粉箱、药液桶和搅拌室等组成。在种子箱和药粉箱内设有搅拌推送器,以防物料架空。在搅拌室内装有螺旋片式或叶片式搅拌器。种子箱内的种子通过活门落入搅拌室中,与定量进入搅拌室的药粉或药液混合,拌好的种子由出口排出。

(2)种子表面处理机械 用剥绒机或硫酸清洗设备脱去种子表面的短绒,其中以泡沫酸洗设备的处理效果较好,脱绒净度高,对种子的伤害少。苜蓿、草木樨等外皮坚硬、厚实的种子常用气喷装置使其擦过硬磨面,或用碾米机等设备轻微擦伤种皮,使种子在播后能较快地吸收水分,加速种子发芽。用红外线或射频电流处理效果更好,既能分解硬壳中的马氏层,又不损伤种子胚芽。

(3)种子单粒化机械 是将果实剥裂、研磨成单粒种子的机械。种子剥裂机常用带斜纵纹的冷硬铸铁碾辊,其线速度在 5 m/s 以下,米刀与铁辊斜纹在入口处的间隙为 1～2 mm,出口处的间隙为 3～4 mm。种球在铁辊与辊筒室内壁之间在挤压和搓离作用下被研磨成大小均匀的单粒,经清选机除去空壳及半仁种子,即可用于播种,也可包衣后播种。

(4)种子包衣和丸粒化设备 是将种子裹上包衣物料后制成大小均匀的球形丸粒的机械。包衣物料由填料、肥料(包括微量元素)、农药及黏结剂组成。常用的种子包衣机同医药工业上制造药丸或包药片糖衣的机器类似,有一个倾斜低速旋转的扁圆形不锈钢锅。种子投入锅内后随着锅的旋转而滚动,喷入黏结剂溶液及分层加入粉状包衣物料并均匀附着后,即可获得圆粒丸粒化种子。种子的包衣和丸粒化过程,一般在种子加工工厂或者种子公司物流质量检验部的加工车间完成。

7.2.2.2 精量播种设备

精量播种设备一般由搅拌机、自动上料装填机、压窝装置、精量播种机、覆土设备、喷淋灌溉设备等组成,流水线各工序间自动行进,基质搅拌、装盘、压窝、播种、覆盖、喷水等六道工序一次完成。为便于搬运、安装、调试、维修,整套流水线一般都按功能划分成几套设备,各设备可组合成整个流水线,也可单独运行。设备之间的协调一般通过传送带的同步来保证,整个播种系统由计算机控制,可对流水线传动速度、播种速度、喷水量等进行自动调节,一般每小时可播种 100～1 200 盘。

精量播种机是精量播种流水线的核心部分。目前,按结构形式划分为针式播种机、板式播种机和滚筒式播种机;按自动化程度划分,可分为手动播种机、半自动播种机和全自动播种机。手动播种机又可分为点播机、手持振动式播种机。半自动播种机包括手持管式播种机和板式播种机,而全自动播种机有针式精量播种机和滚筒式精量播种机两种。以下介绍几种常见的播种机。

(1)针式精量播种机 是全自动的管式播种机,只需要配置几种规格的针头就可适宜播种质量不同、形状各异的种子,而且播种精度高(图 7-4)。配套动力为空压机,输送胶带为步进式运动,播种速度为 100～200 盘/h。工作原理是负压吸种,正压吹种。通过带喷射开关的真空发生器产生真空,同时,针式吸嘴管在摆杆气缸的作用下到达种子盘上方,种子被吸附。随后,气缸在回位弹簧的作用下,带动吸嘴杆返回到排种管上方。此时真空发生器喷射出正压气流,将种子吹落至排种管,种子沿着排种管落入穴盘中。该机配备 0.5 mm、0.3 mm、0.1 mm 针式吸嘴各一套,可对秋海棠及瓜果类的种子进行精量播种。使用时需要根据种子情况,调整真空压力和吸嘴与种子盘距离等参数。为防止种子中的杂质堵塞吸嘴,该机还配置自清洗式吸嘴(0.3 mm)一套。针式精量播种机在欧洲和美国应用比较广泛,其主要特点是操作简便,适应面广,省工省时。该播种机播种精度高,播种数量和速度可调,通用性强。针式精量播种机对种子形状和粒径大小没有十分严格的要求,在生产中应用较广。

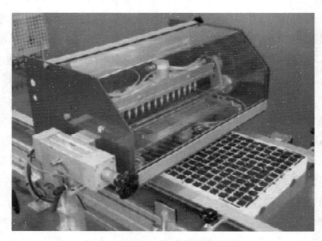

图 7-4 Visser 针式精量播种机

(2)滚筒式精量播种机 采用滚筒旋转运动的方式进行播种。一般采用大口径滚筒,并具有多重种子分离器,可保证最大限度地进行单粒播种。该播种机的穴盘输送带行走速度和滚筒转动速度一样,均为连续运动。Hamilton 公司生产的滚筒式播种机(图 7-5)的播种头,利用带孔的滚筒进行精量播种。滚筒式精量播种机工作原理:种子由位于滚筒上方的漏斗喂入,滚筒的上部是真空室,种子被吸附在滚筒表面的吸孔中,多余的种子被气流和刮种器清理。当滚筒转到下方的穴盘上方时,吸孔与大气连通,真空消失,并与弱正压气流相通,种子下落到穴盘中。滚筒继续滚动,且与强正压气流相通,清洗滚筒吸孔,为下一次吸种作准备。为适应不同种子,滚筒有多种,可按需选择和更换。滚筒式播种机可移动性零件少,结构牢固,寿命持久,可靠性高,操作简单。整个播种过程不间断,从而可保证播种的连续性

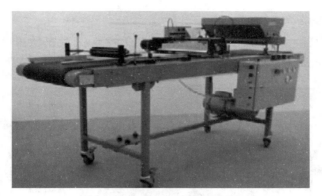

图 7-5　Hamilton 滚筒式精量播种机

和高速性,播种速度可以达到 1 200 盘/h。滚筒式播种机的缺点是通用性相对较差,更换穴盘和种子时需要相应地更换滚筒,并且需要重新调节滚筒的转动速度、光电传感器位置和气室的气压。

（3）板式精量播种机　比较典型的是万达能板式精量播种机（图 7-6）,工作机理:针对规格化的穴盘,配备相应的播种模板,一次播种一盘。该播种机优点是价格低,操作简单,播种精确,操作熟练后播种速度可达 120～150 盘/h。该机型配套可调的真空马达和瞬间振动器,配有正压气流开关用来清洗模板。但播种 288 目、200 目、128 目等规格穴盘,需要有不同规格的播种机。每种规格的播种机因所播种的种子形状、大小和种类不同,有不同型号的播种板与之相配,一般每台播种机至少配三种规格播种板。这三块播种板适合特定的穴盘穴孔数,可以满足大多数种子的播种要求,包括未处理的洋桔梗、矮牵牛、花烟草、万寿菊以及颗粒较大的种子。同一播种板可以通过调整压力来控制一次播种一粒种子或多粒种子。该播种机的缺点是通用性较差,并且容易使操作者产生心理疲劳。

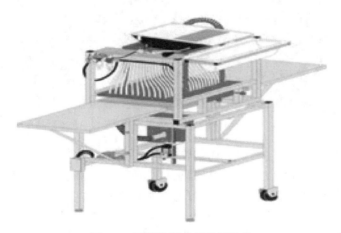

图 7-6　万能达板式精量播种机

（4）小型针式播种机、点播器　可作为精量播种流水线的替代用于种苗生产,可降低设备投资。一般在小型育苗工厂、种植农户中使用,可大大提高播种速度和精度,提高播种效率,节省劳动力。

7.2.2.3 消毒设备

（1）基质消毒设备 基质消毒方法见第 6 章相关章节，常用基质消毒设备有蒸汽消毒机（图 7-7）和红外基质消毒设备（图 7-8）。

图 7-7 蒸汽消毒机

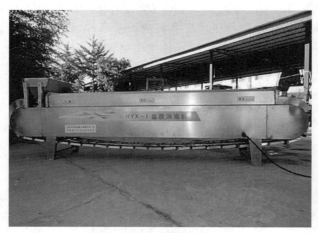

图 7-8 红外基质消毒机

①蒸汽消毒机。一般使用内燃炉筒烟管式锅炉。燃烧室燃烧后的气体从炉管经烟管从烟囱排出，传热面上的水在蒸汽室汽化后排出进行消毒。为保证安全运行，一般要求以最大蒸发量设置给水装置，蒸汽压力超过设定值时安全阀打开，安全装置起作用。蒸汽消毒机除可以对基质消毒外，还可对苗床、穴盘、花盆等温室用具进行有效消毒。

②红外基质消毒设备。利用加热元件所发出来的红外线照射到基质上，其热能以电磁波的形式被基质分子均匀吸收，从而引起基质分子共振升温，达到高温灭菌的目的。

（2）育苗盘清洗消毒设备 在育苗播种前，要对育苗盘（育苗穴盘的简称）进行彻底清洗和消毒。育苗盘清洗消毒一体机的研制和应用，解决了人工清洗费时费力、基质残留、工作效率低等问题。育苗盘清洗消毒设备包括预洗、主洗、消毒、物料输送、控制等五个单元，育苗盘通过输送导轨先后经过雾化湿润、毛辊刷洗、高压冲洗、喷雾消毒四个阶段,自动完成育苗盘的清洗和消毒。机器清洗消毒效率高,每小时可清洗消毒育苗盘600余个,消毒合格率为100%。育苗盘清洗消毒一体机操作时只需要在机器进盘口一次摆放好十几个育苗盘,机器会自动逐个输送,并依次经过预洗、主洗、消毒三个单元,操作工在出盘口收集育苗盘即可,使清洗和消毒育苗盘变得简便快捷。华农公司研发的自动穴盘清洗线,适用于塑料等材质穴盘清洗,穴盘最大尺寸范围700 mm×470 mm×120 mm。该机器配有清洗和消毒两个系统,清洗系统有四个可旋转的不锈钢喷嘴,可以冲洗穴盘的各部位;喷嘴可承受外部多级离心泵最大10 kg水压,清洗水经过不锈钢过滤器循环使用,过滤器安装在槽内,每6~8 h清洗一次。消毒系统:在一个特制的消毒槽上安装有四个固定的不锈钢喷嘴,离心泵从消毒液容器中吸液给喷嘴对穴盘进行喷射。多余液体被回收到储存容器中。育苗穴盘自动清洗装置的结构见图7-9。

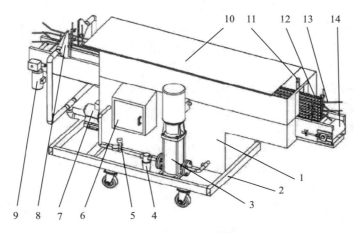

图7-9 育苗穴盘自动清洗装置结构示意图

1. 循环水箱;2. 机架;3. 水泵;4. 过滤器;5. 压力变送器;6. 控制机构;7. 风机;8. 吹风喷嘴;9. 减速电机;10. 防水罩;11. 直立喷管;12. 穴盘;13. 扶持导轨;14. 传送带

7.2.2.4 灌溉和施肥设备

灌溉和施肥系统是种苗生产的核心设备,通常包括微灌系统和施肥设备两大部分。

1. 微灌系统

微灌系统由水处理设备与贮水设备、灌溉首部、输水管网和灌溉器等组成,应满足以下要求:①灌溉均匀度高,以保证种苗质量整齐一致。②压力、流量可调。在育苗过程中,可根据苗情随时调节灌溉压力和流量,既保证灌溉均匀,又不致因压力过大对幼苗造成冲击而出现倒伏。③可结合灌溉施入肥料、农药等,且用量控制性能良好。④灌溉区域定位准确,可对选定苗床区域进行灌溉。⑤开启或停止时无滴状水形成,以免对灌溉系统下方的种苗造成伤害或导致种苗生长不均匀。⑥可有效消除育苗盘的"边际效应"。穴盘边缘因水分散失快,基质中水分含量低,种苗在成苗时会出现明显的株高低、叶面积小、茎细等现象。良好的灌溉系统应能针对此现象对苗床边际的穴盘进行补水。

(1)水处理设备与贮水设备 根据水源的水质不同选用不同的水处理设备,如果以雨水和自来水作为灌溉用水,只要安装一般的过滤器;以河水、湖水及地下水作为灌溉用水时,应该根据pH、EC和杂质含量的不同,配备水处理设备。水处理设备通常有抽水泵、沉淀池、过滤器、氢和氢氧离子交换器、反渗透水源处理器、加酸配比机等组成。

灌溉水经收集系统进入集水池。集水池的主要功能是均衡水量和水质，同时在其前端设置粗细格栅，拦截水中粗大的悬浮物和漂浮物，保护提升泵和后续工艺的正常运行。

（2）灌溉首部　　其作用是从水源取水，并对水进行加压、水质处理、肥料注入和系统控制。一般包括动力设备、水泵、过滤器、泄压阀、逆止阀、水表、压力表及控制设备，如自动灌溉控制器、衡压变频控制装置等。灌溉首部的设计是将水泵、控制设备、施肥（药）装置、过滤设备和安全保护、测量设备等优化组合、合理布局。灌溉首部的位置应根据水源和灌溉区的相对位置，按使用管理方便、供水均匀安全的原则合理确定。水泵选型应根据水量平衡和水力计算结果，满足各轮灌小区的设计流量和设计扬程要求，并在设计扬程下运行在高效区。灌溉首部的自动化程度、网络管理、可视化设备等，根据用户的要求进行配置。

（3）输水管网　　包括供水管网和相应的测量、保护设备，保证灌溉系统安全运行及有效管理。为保证管网各级管道流量均匀、压力稳定、安全运行，管网设计应合理配置精度和参数符合要求的水表、压力表及控制阀、安全阀、排气阀、止回阀等相关设备。

（4）灌溉器　　将压力水流喷出并粉碎或散开。实施喷洒灌溉的灌水器，其流量不超过250 L/h，将管道内的水分散成细小的雾滴，灌溉到作物上。

2. 灌溉与施肥设备

工厂化育苗的灌溉主要有三种形式。

（1）顶部喷灌系统（overhead sprinkler irrigation）　　按主要组成设备的组装方式和移动方式顶部喷灌系统分为固定式、移动式和半固定式三种。固定式喷灌系统在灌溉季节甚至常年都是不动的，虽然单位面积投资较多，但管理方面节省人力，工程占地少，地形适应性强；半固定式喷灌系统的首部和主管道是固定的，而支管和灌水器可以移动，按照控制方法的不同分为手动喷灌系统、自动喷灌系统和中央计算机控制喷灌系统等。育苗温室内多配置移动式喷灌系统或者半固定式喷灌系统。

顶部固定式微喷灌溉系统（图 7-10）是在苗床上部安装微喷装置进行灌溉的，这种系统因灌溉均匀度不高、可调节性差等缺点而较少采用。

图 7-10　顶部固定式微喷灌溉系统

自走式灌溉系统（图 7-11）属于顶部移动式喷灌系统，其通过行走轮或钢丝牵引使灌溉行车沿轨道往复行走进行灌溉，均匀度优于固定式灌溉系统，比人工浇水节水约 50%，比固

设施园艺学

图 7-11　自走式苗床灌溉系统

定式微喷灌溉系统节水约 25%，且在行走速度、距离、施肥、浇水等方面都可实现自动调控。目前，育苗工厂大多采用此种系统。不同自走式苗床灌溉系统的性能及特点见表 7-1。

表 7-1　不同自走式苗床灌溉系统的性能及特点

上海农业机械研究所研制灌溉系统	上海交通大学研制灌溉系统	上海华维节水灌溉股份有限公司灌溉系统	华农温室工程有限公司灌溉系统
电动自走往复式，行走速度为 4 m/min；流量为 3.3～5.7 m³/h，可调；单喷头流量为 0.75 L/min（工作压力 0.3 Mpa 时）；营养液浓度为 0.2%～1.6% 可调；肥料加注采用比例注入式吸肥器；具手动和自动调节两种控制方式	电动自走往复式；灌溉量为 2～8 L/m²，可调；营养液浓度为 0.2%～3.0%，可调；肥料加注采用分体肥料泵；喷嘴下 30 cm 处喷射力为 0.264～0.324 g/cm²；喷嘴出口高于喷淋架总管液面，停机后无滴淋；具手动和自动控制两种调节方式	悬挂电动自走往复式；运行速度为 4～16.5 m/min，可调；单喷头流量分 0.28 L/min，1.65 L/min，2.46 L/min 三种，（对应压力为 3 kg/cm²）；营养液加注采用比例注入肥泵，比例为 0.2%～2%；具有手动和自动两种控制方式	悬挂电动自走往复式；运行速度为 1.5～21 m/min，可调；可由一栋温室穿行至另一栋温室，日单机灌溉面积可达 2 000 m²；肥料加注采用比例注入式吸肥器；可自动选择灌溉苗床区域、自动施肥、自动变速、自动停止和退回

　　(2)潮汐灌溉(ebb and flood irrigation or ebb and flow irrigation)　潮汐灌溉以底部进水、毛细管吸水为主要技术特征，配套自动控制系统、循环管路系统，易于实现水肥闭合循环利用"零排放"和水肥智能精准供给，非常切合现代绿色发展理念和节水、减肥、减药"一节双减"技术的需要，日益受到国内园艺产业界的高度关注。

　　潮汐灌溉育苗设备由苗床、进水部及排水部组成(图 7-12)，其原理是在需要灌溉时，进水部使床面内水位上涨，育苗基质通过盆器底部排水口对水分进行自然吸涨，待吸涨完成后，盆器及床面内多余水分通过排水部排出床面。其中，进水部由进水管道、水泵及水位传感器组成。灌溉水源通过水泵与进水管道进入苗床面。水位传感器通过控制水泵启停以维持液面高度；排水部由常开电磁阀、排水管、手动阀门及水位传感器组成，当苗床内灌溉水位达到一定高度后,水位传感器控制电磁阀自动开启进行排水,手动阀门可调节排水的速度,以便让穴盘中的基质有足够的时间吸水;苗床面铺有泡沫板及塑料薄膜,使床面形成中央导水槽,床面可利用其迅速排水且无积水残留。

图 7-12 潮汐式苗床灌溉系统

（3）漂浮灌溉(floating irrigation) 漂浮育苗最早起源于 20 世纪 80 年代中后期的美国、日本等经济发达国家,最先应用于烟草育苗。20 世纪 90 年代,我国的武汉、长沙等烟草主产区开始引用,随后在全国烟草产区得到广泛应用。漂浮灌溉育苗是将草炭、蛭石和珍珠岩等基质按照一定比例配制放入聚苯乙烯育苗盘作为种子和植株的载体,再将育苗盘放入育苗设施内的营养液池中进行漂浮式育苗的一种育苗方式,其特点是育苗盘漂浮在营养液池中,与潮汐灌溉相同,是由下部供液,通过基质的毛管作用保持基质水分。漂浮灌溉育苗的设施设备与潮汐育苗基本相同(图 7-13)。

图 7-13 生菜、烟草的漂浮育苗

工厂化育苗的施肥设备主要使用自动肥料配比机(图 7-14),肥料配比机的种类很多,使用较多的是水流动力式肥料配比机,其原理是利用水流产生的真空吸力从原液桶内吸取一定量的肥料,按设计比例与水混合,以达到需要的肥料浓度。Dosatron 肥料配比机、Nutriflex 灌溉施肥系统等性能优越,可靠性高,控制精确。通过自动肥料配比机同时对种苗培育区的多种不同作物使用不同肥料配比营养液进行自动选肥定时定量灌溉,同时可以实现 EC/pH 实时精确监控,计算机根据设定的 EC/pH,自动调节肥料泵的施肥速率。

7.2.2.5 种苗储运设备

种苗的包装和运输是种苗生产过程的最后一道程序,若包装和运输方法不当,可能会造成较大的损失。

种苗的包装包括包装材料的选择、包装设计和包装技术标准等。种苗包装根据运输要

设施园艺学

图 7-14　工厂化育苗灌溉与施肥系统

求选择钙塑箱或瓦楞纸箱,包装设计应根据苗的大小、育苗盘规格、运输距离的长短、运输条件等确定包装规格尺寸和包装技术,包装标志必须注明种苗种类、品种、苗龄、叶片数、装箱容量、生产单位等。常用包装箱有两种:一种是高 20～25 cm 的纸箱或塑料箱,一般装一盘苗,纸箱要求有一定强度,便于运输时叠放,一般用于大苗或较重种苗的包装和运输,瓦楞纸箱包装时不得直接叠放;另一种是现在育苗工厂采用较多的多层包装纸箱,一般可放置 4～6 个穴盘,采用纸板分层叠加,内隔层纸板经防潮处理,可避免因潮湿造成穴盘挤压。包装箱应注意在箱外标注"种苗专用箱""向上放置↑"等标记,并设置种苗标签粘贴处,注明品种、数量、规格等。

　　种苗的运输设备有封闭式运输车辆、种苗搬运车辆、运输防护架等;根据运输距离的长短、运输条件等选择运输方式;在种苗运输过程中,经过包装的秧苗放在运输防护架上,这样不仅装卸方便,而且能保证秧苗全程处于适宜的环境中,减少运输对苗的危害和损失。运输车辆尽可能使用冷藏车,在运输途中温度尽量接近目的地的自然温度,冬季 5～10℃,不得高于 15℃;空气相对湿度保持在 70%～75%;其他季节的运输温度为 15～20℃,不得高于25℃;空气相对湿度保持 70%～75%。种苗的运输基本上采用汽车运输,运输种苗的汽车大都采用温、湿可调的箱式专用运输车辆(图 7-15)。

图 7-15　种苗包装箱(左)和国外种苗专用运输车(右)

▶ 7.2.3 工厂化育苗环境控制系统

育苗温室环境控制系统为种苗培育提供适宜的生长环境,由加温系统、降温系统、遮阴保温系统、二氧化碳补充系统、补光系统和计算机控制与管理系统等组成,相关内容参照第四章。

▶ 7.2.4 育苗温室物流和种苗管理决策系统

在种苗生产中生产资料输送需要大量劳动力,国内外的种苗生产装备公司引入了物流化生产理念,在开发播种机、基质填土机和嫁接装置等自动化生产装备的基础上,根据种苗企业生产流程要求,集成输送带、特种搬运车、人力液压搬运车等多种生产资料输送装置,连接自动化生产装备和种苗培育温室,构成物流化生产体系,使种苗生产的综合生产率得到有效提高,减少对劳动力的需求,降低生产成本。

7.2.4.1 种苗物流系统

种苗生产需要经过不同的功能区更替,生产工序复杂,种苗在园区内的跨越距离广,流经工序多。种苗生产园区物流布置示意图见图 7-16。相比普通货物的物流,种苗生产物流有其特殊的特征,从生产角度要考虑其生物流特性,从商品性角度要考虑其种苗的生活力和完整性。

结合蔬菜种苗生产特点,引入温室内部物流化生产模式,合理地规划种苗物流系统,采取合理的物流设备和管理模式,构建物流化生产系统,可提高种苗生产的总体生产效率,有效降低生产成本。目前主要的物流模式包括温室智能物流车、轨道式物流系统和悬挂链式物流系统。

(1)温室智能物流车(AVG) 它的应用实现了远距离无人运载、数字化精准定位。智能物流车可替代司机进行无人运输,同时可避免某些高温环境对工人的人身危害。

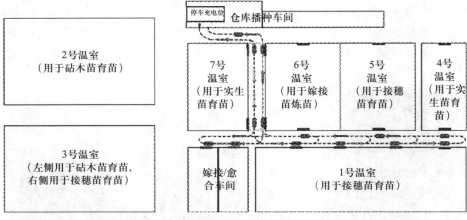

图 7-16 种苗生产园区物流布置示意图

例如,一种苗基地有一个仓库播种车间、七个大小不同的薄膜连栋温室和一个嫁接愈合车间。基地主要是番茄嫁接苗和实生苗的培育,以嫁接苗为主。年计划育苗量为 3 000 万株,育苗期主要是 6—9 月。智能物流车负责各育苗功能区之间的物资运输以及重载和轻载多层园艺推车的区间运输任务。智能物流车的工作流程:①待命。自检后在初始工位进行待命;②召唤。听从每个标准工位的召唤作业,在每个标准工位均配备一套呼叫按钮。③调度服务器进行路径规划。激活召唤指令后,信号发送至调度服务器,根据召唤工位的数量和坐标分布,服务器分配工作车辆,规划 AVG 工作路线。④AVG 行驶至初载工位。⑤穴盘装载。AVG 到达第一个工位并停下,人工开始穴盘装载,完毕后按下"操作完成"按钮,然后 AVG 开始行走并移向下一个工位。⑥遍历召唤工位。⑦满负荷检验。AVG 上配置"货物已满"按钮,该按钮按下后,AVG 将直接驶向卸货点进行卸货。⑧AVG 行驶至卸载工位。⑨穴盘卸载。⑩任务完成校验。服务器检验是否完成所有搬运任务,若搬运量未达到目标,则重新调配车辆继续工作。⑪任务完成。

（2）轨道式物流系统　是通过机器视觉、模式识别和机械制造技术的联合应用,实现种苗培育过程关键环节的自动化管理(图 7-17)。

育苗轨道式物流的主要设备包括移动式苗床、轨道和驱动系统、播种催芽设施、肥水灌溉系统、种苗自动分级设备等,核心部分是智能化的控制系统。

图 7-17　轨道式物流系统

（3）悬挂链式物流系统　采用三维空间闭环连续运输系统,该输送线能随意转弯、爬升,能适应各种地理环境条件(图 7-18)。该输送线主要用在播种车间到育苗设施,再到车间,形成一个闭环;从育苗车间成苗后到包装车间,形成一个闭环,将仓库、播种车间、催芽车间、育苗车间、包装车间等相关节点连通结合,最大程度上理顺育苗基地的物流,减小劳动强度,节约人工,提高效率。

图 7-18　悬挂式物流系统

7.2.4.2　种苗生产管理和决策支持系统

工厂化育苗作为一种生产经营,生产者关心的不仅仅是种苗在温室中如何生产,还需要更好的技术和手段辅助他们进行种子、原料等生产资料的采购和管理,种苗产品的销售,以及如何快速适应国内外市场对种苗质量的要求等。

上海交通大学开发的JDS种苗生产管理及决策支持系统,为种苗企业进行工程化育苗的生产和销售提供一体化的管理及决策支持软件,实现了从生产资料管理到种苗发货的全程管理,并为整个种苗生产过程提供专家指导和咨询;建立种苗生产经营的网络电子商务平台,提高种苗企业生产经营的效率;建立种苗生产的过程性记录文档,实现产品信息的可追溯。

种苗生产管理和决策支持系统的主要目标是为工厂化温室种苗生产的全程管理提供一个软件系统。系统包括以下几个方面:①实现从生产资料管理到种苗发货的全程管理。提供生产过程的信息化管理,包括生产资料的采购和库存、种苗订单管理、人事管理;为种苗生产提供基于专家知识的决策支持,使系统能够根据不同种苗品种、生育阶段、栽培季节等,提供包括生产计划的制订、播种、催芽、基质选配、育苗环境、病虫害防治及种苗标准的自动判断等进行综合管理和决策,降低生产过程对专家的依赖。②建立种苗生产经营的网络电子商务平台。实现网上产品信息发布、产品订购、种苗追溯等功能,提高办事效率,适应市场发展的要求。③强调种苗的标准化安全生产,建立种苗生产的过程性记录文档,详细记录种苗生产过程中的环境信息、原料、化肥等的使用信息,实现产品信息的可追溯。

工厂化育苗的一个特点就是标准化生产,因此,种苗生产遵循一定的操作流程。一般来说,生产从接收客户订单开始,企业对订单进行审核,主要是根据客户对种苗品种、数量、提货时间等的要求判断是否能够接受该订单,是否有利润,确定后做生产计划,即计划种子、基质、肥料等生产资料的使用量,并据此进行原料采购,接着对订单进行调整,将品种相同提货期相近的订单合并成一个生产批次进行播种和育苗;育苗结束后进行质量检查,合格的种苗进入仓库,最后根据客户要求的包装和运输方式进行发货(图7-19)。

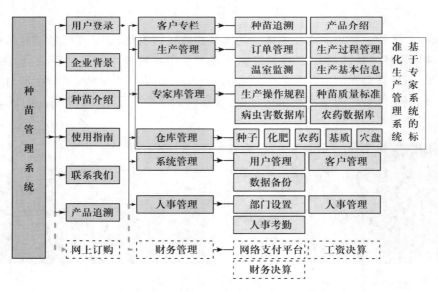

图7-19 JDS种苗生产管理决策支持系统

此外,基于物联网的种苗质量管理系统也得到应用。物联网为实现种苗营销网上订单、种苗生产精准作业、种苗质量安全溯源提供了技术可行性,研发种苗供应和销售的电子商务平台,实现订单网络化;通过互联网,实现多个种苗工厂的生产布局、订单安排、生产过程等的连锁管理,制订商品种苗数量预测、种苗销售就近供应、气候变化应急调度等的科学预案;通过研发具有学习功能的种苗生产管理系统,建立种苗生产技术操作规程的数字化、信息化管理平台,规范从催芽到种苗质量检验的生产过程,实时记录农化产品的投入和库存情况,为种苗用户提供种苗生产信息的追溯和查询,全面提升种苗生产过程管理水平,提高种苗生产的综合效益。

工厂化育苗系统中已经逐步在应用农业物联网技术,例如,上海保尔育苗公司利用多种传感器作为节点构成监控网络,通过 Guardian™ Grow Manager 软件,实现控制喷灌周期、喷灌时间以及营养液调配等,并兼具监控功能,可将大数据同步到移动端,以帮助用户及时发现问题,并且准确地确定发生问题的位置,使农业从以人力为中心、依赖于孤立机械的生产模式转向以信息和软件为中心的生产模式,从而实现真正的智能化工厂化育苗。

7.2.5 工厂化育苗辅助设备

7.2.5.1 苗床

为便于操作和创造更佳育苗环境,育苗温室配置有苗床设备,种子经播种放入穴盘中,催芽后即放入育苗温室的苗床上进行绿化。苗床一般分为固定式(图 7-20)和移动式(图 7-21)两种,设计时主要考虑最大限度地利用育苗温室的面积、便于操作和提高利用率等因素。

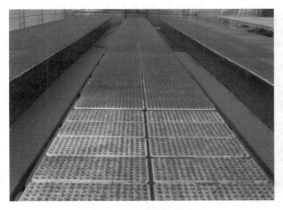

图 7-20　固定式苗床

图 7-21　移动式苗床

7.2.5.2 穴盘

穴盘是工厂化育苗必不可少的重要器具。我国目前所使用的穴盘,有从欧美或者韩国引进的,也有国内企业所生产的规格。具体类型规格见穴盘育苗技术相关内容。

7.2.5.3 种苗转移车

种苗转移车包括穴盘转移车(移动式发芽架)和成苗转移车。穴盘转移车将播种完的穴盘运往催芽室,车的高度及宽度根据穴盘的尺寸、催芽室的空间和育苗的数量来确定。成苗转移车采用多层结构,根据商品苗的高度确定放置架的高度,车体可设计成分体组合式,以适合于不同种类园艺作物种苗的搬运和装卸。

7.2.5.4　穴盘苗分选移栽机

设施蔬菜、花卉育苗由于劣苗、缺苗造成的补栽率达 5%～10%，穴盘苗分选移栽机（图 7-22）根据果蔬花卉幼苗的外观特征对其进行归类分级，对不同品质的秧苗进行分离，设置相应的培育管理条件，同时剔除劣苗，对于提高商品苗质量和促进育苗生产自动化具有重要意义。

夹持手爪　　　　　　种苗识别　　　　　　试制样机

图 7-22　穴盘苗分选移栽机的研制

7.2.4.5　移栽机

为了减少移苗的劳动力投入和降低劳动强度，随着蔬菜、花卉和苗木的工厂化生产，移栽机应运而生。移栽机可分为钳夹式移栽机、导苗管式移栽机、挠性圆盘式移栽机、吊杯（鸭嘴）式移栽机等。目前国内移栽机主要以半自动为主，如 2ZY 系列半自动移栽机、2ZBLZ系列半自动移栽机等。半自动移栽机作业时由人工取苗喂苗，作业人数多，劳动强度大，效率低下，即使在移栽苗状态较好时，人工喂苗的频率也仅为 25～40 株/min，效率提升有限。因此，实现自动取投苗功能，发展具有高速、高效特点的全自动移栽机成为主要发展方向。

欧美国家的全自动移栽机研究起步较早，也相对成熟，部分全自动移栽机已有较好的推广。如意大利 Ferrari 全自动移栽机、澳大利亚 Williames 全自动移栽机、英国 Pearson 全自动移栽机等。这些移栽机大都比较大型，采用工业化生产模式，尤其适用平坦大地块的规模化生产。技术上集成液压、气压、多传感器技术和自动控制技术等，机器的自动化、智能化水平较高。基本采用成排取苗，多行作业方式，大大提高了生产效率，同时，仅需要单人将苗盘送至输送位置，机器自动执行后续动作，节省大量的劳动力，满足现代农业化生产需要。这些机器大都结构复杂，价格昂贵，且仅能用于露地移栽，不适合我国农艺及覆膜移栽的需求。

7.2.4.6　嫁接机械

为了解决蔬菜的手工嫁接效率低、劳动强度大、嫁接苗成活率低等问题，机械嫁接或者嫁接机器人技术的研究和应用发展较快，国内外研发了多种集机械、自动控制与设施园艺技术于一体的高新技术，能完成砧木及穗木的取苗、切苗、接合、固定、排苗等嫁接过程的自动化作业。操作人员只需要把砧木和穗木放到相应的供苗台上，其余嫁接作业均由机器人自动完成，可以大幅度提高嫁接速度，显著降低劳动强度，提高嫁接成活率。图 7-23 所示是目前国内外典型的嫁接机机型。

(a) 日本GRF800-U型　　(b) 日本GR803-U型　　(c) 韩国GR-800CS型　　(d) 荷兰ISO Graft 1200型

(e) 荷兰ISO Graft 1100型　(f) 荷兰ISO Graft 1000型　(g) 西班牙EMP-300型　　(h) 意大利GR300/3型

(i) 中国2JSZ-600型　　(j) 中国BMJ-500II型　　(k) 中国2JC-600B型　　(l) 中国2TJ-800型

图 7-23　国内外典型嫁接机机型（张凯良等，2017）

7.3　工厂化育苗技术

7.3.1　穴盘育苗

穴盘育苗是工厂化育苗的典型代表，在蔬菜、花卉和果树育苗中比较常用。穴盘育苗的共性技术包括品种选择、种子处理、穴盘规格、基质配制、催芽管理、育苗管理、炼苗、包装运输等关键技术环节，蔬菜集约化穴盘苗生产技术的要点如下。

7.3.1.1　种类选择

适于工厂化育苗的园艺作物种类很多，主要的蔬菜和花卉种类见表 7-2。

表 7-2　工厂化育苗的主要蔬菜和花卉种类

蔬菜	茄果类	番茄、茄子、辣椒
	瓜类	黄瓜、南瓜、冬瓜、丝瓜、苦瓜、西瓜、甜瓜、金瓜、瓠瓜
	豆类	菜豆、豇豆、豌豆
	甘蓝类	甘蓝、花椰菜、羽衣甘蓝
	叶菜类	芹菜、大白菜、落葵、生菜、蕹菜
	其他蔬菜	芦笋、甜玉米、香椿、莴笋、洋葱
花卉		切花菊、非洲菊、万寿菊、银叶菊、黄晶菊、翠菊、白晶菊、蛇鞭菊、康乃馨、丝石竹、郁金香、观赏南瓜、观赏北瓜、羽衣甘蓝、红豆杉、古代稀、鸡冠花、一串红、百日草、矮牵牛、三色堇、紫薇、嫣萝红、天竺葵、丁香、鼠尾草、孔雀草、紫罗兰、荷包花

7.3.1.2 种子处理

工厂化生产种苗对种子的纯度、净度、发芽率、发芽势等质量指标有很高的要求,因为种子质量直接影响精量播种的效率、播种量的计算、育苗时间的控制和供苗时间,所以种苗企业最好具有自己的良种繁育基地、专业科技人员、种子精选设备等,在新品种推广应用之前必须进行适应性试验。

工厂化育苗的园艺作物种子必须精选处理,保证较高的发芽率与发芽势。种子精选可以去除破籽、瘪籽和畸形籽,清除杂质,提高种子的纯度与净度。高精度针式精量播种流水线采用空气压缩机控制的真空泵吸取种子,每次吸取一粒,所播种子发芽率不足100%时,会造成空穴,影响育苗数,为了充分利用育苗空间,降低成本,播种前必须做好种子的发芽试验,根据发芽试验的结果确定播种面积与数量。

7.3.1.3 基质配制

(1)育苗基质的基本要求 穴盘育苗的基质应尽可能地满足幼苗对水分、养分、氧气、温度等条件的需求,常用基质的理化性质见第六章基质相关部分内容。适宜的基质要求有较高的阳离子交换量和较强的缓冲性能,风干基质的总孔隙度以84%~95%为宜,茄果类育苗比叶菜类育苗略高。另外,基质的导热性、水分蒸腾总量等均对种苗的质量有较大影响。

基质的营养特性也非常重要,如对基质中的氮、磷、钾含量和比例,养分元素的供应水平与强度水平等都有一定的要求,常用基质中养分元素的含量见表7-3。

表 7-3　常用育苗基质中养分元素的含量

养分种类	煤渣	菜园土(南京)	碳化砻糠	蛭石	珍珠岩
全氮/%	0.183	0.106	0.540	0.011	0.005
全磷/%	0.033	0.077	0.049	0.063	0.082
速效磷/(mg/kg)	23.0	50.0	66.0	3.0	2.5
速效钾/(mg/kg)	203.9	120.5	6 625.5	501.6	162.2
代换钙/(mg/kg)	9 247.5	3 247.0	884.5	2 560.5	694.5
代换镁/(mg/kg)	200.0	330.0	175.0	474.0	65.0
速效铜/(mg/kg)	4.00	5.78	1.36	1.96	3.50
速效锌/(mg/kg)	66.42	11.23	31.30	4.00	18.19
速效铁/(mg/kg)	14.44	28.22	4.58	9.65	5.68
速效锰/(mg/kg)	4.72	20.82	94.51	21.13	1.67
速效硼/(mg/kg)	2.03	0.425	1.290	1.063	—
代换钠/(mg/kg)	160.0	111.7	114.4	569.4	1 055.3

工厂化育苗基质选材的原则:尽量选择当地资源丰富、价格低廉的物料;不带病菌、虫卵,不含有毒物质;随幼苗植入生产田后不污染环境与食物链;能起到土壤的基本功能与效果;相对密度小,便于携带运输;采用有机物与无机材料配成复合基质,满足育苗基质多种理化性状的要求。

(2)育苗基质的配制 配制育苗基质的基础物料有草炭、蛭石和珍珠岩等。草炭被国内外认为是工厂化育苗最好的基质材料也称为泥炭。我国吉林、黑龙江等地的泥炭贮量丰富,有机质含量高达 37%，水解氮含量为 270～290 mg/kg，pH 约 5.0，总孔隙度大于 80%，阳离子交换量约 700 mmol/kg，这些指标都达到或超过国外同类产品的性能指标，具有很高的开发价值。蛭石由次生云母矿石在 760℃ 以上的高温下膨化制成，具有比重轻、透气性好、保水性强等特点。目前，国际上工厂化育苗普遍采用的基质为草炭、蛭石按 1:1（体积比）配制而成。

经特殊发酵处理后的有机物如芦苇秸、麦秆、稻草、食用菌生产下脚料等，可以与珍珠岩、泥炭等按 1:2:1 或 1:1:1（体积比）混合制成育苗基质。在育苗基质中加入适量的生物活性肥料，有促进秧苗生长的良好效果，对于不同的园艺作物种类，应根据种子的养分含量、种苗的日历苗龄长短等进行配制。

基质要求混合均匀，湿度控制在 60%～70%（128 孔穴盘的质量为 1.2～1.3 kg/盘，200 孔穴盘的质量为 0.90～0.95 kg/盘）；冬春季育苗时取上限，有利于稳定温度；电导率 EC 小于 1.0 mS/cm，pH 为 6.5～7.2。

7.3.1.4 精量播种

工厂化育苗为了适应精量播种的需要和提高苗床的利用率，选用规格化的专用育苗容器——穴盘，制盘材料主要有聚苯乙烯或聚氨酯泡沫塑料模塑和黑色聚氯乙烯吸塑，外形和孔穴的大小在国际上已实现了标准化。穴盘宽 27.9 cm，长 54.4 cm，高 3.5～5.5 cm；孔穴数有 50～512 孔等多种规格可选。根据穴盘自身的重量，有 130 g 的轻型穴盘、170 g 的普通型穴盘和 200 g 以上的重型穴盘三种。轻型穴盘的价格较重型穴盘低 30% 左右，但后者的使用寿命是前者的二倍。对于重复使用的穴盘，用灭菌成 800 倍溶液浸泡 1 h，清水冲洗三遍，晾干备用。

工厂化育苗是种苗的集约化生产，为提高单位面积的育苗数量，以及提高种苗质量和成活率，生产中以培育中小苗为主。工厂化育苗的主要作物为蔬菜，其次为花卉，不同种类蔬菜种苗的穴盘选择和种苗大小见表 7-4。

表 7-4　不同蔬菜种类的穴盘选择和种苗大小

季节	蔬菜种类	穴盘选择	种苗大小
春季	茄子、番茄	72 孔	六七片真叶
	辣椒	128 孔	七八片真叶
	黄瓜	72 孔	三四片真叶
	花椰菜、甘蓝	392 孔	二叶一心
	花椰菜、甘蓝	128 孔	五六片真叶
	花椰菜、甘蓝	72 孔	六七片真叶
夏季	芹菜	200 孔	五六片真叶
	花椰菜、甘蓝	128 孔	四五片真叶
	生菜	128 孔	四五片真叶
	黄瓜	128 孔	二叶一心
	茄子、番茄	128 孔	四五片真叶

选择完成种子分级、处理后的适宜品种,其种子的质量应符合 GB 16715.4 规定,待播种子发芽势在 85% 以上,播种数量在订单数量和发芽试验的基础上增加 6%~10%,保证整齐一致的芽率和成苗率。

利用精量播种流水线完成基质搅拌、装盘、打孔、播种、覆土、浇水等步骤。将基质加入搅拌器并剔除杂质;滚筒型播种机选择 0.4 mm 的孔径,打孔深度为 0.8~1.0 cm,真空泵的吸力调到最大,振动力度调至种子晃动;在覆土箱内加入粒径 1.5~3.0 mm 的珍珠岩,覆土至穴盘的水平高度;精量播种后,喷水的时间控制以湿润穴盘内基质为宜,128 孔穴盘的总质量控制在 1.3~1.4 kg/盘,200 孔穴盘的总质量控制在 1.2~1.3 kg/盘。

覆水后的穴盘,贴好标签装载到催芽车上,准备进入催芽室。穴盘标签包括订单编号、种类、品种、播期等信息。

7.3.1.5 催芽管理

适宜的温度、充足的水分和氧气是种子萌发的三要素。不同的园艺作物种类以及作物不同的生长阶段对温度有不同的要求,主要蔬菜的催芽温度和催芽时间如表 7-5 所示。催芽室空气湿度保持在 90% 以上,新回风设备保持室内的空气定时更换。

表 7-5 部分蔬菜、花卉催芽和苗期生长温度 ℃

作物种类	催芽温度	苗期生长温度	
		昼温	夜温
茄子	28~30	25~28	15~18
辣椒	28~30	25~28	15~18
番茄	25~28	22~25	13~15
黄瓜	28~30	22~25	13~16
甜瓜	28~30	23~26	15~18
西瓜	28~30	23~26	15~18
生菜	20~22	18~22	10~12
甘蓝	22~25	18~22	10~12
花椰菜	20~22	18~22	10~12
芹菜	15~20	20~25	15~20
百日草	25~28	20~30	10~25
一串红	25~28	15~25	10~15
孔雀草	25~28	15~25	10~15
万寿菊	25~28	15~25	10~15
鸡冠花	25~28	20~30	10~25
三色堇	18~20	15~25	10~15
海棠	25~28	20~25	10~25
矮牵牛	25~28	20~30	10~25

7.3.1.6 苗期管理

1. 环境控制

多数幼苗生长的适宜昼温为 20~28℃,夏季要求不超过 35℃,冬季要求不低于 15℃;夜温为 10~25℃,夏季要求不超过 30℃,冬季不低于 8℃(表 7-5)。在不同季节、不同生长阶段要进行温度、光照、湿度的控制。夏季晴天时,出发芽室后,须使用遮阳网避强光、降低温室气温和穴盘表面温度,随着种苗逐渐长大,逐渐缩短遮阳时间,20 d 后可不再遮阳进行全光照管理。在天气晴好的条件下,白天通风降湿,相对湿度低于 75%。

2. 水肥管理

从催芽室进入育苗温室后,夏季晴天须铺开遮阳网,可采用喷灌车以少量多次的方式浇水,选择细雾喷头,快速浇灌,保持基质上部 5 mm 湿润即可;采用人工浇水时,选择三眼细雾喷头,且喷头与苗保持 25~30 cm 的距离。浇水时间以上午为宜,水温与基质温度的温差范围控制在 5℃以内。

(1)子叶生长期 基质表面微黄时喷施清水,夏季晴天每 1~2 h、阴雨天气每 3~4 h 喷施清水一次;春秋季晴天每 2~3 h、阴雨天气每 4~5 h 喷施清水一次;冬季晴天每天上午喷清水一次,阴雨天气中午喷清水一次。进入育苗温室后 15 d 以内不追肥。灌溉结束后,及时关闭喷灌车电源及切断水源;整理浇水相关工具,打扫周围环境,在温度许可条件下通风降湿。

(2)真叶生长期 基质表面呈灰白色时浇水或施肥,夏季晴天上午 6:00—9:30 浇水或施肥,每周施肥 3~4 次;春秋季晴天上午 7:30—10:30 浇水或施肥,每周施肥 2~3 次;冬季晴天上午 9:00—11:30 浇水或施肥,每周施肥 1~2 次。每次浇透,N:P_2O_5:K_2O 比例 20:10:20 与 15:0:15 肥料交替使用,pH 为 6.0~6.5,EC 第 1 周为 0.8 mS/cm,第 2、第 3 周为 1.0 mS/cm,第 4 周 1.2 mS/cm,阴雨天气原则上不浇水或施肥。

在育苗管理过程中,喷灌系统各喷头之间出水量的微小差异,使育苗时间较长的秧苗,产生带状生长不均衡,应及时调整穴盘位置,使幼苗生长均匀。各苗床的四周边际与中部相比,水分蒸发速度比较快,尤其在晴天、高温情况下蒸发量要大一倍左右,因此,在每次灌溉完毕后,都应对苗床四周的 10~15 cm 处的秧苗进行补充灌溉。

3. 病虫害防治

病虫害防治以预防为主、综合防治为宗旨,重点做好育苗温室环境清洁、育苗盘消毒、基质消毒、种子处理等工作;育苗温室配置 25 目的防虫网,防止蚜虫、黄条跳甲、甜菜夜蛾等害虫。夏季育苗主要病害有霜霉病、软腐病等,选用 80% 烯酰吗啉水分散粒剂 30~40 g/667 m²,隔 7~10 喷施一次,连续防治 2~3 次;主要虫害有菜青虫、小菜蛾等,选用 12% 甲维盐·虫螨腈悬浮剂 50~60 mL/667 m²,间隔期 5 d;夏秋季定植前使用杀菌剂,带药出圃。冬季育苗悬挂黄板,不使用杀虫剂,主要病害有霜霉病、灰霉病等,选用 80% 烯酰吗啉水分散粒剂 30~40 g/667m²,隔 7~10 d 喷施一次,连续防治 2~3 次。喷药结束后用清水清洗药水机;整理好施药工具,放至指定位置;做好农药使用记录。

7.3.1.7 炼苗与成苗整理

幼苗在定植前必须进行炼苗,以适应定植后的环境。幼苗进入炼苗期时应控制浇水,盘重在 1.1 kg/盘左右;出圃前一天浇水至 1.3 kg/盘。保证种苗生长强健,根系发达;冬季育苗的炼苗温度与移栽地温度要尽量接近。

定植于有加热设施温室中的幼苗,只需要适应运输过程中的环境温度;而多数幼苗是定植于没有加热设施的日光温室或塑料大棚内,应提前5～7 d降温、通风、炼苗;定植于露地无保护设施的幼苗,必须严格做好炼苗工作,定植前7～10 d逐渐降温,使温室内的温度逐渐与露地相近,防止幼苗定植后发生冷害。炼苗过程中还要逐渐降低湿度,等基质干燥后再浇水,改用硝态氮肥料并减少施肥次数;光照应大于400 $\mu mol/(m^2 \cdot s)$,光照过强时采取遮阴措施。另外,幼苗移出育苗温室前2～3 d应施一次肥水,并进行一次病虫害防治,做到带肥、带药出室。

幼苗达到定植标准,主要根据气候变化决定定植时间。定植前做好成苗整理工作:挑除弱苗,补入达到商品苗标准的健壮苗;保证出圃种苗大小一致,无病苗和机械损伤,叶片清洁无土,苗茎向上不倒伏,根团不裸露,商品率95%以上。

按照成苗整理计划时间表,做好种苗出货的准备工作,核对穴盘数量;发货人员与育苗床管理人员做好交接工作,品种与标签牌内容保持一致;整理结束,配合做好订单跟踪表,将成品苗自检入库;制定商品苗出圃制度,保证种苗安全准确出圃。保证数量、质量与出圃单一致,凭出圃单发货,按照规定装箱、装车。

7.3.1.8　包装与运输

种苗的包装和运输是种苗生产过程的最后一道程序,对种苗生产企业来说非常重要,若包装和运输方法不当,可能会造成较大损失。包装和运输的具体要求见种苗贮藏与运输相关内容。

7.3.1.9　定植缓苗

提前做好移栽地准备工作,冬春季保护设施栽培应提前覆盖棚膜,提高气温,进而提高地温。穴盘苗移栽前3～5 h浇足水,移栽时,将穴盘苗连同基质从穴盘中小心取出,防止松散,及时定植到土壤或者基质中,定植穴的土壤(或基质)要覆盖、压紧,防止根系失水。移栽后及时浇定植水和缓苗水,促进早发、多发新根,早缓苗。

种苗运至目的地后,当天定植移栽,及时浇缓苗水。在特殊情况下推迟移栽,注意补充水分,温度不低于10℃,白天光照强度不低于120 $\mu mol/(m^2 \cdot s)$。冬季采取适当的保温措施,夏季适当遮光保湿,防止高温失水。

移栽后的第一周是提高成活率的关键时间,温度、光照、水分等是影响穴盘苗恢复生长的关键因素。移栽后的作物应在土壤温度18～20℃的条件下缓苗,夜间气温不低于10℃。基质栽培时要注意灌溉水的pH和EC,最好采用自动灌溉系统进行灌溉。在新根发生后开始补充肥料,根据不同的作物种类、土壤温度确定施肥量。

▶▶ 7.3.2　嫁接育苗

7.3.2.1　接穗与砧木的选择

接穗品种的选择主要考虑符合市场需求和栽培制度,选择耐逆、丰产、优质的品种。砧木品种应选用抗栽培地主要土传病害,如青枯病、根腐病、黄萎病、根结线虫等,耐低温、高温、干旱、盐渍、水涝等非生物逆境,生长势强的专用砧木品种或野生材料。此外,砧木的选择还要考虑嫁接后的成活率,即接穗与砧木的亲和力要强,而且要易于获得,便于大量繁殖。

7.3.2.2　嫁接方法

嫁接方法因作物的种类、砧木类型、嫁接目的、操作技巧和嫁接机械要求而异,蔬菜嫁接主要有插接、劈接、贴接、针接和套管嫁接等方法,果树和花卉的嫁接主要有芽接、枝接、根接、芽苗砧嫁接、微体嫁接等方法。

1. 蔬菜嫁接

(1)插接　适用于砧木胚轴较粗的种类,例如瓜类和茄果类蔬菜。插接法砧木苗不需要取出,也不需要用夹子固定,操作方便,嫁接效率高。瓜类蔬菜嫁接部位紧靠子叶节,此处细胞分裂旺盛,愈合速度快,成活率高。

(2)劈接　番茄、茄子等蔬菜常用劈接法。在砧木幼苗下胚轴或节间用切削刀片平切,去除下部子叶与真叶,再用切削刀片沿下部茎中央纵切,深度 8～10 mm;在接穗幼苗下胚轴或节间用切削刀片平切,保留上部茎叶,再用切削刀片将茎段基部削成 8～10 mm 的楔形;将接穗楔形部分插入砧木纵向切口,使两者紧密接合,嫁接夹固定。

(3)贴接　常用于瓜类蔬菜的嫁接,适宜的时期为砧木和接穗的子叶平展,真叶显露的时候。黄瓜嫁接常用单叶贴接在胚轴上削成相应切面,接穗与子叶平行方向的切面长度为 0.5～1.0 cm,将砧木的一片子叶连同生长点斜切掉,将切口对齐,用嫁接夹固定。

(4)针接　是利用特殊的陶瓷针、钢针或者竹针,将砧木和接穗连接起来的嫁接方法,应用于黄瓜、番茄、茄子等蔬菜的嫁接。茄果类蔬菜的针接将砧木和接穗在子叶下方或者子叶与第一片真叶之间水平或者 45°切断,将针的一半插入砧木中,别一半插入接穗中,并使两个切面紧密贴合。

(5)套管嫁接　瓜类和茄果类的蔬菜适宜于套管嫁接。在砧木幼苗下胚轴或节间用切削刀片从下向上以 30°～45°斜切,切削面长度大致为 6～10 mm,从砧木切削面上方插入套管中,并使切削面位于套管中部;在接穗幼苗下胚轴或节间用切削刀片从上向下以相同角度斜切,将切取的接穗插入套管中,并使砧木与接穗的切削面紧密接合。

2. 果树和花卉嫁接

(1)芽接　是果树和花卉应用最广的嫁接方法,接穗利用经济,愈合容易,繁殖系数高。芽接又分为 T 型芽接和嵌芽接两种。

(2)枝接　将带有芽的枝条嫁接到砧木上称为枝接,当砧木较粗、砧木与接穗均不离皮时多采用枝接。枝接一般在春季接穗萌发前、砧木根系进入活动状态后进行,夏季可以用嫩枝嫁接。根据枝接的位置、切割方法的不同,又分为切接、劈接、插皮接、切腹节、舌接等。

(3)根接　是以粗壮完整的根系为砧木,用劈接或者插皮接等方法接入接穗的。如果砧根比接穗粗,把削好的接穗插入砧根;反之则把砧根插入接穗。嫁接后绑缚结实。

(4)芽苗砧嫁接　适用于核桃、板栗、银杏等留土萌发的大粒种子。将经过低温层积处理的砧木种子放在适宜温度下催芽,待根和芽长出、叶未展时嫁接,一般用劈接法。

(5)微体嫁接　是将组织培养与嫁接方法相结合,用以获得脱毒苗木的方法。微体嫁接将 0.1～0.2 mm 的茎尖作为接穗,在解剖镜下嫁接到试管中培养出来的无病实生砧木上,继续进行试管培养,成为一棵完整的植株。微体嫁接克服了木本植物茎尖培养生根难的问题,并有效提高了花卉的观赏价值,最初在柑橘上应用获得良好效果,此后在苹果、桃及花卉植物上进一步得到应用。

7.3.2.3 愈合期管理

蔬菜等草本植物的嫁接愈合一般需要 5~8 d,嫁接后 1~3 d 是愈伤组织形成期,也是嫁接成活的关键时期。嫁接完成后,嫁接苗应及时转入拱棚或者其他驯化设施中,创造良好的愈合条件,促进接口愈合和嫁接成活。愈合期环境管理的要素包括光照、温度、湿度和气体等。嫁接前以及愈合期之后的管理技术,做好去萌蘖、断根、去嫁接夹等工作,其余参照穴盘苗管理技术要点。果树等木本植物的嫁接愈合需要 20 d 左右,这期间保持适宜的温湿度,避免阳光直射,防止水分过度蒸发,促进接口愈合,提高嫁接成活率。管理要点包括解除绑缚物、剪贴、去萌蘖和副梢等,部分木本苗木需要插立支柱防止嫁接苗倒伏,及时摘心控制株高。

(1)光照管理　嫁接苗愈合前期,尽量避免阳光直射,防止高温低湿条件下接穗失水萎蔫。草本蔬菜嫁接苗一般需要遮光 8~10 d。前 3 d 完全遮光,保持 100 $\mu mol/(m^2 \cdot s)$ 左右的散射光,避免光饥饿黄化;3 d 后逐渐延长光照时间,待新叶长出后彻底揭除覆盖物,进入正常管理。

(2)温度管理　嫁接后较高的温度有利于愈伤组织的形成,加快接口愈合。瓜类嫁接苗的适宜温度为白天 25~28℃,夜间 18~22℃;茄果类白天 25~26℃,夜间 18~22℃;低于15℃或者高于30℃,都不利于嫁接苗的成活。因此,低温季节驯化育苗设施内要有增温和保温设施,高温季节育苗则应配置遮阴网、湿帘等降温设施,在嫁接后的前 3 d,要特别加强温度管理。

(3)湿度管理　在愈伤组织形成之前,嫁接苗接穗的供水完全依靠砧穗间细胞的渗透,环境低湿会引起接穗强烈蒸腾而失水萎蔫。因此,愈合成活期要保持较高的空气湿度,嫁接完成后立即将基质浇透后移入驯化设施内,并用薄膜覆盖,喷水保湿。前 3 d 相对湿度接近饱和,4~6 d 结合通风适当降低湿度,成活后进入正常管理,基质水分含量控制在 70%~80%。

7.3.2.4 病虫害防治

嫁接育苗存在病虫害扩散的风险,嫁接苗生产所采用的砧木、接穗用种量大,育苗温室内相对的高温和高湿环境容易导致病虫害的发生蔓延。因此,要特别加强砧木和接穗种子、育苗基质、育苗穴盘、嫁接器械、嫁接后的人工管理、嫁接苗的贮藏运输等管理过程,通过综合防治技术,从病虫害发生的源头控制,实现嫁接育苗的安全生产。

7.4　种苗贮藏运输与经营管理

▶ 7.4.1　种苗贮藏运输

随着穴盘育苗、嫁接和营养繁殖等技术在园艺作物上的广泛应用,异地销售已逐渐成为一个世界性的趋势。因此,种苗需要长距离运输和短期贮藏。种苗运输需要专用运输工具,有些远距离的种苗贮运可能远至几千里,种苗数天时间都处在贮运环境下,因此种苗贮运对贮运环境有很高的要求。汽车是我国种苗贮运最常采用的交通工具,很多情况下不具备调温调湿装置,专用的集装箱和包装容器也比较缺乏。在不可控制的温度、光照条件下的贮运过程,往往导致幼苗质量的下降,并影响其定植后的生长;育成的商品苗也常因天气不适宜,或劳动力、时间和设备的限制,其在运输或定植前需要一段时间的贮藏,往往会导致穴盘苗生长过盛,根系生长受到限制,幼苗老化,质量下降。因此,幼苗贮藏运输成为工厂化育苗产业化发展必然的关键技术,培育壮苗和对幼苗贮运环境的管理成为种苗贮运的关键。优良的蔬菜幼苗贮运体系,可以最大限度地抑制幼苗的生长和发育,保持其光合和再生长的能力。

7.4.1.1　贮运前准备

做好种苗运输计划是安全贮运的关键。先根据定植条件确定炼苗程度,将保护地种植的种苗和露地种植确定不同的炼苗标准,一般露地种植的种苗,炼苗温度更低,时间较长;再根据天气状况,育苗企业与种植单位协议炼苗周期和种苗运输时间,冬季育苗选择"冷尾暖头"发货定植。

如果运输距离较远,必要时种苗喷施低温保护剂或者保鲜药剂,防止水分过度蒸发及根系活力减退,冬季在运输前一天使用乙烯利、保根剂、施特灵、富里酸等,防止幼苗在低温弱光下的生理衰变;夏季使用抗蒸腾剂、保水剂,调控气孔的开闭,减少水分蒸发。在装箱和运输过程中尽量带盘运输,保持根系完好,防止基质散落。

7.4.1.2　贮运设备

不带穴盘运输可以增加载苗量,大大减少单株运输成本,但应避免因幼苗密度过大而造成的幼苗质量下降。运输时密度过高会产生过多的呼吸热,进而加速呼吸消耗,从而使幼苗产生更严重的胁迫伤害。同时,低温下过高密度运输的幼苗会产生更多的乙烯,加速植物组织的衰老。因此,建议较长时间运输时应尽量减少幼苗密度,或者采取带穴盘的方式进行幼苗的运输。

运输种苗的容器有纸箱、木箱、塑料箱、穴盘架等,应根据运输距离,选择不同的种苗运输容器,要求有一定的强度,承受一定的压力及路途颠簸。

一般采用汽车运输,应发展专用的种苗运输车辆,具有温度、湿度的调控装备;对于海运等长距离运输的苗箱,应考虑设置补光系统。

7.4.1.3　贮运过程管理

(1)温度管理　低温贮运能减弱植物呼吸作用和蒸腾作用,从而减少其贮运时碳水化合物的消耗和水分的散失。相对降低贮运时幼苗的株高,抑制徒长,减缓干质量的降低。但过低的温度也不利于贮运,导致细胞原生质黏性过高并且破坏细胞膜结构,使植株不能从基质中吸取养分。

冬季种苗运输前3～5 d逐渐降温炼苗,使用低温保护剂,运输途中做好覆盖保温。夏季高温季节的种苗运输,采取措施防止种苗的热伤害,避免高温装箱,降低田间热,合理使用保鲜剂防病、降低水分耗散和降低呼吸热;提倡夜间运输,争取及时定植、快速成活。

(2)光照管理　贮运期间如果持续保持黑暗状态而没有光照的补充,植物将无法进行光合作用,完全依靠贮运之前的能量积累维持生命活动,因此,经过一段时间的贮运后,植物无法进行光合作用而呼吸作用持续进行,这样会消耗大量的储存能量,植株的碳水化合物减少,植株干质量降低,质膜过氧化,叶绿素被破坏,叶片脱落等,从而降低种苗的品质,影响定植后的生长。

研究表明,在低温贮运期间提供光照是保持种苗质量的有效措施,低温弱光的贮运条件能够延长多种园艺作物种苗的贮藏期。贮藏后较高的光合效率能够促进种苗定植后新根的形成,提高成活率。

(3)水分管理　水分对穴盘苗贮运的影响主要表现在基质含水量和空气湿度两个方面,贮运期间需要降低空气相对湿度,从而达到减少病害同时抑制徒长的作用;但空气湿度过低同样会导致幼苗贮藏期间的水分胁迫,过高或过低的基质含水量均不利于贮运期间幼苗质量的保持,幼苗在贮运期间的徒长同呼吸作用一样也会消耗幼苗体内的碳水化合物储备,从而加速其劣变。

幼苗在贮运期间没有补充水分的客观条件,维持较高的空气湿度,可以降低幼苗的蒸散强度,保持种苗贮运甚至定植后的质量。甘蓝穴盘苗在 10℃黑暗下贮藏 6 d,与贮藏前浇满水的幼苗相比,贮藏前一天停止浇水的幼苗有较低的叶片水势和较高的碳水化合物含量,且定植后光合作用能快速恢复。

运输过程中的风力过大,会造成种苗"风干"失水,夏季幼苗运输前的种苗要充分补水,防风抗旱;运输车厢要注意覆盖保水;运输前适度使用保水剂、抗蒸腾剂等,可调节种苗贮运期间的气孔开张度,减少水分蒸腾。

7.4.2　种苗经营管理

种苗企业以种苗为核心和载体,由于其产品的特殊性,在经营管理中除了掌握一般企业应有的理念之外,更应该重视以下几个方面。

7.4.2.1　种苗工厂的科学定位

通过全国或区域蔬菜生产信息和区域范围内种苗产销信息,根据本企业的具体情况,制订企业的中长期发展目标。包括目标市场定位、发展规模定位、种苗产品定位。

由于种苗鲜活的特点,以生产销售为主的种苗场其目标市场以当地为主。工厂化育苗企业首先在蔬菜种植相对集中的区域发展壮大;其次,育苗种类与当地的优势种植模式紧紧相扣。例如,山东地区的伟丽种苗根据当地的种植优势茬口,形成了以瓜类和茄果类嫁接苗为主的育苗模式,逐步成为全国的嫁接育苗技术研发中心;河南省内黄县是设施蔬菜种植大县,种植形成了大棚"西瓜＋番茄"、大棚"甜瓜＋辣椒"、温室"黄瓜＋苦瓜"等主要模式,围绕主要栽培的品种,育苗的种类主要有西瓜、甜瓜、番茄、辣椒、黄瓜和苦瓜,育苗茬次主要为早春、秋延后和秋冬茬。河南扶沟县蔬菜种植形式主要为日光温室的越冬一大茬栽培以及巨型大棚的早春和秋延后栽培,蔬菜育苗种类主要为黄瓜、番茄和辣椒。

7.4.2.2　把控好核心竞争力

从国内外来看,实力强的蔬菜种苗企业往往是"产、学、研"相结合的典范,有自主研发能力,拥有核心技术。如山东安信种苗公司,与多家科研院所合作,设立有安信园艺学院,有自己研发的品种和水溶性肥料;山东伟丽种苗公司成立了伟丽种苗科学研究院,有自主研发的品种,自主创新了砧木子叶减半嫁接和甜瓜双断根嫁接技术,制定了 8 项省级嫁接育苗技术规程,并成为行业标准。

7.4.2.3　种苗工厂的规划设计

(1)科学选址　首先,育苗场要与蔬菜种植区有合理的间隔。若远离蔬菜种植区,会增

设施园艺学

加商品苗销售运输、售后服务、供求双方信息交流等的交流成本;若紧邻蔬菜种植区,会增加病虫害为害的概率。种苗场距离大型种植基地在 300 km(3~5 h 车程)半径内销售量占年出苗量的 90% 以上为宜。还要考虑基地的可扩展性,育苗场的初始设计要考虑将来的规模扩张,留下将来育苗场扩大的空间。

其次,要考虑灌溉水质、有无充足的劳力及交通条件。

再次,要适地育苗以降低能耗。蔬菜集约化育苗是高能耗产业,能耗主要表现在冬季的加温和夏季的降温。要充分发挥区域自然资源优势,提倡适地育苗、适地生产。冬春育苗主要是考虑如何降低加温的费用,夏季则是如何减少降温的成本。

以夏秋育苗为例,高温是夏秋季蔬菜集约化育苗经常遇到的问题,高温极易导致幼苗发生徒长,幼苗质量下降,最终影响产量和品质。可选择高山高海拔地区进行夏季育苗(图 7-24),不仅便于幼苗干物质的积累,还有助于花芽分化,培育健壮的幼苗。根据实地测算,与平原地区夏季育苗相比,高山育苗培育果菜类的能源消耗降低 70% 以上,幼苗培育成本下降 28% 以上,壮苗率提高 30% 以上。

图 7-24　夏季高山蔬菜集约化育苗基地及夏季培育的番茄幼苗

(2)科学设计　有以下三个原则。

①规模适度,循序渐进。根据生产需求和销售情况,育苗规模应由小到大,设备配置逐步完善。避免在育苗初始技术水平不高、市场信息不全的情况下,贪大求洋,一次性投资过大,在生产过程中设备未能高效利用,造成设备闲置和资金积压。

②节能高效。应根据育苗的时间和育苗种类,配套不同类型的育苗设施。冬季和早春育苗以日光温室为主,春季、夏季和秋季以塑料大棚和连栋大棚为主。育苗设施要有加温和降温设备,加温适宜的方式为"热水循环加温＋地热线加温模式",降温的方式为"遮阳网＋湿帘风机系统"。

③科学布局。一个功能完备的蔬菜工厂化育苗厂应包括播种车间、催芽室、育苗温室、嫁接车间和包装车间等。科学的育苗场布局,可以缩短员工往返各工作区和物料搬运的距离,便于客户业务接洽,提升育苗场形象。

7.4.2.4　种苗工厂的组织管理

1. 管理制度

种苗企业是集约化育苗技术的应用主体,要建立基于蔬菜育苗工艺流程的现代管理体系。制定按劳分配、计件制度、培训制度、奖惩制度等一系列制度;完善目标成本管理,降低各个环节的生产成本;建立全程质量管理体系,育苗全程档案记录,包括用工、材料能源损耗、设备维修、运输成本、苗期管理日志等,为科学决策与管理提供依据。在组织管理上优化管理层级,根据企业的实际情况进行科学高效的管理设置。完善技术标准,制定实用、操作性强、容易理解的技术流程和企业标准,加强人员的培训,建立企业文化。

种苗企业需要加强订单、设备、人事、销售、资材、采购、物流运输、种苗生产指导和种苗质量追溯等的管理,还要建立现代企业管理制度,壮大自身。

2. 人员管理

种苗培育属于劳动密集型产业,目前机械化程度较低,用工费用是种苗基地最大的生产成本之一。因此如何进行节约高效的人工管理成为种苗企业经营成败的关键因素。

(1)制定操作规范 克服经验式管理理念,对于种苗培育的每一个具体环节进行细化。把管理的每一个环节都归纳为一个"工作",制定相应的技术标准和操作规范。如安信种苗把整个育苗过程归纳了25个关键环节,制定25个节点育苗,每个关键点都有技术标准和操作规程。这样员工有章可依,问题有据可查,实现了育苗的标准化,可大大提高育苗效率。

(2)员工的上岗培训 培训是员工掌握操作规范、提高工作效率和质量的保障。通过培训也可以增加员工对园区的归属感和认同感,增加园区的凝聚力。

(3)工作的量化考核 量化管理是对员工进行高效管理的关键。随着农业生产的标准化逐步提高,应该引入量化管理的概念。量化管理的前提是科学制定每项工作的量化标准,如嫁接这项工作,瓜类插接每小时嫁接多少棵、双断根嫁接每小时多少棵等等。这些量化标准的制定需要在平时的管理中逐步积累,制定时需要考虑不同育苗设施、不同育苗差异、男工和女工量化标准上的差异。

(4)用工的统筹安排 一个大型的育苗企业包括的车间有催芽车间、播种车间、嫁接车间、培育车间和包装车间等。这些不同车间的工人每天的工作量不是固定的,按照工业企业的常规管理势必会造成人工的浪费。应该根据种苗培育的特点进行用工上的统筹安排,进行灵活管理。如根据园区的具体情况进行分区负责、生产工人统一调配等。

3. 种苗工厂的统筹管理

(1)做好统一销售管理 对订单分类汇总,制订表格,分成供苗时间表、供苗品种表、供苗地点表,科学组织生产和后期发苗;统一包装销售,装箱运输到指定地点供农户定植。

(2)实行品牌战略 制定种苗质量标准,建立标准化的生产技术规范,保证生产出的种苗质量稳定,建立品牌。出圃种苗实行统一规格、统一数量、统一包装、统一标识、统一标签"五统一",杜绝不符合质量的种苗出圃。

(3)提高工厂化育苗设施的周年利用率 目前集约化育苗企业每年大多培育2~3茬苗,设施利用时间在6个月左右,其他时间相对比较空闲。应加强对工厂化育苗设施周年利用模式的探讨,如采取异地供苗,拉长育苗时间;扩大育苗范围,从单一蔬菜种苗扩展到林木、花卉、大田作物育苗等;进行芽菜苗或者快生蔬菜的生产;进行菌类和调料作物如香葱等的生产等。

(4)种苗经营者要有法律意识 育苗企业的风险来自多个方面,其中最主要的是受灾害天气的影响,育苗企业自身受到损失;其次是无法按时按订单要求给种植户提供种苗;还有虽已按期交货,但定植后出现的质量、产量、品质等问题。鉴于种苗生产属于风险较大的产业,应参加农业保险,一方面减轻育苗企业的风险,另一方面还可以为种苗使用者提供必要的经济担保,消除使用者的后顾之忧。

7.4.2.5 种苗生产管理

1. 种苗生产的计划性管理

种苗企业首先要做好三个方面的管理:生产计划、生产管理和质量控制。对种苗供需市场进行科学分析和预测,科学制订育苗计划、库存管理及销售计划。根据订单数量制订好生产计划,生产计划制订的主要原则是充分利用苗床,降低苗床的闲置率,简化生产管理和降低生产成本。

根据订单或者往年的育苗情况制订三个层面的计划:第一,宏观层面的计划,年初制订年度育苗计划,包括育苗茬次、育苗量、育苗种类、育苗保障(设施、设备、农资、人员)的量化需求等等。制订种苗培育销售图表,标明每一茬的种子处理、催芽、嫁接和成苗期。按照育苗计划从宏观方面有序安排相关工作,如设施完善、设备配套、农资采购、苗床消毒、产品销售等。第二,细化每一个育苗茬口的育苗计划,包括育苗种类、育苗量、育苗的关键时间点及风险点。第三,具体到每一个操作环节,要制定操作标准,对于新员工工作之前要培训示范,工作完成之后要检查。

2. 生产过程的标准化管理

生产过程的标准化管理包括以下三个方面。

(1)质量标准化 商品苗质量的标准要根据不同的蔬菜种类、不同的定植期要求制定不同的壮苗标准。一颗健壮的蔬菜秧苗,需要从三个方面来判断:一是地上部健壮,叶片无畸形、表皮油亮,叶色应该是绿中带黄,茎秆较为健壮,下胚轴及节间适中;二是根系生长良好,拔出苗子后不能散坨,根系粗壮,颜色嫩白,毛细根多;三是无病虫害,保证没有病斑、害虫及虫卵等。

(2)技术标准化 是培育壮苗的保障,种苗企业要制定关键技术环节的标准,如基质配制标准、种苗质量标准和种苗出厂质量标准。制定相应的管理流程和技术规程,如种子预处理技术规程、育苗管理流程、应急方案流程、育苗技术规程、嫁接技术规程、种苗出厂检测流程等。

(3)操作规程化 育苗各环节的操作要严格按照技术标准和技术规程进行,对于从业人员上岗前要进行培训,操作过程要有档案记载,操作结果要有检测和评定。如选择优良的砧木品种,制定育苗基质的标准,购买或者自行配制理化特性良好的基质,改进嫁接方法,合理利用生态调控技术、化学调控技术等。在核心技术的逐步应用过程中,结合育苗企业自身的实际情况制定符合自己的技术规程。另外,技术人员要从种子入手,采用的种子必须要有检疫证书,并封样送种子管理站备案。制定健康种苗的详细生产细节,形成标准生产体系,减少因技术问题而出现的供苗困难。

3. 科学的档案记载与分析

档案对于一个园区进行科学的管理、提升园区的经营管理水平至关重要。

(1)档案的记载 其内容包括:投入品档案、生产管理档案、设施环境监测档案、产品检测档案、销售档案、用工档案等等。档案记载要有专人负责,标准统一,数据真实可靠。

(2)档案的分析与利用 档案的记载十分重要,但更重要的是要会对记载的档案进行分析,进而应用在园区的管理中。如对每个生产区域或者每个生产温室的投入品、生产管理、用工和销售档案进行年终总结,可以从效益上对其进行单独核算,进而分析可以节本增效的途径,这些总结的经验或者教训可以在下一年度园区的管理中进行借鉴;通过对设施环境连续监测档案的分析,就可以找出设施环境变化的规律,哪个时间段容易出现低温或高温危害,哪个阶段容易发生病害,这些可以运用到生产管理中;通过销售档案的分析,可以了解蔬菜种苗价格的变化,对于合理安排育苗茬口很有帮助。

7.4.2.6 种苗的营销管理

1. 营销模式

(1)传统的种苗销售方式　传统的种苗企业主要以种苗销售为主。目前种苗主要的销售模式有三种:一是订单销售。接受种植户的订单,育苗企业自己选择品种或者按照客户的要求选择品种进行育苗,育苗订金一般预先交纳20%～30%。二是"来料加工"式的代育方式。由种植户提供品种,按照客户需要幼苗的时间来进行育苗,育苗企业只负责育苗环节,保证育苗的质量。如茄果类一般每株幼苗的代育费在0.1～0.15元,生长期较短的甘蓝、菜花每株的代育费在0.08元左右,嫁接苗在0.3元左右。三是自主育苗及销售。育苗企业根据当地的种植习惯及对市场的预测,自己选择育苗的茬次、种类及品种,然后进行销售。

(2)现代的种苗经营理念　随着蔬菜产业和种苗产业的发展,种苗企业要实现从由单纯的种苗供应商向农业整体方案提供商的转变,拓展种苗企业服务范围。由单纯的种苗服务,成为新品种、新技术的辐射源,信息的发布中心,标准的制定中心和农资的供应中心。如伟丽种业产业链延伸成立了济南金农夫农业科技有限公司,通过试验示范的新品种、新技术、新模式和新设施设备得到广泛应用,带动广大种苗用户不断提高种植管理水平和经营水平。

2. 种苗的销售和售后服务的标准化管理

(1)种苗的包装与运输标准　运输对幼苗的质量有很大影响,特别是高温季节和寒冷季节运输种苗,应制定种苗的包装与运输标准。例如,为了预防高温、低温运输对种苗质量影响,应做好运输前炼苗管理、装车时间选择、包装与运输车辆要求及种苗到达基地后管理等相应标准。

(2)种苗移栽的标准　主要是种苗运达栽培基地进行移栽的管理标准,包括地上部病害和根部病害预防、定植深度等。如在种苗到达基地后,立即喷洒一遍广谱性杀菌剂如多菌灵、达科宁等预防病害或防止带病苗子上的病菌扩散。定植前将穴盘苗放入普力克、恶霉灵混合农用链霉素配成的溶液中进行蘸根,预防根部病害的发生;制定针对不同蔬菜的定植深度标准等。

(3)售后技术服务标准　主要包括:针对商品苗销售地的土壤、水质、病虫害情况,提供适宜的品种和成苗标准;针对所售种苗的栽培告知书,提高用户对所选品种的认识;种苗定植时进行技术指导,减少用户因定植技术不当造成的死苗风险;生长过程中的巡回技术指导,如施肥、整枝、采收技术等,把技术服务从种苗生产延长到栽培管理全过程,密切种苗生产者与种苗使用者关系,实现种苗企业效益与信誉的双赢。

▶ 7.4.3 种苗工厂的信息化管理系统

利用现代信息技术、物联网技术实现种苗管理的智能化和种苗质量的可追溯。相关内容见种苗生产管理和决策支持系统部分。

1. 什么是工厂化育苗？工厂化育苗方式有哪些？
2. 工厂化育苗工艺流程的关键环节有哪些？
3. 工厂化育苗有哪些主要的设施设备？这些设施设备的主要用途分别是什么？
4. 育苗基质配制有哪些要求？
5. 穴盘育苗有哪些关键技术？如何培育健壮的穴盘苗？
6. 园艺作物常见的嫁接育苗方法有哪些？
7. 商品苗贮运过程应如何管理？
8. 如何科学规划一个育苗基地？
9. 如何提高育苗基地的生产经营管理水平？

第8章

设施蔬菜栽培技术

➤ **本章学习目的与要求**

1. 了解我国设施蔬菜栽培区划分及其茬口安排；

2. 掌握设施栽培主要蔬菜生长发育对环境条件要求；

3. 掌握设施瓜类、茄果类蔬菜主要栽培茬口的关键技术；

4. 了解设施豆类、叶菜类、主要食用菌栽培关键技术。

我国设施蔬菜生产发展迅速,是设施园艺生产面积最大的作物,占总面积的 90% 以上;目前全国的设施蔬菜栽培面积已超过 350 万 hm²,居世界第一。环渤海湾和黄淮海区域,如山东、河北、河南、辽宁、江苏、安徽等省,已形成了设施蔬菜栽培规模化的生产基地。设施蔬菜栽培改善了蔬菜赖以生存的小气候环境,为蔬菜生长发育创造了良好条件,使蔬菜生产能抗灾保收、周年供应,并提高了蔬菜生产的产量和质量。随着科学技术的进步和发展,反季节栽培技术和长周期栽培技术成果的推广应用,设施环境和肥水调控技术的不断优化,病虫害预测、预报及防治等综合农业高新技术的日臻完善,设施蔬菜栽培的经济效益和社会效益将不断提高。

8.1　设施栽培的主要蔬菜种类

适于设施栽培的主要蔬菜有茄果类、瓜类、豆类、绿叶菜类、芽菜类和食用菌类等。

(1)茄果类　设施栽培的茄果类蔬菜同属茄科(Solanaceae),主要有番茄、茄子、辣椒等,全国各地普遍栽培,以番茄栽培面积最大。大部分地区基本能实现周年生产和供应。

(2)瓜类　设施栽培的瓜类有黄瓜、西瓜、西葫芦、甜瓜、南瓜、冬瓜、丝瓜、苦瓜等,栽培面积以黄瓜最大。因为西瓜、甜瓜反季节栽培价值高,所以设施栽培面积近年来不断增加。

(3)豆类　适于设施栽培的豆类蔬菜主要有菜豆、豌豆、豇豆等。豌豆品种十分丰富,且豆苗、嫩荚及种子均可食用。

(4)绿叶菜类　绿叶蔬菜的种类十分丰富,有莴苣、芹菜、小白菜、萝卜、菠菜、蕹菜、苋菜、茼蒿、香菜等。绿叶菜类在设施栽培中既可单作,又可间作套种。北方单作面积较大的绿叶菜为芹菜、莴苣;小白菜、茼蒿、菠菜、香菜等在间作套种中利用较多。

(5)芽菜类　种子遮光发芽培育成软化嫩苗或在弱光条件下培育成绿色芽菜作为蔬菜食用,称为芽菜类。用于芽菜类栽培的蔬菜种类较多,如豌豆、萝卜、苜蓿、香椿、花生、荞麦、葵花籽等。芽菜含丰富的维生素、氨基酸,质地脆嫩,在设施栽培条件下适于工厂化生产,是提高设施利用率、补充淡季蔬菜供应的重要蔬菜。

(6)食用菌类　大部分的食用菌类需要设施栽培,其中大面积栽培的食用菌种类有双孢菇、香菇、平菇、金针菇、草菇等,特种食用菌鸡腿菇、杏鲍菇、鸡松茸、灰树花、木耳、银耳、猴头、茯苓、口蘑、竹荪等近年来设施栽培面积也不断扩大,其中双孢菇、金针菇、灰树花、杏鲍菇等工厂化生产技术发展很快。

另外,原来较耐贮藏的姜、马铃薯等为了获得高产优质产品,已经规模化的开展设施栽培。

8.2　我国设施蔬菜栽培区划分及其茬口安排

我国设施蔬菜主要分为下列五个气候区(二维码 8-1)。由北至南为东北温带区、西北温带干旱区及青藏高寒区、黄淮海及环渤海湾暖温区、长江流域亚热带多雨区和华南热带多雨区。

二维码 8-1(文件)

我国设施蔬菜栽培区划分

8.2.1 东北温带气候区与茬口安排

东北温带气候区地处北纬 42°～48°,东经 112°～134°,包括辽(中北部)、吉、黑(中南部)、蒙(东部)等四个省份。本区域无霜期 120～155 d。光资源充足,年日照时数 2 500～3 000 h,年日照百分率 56%～70%。热资源丰富,年太阳总辐射 4 800～5 800 MJ/m²,年平均气温 1～8℃,1 月平均气温 −20～−10℃,极端最低气温 −41～−26℃,极端最高气温 32～42℃。该区域是我国最寒冷气候区。设施类型冬季以日光温室为主,须设临时加温设备。在极端低温地区(如松花江以北地区),冬季生产只能以耐寒叶菜为主;春秋蔬菜生产可以利用各种类型的塑料棚,但要注意防寒、防风。

此区无霜期仅 3～5 个月,为典型的一作区,就喜温蔬菜而言,这一区域的主要设施为日光温室和塑料大棚,栽培茬口类型如下:

(1)日光温室秋冬茬栽培　此茬口类型主要解决喜温果菜深秋初冬淡季问题。多在 7 月下旬至 8 月上旬播种,9 月初定植,10 月中旬至 11 月上旬开始收获,翌年 1 月上旬拉秧。

(2)日光温室早春茬栽培　此茬口多用于提早上市,解决早春淡季问题,喜温果菜早熟栽培,其上市期可比塑料大棚早熟栽培上市期提早 45 d 以上。

(3)塑料大棚春夏秋一大茬栽培　该茬口是充分考虑当地气候特点和光热资源,于 2 月上旬至 3 月中旬在温室播种育苗,4 月上旬至 5 月上旬定植于大棚,6 月上旬开始采收上市。该茬口夏季应加强肥水管理和环境调控,主要是通风降温防暴雨,夏季顶膜一般不揭,只去掉四周裙膜,防止植株早衰;秋末早霜来临前将棚膜全部盖好保温,使采收期后延 30 d 左右。此茬口类型产量高峰期与露地喜温果菜相遇,应通过加强管理和栽培措施上的改进,尽量提高早期产量和后期产量,以提高经济效益。

8.2.2 西北温带干旱区及青藏高寒区与茬口安排

本区域包括新、甘、宁、陕、青、藏及蒙(中西部)等七个省(区)。本区域南北跨度较大,地形复杂,气候变化大。光资源丰富,年日照时数 2 000～3 300 h,年日照百分率为 48%～80%。热资源充足,年太阳总辐射 4 200～8 400 MJ/m²,年平均温度 5～14℃。无霜期 50～260 d。本区域设施发展以高效节能型日光温室为主,塑料大中棚为辅。冬季日光温室蔬菜生产应加强蓄热增温和保温防寒,日光温室内设热风炉等临时加温设施,尽量增加光照强度和时间;夏季采取短期遮阳降温栽培。该地区水资源相对紧缺,设施蔬菜栽培提倡采用膜下滴灌等节水技术。

西北温带干旱区与青藏高寒区同属温带气候区,故设施果菜栽培茬口类型与东北温带气候区相似,主要有日光温室秋冬茬、日光温室早春茬和塑料大棚春夏秋一大茬。蔬菜供应期日光温室 9 月至翌年 7 月,塑料大中棚 4 月至 11 月。

8.2.3 黄淮海及环渤海湾暖温区与茬口安排

黄淮海及环渤海湾暖温区地处北纬 32°～42°,东经 112°～126°,包括辽(东西南部)、京、津、蒙(赤峰和乌兰察布地区)、晋、冀、鲁、豫、皖(中北部)、苏(中北部)等十个省(市、区)。光资源丰富,多数地区年日照时数 2 000~2 800 h,部分地区最低年日照时数 1 550 小时。热资源充足,全年太阳总辐射 3 100~6 100 MJ/m²,年平均气温 8~15℃,1 月平均气温 −10~2℃,极端最低气温 −34~−11℃,极端最高气温 34~44℃。该区域是我国日光温室蔬菜生产的适宜气候区。冬季利用节能型日光温室在不加温条件下可安全生产喜温果菜类蔬菜,但北部地区日光温室要注意保温,冷冬年份应有临时补充加温设备,南部冬季也要注意雨雪的影响。这一地区春提前、秋延后蔬菜生产设施多以各种类型的塑料棚为主。

本区域无霜期 155~220 d。冬季晴日多,又不及东北、西北地区寒冷,日光温室和塑料拱棚(大棚和中棚)是这一地区的主要设施类型;对应的设施栽培主要茬口有日光温室或连栋温室冬春茬、秋冬茬、越冬茬,以及塑料拱棚(大棚、中棚)春提前、秋延后栽培。

(1)日光温室冬春茬　一般是初冬播种育苗,1—2 月上中旬定植,3 月始收。冬春茬是目前日光温室生产选用较多的茬口,几乎所有蔬菜都可生产,如冬春茬的黄瓜、番茄、茄子、辣椒、冬瓜、西葫芦及各种速生叶菜。

(2)日光温室秋冬茬　一般是夏末秋初播种育苗,也可直播,秋末到初冬开始收获,直到深冬的翌年 1 月结束。主栽作物有番茄、黄瓜、辣椒、茄子等。

(3)日光温室越冬茬　也称长季节栽培,是本气候区日光温室蔬菜生产应用较多、效益也较高的一种茬口类型。多在夏末至秋初育苗,晚秋或初冬定植,冬季开始上市,直到第二年夏季结束生产,收获期可长达 180~210 d。主栽作物有黄瓜、番茄、茄子、辣椒、西葫芦等。

(4)塑料大棚春提前栽培　一般于温室内育苗,苗龄依据不同蔬菜种类不等(30~90 d),据此合理安排播种期。多在 3 月中旬定植,4 月中下旬始收,一般可比露地栽培提早收获 30 d 以上。主栽作物多为喜温的黄瓜、番茄、豆类蔬菜,以及耐热的西瓜、甜瓜等。

(5)塑料大棚秋延后栽培　一般是 7 月上中旬至 8 月上旬播种,7 月下旬至 8 月下旬定植,9 月上中旬以后开始供应市场至秋末或初冬结束。同类蔬菜的供应期一般可比露地延后 30 d 左右,主要生产喜温果菜类蔬菜和部分叶菜。

8.2.4　长江流域亚热带多雨区与茬口安排

长江流域亚热带多雨区地处北纬 27°~32°,东经 98°~122°,秦岭—淮河以南、南岭—武夷山以北、四川西部—云贵高原以东的长江流域各地,包括川、渝、滇(北部)、黔、鄂、湘、赣、沪、浙、苏(南部)、皖(南部)、闽(北部)等十二个省(市)。本区域范围广、地理地貌复杂。无霜期 200~320 d。光资源较为丰富,但不均匀,日照时数差异较大,大部地区冬季寡照,年日照时数 1 000~2 300 h,年日照百分率 30%~65%。热资源丰富,年太阳总辐射 3 350~5 020 MJ/m²,年平均气温 10~20℃。属亚热带季风气候区,大部地区地处 0℃等温线以南,5℃等温线以北。本区 1 月平均最低气温 0~8℃,冬春季多阴雨,寡日照,但冬春温度条件相对优越,因此,蔬菜生产设施以塑料大、中棚为主,在有寒流侵袭时进行多重覆盖,即可进行果菜生产;夏季以遮阳网、防雨棚等为主的蔬菜生产设施。本区喜温果菜设施栽培茬口主要有以下四种。

(1)塑料大棚春提前栽培　一般是初冬播种育苗,早春(2 月中下旬至 3 月上旬)定植,4 月中下旬始收,6 月下旬至 7 月上旬拉秧。栽培作物有黄瓜、甜瓜、西瓜、番茄、辣椒等。

(2)塑料大棚秋延后栽培　此茬口苗期多在炎热多雨的 7、8 月,故一般采用遮阳网加防雨棚育苗,定植前期进行防雨遮阴栽培,后期通过多层覆盖保温,可使番茄、辣椒等的采收期延迟至元旦前后。

（3）塑料大棚多重覆盖越冬栽培　此茬口仅适于茄果类蔬菜,也叫茄果类蔬菜的特早熟栽培。运用塑料大棚进行多层覆盖(二道幕＋小拱棚＋草帘＋地膜),使茄果类蔬菜安全越冬,上市期比一般塑料大棚早熟栽培提早 30～50 d,多在春节前后供应市场,故经济效益最高,但技术难度大,近年此茬口类型在该气候带有较大发展。该茬口一般在 9 月下旬至 10月上旬播种,12 月上旬定植,2 月下旬至 3 月上旬开始上市,持续到 4—5 月结束。

（4）遮阳网、防雨棚越夏栽培　此茬口多为喜凉叶菜的越夏栽培茬口。塑料大棚果菜类早熟栽培拉秧后,将棚两侧的裙膜去除以利于通风,保留顶膜,上盖黑色遮阳网(遮光率60％以上),进行喜凉叶菜的防雨降温栽培,是南方夏季主要设施栽培类型。

▶ 8.2.5　华南热带多雨区与茬口安排

华南热带多雨区地处北纬 18.5°～27°,东经 105°～120°,南岭—武夷山以南地区,包括闽(中北)、粤、桂、琼、滇(中南部)等五个省(区)。本区域范围广、地理地貌复杂。无霜期 200～320 天。光资源较为丰富,但不均匀,日照时数差异较大,大部地区冬季寡照,年日照时数1 400～4 300 h,年日照百分率 35％～85％。热资源丰富,年太阳总辐射 2 350～5 400 MJ/m²,年平均气温 17.4～26.8℃。属热带和亚热带季风气候区,大部分地区处于 5℃等温线以南。

1 月平均气温在 12℃以上,全年无霜,可利用该区优越的温度资源,冬季可作为"天然温室"进行南菜北运蔬菜生产。同一蔬菜可在一年内栽培多次,喜温的茄果类、豆类,甚至耐热的西瓜、甜瓜,也可在冬季栽培。但夏季多台风、暴雨、高温,形成蔬菜生产与供应上的夏淡季,设施栽培主要以防雨、降温、防虫为主,故遮阳网、防雨棚和防虫网栽培在这一地区应用面积较大,冬季则以中小型塑料棚为主。

此外,在上述五个蔬菜设施栽培区域,均可利用大型连栋温室所具有的优良环境控制能力,进行果菜一年一大茬生产。例如,在华北地区,一般均于 7 月下旬至 8 月上旬播种育苗,8 月下旬至 9 月上旬定植,10 月上旬至 12 月中旬始收,第二年 6 月底拉秧。对于多数地区而言,此茬茄果类蔬菜采收期正值元旦、春节及早春淡季,蔬菜价格好、效益高。但也要充分考虑不同区域冬季加温和夏季降温的能耗成本,温室类型、温室结构、栽培作物种类及品种均应慎重选择,以获得高投入、高产出。

8.3　设施瓜类蔬菜栽培技术

瓜类蔬菜均属于葫芦科(Cucurbitaceae)1 年生或多年生攀缘性植物,以瓠果为产品器官,在世界上广泛种植。中国栽培的种类很多,其中以黄瓜、西葫芦、西瓜和甜瓜等栽培面积较大。瓜类蔬菜有许多共同点:①根系较发达,要求土壤疏松肥沃、耕层深厚;根系易发生木栓化,伤根后再生能力差,故宜采用护根育苗;茎蔓生、中空,须支架栽培,以提高土地利用效率;茎部可发生不定根,爬地栽培时可进行压蔓、盘蔓等措施,以提高植株水分、养分吸收能力。②花芽分化早,且具有可塑性,生产上可采取措施促进雌花分化,争取早结瓜、多结瓜;具有连续开花结果特点,在生育过程中应注意协调营养生长与生殖生长的关系,防止疯秧与坠秧。③喜温,不耐寒,喜较大昼夜温差;生长量大,水分蒸腾量也较大,水分需求较多;喜光照,光照条件较差时常造成产量降低,品质下降等。④均属于葫芦科,有相同病虫害,生产上应轮作倒茬。

瓜类蔬菜多为喜温和耐热性蔬菜,只有借助设施栽培才能实现全年生产与供应。在不同区域所利用的设施类型不同,设施栽培茬口主要以春提早、秋延迟栽培为主,在设施内环境条件能够满足瓜类蔬菜生长需求时,也可以进行越冬栽培。目前我国设施栽培面积较大的瓜类蔬菜主要是黄瓜、西葫芦和西甜瓜;随着设施性能的提高和栽培技术的发展,近几年设施栽培的苦瓜、丝瓜、冬瓜的面积也逐年增加。瓜类蔬菜对环境条件有共同的要求,具有喜温、喜光、耐旱的特点。

8.3.1 瓜类蔬菜生长发育对环境条件的要求

(1)温度 瓜类蔬菜喜温又需要一定的昼夜温差,生育适温为 10～32℃,白天 25～30℃,夜间 13～15℃比较理想。根系对地温比较敏感,根毛发生最低温度为 12～14℃,生育期间适宜地温为 20～25℃,最低应保持在 12℃以上。

(2)光照 黄瓜和西葫芦需要中等强度的光照,生育期间适宜的光照强度为 800～1 000 $\mu mol/(m^2 \cdot s)$,30 $\mu mol/(m^2 \cdot s)$ 以下停止生长。西瓜、甜瓜、苦瓜、南瓜需要较高强度的光照,光补偿点约为 30 $\mu mol/(m^2 \cdot s)$,光饱和点为 1 600 $\mu mol/(m^2 \cdot s)$。每天的日照时数要求 10～12 h,光照充足时植株生长健壮,节间短,坐果好。

(3)水分 黄瓜和西葫芦根系浅,叶片大,对空气湿度、土壤水分要求都比较高。适宜的土壤相对湿度为 85%～90%,空气相对湿度为 70%～90%。西瓜、甜瓜、苦瓜、南瓜为深根系,对土壤和空气湿度要求较低,以 50%～60%为宜。

(4)土壤 瓜类蔬菜对土壤适应范围比较广,从微酸性到弱碱性都可栽培,在 pH 5.5～7.6 范围内均能适应。要求充足的氧气,栽培上必须增施有机肥,以提高土壤有机质含量和通透性。西瓜对盐碱较为敏感,土壤中含盐量低于 0.2%时才能正常生长。

8.3.2 设施黄瓜栽培

8.3.2.1 设施黄瓜栽培主要茬口类型

利用塑料拱棚和日光温室栽培黄瓜(彩图 8-1),在我国已经实现了周年生产,北方地区主要栽培季节和茬口安排见表 8-1。

表 8-1 中国北方地区设施黄瓜栽培类型与季节

设施类型	栽培茬口	播种期(旬/月)	定植期(旬/月)	始收期(旬/月)	终收期(旬/月)
大中棚	春提前	上/1—上/3	上/3—下/4	上/4—下/5	下/6—下/7
	秋延后	中/7—中/8	上/8—上/9	上/9—上/10	上/11—上/12
日光温室	秋冬栽培	中/8—上/9	上/9—上/10	上/10—上/11	中/1
	越冬栽培	下/8—下/9	下/9—下/10	中/10—中/11	中/6—上/7
	冬春栽培	下/11—下/12	中/1—上/2	下/2—上/3	下/6—上/7

注:栽培季节的确定以北纬 30°～43°地区为依据

8.3.2.2 日光温室越冬黄瓜栽培技术要点

日光温室越冬黄瓜栽培是北方地区获得高产高效的主要茬口类型,管理好生长期可长达 9 个月以上,产量 20 000 kg 以上。中国农业大学研究了华北型密刺类黄瓜品种越冬栽培高产的理论基础,认为合理的源库关系是每形成 1 个商品瓜(单瓜重约 200 g)应保证 2.5 片功能叶;结瓜期合理的功能叶数应保持 12～14 片及 3～5 条梯队瓜,开花雌花节位应在生长点下第 4～6 节;合理密植幅度 3 600～4 200 株/667 m²;全生育期在 270～300 d,采瓜期应在 220-250 d。主要有以下关键栽培技术。

1. 品种选择

日光温室冬季生产黄瓜,以阳光作为主要光热来源,严冬季节晴朗的白天,光温基本上能满足黄瓜生育要求,但遇连阴(雪)天,白天光照弱、室内蓄积热量少,夜间温度下降快,最低温度甚至只有 −8～5℃,这种低温(亚适温)弱光逆境不利于黄瓜生育和丰产,所以要求选用耐低温弱光、抗寒抗病、生长势强、连续结瓜能力强、早熟性好的品种;日光温室冬季地温也低,所以还要求黄瓜品种根系发达。目前生产上常用的品种有津优 35、津优 36、津育 5号、新津研 4 号、津研 7 号、中农 26 号等。此外,水果型黄瓜戴多星、京研迷你 2 号、中农 29及唐山秋瓜等近年来也有一定栽培面积。

2. 嫁接育苗

为提高黄瓜根系的耐寒性和抗逆性,日光温室黄瓜冬季生产普遍采用嫁接育苗。

(1)砧木选择 嫁接育苗应选择与接穗亲和力强的南瓜品种作砧木。据试验,国内目前亲和力较高的南瓜品种有云南黑籽南瓜、南砧一号、牡丹江南瓜、京欣砧 5 号(褐籽南瓜)、绿洲天使(黄籽南瓜)等。上述南瓜与黄瓜亲和力均较高,在温、湿度适宜时,嫁接成活率达95%。其中以云南黑籽南瓜耐低温性最强,在低地温下根系伸长能力比其他南瓜强,适于冬春保护地栽培。此外,云南黑籽南瓜与黄瓜嫁接后,抗病丰产,是比较理想的砧木品种。近年在生产中黄籽南瓜和褐籽南瓜作砧木的面积有所增加。与黑籽南瓜相比,后者可明显改善嫁接后黄瓜的外观商品性,使瓜条顺直,黄瓜表面蜡粉减少,亮度增加,但抗寒性稍差。近几年山东、北京等地的黄瓜越冬长季节栽培中为了充分发挥不同南瓜砧木的作用,黄瓜双根嫁接栽培面积呈增加趋势,砧木除传统黑籽南瓜外,与黄籽南瓜绿洲天使或褐籽南瓜京欣砧5 号进行双砧木嫁接。据试验,双根嫁接在改善黄瓜商品品质的同时,可使产量提高 20%左右。

(2)嫁接方法 集约化育苗企业目前常用的方法有插接和贴接,与靠接相比效率更高,管理省工;小规模嫁接可以采用靠接、双根嫁接等方法。

①插接。先将南瓜砧木的生长点去掉,用竹签从右侧子叶主叶脉向另一侧子叶方向斜插 0.5～0.7 cm,之后在接穗黄瓜子叶下 0.8～1 cm 处下刀斜切至下胚轴 2/3,切口长约0.5 cm,将竹签抽出立即插入接穗。插入深度 0.5～0.6 cm,插接的优点是接穗不带根系,成活后不用断根,一次完成。

②贴接。削切砧木,将砧木的一片子叶与生长点切掉,保留一片带根的子叶,切面长度0.5 cm 左右;然后削切接穗,在接穗子叶下 1.0～1.5 cm 向下斜切,切面长度 0.5 cm 左右,使其与砧木切面大小一致;最后将切好的砧木苗和接穗苗切面对齐,用嫁接夹固定即可。与插接相同,成活后不需要进行断根操作,省力且嫁接速度快,因此也是专业育苗场采用比较广泛的方法。

③靠接。此法因为嫁接前期的接穗与砧木均保留根系,所以易成活。一般南瓜砧木在播种后7~10 d苗的大小适合嫁接,要求黄瓜比南瓜早播3~5 d。嫁接时用刀片或竹签削去南瓜生长点(心叶),切口在子叶下方1.5 cm处,斜度40°~45°,深度不超过下胚轴粗度的1/2,以不达髓腔为宜。

黄瓜自幼苗子叶下2 cm处向上斜切一刀,角度与南瓜苗一致;长度与砧木切口基本一致。然后将两棵幼苗的舌形切口互相插入,并用嫁接夹固定,使切口密切接合,嫁接后将幼苗植入塑料育苗钵内,进行后续管理。经过10 d左右,砧木与接穗组织融合,嫁接苗成活,此时将黄瓜断根。此种方法嫁接后需要采用营养钵移栽且后期需要断根,单位面积种苗产出率低且费工,应用逐渐减少。

双根嫁接(双砧木双贴法):削切砧木,将两个不同砧木的一片子叶与生长点切掉,各保留一片带根的子叶;然后削切接穗,在接穗子叶下约1.5 cm处,双面削切接穗,使其呈楔形;最后将切好的砧木苗和接穗苗切面对齐、对正,用嫁接夹固定,移入营养钵。双根嫁接只适合小规模应用。

(3)嫁接苗管理要点　嫁接苗愈合期的管理,直接影响嫁接苗的成活率。自嫁接起后10 d,是接口的愈合期,管理的关键是创造有利伤口愈合的温、湿度条件,具体温度管理可参考表8-2。

接口愈合之前,必须保持90%以上的空气相对湿度,否则接穗易萎蔫;尤其是插接和贴接,前3 d湿度要求达到100%;同时需要遮阴减少水分蒸发。可架设小拱棚保湿,棚上盖遮阳网;低温期有条件的可以铺设电热线,提高小拱棚内的地温,对促进接口愈合极为有利。3 d后早晚应适当通风并见散射光,10 d后进入正常苗期管理。嫁接苗接口愈合后要及时摘除砧木的新叶或发生的侧枝、侧芽,靠接应及时将接穗的根切断。

表8-2　嫁接苗接口愈合期温度管理　　　　　　　　　　　℃

温度	嫁接后时间/d			
	1~3	4~6	7~9	≥10
白天气温	23~30	22~28	22~28	23~25
夜间气温	18~20	16~18	15~18	10~12
地温	24~28	22~25	20~22	15~18

3. 栽培管理

(1)定植　黄瓜最好不与瓜类作物重茬,以防止枯萎病等土传病害的发生。定植前10~15 d深翻土壤30~40 cm,耕翻后每667 m² 施腐熟优质有机肥8 000~10 000 kg。

定植于晴天上午进行,采用宽窄行定植,一般宽行80~90 cm,窄行50 cm,平均行距65~70 cm,株距25~30 cm,种植密度为每667 m² 约3 500株,地膜覆盖,增温保墒。

(2)环境控制

①温度。黄瓜喜温而不耐寒冷,生长发育的适宜温度为18~30℃,在不同生育阶段对温度的要求有差异。多数黄瓜品种生长阶段的适宜温度为白天22~30℃,低于13~15℃及高于35℃时间过长,易出现生育障碍,设施栽培过程中冬季应通过多层覆盖、加温等措施提高设施内温度。

②光照。黄瓜为短日照植物,苗期较短的光照和较低的温度有利于花芽分化和雌花的形成。通过合理的种植密度、植株调整、覆盖材料的清洗等措施增强光照,可提高黄瓜的产量和品质。

③相对湿度。黄瓜叶面积大、蒸腾量大,根系吸收能力较弱,因此对土壤水分、空气相对湿度的要求较高,温室内适宜的相对湿度为65%～85%,空气相对湿度低于60%不利于叶片生长和果实发育,低温、高湿易造成生理障碍和病害的发生。

(3)水肥管理　黄瓜对土壤的要求相对比较严格,以疏松、肥沃、排水和保水良好、有机质含量高的壤土为宜,土壤pH 6.5～7.5。黄瓜生长快,结果多,需肥量大,但因是浅根系,吸收能力弱,对高浓度肥料反应敏感,应采取低浓度、多次施肥的方法。采收之前适量控制肥水,防止植株徒长,促进根系发育,增强植株的抗逆性。开始采收至盛果期掌握少量多次的施肥原则,一般自采收起每3～5 d浇一次肥水,用肥量先轻后重,可施复合肥,每次每667 m^{2}施10～15 kg。冬季严寒季节要加大浇水间隔天数,可10～15 d浇一次肥水,同时增施一些氨基酸类液体肥,促进根系生长。采收后期及时补充肥水,防止早衰,尤其是一些促根肥料的应用,对延长采收期,获得黄瓜高产非常重要 。

(4)CO$_2$施肥　日光温室内白天CO$_2$浓度较低,每天早上揭开草苫后,如不能及时通风,CO$_2$可降至100 μL/L以下,对光合作用不利,因此,越冬栽培黄瓜在生长盛期增施CO$_2$可增产20%～25%,还可增强植株的抗病性。目前生产中多通过增施有机肥、利用内置式秸秆生物反应堆等方法满足冬季黄瓜生产对CO$_2$的需求。

(5)植株调整　黄瓜的植株调整包括整枝、摘心、打老叶、绑蔓、疏瓜等,目的在于平衡营养生长与生殖生长之间的关系,充分利用阳光,水分和营养,改善生长条件,提高黄瓜的产量与品质。

当黄瓜植株长到30～40 cm、4～5片真叶时开始插架引蔓。在果实采收期及时摘除老叶、去除侧枝、摘除卷须、适当疏果。打老叶和摘除侧枝、卷须,应在上午进行,有利于伤口快速愈合、减少病菌侵染;绑蔓在下午进行,上午植株的含水量较高,绑蔓时容易折断。黄瓜越冬栽培的生长期达9～10个月,茎蔓不断生长,可长达12 m以上,因此要及时落蔓、绕茎,保证有12～14片功能叶片在日光温室的最佳空间位置,以利光合作用。

(6)病虫害防治　日光温室黄瓜栽培的主要病害有猝倒病、霜霉病、疫病、细菌性角斑病、白粉病、炭疽病、枯萎病、病毒病等。猝倒病主要发生在苗期,除了做好种子和床土消毒以外,发病初期可用普力克800倍液进行防治。其他病害以农业综合防治为主,注意控制温室和大棚的温湿度。地膜覆盖可有效降低棚内的空气湿度;在保温的前提下,注意通风降湿。化学防治要选用高效低毒农药,注意用药浓度、时间及方法。病虫害防治药剂的选择,可参照露地黄瓜栽培。

4. 采收

黄瓜为食用嫩果,采收期的掌握对产量和品质影响很大,及时采收,有利于延长结果期,提高单位面积产量。一般根瓜应及早采收,以免影响茎叶和后续瓜的生长,结瓜初期2～3 d采收一次,结瓜盛期1～2 d采收一次。

8.3.2.3　早春茬黄瓜栽培技术要点

早春茬(大棚春提前和日光温室冬春茬栽培)黄瓜管理,既与越冬茬黄瓜管理有相同之处,又有独特之处,一是早春茬黄瓜苗期正值低温季节,故多采用电热温床或在加温温室内育苗,苗龄也较长,一般为50 d左右,品种与越冬茬一样,应选耐低温弱光品种,如博美608、德瑞特315、德瑞特258等。二是早春茬黄瓜生育期短,在肥水管理上尽量满足水肥供应,促进植株和瓜条同时生长,要提早采收,又要提高产量。早春茬管理技术措施大体分为三个阶段:

(1)定植后前期管理 从黄瓜定植到开花,这一时期15~20 d。定植时浇透水,如果缓苗期间水分不足,再灌一次缓苗水。缓苗期要密闭保温,遇到寒流(潮)在室内加扣小拱棚保温。缓苗后,实行变温管理,白天控制在25~30℃,午后20~25℃,20℃时闭风,15℃时盖草苫;前半夜保持15~17℃,后半夜11~13℃,前期放风从顶部进行,后期放风、顶风、腰风同时进行。并要及时吊蔓,摘除雄花、卷须等,都与越冬茬黄瓜相同。

(2)中期管理 是从黄瓜根瓜开始膨大到盛瓜期阶段的管理。这一时期外界温度开始升高,光照强度增加,其管理重点是水肥,提高早期产量。灌水后要注意放风,为了促进生长发育,提高早期产量,可适当提高温度,白天25~32℃,超过32℃放风,18℃覆盖草苫,前半夜保持16~20℃,后半夜保持13~15℃。随着外界温度的提高,加强肥水管理,5~6 d灌一次水,提倡水肥一体化管理,结瓜期要随水带肥,尿素、磷酸二铵、硫酸钾等交替使用,或采用符合黄瓜需肥特点的水溶配方肥,每次亩用肥量10~15 kg;灌水追肥在结瓜前期,由大小行间交替进行或采用膜下沟灌(滴灌)降低棚内湿度;进入结瓜盛期,为增加棚内湿度,可采用大小行同时灌水。每次灌水都要选择晴天,灌水后加大放风量。

(3)后期管理 黄瓜从盛瓜期走向衰亡期管理重点,以追施钾肥为主,促进植株健壮抗病;防治病虫害,延长功能叶片寿命,使回头瓜迅速生长。

8.3.2.4 秋冬茬黄瓜栽培技术要点

秋冬茬黄瓜处于日照时数、光照强度、外界温度不断下降季节,和早春茬黄瓜所处外界环境条件变化相反,因此栽培管理有很大不同。该茬黄瓜播种在秋季,外界气温高,雨水较多。幼苗期和甩蔓发棵期处于9月,温度、光照条件较好;收获后期进入冬季,日照缩短,温度降低,外界环境条件不利于黄瓜的生长发育,一般产量较低。而且在秋凉季节,昼夜温差大,叶片结露时间长,利于病害发生和蔓延。因此,搞好秋冬茬黄瓜生产必须注意下述几方面的问题:

1. 选用抗性、生长势、抗病力较强的品种

目前尚无秋冬茬设施栽培黄瓜生产专用品种,根据各地生产实践认为津杂1号、津杂2号、津研4号、中农26、夏丰1号、郑黄2号等品种表现较好。

2. 采用护根育苗

秋冬茬黄瓜虽可采用直播,但秧苗分散不易管理,而且遇连阴雨易使幼苗染病,生产上多用防雨棚穴盘育苗或从专业育苗公司购买商品苗,待两叶一心左右即可定植。

3. 合理密植

生长前期外界条件有利于黄瓜的营养生长,若密度高,进入冬季后会由于枝叶过于繁茂而叶片相互遮阴,群体光合效能下降,造成大量化瓜,产量下降。故该茬黄瓜密度比早春茬黄瓜要低,宜掌握在3 000株/667 m² 左右。

4. 合理进行温度调控

在栽培前期,通过覆盖遮阳网或顶部棚膜喷涂遮光材料降低棚内温度;只要外界温度不低于12℃就要昼夜通风,降温除湿,防止瓜秧旺长、叶片染病;当夜间温度处于10℃以下时要及时关闭通风口。尽量保持温度昼 28～30℃,夜 13～15℃ 。阴天适当降低温度,保持白天 20～22℃。当保持不了上述温度时,应及时覆盖保温覆盖物,尽量早揭晚盖,延长光照时间,加大昼夜温差,尤其要控制夜温,防止营养生长过旺。

5. 底肥要充足,加强叶面喷肥

营养生长期要加强肥水管理,争取良好的植株长势;结瓜期适当控制肥水,防止肥水过大使根际环境条件骤变影响根系吸收。可采用叶面喷施微肥及生长调节剂方法弥补根系吸收能力的不足,这对黄瓜生育后期尤为重要。

6. 尽量延后采收

该茬黄瓜播种后 50 d 左右即可开始采收,前期可重摘以保持植株长势,后期坐瓜减少,果实生长速度减慢,产量下降,应尽量延后采收上市,提高经济效益。

8.3.3 设施西葫芦栽培

设施西葫芦栽培茬口与黄瓜相似,但生产上主要以春早熟和越冬栽培面积最大。

8.3.3.1 西葫芦早熟栽培技术要点

冬季或早春育苗,根据已有的设施类型可定植在日光温室、大棚、小拱棚、阳畦等保护设施中,在 4—5 月上市的栽培方式为西葫芦早熟栽培。这种栽培方式上市期较早,正值晚春初夏蔬菜供应淡季,是蔬菜周年供应的重要环节,而且有较高的经济效益,因此,我国应用面积很大。

1. 品种选择

西葫芦早熟栽培的苗期在寒冷的冬春季节,生育前期也在春寒时间,故在品种选择上应兼顾耐寒性和早熟性两个主要性状,目前生产上常用的品种有:阿太一代、早青一代、潍早 1号、纤手、阿尔及利亚西葫芦等,作为特菜栽培的香蕉西葫芦也有一定栽培面积。

2. 培育壮苗

西葫芦早熟栽培为保证幼苗质量,最好采用营养钵进行电热温床护根育苗或穴盘育苗。播种期应根据保护设施的保温性及当地气候条件而定。如在华北地区利用改良阳畦栽培时多用温室或阳畦育苗,2 月上中旬播种,3 月上中旬定植,约 4 月中旬开始采收,至 6 月结束。利用盖草苫的小拱棚栽培时,多用温室或阳畦育苗,于 2 月中下旬播种,3 月中下旬定植,5—6 月供应市场。利用保温条件好的日光温室栽培时,播种期可提前至 1 月,2 月定植,3月即可上市。

早熟栽培中为育成壮苗应注意如下环节:一是配制高质量的营养土,营养土应选用未种过瓜类的肥沃、疏松的无病土壤,或者在育苗前用多菌灵等药剂进行土壤消毒,防止土壤带有病菌。营养土内应混有较充足的腐熟有机肥,并注意磷肥、钾肥配合施用。二是适时早播。三是确保播种质量,种子应进行处理,必须消毒并催芽,尽量提高苗床温度,注意浇水,保证早出苗、出全苗。四是加强苗期温度管理,出苗期尽量提高温度,促进出全苗,出后白天控制 20～25℃,夜间保持 10～15℃,白天超过 25℃放风,降至 20℃以下闭风,防止徒长。幼苗期应适当控制浇水,如需浇水要在晴天上午进行,浇水后加强放风。

西葫芦的壮苗指标是 3～4 片叶,株高 10 cm 左右,茎粗 0.4～0.5 cm,叶片较小,叶色浓绿,苗龄 30～40 d。

3. 栽培管理

（1）定植　当栽培设施内 10 cm 的地温稳定在 12℃ 以上、夜间最低气温不低于 10℃ 时，即安全定植期，在满足要求条件下，尽量适期早定植。

定植前 15～20 d 将保护设施覆盖好，尽量提高棚内地温。定植前结合浅翻每 667 m² 施入腐熟的有机肥料 3 000～5 000 kg，同时混入 40～50 kg 过磷酸钙或 20 kg 复合肥料。翻后整平、耙细，做成宽 1.3～1.5 m 的平畦。

早熟栽培均为矮生早熟品种，故定植密度应增大。一般株行距为（45～50）cm×（60～70）cm，每 667 m² 定植 2 000～2 500 株，可单行定植，亦可宽窄行定植，定植密度还应考虑品种特性。如叶片较大、叶柄不太直立的阿太一代西葫芦应稍稀，每 667 m² 定植 1 700～2 000 株；而叶片小、叶柄短、直立性强的早青西葫芦则稍密，每 667 m² 定植 2 200 株为宜。

（2）环境控制　西葫芦早熟栽培的环境控制重点是温度管理。西葫芦是喜温蔬菜，不耐霜冻，早熟栽培初期外界气温较低，故管理的重点是防寒保温，避免 0℃ 的低温出现，保持适温以利生长发育。缓苗期不通风，白天温度保持在 25～30℃，夜间 15～20℃。缓苗后逐渐通风降低温度，白天保持在 20～25℃，夜间 15℃ 以上。进入结果期适当提高温度，白天 25～28℃，夜间 15～18℃。在 3—4 月上中旬，此期晴天中午设施内温度较高，必须及时通风降温，防止高温灼伤。当外界白天气温达 20℃ 以上时，白天全天通风，只进行夜间覆盖。当夜间最低气温稳定在 13℃ 以上时，夜间也不用关闭风口。

光照、湿度管理和 CO_2 施肥在定植初期较重要，可参照越冬茬西葫芦栽培环境管理方式进行。

（3）水肥管理　定植缓苗后浇一次缓苗水，并中耕松土，进行蹲苗。蹲苗后结合浇第一水，可随水冲施一次氮磷钾复合肥，每 667 m² 施复合肥 8～10 kg，以促进植株生长和根瓜膨大。根瓜膨大期和开花结瓜期应加大浇水量和增加浇水次数，保持土壤见干见湿，一般 5～7 d 浇一次水。早熟栽培西葫芦每 10～15 d 追一次肥，共追 3～4 次，每次每 667 m² 施复合肥 15～20 kg，结果盛期每 7～10 d 可根外追施 0.1%～0.2% 的磷酸二氢钾液。

（4）整枝打杈　早熟栽培西葫芦多为矮生品种，分枝力弱，一般不必整枝，只将生长点朝南即可。这样瓜秧方向一致，互不影响，便于管理和采收，多余的雄花、雌花及枯花黄叶应及早摘除。

（5）保花保果　早熟栽培早期外界气温尚低，昆虫很少，加上塑料薄膜密闭，不易接受昆虫传粉，因此，人工辅助授粉十分必要。此外，用生长调节剂防止落花落果也很重要，一般在 09：00 前后，用 30～40 ppm 防落素进行蘸花，促进坐果。

（6）采收　西葫芦早熟栽培，采收越早，经济效益越高，故开花后 12 d 即可采收 0.25 kg 左右的嫩瓜上市。

8.3.3.2　西葫芦越冬栽培技术要点

西葫芦越冬栽培的主要设施是日光温室，因此这种栽培方式在北方地区有较大面积，南方则应用较少。

西葫芦越冬栽培多在 10 月中旬至 11 月初播种，元旦、春节期间大量供应市场，经济效益高。但冬春茬西葫芦要经历一年中最严寒的季节，故技术要求严格，此茬栽培技术要点归纳如下：

1. 选择早熟、抗病、耐寒品种

目前使用的品种主要有早青一代、黑美丽、阿太一代、灰采尼、一窝猴等品种,其中早青一代是目前各地日光温室西葫芦的主栽品种。

2. 适期播种,培育壮苗

10月上旬至11月上旬均可播种,纬度低者可适当早播,纬度高者可适当晚播,但主要取决于温室的保温性能和上市时间,只要在连续数日阴天后温室内白天气温不低于10℃、夜间不低于6℃时即可播种。适宜日历苗龄30 d左右,壮苗标准是3~4叶,株高5~8 cm,茎粗8 mm左右,叶色深绿,根系发达。这样的幼苗定植后30~45 d即可采收,采收期可长达90~140 d。

3. 合理密植,重施基肥

每667 m² 施有机肥5 t以上,并加30 kg三元复合肥或过磷酸钙150 kg和饼肥100 kg,普施1/2,沟内集中施用1/2。按宽行距80 cm、窄行距60 cm做小高垄,垄高15 cm左右,垄上覆地膜,最好一膜盖双垄,可膜下灌水,株距40~50 cm,每667 m² 栽植2 000株左右。以晴天上午定植为宜,定植方法同黄瓜。

4. 定植后管理

(1)温度控制　定植后一般闭棚保温,不超过28℃不放风,以昼25~30℃、夜18~20℃为宜,促进缓苗。缓苗后适当降温,以昼25℃左右、夜12~16℃为宜。严冬来临前,保持较低温度,加强植株锻炼,夜温可降到8~12℃。严冬过后管理恢复正常,以昼25~28℃、夜12~15℃为宜。

(2)光照调控　冬季尽量延长光照时间、增加光照强度是增产的关键措施。为此,应适当早揭草苫,争取早见光,傍晚稍晚覆盖草苫,延长光照时间,经常清洁塑料薄膜,增加透光量。

(3)CO_2调节　当日光温室内CO_2不足时,可考虑进行CO_2施肥。

(4)湿度调控　参照日光温室长季节黄瓜栽培进行。

(5)肥水管理　定植水要浇足,缓苗后可再浇一水,第一瓜坐住后浇催果水,施催果肥,一般每10~15 d浇一水,最好由膜下灌水。严冬过后可逐渐增加浇水次数至4~5 d浇一水。一般春节前追肥1~2次,春节后10~15 d追肥一次。冬季每次每667 m² 追施复合肥15~20 kg。春暖后可顺水追施,或顺水冲施腐熟粪尿,盛瓜期和生育后期可进行根外追肥。

(6)植株调整和保花保果　日光温室西葫芦密度大,茎叶繁茂,易互相遮阳,影响植株受光和光合作用,故可采用吊蔓或支架使植株直立生长,并及时打掉出现的侧蔓和卷须,打掉底部黄叶、老叶及病叶。另外,还需进行人工辅助授粉或采用防落素蘸花,提高坐果率。

5. 适时采收

根瓜重250 g左右时应及时采收,以免坠秧,以后的果实采收可掌握在500 g左右,但应根据植株长势和市场行情灵活掌握,协调长秧与结果关系。

▶ 8.3.4　设施西瓜栽培

8.3.4.1　设施西瓜栽培主要茬口

利用塑料拱棚和日光温室栽培西瓜(彩图8-2),在我国北方地区已经实现了早春到冬前的栽培和供应,在南方地区利用塑料大棚可以进行越冬生产,北方地区主要栽培季节和茬口安排见表8-3。

表8-3 北方地区设施西瓜栽培类型   旬/月

栽培类型	利用设施	播种期	定植期	始收期	终收期
春提前栽培	大棚	中/1—上/3	中/2—上/4	上/5—下/5	下/5—下/6
秋延后栽培	大棚	上/7—上/8	下/7—下/8	下/9—下/10	上/10—上/11
秋冬栽培	日光温室	下/8—下/9	中/9—中/10	中/12—下/12	下/12—上/1
冬春栽培	日光温室	下/12—上/1	下/1—上/2	中下/4—上/5	上/5—上/6

注:栽培季节的确定以北纬30°～43°地区为依据

8.3.4.2 大棚西瓜春提前栽培技术要点

1. 品种选择

大棚西瓜春提前栽培宜选用耐低温弱光、抗病性强、商品性好的品种,以优质的中早熟品种为主,如京欣、丽都、红双喜等。西瓜嫁接苗采用白籽南瓜或瓠瓜作砧木。

2. 培育育苗

(1)播种期 播种过早,气温低,出苗不整齐,缺苗,苗期管理困难;播种过晚,上市期推迟影响效益。一般以当地早春大棚西瓜安全定植期之前30～40 d开始播种育苗,嫁接西瓜应早于自根苗一周左右。

(2)浸种催芽 将西瓜种子置于55℃热水中浸泡15 min,水温自动冷却后再浸泡12～24 h,或用50%多菌灵可湿性粉剂或70%甲基托布津可湿性粉剂稀释成500倍液浸种2～3 h,用清水洗净后再浸泡12～24 h,然后将充分吸足水分的种子捞出,用干净的湿纱布包裹或是放入催芽盒,置于30℃恒温箱内催芽1～2 d,待50%以上的种子露白时分批播种。

(3)苗床准备 北方地区由于冬季温度较低,一般在具有加温条件的日光温室或连栋温室内育苗。选用50孔或32孔的标准穴盘,装入商品育苗基质,浇足水后即可播种。

(4)播种 每穴播一粒萌动的种子,播种深度为1～1.5 cm,上覆珍珠岩或基质并浇足水,在穴盘上覆盖透明地膜保湿。

(5)苗期管理 幼苗出土前,棚温白天28～32℃,夜晚17～20℃,主要通过风口大小与开闭进行温度调节。幼苗出土后,应及时揭去地膜,白天保持20～28℃,夜间15℃左右。当真叶开始生长时,逐渐加大通风,增加光照。第二真叶展开时,采取较大温差管理,白天25～28℃,夜间18℃左右,促进幼苗健壮。苗期除注意温度外,还要注意水分的管理,苗床缺水,影响出苗,或是幼苗死亡,水分过多则会引起沤根或徒长。在定植前3 d,选择晴暖天气,结合浇水,施一次氮肥,喷一次防病药剂,降低苗床温度,增加通风量,适当抑制幼苗生长,增强抗逆力。

(6)壮苗标准 苗龄为25～30 d,苗高6～13 cm,3～4片真叶,叶色浓绿,子叶完整,幼茎粗壮。

(7)嫁接育苗 为了防止西瓜枯萎病和提高抗性,在重茬地栽培西瓜均应采用嫁接育苗。以葫芦、白籽南瓜、瓠瓜等为嫁接砧木,目前市场有专用的西瓜砧木品种可以选用。嫁接的方法有插接法、靠接法和贴接法,具体嫁接方法及嫁接后管理可参照黄瓜嫁接苗。

3. 整地

定植前进行深耕 25 cm 以上。将基肥均匀撒施，每 667 m² 施入优质腐熟有机肥 2 000～3 000 kg，氮、磷、钾（15：15：15）复合肥 20 kg。起宽 60～70 cm、高 15～18 cm 的定植垄，沟心距 1.5～2 m，在定植垄上铺设滴灌带和覆膜。

4. 定植

当设施内 10 cm 地温稳定在 14℃以上，白天平均气温稳定超过 15℃，就可以选择晴天定植。具体定植时间：在河南地区一般日光温室 2 月上旬，双层覆盖大棚 2 月下旬，单层覆盖大棚 3 月上旬。采用宽窄行定植，宽行行距 90 cm，窄行行距 60 cm，株距 30～45 cm。每亩定植株数根据品种特性确定，一般中果型爬地栽培西瓜每亩定植 600～800 株，小果型吊蔓栽培西瓜每亩 1 500～2 000 株。定植时应保证幼苗茎叶与苗坨的完整，定植深度以苗坨上表面与畦面齐平或稍低（不超过 2 cm）为宜，培土至茎基部，并封住定植穴，浇足定植水。

5. 定植后管理

(1)温湿度管理 定植后 7～10 d，要密封棚膜，不进行通风换气，提高土温，促进发根，加快缓苗。缓苗后可以开始通风，温度管理一般以白天不高于 35℃，夜间不低于 15℃为宜，大棚内的温度管理可以通过通风口的大小进行调节，随外界气温的回升逐渐加大通风量。开花期，应适当拉大昼夜温差，促进瓜胎发育和坐果；膨瓜期，白天保持棚温 35℃，夜间不低于 20℃，加快果实膨大；成熟期，加大昼夜温差，促进糖分积累和第二批瓜坐果。

大棚内空气相对湿度较高，白天相对湿度一般达到 60%～70%，夜间和阴雨天达 80%～90%。为降低棚内湿度，减少病害，可采取晴暖白天适当晚关闭放风口，平时尽量减少灌水次数和膜下滴灌来实现。生长中后期，以保持空气相对湿度 60%～70%为宜。

(2)水肥管理 定植水应浇透，膜下土壤全部湿透且浸润至膜外部边沿土壤。伸蔓初期滴灌浇水一次，以后每隔 5～7 d 滴灌浇水一次，果实采收前 5～7 d 停止滴灌浇水。生长前期以有机肥为主，坐果后每 667 m² 追施氮（N）肥 12 kg、磷（P₂O₅）肥 7 kg、钾（K₂O）肥 10 kg 或西瓜专用水溶性肥料 10～15 kg，一般在果实膨大期随水追肥 2～3 次。

(3)植株调整 两蔓或者三蔓整枝，待瓜蔓长 40～50 cm 时，将主蔓吊起，侧蔓地爬。

(4)辅助授粉 第二雌花开放时，每天 07：00—10：00 用当天开放的雄花雄蕊涂抹在雌花的柱头，进行人工辅助授粉；无籽西瓜的雌花用有籽西瓜（授粉品种）的花粉进行人工辅助授粉。采用蜜蜂授粉应在西瓜传粉前一周，将蜂箱搬进大棚，一箱微型授粉专用蜂群可满足 667 m² 大棚西瓜授粉。授粉后在坐果节位拴上不同颜色的绳子（或标牌），3 d 换一次，做好授粉标记。

(5)选瓜留瓜 幼果生长至鸡蛋大小时，及时剔除畸形瓜，选健壮果实留果，一般每株只留 1 个果。幼果生长至拳头大小时将幼果果柄顺直，然后在幼果下面垫上瓜垫。吊蔓栽培时，果实大约 500 g 时用网袋将小瓜装进去吊在铁丝上，防止损伤果柄和果皮。

6. 病虫害防治

大棚西瓜主要病虫有白粉病、蔓枯病、蚜虫、斑潜蝇、夜蛾等。预防病害，在移栽后 35 d 左右的坐果期开始，亩用 50%多菌灵 100 g，或 75%百菌清 150 g，或 15%粉锈宁 100 g，分别兑水 50～75 kg 喷雾，以上几种药剂任选一种，每隔 7～10 d 喷一次，连喷 3～4 次。防病时若有虫害发生，可与杀虫剂混用；若缺肥，可亩用尿素 100 g，磷酸二氢钾 250 g 进行叶面喷施。防治斑潜蝇亩用 20%斑潜净 15～20 g，防治蚜虫可用抗蚜威、大吡功等，防治夜蛾可用毒死蜱、乐斯本等药剂；采收前 20 d 停止用药，几种药剂应交替使用为宜，以免病菌和害虫产生抗药性。

7. 适时采收

西瓜的采收成熟度与品质有直接关系，过熟瓜和生瓜（未成熟）都严重影响品质，因此应采收适度成熟的果实，有利于提高产品品质。因坐果节位、坐果期的不同，果实间成熟度不一，应分次陆续采收，可根据以下方法来判断成熟度。

（1）根据授粉后的天数确定其成熟度　如天气好，光照充足，温度高，早中熟类型的西瓜一般授粉后 28～30 d 成熟，若遇低温阴雨天气，需 35～40 d。

（2）根据西瓜果实性状判断成熟度　果面花纹清晰，特别是果柄周围花纹变得有光泽，浅色区呈明显黄色，脐部、蒂部收缩的均为成熟。

（3）根据叶片色泽　成熟的瓜，其叶片有发黄老化的现象。

（4）根据弹瓜发出的声音判断　弹瓜发出浊音为熟瓜，发出清脆声的为未熟的生瓜。

西瓜成熟后要及时采收上市，应轻摘轻放，小心运输，以免被挤压而裂瓜，影响品质。

8. 留再生瓜

再生瓜，即植株新蔓上结的第二个瓜，若管理得当将获得较好的收益。成败与否与第一季密切相关，必须头季打好基础，培育无病壮苗，施足底肥，及时割蔓清园，及时浇水追肥，以免割蔓后因失水而死亡，以及营养缺乏不能及时萌芽，其他的田间管理技术和病虫防治技术等与头季相同。

8.4　设施茄果类蔬菜栽培技术

茄果类蔬菜是指茄科中以果实为产品的蔬菜，包括番茄、辣椒、茄子和香艳梨等。茄果类蔬菜含有丰富的维生素、碳水化合物、矿物质、有机酸和少量的蛋白质，营养丰富。茄果类蔬菜的各个种类均有丰富的类型和变种，形状各异，花色多样，个体差异巨大，大的可达 1 kg 以上，小的仅有 1～2 g，深受消费者喜爱。茄果类蔬菜除了熟食以外，番茄、辣椒也可生食，还可以加工成蔬菜酱保存食用。辣椒是良好的调味品。茄果类蔬菜具有生长季节长，单位面积产量高，供应季节长的特点，全国栽培范围广，是我国最主要的果菜类蔬菜之一，也是设施栽培中规模较大的一类蔬菜。

▶ 8.4.1　茄果类蔬菜对环境条件的要求

（1）温度　茄果类蔬菜是喜温性作物，在正常条件下，同化作用最适宜的温度为 20～25℃。温度低于 15℃，不能正常开花或授粉受精不良，导致落花等生殖生长障碍；温度降至 10℃时，植株停止生长，长时间 5℃以下的低温能引起低温危害。温度上升至 30℃时，同化作用显著降低；升高至 35℃以上时，生殖生长受到干扰与破坏，导致落花落果或果实不发育。

茄果类蔬菜根系生长最适土壤温度为 20～22℃。土温降至 15℃时，根系吸收水分和养分能力受阻；低于 12℃时，根毛停止生长。

（2）光照　茄果类蔬菜是喜光性作物，在一定范围内，光照越强，光合作用越旺盛，番茄光饱和点约为 1 400 μmol/（m^2·s），在栽培中一般应保持 600～700 μmol/（m^2·s）及以上的光照度，才能维持其正常的生长发育。茄果类蔬菜对光周期要求不严格，多数品种属中日性植物，在 11～13 h 的日照下，植株生长健壮，开花较早；也有试验证明在 16 h 的光照条件下，生长最好。

适温的高低与其他环境条件，特别是光照、矿质营养及 CO_2 含量有密切关系。在弱光照下同化作用的最适温度显著降低。在强光下增加 CO_2 含量，同化作用的最适温度提高，在 CO_2 含量增高到 1.2％时，同化作用最适温度可提高到 35℃。

（3）水分　茄果类蔬菜对水分的要求属于半耐旱蔬菜，既需要较多的水分，又不必经常大量灌溉。对空气相对湿度的要求以 45％～50％为宜；第一花序着果前，土壤水分过多易引起植株徒长，根系发育不良，造成落花，土壤相对湿度可保持土壤最大持水量的 60％左右。第一花序果实膨大后，到盛果期需要大量水分供给，土壤湿度范围以维持土壤最大持水量的 60％～80％为宜，避免土壤忽干忽湿，防止番茄裂果。

（4）土壤　茄果类蔬菜适应性较强，对土壤条件要求不太严格，但以土层深厚、排水良好、富含有机质的肥沃土壤为宜。pH 以 6～7 为宜，过酸或过碱的土壤应进行改良。

8.4.2　设施番茄栽培

番茄（*Lycopersicum esculentum* Mill.），别名西红柿、番柿、洋柿子等。为茄科番茄属番茄种，种内有多个变种和类型。

8.4.2.1　设施番茄栽培主要茬口

利用塑料拱棚和日光温室栽培番茄（彩图 8-3），在我国已经实现了周年生产，北方地区主要栽培季节和茬口安排见表 8-4。

表 8-4　中国北方地区设施番茄栽培类型与季节

旬/月

设施类型	栽培茬口	播种期	定植期	始收期	终收期
大中棚	春提前	下/11—下 12	下/2—中/3	下/4—下/5	上/6—上/7
	秋延后	上/6—中/7	上/7—中/8	中/9—下/10	中/11—上/12
日光温室	秋冬茬	下/7—下/8	下/8—下/9	上/11—上/12	中/1
	越冬茬	下/8—下/9	下/9—下/10	中/12—中/1	中/6—上/7
	冬春茬	下/11—下/12	中/1—上/2	下/3—中/4	下/6—上/7

注：栽培季节的确定以北纬 30°～43°地区为依据

8.4.2.2　日光温室越冬番茄栽培技术要点

1. 品种选择原则

选择优质、抗病、丰产、耐低温、耐弱光、连续坐果能力强、抗黄化曲叶病毒病的番茄品种。如迪安娜、普鲁旺斯和粉妮娜等。

2. 培育壮苗

于 8 月中旬至 9 月中旬采用遮阳、防雨、防虫和降温措施进行穴盘育苗。育苗设施须进行消毒处理。采用 72 孔或 105 孔标准穴盘,可自配或采用商业基质。装填基质后,用与穴盘孔数相对应的压穴器,在每个孔穴中央压成直径 1 cm、深度 1 cm 的播种穴。有条件可采用机械装盘播种。

采用人工或机械方式将种子点播至每个播种穴中,每穴一粒,播后用蛭石覆盖 1 cm。覆盖后浇水至排水孔有水滴出现即可。将播种后的穴盘直接运至育苗设施内,摆放到苗床上,覆盖微孔地膜或无纺布等材料保湿,当种子 60% 左右拱出时及时揭去覆盖物。在催芽室催芽应先将穴盘运送至催芽室,并码放至催芽架穴盘隔板上进行催芽,当有 60% 左右芽拱出时,及时运送至育苗苗床。催芽期间白天温度控制在 35℃ 以下,夜间温度控制在 23～25℃。空气相对湿度控制在 90%～95%。

此时,由于外界温度较高,应采取降温措施,防止幼苗徒长。出苗期温度控制在白天28～30℃、夜间 20～25℃;齐苗后温度控制在白天 25～28℃、夜间 18～23℃;第一片真叶至第五片真叶,温度控制在白天 25～28℃、夜间 20～23℃;定植前一周适当降温,白天 23～28℃、夜间 18～23℃。

在幼苗发育不同阶段,使用 N：P_2O_5：K_2O(20：20：20)＋TE、N：P_2O_5：K_2O(20：10：20)＋TE、N：P_2O_5：K_2O(12：2：14)＋TE 等水溶性肥料,根据基质湿度进行喷淋、施肥,各种配比的肥料交替使用。苗期水肥管理指标见表 8-5。

表 8-5　苗期水肥管理指标

幼苗发育时期	基质相对湿度/%	施肥浓度/(mg/L)	施肥频度/(次/周)
出苗—子叶展平	50～60	50～75	1～2
子叶展平—2 片真叶	50～60	75～100	1～2
2 片真叶—5 片真叶	50～80	200～300	2～3
定植前 7 d—定植	45～55	200～300	2～3

壮苗标准:苗龄 30～35 d,株高 15～20 cm,4～5 片叶,茎粗 0.5～0.6 cm,植株节间短,叶片厚,色深绿,子叶完整,无病虫为害。

3. 定植

定植前一周进行温室消毒,每 667 m² 用 5～6 kg 锯末与 2～3 kg 硫黄粉混合,分 10 处点燃,密闭一昼夜后放风,也可采用百菌清烟雾剂熏蒸消毒。每 667 m² 施腐熟优质厩(圈)肥 8～10 m³ 或腐熟干燥禽肥 1 500 kg、三元复合肥 N：P_2O_5：K_2O(15：15：15)50 kg。其中 2/3 撒施土壤表面后深翻 20～25 cm,1/3 在种植带内集中沟施。

于 9 月下旬—10 月下旬定植。做垄栽培,垄距 120～140 cm,垄高 15～20 cm,每垄定植两行,株距 45～50 cm,每 667 m² 定植 2 400～2 600 株。也可做成双小垄,每小垄定植一行,株距同上。定植后浇透水,7～10 d 后,进行中耕培垄、覆膜。具体做垄定植方式见图 8-1、图 8-2。

4. 田间管理

(1)温湿度管理　定植前应覆盖棚膜,在 10 月下旬,当夜间外界温度低于 5℃ 时要及时覆盖草苫或保温被。在 12 月—翌年 2 月上旬,以保温、降湿等为主。保证温室内气温不低于 8℃,10 cm 地温不低于 12℃。进入翌年 2 月中旬以后要注意放风排湿,中午前后要加大

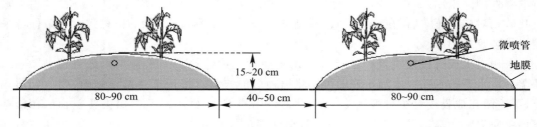

图 8-1　大垄滴灌做畦方式

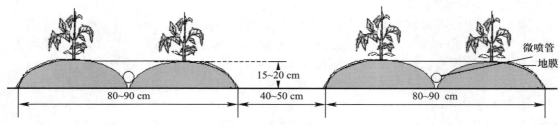

图 8-2　双小垄膜下灌溉做畦方式

通风量,控制温度在 30℃ 以下。

　　缓苗前后白天室温控制在 28～30℃,夜间 18～22℃,地温不低于 20℃,空气相对湿度 80%～90%,以促进缓苗;缓苗后,适当降低室温,白天 25～28℃,夜间 18～20℃,空气湿度 60%～65%,此期间应控制浇水,防止植株旺长;第一花序坐果前后,温度控制在白天 25～30℃,夜间 18～20℃,最低夜温不低于 15℃。晴天午间温度达 30℃ 时,通风降温排湿。

　　进入 11 月下旬后,室外温度降到 0℃ 以下,加强保温;室温控制在白天 25～30℃,夜间 12～15℃,最低夜温不低于 8℃;空气相对湿度控制在 70%～80%,防止病害发生和蔓延。连续阴雨(雪)天气时,在保证温度不下降的前提下,尽量揭开保温覆盖物,让温室内多见阳光;当室内最低温度连续 2 d 降到 8℃ 以下时,应进行补充加温;连阴雨(雪)天气过后,采取回苦、喷水措施,防止闪苗。

　　2 月中旬以后,早揭、晚盖草苦,延长见光时间;保持薄膜清洁,增加光照强度;及时通风排湿。晴天时,白天室温上午 25～30℃,下午 20～25℃,上半夜 15～20℃,下半夜 13～15℃;阴雨天,白天室温 20～25℃,夜间 10～15℃。

　　(2)水肥管理　在浇足定植水和缓苗水后,直到第一花序的果实达到核桃大小时(大果型),再进行灌溉,结合灌溉每 667 m² 随水冲施尿素 15 kg;冬季应控制灌水,一般每 15～20 d 灌溉一次,土壤湿度控制在田间持水量的 60%～70%。第一穗果实采收后进行一次追肥,每 667 m² 施 N:P₂O₅:K₂O(20:10:20)复合肥 15～20 kg 或水溶性冲施肥。以后每采收 1～2 穗果施肥一次。2 月中旬至 3 月中旬,15 d 左右浇一次水,每 667 m² 冲施 N:P₂O₅:K₂O(20:10:20)复合肥 20 kg 或水溶性冲施肥。3 月中旬以后,7～10 d 浇一次水,浇二次水追肥一次,每次 667 m² 施 N:P₂O₅:K₂O(20:10:20)复合肥 15～20 kg 或水溶性冲施肥;如果采用水肥一体化管理方式,可随水带肥,每次施肥量减半。

　　低温期温室内发生 CO_2 亏缺时,可在晴天上午 9:00—11:00,施用 CO_2 肥,适宜浓度为 600～800 mg/kg。

设施园艺学

（3）植株管理　采用单干整枝方式,及时抹除多余的枝杈;当植株高度达到 25 cm 左右时,及时吊蔓、绕蔓;开花时用 30 mg/kg 浓度的防落素等生长调节剂喷花、蘸花或抹花;在温室条件适宜时,可以采用振荡授粉或熊蜂授粉技术,一方面节省劳动力,另一方面也有利于番茄品质的形成。坐果后疏花疏果,大果型品种每个果穗留果 3～4 个,中果型品种每个果穗留果 5～6 个,小果型品种一般不疏果;根据植株生长状况和采收情况,摘除成熟果实以下的老叶;对于已经生长到架顶的植株要进行落蔓,每次落蔓以 40～50 cm 为宜;拉秧前 40 d 在最后形成果穗上部保留 2～3 片叶进行打顶。

5. 采收

果实硬熟期及时采收,并在阴凉处存放;若远途运输销售,则在果实转色期采收,采收时将果实轻轻摘下,也可连带花萼剪下,轻拿轻放;应根据商品等级分别采收,采收过程中所用的工具应清洁卫生、无污染;包装物应整洁、牢固、透气、无污染、无异味。

8.4.2.3　塑料大棚番茄春提前栽培技术要点

1. 品种选择原则

塑料大棚春提前番茄以春末夏初上市为主,应选择耐低温、耐弱光、丰产、抗病的中早熟品种。如辽园多丽、东农 708、中杂 10 号和虹丰粉利王等。

2. 培育壮苗

育苗时间在定植前 50～60 d,北方地区一般在温室或连栋温室内进行。为了提早上市,应尽量培育较大的幼苗,宜选用 50 孔的穴盘,成苗以具有 6～7 片叶、基本现蕾的壮苗。育苗方法与日光温室冬春茬栽培基本相同。

3. 定植

定植时间一般在大棚内平均温度稳定在 12℃以上,最低温度不再出现 5℃以下的低温,10 cm 土壤温度达到 12℃以上,具体时间根据各地气候特点而定;进行多层覆盖的大棚,可以适当提早定植 15～20 d;对于冬季没有进行扣膜的塑料大棚,应在定植前 15～20 d 扣棚,以提高棚内土壤温度。

密度一般控制在每 667 m² 定植 3 000～4 000 株,有限生长型的品种宜定植 4 000 株,无限生长型的品种一般在 3 000～3 300 株,定植方法与日光温室冬春茬番茄相同。

4. 田间管理

（1）温度管理　为了促进缓苗,定植后要密闭棚膜,确保温度提升,只要棚内温度不高于 32℃,不进行通风。缓苗后根据天气状况进行适量通风,白天温度控制在 28～30℃,夜间不低于 10℃;遇到连续阴雨天气时,应进行多层覆盖保温或临时加温,确保棚内温度不低于 8℃;开花期注意加大通风量,棚内温度控制在白天 25～28℃,夜间不低于 15℃;在果实膨大期适当提高棚温,白天 28～30℃,夜间 18～22℃;生育后期要加大通风量,防止高温危害,白天不高于 32℃,夜间不高于 25℃。大棚内温度受外界影响很大,白天晴天上午温度上升很快,夜间温度下降也较快,单层棚膜的塑料大棚保温仅有 2～4℃,应随时根据天气变化情况进行调节。

（2）湿度管理　除了在缓苗期间不进行通风外,整个生育期都要注意通风调湿,保持棚内相对湿度白天在 60%～70%,夜间不高于 90%。

（3）植株调整　无限生长型品种采用单干整枝方式,及时抹除多余的侧枝;有限生长型的品种可以进行改良单干整枝,即除保留主干外,在第一个侧枝上保留 1～2 个花穗;植株高度达到 25 cm 左右时,及时吊蔓、绕蔓,及时摘除侧枝;在终收前 45～50 d 在最终花穗上保留 1～2 个叶片进行打顶。

(4)肥水管理　定植时浇透水,使定植垄内外全部渗透,促使发根;在第一花序果实直径达到 3～4 cm 时浇第二次水,浇水时每 667 m² 施 N：P₂O₅：K₂O（20：10：20）复合肥 15～20 kg 或水溶性冲施肥;以后每 10～15 d 浇一次水,每两次水施一次肥,以每 667 m² 施 N：P₂O₅：K₂O（20：10：30）复合肥 15～20 kg 或水溶性冲施肥为宜,终收期前 20 d 不再追肥;若采用水肥一体化管理,可随水带肥,施肥量减半。

5. 采收

果实硬熟期及时采收,并在阴凉处存放;若远途运输销售,则在果实转色期采收。

▶ 8.4.3　设施茄子栽培

茄子（Solanum melongena L.）为茄科茄属植物,起源于亚洲东南部热带地区,在全世界都有分布,以亚洲栽培最多。中国各地均普遍栽培。茄子含有丰富的蛋白质、维生素、钙盐等营养成分,适应性强,生长期长,产量高,是夏秋季的主要蔬菜之一,尤其在解决秋淡季蔬菜供应中具有重要作用。近年来,随着我国设施园艺产业的发展,茄子已经成为设施栽培的主要果菜,实现了周年生产和供应。

8.4.3.1　设施栽培主要茬口类型

利用塑料大中拱棚和日光温室栽培茄子,在我国已经实现了周年生产,北方地区设施栽培主要茬口安排见表 8-6。

表 8-6　中国北方地区茄子设施栽培茬口　　　　　　　　　　　　　旬/月

设施类型	栽培茬口	播种期	定植期	始收期	终收期
大中棚	春提前	下/11—下/12	下/2—中/3	上/4—上/5	下/6—上/7
	秋延后	上/6—中/7	下/7—上/8	下/8—上/9	中/11—上/12
日光温室	秋冬茬	下/7—下/8	下/8—下/9	上/10—中/11	下/12
	越冬茬	下/7—下/8	下/9—下/10	下/11—下/12	中/6—上/7
	冬春茬	上/10—上/11	中/1—上/2	下/3—上/4	下/6—上/7

注:栽培季节的确定以北纬 30°～43°地区为依据

8.4.3.2　越冬茬茄子栽培技术要点

1. 品种选择原则

栽培越冬茬茄子要选择优质、抗病、高产、耐贮运、耐低温、耐弱光、抗枯萎病、黄萎病的品种。如布利塔、安德烈等。

2. 培育壮苗

于 7 月下旬至 8 月下旬播种育苗,采用嫁接育苗宜提前 15 d。根据设施条件可在日光温室、塑料大棚或连栋温室内育苗,并采用遮阳、防雨、防虫措施。可采用营养钵育苗、穴盘育苗,嫁接育苗,建议选购工厂化培育的茄子商品苗。

(1)基质准备　按草炭：蛭石：珍珠岩＝3：1：1(体积比)配制,每立方米加入烘干鸡粪 10 kg、尿素 0.5 kg、磷酸二氢钾 0.7 kg,将尿素、磷酸二氢钾加入水中,边洒水,边混拌,使基质含水量达到 60％左右,也可采用商业基质。将混拌完毕的基质,均匀填装至 50 孔或 72 孔穴盘内,刮去穴盘上及四周边沿多余的基质,使穴盘孔格清晰可见。采用叠摞的穴盘或专用打孔器,对准穴孔压出或打出播种穴,播种穴深度 1 cm;也可采用穴盘播种机播种。播后覆盖蛭石,并浇水至穴盘底孔有水滴出为止。

(2)播种后管理　播种后覆盖地膜、无纺布等材料保湿,可采用催芽室催芽,也可直接摆放在育苗床上催芽。催芽温度为白天 35℃以下,夜间 20～23℃。空气相对湿度为 90％～95％。当 60％出苗时,及时揭去覆盖物并运至育苗床上培养。

(3)苗期管理　播种后出苗前,温度保持白天 28～32℃,夜间 23～25℃;出苗后,白天 25～28℃,夜间 20～23℃;第一片真叶出现后至炼苗,温度为白天 28～30℃,夜间 23～25℃;定植前 7 d 炼苗,温度为白天 28～30℃,夜间 20～23℃。

在幼苗不同发育阶段采用 $N：P_2O_5：K_2O(15：15：15)$ 的三元素复合肥,或 $N：P_2O_5：K_2O(20：20：20)$＋微量元素、或 $N：P_2O_5：K_2O(20：10：20)$＋微量元素等水溶肥料作为肥源,根据基质湿度进行施肥浇水,各种配比的肥料交替使用。苗期水肥管理指标见表 8-7。

表 8-7　苗期水肥管理指标

幼苗发育时期	基质最大持水量/ ％	施肥浓度/(mg/kg)	施肥频度/(次/周)
出苗到子叶展平	85～90	—	—
子叶展平到 2 片真叶	70～75	100	1～2
2～5 片真叶	65～70	150～250	2～3
炼苗期	45～55	200～250	2～3

(4)嫁接育苗　选用高抗黄萎病、枯萎病、青枯病、根结线虫病等符合嫁接目标要求的砧木,如托鲁巴姆、托托斯加、无刺常青树等。砧木采用 50 孔穴盘培育,根据砧木种子大小确定砧木播种期,选用托鲁巴姆作砧木时要较茄子接穗提早播种 15～20 d。托鲁巴姆播前用 50～100 mg/kg 赤霉素溶液浸泡种子 24 h,用清水淘洗,经晾散、催芽后播种。

幼苗期白天温度为 20～26℃,夜间 15～20℃,幼苗子叶展平时开始浇施 150 mg/kg $N：P_2O_5：K_2O(15：15：15)$ 三元复合肥。若幼苗出现徒长,则喷施 25 mg/kg 多效唑控制。当砧木幼苗高 10 cm 左右、具有 5～6 片叶、茎粗 0.4～0.5 cm 时进行嫁接。

当茄子接穗苗达到 5～6 片叶、茎粗 0.4～0.5 cm 时,可剪取接穗用于嫁接。嫁接前先用剪刀把砧木幼苗子叶以上的茎叶剪去,只保留子叶以下的茎。选取粗度与砧木相近、带有 2～3 片叶的茎段做接穗。

采用劈接法嫁接,先用刀片将砧木断面从中间向下纵切 1 cm,然后把接穗下部削成长 1 cm 的楔形,把楔形插入砧木中间的纵切切口内,将砧木和接穗的韧皮部对齐,用圆形嫁接夹固定嫁接口。每嫁接完一穴盘后,迅速放入遮阳棚内,用地膜盖严保湿。

嫁接后 1～6 d,棚内温度为白天 25～28℃,夜间 18～20℃,湿度为 90％～95％;光照条件 1～3 d 内避光,4～6 d 后接受 $80～100 \mu mol/(m^2 \cdot s)$ 弱光,7～10 d 遮阳率应达 75％以上,相对湿度达 80％以上,以后逐渐加大透光率和通风量,14～15 d 嫁接苗成活后去掉嫁接夹,及时抹去嫁接口下萌发的枝条。

(5)壮苗标准 自根苗的苗龄为 35～40 d,株高 15～18 cm,4～5 片叶,茎粗 0.5～0.6 cm,幼苗叶片厚,叶色深绿,子叶完整,无病虫害。嫁接苗的株高 15 cm,茎粗 0.5 cm,四叶一心,根系发达,叶色亮绿,无病虫害。

3. 定植

定植前施肥、整地。每 667 m² 施腐熟优质厩(圈)肥 5～7 m³ 或烘干鸡粪 1 500～2 000 kg,N∶P₂O₅∶K₂O(15∶15∶15)的三元素复合肥 50 kg,过磷酸钙 50 kg。三元复合肥、有机肥各 2/3 采用撒施,然后深翻 30 cm,整平,耙细,浇水造墒。

采用起垄栽培,按大行距 80 cm、小行距 60 cm、垄高 15～20 cm 起垄。起垄时,把剩余 1/3 的三元复合肥和有机肥,以及 50 kg 过磷酸钙集中施入垄底。采用滴灌设备时做成龟背垄,采用微喷管或膜下暗灌时做成两个小高垄。采用膜下暗灌时小高垄相距 40 cm。

棚室在定植前进行消毒,每 667 m² 用 80% 敌敌畏乳油 250 mL 拌适量锯末,与 2～3 kg 硫黄粉混合,分 10 处点燃,密闭一昼夜后放风;或采用百菌清烟雾剂熏蒸消毒。

8 月下旬—9 月上旬定植。每垄定植两行,株距 45～50 cm,每 667 m² 定植 1 900～2 100 株。采用滴灌时,先在龟背垄上按株距挖穴,穴内浇水定植,两行相距 40 cm,定植完毕后,在大行内浇透定植水,当土壤墒情适宜时,中耕,整平垄面,安放滴灌支管并覆盖地膜,用土封严引苗孔。

采用微喷管灌溉或膜下暗灌时,直接在两个小高垄上挖穴定植,定植后在垄上小沟和大行内同时浇定植水。采用微喷管灌溉时,中耕时垄上小沟宽 15～20 cm,深 10～12 cm,放置微喷管后覆盖地膜;采用膜下暗灌时,中耕时垄上沟宽约 40 cm,深约 12 cm,覆盖地膜。

4. 田间管理

(1)温度管理 定植后缓苗前,保持白天气温 28～32℃,夜间 17～22℃。缓苗后白天 26～30℃,夜间 15～18℃,温度过高时,在大行内浇水降温。从定植到"门茄"采收,白天保持 25～28℃,夜间 15～16℃。结果中期白天 26～30℃,夜间 16～18℃;外界平均温度降至 15～16℃时,夜间及时覆盖保温材料,保持夜温不低于 14℃,地温 13℃以上;低温季节在保温前提下尽量早揭晚盖保温覆盖材料,定期清扫塑料薄膜,雨雪天气保持短期见光。2 月中旬以后,晴天,保持气温上午 27～32℃,下午 27～22℃,上半夜 22～17℃,下半夜 17～15℃;阴雨天,保持气温白天 27～22℃,夜间 17～13℃。

(2)水肥管理 "门茄"在"瞪眼期"不浇水,之后开始浇水,同时每 667 m² 追施尿素 10～15 kg。结果中期每 7～10 d 浇一次水,每 667 m² 每次灌水量为 12～15 m³。结合浇水追肥,每 667 m² 每次追施 N∶P₂O₅∶K₂O(18∶7∶20)的三元复合肥 7～10 kg,可结合防病进行叶面喷肥。2 月中旬—3 月中旬,每隔 10～15 d 浇水一次,配合浇水每 667 m² 追施 N∶P₂O₅∶K₂O(19∶19∶19)的三元素复合肥 8～10 kg;3 月中旬以后,每隔 5～7 d 浇水一次,配合浇水每 667 m² 追施 N∶P₂O₅∶K₂O(18∶7∶20)的三元复合肥 5～7 kg。

(3)植株管理 "四门斗"现蕾前,采用四干整枝,即保留门茄下的二叉分枝,以下基部侧枝 5～8 cm 时及时摘除;对茄现蕾后,保留对茄下的二叉分枝,即保留四个干,多余侧枝全部摘除;初冬采用 30 mg/kg 的防落素喷花,保花保果。

"门茄"采收后,摘除下部老叶;在保留的四个干中选留两个干,对另外两干在"四门斗茄"上方留一叶摘心。"四门斗茄"采收后,剪除摘心的两个干,保留的双干上萌发的侧枝及时摘除,双干高度达 60～70 cm 时,进行吊蔓。外界气温 15℃ 以下时,采用浓度 40～

50 mg/kg 防落素喷花,保花保果;此后一直保持双干整枝,及时摘除多余侧枝,在最下部果实的下方保留 2~3 片叶,多余老叶及时摘除。

5. 采收

茄子以采收鲜果作为商品,应在果实长足果个时进行采收,其标志是观察花萼与果实连接处不再出现生长线时即果实不再膨大,才可进行采收;也可根据市场需要采收没有充分膨大的果实。采收时应利用剪刀将果实连花萼一并剪下,不应带果柄。采收后分级包装,长途运输时温度应控制在 10~20℃,温度过低易造成冷害。

其他茬口的茄子栽培管理可参考越冬茬茄子栽培技术。

▶ 8.4.4 设施辣椒栽培

辣椒［*Capsicum frutescens* L.（syn. *C. annuumL.*）］别名番椒、海椒、秦椒、辣茄。系茄科辣椒属,一年生或多年生草本植物。辣椒起源于中南美洲热带地区的墨西哥、秘鲁等地。辣椒在中国各地普遍栽培,类型和品种较多。在中国北部地区,辣椒,特别是其中的甜椒栽培面积较大,为夏秋的重要蔬菜之一。在我国设施栽培辣椒较为广泛,已经达到了周年生产和供应。

8.4.4.1 设施辣椒栽培主要茬口

我国南方地区辣椒栽培以塑料大棚栽培为主,北方地区利用塑料大中拱棚和日光温室栽培,已经实现了周年生产。北方地区辣椒主要设施栽培茬口安排见表 8-8。

表 8-8　中国北方地区辣椒设施栽培类型与季节　　　　　　　　　　旬/月

设施类型	栽培茬口	播种期	定植期	始收期	终收期
大中棚	春提前	下/12—下/1	下/2—中/3	上/4—上/5	下/6—中/7
大中棚	秋延后	上/6—中/7	下/7—上/8	下/8—上/9	中/11—下/12
日光温室	秋冬茬	下/7—下/8	下/8—下/9	上/10—中/11	中/1
日光温室	越冬茬	下/7—下/8	下/9—下/10	下/11—下/12	中/6—上/7
日光温室	冬春茬	上/10—上/11	下/1-上/2	中/3—上/4	下/6—中/7

注:栽培季节的确定以北纬 30°~43°地区为依据

8.4.4.2 大棚辣椒秋延后栽培技术要点

塑料大棚辣椒秋延后栽培是长江流域重要栽培茬口类型,育苗期在 7 月中下旬,此时正值一年中的高温多雨、光照强的季节,对辣椒育苗十分不利,在管理上稍有不慎,就会造成猝倒病、病毒病、疫病、根腐病的大发生,发病轻者生长营养不良,重者绝收。生产上必须选择早熟、耐高温、抗性强、产量高的品种。

1. 品种选择原则

目前市场上辣椒品种类型较多,有甜椒、辣椒(包括辣味不同的牛角型椒、羊角型椒、线椒、朝天椒等)。设施栽培辣椒以较大果型的品种为主,根据市场需求选择甜椒和不同辣度的品种,一般革质膜较薄的辣椒品质较好。要求以耐高温、抗病性强、优质、丰产的品种为主。如苏椒 5 号、中椒 10 号、湘研 1 号等。

2. 培育壮苗

秋延后辣椒的育苗和定植均处于外界气温较高的季节,为了保证一播全苗,减少病毒病的侵染,要使用营养钵或穴盘护根育苗,并做到一次育苗不分苗。建议采用商品基质和 72 孔穴盘育苗,或直接购买专业化育苗场的商品种苗。

秋延后辣椒的播期选择非常重要,播种早,天气热,雨水多,病害严重;播种晚,后期温度低,产量低。黄淮地区和长江流域播期以 7 月 10—20 日为宜。

在播种前晒种 1～2 d,用 50℃ 温水浸烫,用玻璃棒搅拌至水温 20～25℃ 时捞出种子;或用高锰酸钾 1 000 倍液浸种 15 min 消毒,再用清水浸种 7～8 h,捞出后沥干水分,用湿纱布包好,放在 30℃ 左右的条件下催芽,待种子有 50%～60% 露白时即可播种。

选阴天或晴天 16:00 以后播种。播种当天浇足底水,待水下渗后及时播种,播种后覆盖基质 0.7～1 cm,并盖地膜保湿。育苗温室或大棚需覆盖遮阳率 60% 左右遮阳网进行遮阳降温。

幼苗大部分出土时,及时揭去保湿用的地膜,应及时补充水分。三叶一心前应保持苗床基质湿润,既要防干燥,又要防积水;定植前 1 周要控水,以提高移栽成活率和缩短缓苗期;定植前 1 d 要浇一次小水,并注意防治病虫害。

3. 定植

结合整地,每 667 m² 施入充分腐熟的鸡粪 3 m³、农家肥 3～5 m³、饼肥 100 kg、三元复合肥 50 kg。耕地深度以 20～25 cm 为宜,耙细耙透后起垄,垄高 15 cm、宽 20 cm,以备定植。

当苗龄约 30 d,具 5～6 片叶时及时定植,定植时选择晴天的下午或阴天进行。实行宽窄行种植,宽行 70 cm,窄行 40 cm,株距 30 cm,每 667 m² 定植 4 000 株左右,定植深度以土坨与垄平为宜,定植过深易感染疫病。

4. 定植后的管理

(1)温光管理　9 月中下旬温度较低时应撤去遮阳网,夜间视天气变化扣严大棚膜,大棚内温度白天应保持在 20～25℃,夜间 12～15℃,防止低温影响辣椒的正常发育。10 月下旬要在大棚内加扣小拱棚,11 月下旬再盖草帘,草帘可盖在小拱棚上,整个 11 月应及时揭盖草帘,充分利用本月的光热资源,保证"满天星"果实的正常生长。11 月下旬"满天星"果实基本长成,外界天气变冷,以保温为主,适当减少棚内通风,若棚内湿度大,在辣椒不受冻的情况下可通风,以防病害蔓延。夜间温度低于 0℃ 时,草帘要盖严实,以提高防冻保温能力。此阶段以保温为主,白天不论晴、阴、雨、雪,均要揭开草帘透光;此时辣椒已经不再生长,主要是在植株上活体贮藏,延长供应期,以提高经济效益。

(2)水肥管理　在施足基肥的前提下,"四门斗"椒坐果前不追肥,但门椒坐稳后应浇水促进果实膨大。"四门斗"椒坐果后,每 667 m² 可一次追施三元复合肥 30 kg,隔 15～20 d 再追施三元复合肥 15～20 kg,同时叶面喷硼肥、钼肥,以利坐果。以后不再追肥,但要叶面喷施磷酸二氢钾液,以利上部果实的膨大。9 月下旬至 11 月中旬,控制适宜温度以促进辣椒生长,要保证土壤见干见湿,11 月下旬"满天星"果已长成,基本不追肥不浇水,降低大棚内湿度,防止辣椒病害的发生。

(3)病虫害防治　此茬口栽培辣椒病虫害比较严重,如辣椒病毒病、辣椒疫病、辣椒蚜虫和白粉虱等,要及时采取综合防治措施进行病虫害防治。

5. 采收

辣椒采收主要根据市场情况采收鲜果或成熟果实。采收鲜果的以辣椒充分膨大为宜，一般果实表皮发亮，果实变硬即长成。采收成熟果实要到果实完全变红时采收。较小果型辣椒可以直接摘下，大型果实的品种应用剪刀将果实连带花萼一并剪下。采收后进行分级包装，辣椒的贮运温度应控制在 8～15℃ 为宜。

8.4.4.3 连栋温室甜椒栽培技术要点

1. 品种选择

甜椒因其经济价值高，成为温室栽培的重要果菜。荷兰园艺设施都是连栋温室，近 10 年来，温室甜椒的平均单产提高了 50%，其中优良品种起了较大的作用，目前，甜椒温室栽培面积有逐渐增加的趋势。

我国原有甜椒育种目标主要集中在特早熟和早熟上，要求短周期栽培，一般植株矮小、长势较弱、果实小、果肉薄、产量较低。而大型连栋温室的发展，对品种的产量及品质要求较高，栽培品种多由荷兰等国家引进。近年来，甜椒设施专用品种选育取得了一些突破，选育出一些耐低温弱光、生长势强、适合长季节栽培的品种，如北京市农业技术推广站选育的水晶系列甜椒，其中，红水晶、黄水晶的栽培面积逐年增加，但与国外温室专用品种相比，还存在一定的差距。目前，连栋温室生产中常用的甜椒品种主要有尼瑞、黄太极、红迪、黄迪、保思齐、罗佩奇和曼迪等。

2. 育苗

甜椒的发芽适温为 25℃，高于 30℃、低于 15℃ 不易发芽。幼苗出土后给予较高温度能使子叶肥大，对初生真叶和花芽分化有利。茎叶生长期，温度以白天 27℃、夜间 20℃ 为宜，可使甜椒白天能有较强的光合作用，夜间能较快而且充分地把养分输送到根系、茎等部位，并且减少呼吸作用对营养物质的消耗。

基质穴盘育苗：一般采用草炭与珍珠岩或草炭与蛭石的混合基质育苗。如肥水喷灌自动化，可用 70%～80% 的珍珠岩与 20%～30% 的草炭混合；如采用人工喷施肥水，则用 50% 草炭与 50% 珍珠岩混合基质，以提高基质的保水、保肥能力，避免基质过干或过湿。基质要压实，播种前浇透水，营养液浓度控制在 EC 为 1.0 mS/cm 左右。把种子播于穴孔正中，盖一层混合基质，再浇一次水，之后覆盖塑料薄膜保温保湿。苗期环境和水肥管理可参照番茄进行，甜椒幼苗 5～6 片真叶即可定植。

3. 定植

(1)定植前的准备　连栋温室多采用无土栽培，目前多采用椰糠或岩棉基质袋栽培。如果使用新的基质袋，需要在定植前 1 d 将基质袋充分浇透，使吸水充分；基质充分吸水后，定植前如基质含水量偏高，可在基质袋底部开口，使多余水分流出。如果采用重复利用的基质，定植前要对基质进行洗盐和消毒处理，通常采用低浓度营养液，并在营养液中加入 800～1 000 倍广谱性杀菌剂，进行 3～5 次循环，然后再定植，基质袋最多重复利用一次。

(2)定植密度　每 667 m² 约 1 600 株，行距 160 cm，株距 20～30 cm。

4. 植株调整

(1)整枝打杈　甜椒长到 8～10 片真叶时，产生 3～5 个分枝，当分枝长到两三片叶时开始整枝，除去主茎上的所有侧芽和花芽，选择两个健壮对称的分枝成 V 形作为以后的两个主枝，除去其他多余的分枝。将门花及第四节位以下的所有侧芽及花芽疏掉，从侧枝主干的

第四节位开始,除去侧枝主干上的花芽,但侧枝保留一叶一花,以后每周整枝一次,整枝方法不变。每株上坐住五六个果实后,其上的花开始自然脱落。等第一批果实开始采收后,其后的花又开始坐果。这时除继续留主枝上的果实外,侧枝上也留一果及1~2片叶打顶(图8-3)。甜椒整枝不宜太勤,一般2~3周一次。

(2)授粉及坐果　利用熊蜂进行辅助授粉有利于果实快速膨大,可以获得优质高产。在没有熊蜂时,可通过敲击吊绳或支架产生振动辅助授粉。

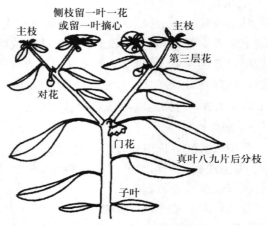

图 8-3　甜椒坐果整枝示意图

甜椒坐果情况与植株长势、环境状况,特别是温度条件及甜椒本身的坐果规律有关。如温度过高,则花小易落;温度过低,则花很大,并产生长柱花,果实多为畸形果。即使给予最适环境条件,无论采用何种整枝技术,甜椒本身也会有产量的高峰和低谷的周期性变化。生产上首先要给予植株最适的环境条件,并摸索坐果规律,以期在市场价格高时产量也最高,获得最佳经济效益。降低温度以节省能源的措施对设施甜椒栽培来说是不利的,只能使果实成熟延迟,畸形果增多,产量下降,经济效益低下。

5. 环境调控

甜椒开花期的温度低于15℃时,受精不良,大量落花;温度降到10℃以下不开花,花粉死亡,坐住的幼果也不膨大,极易变形。甜椒也忌高温,温度高于35℃时,花粉变态或不孕,不能受精而落花。所以白天适温为25~30℃,夜间为18~20℃。结果期间基质温度过高,尤其是强光直射基质,对根系生长不利,严重时能使根系褐变死亡,且易诱发病毒病。植株生长适宜的温度,随生长发育的阶段不同而不同,从子叶展到5~8片真叶期,对温度要求严格,如果温度过高或过低,将影响花芽的形成,最后影响总产量。甜椒各生育阶段对温度的要求见表8-9。

表 8-9　甜椒各生长阶段对温度的要求　　　　　　　　　　　　　　　　℃

生长阶段	最低温度(昼/夜)	最适温度(昼/夜)	最高温度(昼/夜)
苗期	≥11	18~28	≤34
营养生长期	18/14	22~25/16~20	32/22
果实成熟期	18/14	23~26/16~18	30/20

甜椒是一种对气温和地温都非常敏感的作物,不适的温度将改变植株的活力,从而使产量下降。通过改变温度,可以对甜椒的营养生长和生殖生长进行调节。健壮的花朵是果形大而优质的基础,将植株40 cm以下的花朵摘除,以利于植株进行营养生长,以保障有健壮的花朵。在温度管理方面,可以通过高温,特别是高夜温管理(晚上20~21℃,白天24~25℃),达到疏花的效果,高温管理可持续一两周,要根据植株营养生长和生殖生长情况灵活

掌握时间。当植株高度达到 40 cm 左右，为使营养生长与生殖生长平衡，必须将温度降至常规水平，即晚上 18～19℃，白天 24～25℃，通风温度 27℃。如果发现花太小，则可以将夜温降至 16℃，但只能持续三四晚，这样可以使花变大，增加坐果，维持生长平衡。最适合甜椒坐果的夜温是 16～17℃，但这种较低的温度在生产上必须防止坐果太多而影响植株生长。生产上如达不到上述温度要求，低于甜椒所需的最适温度，植株生长将延缓，开始一段时间坐果太多导致随后的营养生长缓慢，而后期坐果极少，果实产量极不平衡。低温还造成花朵太大，特别是很容易产生长柱花，易因授粉不良而产生大量畸形果，丧失商品性，产量损失严重。

大型连栋温室甜椒生产依赖于较高的温度，且温度要求严格，因此，必须设计一个好的加热系统提供足够的热量，并使温室内温度分布均匀。连栋温室甜椒生产一般都采用管道加热系统，如果同时采用基质加热设备，增加植株根际温度（22～23℃），则可以降低空气温度，使植株生长健壮，产量高。

甜椒适宜的空气相对湿度为 60％～70％。设施栽培的甜椒最忌空气相对湿度过大，通风和加温是设施内降湿的主要措施。在初冬和早春季节，通风排湿与保温相互矛盾，加温则是最有效的降湿措施，但由于加温成本高，加温温度不能设置过高。

空气相对湿度过低将导致落花，所以温室内最好能安装喷雾系统以增加湿度。但如空气湿度太高，则容易引起病害的发生，特别是灰霉病。甜椒对灰霉病非常敏感，在通风不良的温室内，灰霉病可能成为毁灭性的病害。在空气相对湿度过高的情况下，启动植株下的管道加热系统促使空气流通，是防止植株叶片和果实上结露的一项必要措施。

甜椒喜光但又忌强光直接照射，其光饱和点为 600～800 $\mu mol/(m^2 \cdot s)$，补偿点为 30 $\mu mol/(m^2 \cdot s)$。夏季光照太强时，须用遮阳网降低光照、防止日灼。

6. 肥水管理

甜椒幼苗期需肥量不大，主要集中在结果期。整个结果期吸氮量占 57％，磷、钾分别占 61％和 69％。从第一个果实坐果后至采收前，不仅植株不断生长，第二、第三层果实也在膨大生长，还要形成新枝叶和陆续开花结果，所以此期是施肥的关键时期。在水分管理上，缓苗后应适当控制水分；初花坐果时只要适量浇水，以协调营养生长与生殖生长的平衡，提高前期坐果率。大量挂果后，必须充分需供水，一般基质相对湿度应保持在 80％左右。无土栽培的水肥供应可通过调控营养液配方和营养液浓度来实现。

7. 增施 CO_2

温室生产主要在低温季节，大多处于密闭状态，因此，温室内 CO_2 含量经常处于亏缺状态，若采用无土栽培方式 CO_2 亏缺的问题更突出。应补充 CO_2，浓度以 800～1 000 $\mu L/L$ 为宜。

8. 病虫害防治

农用链霉素或新植霉素（使用浓度为 200 mg/L）可防治青枯病、轮纹病、软腐病和疮痂病；用 25％瑞毒霉 800 倍稀释液或 40％乙膦铝 300 倍稀释液喷洒或灌根可预防疫病；65％代森锌 600 倍稀释液可防治炭疽病；75％百菌清 600 倍稀释液可防治炭疽病、白粉病等多种病害。

9. 采收

甜椒可以采收绿熟果或红熟果。甜椒绿熟时，其果实表面呈深绿色并有光泽。在采收绿熟果时,如果在绿熟期以前采收,则甜椒果实可能很快变软,货架寿命很短。如果绿熟后的果实仍留在植株上则会逐渐转成红色或黄色。一旦果实开始转色,则必须留待果实转色均匀后才可采收,否则果实表面着色不均,影响其商品价值。果实从绿熟到红熟需 4 周左右。

采收时,可以用手采,或用锋利的小刀割断果柄,原则是果实上要保留果柄。因甜椒茎秆很易折断,采收时注意不要碰断,一般每周采收一次。

8.5　设施豆类蔬菜栽培技术

豆类蔬菜的经济价值较高,富有营养,其多数种类的种子含有丰富的蛋白质,是人类和动物蛋白质营养的重要来源。其茎秆和枝叶也富含蛋白质。新鲜的豆荚、种子和茎叶还含有多种维生素。豌豆品种十分丰富,而且豆苗、嫩荚及种子均可食用。设施栽培的豆类蔬菜主要有菜豆、豌豆、豇豆等。

8.5.1　豆类蔬菜生长发育对环境条件的要求

(1)温度　豆类蔬菜对温度要求因种类而异,一般分为两类:一类是喜温的,有一定的耐热性,不耐霜冻,种子发芽的适宜温度为 20～25℃,幼苗生长适温为 18～20℃,开花结荚期的适宜温度为 18～25℃。其中豇豆要求高温,耐热性强,生长适温为 20～25℃,35℃高温条件下仍能正常生长,10℃以下抑制生长。另一类是耐寒的,如豌豆和蚕豆,为喜冷凉、耐寒不耐热。发芽适温为 18～20℃,茎蔓生长适温为 9～23℃,开花期适温为 15～18℃,结荚期适温为 18～20℃,不耐冻。温度超过 25℃,受精率降低,结荚少,产量低。

(2)光照　菜豆和豇豆生长发育对日照长度的要求不严格,即在较长的日照或较短的日照下均能开花。生长、开花结荚需要较强的光照,若光照不足,则容易发生徒长、落花落荚,这类问题在早春设施栽培中应引起重视。在一般情况下,豌豆和蚕豆属于长日植物,也有的品种属于中日植物,掌握这一特性有利于安排栽培季节。

(3)水分　豆类性喜湿润,较耐旱,但不耐涝。在整个生育期间,适宜的土壤湿度为土壤田间持水量的 60％～70％。土壤水分不足,则开花延迟,结荚数少,豆荚小。种子发芽时保持适宜的水分,避免水分含量过高引起烂种。

(4)土壤　豆类蔬菜对土壤条件的要求相对较高,一般需要有机质含量丰富、土层深厚、排水良好的土壤,土壤酸碱度以 pH 6.2～7.0 为宜。豆类蔬菜具有一定的固氮能力,但其生长发育过程中仍需要较多的氮肥;对磷的吸收量不大,但缺磷会造成严重减产。进入开花期后,植株对氮、磷、钾的需求量增加,增施磷、钾肥对促进生长和开花结荚有良好的作用。

8.5.2　设施菜豆栽培

8.5.2.1　设施菜豆栽培主要茬口类型

设施菜豆栽培,可以在日光温室或大中棚中进行,主要茬口有春提早栽培、秋延后栽培和越冬栽培等。

越冬栽培菜豆的适宜播种期为9月下旬至10月上旬,初冬定植,生长期在冬季。应选用生长期短、分枝少、叶型较小、开花结荚较早的优质丰产蔓生品种。如丰收1号、老来少、棚架2号等。

菜豆早春栽培,宜选用耐寒性强、结荚早、优质丰产的蔓生品种。如丰收1号、早春4号、芸丰架豆等品种。在设施内较低矮的地方如日光温室南底角处,可种植植株较矮的早熟矮生菜豆品种,如美国无架菜豆,提高土地的利用率,提早采收,增加经济效益。华北地区可在1月下旬到2月初播种,4月初可以采收嫩荚;南方各省可在12月下旬播种,3月采收嫩荚。无保温覆盖或保温不好,播种期可适当推迟;如在大棚内加盖小拱棚和草苫,可提早播种,提早收获。

8.5.2.2 大棚菜豆早春栽培技术要点

1. 品种选择原则

早春大棚宜选用耐低温弱光、早熟、耐寒、抗病性强、品质好、产量高的品种,如连农无筋二号、架豆王、芸丰、双季豆、超长四季豆、特长九号等品种。

2. 播种育苗

(1)播种期确定　一般在定植前20 d开始播种育苗,早春大棚促早栽培通过大棚加小拱棚加地膜覆盖的栽培方式,可在2月下旬左右播种育苗。

早春设施促早栽培需要育苗移栽,育苗方法有营养钵育苗、苗床育苗和穴盘育苗。菜豆根系的木栓化程度高,根的再生能力差,塑料大棚菜豆春茬栽培时多实行营养钵育苗移栽的方法,不仅能培育壮苗,而且定植时不伤根、发根快,比直播增产10%～20%。

(2)营养土配制　可用腐熟有机肥4份加未种植豆类蔬菜的园土(4:6),加入0.1%的复合肥,充分混合均匀并过筛后装入营养钵(10 cm×10 cm)中,或者装入36孔或50孔穴盘中,基质高度应比钵口低1.5～2.0 cm;可采用市场销售的商品基质替代营养土进行育苗。

(3)种子处理　选择种皮有光泽、无斑点的2年以下的新种子,播前5～6 d进行晒种和选种,晒种在每天11:00—14:00进行,持续2～3 d。播种前2 d,用高锰酸钾1 000倍液浸种20 min后,用清水洗净,再用常温水浸种4 h,洗净后用湿纱布包住种子,置于25～30℃条件下催芽,每天用温水洗种子1～2次。2 d左右,多数种子露白,即可播种。

(4)播种　播种前将营养钵浇透水,待水渗下后,用手指或圆柱形工具对准每个钵中央,按下3 cm左右深度的穴,将种子播在穴中,每钵播种2～3粒,然后覆盖过筛营养土2 cm左右,最后扣上小拱棚或覆盖地膜以保温保湿。

(5)苗期管理　播种后保持苗床温度,白天25℃,夜间20℃。幼苗出土后,揭去地膜,再盖0.3 cm厚的过筛消毒细土,温度降低到白天20℃左右,夜间10～15℃,以防徒长;当对生叶充分展开,第一片复叶出现后,应适当提高温度以促进幼苗生长,温度以白天20～25℃、夜间15～20℃为宜;定植前1周左右进行炼苗,适当降低温度,白天15～20℃,夜间10～15℃;保持每天10～11 h的充足光照,空气湿度65%～75%,注意防止苗期低温高湿;忌小水勤浇,在定植前1 d浇一次水,利于秧苗脱钵。

壮苗标准:菜豆苗龄根据品种类型及育苗环境不同存在差异,一般矮生菜豆苗龄以25 d左右,生理苗龄3片左右真叶为宜,蔓生菜豆苗龄以35～45 d,生理苗龄6～8片真叶为宜。子叶完好,根系发达,无病虫害,叶片厚且色浓,节间短。

3. 定植

(1)定植前准备　选择 3 年内没种过豆类作物的田块种植,根据土壤肥力和目标产量确定施肥总量。一般情况下每 667 m² 施入腐熟有机肥 4 000~5 000 kg,过磷酸钙 20~40 kg,草木灰 50 kg 作基肥,深翻 25~30 cm,整地后做 100~120 cm 宽的畦,定植前 10 d 覆盖地膜,以提升地温。在畦的两边开穴种植,行距 50~60 cm,穴距 30~40 cm,每穴定植秧苗 2 株。若土壤干旱应提前 7 d 浇水保持土壤墒情。

(2)定植方法　定植宜选择晴天进行,定植时先在挖好的穴中浇足定植水,水下渗后,每穴定植 2 株,再覆少量营养土,使苗坨与膜面相平,然后培土压严膜口,搭上小拱棚,覆盖保温材料。

4. 定植后管理

(1)缓苗期管理　定植后应闭棚以提高地温,促进缓苗,保持棚内白天 25~30℃,夜间 15℃以上;缓苗后适当降低温度,棚温白天 22~25℃,夜间不低于 15℃;保持较干的土壤状态,如太干,浇小水,不宜大水浇灌;此时期一般不用施肥,可中耕 1~2 次,每次间隔 7 d 左右。

(2)伸蔓开花期管理　从 5~6 片真叶展开至荚果坐住为伸蔓开花期,约 20 d。此时期管理要控水、控温、控肥,一般不浇水施肥,白天温度 20~28℃,夜间 15℃。当植株主蔓长至 30~40 cm 时,应及时插架或吊绳引蔓。

(3)结荚期管理　从荚果坐住至采收结束为结荚期,40~60 d。此期以高温管理为主,保证水肥供应。保持白天棚温在 25~28℃,"干花湿荚"是菜豆浇水的原则,进入结荚盛期要加大浇水量,使土壤水分保持在田间最大持水量的 70% 以上;进入高温季节采取轻浇、勤浇、早晚浇水的方法,每 4~5 d 浇一次水,每隔 1~2 次水,每亩追施一次速效性氮磷钾复合肥 20~25 kg,根据需要可叶面喷施 0.2% 磷酸二氢钾加 0.1% 硼砂加 0.1% 钼酸铵溶液,或 2% 过磷酸钙浸出液加 0.3% 硫酸钾溶液,预防植株早衰。当侧蔓高于铁丝时要及时落蔓,并摘去各茎蔓的生长点;生长过旺的要摘除部分功能叶,减少养分消耗;中后期应及时摘除下部老叶、病叶,减少病害发生。

5. 主要病虫害防治

温室大棚菜豆主要病害有根腐病、炭疽病、锈病和细菌性疫病。根腐病可用 70% 甲基托布津可湿性粉剂 800~1 000 倍液浇灌根部,也可用 75% 百菌清 600 倍液或 50% 多菌灵 500~600 倍液喷洒植株主茎基部;炭疽病用 75% 百菌清可湿性粉剂 600 倍液防治;锈病发病初期用 25% 粉锈宁可湿性粉剂 2 000~3 000 倍液,或 50% 萎锈灵乳油 800~1 000 倍液,或 40% 敌唑酮可湿性粉剂 4 000 倍液防治;细菌性疫病可用高锰酸钾 1 000 倍液,或用农用链霉素 3 000~4 000 倍液喷雾防治。

菜豆主要虫害有豆蚜,用高效 Bt 水剂 500~700 倍液喷雾防治。

6. 采收

菜豆为嫩荚采收,采收过早会影响产量,采收过晚影响品质,一般落花后 10~15 d 为采收适宜期,进入盛荚期可 2~3 d 采收 1 次;采收标准为豆荚颜色由绿转为淡绿,外表有光泽,种子略显露;蔓生菜豆播种到采收需要 60~70 d,可连续采收 30~60 d 或更长时间。

▶ 8.5.3　设施豇豆栽培

豇豆(*Vigna unguiculata*),属豆科一年生植物,俗称角豆、姜豆、带豆、挂豆角。豇豆按照茎的生长习性可分为矮生、半蔓生和蔓生三种类型。设施栽培以蔓生为主,矮生次之。豇豆整个生育过程中,大部分时间营养生长和生殖生长同时进行,矮生种生育期从播种到拉秧90～110 d,蔓生种生育期110～140 d。

8.5.3.1　设施豇豆栽培主要茬口类型

豇豆可以利用日光温室和塑料大棚进行周年栽培(彩图8-4),主要茬口有春提早栽培、秋延后栽培和越冬栽培等。一般大棚春提早栽培在2月中下旬育苗,也可在3月中下旬左右直播;秋延后栽培8月上旬直播;日光温室越冬栽培可在12月上旬—翌年1月上旬直播或育苗移栽。

8.5.3.2　日光温室豇豆栽培技术要点

1. 品种选择原则

应选用适应性强、耐低温弱光、生长势强的豇豆品种,如'之豇28-2''早生王''挂面王''变色龙''长豇3号''绿领'等。

2. 播种育苗

日光温室栽培豇豆,生产上有直播和育苗移栽两种方式。实践表明,日光温室豇豆直播其茎叶生长旺盛而结荚少,育苗移栽较直播提早上市10～15 d,可增加产量25%～35%。通过育苗移栽,可以抑制植株前期营养生长而促进生殖生长,达到早结荚、多结荚的效果,而且可集中管理幼苗,掌控其生长情况,容易培育壮苗,还能灵活掌握日光温室栽培的定植期。

(1)催芽播种　对精选晾晒好的种子用0.5%高锰酸钾溶液或10%甲醛溶液浸泡20 min,然后捞出放入温水(25～30℃)中浸泡3～4 h,捞出沥干水,用湿布包好放入20℃下催芽18 h即可发芽。挑选芽长一致的种子播于提前准备好的育苗床营养钵内,播后覆土并在床面覆地膜以利保墒出苗。在25～30℃条件下,3 d即可齐苗。

(2)苗床管理　当幼苗出土后,立即撤去床面地膜并覆一层0.5 cm厚的潮湿营养土。齐苗后将床温降至13～20℃,以防幼苗徒长。当幼苗第一片真叶充分展开后增加光照,叶面喷施0.5%磷酸二氢钾和硼肥,以促进花芽分化和培育壮苗。在幼苗二叶期、三叶期,各重复喷施一次。当幼苗长至四叶期时,进行炼苗,准备定植。

3. 定植

(1)整地施肥　豇豆虽有根瘤,但固氮能力较弱,植株生长前期根系自身的根瘤菌生长活动所需吸收的氮素50%要靠土壤供给。一般宜选用土层深厚、排水通气良好的沙壤土栽培。同时,精细整地和深施基肥是豇豆丰产的主要措施之一。种植前要施入充足的且充分腐熟的有机肥作基肥,同时每667 m² 增施三元复合肥或磷酸二铵30 kg左右。

(2)合理密植　日光温室栽培豇豆生长处于"高温、高水、高肥、弱光"环境,植株稍有密闭即易形成徒长、落花。因此,在日光温室栽培豇豆,栽植密度较露地栽培小。可采用高畦地膜覆盖栽培,在温室内南北走向做畦,畦宽110～120 cm,高20 cm左右,大行距70 cm,小行距50 cm,穴距28 cm,每穴栽2株,每亩栽6 000～6 500株。定植后畦面覆盖地膜,及时放苗浇水。

4. 定植后的管理

定植后管理的特点是前控后促,重点是施肥和病虫害防治。

（1）中耕　定植后及时中耕松土及除草，提地温，促缓苗；若设施内土壤湿度不大，应及时再浇小水，并随水每亩追施氮肥 15 kg，以提苗促发秧；随后控水至植株进入开花结荚期。

（2）增加光照　秧苗定植后，在保证温度前提下早揭晚盖保温覆盖物，及时通风排湿，增强光照，促壮根、壮秧，提高幼苗光合能力，为丰产打好基础。

（3）甩蔓期管理　植株快速生长至现蕾为甩蔓期，历时 10～15 d。这一时期植株生长加快，节间伸长，光合作用能力强，根瘤固氮能力差，易于徒长，茎蔓也易相互缠绕；要及时搭架引蔓，控制浇水，促进开花结荚；叶面喷施硼肥，控秧促荚；浇水时"浇荚不浇花"，避免引起落花落荚；待嫩荚长至 15 cm 左右结束控秧，加强水肥管理。

（4）开花结荚期管理　指从开花至采收结束，一般历时 60～80 d。这一时期植株的营养生长和生殖生长同时进行，为获取丰产，管理上需要增加温室内光照，适当提高室内温度，白天控制在 25～30℃，夜间控制在 12～15℃，以保证光合产物顺利运输及豆荚快速生长。加强水肥供应，保证植株有良好的营养状态，整个采收期每隔 10～12 d 追肥一次，结合浇水每亩冲施三元复合肥或磷酸二铵 10～15 kg，可与速效优质冲施肥交替施用。及时进行植株调整，包括搭架、摘心、打杈等，这是日光温室豇豆丰产栽培的关键技术措施。豇豆植株甩蔓后，要及时搭架引蔓上架，并将第一穗花以下的侧枝全部抹掉；主蔓长至 1.8 m 时摘心，促进幼荚生长和侧枝萌生；当侧枝坐荚后，进行摘心，以节约营养促进幼荚生长，实现优质高产。

5. 主要病虫害防治

温室豇豆栽培主要病害有叶霉病、锈病、白粉病和炭疽病；主要虫害有蚜虫、白粉虱、潜叶蝇和茶黄螨，提倡采用预防为主，综合防治原则进行病虫害防治。主要病害和蚜虫防治技术可参照菜豆进行；白粉虱可用 2.5% 联苯菊酯乳油 3 000 倍液或 10% 吡虫啉可湿性粉剂 2 000～3 000 倍液喷雾防治；潜叶蝇可用 1.8% 齐螨素乳油 2 000～3 000 倍液喷雾防治；茶黄螨可用克螨特 800 倍液或扫螨净 1 000 倍液喷雾防治。

6. 采收

豇豆一般在花后 10～20 d 豆粒略显时采收，收获初期每隔 4～5d 采收一次，盛果期每隔 1～2 d 采收一次。采摘时要特别注意保护小花蕾不受损害，最好在嫩荚基部 1 cm 处剪断。

豇豆大棚栽培技术可参照日光温室，但在播种期安排上，早春应推迟，秋季应提前 20～30 d。

▶ 8.5.4　设施豌豆栽培

豌豆（*Pisum sativum* Linn），又叫荷兰豆、清荷兰豆、小寒豆、淮豆、麻豆、青小豆、金豆、回回豆等。为豌豆属豌豆种一年生攀缘草本植物，豌豆营养价值高，在豌豆荚和豆苗的嫩叶中富含维生素 C 和能分解体内亚硝胺的酶，可分解亚硝胺，具有抗癌防癌的作用。菜用豌豆主要以嫩豆粒、嫩豆荚、嫩芽供食用。

8.5.4.1　设施豌豆栽培主要茬口类型

豌豆可利用温室、大棚进行春提早栽培、秋延后栽培、越冬栽培等。春提早栽培可利用温室、大棚在冬季或初春播种，于春末或夏初收获，这是北方地区设施豌豆的主要生产方式；

秋延后栽培可利用大棚等设施或简易保护设施,在秋季播种、初冬上市;越冬栽培利用日光温室或大棚进行设施豌豆生产,在秋季播种、冬季收获。

利用温室、大棚等可进行豌豆芽菜周年生产。当室外平均温度高于 18℃时,不需要任何保护设施栽培,冬季采用温室等设施,夏季采用大棚进行遮阳网覆盖生产。

8.5.4.2 设施豌豆越冬栽培技术要点

利用日光温室或大棚等园艺设施进行豌豆越冬栽培,一般于 10 月上中旬播种,11 月上中旬定植,12 月下旬开始采收,春季拉秧。

1. 品种选择原则

越冬栽培应选用耐低温、耐弱光,对日照长短要求不严格的抗病品种,目前生产中常用品种有奇珍 76、台中 13 号、爽密、德华等。

2. 种子处理与播种

(1)种子处理 嫩荚豌豆只有在低温条件下通过春化阶段才能在长日照下开始结荚,为促进春化阶段迅速开花,降低其花序着生节位,达到早熟高产的目的,播种前可进行低温处理。方法是选择籽粒饱满、有光泽、整齐、无病虫害的种子,用冷水浸种 2 h,捞出用纱布包好,每隔 2 h 用冷水浇一次,约经 20 h 种子开始萌动,胚芽露出后置于 0~5℃的低温下处理 10 d 左右,便可取出播种。

(2)整地施肥做畦 整地时应特别强调精耕细耙,施足基肥。基肥除优质土杂肥外,还要多施磷肥、钾肥,如草木灰、屋炕土等。一般每 667 m² 施有机土杂肥 2 500~3 000 kg,过磷酸钙 20~25 kg,草木灰 100 kg 或氯化钾 15~20 kg。最好将化肥与有机肥混合后同时施入。设施栽培豌豆宜做成高畦,一般畦宽 80 cm,畦高 10 cm,畦沟宽 40 cm。

(3)播种 播种前应精选种子,选粒大、整齐、健壮和无病虫害的种子播种,以保证苗全、苗壮。以条播、点播为主,播种方法是在 80 cm 宽的高畦上种 2 行,即开 2 个深 3~4 cm 的沟,沟内浇足底水,按 8~10 cm 的株距进行点播,每穴播 2~3 粒种子,覆土厚度 3~4 cm。畦面整平后覆盖地膜,每 667m² 播种量为 4~5 kg,约 1.2 万株为宜。亦可集中育苗或采用商品苗移栽。

3. 田间管理

(1)温度管理 若为育苗移栽,定植后 3~5 d 闭棚增温,促进缓苗;至现蕾开花前,设施内昼温保持 20℃左右,超过 25℃放风,夜间不低于 10℃;进入结荚期,以昼温 15~20℃,夜温 10~12℃为宜;随外界气温的变化,要注意掌握放风时间及放风量的大小,以维持正常的温度条件。

(2)肥水管理 现蕾前一般不再浇水施肥;进入盛花结荚期后加大肥水,每 10~15 d 浇一次水,隔二次水带一次肥,每次 667 m² 追施氮磷钾复合肥 10~12 kg;选择晴天上午膜下沟灌,浇水后及时放风排湿。

(3)植株调整 当秧苗 20~25 cm 时应及时搭支架扶蔓或用吊绳吊蔓,辅以人工适当绑蔓和引蔓,以利透光,改善叶片的受光态势,提高光合效率;对于分枝能力较差的品种,可以在长到适当高度时打顶,促进侧枝萌发;进入盛花期,如发现落花落荚,可用 5~10mg/kg 防落素喷花。

4. 主要病虫害防治

豌豆越冬栽培主要病害有锈病、白粉病和炭疽病,虫害主要有蚜虫、白粉虱、潜叶蝇等,防治方法参照日光温室豇豆。

5. 采收

以嫩荚作为产品时,须在嫩荚充分肥大、籽粒开始发育时采收,一般在开花后 12～15 d 进行采收,采摘时注意不要伤荚或枝蔓,豆蔓基部的豆荚要一次性采摘干净,以免植株养分转入豆荚种子,造成上部落花,影响嫩荚发育;以嫩豆作为产品时,须在豆粒充分饱满、豆荚由深绿变为淡绿时采收,一般在开花后 15～18 d 可采收。

8.6 其他蔬菜设施栽培

8.6.1 设施芹菜栽培

芹菜为伞形科芹属、以肥嫩叶柄为食用器官的二年生草本植物,原产地中海沿岸,现在世界各地普遍栽培。在中国栽培历史悠久、南北各地分布很广,由于芹菜适应性强,结合设施栽培,可做到周年供应,是设施栽培面积较大的叶菜类蔬菜之一。芹菜含有较丰富的矿物盐类、维生素和芹菜油等挥发性芳香物质,有促进食欲、降低血压、健脑和清肠利便的功效,是优良的保健蔬菜。

8.6.1.1 芹菜类型及对环境条件的要求

1. 芹菜的类型

芹菜按叶柄颜色可分为绿芹和白芹;按叶柄充实与否可分为实心芹菜和空心芹菜;按叶柄形态分为本芹和西芹。本芹是指我国多年栽培的品种群,叶柄细长,味浓,但纤维较多。主要优良品种有:天津白庙芹菜、开封玻璃脆、津南实芹、北京棒儿芹、北京实心芹菜、山东恒台芹菜等。西芹又叫洋芹,从欧美引进,叶柄肥厚宽大但较短,纤维少,味淡、脆嫩,但耐热性不如本芹。由于西芹有生育期长,耐寒性强及低温下不易空心等特点,在我国发展很快,栽培面积已超过本芹。优良品种有高优它、嫩脆、荷兰西芹、加州王、佛罗里达 683 等。

2. 芹菜生长对环境的要求

(1)温度和光照 芹菜喜冷凉温和的气候,有一定的耐寒性。种子在 4℃ 时开始萌发,发芽适温为 15～20℃,25℃ 以上发芽缓慢。营养生长适宜温度为 15～20℃,20℃ 以上生长不良,幼苗可耐 −4～5℃ 的低温,成株可耐 −7℃ 左右的低温。芹菜对光照强度要求不高。芹菜种子发芽需要弱光,在黑暗条件下发芽不良。

(2)水分和土壤 芹菜要求湿润的土壤和空气条件。适宜的土壤相对含水量为 60%～80%,空气相对湿度为 60%～70%。水分不足,生长迟缓,叶柄机械组织发达,品质下降,产量降低。芹菜适宜在富含有机质、疏松、肥沃、保水保肥力强的壤土或黏壤土中生长。适宜的土壤 pH 为 6.0～7.6。芹菜喜肥,整个生育期以氮肥为主,配合磷钾肥施用,芹菜对硼反应敏感,缺硼会发生叶柄劈裂、横裂或心腐病。

8.6.1.2 设施芹菜栽培茬口

芹菜植株较小,在改良阳畦、各类塑料拱棚、日光温室等园艺设施均可栽培,其中以塑料大棚、日光温室芹菜栽培面积大。结合露地栽培，芹菜已经实现了周年生产和供应。北方地区芹菜栽培形式与茬口安排见表8-10。

表 8-10　北方地区芹菜栽培形式与茬口安排　　　　旬/月

设施类型	栽培茬口	播种期	定植期	收获期	备注
日光温室	秋冬茬	中/7—上/8	中/9—上/10	中/12—中/2	露地或设施育苗
	冬春茬	上/8—上/9	下/10—上/11	上/3—上/4	露地或设施育苗
塑料大中棚	春提前	上/1	下/2—上/3	下/5—下/6	设施育苗
	越冬茬	中/8—下/8	上/11—中/11	下/2—上/3	黄淮地区
	秋延后	上/7—中/7	下/9—上/10	中/12—中/1	后期多层覆盖

8.6.1.3　大棚芹菜秋延后栽培技术要点

大棚芹菜秋延后栽培前期在露地或设施内集约化育苗，中后期在大棚内生长。温度下降时，可拉二道幕或加盖防寒保温覆盖物，提高保温性能，促进芹菜快速生长。当棚内最低气温达2～5℃时应及时采收，以免产品受冻。栽培要点如下：

1. 播种育苗

北方地区均于6—7月播种。先整好苗床，播种前浇足底水，播种量1.5 kg/667 m²左右。这个季节播种正当高温季节，喜凉的芹菜难以正常发芽，应进行低温催芽，催芽温度应掌握在15～20℃，当多数种子露胚根时进行播种。当幼苗长到1～2片真叶时，进行一次间苗，保持苗距3 cm左右，同时拔除苗床杂草。幼苗长到3～4片真叶，高5～6 cm时进行一次分苗，分苗密度一般为5～6 cm见方；也可以采用144孔穴盘进行育苗。

夏季育苗特别要注意水分管理，整个苗期以小水勤浇为原则，保持土壤湿润。播种后到出苗前要用喷壶浇水，齐苗后灌一次水，以后做到畦面见干见湿。当植株长到5～6片真叶时，根系比较发达，适当控制水分，防止地上部徒长。幼苗8～9片真叶时即可定植，定植前一周左右，要适当控制浇水，以利定植后成活。

2. 定植

芹菜定植有单株、双株和丛栽，定植方法与密度随品种、地力、栽培季节、肥水条件等不同而不同。设施栽培芹菜多采用小沟单株条栽，株行距10 cm×12 cm，每667 m²保苗55 000株。西芹单株大，产量高，株行距20 cm×60 cm，每667 m²保苗5 500株左右。

3. 田间管理

(1)温度管理　秋延后栽培，温度由高向低变化，定植初期可按自然温度管理，中后期防寒保温尤为重要。当外界最低气温降至15℃以下时，须扣棚保温。初始大棚两侧薄膜不全放下，使芹菜对大棚环境逐步适应。当外界最低气温降至6～8℃时，夜间闭棚保温；此期仍应注意白天通风换气，防止棚内高温、高湿。棚温保持在白天20～22℃，夜间13～18℃，地温15～20℃。以后根据情况，逐渐减少通风量，缩短通风时间。低温时期可在大棚四周围1 m高草帘或每畦加扣小拱棚，夜间覆盖草苫保温。

(2)肥水管理　大棚秋延后芹菜肥水管理应以促为主，促控结合。扣棚前浇一次透水，追施速效氮肥，并增施磷肥、钾肥，以增强植株抗寒性；扣棚后到夜间闭棚前再追氮肥一次。浇水以畦面湿润为度，轻浇勤浇温水；中后期减少浇水，以免降低地温和增加棚内湿度。

4. 病虫害防治

芹菜主要病害有斑枯病和叶斑病,为害叶片、叶柄和茎。

防治方法:选用无病种子,并在播种前进行种子消毒;夏播育苗要遮阴、防雨、防露,及时排去积水;加强放风,降低湿度;施足有机肥,增施磷钾肥;保持田园清洁,及时清除病叶。斑枯病发病初期可用65%代森锌500倍液或多硫胶悬剂1 000倍液或75%百菌清600～700倍液防治,每隔7 d喷一次,连喷2～3次;叶斑病在发病初期采用80%代森锰锌800倍液或70%甲基托布津可湿性粉剂600倍液喷雾防治,隔7～10 d再喷一次,连喷两次。

芹菜主要虫害是蚜虫,可用40%康福多水剂3 000～4 000倍液,或2.5%天王星乳油3 000倍液,或10%一遍净可湿性粉剂2 000倍液喷雾防治,7～10 d喷一次,连喷2～3次。

5. 收获

由于塑料棚保温性较差,应格外注意棚温变化,做到适期收获。在白天棚温7～10℃,夜温2℃,地温12℃以下,即产生冷害。根据种植方式、市场需求等,分大株、中小株和劈收叶柄等方式收获。整株收获时,注意勿伤叶柄,择除黄叶、烂叶,整理成束或打捆上市;短期贮藏,一般带3～4 cm短根收获,捆好,根朝下,于棚内假植贮藏,分期上市;劈收叶柄不可过早、过晚,以免影响下茬或下部叶老化,影响心叶生长。通常外叶70 cm时采收较宜,可分2～3次劈收叶柄,分期供应。

▶ 8.6.2 设施韭菜栽培

韭菜是百合科葱属多年生宿根蔬菜,原产我国,现分布广泛,各地均有栽培。韭菜主要以嫩叶和叶鞘(假茎)为食用器官,其营养丰富,含有多种维生素、矿物质、蛋白质及纤维素等,且有特殊的香辛味,能增进食欲,因而深受广大群众的喜爱。

8.6.2.1 韭菜对环境条件的要求

(1)温度 韭菜耐寒,不耐高温。生长适温为13～22℃,在冷凉的气候条件下生长的韭菜品质较好,当日平均气温达24℃时则生长缓慢,尤其在高温、强光照和干旱条件下,叶片中纤维素增多,质地粗硬,品质变劣。韭菜发芽适温为15～18℃,幼苗生长适温为12℃以上,茎叶生长适温为白天24℃、夜间12℃,白天设施内温度不应超过30℃。

(2)光照 韭菜较耐阴,适宜的光照强度为400～600 $\mu mol/(m^2 \cdot s)$。叶片生长要求光强适中,光照过强,植株生长受抑制,叶片纤维素增多;光照过弱,叶片同化作用减弱,叶片瘦小,分蘖减少,产量降低。

(3)水分 韭菜叶片狭长,表皮蜡质层较厚,表现出耐旱的特征。但韭菜的根系是须根系,分布浅,吸收能力较弱,又表现出喜湿的特性。为了获得优质高产和减少病害的发生,栽培管理上应创造土壤水分充足、空气湿度较低的环境条件。一般空气相对湿度以60%～70%为宜,土壤相对含水量为70%～90%,栽培时应充足供水,使土壤保持湿润。

(4)土壤及营养 韭菜对土壤的适应性较强,在沙壤土、壤土、黏土上均可栽培,但以土层深厚、富含有机质、保水力强的壤土为宜。韭菜一般适宜中性土壤。由于韭菜生长期长,收割次数多,其需肥量较大,除需要大量的有机肥,还应定期补充氮肥,配施磷钾肥及其他矿质元素,有助于提高产量和改善品质。

8.6.2.2　设施韭菜栽培主要茬口

设施韭菜(彩图 8-5)栽培主要茬口为塑料大棚秋延后栽培和日光温室冬春茬栽培。北方地区以日光温室冬春茬为主,一般在春天露地播种育苗,10 月下旬上冻前移入日光温室定植,11 月下旬至翌年 5 月收获。

8.6.2.3　日光温室冬春茬韭菜栽培技术要点

1. 品种选择

韭菜品种资源丰富。按食用部分可分为根韭、叶韭、花韭和花叶兼用型四种类型,以花叶兼用韭栽培最为普遍。适合日光温室冬春茬栽培的韭菜应具备叶片肥厚、直立性和分蘖性强、休眠期短、萌芽快、生长快、对温度的适应性强、抗病性较强等特性。常用的品种有汉中冬韭、大金钩韭、河南 791、嘉兴白根(杭州雪韭)、竹竿青等。

2. 育苗养根

韭菜育苗养根是在露地进行的,可分为当年直播养根和移栽养根两种形式,设施栽培以育苗移栽为宜。

3. 整地施肥播种

土壤化冻 30 cm 深时整地,每公顷施腐熟农家肥 7.5 万 kg、过磷酸钙 750 kg,深翻细耙。当 10 cm 地温稳定在 10～15℃时可播种,条件满足播种越早越好,保证雨季前植株有一定的生长量,增强植株越夏能力。春季气温低,常采用干籽播种,将畦面整细耧平,按10～12 cm 行距划沟,沟深 1.5 cm。撒籽后耧平床面,用脚轻踩床面然后浇水,每公顷播种量一般 60～75 kg,河南 791 品种 45～60 kg。

4. 苗期管理

韭菜苗期管理的原则是前促后控,主要措施有中耕除草、施肥灌水和防虫等。出苗后每隔 10～20 d 中耕一次,及时除草。苗期水分管理的总原则是轻浇和适当勤浇、前期勤浇、轻浇,经常保持畦面湿润;当苗高 15 cm 左右时适当控水蹲苗,防止幼苗细弱而引起倒伏烂秧。结合灌水,苗期追肥 2～3 次,每 667m² 每次施尿素 8～10 kg。苗龄 75 d 左右,株高 20～25 cm,5～7 片叶即可移栽。

5. 根株移栽

移栽时期一般在 7 月下旬,尽量避开高温雨季。栽植方式有沟栽和平畦栽两种。沟栽首先在温室栽培床施基肥,土肥混匀整平,按 35～40 cm 行距开定植沟,沟深 13～15 cm,穴距 20～25 cm,每穴 25～35 株,加大行距有利于培土软化;平畦栽按行距 17～20 cm、穴距13～20 cm、每穴 7～10 株定植,此方法栽植较密,不能使培土软化。

6. 扣膜前管理

定植后至扣膜前,在管理上养根不收割。秋末在韭菜休眠前修好温室、备好棚膜。立冬前后,韭菜地上部经霜冻叶片停止生长,营养物质向根部输送及贮存,进入休眠,俗称“回根”。此期要及时清除枯叶和杂草,浇足冻水,结合施肥浇灌农药防止韭蛆。

7. 日光温室扣膜

北方地区韭菜多在 10 月下旬至 11 月下旬冻土层为 6～10 cm 时进入休眠期,此时是温室扣膜的适期,要在上冻前覆盖塑料薄膜。嘉兴白根和河南 791 等品种休眠期短或不休眠,可不经营养回根,即可温室生产。

8. 扣膜后管理

(1)温度管理 日光温室扣膜初期昼夜室温保持 20~25℃ 为宜,5~7 d 即可化冻;如果升温过快,已经冻结的根系因急剧化冻,水分大量渗出根外,根系易发生腐烂现象;之后日光温室内昼温仍须保持在 28℃ 以下,夜温 8~10℃,如果温度高于 30℃,且湿度过大,韭菜易徒长,应及时通风、降温降湿;严冬季节晴天温室顶部放小风,夜温低于 8℃ 时,应加盖草苫、保温被保温;2 月上旬气温回升时,应加大通风量,保持昼温在 25℃ 以下。

(2)中耕培土 在畦土化冻后韭株萌发前,中耕松土,扒开苗眼晒土增温,剔除死株弱株;如果发现韭蛆立刻进行药剂防治。温室扣膜半个月后,韭菜开始返青生长。此时开始培土 2~3 次,最后培成 10 cm 高的小垄,造成黑暗湿润的环境,以增加韭白长度,提高产品品质及产量,以后每次收割后均进行中耕培土。

(3)肥水管理 韭菜生长前期气温低,温室密闭,水分蒸发少。为了避免灌水降低地温,一般灌足封冻水和追过肥的地块,在第一茬韭菜收割前不追肥灌水。从第一茬收割后开始,每次收割后马上松土,待长出新叶后灌水,每 667 m² 随水施尿素 10 kg。灌水应选择晴天,灌水后及时通风排湿,使室内湿度保持在 70%~80%。如果湿度过大或植株含水量过大,收割后韭菜易萎蔫腐烂。

9. 收获

日光温室韭菜定植后 50~60 d、株高 30~35 cm 时,即可收第一刀。以后每隔 20~30 d 可收一刀,收割时留茬 1.5~2 cm,避免割伤根茎。

10. 病虫害防治

日光温室冬春茬韭菜主要病害是灰霉病,低温高湿易发生和流行。防治措施主要通过水分管理和加强通风降低温室内湿度,防止叶表面结露;在每次收获后培土前喷药预防,药剂可用 50% 多菌灵可湿性粉剂 400~500 倍液,或 50% 速克灵可湿性粉剂 1 500 倍液,或 2.0% 粉锈宁乳油 1 000 倍液。

韭蛆是韭菜生产中毁灭性的虫害。防止措施包括合理密植、改善通风;幼虫防治可选用 50% 辛硫磷乳油 1 000 倍液、48% 乐斯本乳油 500 倍液、1.1% 苦参碱粉剂 500 倍液灌根,每月一次;或亩用 10% 灭蝇胺水悬浮剂 75~90 g 用高压喷雾器顺垄喷药,对韭蛆防治效果显著。成虫防治可用 40% 辛硫磷乳油 800~1 000 倍、2.5% 溴氰菊酯或 20% 杀灭菊酯乳油 2 000 倍以及其他菊酯类农药等,茎叶喷雾,09:00—11:00 为宜。

▶ 8.6.3 设施生菜栽培

生菜(*Lactuca sativa* L.),又称叶用莴苣,菊科莴苣属的一年生、二年生蔬菜,性喜冷凉气候,原产地中海沿岸,是一种世界性蔬菜。因其株型小,最适宜用水培的形式来种植,既是欧洲,也是我国无土栽培的主栽蔬菜种类之一,主要利用深水培(DFT)或浅水培(NFT)进行生产。生菜是当前无土栽培的三大蔬菜之一,有的国家已实行了机械化无土栽培规模化生产(彩图 8-6)。

8.6.3.1 温室生菜的水培生产技术

1. 品种选择

生菜性喜冷凉,温室的最高气温常在 25℃ 以上,故水培生菜较难结球或结球不紧实。

水培生菜应选用早熟、耐热、耐抽薹的品种,如意大利生菜、玻璃生菜、奶油生菜等。

2. 栽培季节

无土栽培生菜可以全年生产,主要在9月到次年的5月栽培,6—9月为夏季栽培,要采用耐热品种,温室采用外遮阳系统和湿帘风机系统降温。

3. 播种育苗

生菜无土育苗基质有泥炭、珍珠岩、椰糠等,水培生菜育苗多采用水培专用岩棉或聚氨酯泡沫等育苗基质,避免泥炭等脱落污染营养液,堵塞循环系统。播种前基质要充分润湿,每穴一粒生菜种子,播好后覆盖一层薄基质,用雾化喷头或喷水细密的喷头浇透。播后要注意保温,每天要淋水,但不能积水,播后第6 d,当真叶展开后,开始浇EC为1.5 mS/cm的营养液,生菜的苗龄一般15～20 d。

4. 定植

当幼苗真叶4～6片时,选择生长健壮、无病虫害的生菜苗进行移栽,定植密度以25～40株/m² 为宜。

5. 营养液管理

(1)营养液的配方 生菜是适合水培生产的蔬菜,适于生菜生长的营养配方很多。可以采用园试配方、山崎生菜营养液配方、霍格兰配方或华南农大叶菜类配方等。

(2)营养液控制 水培中营养液浓度的管理受生长期、光照强度、温度等环境条件的影响而变化。营养液控制的原则是苗期用低浓度营养液,随生菜快速生长增加浓度;强光、高温下耗水量大,宜适当降低浓度,相反应提高营养液浓度。营养液的浓度调整宜在早晚进行,营养液浓度晚上要相对较高,白天相对较低。

定植10 d左右EC为1.0～1.5 mS/cm;移栽10～20 d后,EC为1.5～2.0 mS/cm;20 d后到采收,EC为2.0～2.5 mS/cm。生菜生长的pH控制在5.5～6.5,须每天进行营养液浓度和酸碱度的检测与调节。

随着根区温度的升高,生菜叶片净光合速率、矿质元素含量和单株产量呈先增加后减少的趋势,在25℃时达到最大值,25℃对水培生菜的生长及矿质元素的吸收最为适宜。因此,采用营养液温度控制技术可以有效解决夏季温室高温对生菜生长的抑制问题。

(3)营养液的循环 营养液每小时循环一次,每次10～15 min。

6. 病虫害防治

无土栽培生菜由于在温室里生长且生长期较短,病虫害很少。病害主要有霜霉病、软腐病、褐斑病等,虫害主要有白粉虱、蚜虫等。病虫害应以预防为主、环境调控、物理防治等综合措施为辅,化学防治应选用高效、低毒、低残留农药。

7. 适时采收

水培技术使生菜的根系环境如水分、营养、通气、pH等得到了极大改善,生长速度较快,在一般情况下,冬春季节生菜从移栽到采收为40～50 d,夏秋季节为30～40 d。

8.6.3.2 大棚生菜栽培技术

1. 品种选择

生菜性喜冷凉,利用塑料大棚主要在秋冬季和春季栽培,品种类型有散叶生菜、结球生菜等,如意大利生菜、包心生菜、奶油生菜等。在适宜温度范围内,根据不同品种,利用塑料大棚一年可以种植2～5茬。

2. 播种育苗

生菜的育苗基质选用蔬菜专用育苗基质或自己配制,可以用纯泥炭、纯椰糠,也可以用泥炭＋珍珠岩、椰糠＋泥炭混配基质。可选用72孔或128孔穴盘,重复使用的穴盘,要先进行消毒杀菌、清洗,防止携带病原菌。基质在填充前要充分润湿,每穴一粒生菜种子,播好后覆盖一层薄基质,浇透。播后要注意保温保湿,每天要淋水。当真叶展开后,开始浇0.5%的复合肥。生菜的苗龄一般20～30 d。幼苗有3～5片真叶时,即可定植。

3. 整地施肥

整地要求精细,基肥要用质量好并充分腐熟的有机肥,每667 m² 需1 000～15 00 kg,加复合肥20～30 kg。一般栽培宜做高畦,以便于排水。

4. 移栽

定植时按株行距定植整齐,种植深度掌握在苗坨的土面与地面平齐即可。开沟或挖穴栽植。定植后温度,白天保持20～24℃,夜间保持10℃以上。

不同的品种及在不同的季节,种植密度有所区别。一般直立生菜和散叶生菜株距为17～20 cm,结球生菜株距为25～30 cm。

5. 田间管理

根据不同生长时期的气温和地温的不同灵活掌握水肥管理。以结球生菜为例,定植后浇足定根水;定植后3～5 d浇一次缓苗水;蹲苗期可适当浇一次水,之后进行中耕;在第一次追肥后要浇一次足水,可使莲座叶生长旺盛;结合第二次追肥进行浇水,可使植株生长加快,内叶结球迅速;在结球中期,结合第三次追肥再浇一次水,促使结球大而紧实;叶球结成后,要控制浇水,防止水分不均造成裂球和烂心。

生菜施肥以基肥为主,追肥为辅。第一次追肥在缓苗后15 d左右进行,每667 m² 施尿素10 kg,促使幼苗发棵;第二次追肥在结球初期或莲座叶迅速生长期进行;第三次在产品形成中期进行,目的是使叶球充实膨大,每667 m² 每次可施尿素10 kg,并可喷施磷、钾叶面肥料。

6. 病虫害防治

病虫害应以预防为主,加强田间管理。蚜虫为害多在秋冬季和春季,可用吡虫啉等喷雾防治;若有地老虎为害,可用敌百虫喷洒地面防治;菌核病可用甲基硫菌灵可湿性粉剂或扑海因可湿性粉剂喷雾防治;软腐病在高温多雨季节易发生,可用加瑞农可湿性粉剂或可杀得可湿性粉剂喷雾防治,霜霉病可用烯酰吗啉可湿性粉剂等喷雾防治。

7. 采收

生菜的采收宜早不宜迟,以保证其鲜嫩的品质。当植株长至具有15～25片叶、单株重100～300 g时,及时采收。

▶ 8.6.4　设施小白菜栽培

小白菜(*Brassica campestris* ssp. *chinensis*(L.)Makino var. *communis* Tsen et Lee)又称青菜、油菜等,原产于我国,因其品种繁多、适应性广、生长期短、营养丰富,全国各地普遍种植,是中国居民喜食的绿叶类蔬菜之一。小白菜性喜冷凉,又较耐低温和高温,可以周年生产。小白菜生育期短,产量高,管理简单,已成为设施栽培主要蔬菜品种之一。

8.6.4.1 设施小白菜水培技术要点

小白菜无土栽培主要利用深水培(DFT)或浅水培(NFT)进行生产。

1. 品种选择

春季栽培主要选择耐寒、冬性强、抽薹迟的品种,如南京亮白叶、杭州晚油冬、上海三月慢、上海四月慢等;夏秋季栽培主要选用耐热、抗病性强、前期生长快的品种,如上海火白菜、广州马耳白菜、南京矮杂1号等;冬季栽培主要选用耐寒性较强的品种,如杭州早油冬、常州青梗菜、合肥小叶菜、上海青等。

2. 栽培季节

在设施条件下,无土栽培小白菜可以全年生产,夏季栽培要采用温室外遮阳系统和湿帘风机系统降温等措施。

3. 田间管理

播种育苗及移栽后营养液管理等参照生菜进行。在一般情况下,冬春季节小白菜从移栽到采收 30~50 d,夏秋茬 20~30 d。

8.6.4.2 设施小白菜土壤栽培技术要点

大部分地区设施小白菜栽培是塑料拱棚或日光温室土壤栽培为主,冬春季以塑料拱棚或日光温室栽培为主,夏秋季以塑料拱棚＋遮阳网＋防虫网覆盖(钢架大棚以肩高处为界,以上部分覆盖薄膜,以下覆盖防虫网,薄膜上覆盖遮阳网)栽培为主。

1. 设施准备

日光温室或塑料拱棚在通风口和进门处覆盖 25 目白色或浅灰色的防虫网,有条件的配置喷灌设施。夏秋季节栽培在棚膜顶部覆盖遮阳网,裙膜撤换为 25 目防虫网,这样一方面可以避免暴雨直接冲刷小白菜,另一方面可以减少病虫为害,而在棚顶盖遮阳网可防止暴晒。

2. 品种选择

春季栽培主要选择耐寒、冬性强、抽薹期迟的品种;夏秋季栽培主要选用耐热、抗病性强、前期生长快的品种;冬季栽培主要选用耐寒性较强的品种。参照设施小白菜水培技术品种部分。

3. 土壤消毒

前茬作物及时拉秧,清园,播种前进行土壤消毒。选择晴热天气,每 667 m² 施优质有机肥 1 500~2 000 kg,石灰 25 kg,翻耕后灌水,覆盖薄膜,密封闷棚 15~20 d。闷棚结束后,揭开薄膜让水分自然落干,加施复合肥 10~15 kg。翻耕使土壤疏松、筑高畦,畦面宽 1.5 m 左右,畦高 15 cm,沟宽 30 cm、深 20~25 cm。

4. 播种

小白菜可根据市场需求,排开播种期实现周年供应。高温季节在下午或傍晚播种,低温季节在上午播种,播前浇足底水,采用撒播方式,每 667 m² 用种量 500~750 g。播后平面覆盖遮阳网,出苗前不再浇水,如天气干旱,早晚喷水保湿。播后 2~3 d 出苗,出苗后及时揭除覆盖物,幼苗长出一片真叶时间苗。间苗宜早不宜迟,结合间苗拔除杂草。

5. 水肥管理

适时喷水。齐苗后采用微灌设施每天喷水 1~2 次。夏季高温干旱天气,应早晚喷水,既可充分满足小白菜生长对水分的需求,又可调节棚内小气候,降低棚温。三叶一心时结合微灌浇水第一次追肥,依据土壤肥力状况和菜苗生长势酌情确定追肥时间、追肥次数和施肥量,一般每 667 m² 施复合肥 5～10 kg,采收前 20 d 停止施肥。多雨季节应及时清沟排水,防止大棚内积水造成小白菜沤根死亡。

6. 虫害防治

由于采用防虫网＋薄膜覆盖或全防虫网覆盖,隔绝了外来虫源侵入,可在苗期根据实际虫害发生情况对症施药。

7. 适时采收

根据小白菜生长状态及市场情况选择采收期。夏播小白菜在播后 20～25 d 长至 5～10 片叶时,及时采收上市。也可播种后先收一次鸡毛菜(三叶一心),追肥一次,后隔 10～15 d 再收一次中株型小白菜,隔 15～20 d 后再收大株型小白菜。采收最好选择在清晨或傍晚进行,收获后要及时遮盖,防止小白菜失水萎蔫。

8.6.5　设施草菇栽培技术

草菇属伞菌目光柄菇科小苞脚菇属,又名兰花菇、美味苞脚菇。草菇是高温型食用菌,菌丝生长和子实体形成需要 30℃以上的高温,因此,成为我国南方地区夏季提高园艺设施利用率和生产效益、满足市场需要的重要食用菌之一。在长江中下游地区,设施栽培草菇,使草菇的供应期延长为 6 个月(5—10 月)以上。

8.6.5.1　适用设施

草菇属于高温型真菌,利用塑料大棚蔬菜春夏换茬之际加种草菇,可以提高大棚 6—9 月的设施利用率,并且能延长草菇的采收时间。可利用小拱棚西瓜前茬进行草菇的小拱棚覆盖栽培,也可利用甜瓜后茬大棚栽培草菇,效益显著。草菇栽培设施要求遮阴、防风、控温和保湿。

8.6.5.2　设施草菇栽培方式

设施草菇(彩图 8-7)栽培有室内床架式栽培、小拱棚畦地栽培、塑料拱棚栽培三种方式。床架式栽培在温室或大棚内搭建床架,分层栽培。在床架的底部铺设薄膜或干净、无霉变的稻草,然后将配制好的培养料直接上架,铺成波浪式,料宽 30～35 cm,波峰不低于 15 cm,波谷为 3 cm,播入菌种,拍实后覆盖细土。小拱棚畦地栽培作为西瓜、甜瓜、蔬菜的后茬,畦面宽 1.6 m,沟宽 0.4 m,沟深 20 cm。塑料拱棚栽培既能形成有利于草菇生长的小气候,又可在设施内进行加温或降温,实现草菇的周年生产。

8.6.5.3　设施草菇栽培技术要点

1. 制种技术

菌种制作是草菇栽培的重要环节,采用人工培育的纯菌种栽培草菇,出菇快、产量高、品质好。草菇原种生产主要有麦粒菌种、棉籽壳菌种和草料菌种三种。麦粒菌种的配方为麦粒 87%、砻糠 5%、稻草粉 5%、石灰 2%、石膏或碳酸钙 1%;棉籽壳菌种配方为棉籽壳 70%、干牛粪屑 16%、砻糠 5%、米糠或麸皮 5%、石灰 3%、石膏 1%;草料菌种的配方为 2～3 cm 长的短稻草 77%、麸皮或米糠 20%、石膏或碳酸钙 1%、石灰 2%。培养基含水量 65%

左右,培养温度为 28～30℃,采用 750 mL 的菌种瓶或 12 cm×25 cm 的塑料菌种袋培养 20 d 左右。

草菇菌种应在 15℃条件下保存,3 个月左右转管一次,各不同菌株要严格标记、分开保存,菌株混杂会引起拮抗作用,有时会导致绝收。

2. 培养料配制

栽培草菇主要利用废棉、棉籽壳、稻草、麦秆等纤维素含量较多的原料,我国稻麦秸秆非常丰富,为草菇生产提供了丰富的原料来源;同时,发展草菇生产也有利于解决农作物秸秆在田间焚烧带来的资源浪费和环境污染。

废棉的理化性状优良,棉纤维、矿物质和低分子的氮源能满足草菇生长发育的需求,其保温和保湿性能良好。废棉培养料的配制方法:纯废棉 50 kg,加石灰 2.0～2.5 kg,清水 85～90 kg,一般废棉培养料用量为 11.25～13.50 kg/m²。将废棉在 pH 14 的石灰水中浸透,滤掉水分后铺入菇床,培养料厚度为 15～20 cm,温度在 30℃以上时 15 cm 左右,培养料的含水量 70%左右。废棉栽培草菇不用加入麸皮、米糠等有机物,以防碳氮比失调,避免滋生绿霉等杂菌。

棉籽壳的性质接近于废棉,但保温、保湿性能较废棉差。棉籽壳培养料的配制方法:先将棉籽壳暴晒,然后放在 pH 14 的石灰水中浸透,预堆 24～28 h,水分均匀渗透后即可进床播种。

稻草是最早用于栽培草菇的培养料,但生物转化效率较低,一般为 15%～20%,高产时可达到 40%。使用稻草栽培时要预堆处理,使稻草软化,调整碳氮比,提高保温、保湿性能。稻草培养料处理方法:先把稻草切成 15 cm 左右长度,用 3%石灰水浸泡,充分浸润后加入干草重 25%的猪粪或牛粪,再加入 1%的过磷酸钙和石膏拌匀,堆制 2～3 昼夜,使料堆中心温度达 60℃以上。一般稻草培养料用量为 18 kg/m²。

草菇使用两种以上的培养料进行栽培称为复合料栽培,如下层用稻草、上层用废棉,有利于降低生产成本。

3. 菌种培育与播种

草菇菌种的培育温度以 28℃为宜,30℃时虽然菌丝生长快,但稀疏无力,生活力弱。菌龄 30 d 左右,以菌丝发到瓶底,菌种瓶肩上出现少量淡锈红色的厚垣孢子时播种最佳。

草菇播种一般采用撒播法,在培养料表面直接撒上草菇菌种,轻拍料面,使菌种与培养料紧密结合,播种后用肥熟土在培养料表层覆盖。一般上午进料,下午播种,高温下播种有利于发菌,室温为 36～38℃、培养料表面温度 39～40℃时播种最佳。播种量为 3.5～4 瓶/m²,如用 17 cm×33 cm 规格的塑料袋菌种,则播种量为 2 袋/m²。在地栽条件下每 1 000 m² 用种量为 630～675 瓶或 300～330 袋。

4. 播种后管理

播种后床面覆盖薄膜,5 d 内保持温度 35～40℃,注意遮阴,防止发菌期间温度>40℃或<22℃。草菇菌丝封面后揭去薄膜并将温度控制在 32℃左右。播种 4～5 d 后在静风或微风条件下背风短期换气,注意保湿。播种后 7～8 d,培养料中心温度在 30～33℃时,草菇菌丝开始扭结形成小菌蕾,在小菌蕾出现时对环境条件极为敏感,应防止阳光照射和温度剧烈变化,还要满足草菇菌丝旺盛发育阶段对氧气的需要。

在出菇期间水分管理十分重要,空气相对湿度要保持在 90%左右,地面要经常浇水,空间要经常喷雾;菌蕾形成之前如果发现水分不足,可将水喷在覆土上,并保持水温和料温的一致,以免菌丝受伤。当大部分菌蕾生长至花生粒大小时床面开始喷水,喷水后注意菇房通气,让菌蕾表面的水分蒸发。

5. 病虫害防治

草菇栽培的生长周期较短,只有 20～30 d,病虫害应以预防为主,注意环境卫生,用 0.2％多菌灵或 0.2％过氧乙酸均匀喷洒于菇房四周和床架;畦地栽培时在进床前半个月用 20％氨水泼浇地面,杀菌除虫。培养料事先在阳光下暴晒杀菌,酸碱度调至 pH 8 以上,抑制杂菌。控制棚室温度,促进草菇菌丝萌发生长形成优势菌种,抑制杂菌。当培养料呈酸性、含氮量过高、温度偏低时,易发生鬼伞菌,防治方法:调节 pH 至中性偏碱,培养料配制时将碳氮比调至(40～50):1,拌料时含水量调至 70％左右。木霉也称绿霉菌,多数发生在潮湿、通风不良和光线不足的地方,通过选用干净、经暴晒过的培养料,栽培过程注意通风,防止环境闷湿,选用健壮的适龄菌种,清除木霉污染部分并洒上石灰粉等方法予以防治。此外,还应防止小核菌、疣孢霉、菌螨、菇蝇、蜗牛、田鼠等为害。

6. 采收

草菇在适宜的生长条件下播种后 5～7 d 见小菌蕾,之后 10 d 左右开始采收。草菇生长迅速,容易开伞,应尽量及时采摘,每天早晚各采一次,在菌蛋呈卵圆形、菌膜包紧、菇质坚实时采摘品质最好;对丛生菇的采摘要在大多数菇适宜采收时整丛采下;采摘时尽量不使培养料疏松,以免菌丝断裂,周围的幼菇死亡。采收完毕及时整理床面,挑去留在菇床上的死菇,平整好床面,然后均匀喷一次石灰水,补充培养料中的水分,约 5 d 后出第二茬菇。第一茬菇可占总产量的 70％～80％。

▶▶复习思考题◀◀

1. 我国设施蔬菜主要分布在哪五个气候区?简述各个气候区的气候特点和设施蔬菜栽培类型。

2. 设施黄瓜主要有哪些栽培茬口?简述不同栽培茬口的关键管理技术要点。

3. 简述日光温室西葫芦越冬栽培关键技术。

4. 简述大棚西瓜春提早栽培关键技术。

5. 设施番茄主要有哪些栽培茬口?简述不同栽培茬口的关键管理技术要点。

6. 简述日光温室茄子越冬栽培关键技术。

7. 简述大棚辣椒秋延后栽培关键技术。

8. 简述大棚芹菜秋延后栽培关键技术。

9. 简述日光温室冬春茬韭菜栽培关键技术。

10. 简述设施草菇栽培关键技术。

第9章

设施花卉栽培技术

> **本章学习目的与要求**

1. 了解设施花卉栽培的特点、重要性和发展前景。

2. 了解月季、菊花、百合、香石竹、非洲菊、郁金香对环境条件的要求,掌握其设施切花栽培的技术要点。

3. 了解仙客来、一品红、安祖花、蝴蝶兰、比利时杜鹃对环境条件的要求,掌握其设施盆花栽培的技术要点。

4. 了解凤梨、竹芋、绿萝、吊兰、散尾葵、变叶木对环境条件的要求,掌握观叶植物设施栽培的技术要点。

随着国内外花卉产业的高速发展,及其对切花、盆花等花卉产品优质、高产、周年均衡供应的要求,设施栽培已经成为花卉规模化、现代化、工厂化生产的必备方式,全球的花卉设施栽培面积和规模都在迅速扩大。荷兰是世界上最先进的花卉生产国,设施花卉栽培面积约有 8 000 hm²,其中大型连栋玻璃温室面积约占总面积的 70%,并且 3/4 的面积都是用作切花和盆栽观赏植物的周年生产。我国改革开放 40 多年来,随着花卉业突飞猛进的发展,设施花卉栽培的面积,从原来的防雨棚、遮阴棚、普通塑料大棚、日光温室,发展到加温温室和全自动智能控制温室,截至 2018 年,花卉总面积已增长至 133 606.93 万 m²,比 2000 年的 14 469.09 万 m² 提高了 9 倍多,最近七年来一直保持着较稳定的发展态势(表 9-1),我国设施花卉产业具有广阔的发展前景。

表 9-1　2012-2018 年全国设施花卉栽培面积统计数据　　　　　万 m²

年份	各类设施合计	温室			大(中、小)棚	遮阴棚
		温室合计	节能日光温室	玻璃温室		
2012 年	106 445.8	28 112.12	17 249.53	10 862.59	46 831.85	31 501.79
2013 年	133 482.1	36 096.54	16 651.98	19 444.56	55 145.15	42 240.39
2014 年	129 468.2	28 442.40	9 282.46	19 159.94	56 632.89	44 392.87
2015 年	125 285.7	28 419.27	11 505.08	16 914.19	48 678.84	48 187.60
2016 年	116 173.0	24 598.61	10 968.31	13 630.30	47 352.55	44 221.80
2017 年	120 318.0	25 754.46	10 656.13		48 663.26	45 900.36
2018 年	133 606.9	29 321.84	10 290.69		55 040.07	50 802.72

注:2012—2018 年原农业部(现农业农村部)花卉统计数据

9.1　设施切花栽培技术

9.1.1　月季

月季(*Rosa hybrida* Hort.)又称为现代月季、月季花,蔷薇科蔷薇属植物,蔓生或攀缘性常绿或半常绿灌木,具钩状皮刺。奇数羽状复叶,小叶 3～5 枚,先端尖,叶边有锐锯齿,表面有光泽,花单生或数朵簇生枝顶端成伞房状,花重瓣,花色极为丰富。月季花期长,单花期可达 20 d 左右,四季开花不断。月季是中国十大名花之一。

中国是月季的原产地之一,早在汉代就有广泛的栽培,在北方从 5 月开到 11 月,在南方可常年开花。18 世纪中叶具有常年开花特性的中国月季(*R chinensis* Jacq.)传入欧洲,与当地的蔷薇种和古老月季反复杂交培育出四季开花的现代月季品种,如今其品种已达 20 000 余种,有“花中皇后”之美誉,栽培遍及世界各地,被列为世界五大切花之一,主要的生产国有荷兰、美国、哥伦比亚、日本和以色列,荷兰是世界最大的切花月季生产国和出口国。我国的切花月季生产始于 20 世纪 50 年代,20 世纪 80 年代引进现代化连栋温室,开始初具规模地进行生产。

9.1.1.1　适用设施

切花月季的生产可以在各类设施条件下进行(二维码9-1)。目前生产常用设施有连栋玻璃温室和连栋双层充气薄膜温室，这一类园艺设施的环境调控能力比较强，可进行切花月季周年生产，也有使用单屋面日光温室(北方冬季切花生产)和塑料大棚(华南冬季切花生产)进行栽培的。切花月季的设施栽培应选用高保温、防流滴、消雾、抗老化、透光良好的透明覆盖材料，以满足月季对温光环境的要求，同时水肥滴灌系统、熏蒸系统、遮阳系统等也是切花月季生产所必备的辅助设施。

二维码9-1(视频)
设施月季

9.1.1.2　对环境条件的要求

月季的遗传特性来自多种蔷薇属植物，对生态环境的适应性十分广泛，在我国从海拔1 000～2 000 m的云贵高原到渤海之滨都可以栽培。

(1)光照和温度　月季喜光照充足，对光照长短无严格要求，可以不断开花，盛夏季节多停止生长，开花也少，强光对月季花蕾发育不利。月季最适宜的生育温度为白天20～27℃，夜间15～18℃，低于5℃或高于35℃即进入休眠或半休眠状态，可耐-15℃低温，30℃以上高温与低温高湿环境则容易发生病害。

(2)土壤和水分　月季对土壤要求不严，喜中性和排水良好的壤土和黏壤土，微酸性或微碱性(pH 5.5～8.0)都能正常生长，在沙土和酸性土中生长不良。耐肥力强，在疏松、肥沃、排水良好、有机质丰富的土壤中生长良好，需要经常补充肥料才能不断开花。月季的根系大部分集中在30～40 cm的土壤表层，土壤的耕作深度应为50～60 cm，深度不够会导致月季根系窒息或腐烂。

9.1.1.3　栽培技术要点

1. 品种选择

月季的品种约2万多个，按花期可分为四季开花种、两季开花种、一季开花种；按株型和生长习性可分为七大品系：即杂种茶香(香水)月季、丰花月季、壮花月季、攀缘月季、微型月季、灌木月季和地被月季。适用于切花的月季有杂种茶香月季、丰花月季、壮花月季三大品系，而适用于温室栽培的月季以壮花月季为主，它既有杂种茶香月季大型重瓣的优雅花朵，又有丰花月季成簇开放的花瓣，能连续开花，抗寒性强，且花色众多。

切花月季栽培品种更新很快，新品种层出不穷。主要栽培品种有'萨蔓莎'(Samantha)、'萨莎'(Sacha)、'桑格丽娜'(Sangria)、'红冠'(Red Champ)、'王朝'(Royalty)、'红丝绒'(Red Velvet)、'第一红'(First Red)、'梦'(Dream)、'索尼亚'(Sonia)、'婚礼粉'(Bridal Pink)、'爱丽莎'(Eliza)、'贵族'(Noblesse)、'坦尼克'(Tineke)、'爱斯基摩'(Escimo)、'巧女'(Pretty Girl)、'旧金山'(Frisco)、'金门'(Golden Gate)、'黄金时代'(Gold Times)、'金奖章'(Golden Medal)、'得克萨斯'(Texas)、'阿斯米尔金'(Aalsmeer Gold)、'第一黄'(Yellow Unique)、'黑美人'(Black Beauty)等。

2. 繁殖方式

切花月季的繁殖方法有嫁接、扦插，生产上最常用的方法为扦插。

(1)苗床准备　扦插苗床用砖砌成，宽1.0～1.2 m，深30 cm，长度视场地而定。扦插苗床的底部铺 10～15 cm 厚的粗沙作为渗水层,再在渗水层上覆 15～20 cm 厚的扦插基质。在插床上建 1.0 m 高棚,覆盖塑料棚膜,并在棚膜上面搭遮阳网,以利于遮光、保湿。

(2)基质配制和消毒　　配方有河沙＋蛭石(1∶1),泥炭＋珍珠岩(1∶1),河沙＋泥炭＋蛭石＋珍珠岩(1∶1∶1∶1)。基质配好后填入插床,在扦插前 10～12 d 用 5 000 mL/m² 福尔马林兑水 6～12 kg 喷洒消毒,覆盖薄膜 3～5 d,然后揭膜使药液挥发;或撒入硫黄粉 25～30 g/m² 耙地消毒;也可用 50％多菌灵可湿性粉剂 40 g/m² 均匀拌在基质中,覆膜 2～3 d 后揭膜,待药味挥发掉后扦插。

(3)扦插　　有嫩枝扦插和硬枝扦插,分别在 5—6 月和 10—11 月进行。插穗选择开过花、腋芽饱满而未萌发的非木质化和半木质化壮条,切取 10～12 cm 带有 1～3 个腋芽的枝条为插穗(嫩枝扦插可保留插穗上部 1～2 枚叶片),插穗上端离芽 1 cm 处平剪,下端背对芽 1 cm 处斜剪呈马蹄形剪口。

(4)促根及生根条件　　用 500～2 000 mg/kg ABT 生根粉液速蘸插条基部进行促根处理,按株距 3～5 cm、行距 10 cm 扦插,深度为插穗长度的 1/3～1/2(2～3 cm),秋插比春插稍深。在土壤相对湿度 80％～90％、平均温度 25～26℃ 的条件下,经 20 d 左右大部分插条即可生根。

3. 定植与养护

切花月季的栽植密度为 9～10 株/ m²,若以土地有效使用面积是 70％ 计算,则每亩可以栽植 4 100～4 500 株。定植的株距为 30～35 cm,无论平畦还是高畦都栽 2 行。定植后的 3～4 个月为营养生长期,此期内随时摘除花蕾以保证养分充分供给枝叶的生长,当植株基部抽出直立向上的壮枝条(枝条直径大于 0.6 cm)时,即可留作开花母枝。

20 世纪 80 年代初,日本人发明了一种切花月季养护技术——折枝法,当定植苗生长到 25 cm 以上时,除及时摘掉花蕾外,还在枝条基部 5 cm 左右处将其弯折,但不折断韧皮部,并让枝条水平伸展,叶片保持在 60 枚以上,以保证光合作用的叶面积。这样既有利于营养体的生长,又避免了营养枝与新抽出的开花母枝对日光和空间的竞争,有利于早产切花以及提高切花质量。如今此技术已被广泛应用。

(1)温湿度控制　　切花月季为喜光植物,要求光照充足,适宜生长温度白天为 20～27℃,夜间为 15～18℃,相对空气湿度为 70％～80％。

(2)肥水管理　　月季浇水要坚持见干见湿、浇则浇透的原则,适时灌好缓苗水、壮苗水、产花水、休眠水。缓苗水结合苗期管理进行,壮苗期植株生长旺盛,需水量大,产花期适当控水,植株进入休眠状态时减少浇水次数,每次浇水后隔天松土 1 次。施肥应注意薄肥勤施的原则,缓苗后植株生长旺盛,结合浇水每 20～25 d 施氮、钾为主的复合肥 225 kg/hm²,视叶片长势用 2～3 g/kg 的叶面肥每 10 d 喷 1 次。产花期每 15～20 d 施磷、钾为主的复合肥 300 kg/hm²。每一茬切花的生长时间因季节和地区存在很大差异,在北方夏季一茬花需 40～50 d,冬季则需 70～80 d,在各茬花之间应追施有机肥。休眠期增施磷、钾肥,减少氮肥施用量,以控制新枝生长,加速枝条发育成熟和木质化。

(3)整枝修剪　　修剪决定产期、单株出花数量和切花等级。当年定植苗的幼枝基本不剪或轻剪,开完一茬花后,剪去交叉、拥挤、徒长、枯死、染病、受损枝条。对基部头年生枝条中未开花的剪掉后梢 2～3 个芽,基部已开过花的剪掉花枝之下和芽之上的枝条,基生枝条齐根剪掉。一般杂交茶香月季品种全年控制在每株 25～30 支的产花量。

（4）病虫害防治　切花月季生长期间的主要病虫害有白粉病、灰霉病、黑斑病、红蜘蛛、蚜虫、白粉虱等。以白粉病发生最普遍，主要为害叶片、叶柄、嫩梢及花蕾等部位，其防治措施如下：注意通风、降低湿度，控制发病条件；减少氮肥用量，增施磷肥；发病期用 15% 粉锈宁可湿性粉剂 800～1 000 倍液、70% 甲基托布津可湿性粉剂 500 倍液、50% 多菌灵可湿性粉剂 500 倍液交替喷洒防治效果好；国内外常用预防月季白粉病的方法是熏硫，在设施中悬挂电加热熏硫罐，每天傍晚 18:00 至第二天早上 8:00 进行熏硫处理，预防效果显著。红蜘蛛繁殖能力强，发生初期可喷洒 20% 百螨快杀 2 000 倍液防治。

（5）适时采收　切花月季以萼片反转、外层花瓣尚未翻转时采收为宜。剪花时间以傍晚最好，清晨次之。剪花时在着花枝上应留具 5 片小叶的真叶 2～4 枚，以保证所留枝条有足够的叶片。所有剪口都应在所留芽上方 1 cm 处，剪口力求平整，于留芽侧向另一侧下方稍倾斜处剪切。将采收花枝及时进行预冷保鲜处理，分级、包装后装箱上市销售。

▶ 9.1.2　菊花

菊花（ *Dendranthema morifolium* Tzvel. ）是菊科菊属的多年生宿根草本植物，株高为 30～200 cm，叶大型，卵形至广披针形，头状花序单生或数朵聚生枝顶，花型和花色极为丰富。菊花原产于我国，有数千年食用、药用和观赏的栽培历史，其性喜凉爽，具有一定的耐寒性，既可以做切花，也可以盆栽观赏，是我国传统十大名花之一。传入日本和欧洲后经过数百年的培育，已成为世界名花，其切花的产量和产值在国内外花卉产业中均位居前列。

9.1.2.1　适用设施

生产切花菊的主要设施有防雨棚、塑料大棚、日光温室。防雨棚在我国南方夏菊和秋菊的切花生产中应用非常普遍。在上海、江苏、浙江等地的晚秋菊、寒菊的生产使用塑料大棚，根据品种的耐寒性和对花期的要求，在大棚内还可以加设小拱棚防寒保温。在我国华北和西北地区，晚秋菊和寒菊的栽培在日光温室内进行，这不仅丰富了北方秋冬季节的观赏植物种类，而且具有较高的经济效益。

9.1.2.2　对环境条件的要求

菊花的适应性极强，在世界各地均有栽培。菊花的品种、类型繁多，不同的品种、类型对环境条件的具体要求不同，其中影响其生长发育的最主要的环境条件是温度和光照，在自然条件下，菊花的开花特性与叶片数、株高、光照和温度有密切的关系。

（1）光照　菊花性喜阳光充足，通风良好，在光照充足的条件下生长健壮。对于日照时数的反应，春菊、夏菊为日中性，对日照长度不敏感，在长日照及短日照条件下均可开花，没有明显的日照界限；秋菊、寒菊为典型的短日照植物，只有当日照时数在 12 h 以下时才会开花。光照的强弱对花期与花色也有影响，开花期光照过强易使花期缩短，但能促进花青素的形成，使一些深色品种的花色更鲜艳，但对绿色品种的开花不利。

（2）温度　菊花喜冷凉，较耐寒，适宜的生长温度为 15～25℃。宿根地下茎能耐 −10℃ 的低温，有些品种甚至能耐 −30℃ 的低温。在切花菊夏季的栽培管理中，要注意通风降温，高温易使植株早衰。菊花的冬季和早春栽培，根据品种的不同，营养生长阶段最低温度不能低于 7～12℃。在采用光照调节花期的栽培过程中，光照阶段和花芽分化期的温度应根据花期的不同进行适当的调整，花芽分化后的温度一般比花芽分化期降低 5℃左右，这样有利于提高切花的品质和节省能源。例如：秋菊在展开叶数 10 枚左右、未展开叶数 7 枚左右，株高 25 cm 以上，光照时数每天 13.5 h 以下，最低气温 15℃左右时，开始花芽分化，经 10～15 d 花芽分化结束；当日照缩短到 12.5 h、最低气温降至 10℃左右时现蕾。寒菊花芽分化也需要短日照，与秋菊的不同之处是温度升高至 25℃以上时，寒菊的花芽分化受到抑制。采用不同的品种搭配，并调节温度和光周期，可以实现菊花切花的周年供花。温度管理不仅影响菊花切花的观赏价值，而且直接影响经济效益。

（3）水分　菊花比较耐旱，但久旱会加速叶片衰老，不利于切花品质的提高。切花菊一般比较喜欢湿润，但不耐水湿，忌低洼积水，否则容易导致植株枯黄和死亡。因此，在华东、华南一带要注意梅雨季节切花菊生产的水分管理。

（4）土壤　菊花适于栽培在富含腐殖质的沙壤土中，pH 为 5.5～7.5。菊花喜肥，忌连作，连作后易发生病虫害为害和营养缺素症。

9.1.2.3　栽培技术要点

1. 品种选择

切花菊按照花期的不同可以分为春菊、夏菊、秋菊和寒菊，其中秋菊的品种最多、应用最广；按照花径大小分为小菊系（花序直径小于 6 cm）、中菊系（花序直径 6～10 cm）和大菊系（花序直径 10～20 cm）；按照单株着花数分为标准切花菊（一株一花，standard）、射散型切花菊（一株多花，spray），标准切花菊常用大、中菊系的品种，射散型切花菊常用小菊系的品种。

切花菊一般选择平瓣内曲、花型丰满的莲座型和半球型的品种，要求茎秆粗壮，茎长，花瓣厚硬，叶片有光泽，耐贮运。春菊主要是利用我国传统的夏菊品种杂交，从杂交后代中选择出花期早的品种，如'上海早黄''上海早白''春黄''春白'等品种；夏菊品种如'银香''森之泉''新光明''朝之光'等；秋菊品种如'神马''优香''祝''秋樱''都''秋之风''红之华''琴'等；寒菊品种如'寒白梅''薄雪''美雪''寒小雪''印南 1 号'等。切花菊主要根据花期要求和不同设施类型进行品种的选择。

2. 繁殖方式

切花菊在规模化生产中主要采用扦插繁殖。菊花再生能力强，扦插繁殖操作方便，易于成活，并且不受季节限制全年均可进行。首先应选择生长健壮、无病虫害的植株作为母株，剪除地上部分，将根部移入塑料大棚或日光温室内越冬，春季母株萌发长出脚芽，即可作为插穗。切取 5～7 cm 长的脚芽，将基部的叶片去除，仅保留上部 1～2 枚叶片，然后插入由河沙、蛭石和珍珠岩混合组成的基质中。扦插深度 2～3 cm，株行距 3～4 cm，插后将基质压实，并浇透水，一般 7～15 d 生根，20～25 d 即可移栽。菊花的每个叶腋都可以产生腋芽，当扦插苗长到 10～15 cm 时，通过摘心促进腋芽萌发，又可以选取叶腋形成的侧梢作为插穗继续扦插，但从同一母株上取穗 3～4 次后，插穗的质量明显下降，应予以淘汰。

扦插的时间影响植株的长势和花期。一般夏菊在头年的 12 月至当年 1 月扦插，在设施栽培条件下越冬；普通栽培的秋菊，在 5—6 月扦插，晚秋菊与寒菊于 6—7 月扦插；元旦、春节上市的切花菊，在7—8月扦插。在扦插前可以用NAA和IBA 100 mg/L处理插穗基部，以促进不定根的产生。

3. 栽培管理

（1）定植　切花菊的栽培可以采用多头（射散型）或独本（标准型）栽培。多头栽培即一株多枝，每枝着花一朵，一般每株留3～4枝；独本栽培即一株一花。独本栽培的生育期较短，在春菊栽培上较常使用，但独本栽培用苗量大，栽培时间过于集中，夏菊、秋菊和寒菊的栽培常用多头栽培。

菊花的栽植采用深沟高畦，畦高30 cm，畦宽1～1.2 m。栽培密度为多头栽培20株/m^2，独本栽培60株/m^2。

（2）植株调整　菊花的植株调整主要包括整枝、摘心、抹芽、换头、疏蕾，以及生长调节剂的施用等。

当切花菊长到5～6枚叶片时，多头栽培的菊花应进行摘心，以促进腋芽萌发。然后选取生长健壮、分布均匀的3～4个侧枝，其余分枝全部除去，选定的侧枝上萌发的腋芽也要及时抹去，以减少养分的消耗。在栽培过程中，如出现"柳叶"现象，需要及时摘心换头来补救。在独本切花菊栽培过程中，为了生产出高品质的切花，在现蕾后要及时剥除主蕾以下的所有侧蕾，剥除侧蕾时，要特别小心不要伤及主蕾，如不慎将主蕾碰掉，可以用侧蕾替换主蕾，但切花的品质下降。

在切花菊生长的过程中，还可以喷施10～100 mg/L的GA_3溶液，以增加茎秆高度和提早花期。

（3）肥水管理　切花菊生长旺盛，需肥量大，一般在栽植前每667 m^2施腐熟的有机肥3 000 kg作基肥，另外根据土壤肥力情况适当增施一些磷、钾肥，在耕翻时均匀施入畦内。切花菊的追肥应少量多次，注意防止施肥过量，造成营养生长过旺的现象发生。在花芽分化前，以氮肥为主，适当增施磷、钾肥；在花芽孕育和开花阶段，以磷、钾肥为主。菊花喜土壤湿润，但怕涝，以弥雾喷灌和滴灌为宜，不宜漫灌。

（4）病虫害防治　常见的病害有白粉病、斑枯病、立枯病、叶枯病等，可用50%的甲基托布津800倍液、50%多菌灵800～1 000倍液、80%敌菌丹500倍或80%代森锰锌500倍液防治；最常见的虫害是蚜虫，可用20%杀灭菊酯2 000倍液，或40%氧化乐果800～1 000倍液喷杀。

（5）切花菊的采收、包装、保鲜　切花菊的采收期应根据气温、贮藏时间等综合考虑。若在高温时期进行远距离运输，独本菊可在少数舌状花瓣展开、花开五六成时采切，反之则在花开八成时采收；多头菊是在主枝上的花盛开，侧枝上有3朵花露色时采切。采收时，在离地面约10 cm处斜剪，摘除茎下部1/3的叶片，并尽快将茎插入清水中。切下的花枝插入含糖5%、200 mg/L 8-羟基喹啉＋柠檬酸的混合液中进行预处理后进行分级，每10～12支扎成1束，然后用报纸或柔质塑料纸每1～2束1包，装于瓦楞纸箱后上市。切花菊在0～0.5℃低温下干藏，可贮藏6～8周，经贮藏后切除茎基部，在4～8℃的环境中将花枝浸入30℃的水中，使茎吸足水恢复生机，仍可在2～3℃条件下继续贮藏，但时间不能超过2周。

菊花在插瓶前用5%蔗糖＋50 mg/L硝酸银＋150 mg/L柠檬酸液预处理20 h，可获得良好的保鲜效果。

百合(*Lilium* spp.)属于百合科百合属多年生草本植物,原产于北半球的温带和寒带,地下具鳞茎,鳞茎由多数肥厚肉质的鳞片抱合而成,不具膜;花单生、簇生或成总状花序,花大,花漏斗状、喇叭状或杯状,花朵下垂、平伸或向上着生,花色丰富。百合因花大色艳、花姿奇特、香气浓郁深受全世界人们的喜爱,作切花、盆花和园林景观应用。中国是世界百合的起源和分布中心,百合属 90 多个原种当中,我国原产的有 47 个种,18 个变种,古时就有食用、药用的栽培记载。近十几年来,我国的切花百合生产发展迅速,到 2016 年其生产面积和销售额均上升至我国切花生产的第二位。

9.1.3.1　适用设施

我国切花百合的设施栽培发展很快,适用设施有连栋玻璃温室、日光温室、塑料大棚、遮阴棚、防雨棚。另外,为了进行种球的低温处理,在百合切花生产中还必须有配套的冷库。我国北方地区,百合切花生产主要采用加温的玻璃温室和日光温室,夏季短期栽培可以用塑料大棚、遮阴棚;南方地区大面积的百合切花生产主要采用连栋塑料大棚或玻璃温室。一些经济发达地区如上海、江苏等地区多在全自动控制的连栋温室中进行切花百合的周年生产,经济效益良好。

9.1.3.2　栽培方式

切花百合的设施栽培方式有促成栽培和抑制栽培。在我国 10 月至次年 4—5 月的百合切花生产经济效益最高,因此,可采用促成栽培和抑制栽培来满足市场的需求。

促成栽培是指采用低温打破鳞茎的休眠,在设施栽培的条件下,满足百合切花生长发育所需的环境条件使其提前开花。不同品系、不同品种的百合从种球定植到开花的天数(生长周期)是不一样的,亚洲百合多数品种生长周期在 9~12 周,东方百合多在 12~18 周,麝香百合(铁炮百合)则多在 14~16 周。按照开花期的早晚不同,可以把百合切花的促成栽培分为早期促成栽培和促成栽培。

早期促成栽培是指在 8 月采挖当年培养的商品鳞茎,通过低温打破休眠,10 月上中旬分批种植到塑料大棚或玻璃温室中,12 月至翌年 1 月采收切花的栽培方式。这一时期采收的切花经济效益好,但是 8 月正值百合鳞茎的生长期,所以应选用早花品种。促成栽培是指 9 月上旬收获当年生产的鳞茎,低温打破休眠后,11 月上中旬至 12 月分批种植,第二年 2—4 月采收切花的栽培方式,这一时期外界气候条件多变,设施栽培条件直接影响百合切花的质量。温室栽培除加温外,还应注意雨雪天的补光,以减少盲花和消蕾现象的发生。

抑制栽培是指通过人为控制环境条件,在满足百合切花生长发育的条件下,使其花期推迟的栽培方式。通常,把当年秋季采收的鳞茎贮藏在冷库中,按照所要求的花期从 5—9 月分批种植,花期为 7—12 月。这一时期的切花生产在南方主要考虑防雨降温,主用的设施有塑料大棚和防雨遮阴棚。在北方 10—12 月的设施生产中,还要根据品种的要求适当补充光照和加温。总之,抑制栽培比较困难,但经济效益好。

9.1.3.3　对环境条件的要求

(1)温度　百合耐寒性强,喜冷凉湿润气候,生长适温白天 25 ℃,夜间 10~15 ℃,5 ℃

设施园艺学

以下或28℃以上生长受到影响。亚洲百合杂种系生长发育温度较低,东方百合杂种系要求比较高的夜温,而麝香百合杂种系属于高温性百合,白天生长适温为25～28℃,夜间适温为18～20℃,12℃以下易产生盲花,应根据当地的设施栽培条件选择合适的品种。

(2)光照　百合属于喜光性植物,光照强度、光周期均会影响百合的生长发育。在夏季全光照下,需要根据品种进行适当的遮阴,尤其在幼苗期更为需要。冬季的弱光容易导致花蕾脱落,亚洲百合杂种系尤其严重,需要进行人工补光处理。百合属于长日照植物,其切花生产中尤其在冬季延长光照时间可以加速生长,增加花朵数目,减少花蕾败育。

(3)水分　百合对生长发育要求较高而空气湿度要求恒定,若空气湿度变化太大,容易造成叶灼现象,最适宜的相对湿度为80%～85%。对于土壤湿度的需求不同生长期不同,营养生长期需水较多,开花期和鳞茎膨大需水较少,此期土壤含水量过高容易造成落蕾、鳞茎组织不充实和鳞茎腐烂现象。

(4)土壤　百合属于浅根性植物,适宜在肥沃、腐殖质含量高、保水性和排水性良好的沙质壤土中生长,忌连作。土壤总盐分含量不能高于1.5 mS/cm,适宜的pH为5.5～7.0。

(5)气体　在设施栽培的条件下对百合进行CO_2施肥,可以促进植株生长发育,有利于提高切花的品质。

9.1.3.4　栽培技术要点

1. 品种选择

依栽培设施和栽培方式不同可选择不同杂种系及其品种。进行早期促成栽培,可以选择生育期早的品种,此类品种多属于亚洲百合杂种系,如 Kinks、Lotus、Sanciro、Lavocado、Orange、Mountain 等,但是该杂种系品种对弱光敏感,进行切花的冬季栽培时须有补光条件。东方百合杂种系需要的温度高,尤其是夜温,北方冬季栽培须有加温设备。

2. 繁殖方式

百合的繁殖方法有鳞片扦插、分球繁殖、组织培养、叶插、播种繁殖和小鳞茎培养等。在规模化生产中主要采用鳞片扦插或鳞片包埋的方法进行百合的繁殖。

3. 打破休眠

百合种球采收后需经历6～12周的生理休眠期,根据不同杂种系及其品种的生理特点,采用适宜的方法打破鳞茎的休眠,是百合切花周年生产的关键。种球采收后在13～15℃预冷,然后亚洲百合在4℃下贮藏6～8周,东方百合需要在4℃下贮藏10～12周,才能打破鳞茎的生理休眠,随着处理时间的延长,开花需要的时间缩短。百合种球打破休眠后需要长期贮藏和远距离运输的还必须采用冻藏处理,亚洲百合冻藏温度为-2℃,可持续贮藏12个月,东方百合与麝香百合为-1.5℃,贮藏期不能超过7个月。

4. 栽培管理

(1)种植与肥水管理　切花百合适宜栽植在微酸性、疏松肥沃、潮湿、排水良好的土壤环境中。国内多采用地槽式栽培,槽高30 cm,宽1.2 m,长度视需要而定,种植密度因品系和鳞茎大小而异,见表9-2。冻藏种球到达后需要先解冻,在13℃左右库内放置2周待鳞茎芽长出2 cm左右时种植。在种球种植后3～4周不施肥,注意保持土壤湿润。百合萌芽出土后要及时追肥,按少量多次的原则每3～5 d追肥一次。切花百合营养生长期生长迅速,需水量大,要注意保持土壤湿润,进入开花期后,要适当减少灌水次数,以提高切花品质和防止鳞茎腐烂。

表 9-2　百合不同杂种系和不同鳞茎规格的种植密度　　　　　　　　　　　　　个/m²

类型	规格（周长）/cm				
	10～12	12～14	14～16	16～18	18～20
亚洲百合杂种系	60～70	55～65	50～60	40～50	
东方百合杂种系	40～50	35～45	30～40	25～35	25～35
麝香百合杂种系	55～65	45～55	40～50	35～45	

　　（2）病虫害防治　　百合栽培过程中的病害主要有叶枯病、灰霉病、炭疽病、鳞茎腐烂病和茎腐病。叶枯病的防治可以在发病期间喷洒50%苯来特1 000倍液。灰霉病、炭疽病、鳞茎腐烂病和茎腐病的防治主要以预防为主，种植前用40%福尔马林100倍液进行床土消毒，鳞茎在50%苯来特1 000倍液或25%多菌灵500倍液中浸泡15～30 min。虫害主要有棉蚜、桃蚜、根螨，棉蚜和桃蚜的防治可在为害初期喷洒1:(2 000～4 000)倍2.5%的溴氰菊酯，根螨的防治可用1 500倍的三氯杀螨醇浇灌。

　　（3）百合的采收、包装、保鲜　　切花百合在花序上第一朵花着色后即可采收。切花采收时间以早晨为宜，采收后应立即根据花朵数及花茎长度分级，去除基部10 cm左右的叶片进行2℃低温预处理，以去除田间热和呼吸热。采用打洞的瓦楞纸箱包装，进行冷链运输或直接进入市场销售。

9.1.4　香石竹

　　香石竹（*Dianthus caryophyllus*）又名康乃馨，石竹科石竹属常绿亚灌木，作多年生宿根或一、二年生花卉栽培。香石竹株高25～100 cm，叶对生，线状披针形，花单生或2～6朵聚生枝顶，重瓣，花色丰富。香石竹原产地中海沿岸，野生种春季开花，几百年前经种间杂交培育出四季开花的品种，使其产业得到迅速发展，尤其作为母亲节用花，象征着慈祥、温馨、真挚、不求代价的母爱，是国内外最重要的切花之一。

9.1.4.1　适用设施

　　设施栽培是国内外香石竹切花最主要的生产方式。主要的设施有连栋温室、塑料大棚、日光温室等。例如：我国香石竹的主产区云南使用塑料大棚进行生产；而第二大产区宁夏使用日光温室进行生产。

9.1.4.2　对环境条件的要求

　　（1）温度　　香石竹原产地中海沿岸，性喜凉爽通风干燥环境，适宜的生长气温为15～25℃。若要周年生产切花，要求冬季最低温度高于15℃，夏季温度低于30℃。冬季低于10℃会导致植株生长缓慢甚至不开花，0℃以下温度容易引起花蕾和花苞受冻；夏季连续高温容易引发病害和延缓生长。

　　（2）光照　　香石竹需充足光照才能正常生长和开花，故北方地区冬季生产时需要补充光照。其栽培品种多数为中日性花卉，对日照长度要求不严格，但如能使日照延长到16 h，有利于花芽分化和发育，提高切花品质。

　　（3）水分　　香石竹既不耐旱又不耐涝，喜欢干燥环境，忌高温多湿。所以，南方夏季种植时注意防雨、降温,北方冬季种植时注意灌溉、保温。

（4）土壤　香石竹属于须根系花卉,适于栽培在保肥、通气、富含腐殖质的黏性土壤或微酸性土壤中,土壤的最适 pH 为 6～6.5。应该选择在地势高、干燥、排水、土壤含盐量低的地势和土壤上种植香石竹,忌连作。

9.1.4.3　栽培技术要点

1. 品种选择

香石竹品种繁多,按照花朵大小分为大花型、中花型和小花型;按照花朵数分为单花型（标准型）和多花型（射散型）;按照开花习性分为一季开花型和四季开花型;按照栽培方式分为露地栽培型和温室栽培型。我国目前主要栽培的是为大花型单花香石竹,有红色、黄色、粉红色、桃红色、紫色、橙黄和橘红、绿色、白色、复色九个色系,数百个品种,可根据消费习惯选择香石竹品种。

2. 繁殖方式

香石竹的繁殖方式主要为扦插和组织培养。

（1）组织培养　香石竹容易染病,种苗生产均采用组培脱毒结合扦插繁殖进行。一般把带毒植株放在 36～38℃ 的温室至少培育 1 个月,取 0.2～0.5 mm 的茎尖为外植体,使用诱导、继代和生根培养基进行培养,每个茎尖单独编号。成活后,取部分进行检测,100% 脱毒的茎尖培养植株作为原原种,种植在网室中防止重新感染病毒。将原原种进行组培扩大繁殖做原种（母株）并建立采穗圃,然后从原种上采取大量扦插材料作为生产用插穗。

（2）扦插繁殖　插穗的另一个重要来源是切花植株中下部的营养性侧枝,选用主茎中部 2～3 节的侧枝,剪成 10～15 cm,含有 4～5 对叶的插穗。一般使用可加温的扦插床,床温保持 15～21℃,基质可用珍珠岩,扦插前 1～2 d 要喷杀菌剂消毒,将插穗插入消过毒的扦插基质中,使用自控间歇喷雾装置或加盖塑料薄膜保湿,夏季要进行遮阴处理,2 周左右生根,当根长到 2 cm 即可定植。

3. 栽培管理

（1）定植　在这之前将温室土壤深翻 30 cm,施入有机肥使土壤疏松肥沃,土壤消毒后筑成高 20～30 cm、宽 120 cm 的高畦。定植深度为 2～5 cm,不超过扦插苗的原根茎处。定植密度根据品种和摘心方式而异,一般密度为 33～50 株/m²,小花、多花型可适当稀植,大花、单花型适当密植;不摘心的密植,摘心的稀植。定植时间根据预定采花期计算,通常从定植到切花采收需要 100～150 d。

（2）定植后管理

①水分管理。定植后要遮阳并及时浇水,但要避免浇水过多,适度控水"蹲苗",促使幼苗形成健壮的根系。生长期的浇水使基质干湿交替,避免湿度过大引发茎腐病。温室栽培最好采取滴灌设施,保持栽培土壤湿润而地表干燥。

②肥料供应。香石竹生长发育需要营养量较大,因为其营养生长和生殖生长是同时进行的。香石竹的肥水管理原则是基肥充足长效,追肥薄肥勤施。冬季每隔 10～15 d,春、夏、秋季每隔 5～7 d 追一次液肥,肥料配比为每 100 L 水中加硝酸钾 411 g ＋ 硝酸钙 245 g ＋ 硝酸铵 82 g ＋ 硫酸镁 164 g ＋ 磷酸 82 g ＋ 硼砂 41 g。若条件允许,定期对香石竹叶片做营养元素诊断,调整追肥比例,要保证氮、磷、钾和硼肥的全面营养,尤其要保证硼素的充足,缺硼会导致植株矮小、节间缩短、花畸形或花瓣褐变等。

③光温调控。香石竹适宜生长在凉爽的环境中,夏季须采用遮阳网遮阴或喷雾措施降温,冬季注意保温和升温,尤其是夜温不能低于5℃,最好维持在10~12℃。香石竹栽培品种多为日中性,冬季夜晚需要补充光照,可有效防止因低温引起裂萼的发生,保证切花品质。

④拉网和摘心。香石竹定植浅,花朵大,易倒伏,需要设立支撑网。第一层网距地面15 cm,以上各层间距20 cm,共设3~4层。摘心是香石竹切花生产中的基本措施,有三种方法。a. 单次摘心:在定植1个月左右,植株有5~6个节时,去除主茎顶尖,促生3~4个侧枝,摘心后大约3个月开花,单次摘心开花时间早,但产量较低;b. 双次摘心法:在单次摘心后,侧枝生长有2~3个节时,对全部侧枝再次摘心,该法可使初次采花量多且集中,但使下茬花的花茎变弱,生产中很少应用;c. 半单摘心:单次摘心后,侧枝生长有3~4个节后,对其中一半侧枝再次摘心,每个侧枝上保留2~3个侧枝,可使第一次采花量减少,但以后陆续有花,保证采花量的稳定性,解决提早开花和均衡供应的矛盾。

(3)病虫害防治　香石竹病虫害严重。生理性病害有牛头蕾、裂萼、花朵侧突等;真菌性病害主要有枯萎病、灰霉病、叶斑病、茎腐病和锈病等;病毒病有斑驳病、叶脉斑病、蚀环病、潜隐病毒病等;主要虫害有红蜘蛛、蚜虫、蓟马和蝼蛄等。

防治措施如下:首先要选择抗病品种和无病的健壮种苗;严格土壤消毒,避免重茬;加强温室环境管理,补光、增温、降湿。生理性的病害主要是环境因素造成的,加强温室管理即可。真菌性病害的防治要尽可能保持干燥,通风良好,每周喷一次代森锰锌或百菌清等杀菌剂,及时拔除病株,集中销毁等。病毒病的预防可使用马拉硫磷及时喷杀传毒昆虫蚜虫等,作业刀具经常清洗消毒等。虫害的防治可使用药剂防治、灯光诱杀,以及清除杂草减少寄主植物等。

(4)切花的采收、包装和保鲜

①采收。标准大花型香石竹应在花朵外瓣开放到水平状态时采收,多头型香石竹通常在花枝上已有2朵开放,其余花蕾现色时采收。需要长距离运输和长期贮藏的切花可蕾期采收,即可以在花瓣显色、伸出萼片1~2 cm时采收,在贮运前用保鲜液处理,贮运后进行催花处理。

②包装和保鲜。采收的花枝根据花形、花色、叶片等标准分级,分级后每20支或30支一束捆扎,花头平齐,捆扎后将花茎末端剪齐,将10 cm茎基放37℃保鲜液中2~4 h,接着转移至温度0~2℃、相对湿度90%~95%的冷库中贮藏,然后装箱上市。蕾期采收的切花上市前或到零售商手中后要进行催花处理,使花朵微开才能到达消费者手中。

▶ 9.1.5　非洲菊

非洲菊(*Gerbera jamesonii* Bolus.)又名扶郎花,菊科大丁草(非洲菊)属多年生常绿宿根草本植物,原产南非。非洲菊叶基生,长椭圆状披针形,头状花序顶生,花葶高20~60 cm,其风韵秀美,花色艳丽,周年开花,又耐长途运输,瓶插寿命较长,是世界著名的切花之一。我国近几十年来非洲菊切花栽培面积明显增加,南北方均有大面积种植,成为我国六大切花之一。

9.1.5.1　适用设施

我国南方的云南、广州、海南应用防雨棚、竹架塑料大棚进行非洲菊设施栽培就能实现非洲菊切花的周年供应;辽宁、山东、河北、陕西、甘肃多利用日光温室、塑料大棚进行非洲菊切花生产;上海、江苏等地非洲菊切花生产主要采用塑料大棚或连栋玻璃温室。

9.1.5.2　对环境条件的要求

(1)温度　非洲菊喜温暖,忌炎热,生长适温为 20~25℃,低于 10℃ 则停止生长,属半耐寒性花卉,可忍受短期 0℃ 的低温。冬季若能维持在 12℃ 以上,夏季不超过 26℃,非洲菊可以终年开花。

(2)水分　非洲菊为肉质根,土壤栽培时要注意防涝。小苗期应保持适度湿润,以促进根系伸长,但不可过湿或遭雨水,否则易发生病害甚至死苗现象。夏季生长旺期应供水充足,并注意温室的通风换气,避免发生立枯病和茎腐病。通风还有利于植株光合作用的顺利进行,预防切花在出圃后出现弯颈现象。花期浇水不要注入叶丛,否则易引起花芽腐烂。

(3)光照　非洲菊喜光但不耐强光,冬季生产切花要求有较强光照,夏季应适当遮阴。

(4)土壤　栽培非洲菊宜选用肥沃疏松、排水良好、富含腐殖质的微酸性壤土,忌重黏土,其在中性和微碱性沙质土壤中也能生长。若在碱性土壤中栽培非洲菊,易发生缺铁症状,可多施有机肥并深翻,促进铁的吸收。非洲菊忌连作,连作易患病害,栽培前进行土壤的熏蒸消毒以防土传病害。在荷兰等花卉产业发达国家,非洲菊均采用无土栽培(尤其是岩棉培)方式进行生产,切花产量可达 150~160 支/m²,是土壤栽培的 4~8 倍。

9.1.5.3　栽培技术要点

1. 品种选择

非洲菊有单瓣品种,也有重瓣品种;有切花品种,也有适于盆栽的品种;从花色上来分有橙色系、粉红色系、大红色系和黄色系品种。我国切花生产的主要品种有'莫尔''粉后''名黄'及'白明蒂'等。

2. 繁殖方式

非洲菊繁殖可以采用播种、分株和组织培养,组培快繁是非洲菊脱毒苗和规模化生产的主要繁殖方式。

非洲菊的组培快繁可以采用茎尖、嫩叶、花瓣、花托、花茎等作为外植体。以花托为外植体的组培快繁流程如下:取直径 1 cm 左右的花蕾流水冲洗 1~2 h,进行常规消毒后,剥去苞片和小花,留下花托。将花托切成 2~4 小块,接种在(MS＋4 mg/L 6-BA ＋0.2 mg/L NAA＋0.2 mg/L IAA)培养基上,逐渐形成愈伤组织。经过 1~2 个月的培养即可由愈伤组织形成芽,在同样的培养基上进行继代培养。当试管苗高 2~2.5 cm 时,将其转入(1/2MS＋0.1 mg/L NAA)生根培养基上诱导生根。经 2~3 周当根原基肉眼可见时即可进行炼苗、驯化和移栽。移栽基质为木屑＋泥炭(1:1)或泥炭＋细沙(1:1)的混合物。要注意温湿度的控制,采用全自动间歇喷雾苗床,可以大大提高组培苗的移栽成活率。

3. 栽培管理

(1)定植　非洲菊根系发达,栽培床至少有 25 cm 以上疏松肥沃的沙质壤土层,定植前应多施有机肥,并与基质充分混匀。为了防涝一般采用高畦栽培,每畦上种 2 行,定植密度为株行距 30 cm × 40 cm,不能过密,否则通风不良,容易引发病害。

(2)定植后管理　当非洲菊进入迅速生长期以后,基部叶片开始老化,要注意将外层老叶去除，改善光照和通风条件，以利于新叶和花芽的形成，促使植株不断开花，并减少病虫害的发生。

在温室中非洲菊可以周年开花，因而须在整个生长期不断进行施肥以补充养分。其营养类型属于氮钾型，肥料可以氮、磷、钾复合肥为主，比例为 15∶8∶25。为保证切花的质量，要根据母株的长势和肥水供应条件对植株的着蕾数进行调整，一般每株着蕾数不超过 3 个。

（3）病虫害防治　非洲菊设施栽培的主要病害有褐斑病、疫病、白粉病和病毒病。病害的防治主要以预防为主，定植不能过深，保证光照充足，环境通风，提高植株的抗病性，加强苗期检疫；还可以用茎尖培养的方法生产脱毒苗，结合基质消毒，减少发病概率。在发病期间可依次喷施 70％甲基托布津可湿性粉剂 600～800 倍液，70％百菌清可湿性粉剂 600～800 倍液，50％百菌清可湿性粉剂 800～1 000 倍液进行防治。

非洲菊设施栽培的主要虫害有红蜘蛛、棉铃虫、地老虎，可以分别用 5％尼索朗 2 500 倍液、40％氧化乐果乳油 1 500 倍液和 50％磷胺乳油 1 500～2 000 倍液进行防治。

（4）切花的采收、包装、保鲜　非洲菊切花采收的最佳时期是当花序完全展开、2～3 轮筒状花的雄蕊开始散粉时即可采收。国产的非洲菊一般 10 支一束，用纸包扎，干贮于保温包装箱中，进行冷链运输，在 2℃下可以保存 2 d。非洲菊花盘大、花枝长，因此，国际上非洲菊的切花采取特殊的包装方式。包装方式如下：准备 60 cm×40 cm（长×宽）的硬纸板，上面有 50 个直径约 2 cm 的孔眼，切花按花茎长短分级后，每 50 支 1 板，使花盘在纸板上孔眼部位固定，而花茎在纸板下垂直悬挂。国外非洲菊切花的分级包装已经实现机械化操作。

▶ 9.1.6　郁金香

郁金香（*Tulipa gesneriana*），百合科郁金香属多年生草本植物，地下具鳞茎。郁金香茎直立，极少分支；花单生茎顶，花被钟状或漏斗形钟状，花瓣 6 枚；花色丰富，花期 3—5 月。郁金香原产于地中海沿岸、土耳其、伊朗等地，我国约有 17 个野生种且集中分布在新疆地区。20 世纪 80 年代初，我国引进郁金香品种开始商业化栽培，起步虽晚但发展迅速，目前露地栽培的早春郁金香花展已经风靡全国，用设施周年生产的郁金香切花也已成为我国主要切花之一。

9.1.6.1　适用设施

郁金香切花促成栽培程序如下：中温（适温）打破种球休眠并完成花芽分化→低温诱导花茎伸长和生根→温室催花。因此，还需要配备相应的冷库和培养室。郁金香的反季节切花生产集中于我国北方地区，生产的主要设施为日光温室和玻璃温室，也可以是塑料大棚。

9.1.6.2　对环境条件的要求

（1）温度　郁金香生长最适温度为 15～18℃，花芽分化在鳞茎中完成，适温为 17～20℃，超过 30℃花芽分化受抑，低于 5℃停止生长。但郁金香的鳞茎耐寒性好，在冬季最低温度为 9℃的地区能够露地越冬栽培，冬季的自然低温可满足其低温春化要求，使之在春季正常生长发育。

(2)光照　郁金香属于日中性植物,对光照长短要求不严,但较长时间的光照有利于花茎伸长、花朵发育和着色。郁金香对光照强度要求也不严格,但其花朵在阳光充足条件下才能开放,傍晚或阴雨天会闭合。

(3)水分　郁金香喜凉爽、湿润环境,不耐干旱也不耐水湿。定植后缺水会导致花芽早期干缩,形成盲花。过湿环境导致土壤透气性差,损伤根系,容易发生病害。

(4)土壤　栽培郁金香适宜富含腐殖质、排水良好的沙土或沙质壤土,不喜黏重和低湿的土壤,土壤pH6～6.5为宜。栽培时最好做高畦,便于排水。

9.1.6.3　栽培技术要点

1. 品种选择

郁金香栽培品种8 000多个,按花期、花形、花色分为4类15群。切花生产常见的栽培品种主要来自中花类和晚花类及其种群,如中花类的凯旋系、达尔文杂种系和晚花类的单瓣晚花群等。

2. 繁殖方式

郁金香以自然分球繁殖为主,一般繁殖系数为2～4。秋季在露地种植母鳞茎,第二年初夏收获新鳞茎,由于同一个母鳞茎繁殖出来的子代鳞茎在发育程度和大小上存在差异,通常将种球分为5级。一级:鳞茎直径>3.5 cm,开花率>95%,供切花和盆花促成栽培用,又称开花种球;二级:直径3.1～3.4 cm,开花率60%～80%,供露地栽培用;三级和四级:直径1.5～3.0 cm,由于开花率低,通常摘除花蕾培养1年达到开花种球的规格,故称栽植种球;五级:直径<1.4,称为籽球,培养2年以上才能达到开花种球的规格。

3. 栽培管理

郁金香栽培分促成栽培和抑制栽培。使郁金香在11月至翌年3月开花的栽培称为促成栽培。使郁金香花期延迟到10月的栽培称为抑制栽培。促成栽培和抑制栽培应选用相应品种。

(1)种球选择和温度处理　选择饱满、健壮、无伤病的开花种球。若是新采收的种球需要进行温度处理,即在17～20℃,最佳是20℃,打破休眠并完成花芽分化(直到雌蕊分化完成,G期),因品种而异此温度处理期2～7周不等。

(2)冷处理　郁金香生根和花茎伸长需要低温春化作用,因此完成中温处理的种球要进行冷处理,即将种球贮藏或者箱栽后贮藏在5℃或9℃冷库中,因品种而异贮藏时间8～16周不等。然后将种球或箱栽已经生根、萌芽的郁金香移入温室催花。荷兰常用的栽培模式见图9-1。

(3)定植　郁金香有土壤栽培(地栽)、箱式栽培(箱栽)和水培三种方式。

①地栽。常做平畦,要求栽培土壤的结构良好、排水、通气,pH调节为6～7。经过5℃冷处理的种球种植前去除包裹在鳞茎盘基部褐色的外皮膜,以利于根系均匀生长。栽植密度依据种球大小为230～280粒/m²,栽植深度在鳞茎顶覆土1～2 cm,栽后立即浇水防治鳞茎干燥脱水。从种植到开花50～60 d。

②箱栽。栽培箱通常使用塑料的种球周转箱,规格为60 cm×40 cm×(22～24) cm。箱内填装配好的基质(泥炭、草炭等)5～8 cm,将完成花芽分化并经一段时间9℃冷处理的种球栽入箱中,上面覆盖粗沙将鳞茎尖露出,栽植密度为75～115粒/箱。栽后立即浇水,湿润度以用手握捏基质能成团但不滴水为度。之后将栽培箱移入9℃冷室做生根培养,空气

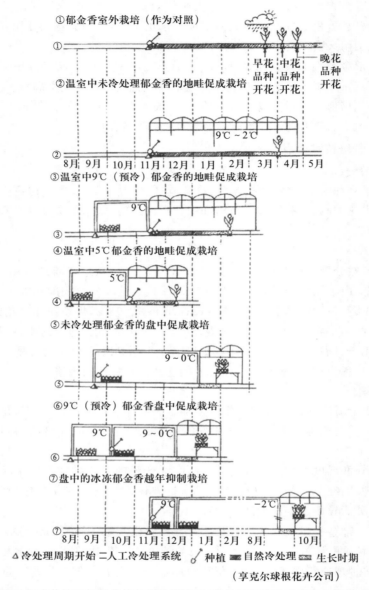

①郁金香室外栽培（作为对照）

早花品种开花　中花品种开花　晚花品种开花

②温室中未冷处理郁金香的地畦促成栽培

9℃～2℃

8月　9月　10月　11月　12月　1月　2月　3月　4月　5月

③温室中9℃（预冷）郁金香的地畦促成栽培

9℃

④温室中5℃郁金香的地畦促成栽培

5℃

⑤未冷处理郁金香的盘中促成栽培

9～0℃

⑥9℃（预冷）郁金香盘中促成栽培

9℃　9～0℃

⑦盘中的冰冻郁金香越年抑制栽培

9℃　－2℃

8月　9月　10月　11月　12月　1月　2月　8月　10月

△冷处理周期开始 二人工冷处理系统 ✎种植 ▬自然冷处理 ▓生长时期

（享克尔球根花卉公司）

图 9-1　荷兰郁金香促成栽培和抑制栽培程序的模式图（荷兰国际球根花卉中心提供，20 世纪 90 年代）

湿度保持在 90％～95％，14～19 周待种球生根并萌芽后移入温室，开花仅用 25 d 左右。

　　③水培。是荷兰人在 20 世纪末开发的，且是目前主要应用的模式，具有低污染、清洁、生产效率高等优点。栽培容器常用黑色硬塑料制成的针式种植盘，规格类似栽培箱，底部布有针状物以固定种球。将完成花芽分化并经一段时间 9℃冷处理的种球插入盘中，栽植密度为 78～126 粒/盘，随即加水。水质要求 EC 为 1.5～2.0 ms/cm，pH 为 5.5～6.5。将种植盘放入 5℃冷室生根，大约 4 周当根长 3～4 cm 时移入温室催花，21 d 左右开花。

　　（4）定植后管理　催花温室的温度不能过高或过低，气温保持 15～18℃，地温 13～16℃；相对空气湿度控制在 60％～80％，高湿容易引起生理和真菌性病害。郁金香在我国北方冬季温室生产需要补充光照,中部和南方冬季栽培不需要补光;在春季和秋季栽培时如果光照过强,要遮光、降温。一般促成栽培可以不施肥,但视土壤或基质以及植株的营养状况,可追施2～3次液肥。

(5)病虫害防治 郁金香切花促成栽培常见的病害有以下几种。

①盲花。是由鳞茎贮藏温度不适、鳞茎带病或根基损伤、生长环境不良等引起的。减少和预防盲花的方法:在鳞茎采收和处理期间要防止受伤,严格选择无病、健壮的种球栽植;鳞茎处理和栽培期间加强温湿度管理和通风换气。

②生理性缺钙。是由高温、高湿环境造成的,植株茎上部变细、发黄,抑制花芽发育,并引起根尖坏死,阻碍营养的吸收和运输。防治措施:在鳞茎生根后的快速生长期,每100 m^{2}施2 kg硝酸钙,分3次喷撒,每次间隔1周。

③猝倒。是生理性病害,由环境湿度过高、根系生长不良、茎叶组织缺钙等引起,其症状为植株上部叶片出现水渍状物,最终花茎倒伏。防止措施:保证根系正常生长,严格调控鳞茎冷处理和种植期间的温湿度,选择抗猝倒病的品种。

④病虫害。郁金香还有真菌性病害如青霉腐烂病,病毒病如郁金香碎色病,细菌性病害如软腐病,以及蚜虫类、潜叶蝇等主要虫害。防治措施:首先选用无毒或脱毒种球,进行种球和土壤消毒,栽培管理要措施得当。如有病害发生,及时去除病球和病株,使用甲基托布津等农药进行喷雾或灌根,或使用阿维菌素进行喷雾或是灌根。

(6)切花的采收、包装、保鲜 当郁金香花蕾上部着色但还未展开时进行采切,通常将鳞茎一起采收,可以增加花茎长度并延长切花贮藏期。采收的花枝先放入1～2℃冷库降低田间热后,按品种、花色和长度等将10支郁金香的花头对齐,在花茎下部的1/3处进行捆扎,然后把基部切齐,扎束后在2～5℃的清水中放置30～60 min后装箱。装箱时水平放置,保证花蕾前部与箱壁有一定距离,防止花蕾与箱壁的摩擦。然后放入1～3℃冷库贮藏,保持冷库湿度在90%左右,切花贮藏一般不超过3 d,带鳞茎采收的切花能够贮存2周。郁金香无专用保鲜液,最近研究表明6-BA、多效唑、精胺和钾元素等能够延长郁金香切花的寿命,可用于郁金香切花的保鲜。

9.2 设施盆花栽培技术

▶ 9.2.1 仙客来

仙客来(*Cyclamen persicum* Mill.)为报春花科仙客来属多年生块茎类球根花卉,又名兔子花。其叶丛生于块茎顶端,心状卵圆形,叶面常具白斑,花冠五深裂,翻卷、扭曲,形似兔耳。仙客来起源于地中海东部沿岸的丘陵森林地带,我国约在20世纪20年代开始引种。仙客来不仅花型、花色丰富,花期持久,而且可花叶兼赏,是国内外重要的盆花之一,在我国还是在元旦、春节期间最流行的年宵花。

9.2.1.1 适用设施

我国的仙客来盆花生产区域较广,如辽宁、河北、山东、上海、四川等地区,主要在配有加温设施、降温设施和滴灌设备的连栋温室或日光温室中进行集约化栽培,其产量和品质均可得到有效保证。

9.2.1.2 对环境条件的要求

仙客来喜凉爽、湿润及阳光充足的环境,温室栽培条件下花期从 10 月可以持续到次年 5 月,2—3 月为盛花期。

(1)温度 在不同生长发育阶段仙客来对外界温度的要求不同,如发芽出苗期适温为 15～20℃;生长期适温为 15～25℃;花芽分化期的适温为 15～18℃;花梗伸长期到开花时宜保持在 18℃左右。若温度过高,花梗细长,影响盆花质量;温度过低,花梗短,严重时影响开花。冬季花期适温为 12～20℃,夜间应在 10℃以上,昼夜温差 10℃为宜,当温差达 15℃时仙客来开花不良。

(2)水分 仙客来喜湿润,但块茎怕积水,应严格控制浇水量。仙客来播种繁殖的实生苗在出苗期间,基质相对湿度应高于 90%,否则子叶与种皮难以脱离;出苗后,基质湿度控制在 80%～85%;生长旺盛期,基质相对湿度以 70%～75% 为宜,盆土要经常保持湿润,不可过分干燥。夏季炎热且空气湿度高时,必须加强通风,控制浇水,避免高温、高湿造成块茎腐烂。

(3)光照 仙客来喜光照充足的环境,但又忌夏日强光直射。其种子的萌发过程不需要光照,生长期间适宜的光照强度为 500～550 μmol/(m^2·s),高于 700 μmol/(m^2·s)或低于 300 μmol/(m^2·s)均不利于仙客来的生长。仙客来为日中性植物,即日照长短对仙客来的花芽分化和开花没有决定性作用。但在苗期和花芽分化期,适当延长光照时间,提供适宜的光照强度,会使仙客来开花数量和质量得到明显提高。

(4)基质 栽培仙客来需要疏松、排水良好、富含有机质的基质,适宜的 pH 为 6.0～6.5。育苗基质要求疏松、透气、低盐、微酸(pH 为 5.8～6.2),可选用泥炭 + 蛭石(6:4),或者腐叶土 + 草炭 + 珍珠岩(2:4:4);每立方米基质中加入 500 g 复合肥(N:P$_2$O$_5$:K$_2$O = 6:3:10)。成株的栽培基质要求疏松透气、排水良好,如树皮 + 棉籽皮 + 蛭石(5:4:1)或泥炭 + 珍珠岩 + 蛭石(7:2:1)等。所用基质应经充分腐熟并消毒,无病菌和虫卵。

9.2.1.3 栽培技术要点

1. 品种选择

仙客来的园艺品种众多。依花色可以分为单色和花色两类。依花型又可以花瓣形状、花朵形状、花型大小等分类,如以瓣形可分为平瓣、狭瓣、阔瓣、齿瓣、波瓣、卷瓣、皱瓣、旋瓣、畸瓣等;以花形可分为兔耳、旋耳、锦簇、瑶团、灯笼、风车、重瓣等;以花大小可分为大花型、中花型和迷你花型三类。还可根据芳香性分为大花芳香、小花芳香和普通品种。在实际生产中,一般选择的品种主要是相似的仙客来品种组成的系列,欧洲常见的有 58 个品种系列,日本有 9 个品种系列。

2. 繁殖方式

仙客来的块茎不能自然分生,而用种子繁殖不仅简便易行,且品种内自交变异不大,因此,种子繁殖是仙客来最常用的繁殖方法。

仙客来的果实发育较慢,花后 3～4 个月才可成熟,内含种子数十粒。种子有后熟期,采下的种子不宜直接播种,也不能晒干,宜放在湿沙床内,约经 2 个月的休眠期后才能发芽。仙客来种子较大,每克约 100 粒,一般发芽率为 85％～95％,种子常发芽迟缓,出苗不齐。播前需浸种催芽,用冷水浸种一昼夜或 30℃温水浸泡 2～3 h,然后清洗掉种子表面的黏着物,包于湿布中催芽,保持温度 25℃,经 1～2 d,种子稍微萌动即可取出在盆中或穴盘中播种。

若播种于盆中,穴距 2 cm,盖土厚约 1 cm,盆面覆盖保湿。播种后浇足水,以后保持湿润,约 40 d 后出芽,催芽后的种子 15～20 d 出苗。幼苗长出两枚子叶后,就可以移入小盆,按生长情况渐次更换大盆,如移苗迟了,植株纤弱,影响块茎形成和发育。也可采用 288 孔、128 孔的穴盘或平盘,将混合均匀的基质装到穴盘中,点播,深 5 mm,用基质覆盖,浇水使基质充分湿润。播种后的穴盘放入催芽室内,保持黑暗状态,在温度 18℃、空气相对湿度 90％的情况下,约 20 d 后种子发芽。

在播种后 21～25 d,约有 50％的种子胚芽开始顶出基质而子叶尚未展开时,从催芽室移到温度 18～20℃、光照 100 μmol/(m^2·s)左右的温室中。在移出催芽室的 1 周内,中午出现较强日照时要适当遮阴,及时喷雾,以利于脱去种壳。随着种子出芽率的增加,可逐渐增加光照强度,至 45～60 d 出齐苗后,完全撤除遮阳物,维持光照强度在 100 μmol/(m^2·s)左右,同时加强通风。移苗前可以进行强光锻炼,光照一般不大于 160 μmol/(m^2·s)。仙客来第二枚真叶展开时可随水施用复合肥(N：P$_2$O$_5$：K$_2$O＝10：3：17)。

播种后 8～9 周移栽入 50 孔穴盘中,基质配方同育苗基质。起苗时要避免伤根,剥去留在仙客来块茎上的青苔土,移栽时块茎露出土面 1/3～1/2,略微压紧,并尽可能使叶片的排列方向一致,以便充分受光。为了移苗时有良好的根系,须提前 2 周进行控水促根栽培。移苗后浇一次透水,遮阳 7～10 d,停肥 10 d。此阶段温度适宜,昼夜温差大,适合仙客来成苗的生长;在 3 月底到 5 月间,除了中午光照超过 1 000 μmol/(m^2·s)或温度超过 32℃,一般不需要采取遮阳措施;为促进块茎生长,可提高钾肥比例;浇水要做到见干见湿,施肥与灌水一起进行,营养液 EC 值为 0.8 mS/cm(N：P$_2$O$_5$：K$_2$O＝1：0.7：2),pH 为 6～6.5。

3. 栽培管理

(1)定植　大苗的叶片(具有 5～7 枚真叶时)相互碰在一起后,就需要上盆(营养钵),盆的规格由品种、上盆时间以及花期来决定,选择过大的花盆会使盆花的开花期推迟。一般播种后 15～17 周进行,在每立方米栽培基质中加入复合肥(N：P$_2$O$_5$：K$_2$O＝15：5：17)作为基肥,同时为了管理方便,装盆时只装八分满。上盆基质应保持一定的湿度但不能结块,上盆前应减少育苗穴盘浇水量,使其稍干,以便完整取出种苗。将种苗轻轻放入盆中央,尽量减少对仙客来根系和叶片的机械伤害,否则极易感染细菌性病害;上盆时块茎要露出基质平面 1/3～1/2。

(2)定植后管理　进入 5 月下旬,气温升高达 28℃以上,光照逐渐加强,温室内光温升高更快,仙客来会出现下叶枯黄、心叶皱缩,叶柄绵软下垂,此时应控制肥水,否则极易烂球。5 月下旬后,应及时通风、遮阳,降低光照和温度,减少浇水,保持盆土半干半湿,逐渐降低温湿度,使仙客来进入夏季休眠状态。6 月中旬至 8 月中旬是仙客来夏眠期,应保持通风凉爽的环境条件,不用把球起出集中放置,在原盆内即可。应在 6 月中旬的休眠期向盆面喷洒一次 500 倍的波尔多液或多菌灵,培养土应保持上半部湿润状态,每隔 3 d 向盆面喷一次水,同时应防虫、鼠及人为挤压球芽,日常采取弱光处理。不用施入肥料,定期检查块茎是否干缩或有病虫害,发现问题及时采取措施。荷兰等国仙客来的规模化盆花生产只用播种繁殖,生产周期约为 1 年,不保留花后进入休眠的块茎。

进入 8 月下旬,气温降低,仙客来块茎顶部芽苞开始萌动,叶苞变色、伸长,此时应采取换盆、施肥、浇水、见光等措施。换盆一般不增加盆的尺寸,但大球可以加大一号,一般块茎 3 cm 左右用 16 cm 盆即可。将块茎放于盆正中心,埋入深度达块茎 1/2～1/3 为宜。浇透水后适当正苗,先放入阴凉处 5～7 d,再逐渐见光增湿。

待叶片长出达 1 cm 时即可施叶面肥或根施液肥,叶面肥采用尿素和磷酸二氢铵各 0.1% 交替喷施,也可浇入盆中,但不能淋到块茎上面,10 月下旬有花芽出现时,采用根施液肥最好。在块茎四周 2 cm 处根施磷酸二氢铵,效果也很好,且有利于花芽形成和壮大。

仙客来花期应每隔 10 d 左右施入一次磷肥、钾肥为主的营养液,不施氮肥,否则会引起枝叶徒长,缩短花朵寿命。环境温度应控制在 15～20℃,花期的光照强度要求在 300～600 $\mu mol/(m^2 \cdot s)$,水分供应充足,缺水会严重影响开花。注意室内通风,减少病害发生,同时定期喷药,及早预防。此外,花期管理中应定期转动盆钵,使仙客来受光均匀,植株生长一致,株型丰满美观。

(3)病虫害防治 仙客来幼苗期病虫害的病源主要是立枯菌、腐霉菌以及地种蝇。在出室 3 d 之内一定要打一次立枯净或嘧菌酯、多菌灵等广谱杀菌剂,之后每周一次。夜温过低以及湿度过大易导致水肿病的发生,它是一种生理性病害,植株的表现为子叶软腐,可通过提高夜温、降低湿度来降低水肿病发生的概率。同时,在基质中混入杀虫药、穴盘上悬挂粘虫纸以及定期浇灌菊酯类杀虫剂、敌百虫(800 倍液),防止地下害虫对仙客来根系的伤害。

成苗的真叶上若出现凹陷的水渍斑(灰霉病症状),可以喷施速克灵或露娜森等药剂防治。此外,前期受过低温伤害的叶片也会出现水肿症状,需要及时清理烂叶,并尽量不要让叶面残留水珠过夜。此期还要注意防治蚜虫。

生长期多发生叶部病害,可定期喷施多菌灵、代森锌防治。对于红蜘蛛,可采用药剂及物理办法杀除,药剂采用螺螨酯或哒螨灵等杀螨剂(1 000 倍液),或用棉球蘸洗衣粉 500 倍液或烟蒂水 800 倍液防治。

(4)盆花上市和贮运 仙客来盆花上市标准为花葶均匀分布圆整的叶幕中央,高低一致,叶片鲜亮,银纹清晰,无病虫害。运输前 1～2 d 停止浇水。可根据产品等级和运输距离采用纸箱或塑料袋。规格根据株型大小确定。使用盆花专用运输车,盆花包装完成后,紧密排列在运输箱或纸箱内,注意不要倒置和挤压。贮藏在相对湿度 90%～95%、温度 10～12℃ 的环境中,时间不超过 2 周。

▶ 9.2.2 一品红

一品红(*Euphorbia pulcherrima* Wild.)别名圣诞花、猩猩木,大戟科大戟属常绿灌木,原产墨西哥及热带非洲。其花序下方着生叶状的苞片(变态叶),轮生,披针形或倒卵形,色彩鲜艳,花序是主要的观赏部位。一品红的自然花期在 11 月—翌年 3 月,正值圣诞、元旦、春节,且极易进行花期调节,可实现周年开花。因其花期长、苞片大、颜色鲜艳而深受人们喜爱。特别是红色品种,极具观赏价值,是全世界最重要的盆花品种之一。我国的一品红盆花规模化生产开始于 20 世纪 90 年代初,通过引进国外的栽培技术和新品种,产量迅速增加。

目前我国每年生产量超过 400 万盆,销售额达 1 000 多万元,占亚洲总产量的一半。

9.2.2.1　适用设施

一品红喜光照充足、温暖湿润的环境,不耐荫,也不耐寒,10℃以下落叶休眠。我国目前专业化的一品红盆花生产多在温室内进行,以保证质量和按期上市。利用温室生产一品红容易控制小气候环境,因此,可以说温室是生产高品质一品红的必备条件。

9.2.2.2　对环境条件的要求

(1)温度　一品红不耐寒,栽培适温为 18～28℃,花芽分化适温为 15～19℃,环境温度低于 15℃或高于 32℃都会导致生长不良,5℃以下会发生寒害,必须在下霜前移入温室。

(2)水分　一品红既怕旱也怕涝,土壤水分过多容易烂根,过于干旱又会引起叶片卷曲焦枯。浇水要见湿见干,浇则浇透,一般春季 2～3 d 浇水一次,盛夏每日浇水一次,还可向叶面喷水。温室管理还应注意通风,开花后温室湿度不可过大,否则苞片及花蕾上易积水甚至霉烂。

(3)光照　一品红为典型的短日照植物,日照 10 h 左右为宜,夏季高温、日照强烈时,应采用遮阳措施,减少直射光,并采取措施增加空气湿度;冬季栽培时,光照不足也会造成徒长、落叶。对光照强度的调节可采用摘心前 500～700 $\mu mol/(m^2 \cdot s)$,摘心后 700～900 $\mu mol/(m^2 \cdot s)$,出售前 400～700 $\mu mol/(m^2 \cdot s)$。生产上可通过遮光处理调节花期,处理时要连续进行,不能中断,且不能漏光。

(4)基质　基质栽培有利于水分、养分的调节,目前较好的基质一般以泥炭为主,加入适量的珍珠岩、蛭石、陶粒、木屑、树皮等组成混合基质。混合基质要求排水良好并能保持适度湿润。一品红栽植最适宜的 pH 为 5.5～6.5。一般来说,在专业化生产中,须使用适应不同品种并能满足生长发育要求的专用复合基质。

9.2.2.3　栽培技术要点

1. 品种选择

一品红的品种主要根据苞片颜色进行分类。目前栽培的主要园艺变种有一品白、一品粉和重瓣一品红。观赏价值最高、在市场上最受欢迎的是重瓣一品红,品种有'自由'(freedom)、'彼得之星'(Peterstar)、'倍利'(Pepride)、'圣诞之星'(winter rose)、'艾克奇'(Eckakeem)等。

2. 繁殖方式

以扦插繁殖为主,分硬枝扦插和嫩枝扦插。硬枝扦插时间为春季,选取 1 年生木质化枝条剪成 10 cm 小段,剪口蘸草木灰稍阴干后扦插于河沙或蛭石内,扦插深度为 4～5 cm,遮阳保湿,在温室内保持环境温度 20℃左右,约 1 个月生根。嫩枝扦插时间为 5—6 月,剪取长约 10 cm 的半木质化嫩枝,除掉下面 3～4 枚叶片,浸入清水中,阻止白色汁液外流,其他操作与硬枝扦插相同。为促使扦插生根,可以用 0.1% 高锰酸钾溶液或 100～500 mg/L NAA 或 IBA 溶液处理插穗。

3. 栽培管理

(1)定植　扦插成活后,应及时上盆。开始时可用直径 5～6 cm 的小盆,随着植株长大,可定植于 15～20 cm 口径的盆中。为了增大盆花的冠幅,可以将 2～3 株苗定植在较大的盆中,当年就能形成大规格的盆花。盆土以酸性混合基质为宜,上盆后浇足水放置于荫处,10 d后再给予充足的光照。

（2）定植后管理　一品红定植初期叶片较少,浇水要适量。随着叶片增多和气温增高,需水量逐渐增大,盆土不得干燥,否则叶片枯焦脱落。一品红的生长周期短,且生长量大,从购买种苗到成品出货只需100～120 d,所以肥水的管理对一品红的生长非常重要。一品红对肥料的需求量大,稍有施肥不当或肥料供应不足,就会影响花的品质。生长季节每10～15 d施一次稀薄的腐熟液肥,当叶色淡绿、叶片较薄时施肥尤为重要。但肥水也不宜过多,以免引起徒长,影响株型。氮肥前期用铵态氮,花芽分化和开花期则以硝态氮为主。

传统的一品红盆花高度控制采用摘心和整枝做弯的方法,现在国内生产上使用的多是矮生品种,其高度控制主要是根据品种的不同和花期的要求采用生长抑制剂处理。常用的生长抑制剂有CCC、B_9 和 PP_{333}。当植株嫩枝长2.5～5.0 cm时,可以用2 000～3 000 mg/L B_9 进行叶面喷洒,而在花芽分化后使用 B_9 叶面喷洒会引起花期延后或叶片变小。在降低植株高度方面,用CCC和 B_9 混合液叶面喷施比分开使用效果更加显著,可以用1 000～2 000 mg/L CCC和 B_9 混合液在花芽分化前喷施。在控制一品红高度方面,PPP_{333} 的效果也十分显著,叶面喷施的适宜浓度为16～63 mg/L。在生长前期或高温潮湿的环境下,使用 PPP_{333} 浓度较高,而在生长后期和低温下,一般使用较低浓度处理,否则会出现植株过矮或花期推迟现象。

（3）病虫害防治　一品红易患病害有根腐病、茎腐病、灰霉病和细菌性叶斑病。根腐病和茎腐病的防治用噁霉灵、瑞毒霉或五氯硝基苯,在定植时浇灌基质。灰霉病的防治可以用甲基托布津、露娜森,细菌性叶斑病用含铜杀菌剂防治。其主要虫害有粉虱、蓟马等,均可以用2.5%溴氰菊酯、40%氧化乐果、阿维菌素等防治。

（4）盆花上市和贮运　一品红植株株型丰满,苞片开始显色时即可上市。盆花在贮运过程中出现的主要问题是叶片和苞片向上弯曲,为减少这种现象的发生,在启运前3～4 h内应将植株包装在打孔的纸或玻璃纸套中。到达目的地后,立即解开包装,防止乙烯在包装内积累产生伤害。如果运输温度在10℃下,植株在纸套中的时间不要超过48 h。

▶ 9.2.3　安祖花

安祖花（*Anthurium andraeanum* Lind.）又名大叶花烛、哥伦比亚花烛、火鹤花、红掌等,为天南星科花烛属多年生常绿草本植物。原产于南美洲热带雨林地区。株高50～80 cm,高度因品种而异。具肉质根,无茎,叶从根茎抽出,具长柄,单生,心形,鲜绿色,叶脉凹陷。花腋生,佛焰苞蜡质,正圆形至卵圆形,鲜红色、粉红色、白色等,肉穗花序,圆柱状,直立,四季开花。我国于20世纪70年代引入安祖花进行栽培,因其花大、色艳、单花期极长,安祖花产业迅速发展,成为我国四大盆花之一（兰花类、凤梨类、花烛属类、观叶芋类）,目前年产量约1.37亿盆,是我国最受欢迎的年宵花。安祖花亦是切花的花卉种类。

9.2.3.1　适用设施

安祖花在我国绝大部分地区必须在温室中栽培。在南方地区采用钢架连栋遮光大棚,棚高3 m,设置双层遮荫网,外层网为固定式,遮光率为75%,内层网为活动式,遮光率为50%。棚内设喷淋设施,喷雾降温、增湿,设置排水沟,能够迅速排水。我国北方地区栽培最主要的限制因子是冬季的低温,需要用有加温设施的连栋温室,或用背风向阳、保温性强、排水良好的日光温室。

9.2.3.2 对环境条件的要求

（1）温度 安祖花对温度要求较高，生长适温为 20～30℃，冬季温度不低于 15℃，否则不能形成佛焰苞，13℃以下出现寒害。

（2）水分 安祖花对水分比较敏感，尤其是空气湿度，以 80%～90% 最为适宜。生长期应经常向叶面和地面喷水，增加空气湿度，对茎叶生长和开花均十分有利。生长期盆内可多浇水，冬季温度低浇水不能过多，以防根部腐烂，但空气湿度应保持 80% 以上。

（3）光照 安祖花宜半阴环境，以 $300～400\ \mu mol/(m^2 \cdot s)$ 为宜，对茎叶生长和开花有益。若长期生长在光照不足的条件下常出现叶柄长、植株偏高、花朵色彩差、缺乏光泽的问题。

（4）基质 必须排水好、透气性强，常用保水性好、肥沃、疏松的腐叶土和苔藓作为安祖花的盆栽基质，或与其他基质进行混配，pH 保持在 5.2～6.2，EC 保持在 1.2 mS/cm。

9.2.3.3 栽培技术要点

1. 品种选择

花烛属有 600 多个种，通过长期的种间杂交形成众多品种，其中适宜盆栽的有 37 个，且分为大花型、小花型、猪尾花烛和观叶花烛四个品种群。我国常见栽培的品种有：大花型'亚利桑那''科罗拉多''亚特兰大''糖果''冠军''花色情人''撒拉'等；小花型'莉莉''南克''北极星''皮可保罗''日落'等；猪尾花烛'阿图斯''阿瑞斯托''阿润''菲斯申''阿提卡'等；观叶花烛'水晶花烛'等。

2. 繁殖方式

常见的繁殖方式有分株和组织培养。

（1）分株繁殖 春季选择具有 3 枚叶片以上的子株（萌蘖），从母株上连茎带根切割下来，用苔藓包裹移栽于盆内，经 20～30 d 萌发新根后重新定植于 15～20 cm 盆内。

（2）组培繁殖 20 世纪 70 年代末，荷兰开始用组培繁殖安祖花，至今安祖花的集约化生产基本都采用组培技术大量繁殖种苗。以叶片、芽、叶柄为外植体，经消毒后接种在培养基上，先形成愈伤组织，再诱导芽和根的生长，最后经移栽形成小苗。

3. 栽培管理

（1）定植 不同阶段的花苗对盆的规格要求不同。小苗阶段一般已在育苗公司完成，生产时所购买的安祖花苗均是中苗（15 cm 左右）以上，所以在上盆种植时，可选择一次性使用的 16 cm×15 cm 红色塑胶盆。种植前，基质必须经彻底的消毒处理，以杀灭病虫害。生长季节每周施一次稀薄肥水，每天浇水和叶面喷水；冬季少浇水，只需要保持盆土湿润。安祖花是喜阴植物，种植时需要设置 75% 遮光率的遮阳网，以防止过强的光照。采用双株种植优于单株种植。上盆时先在盆下部填充 4～5 cm 颗粒状的碎石物，然后加基质 2～3 cm，同时将植株栽于盆中央，使根充分展开，最后填充培养土至盆面 2～3 cm 以下即可。但要注意必须使植株中心的生长点及基部的小叶露出基质的水平面，同时应尽量避免植株黏附基质。

（2）定植后管理 安祖花属于对盐分较敏感的花卉，应尽量把基质 pH 控制在 5.2～6.1。如果 pH 过低，花茎变短，会降低观赏价值。盆栽安祖花在不同生长发育阶段对水分的要求不同,幼苗期由于植株根系弱小,在基质中分布较浅,不耐干旱,栽后应每天喷 2～3 次水,要经常保持基质湿润,促使其早发和多抽新根,并注意盆面基质的干湿度。中、大苗植株生长快,需水量较大,水分供应必须充足;开花期应适当减少浇水,增施磷肥、钾肥,以促开花。规模化栽培安祖花成功的关键是保持较高的空气湿度,尤其在高温季节,可通过喷淋系统、雾化系统来增加室内的空气相对湿度。但要注意傍晚停止喷雾,一定要保证夜间安祖花叶面没有水珠,以减少病害发生。还应避免高温,否则灼伤叶片,出现焦叶、花苞致畸、褪色等现象。在浇水过程中一定要干湿交替进行,切勿使植株缺水严重,影响其正常生长发育。

因其叶片表面有一层蜡质影响对肥料的吸收,安祖花施肥应以根施为主。液肥施用要掌握定期定量的原则,秋季一般 5～7 d 为一个周期,如气温高,视盆内基质干湿程度可 2～3 d 浇肥水一次;夏季可 2 d 浇肥水一次,气温高时可多浇一次水。施肥时间因气候环境而异,一般情况下,在 08:00—17:00 前施用;而冬季或初春在 09:00—16:00 前进行。每次施肥必须由专人操作,并严格掌握好液肥的稀释浓度和施用量,把稀释后液肥的 pH 调至 5.7 左右,EC 以 1.2 mS/cm 为宜。此外,在液肥施用 2 h 后,应用喷淋系统向植株叶面喷水,冲洗残留在叶片上的肥料,保持叶面清洁,避免藻类滋生。安祖花经过一段时间的栽培,基质会产生生物降解和盐渍化现象,导致 pH 降低、EC 增大,影响植株根系对肥水的吸收能力。因此,基质的 pH 和 EC 必须定期检测,并及时调整各营养元素的比例,以促进植株对肥水的吸收利用。

光照管理的成功与否直接影响安祖花后期的产品质量。为防止花苞变色或灼伤,必须有遮阴保护。温室内光照的强弱可通过遮阳网来调控,晴天时遮光率可达 75%,最理想的光照强度是 400 μmol/(m^2·s)左右,最大光照强度不可长期超过 500 μmol/(m^2·s),早晨、傍晚或阴雨天不用遮光。安祖花在不同生长阶段对光照要求各有差异。如营养生长阶段对光照要求较高,可适当增加光强,促使其生长;开花期间对光强要求低,可用遮阳网调至 200～300 μmol/(m^2·s),以防止花苞变色,影响观赏。大多数安祖花会在根部自然地萌发许多吸芽,争夺母株营养,影响株型,应及时摘除吸芽,以减少对母株的影响。

温室内温度应保持在 30℃ 以下,空气相对湿度要在 50% 以上。在高温季节,当气温达到 28℃ 以上时,必须使用喷淋系统或雾化系统来增加室内空气相对湿度,以营造安祖花适宜的生长环境,但须保持夜间植株不会太湿,减少病害发生;也可通过开启通风设备来降低室内湿度,以避免因高温造成花芽败育或畸变。在寒冷的冬季,当室内气温低于 15℃ 时,要进行加温,以防止冻害发生,使植株安全越冬。

(3)病虫害防治 斑叶病可以用 70% 百菌清、72% 代森锰锌、50% 克菌丹、65% 杀毒矾定期喷施,一周左右使用 1 次,连续 4～5 次,药物交替使用。螨类和红蜘蛛主要使叶片和花出现褪色,影响叶片和花的商品性,为害初期可喷施三氯杀螨砜、三氯杀螨醇、螺螨酯、溴氰菊酯等药剂防治。蚜虫可用黄板诱杀或低浓度的灭蚜威、吡虫啉、啶虫脒喷雾防治。

(4)盆花上市和贮运 安祖花植株株型完整、端正、丰满、匀称,生长旺盛,叶片纯正有光泽,无机械损伤和病虫害;植株具 2～3 个发育良好的花朵,花茎抽高,佛焰苞展开成掌状,烛状花序从掌中伸出,苞片大部转变颜色时,即可上市。包装前须保持基质湿润,先用薄膜袋完全套住植株整体,不露出叶、花序,再小心装箱。贮运过程黑暗时间不要超过 3 d,贮运温度为 10～15℃,相对湿度为 90%。

蝴蝶兰(*Phalaenopsis* Bl.)为兰科蝴蝶兰属多年生常绿草本植物。原产亚洲热带和亚热带地区,是兰科植物中栽培最广泛、最受欢迎的种类之一。其花形如彩蝶飞舞,颜色丰富,花期长,是国际上流行的名贵花卉,素有"洋兰皇后"之美誉。近几年,我国蝴蝶兰生产发展迅速,组培瓶苗年上市总量超过 1 亿株,蝴蝶兰盆花在我国花卉市场上占有重要的份额,是四大盆花之一,年销量达 2 800 多万盆,也是我国元旦、春节最热销的年宵盆花。蝴蝶兰还是我国主要的切花之一。

9.2.4.1　适用设施

蝴蝶兰喜高温、高湿和弱光环境。全国大部分地区气候并不适合蝴蝶兰生长发育的需要,因此,应用配备加温、遮阴、通风、降温、加湿设备的连栋温室或日光温室进行蝴蝶兰盆花生产,为蝴蝶兰生长创造一个类似的原生态环境。

9.2.4.2　对环境条件的要求

(1)温度　蝴蝶兰喜温,不耐寒。生长期日温控制在 28～30℃,以不超过 30℃ 为宜,夜间温度 20～23℃ 为宜。蝴蝶兰花芽分化到开花周期长达 4～5 个月,在花芽分化阶段,需要对蝴蝶兰进行低温刺激,白天要求 20～24℃,夜间 17～20℃。温度高于 35℃ 和低于 18℃ 的环境会引起生长停滞。

(2)水分　蝴蝶兰生长需要较高的空气湿度,以 60%～80% 为宜,但湿度长期过低会造成底叶脱落。蝴蝶兰整个生长周期的浇水都要注意见干见湿,待基质干了再浇,切忌在湿润状态下浇水,不但不利于根的生长,严重时还会导致烂根。

(3)光照　蝴蝶兰耐阴,需要的光照强度大约是全日照的 40%,但是各生长阶段对光强的要求不同,小苗适宜光照强度为 60～120 μmol/(m^2 · s),中苗适宜光照强度为 160～300 μmol/(m^2 · s),大苗适宜光照强度为 360～500 μmol/(m^2 · s);开花初期适宜光照强度 300～600 μmol/(m^2 · s),观赏期适宜光照强度 100～200 μmol/(m^2 · s)。

(4)基质　蝴蝶兰的气生根对根际氧气的含量要求较高,因此,蝴蝶兰栽培要求疏松、透气、保水、保肥、酸碱度适宜、无毒的基质。目前,我国蝴蝶兰栽培主要应用的基质为苔藓,基质使用前浸泡 4 h,并甩干至用力捏可出水滴但不能连成水线。此外,还可用树皮、椰糠等作为栽培基质,pH 控制在 6.0～6.5。

9.2.4.3　栽培技术要点

1. 品种选择

蝴蝶兰属植物有 40 多个原生种,国外早在几十年前就开始进行蝴蝶兰的育种研究,已选育出大量种间甚至属间杂交的品种,在花形、花色、植株大小、花期长短等方面变化多样。蝴蝶兰花色丰富,有点花系、粉红色花系、白色花系、条花系和黄色花系五个色系。我国主栽的有:粉红色系的'光芒四射''火鸟''巨宝红玫瑰'等;白色花系的'小家碧玉''雪中红'等;其他如'虎斑花''日本姑娘''熊猫'等。

2. 繁殖方式

应用最多的繁殖方式是组织培养,也可用无菌播种和分株繁殖。

（1）组培繁殖　不仅可大量繁殖，而且可获得与母株完全相同的优良的遗传特性。组培的外植体可以是顶芽（茎尖）、茎段（休眠芽），也可以是幼嫩的叶片或根尖，但目前最常见的是采用蝴蝶兰的花梗作为外植体，这样不仅不会损伤植株，而且诱导容易。较老的花梗或已开花的花梗主要取其花梗节芽，而幼嫩的花梗除了花梗节芽外，花梗节间也可作为组培的材料。组培苗出瓶前必须先进行炼苗。瓶苗具 3 枚叶片时，置于散射光处放置 20 d 左右，使试管苗更加健壮，以逐步适应外界环境条件。

（2）无菌播种　先将未裂开的成熟蒴果洗净、消毒。取出种子，经消毒后再用细针将种子均匀地平铺于已制备好的瓶中培养基表面。9～10 个月后，当小苗长出 2～3 枚叶片时，便可出瓶上盆栽植。

（3）分株繁殖　许多品种的蝴蝶兰在花凋谢后，其花梗的节间上常能长出带气生根的小苗来，剪下另行种植就能长成一株新的蝴蝶兰。生产中也可采用人工催芽的方法确保蝴蝶兰的花梗长出花梗苗。方法是先将花梗中已开完花的部分剪去，然后用刀片或利刃仔细地将花梗上部第一至第三节节间的苞片切除，露出节间中的芽点；用棉签将催芽剂或吲哚丁酸等激素均匀地涂抹在裸露的节间节点上；处理后将植株置于半阴处，温度保持在 25～28℃，2～3 周后可见芽体长出叶片，3 个月后长成具有 3～4 枚叶片并带有气生根的蝴蝶兰小苗；切下小苗上盆，便可成为一棵新的兰株。

3. 栽培管理

（1）定植　小苗两叶距在 4 cm 以上，直接种在直径大于 5 cm 的营养钵中。首先将苔藓（基质）放于蝴蝶兰根的中间，使其根呈放射状向外展开，外围再包上一层苔藓后种于营养钵中。当天出的瓶苗应在当天种完。

（2）定植后管理　定植 20 d 内光照强度应保持在 40～60 $\mu mol/(m^2 \cdot s)$ 范围内，定植 45 d 后光照强度可提高至 120～160 $\mu mol/(m^2 \cdot s)$，90 d 后提高到 160～200 $\mu mol/(m^2 \cdot s)$。日温应保持在 26～28℃，夜温保持在 24～25℃。空气湿度须保持在 80% 以上。若温室温度高、湿度低，应每 1～2 h 叶面喷水 1 次。蝴蝶兰要求肥水 EC 在 0.6～0.8mS/cm。每隔 15 d 施用叶面肥 4 000 倍（$N:P_2O_5:K_2O=20:20:20$ 或 9:45:15）或根施复合肥（$N:P_2O_5:K_2O=20:20:20$）6 000～8 000 倍液。定植后 4 个月移入 8 cm×8 cm 营养钵中；待对生叶长至 18 cm 以上时，再移入 12 cm×12 cm 营养钵中。换盆后保持空气湿度 70%～80%，并注意适当通风换气；每隔 7～10 d 浇水 1 次，水中添加 0.2% 磷酸二氢钾、三元素复合肥等花卉专用肥。待长有 4 枚叶片、两侧叶片总长达 30 cm 即成苗。

花期管理应特别注意避免盆内基质过干、过湿，环境湿度过低，室内空气不流通，生长环境温度忽高忽低、温差过大，现蕾后施肥浓度过高，以防止花蕾发育不良或落花、落蕾。上市前 5～6 个月开始进行高温处理，处理时间 20～30 d，白天温度为 28～30℃，夜间温度为 25～27℃。接着进行低温催花，夜温降至 16～18℃，并使昼夜温差达 8～10℃，处理 30～45 d，可完成花芽分化。当花梗长至 15 cm 时结束低温处理。当花梗抽出时，为避免花梗扭曲或花朵朝向排列混乱，应插入支撑杆进行牵引，并用塑料夹固定花梗以对花序进行造型。开花后为延长花期，日温降到 22～24℃，光照可适当减弱至 300～500 $\mu mol/(m^2 \cdot s)$，空气湿度控制在 65%～80%，每 7～10 d 浇施 1 次速效肥（$N:P_2O_5:K_2O=20:20:20$）2 000 倍液。

（3）病虫害防治　用氯霉素、农用链霉素结合 75% 百菌清或 72% 代森锰锌每月喷洒 1 次预防软腐病、褐斑病；防治炭疽病可于发病初期用 50% 甲基托布津 800 倍液或 80% 多菌灵 600 倍液每周喷施 1 次,连续喷施 3～4 次;用 40％三氯杀螨醇 1 000 倍液或 40％氧化乐果 800 倍液喷杀红蜘蛛和螨类。

(4)盆花上市和贮运　当蝴蝶兰叶片数达 5 枚(4 叶 1 心)时,花苞开放比例达到 50％时即可上市销售。蝴蝶兰对乙烯较为敏感,过高的乙烯浓度会导致花朵和花苞萎凋,有条件的可以在运输前采用乙烯活性抑制剂(STS 或 1-MCP)处理蝴蝶兰植株。运输温度控制在 15～25℃,且保持通风和相对稳定的湿度。当蝴蝶兰盆花运输到目的地后,应立即打开包装,置于温度适宜、通风良好的环境中,使蝴蝶兰能尽快恢复。

▶ 9.2.5　比利时杜鹃

比利时杜鹃(*Rhododendron hybridum* Hot)为杜鹃花科杜鹃花属常绿灌木,最早在比利时、荷兰育成,故称为西洋杜鹃,简称西鹃。其株形低矮美观,叶色浓绿,花朵繁茂,花色艳丽,是世界盆栽花卉生产的主要种类之一。早在 20 世纪初叶比利时杜鹃就引入我国,近十几年得到快速发展,其自然花期虽在春季,但用温室进行促成栽培易于调控花期,可使其花期提前到圣诞节至我国春节,在云南昆明一年四季都可开花。比利时杜鹃已成为我国六大盆花之一。

9.2.5.1　适用设施

比利时杜鹃在江南地区可采用双层拱棚栽培;南方温暖处可单层拱棚过冬,如遇寒流仍要注意防冻害;北方多采用日光温室和加温温室。

9.2.5.2　对环境条件的要求

比利时杜鹃喜温暖、湿润、空气凉爽、通风和半阴的环境。

(1)温度　比利时杜鹃生长适宜温度为 15～18℃,昼夜温差为 10℃左右。温度超过 30℃,生长缓慢,如长期处于高温环境,花芽不易形成。温度在 15～25℃时花蕾发育较快,30～40 d 可开花。15℃以下开花需 50 d 以上。气温降至 5～10℃,生长缓慢。温度在 0～4℃,比利时杜鹃处于休眠状态。

(2)水分　空气相对湿度要保持在 60％以上,平时浇水要求中性或偏酸性的水,最好保持盆土偏湿,不能过干,以免影响其正常的生长发育。

(3)光照　比利时杜鹃对光周期不敏感,但属半阴性花卉,夏季需进行遮光,开花时光强需达到 140～160 $\mu mol/(m^2 \cdot s)$。

(4)基质　比利时杜鹃根系极纤细,栽培基质必须疏松、透气,团粒结构好,排水畅通,一般可用腐殖质丰富的腐叶土或泥炭土与珍珠岩各半配制的培养土,上盆前再施入少量骨粉作基肥,并适当剪掉一些老枯根,以利于萌发新根。

9.2.5.3　栽培技术要点

1. 品种选择

比利时杜鹃有品种近千个,我国引进栽培的有 200～300 个。常见的品种包括:红色系,如'玫红''杨梅红''本地红''大红''国旗红'等;白色系,如'比利时白'等;粉色系,如'小桃红''桃雪''浅粉''水粉''渐变粉'等;喷砂系列,如'白底粉喷''世纪曙光''花蝴蝶'等。

2. 繁殖方式

繁殖方式主要以扦插繁殖为主,此法繁殖成活率高,适合规模化生产。选择半成熟嫩枝为宜,插穗长度为 6～8 cm,去除穗条下部叶片,保留顶部 3～4 枚叶片,基部稍加修剪,使其平滑。将修剪好的插穗置于 0.5% 的高锰酸钾消毒液中浸泡约 5 min,后用清水冲洗,再以 100 mg/L 生根粉或萘乙酸浸泡 1 h,促进插穗愈合组织生根。扦插于盛有腐叶土或河沙的插床中,扦插的深度为插条的一半,插后压实,保持湿度,40～50 d 开始形成愈伤组织,60～70 d 逐渐生根。

3. 栽培管理

(1)定植 待扦插苗萌发出 2～3 个芽时,即可移植上盆。将扦插苗从扦插基质中取出,选用 10 cm×10 cm 的塑料钵种植,并注意将根系充分舒展开。

(2)定植后管理 比利时杜鹃枝叶多,生长期长,需肥水量大。因其须根细小,施肥以叶面肥为主,须做到薄施勤施,一般每星期施肥一次,施叶面肥时结合杀菌。同时视叶面颜色,喷施 5% 的硫酸亚铁。营养生长期用高氮复合肥配置成 1:(800 ～1 000)的溶液进行灌施。进入生殖生长期后,即改用 N:P_2O_5:K_2O=1:1:1 的复合肥按同样比例配施,并在开花前 1 个月左右开始加施 1:1 000 磷酸二氢钾肥液。比利时杜鹃萌芽能力强,一般要根据市场需求每年修剪,上市前 7 个月左右对植株进行一次定型修剪,约 1 个月后,待新芽萌发整齐时均匀喷施 1 200～1 500 倍多效唑(PP_{333})液,以抑制植株营养生长,促进花蕾的孕育。植株开始着蕾时保证光照充足,同时注意摘除生长势强的侧芽。冬、春季设施内要注意通风换气。

(3)病虫害防治 比利时杜鹃的虫害主要是红蜘蛛、蚜虫等,可用菊酯类、灭蚜威、啶虫脒等杀虫剂喷杀 1～2 次。病害主要是黑斑病,可喷洒嘧菌酯、多菌灵防治。

(4)盆花上市和贮运 当比利时杜鹃盆花达到植株株型丰满、花苞饱满、花朵均匀分布的标准时即可上市。可根据产品等级和运输距离采用纸箱或塑料袋包装,规格根据株型大小确定。使用盆花专用运输车贮运,盆花包装完成后,紧密排列在运输箱或纸箱内。在运输过程中应避免机械损伤,并尽量避免与易产生乙烯的水果、蔬菜等产品混合运输。

9.3　观叶植物设施栽培技术

观叶植物是指以叶片的形状、色泽和质地为主要观赏对象,具有较强的耐阴性,适宜在室内条件下较长时间陈设和观赏的植物。观叶植物多原产于高温、多湿的热带雨林地区,需光量较少,如竹芋类、蕨类植物等。根据生长性状的不同,又可分为木本观叶植物,如苏铁、橡皮树等;藤本观叶植物如绿萝、常春藤等;草本观叶植物如秋海棠、文竹等。据不完全统计,全世界已被利用的观叶植物种类和品种已达 1 400 种以上,是当今世界上室内绿化装饰的主要材料。观叶植物设施栽培是根据其自身生长特性和周年供应要求,在不适宜观叶植物生长的季节或地区,利用温室、塑料大棚等设施,进行高度集约化栽培的生产方式。

▶ 9.3.1　凤梨科

凤梨科(Bromeliaceae)植物为单子叶植物,多为短茎、附生草本,是非常庞大的一类,有

50 多个属,2 500 多个原生种,原产于美洲热带地区。其叶片硬,叶缘有锯齿,叠生成莲座状叶丛,且中心呈杯状形成持水结构,叶片还具斑纹,大小因种而异。花序圆锥状、总状或穗状,生于叶丛中央,花型奇异,花色丰富、艳丽,有些种彩色的苞片能保色半年以上,是观赏价值极高且株型、花叶兼赏的花卉,其产量和销售额居我国盆花生产的第二位和第三位。

9.3.1.1 适用设施

由于凤梨科植物喜温湿、半阴的环境,其盆花的周年生产都离不开设施。北方地区多用高档连栋玻璃温室栽培,南方地区则多用塑料大棚栽培。

9.3.1.2 对环境条件的要求

凤梨科植物适应的气候条件较广,易栽培。喜温暖湿润、阳光充足的环境。只有在良好光照条件下,才能正常开花且叶片艳丽,但在夏季忌强光直射,须遮阴栽培。生长适温为20～25℃,冬季最低适温应在 15℃ 以上,低于 10℃ 易受冷害。适宜的空气相对湿度为50% ～70%。喜中性或微酸性、疏松肥沃、排水良好沙质壤土,较耐干旱。

9.3.1.3 栽培技术要点

1. 种类和品种选择

凤梨科植物众多,常见栽培的观赏凤梨主要有光萼荷属(珊瑚凤梨属)、水塔花属、果子蔓属(星花凤梨属)、彩叶凤梨属、铁兰属和丽穗凤梨属(莺歌凤梨属)及其种和品种。

(1)美叶光萼荷(*Aechmea fasciate*) 别名蜻蜓凤梨、粉菠萝,凤梨科光萼荷属植物。原产于亚马孙河流域、哥伦比亚、厄瓜多尔的热带雨林地区,在我国广东、福建、台湾其栽培较为常见。其叶片带状条形,具银白色横纹,复穗状花序集生成头状,苞片深红色,小花淡紫色,春、夏季开花,花期持久。

(2)果子蔓(*Guzmania lingulata*) 又名擎天凤梨、红杯凤梨、西洋凤梨,凤梨科果子蔓属植物,原产于哥伦比亚和厄瓜多尔,我国南方各地均有栽培。叶片翠绿、光亮,穗状花序,管状苞片深红色,小花白色,花穗色彩艳丽持久,既可观叶又可观花。

(3)艳凤梨(*Ananas comosus* cv. Variegatus) 别名斑叶凤梨、金边凤梨,凤梨科凤梨属植物,原产于阿根廷布兰加港,现世界各地有大量栽培。叶剑形、革质,穗状花序密集成卵圆形,花瓣紫色、紫红色,花谢后结成聚合果,花、叶、果俱美,是很好的室内观叶、观果植物,其果实还可食用。

(4)丛生铁兰(*Tillandsia cyanea*) 别名铁兰、紫花凤梨,凤梨科铁兰属植物,原产于印度群岛与中美洲。叶基生,线状披针形,穗状花序,小花蓝紫色生于淡红色苞片上,花形似蝴蝶,秀丽美观,花期达数月,又能耐阴,是良好的室内观叶植物。

(5)虎纹凤梨(*Vriesea splendens*) 又名火剑凤梨、红剑等,凤梨科丽穗凤梨属植物,原产南美北部和泰国,我国华东、华南各省区均有栽培。株形优美,叶剑状条形,具紫黑条斑,穗状花序,苞片红色,二列叠生成扁平剑状,小花淡黄色,其花序鲜红色持久不败。

2. 繁殖方式

凤梨科植物大多采用分株和组培方法繁殖。

① 分株繁殖 4～6月为分株繁殖的适宜时期。基部叶腋处会产生多个吸芽,待吸芽长至 10 cm 左右、有 3～5 枚叶时,先把整株从盆中脱出,除去一些盆土,将吸芽掰下,伤口用杀菌剂消毒后稍晾干,扦插于珍珠岩、粗沙中。保持基质和空气湿润,适当遮阳,过 1～2 个

月有新根长出后,转入正常管理。注意吸芽太小时扦插不易生根,极易腐烂;太大时分株,消耗营养太多易降低繁殖系数。

(2)组织培养　在凤梨科植物上采用组织培养主要用于其快速繁殖、新品种培育及种质保存等方面。

凤梨科植物的各种芽类、叶片组织、种子、花药、幼嫩的聚合果以及无菌苗都可作外植体。许多凤梨科植物要在植株中部的叶筒中进行浇水施肥,茎端周围的污染概率大,因此,在切取外植体的前一周应停止对植株地上部分浇水。宜采用幼小的芽组织作为外植体。常用的基本培养基为 MS 或 N6,一般每天在 $20\sim40\ \mu mol/(m^2 \cdot s)$ 的光强下照光 $9\sim12\ h$,然后在恒温下静置培养,培养室温度应在 $25\sim30\ ℃$。外植体经诱导分化大量增殖后,须转移到生根培养基上诱导生根,发根后适时移栽。移栽后苗床要用塑料薄膜覆盖保湿遮光,避免阳光直射。新根长出后,每周根际追肥 1 次,移植的成活率可达 90% 以上。

3. 栽培管理

(1)上盆　一般用口径 $8\sim18\ cm$ 的花盆。栽培时盆下部 $1/4\sim1/3$ 用碎砖块等填充,以利于排水透气。可用泥炭、蛭石、珍珠岩或粗沙混合作基质,也可用树皮、苔藓或蕨类植物的根部作基质。

(2)养护技术

①温光管理。充足的散射光对彩色叶片尤为重要,若光照不足或过阴,叶片色泽无光或返绿;若光线过强则会灼伤叶片。越冬栽培须保持温度在 10℃ 以上。

②水分管理。生长旺期要维持盆土湿润,温度低于 15℃ 时则停止浇水。春秋季节叶筒或盆内要经常灌水,冬季保持湿润即可,空气干燥时可喷水来调节湿度。忌盆内过湿或积水,否则容易烂根。水质对凤梨生长有很大影响,要求 pH $5.5\sim6.5$ 的微酸性水,忌钙、钠、氯离子,EC 在 $0.1\sim0.6\ mS/cm$ 为宜。天气闷热时要尽量开门窗通风,若长期通风不良,容易发生蚧壳虫和红蜘蛛为害。

③施肥管理。生长旺盛季节,每 3 周同时对盆土和叶筒中施 1 次液体薄肥,追肥时不要污染叶面,特别不要让肥料残渣或颗粒存于叶腋或叶筒内,以免引起腐烂。开花前宜增施 1 次磷肥,花后停止施肥。施肥以 $N:P_2O_5:K_2O=1.0:0.5:(0.5\sim1.2)$ 为佳,凤梨对铜、锌敏感,施肥时必须注意。

(3)病虫害防治　凤梨科植物的病虫害主要有心腐病,其症状表现为靠基质的部分叶片和心叶腐烂,拔出后可闻到臭味,一般是因土壤 pH 较高和施肥造成土壤 EC 偏高,引起植株抵抗力降低。可用甲基托布津或托布津 $800\sim1\ 000$ 倍液灌叶心,或用代森锰锌、乙膦铝等杀菌剂灌叶心防治。

(4)盆花上市和贮运　凤梨盆花达到植株株型丰满、外观新鲜、花序伸出叶冠、无病虫害、无药害、无机械损伤的标准时即可上市。可根据产品等级和运输距离采用纸箱或塑料袋包装,规格根据株型大小确定。使用盆花专用运输车,盆花包装完成后,紧密排列在运输箱或纸箱内。在运输过程中应避免机械损伤,并尽量避免与易产生乙烯的水果、蔬菜等产品混合运输。

9.3.2　竹芋科

竹芋科(Marantaceae)植物约有 30 个属,400 余种,多年生草本花卉,原产于美洲热带和亚洲,在世界上栽培广泛。竹芋叶片基生或茎生,叶片卵圆披针形,全缘,先端渐尖,有光泽,叶面绿色或带有青色,叶背面颜色较淡。总状花序顶生,花小,白色,花期秋季,大多无观赏价值。竹芋叶形优美,叶色秀丽,常作盆栽,耐阴性强,是极佳的室内观赏植物,其产量和销售额居我国盆花生产的第四位和第五位。

9.3.2.1 适用设施

竹芋科植物喜温湿、半阴的环境,其盆花的周年生产都离不开设施。北方地区冬季多用连栋玻璃温室或日光温室栽培,南方地区则多用塑料大棚栽培。南、北方夏季生产用荫棚。

9.3.2.2 对环境条件要求

竹芋喜温暖、高湿、半阴环境,耐阴性强,喜散射光。生长适温为 25～30℃,怕炎热,35℃以上高温叶片会受灼伤;畏寒,低于 5℃叶片易受冻害,5℃以上可安全越冬。需水较多,不耐干旱。喜疏松、肥沃、湿润而排水良好的酸性土壤。

9.3.2.3 栽培技术要点

1. 品种选择

(1)花叶竹芋(*Maranta bicolor*) 又称二色竹芋,竹芋属植物。植株矮小,高 25～38 cm,株形紧凑,地上茎直立,具有分枝。叶片长圆形、椭圆形至卵形,长 8～15 cm,先端圆形具小尖头,叶基圆或心形,边缘多波浪形,叶面粉绿色,中脉两侧有暗褐色的斑块,背面粉绿色或淡紫色。花小,白色,具紫斑和条纹。

(2)红背肖竹芋(*Calathea insignis*) 又称紫背竹芋、红背葛郁金,肖竹芋属植物。植株高 60～70 cm,根状茎匍匐,粗壮,近肉质。叶二列,叶片椭圆状披针形,长 30～55 cm,光滑,顶端渐尖,基部圆。叶面淡黄绿色,光亮,上有大小不等的深绿色羽状斑块,叶背紫红色。穗状花序,黄色,生于叶腋。

(3)肖竹芋(*C. ornata*) 又称大叶蓝花蕉,肖竹芋属植物。植株高达 1m。叶椭圆形,长 60 cm,叶面黄绿色,沿侧脉有白色或红色条纹,叶柄随植株长大而逐渐增粗。穗状花序紫堇色。

(4)绒叶肖竹芋(*C. zebrina*) 又称天鹅绒竹芋、斑马竹芋、斑叶肖竹芋,肖竹芋属植物。株高 50～100 cm,有根状茎,多萌株,呈丛生状。叶基生,椭圆状披针形,长 30～45 cm,顶端钝尖,基部渐狭。叶面深绿色,有天鹅绒光泽,有灰绿色的横向条纹,外形美观,叶背幼时浅灰绿色,老时深紫红色。花两性,蓝紫色或白色,花期 6—8 月。

(5)斑叶竹芋(*Maranta arundinacea* L. var. *variegata* Hort.) 竹芋属植物。株高 50～60 cm,叶椭圆形,长 30～60 cm,叶片绿色,在主脉的两侧有不规则的黄白色斑纹,有的叶片上的斑纹多,但有的叶片上的斑纹少,甚至没有。

2. 繁殖方式

竹芋类植物常采用分株或扦插繁殖。分株繁殖在春季 4—5 月结合换盆进行,选取生长健壮的植株,每株分为多株,每小株上仅留 2～3 个芽,然后上盆培养即可;扦插繁殖宜在春季进行,一般用顶端嫩梢,插穗长 10～15 cm,去下部叶片,插于沙床或基质上,保持 20℃温度,30～50 d 生根后上盆,放于阴凉处。

3. 栽培管理

(1)上盆 竹芋类植物根系浅,可采用浅宽盆栽植。以泥炭土和园土以及少量的基肥混合作基质,也可选用腐叶土、泥炭土、河沙的混合培养土,国外经常采用苔藓栽植。盆土要疏松且保水性好。

(2)养护技术　夏季需要在遮阴环境下养护,否则易引起植株徒长,其他季节需要在散射光环境下养护。夏季进入生长旺季要多浇水,并在叶面和地面常喷水以增加湿度。冬季保持盆土适当干燥,控水控肥,过湿会引起下部叶片变黄脱落。生长期需肥量较多,应每周施1～2次稀薄液肥,高温季节要少施肥。

(3)病虫害防治　竹芋常发生的病害有茎腐病和根腐病,主要由盆内基质长期积水所致。防治方法:浇水要适时、适量,保持盆土疏松,排水良好。此外,容易发生生理性病害,即由低温高湿或基质、肥水的 pH 不适宜引起的叶片干边、干尖。防治方法:通过加热或通风保持空气相对湿度在 65% 左右,调节盆土或基质的 pH 为 5.5。

为害竹芋的害虫主要有蓟马和红蜘蛛。蓟马发生时主要在叶片上出现银灰色的小亮点。防治方法:可选用 10% 吡虫啉可湿性粉剂 1 500～2 000 倍液,或 3% 啶虫脒乳油 2 000～3 000 倍液进行药剂防治,视虫情每 7～10 d 防治 1 次,连喷 2～3 次。红蜘蛛通常发生在叶背面,为害严重时整个叶片变红、下垂。防治方法:初发期可选用哒螨灵、噻螨酮、炔螨特等药剂防治,受害严重的植株,将整株平茬重发新叶。

(4)盆花上市和贮运　竹芋盆花达到植株株型丰满、叶片分布均匀、色泽光亮新鲜、无病虫害、无药害、无机械损伤的标准时即可上市。可根据产品等级和运输距离采用纸箱或塑料袋包装,规格根据株型大小确定。使用盆花专用运输车,盆花包装完成后,紧密排列在运输箱或纸箱内。运输过程中应避免机械损伤。

▶ 9.3.3　绿萝

绿萝(*Scindapsus aureus*)又名黄金葛、黄金藤,天南星科藤芋属多年生常绿攀缘草本花卉,原产于印度尼西亚所罗门群岛的热带雨林,我国各地均有栽培。绿萝茎蔓粗壮,长达数米,茎节处有气生根,能吸附性攀缘,多分枝,枝悬垂。单叶互生,心脏形,全缘,嫩绿色或橄榄绿色,上具不规则黄色斑块或条纹。其叶光泽闪耀,叶质厚而翘展,有动感。绿萝极其耐阴,适用于室内环境装饰,栽培管理简单,是优良的室内垂直绿化植物。

9.3.3.1　适用设施

绿萝喜温湿、半阴的环境,其盆花的周年生产离不开设施。北方地区冬季生产多用日光温室栽培,南方地区则多用塑料大棚栽培。南、北方夏季生产用荫棚。

9.3.3.2　对环境条件的要求

绿萝属阴性植物,喜温凉、高湿、散射光的环境,忌阳光直射。生长适温为 20～32℃。较耐寒冷,冬季温度须高于 10℃ 以上才能确保安全越冬。较耐干旱,耐瘠薄,喜肥沃、疏松、排水性能良好的沙质壤土。较耐水湿,可用水培方式进行栽培。

9.3.3.3　栽培技术要点

1. 品种选择

常见的栽培品种有:'青叶绿萝',叶子全部为青绿色,没有花纹和杂色;'黄叶绿萝',叶子为浅金黄色,叶片较薄;'花叶绿萝',叶片上有颜色各异的斑纹。'花叶绿萝'依据花纹颜色和特点又分为三种：'银葛'（大叶银斑葛、小叶银斑葛）；'金葛'和'三色葛'；'星点藤'，叶面绒绿，有银绿色斑块或斑点。

2. 繁殖方式

常用扦插或压条繁殖。插穗选择健壮带叶枝蔓，长度为 25～30 cm，插于沙床、基质或直接上盆栽培，温度要求在 25～30℃，空气相对湿度要求 85％～90％，1 个月即可生根并萌发新芽。

3. 栽培管理

（1）定植　绿萝有盆栽、绿萝柱和水培三种栽培方式。

①盆栽。在疏松、富含有机质的微酸性和中性沙壤土中栽培绿萝，其生长发育最好。培养基质可用腐叶土 70％、壤土 20％、油菜饼和骨粉 10％混合沤制，每 3 年换 1 次盆。

②绿萝柱。培养基质同盆栽的。在盆中央竖立一根包有棕皮的立柱，在四周种上小苗，使枝蔓攀附于支柱向上生长。绿萝柱有不同高度的规格，如 1.2 m、1.5 m 和 1.8 m 等。盆内至少有 4 株以上的定植苗，粗壮苗可以少栽种 1～2 棵，纤细苗则需多栽种 2～3 棵，应选择大小一致的苗进行定植。盆土应疏松、肥沃，且富含有机质，有利于成型。

③水培。水培绿萝可用霍格兰营养液配方，定期更换营养液。将绿萝幼苗根部除去基质，然后用流水冲洗干净，除去烂根、老根、病根，再用 1％的高锰酸钾对根部进行消毒，同时将水培的容器进行洗涤消毒；洗根后的绿萝苗舒展地放入准备好的器皿里，注入没过根系 1/2～2/3 的营养液，让根的上端暴露在空气中。

（2）养护技术

①光温管理。应置于光照较好的向阳处，但不可阳光直射。生长适温为 20～32℃，空气湿度 40％左右，在我国北方冬季种植时，要适当地采取保温措施，10℃以上可安全越冬。

②肥水管理。绿萝对肥水需要较高，在整个生长过程中，浇水和施肥很关键，以氮肥为主，辅以磷肥、钾肥，但要注意薄肥勤施。春季绿萝生长期，每隔 10 d 左右根施硫酸铵或 0.3％尿素溶液 1 次，并用 0.5％～1％的尿素溶液进行叶面施肥 1 次，可保持叶片绿色光亮。秋冬季节应减少施肥，以叶面喷施为主。浇水时要掌握"不干不浇，浇则浇透"的原则。在幼苗期不可多浇，以免茎基部发生腐烂；生长旺盛期要充分浇水或喷水保湿，以促使茎节上产生不定根，并附于柱上。入冬后应尽量减少浇水，盆土过湿会引起烂根。

③修剪。在春季进行整形修剪，及时摘除部分老叶促发新叶，剪除生长过密的枝条与交叉枝、徒长枝、纤弱枝、病虫枝和枯枝，以利于通风透光，增加长势，保持枝叶有型和翠绿。

（3）病虫害防治　绿萝设施栽培的主要病害有叶斑病、根腐病。叶斑病发病时喷施 50％多菌灵可湿性粉剂 800 倍液或 70％的甲基托布津可湿性粉剂 800～1 000 倍液防治，每隔 7～10 d 喷 1 次，连续防治 3～4 次。根腐病发生时喷施 50％多菌灵可湿性粉剂 500 倍液或用药液进行灌根。

▶ 9.3.4　吊兰

吊兰（*Chlorophytum comosum*）又名垂盆草、兰草、挂兰，百合科吊兰属多年生宿根常绿草本花卉，原产于南非。吊兰叶基生，细长，条形或条状披针形，鲜绿色。叶丛中抽出细长花葶，花后成匍匐枝下垂，并于茎节上形成带气生根的小植株。总状花序，花白色，花期春夏。

其植株小巧,叶色青翠,匍匐枝从盆边下垂,而先端又向上翘起,是布置几架或悬挂室内的优良观赏植物。温暖地区还可种于树下作地被或栽于假山石缝中。

9.3.4.1　适用设施

吊兰盆花的周年生产离不开设施。北方地区冬季生产多用日光温室栽培,南方地区则用塑料大棚栽培。南、北方夏季生产用荫棚。

9.3.4.2　对环境条件的要求

吊兰性喜温暖、湿润、半阴的环境。适应性强,较耐旱,耐寒力较差。对光照要求不严格,一般适宜在中等强度光照条件下生长,耐弱光。生长适宜温度为20～25℃,开花要求室温在12℃以上,30℃以上停止生长。喜排水良好、疏松肥沃的沙质土壤。

9.3.4.3　栽培技术要点

1. 品种选择

常见的栽培品种有:'金心吊兰'(cv. Picturatum),叶片中心具黄色纵条纹;'金边吊兰'(cv. Vittatum),叶缘黄白色;'银心吊兰'(cv. Variegatum),叶中心具白色纵条纹;'银边吊兰',叶缘白色。

2. 繁殖方式

吊兰一般采用扦插、分株方法进行繁殖。

(1)扦插繁殖　在春、夏、秋季均可进行。取长有新芽的走茎5～10 cm插入培养土或水中,约7 d即可生根,20 d左右可移栽上盆。

(2)分株繁殖　盆栽2～3年的植株,在春季换盆时将密集的盆苗脱出,除去陈土和朽根,将老根分成数丛,分别盆栽成为新株。也可在生长季节剪取走茎上的小植株,连同气生根直接栽植在基质内即可。通常除冬季气温过低不适于分株外,其他季节均可进行。

3. 栽培管理

(1)定植　吊兰可以盆栽或水培。

①盆栽。栽培容器大小应与幼苗的大小适宜,用瓦盆或营养钵均可。吊兰对各种土壤的适应能力强,但适宜生长在富含腐殖质、疏松肥沃、通透性强的沙质培养土中。常用腐叶土、泥炭土或园土与河沙或蛭石等量混合并加少量基肥作为基质;或用腐叶土＋沙质土壤(3∶7)混合配制的培养土。栽苗后浇透水,放置于温暖、弱光处待其长成后正常管理。

②水培。将健康的吊兰挖出洗净根部的泥土后插入装满清水的容器中,也可剪取走茎上的小植株,连同气生根插入水中。根部不要全部入水,留1/4于水面上,保证植株根系正常呼吸。3～4 d换1次水,冬季可以延长天数。营养液水培时,用普通的营养液稀释后即可,也可在水中加些氮肥或者颗粒复合肥,1～2个月更换1次营养液即可。

(2)养护技术

①光照管理。冬季设施栽培时应使吊兰处于光照充足的环境,以免叶色变淡;炎热夏季避免长时间强光直射,否则易发生日灼和叶片倒伏。花叶品种,更适宜种植在阴凉或光线弱的环境中,使叶片黄色和白色部分更加突出,观赏性好。

②温度管理。吊兰栽培时,夏季要经常通风,防暑降温;冬季减少通风,保温提温,避免寒冷胁迫,温度保证在7～10℃才能顺利越冬。

③水分管理。浇水须见干见湿,不能浇水过大,亦不能长时间干旱少水。夏季温度高,

应 2～3 d 浇水 1 次;另外,每天可向叶面喷水,以增加空气湿度;春秋季气温略低,可 3～4 d 浇水 1 次;而冬季气温较低,为保持土壤温度,应少浇水,且每次的浇水量也不易过大,否则会造成叶片发黄和烂根。

④施肥管理。施肥以氮肥为主,也可施用速效水溶肥。在生长季节,可 15～30 d 施肥 1 次,但对金边和金心等花叶品种应坚持少施氮肥的原则。

⑤适时修剪。定期修剪干枯的老叶和病叶,保持吊兰植株均衡生长。

(3)病虫害防治　吊兰根腐病,由盆土积水且通风不良引发。用多菌灵 800 倍液和福美双混剂 600 倍液等药剂防治。此外,吊兰也容易发生生理性病害,表现为生长不良,叶片短小,叶尖干枯,主要是由强光直射、空气干燥引起的,经常进行叶面喷水即可防治。吊兰主要虫害是蚜虫,可用吡虫啉等药剂防治。

▶ 9.3.5　散尾葵

散尾葵(*Chrysalidocarpus lutescens* H. WendI)又名黄椰子、紫葵,棕榈科散尾葵属丛生常绿灌木或小乔木,原产于马达加斯加,现引种于中国南方各省。其植株高大,茎干光滑有明显的环状叶痕。叶羽状全裂,有狭披针形裂片 40～60 对,排成两列。肉穗花序腋生,多分枝,花小,成串,金黄色,花期 3～4 个月。散尾葵具有很高的观赏价值,在热带地区多作观赏树木栽种于草地、树荫、宅旁;现我国北方地区多种植,主要用于盆栽,是布置客厅、餐厅、会议室、家庭居室的良好盆栽观叶植物。

9.3.5.1　适用设施

盆栽散尾葵的周年生产离不开设施。我国北方地区冬季生产多用玻璃温室或日光温室栽培,南方地区则用塑料大棚栽培。南、北方夏季生产多用荫棚。

9.3.5.2　对环境条件的要求

散尾葵喜高温,不耐寒,生长适宜温度为 20～27℃,越冬最低温度须在 10℃ 以上,5℃ 低温引起叶片损伤。耐阴性强,一般在遮阴率为 63％～73％环境下栽培。喜疏松肥沃、排水良好的土壤,不耐积水,也不耐旱。

9.3.5.3　栽培技术要点

1. 品种选择

散尾葵属约 20 余种,中国引入栽培只有散尾葵(*C. lutescens* H. Wendl)1 种。

2. 繁殖方式

(1) 分株繁殖　一般于春季结合换盆进行。选分蘖多的植株,去掉部分旧培养土,用利剪从基部连接处将其分割成数丛。每丛最少有苗 2～3 株,并保留好根系,否则分株后生长缓慢,且影响观赏。在伤口处涂抹木炭粉或硫黄粉进行消毒,分栽后置于温度 20℃ 以上的环境中,恢复较快。

(2) 播种繁殖　所用种子多系国外进口。播种常用盆播,覆土厚为种子的 1 倍,保持盆土湿润,幼苗高 8～10 cm 时,即可分栽。

3. 栽培管理

(1)上盆和换盆　散尾葵植株较高大,盆栽容器应选择深大的花盆或者木桶。基质用偏酸性,且腐殖质含量高的沙质壤土,也可用腐叶土、泥炭土加 1/3 河沙及部分基肥配制成培养土。

每年早春、初夏换盆 1 次,老株可隔 3～4 年换盆 1 次。分株装盆后灌根或浇 1 次透水,置于半阴且空气湿度较高的地方。分株后根系受损,吸水能力极弱,需 3～4 周才能恢复萌发新根,因此,在分株后的 3～4 周内要节制浇水,以免烂根。

(2)养护技术

①光温管理。春、夏、秋三季应遮阴 60％～70％,忌烈日直射,即使短时间内曝晒也会引起叶片焦黄,很难恢复。在室内栽培观赏宜置于散射光处,虽然能耐较阴暗环境,但要定期移至室外光线较好处养护,以保持较好的观赏状态。冬季须做好保温防冻工作,一般 10℃左右安全越冬,若温度太低,叶片会泛黄,叶尖干枯,并导致根部受损,影响来年的生长。

②水分管理。浇水应根据季节遵循干透湿透的原则,干燥炎热的季节适当多浇,低温阴雨则控制浇水。夏秋高温期,经常保持植株周围有较高的空气湿度,但切忌盆土积水,以免引起烂根。秋冬季节气温较低时,保持土壤湿润偏干。

③施肥管理。一般生长季节每 15 d 左右追施腐熟液肥或复合肥 1 次,以促进植株旺盛生长,叶色浓绿。夏季适当追施含氮有机肥,秋冬季节温度较低时不施肥。

④适时修剪。株丛太密时适当去掉内部细弱枝,并及时修剪下部枯黄枝叶,以保持疏雅姿态。对于不断分蘖、株型过大的植株,其生长空间不够,应进行去劣存优和复壮修剪,将过高、过大的主干在离土表 30～40 cm 处剪掉,同时剪去病枝、弱枝,以保证充足的营养和光照。

(3)病虫害防治 散尾葵常见病害为叶枯病。可用 70％甲基托布津 800 液或 75％百菌清 1 000 倍液喷洒,间隔 7～10 d 喷施 1 次,连续喷 3～4 次。散尾葵常见的虫害为红蜘蛛和介壳虫。在干燥、通风不良的环境中,容易发生红蜘蛛、介壳虫为害,尤其是在秋季,应定期用 800 倍氧化乐果叶面喷洒防治。

9.3.6 变叶木

变叶木(*Codiaeum variegatum* var. *pictum*)又称为洒金榕,大戟科变叶木属多年生常绿灌木或小乔木,原产于亚洲马来半岛至大洋洲,广泛栽培于热带地区,在中国南方各省区栽培较为常见。其株高 0.5～2 m。叶形丰富,有线形、矩圆形、戟形,全缘或分裂,扁或波状甚至螺旋状,叶色有黄色、红色、粉色、绿色、橙色、紫红色和褐色等,时常具有斑块或斑点。总状花序腋生,花单性,雄花白色,雌花绿色,花期长达 3 个月。变叶木的叶形、叶色、叶斑千变万化,极具观赏价值,是热带、亚热带地区常见的庭园或公园观叶植物,北方盆栽多用于室内观赏,叶片还是插花的良好材料。

9.3.6.1 适用设施

盆栽变叶木的周年生产离不开设施。北方地区冬季多用玻璃温室或日光温室栽培,南方地区则用塑料大棚栽培。南、北方夏季生产用荫棚。

9.3.6.2 对环境条件的要求

变叶木喜高温、湿润,生长适温为 20～32℃,冬季要求不低于 15℃,否则易受冻甚至落叶。喜强光,光照足够及钾肥充足时,叶色鲜艳。喜肥沃、保水性较好的土壤,土壤 pH 5.5～6.0 为宜。变叶木是室内观叶植物中光照强度要求较高的植物,在室内摆放时,需 100～200 μmol$(m^2 \cdot s)$的光强才能保持绿色。

9.3.6.3　栽培技术要点

1. 品种选择

变叶木属有 6 个种,常见栽培的主要来自变叶木[*C. variegatum*(L.)Bl.]这个种的变种、变型和品种。

(1)长叶变叶木(f. *ambiguum*)　叶片长披形,长约 20 cm。其品种有'黑皇后',深绿色叶片上有褐色斑纹;'绯红',绿色叶片上具鲜红色斑纹;'白云',深绿色叶片上具有乳白色斑纹。

(2)复叶变叶木(f. *appendiculatum*)　叶片细长,前端有 1 条主脉,主脉先端有匙状小叶。其品种有'飞燕',小叶披针形,深绿色;'鸳鸯',小叶红色或绿色,散生不规则的金黄色斑点。

(3)角叶变叶木(f. *cornutum*)　叶片细长,有规则的旋卷,先端有一翘起的小角。其品种有'百合叶变叶木',叶片螺旋 3～4 回,叶缘波状,浓绿色,中脉及叶缘黄色;'罗汉变叶木',叶狭窄而密集,叶片螺旋 2～3 回。

(4)螺旋叶变叶木(f. *crispum*)　叶片波浪起伏,呈不规则的扭曲与旋卷,叶先端无角状物。其品种有'织女绫',叶阔披针形,叶缘皮状旋卷,叶脉黄色,叶缘有时黄色,常嵌有彩色斑纹。

(5)戟叶变叶木(f. *lobatum*)　叶宽大,3 裂,似戟形。其品种有'鸿爪''晚霞'等。

(6)阔叶变叶木(f. *platyphyllum*)　叶卵形。其品种有'金皇后',叶阔倒卵形,绿色,密布金黄色小斑点或全叶金黄色;'鹰羽',叶 3 裂,浓绿色,叶主脉带白色。

(7)细叶变叶木(f. *taeniosum*)　叶带状。其品种有'柳叶',叶狭披针形,浓绿色,中脉黄色较宽,有时疏生小黄色斑点;'虎尾',叶细长,浓绿色,有明显的散生黄色斑点。

2. 繁殖方式

(1)播种　在盆栽条件下天然授粉困难,欲获得种子需要在花期进行人工辅助授粉,最好进行品种间异株授粉,用这些杂交种子播种后能得到不同叶形、叶色的新类型,使变叶木的群体更加丰富多彩。种子成熟后应在高温温室内进行盆播,土温不低于 24℃,在 28～30℃的土温下,2 周以后开始萌芽出土,冬季应保持 20℃以上的高温供幼苗继续生长,第二年 5 月再分苗上盆。

(2)扦插　应在 6 月上旬至 7 月上旬进行。采充实的一年生枝作插穗,长 10 cm 左右,保留 1～3 枚小叶,将基部削平后把外溢的乳汁晾干,若叶片较大则剪掉 1/2～2/3,浅插入素沙中。盆土不要过湿,放在潮湿的室内背光养护,或在荫棚下覆盖塑料薄膜,30 d 后即可生根,60 d 后可分苗上盆。

(3)压条　快速培育大苗可采用高枝压条法进行繁殖。在 6 月下旬选树冠上的粗壮侧枝作为高压对象,在侧枝基部环状剥皮,宽 0.6～0.8 cm,将外溢的乳汁晾干后用泥炭和苔藓包裹,外面再包上塑料薄膜,1 个月后即可生根,8 月上旬剪离母体上盆栽种,即可得到成形的植株。

3. 栽培管理

（1）上盆和换盆　变叶木生长比较缓慢,盆栽时用盆不要太大,可用腐殖土、草炭土加少量河沙配成的培养土。苗期每年换盆 1 次,以后可 2 年换 1 次,北方一般在每年的 4—5 月出室前换盆。要根据植株大小适当换上大盆,保证其继续旺盛生长。

（2）养护技术

①温度管理。变叶木喜热畏寒,冬天安全越冬温度为 10～15℃,低于 10℃容易发生脱叶现象,在枝条上也会出现水渍状或变色,夏天可适应 30℃以上高温。9—10 月移入高温温室越冬,越冬期间应停止施肥,控制浇水,室温应保持在 18℃以上,防止落叶甚至枯死。

②光照管理。变叶木对光线适应范围较宽,除夏季强光下需要适当遮阴外,其他季节在全光照条件下叶片的颜色艳丽。变叶木不太耐阴,一般适宜放在室内有较强散光处,而且时间不宜超过 2～3 周。如果长期缺乏光照或光线不足,会使叶色缺少光泽,还容易落叶。

③肥水管理。5—9 月中下旬一般 15～20 d 施 1 次稀薄液肥,施肥时,N：P_2O_5：K_2O 以 1：1：1 为宜。平时浇水以保持盆土湿润为宜。夏季高温季节浇水要充足,经常向枝叶喷水,以增加空气湿度,保持枝叶清新鲜艳。每隔 1 个月左右浇 1 次 0.2% 硫酸亚铁溶液,以利于叶色碧绿光亮。

（3）病虫害防治　变叶木常见黑霉病、炭疽病等病害,可用 50% 多菌灵可湿性粉剂 600 倍液喷洒。

复习思考题

1. 简述切花月季对环境条件的要求及设施栽培关键技术。

2. 简述百合对环境条件的要求及设施栽培技术要点。

3. 简述菊花设施栽培环境调控关键技术。

4. 简述蝴蝶兰和一品红设施栽培与养护在基质、温、光、水、气等方面的管理和调控技术。

5. 仙客来设施栽培需要掌握哪些关键技术环节才能获得优质产品?

6. 简述凤梨科、竹芋科等观叶植物设施栽培关键技术。

第10章

设施果树栽培技术

➤ 本章学习目的与要求

1. 了解草莓、葡萄、桃、李、杏等生长发育对
   环境条件的要求。

2. 掌握设施果树栽培的主要模式。

3. 掌握草莓、葡萄、桃、杏、火龙果设施栽培
   关键技术

果树的设施栽培已有100余年的历史,但较大规模的发展始于20世纪70年代,随着果树栽培的集约化发展,世界各国设施果树生产的面积逐步增加。世界果树设施栽培主要集中在日本、西班牙、中国、意大利、荷兰及东欧国家。我国果树设施栽培历史久远,但自20世纪90年代中期果树设施栽培才迅速发展起来,目前形成了辽宁、山东、河北、宁夏等4个较为集中的果树设施生产基地,近几年南方设施葡萄的发展速度也非常快,截至2015年,全国果树设施栽培面积达到了67 000 hm²(不含草莓),年产量2 020 kt。果树设施栽培的主要作用表现在以下四个方面:

(1)调控果实成熟与果品供应期　设施栽培可以人为调节果树生长发育的温度及光照等环境条件,大幅度提早或推迟果实成熟时期,改善淡季果品供应状况,有效延长果品供应期,还可使一些果树四季结果,周年供应。

(2)扩大果树的种植范围　设施栽培可以依据果树生长发育的要求,人为控制各种生态因子,可使耐低温性差的热带亚热带果树、抗寒性差的温带果树和果实发育期长的极晚熟品种的栽培范围大幅度北移,也可使一些温带果树品种南移。

(3)规避自然灾害,降低果树生产风险　露地果树生产常常由于冻、霜、风、雹、梅雨、病虫、鸟害等导致产量低、品质差,而设施栽培可有效防止或减轻自然灾害,显著提高果实产量和品质,保持市场供应和从业企业、农户生产的稳定性。

(4)提高果树产品的经济效益　虽然设施栽培成本较高,但其果实产量高、品质好或淡季上市,售价较高,加之与旅游观光相结合,采摘产品的销售,其经济效益要远高于露地果树栽培。

目前,世界各国进行设施栽培的果树已达35种,其中落叶果树12种,常绿果树23种。在落叶果树中,除板栗、核桃等未见报道外,其他果树种类均有栽培,其中以草莓栽培面积最大,葡萄次之,其他如桃(含油桃)、杏、李、樱桃、无花果、苹果、梨、柿、枣等。常绿果树主要包括柑橘、菠萝、香蕉、芒果、枇杷、杨梅、毛叶枣、番木瓜、番石榴、火龙果等。目前我国设施栽培的果树树种主要有草莓、葡萄、桃、杏、李、樱桃、枣、柑橘、无花果、番木瓜、枇杷和火龙果等。

10.1　设施草莓栽培技术

草莓是多年生常绿草本植物,果实味道鲜美、营养丰富。草莓生长发育周期短,结果早,植株矮小,非常适合设施栽培。我国的草莓设施栽培始于20世纪80年代,草莓设施栽培产量高,品质优良,经济效益好,进入21世纪后发展迅速,现已成为我国草莓生产的主要栽培形式。

10.1.1　草莓生长发育对环境的要求

(1)温度　草莓对温度反应敏感,喜温暖冷凉,耐寒不耐热。草莓花芽分化的临界温度为5～27℃,适宜温度为10～20℃,5℃以下花芽分化停止,25℃以上花芽分化受抑制,气温低于15℃时,花芽分化不受光周期影响。秋季气温降至5℃后植株逐渐进入休眠状态,土壤温度低于 10℃ 时,根系停止生长;休眠期草莓的芽可耐－10～－15℃ 的低温,根系可耐－8℃ 的低温。解除自然休眠后,地上部在气温 5℃ 时开始萌芽生长,15～25℃ 时生长最快,高于 30℃ 时生长受到明显抑制,长时间高温会使植株加速衰老甚至死亡;根系在土壤温度回升至 2～5℃ 时开始生长,10℃ 时开始发新根,15～23℃ 根系生长最快。

(2) 光照　草莓喜光但较耐荫,光饱和点为 400～600 $\mu mol/(m^2 \cdot s)$,光补偿点为 10～20 $\mu mol/(m^2 \cdot s)$,适合反季节设施栽培。夏季强光会抑制草莓的营养生长,使老叶灼伤,并抑制新生叶片叶面积的增大;反之,光照过弱则植株徒长,发育不良,降低产量和品质。光周期影响草莓花芽分化和休眠,在适宜温度下,短日照品种在光周期少于 14 h、长日照品种在光周期大于 12 h 才能完成花芽分化;10 h 以下短日照和低温诱导休眠,而 12 h 以上长日照有助于打破休眠。

(3) 水分　草莓植株矮小,单株叶面积小,但栽植密度大,因而群体叶面积大,水分蒸腾量也大,同时草莓根系浅,应始终使土壤处于湿润状态以保证植株需要,否则水分供应不足会导致营养生长不良,产量及品质下降。草莓开花坐果至果实膨大期需水量最大,以土壤含水量为田间最大持水量的 80% 左右为宜。草莓不耐湿,在生产过程中要注意小水勤灌,防止土壤过干、过湿。

(4) 土壤与营养　草莓植株生长旺盛,喜肥喜水,但根系分布浅,对深层土壤中的水肥利用率低,因而要求土壤肥沃、疏松通气。草莓喜酸性至中性土壤,pH 5.5～7 为宜。

草莓需 N、K 最多,P、Ca、Mg 次之。果实膨大以前,以 N 肥、K 肥为主,果实膨大至采收期以 P、K 肥为主;开花结果期及时追肥能防止植株早衰和提高作物产量。草莓根系耐肥性差,应主要施用有机肥,化肥施用过多或不当,极易造成生理障碍或烧根。

🔺 10.1.2　栽培模式与设施

草莓设施栽培模式主要有半促成栽培、促成栽培和冷藏抑制栽培三种,目前国内草莓生产以促成栽培为主。

(1) 半促成栽培　类似蔬菜春提早栽培。草莓植株在秋冬季节自然低温条件下进入休眠之后,满足植株低温需求量并结合其他方法打破休眠,同时采用保温、增温的方法,使植株提早恢复生长,提早开花结果,使果实在 2—4 月成熟上市。通常采用塑料小拱棚、中棚和大棚栽培。

(2) 促成栽培　也称为草莓特早熟栽培,或草莓越冬长季节栽培。促成栽培是在晚秋草莓植株花芽分化后、进入自然休眠前扣棚升温,使植株不休眠而继续生长发育的一种栽培方式。在冬季低温季节利用设施加强增温保温,创造适合草莓生长发育、开花结果的温度和光照等环境条件,使草莓上市期能提早到 11 月中、下旬,并持续采收到翌年 5 月,是栽培效益最高的茬口类型,在南方地区以大棚栽培为主,北方地区以日光温室为主,也是连栋加温温室草莓栽培主要茬口。

(3) 冷藏抑制栽培　为了满足 7—10 月草莓鲜果供应,利用草莓植株及花芽耐低温能力强的特点,对已经完成草莓花芽分化的植株在较低温度(－2～－3℃)下冷藏,促使植株进入强制休眠,根据计划收获的日期解除冷藏,提供其生长发育及开花结果所要求的条件使之开花结果,称为冷藏抑制栽培。通常可采用塑料大棚、中棚或日光温室作为栽培设施。

10.1.3 草莓促成栽培技术要点

1. 品种选择

促成栽培应选择花芽分化早、需冷量低、休眠浅、耐寒性好的优良品种,生产中的主栽品种主要有红颜、章姬、丰香、甜查理等。近年来,国内自主选育的京藏香、京桃香、白雪公主、妙香7号、宁玉、越心、晶瑶、艳丽等新品种,由于抗性强、产量高、品质好等特点,逐渐被生产者和消费者接受。

2. 育苗技术

培育壮苗是草莓设施栽培优质高产的基础,秧苗质量对花芽数量、质量及浆果的产量具有决定性作用。实践证明,培育壮苗对草莓的增产作用明显高于其他措施。

壮苗标准:植株完整健壮,具有4～5片发育正常的叶片,叶柄短粗,叶大而鲜绿肥厚,根系发达,无明显的病虫害,单株鲜重30 g以上,茎粗(直径)1 cm以上,长度5 cm以上的根15条以上,根色乳白鲜亮。

草莓主要通过匍匐茎繁殖,苗木种类包括裸根苗、假植苗、穴盘苗等。

(1)裸根苗育苗技术

①母株的选择。繁殖用母株要求品种纯正、生长健壮,有4～5片叶,根系发达。此外,繁殖用母株应取自繁殖圃内当年或前一年繁殖的健壮匍匐茎苗或假植苗,最好是脱毒苗。

②母株的定植。

a. 定植时期:一般在春季土壤解冻后、秧苗萌芽前及早进行。

b. 地块选择:应选择光照良好、地势平坦、排灌方便的地块,要求土质疏松,有机质含量丰富,前茬作物非草莓、烟草、马铃薯或番茄,以免发生共生病害。

c. 整地施肥:定植前施足底肥,一般每667 m²施优质腐熟有机肥3 000～5 000 kg,氮、磷、钾复合肥20～30 kg。整地前,先将肥料均匀地撒于地面,然后耕翻耙细、做畦。畦宽2 m,长度因场地而定,一般控制在30～50 m。然后浇水,使耕层土壤沉实,以保证定植浇水后栽植深度不变,待水渗下,土壤稍干后定植。

d. 定植密度 视品种抽生匍匐茎能力的强弱和土壤肥力水平而异。一般每株母株至少留有0.5 m²的繁殖面积,在肥水管理水平高的情况下,繁殖能力强的品种可留有1 m²的繁殖面积。每畦定植2行,行距1 m,株距0.5～1 m,每667 m²栽植660～1 300株。在同一地块上定植1个以上品种时,应加大相邻品种间的行距,以免造成品种混杂。

e. 定植技术:定植前应对秧苗进行整理,摘除老叶、枯叶,每株留2～3片新叶即可。留叶过多,蒸腾面积大,不利于缓苗。栽植深度是定植技术的关键,要"上不埋心,下不露根",栽植过深和过浅都会影响植株成活,降低出苗量。此外,定植时还应使根系舒展,不能窝根。栽植后要立即浇一次透水,水下渗后及时检查植株状况,扶正倒伏秧苗,用细土埋严裸露根系,清除淤埋苗心的土壤。

③定植后管理。

a. 土壤管理:草莓植株矮小,根系分布浅,为保证植株正常生长,提高匍匐茎苗数量,需要经常施肥浇水。在草莓育苗过程中,极易出现草荒,清除杂草是育苗的重要技术环节,前期要及时中耕除草,中后期要及时拔除杂草。

b. 水肥管理:定植成活后应适当蹲苗,使秧苗矮壮。雨季前应见干浇水,小水勤灌,雨季及时排水防涝,保证秧苗正常生长发育。在植株旺盛生长初期,每 667 m² 施尿素 15 kg,匍匐茎大量发生期每 667 m² 追施氮、磷、钾复合肥 25 kg,8 月中旬以后停止氮肥的施用,防止徒长,以免影响花芽分化。

c. 摘老叶:定植成活长出新叶后要及时摘除老叶,有助于通风透光,摘除老叶的工作应在整个繁苗期内不断进行。

d. 摘花蕾:定植缓苗后,母株会陆续现蕾,应及时摘除,减少养分消耗。实践证明,与不摘花蕾母株相比,摘花蕾母株的匍匐茎苗产量可增加 50% 左右。

e. 引茎压蔓:当匍匐茎长至 30～40 cm 时,开始引茎压蔓。引茎可使匍匐茎分布均匀,避免交叉重叠。压蔓可使匍匐茎紧贴地面生长,有利于扎根,可加快子苗生长。压蔓到 8 月下旬前后为止,对 9 月抽生的匍匐茎应及时摘除,以减少养分消耗,提高已有匍匐茎苗的质量。

f. 喷赤霉素:在母株旺盛生长期喷 1～2 次 50～100 mg/L GA$_3$,可显著促使母株秧苗早发、多发匍匐茎,提高匍匐茎苗的产量。

(2)假植育苗技术　假植育苗是指在秧苗定植到生产设施之前,先将繁殖圃内形成的匍匐茎苗移植到假植圃中集中培养,使其达到生产用壮苗标准的育苗方法。

①假植时期:匍匐茎苗大量形成后,即可进行假植育苗。假植育苗的栽苗时期,北方一般为 7 月下旬,南方为 8 月中下旬。栽植过早,匍匐茎苗太小,会导致假植成活率低、缓苗慢;栽植过晚,则距定植时间短,不容易培养出生长健壮的优质秧苗。

②假植技术:假植育苗前的整地、施肥、做畦可参照繁殖圃进行。假植畦宽度不宜太大,一般为 1～1.2 m,畦长以便于管理为原则。施入肥料后要与土壤混匀,耙细、踩实、浇水,待表层土壤稍干后取苗定植。从繁殖圃中选择无病虫害、具有 2～3 片叶、根系良好的匍匐茎幼苗,最好随起随栽,株行距 12 cm×15 cm。阴天时可全天栽植,晴天应在 15:00 以后进行。栽植深度以"上不埋心,下不露根"为准。栽后立即浇水,并在此后 3～4 d 内每天浇一遍水。遇连续晴天时要适当遮阴,以保证成活率。假植后 1 个月内追施氮、磷、钾复合肥一次,施肥量每 667 m² 20 kg 左右。天旱时要及时浇水,大雨后及时排水防涝。缓苗后及时摘除枯叶和基部老叶,经常保持 4～5 片展开叶。假植后期要控制氮素供应,减少灌水,促使秧苗生长健壮。整个假植过程中要及时松土、除草和防治病虫害。

(3)穴盘育苗　是为降低草莓体内氮素含量,促进花芽分化而开发的技术,可以避免定植时的损伤,通过调节氮素营养、温度和日照长度,来调控秧苗质量,这样有助于栽培的省力化和轻便化。

①穴盘选择:草莓多采用 50 孔穴盘或 32 孔穴盘,孔穴直径 5 cm 左右,深度 6 cm。

②基质准备:采用经过消毒处理的人工混合基质,如泥炭土、营养土、蛭石、珍珠岩等。

③子苗选择:适合于穴盘育苗的匍匐茎子苗标准为带有 1～2 片展开叶片,基部可见长度小于 1 cm 的幼根。

④子苗采集:一般每 10～14 d 从繁殖圃采集一次子苗,剪取无病健壮匍匐茎上的子苗,留 1～2 cm 的匍匐茎。子苗采后即可栽植,若不能及时栽植,可把带有子苗的长匍匐茎剪下,装在塑料袋中,储存在 0～0.5℃ 和 90%～95% 相对湿度的环境中,最长可达 2 个月。

⑤子苗扦插:把修整好的子苗插入基质中,深不埋心。

⑥扦插后管理:立即给穴盘浇一次透水,此后7~12 d经常喷雾,保持湿度在90%以上。当把穴盘苗提起时,基质不会散掉,说明根系生长良好,即可停止喷雾。

⑦炼苗:停止喷雾后,穴盘可移至全光照条件下炼苗2~3周,使叶片和根系发育更健壮。在此期间,每天浇水一次,必要时,采用叶面施肥补充植株营养。

3. 定植前准备

(1)土壤处理　草莓不耐重茬,在同一地块长期连作,会造成病虫害的滋生和蔓延,土壤有机质含量下降,浅层单一盐分的浓度障碍加重,使草莓的生长潜力逐年下降。为防治重茬,可在定植前对土壤进行以下处理:

①太阳能高温消毒。在7—8月全年太阳辐射能量最大、气温最高的时期进行。可以每亩增施2 000 kg有机肥,70 kg石灰氮,撒匀后翻入土中,然后南北起垄,垄宽60~70 cm,高30 cm,灌透水并保持垄沟中有较多积水后,再用白色旧地膜覆盖,密闭棚室1个月。这是一种简单易行、效果较好的克服重茬的措施,也是目前生产上常用的方法。

②药剂熏蒸。土壤熏蒸剂包括熏蒸剂氯化苦(三氯硝基甲烷)、颗粒剂棉隆(二甲基嗪)等。必须注意的是,同一种毒剂不能长期使用,否则会使病虫产生抗性,消毒效果大大降低。以氯化苦为例,其施用方法是,挖深度为2 cm的穴,穴与穴之间距离为2.5 cm,每穴灌药2~3 ml,灌药后立即封土,并用塑料薄膜覆盖封闭地面,一周后揭去地膜,并翻地,半月后再种草莓,消毒效果良好。

(2)整地做垄　一般应在定植前半个月进行整地施肥,培养地力。整地时每667 m² 施入充分腐熟的优质有机肥5 m³,过磷酸钙40~50 kg,氮、磷、钾复合肥50 kg,并进行土壤耕耙,使施入的肥料与土壤充分混匀。采用高垄密植,一般为南北向,垄距1 m(以相邻两垄中线计),垄底部宽70 cm,顶部宽40 cm,高20~30 cm,垄面铺设滴灌管。

4. 定植

(1)定植时期　促成栽培的适宜定植时期,北方为8月底9月初,南方为10月中下旬。各地种植者应根据当地当年的气温变化情况来确定具体定植时间,一般在白天温度降至15~17℃时进行。定植过早,则正值草莓花芽分化期,移栽过程中不可避免的断根会导致畸形果的发生和过早现蕾,造成产量下降和品质降低。定植过晚,则气温和土壤温度均已降低,植株已进入休眠状态,定植后的秧苗不能很快发生新根。

(2)定植方法　每垄栽2行,行距25~30 cm,株距15~20 cm,每667 m²定植8 000~10 000株。定植时要注意栽植深度,并注意草莓新茎的弯曲方向,使弓背朝向土垄外侧,以使将来花序伸向土垄两侧,便于花果管理与采收。定植草莓最好选在阴天,晴天要在15:00以后进行,定植后要立即浇水。

(3)定植后管理　定植水要浇透,定植后一周内每天浇一次水,可适当遮阴,此后以中耕蹲苗为主,不干不浇。缓苗后,要及时摘除枯叶、老叶和葡匐茎,每株保持5片成熟叶片即可。及时进行中耕除草、浇水、追肥与病虫害防治。

5. 扣棚升温

扣棚升温时间是草莓促成栽培成败的关键环节之一,需要在植株自然休眠前进行。升温过早,花芽分化不充分,花芽数量少,产量低;升温过晚,植株已进入休眠状态,导致升温后植株生长与花器官发育不良。在我国北方地区,促成栽培扣棚升温的时间以夜间温度降至

8℃左右时为宜,高纬度、高海拔地区可适当提前,低纬度、低海拔地区应适当延迟。在北京及周边地区,扣棚时间一般在 10 月中下旬。

6. 扣棚后管理

(1)覆盖地膜 扣棚升温后浇一次水,地表稍干后进行一次中耕除草,并将栽植垄修理整齐,覆地膜,破膜提苗。

(2)温湿度管理 为防止植株进入休眠状态,升温初期棚室温度应高一些,一般白天控制在 28～30℃,夜间 12～18℃,最低 8℃;此时由于白天外界温度较高,棚室内温度极易过高,要及时通风降温;夜间是否覆盖棉被或草苫保温应根据温度状况而定。升温初期,草莓的生长发育对空气湿度要求很高,室内空气相对湿度控制在 85％～90％。

①开花期。升温后 25 d 左右,新叶展开 3～4 片时进入开花期。草莓花期对温湿度反应敏感,一般白天温度控制在 20～25℃,夜间温度控制在 8℃左右;空气相对湿度保持40％～60％为宜,以利于散粉。

②果实膨大期。果实膨大前期白天 25～28℃,夜间 8～10℃,后期白天 22～25℃,夜间5～8℃;空气相对湿度应控制在 60％～70％。

③果实成熟期。白天棚室内温度控制在 20～25℃,夜间 5℃左右,空气相对湿度 60％左右。

棚室内温湿度调控主要通过通风换气、地膜覆盖和灌水来实现。当棚室内温湿度超过规定值时,应适当打开通风口通风换气、降温除湿;低于规定温度值时应关小或关闭通风口。

(3)水肥管理 扣棚后应及时浇水,扣棚初期和果实膨大期追肥 2 次,每次每 667 m² 追施氮、磷、钾复合肥 8～10 kg,可将肥料配成 0.2％的水溶液通过滴灌追施,每株 0.4～0.5 L。果实采收期一般控肥控水,有助于提高果实品质和延长货架期。

(4)植株管理 随着新叶的发生,要及时摘除老叶,结果期每株保持 10～15 片叶为宜。及时摘除匍匐茎。草莓秧苗会萌发腋芽,形成多个新茎分枝,为保证果实品质,每株只保留2～3 个健壮分枝,多余的要及时抹除。

(5)花果管理 及时疏花疏果。首先疏除同一花序中高级次的花蕾,一般第一花序约留 12 朵花,第二花序留 7 朵左右,坐果后适时疏除病虫果、畸形果和过早发白的小型果。花序抽生过多时,要及时将后抽生的腋花芽花序除掉。采收后的无果花序也要及时摘除。

授粉受精不良会导致畸形果的发生,花期放蜂是有效的解决方法,开花前 5～6 d 每棚室放入一箱蜜蜂或熊蜂。放蜂前 10～15 d 仔细喷施一遍杀虫剂,彻底防治有害昆虫,放蜂期间不再打杀虫剂。

(6)病虫害防治 草莓常见病虫害包括白粉病、灰霉病、炭疽病、螨类和蚜虫等。首先要选用抗病品种和健壮无病的秧苗,贯彻"预防为主,综合防治"的植保方针。以农业防治为基础,提倡进行生物防治、生态防治和物理防治,按照病虫害发生规律,科学使用化学防治技术。例如,采用硫黄粉熏蒸的方法防治白粉病,利用捕食螨来防治螨害和蚜虫。

7. 采收

草莓采收成熟度要根据气候、用途、销售方式而定,通常采收果面着色度 70％～90％的果实。采收尽可能在清晨或傍晚温度较低时进行,轻摘轻放,减少对果实的损伤。为提高商品价值,应按果实大小分级,有条件的可在采收后将果实放入冷库预冷,然后包装运输。

10.1.4　草莓抑制栽培技术要点

近几年在夏季冷凉地区,采用草莓抑制栽培技术,满足了7—10月新鲜草莓的市场供应,获得了较好的经济效益,栽培面积呈逐年增加趋势。其栽培技术要点包括:

1. 品种选择

抑制栽培应选择长日照或对光周期不敏感、综合抗逆性强、品质优的优良品种,目前生产中的主栽品种以日中性的四季草莓为主,如蒙瑞特、圣安德瑞斯、波特拉等,其中以蒙瑞特综合表现最好,果型正,果型大小均匀,成花多,产量高,草莓的香味浓郁。

2. 育苗技术

可采用繁苗田直接育苗,也可采用假植育苗,无论哪种方法,均要求有发育良好的根系、充足的养分积累、较迟的花芽分化和较多的花芽数目。入库前要求苗根茎粗在 1 cm 以上,重量 30~40 g。为此,宜选择 8 月下旬至 9 月上旬新发的子苗进行培育,假植也应在 8 月下旬进行。9 月中下旬至 10 上中旬增加肥水,可适当增施速效氮肥,有利于培育壮苗并可推迟花芽分化,但在 11 月下旬应控制氮肥,多施磷肥,提高植株耐低温能力。

3. 入库冷藏

入库时间一般在 12 月上旬至翌年 2 月上旬,在入库前 1 d 挖苗,挖苗时要尽量少伤根,轻轻抖掉泥土,如土太黏用清水冲洗晾干,留 2~3 片展开叶装箱。箱可用木箱、纸箱或塑料箱,内衬塑料薄膜或报纸,根部在内侧排放紧实,每箱 400~1 000 株,装满封口后放入冷库冷藏。入库后的前 2~3 d 贮藏温度应控制在 $-3~-4℃$,以迅速降低植株温度,以后稳定在 $-1~-2℃$。

4. 出库定植

出库定植的临界气温平均为 22.4℃,地温为 25.4℃,根据预期收获果实的时间,可在 7—9 月进行。一般 7 月、8 月出库,30 d 后可采收;9 月上旬出库,45~50 d 后可采收;9 月下旬出库,60 d 左右采收。出库后可在遮阳条件下驯化 2~3 h,然后在流动清水中浸根 3 h,在下午高温过后定植。定植方式同促成栽培,采用高畦栽培。

5. 植株管理

待植株成活后并有新叶展开时,要及时摘除老叶和贮藏过程中受冷害的叶片,高温强光条件下应用遮阳网遮阳,肥水管理应促进根系生长并达到地上地下平衡。低温季节注意保温,一般在 10 月下旬应盖棚保温。

6. 二次结果

冷藏抑制栽培的特点是可以第二次结果,即冷藏前形成的花芽第一次果采收后,植株继续进行花芽分化,还可结第二次果。第一次果采收后,及时摘除老叶、枯叶、花梗及匍匐茎。将棚室薄膜打开,使植株感受 30 d 左右自然低温,再进行保温。最好间掉一些植株,保留的植株每株只留两个健壮芽,其他管理同促成栽培。

10.2　设施葡萄栽培技术

葡萄是世界果品生产中栽培面积最大、产量最多的果树之一。我国葡萄栽培始于汉代,并一直采用露地栽培,在北方地区露地葡萄上市比较集中,供应期约50 d;另外,葡萄是一种浆果,不耐贮运,进行葡萄设施栽培,使其提早或延迟上市,调节水果淡季供应,提高浆果品质和抗灾能力,具有重要意义。

栽培葡萄为藤本果树,结果早,第二年即可丰产,占天不占地,树形可任意控制,是最适合设施栽培的果树之一。我国设施葡萄大面积栽培始于20世纪80年代,辽、冀、京、津、鲁等渤海湾产区发展很快;20世纪90年代后,南方葡萄避雨栽培的兴起,扩大了设施葡萄栽培的区域;当前,我国已成为设施葡萄栽培面积最大的国家。

◆ 10.2.1　栽培模式与设施

葡萄设施栽培的模式有促成栽培、延迟栽培和避雨栽培。栽培设施北方以日光温室为主,南方以塑料大棚和简易避雨棚为主。

◆ 10.2.2　对环境条件的要求

(1)温度　葡萄为喜温性果树,不同种群、品种和生长阶段对温度要求不同。早春土温升至6～9℃时根系开始活动,12℃开始生长,21～24℃为适宜生长温度。芽在气温达到10℃超过1周时,开始生长,12℃左右开始萌发。新梢生长及开花坐果的适宜温度为25～28℃,开花期遇到14℃以下低温受精不良导致落果。果实成熟的适宜温度为28～32℃,20℃以上果实成熟快,低于14℃果实成熟缓慢,昼夜温差达到10℃以上浆果含糖量高。

(2)光照　葡萄喜光,对光照的反应极为敏感,通常要求良好的光照条件。光照充足,枝条充分成熟,花芽分化良好,也有利于果实着色,提高品质。栽培时选择架式和整形修剪要特别注意,以保障充足的光照。

(3)水分　葡萄萌芽期需水多,自然坐果的葡萄树开花时要控制新梢生长势,需要调控土壤水分;化学调控坐果的果实生长期对水分要求增高,成熟时对水分要求最低。南方雨季对葡萄生产影响很大,设施栽培可以有效防止高温、高湿条件下的病害发生,为葡萄的优质丰产奠定基础。

(4)土壤　葡萄对土壤的适应性很强,除极黏重土壤、沼泽地区及重度盐碱土外,其他类型土壤均可生长,有机质含量高的砾质壤土和沙质壤土最适于葡萄栽培。最适土壤pH为6.0～7.5,pH 8.5以上葡萄生长会受到抑制,pH小于4的酸性土壤葡萄不能正常生长。葡萄在含石灰质丰富的土壤中生长良好,根系发达,果实含糖高,风味浓。葡萄根系发达,多分布于20～60 cm土层范围内,故栽培土层深度应在80 cm以上。

◆ 10.2.3　设施葡萄栽培技术要点

1. 品种选择

设施葡萄栽培投入大,生产成本高,所以选择栽培品种时应以商品价值高、市场前景好的优质品种为主。未来市场及栽培对品种的需求是大粒、无核、皮薄或易剥皮、浓香、酸甜可口、耐挂耐运不落粒、货架期长、好种省工。目前我国设施促成栽培选用较多且市场认可的优良品种有阳光玫瑰、夏黑、醉金香、巨玫瑰、玫瑰香、巨峰、京亚、藤稔、瑞都香玉、香妃、蜜光等,延迟栽培则以红地球、冰美人、蓝宝石等为主,主要品种特点见表10-1。

表 10-1　设施主栽葡萄品种主要性状

种类	品种	果实性状				果实发育天数/d
		单果重/g	自然穗重/g	果色	品质	
欧美	阳光玫瑰	7.0～10.0	400～600	黄绿	极优	130
欧美	夏黑	3.5～10.0	400～600	蓝黑	优	110
欧美	醉金香	7.0～10.0	400～600	黄绿	极优	130
欧美	巨玫瑰	6.0～9.0	360～600	紫黑	极优	130
欧亚	玫瑰香	4.0～7.0	380～600	紫	极优	130
欧美	巨峰	7.0～12.0	400～600	黑	优或极优	130
欧美	藤稔	12.0	400～600	黑	中-优	125
欧美	京亚	7.0～10.0	400～600	黑	优	120
欧亚	瑞都香玉	6.3	430	黄绿	优	120
欧亚	香妃	9.7	323	绿黄	优	110
欧美	蜜光	9.5	500	紫	优	110
欧亚	蓝宝石	8.0～10.0	500～600	蓝黑	优	120
欧亚	玉波 2 号	14.0	500	黄	优	120
欧亚	红地球	13.0	600～900	红	优	150
欧亚	克瑞森	6.0～8.0	500	红	优	140

2. 架式选择与设立

设施葡萄栽培架式很多,常用有棚架、篱架和"V"形架。日光温室栽培宜选棚架,塑料大棚栽培宜选篱架或"V"形架。

(1)棚架　在温室内每隔 10 m 于南北两侧各立一根直径 10 cm 粗的镀锌管,其上固定一根直径 4 cm 的南北向横管,两侧墙上固定一根 6 cm 的镀锌管,然后在架上每隔 50 cm 拉一道东西向的 10—12 号铅丝,两端固定在墙上的铁管上,南端的第一道线距温室前缘至少留出 1 m 的距离。这样就构成了一个与温室的采光屋面平行的倾斜式连棚架面。棚架方式便于套种其他作物和缓和因高温引起的旺长,使树体生长势均衡,充分利用空间和光照,日光温室一般采用棚架栽培。

(2)篱架　是塑料大棚栽培葡萄时常常采用的架式。行向与大棚方位平行,在棚内沿着大棚方位垂直方向栽,每隔 2.6 m 向两侧扩展 40 cm 定点各立一根支柱,行内每隔 5 m 左右立一根支柱。支柱地上高 1.8 m,地下埋入 0.4～0.5 m,两端支柱需在其内侧设立顶柱,或在其外侧埋设锚石牵引拉线,以加固边柱的牢固性。支柱立好后在其上沿行向牵拉四道铁线,第一道铁线距地面 60 cm,其余等距。这样就构成了宽行距 1.8 m,窄行距 0.8 m 的双壁篱架。

(3)双十字"V"形架　该架式行距 2.5 m,行向与棚的方位平行,行内每隔 5 m 左右立一根立柱。立柱长约 2 m,埋深 0.5 m。每根立柱距地面 105 cm 和 140 cm 各架设横梁一根,横梁与行向垂直。下横梁长 60 cm,上横梁长 80～100 cm,并在水泥柱距地面 80 cm 处拉两道铁丝(水泥柱两侧各一条),两根横梁的两端各拉一道铁丝,共六道铁丝即成。这是篱架与"V"形架的复合形式。采用扇形、单臂单层或双臂单层整枝。

双十字"V"形架栽培方式由于叶幕呈"V"形,与棚架和单篱架相比较,具有叶幕层受光面积大、光合效率高、萌芽整齐、新梢生长均衡以及通风透光好等优点;同时双十字"V"形架枝蔓成行向外倾斜,方便整枝、疏花、喷药等管理工作,有利于计划定梢定穗、控产,从而可提高产品质量,有利于实行规范化栽培。

3. 苗木繁育

葡萄苗木一般采用扦插或嫁接的方式繁育。扦插育苗一般是结合冬季修剪收集优良栽培品种或砧木品种的健壮一年生成熟枝条沙藏防寒,春节前后取出,剪成单节或双节插条,并将其直立排放在电热温床上,在 26～28℃ 下催根 7～10 d,根尖露出后插入营养袋中,移入温室或塑料大棚中培育,晚霜过后,移栽至露地苗圃继续培养。5—6 月,采集栽培良种的新梢嫁接在苗圃内定植的砧木苗上。当年秋末冬初即可起苗定植或贮存到春季定植。

4. 苗木定植

葡萄一般于春季定植,塑料大棚栽培一般为南北行,单臂或双臂篱架,行距 1.5～2.5 m,株距 0.5～1.5 m,采用独龙干形、V 字形或扇形整形;日光温室栽培可采用棚架栽培,即沿温室南底脚以内 0.5～1.0 m 处东西向栽一行,株距 1.0～2.0 m,采用独龙干整形;独龙干整形,也可于温室中部东西向栽植 1～2 行,主蔓向南北两侧生长。在南底脚较近距离(如 50 cm)栽植是为了温室套种时增加套种作物的栽培面积,为了减少南底脚附近的土壤低温区,应在温室外设置防寒沟或覆盖保温被。

为了使葡萄枝蔓快速布满架面,促使根系分布深而广,实现早产稳产,必须进行土壤改良和施足有机肥。定植前挖深 80 cm、宽 100 cm 的定植沟,表土和底土分开。沟底填充 20 cm 厚的作物秸秆,施足腐熟有机肥,有机肥和土的比例为 1:(2～3),沟内全部回填表土。

设施栽培的葡萄苗木要粗壮,栽前对苗木进行修整,一般留 2～3 个饱满芽,根系要剪出新茬,然后在清水中浸泡 12～24 h 栽植。萌芽后每株保留一个主蔓,其上发出的副梢留 2 叶反复摘心。

5. 扣棚、打破休眠

日光温室促成栽培可在葡萄秋季落叶后扣棚盖苫,在植株解除自然休眠后开始白天揭苫(或保温被)升温。塑料大棚促成栽培应在当地日平均温度稳定在 0℃ 以上后扣棚升温,延迟栽培在秋季日最低温度降至 5～7℃ 时开始扣棚保温。避雨栽培在开花前扣棚,果实采收后揭膜。葡萄解除自然休眠需要一定量低温,最适宜的有效低温范围为 2.5～9℃,早熟品种应达到 850～1 000 C.U.(冷温单位);中熟品种 1 000～1 600 C.U.。北方日光温室栽培最早升温时间控制在 12 月下旬比较适宜,根据生产经验,提早升温,虽然萌芽早,但由于前期温度低,并不能有效提早浆果成熟。葡萄自然休眠后期在树体或芽上喷洒或涂抹 20% 石灰氮或单氰胺有利于提前解除自然休眠。

6. 设施环境管理

设施内外温度、湿度、光照、气体条件差异极大,应根据葡萄的生长发育时期(物候期)进行环境调控和栽培管理,揭苫升温后,应采取地膜覆盖等方法尽快提高地温,严格控制棚室温度,防止温度过高。催芽至开花前棚室内要保持较高的空气湿度,一般应保持在70%～80%,花期至果实采收期应维持在50%～60%,详见表10-2。

表 10-2　设施葡萄栽培各物候期的温湿度管理指标及栽培要点

| 物候期 | 温度/℃ | | 空气相对湿度/% | 主要栽培管理措施 |
	昼温	夜温		
休眠后期	10～20	5～10	—	喷涂石灰氮、追肥、浇水
催芽期	25～28	>10	>80	覆地膜
新梢生长期	25～28	12～15	60～70	去双芽、病虫防治、扣避雨棚
始花期	25～28	15～20	50～60	主梢摘心、疏花序
盛花期	25～30	15～20	50～60	主梢摘心、花序整形
落花期	25～30	15～20	50～60	追肥、副梢摘心、病虫防治
果实生长期	28～30	16～20	50～60	追肥、副梢摘心、病虫防治
果实成熟期	28～30	16～17	50～60	控水、铺反光膜

7. 整形修剪

葡萄萌芽后,抹去双芽和过密芽;新梢长 10～30 cm 时,疏去过密枝、过弱枝和徒长枝;对坐果率高、花芽分化能力强的品种,于开花前疏穗定穗,反之花后定穗;巨峰系葡萄结果枝花序以上第三片叶长出时摘心,摘心后长出的副梢在花前再次摘心;欧亚种落花落果轻,在花序以上 7 片叶摘心。坐果率太高的品种如红地球可在花后摘心。整个生长季对副梢留单叶或双叶反复摘心,花穗以下副梢可不摘心。冬季修剪在落叶后进行,一般实行短梢修剪。

8. 花果管理

(1)保果及无核化栽培　巨峰系品种由于存在严重的落花落果现象,为了保证稳产,需要施用植物生长调节剂进行保花保果,以确保坐果率。方法是:在花前 14～10 d 喷 20%赤霉酸 20 000～40 000 倍(因品种而异)液拉长花序,施药后立即灌水,以防花穗卷曲。当一个花序开放到 100%时,3 d 之内按说明施用速峰果美等植物生长调节剂一次,可 100%坐果并实现欧美杂种有核葡萄无核化,达到稳产、提前成熟和提高品质的目的。

(2)花序整形　葡萄花序较多较大,其上花朵也较多,任其生长会造成果穗和果粒大小、成熟不一,影响商品品质。因此必须在开花前及时去掉较小较密的花序,成熟时果穗重在 500 g 以上的品种,每个结果枝只留一个果穗,果穗在 500 g 以下时强壮枝留 2 穗,中庸枝留 1 穗,弱枝不留。同时在葡萄花序上的花蕾开始分离时,进行花序整形。巨峰系等欧美杂种葡萄一般是去掉副穗和其下 4 个左右的小穗,待开花后去掉穗尖的稀疏部分。欧亚种葡萄只去副穗和掐穗尖。疏去僵果、小果、畸形果、病虫果和密生果。巨峰等大粒品种,根据处置方法不同,一个果穗保留 40～60 个果粒,穗重 500 g 左右。根据市场需求,亩产量控制在 1 000～2 000 kg。

(3)套袋　在果穗整形后立即进行。套袋宜选用半透明塑膜纸袋,有利于上色和观察果实生长发育状态。套袋可以减轻病虫害,防止药剂污染,果面鲜净,提高商品价值。

9. 水肥管理

采收结束至翌年发芽前,都是施基肥的适宜时期,但以秋季落叶前 1～1.5 个月施最好。

基肥采用沟状施肥法,每株施优质腐熟有机肥 50～70 kg,并混入 2～3 kg 过磷酸钙,施后覆土灌水。追肥在整个生长季中都可进行,一般于落花后、果实快速生长期和果实采收后各追肥一次。第一次以氮肥为主,第二次以磷、钾肥为主,采收后宜氮、磷、钾肥混合施用,根外追肥则可结合喷药进行。设施葡萄灌水应与施肥配合进行,秋季施基肥后水要浇足,追肥后浇水量要适中。

10. 病虫害防治

在设施栽培条件下,葡萄病虫害较露地明显减少,主要病害是白粉病、灰霉病和霜霉病等。冬季剪除病虫枝、刮树皮并彻底清园,将清出的枝叶集中烧毁;萌芽前喷 3～5 波美度石硫合剂,花后喷 25％粉锈宁可湿性粉剂 1 500～2 000 倍液防治白粉病;花期前后喷施 50％扑海因 1 500 倍液防治灰霉病。喷 1∶2∶150 波尔多液防治霜霉病,也可采用 25％瑞毒霉 500～800 倍液或 40％乙膦铝 200～300 倍液防治。其他如炭疽病、黑痘病在新梢展叶 3～6 片时有发生,可喷波尔多液或甲基托布津、多菌灵等进行防治。同时注意喷施吡虫啉 1 000 倍液和菊酯类药剂防治绿盲蝽、金龟子、葡萄透翅蛾等害虫。

11. 采收、包装及保鲜

当果粒表现出品种固有大小、色泽和风味时采收。采收时用剪刀将果穗连同穗梗一起剪下,注意轻拿轻放,整穗包装,以 2 kg/盒左右为宜。可用冷库或窖藏进行短期保鲜。

▶ 10.2.4 设施葡萄高效栽培模式

1. 一年两次结果技术

葡萄在温室内周年都可以生长,为葡萄一年两次结果创造了有利条件。葡萄是落叶果树中唯一的一年多次结果的果树,合理利用葡萄一年多次结果的习性,可以提高单位面积产量,延长鲜果采收供应期,提高单位面积的经济效益。要实现葡萄一年两次结果,必须人工促使冬芽萌发。促萌一般在第一茬果采收后进行,此时枝条正在木质化,需促萌芽的节间叶片已经老化,老化的叶片抑制了冬芽的萌发,需要采取人工破眠技术才会使萌芽整齐。具体方法:采收后将结果后的主梢留 4 节左右剪截,然后将所有叶片除去,之后在冬芽上涂抹破眠剂,可选用 20％的石灰氮或单氰胺,即可打破其休眠正常萌发。

温室葡萄一茬果在 5—7 月采收,一般主梢修剪、摘叶破眠后 10 d 左右发芽,从发芽后计算生长天数,可以预计二茬果成熟时间。早收二茬果的在 6 月促萌,迟收二茬果的最晚在 8 月上旬促萌。如果温室没有加温措施,北方 12 月下旬温度过低,如葡萄在 12 月中旬以后才成熟,果实可溶性固形物含量较一茬果低。一年两次结果使树体营养消耗显著增加,因此相应的管理技术一定要跟上,如水肥管理、土壤管理、病虫害防治等,在一年两次结果的情况下,作物负载量过大,不仅影响果实的品质和成熟时期,而且对第二年树体生长发育及产量和品质也有重大的影响,因此,必须强调合理负载。

2. 设施葡萄的间作

棚架葡萄占天不占地。设施葡萄在 10 月叶片衰老黄萎后,翌年 2 月萌芽,到 3 月中下旬新梢叶片渐次满架,葡萄架下的土地可有 5 个月的有日照时间。因为传统栽培法为使葡萄获得足够的需冷量,通过自然休眠,正常萌芽生长,冬季(11 月至 12 月中下旬)扣棚盖被遮阳降温。这样导致温室因无光照不能套种,闲置 5～6 个月,葡萄温室土地、空间、资材以及光照、二氧化碳等自然资源和冬季闲暇农业人力资源不能充分被利用。为了提高设施葡萄产值和设施利用率,刘志民等2009年在北京进行了温室葡萄和草莓套种高效栽培试验获得成功,并被各地广泛采用。主要方法是采用高效破眠剂如20%的石灰氮或10%的精制氰基氰涂芽,一般用药量为4~6 L/667 m²,促使葡萄在白天不盖保温被遮阳的条件下能正常整齐萌芽,实现了与草莓等作物的套种间作。草莓植株矮小,浆果发育期短,采收期长,经济效益高。二者物候期交错,立地和生长空间互补,两作相加收益可增加2/3以上。除草莓外还可以间作蔬菜、药材、瓜类等任何矮秆作物和食用菌类。

10.3　设施桃栽培技术

桃是温带落叶果树,味道鲜美,是人们喜食的果品之一。桃不耐贮藏,且树体相对较小,早产、丰产,是最具设施栽培价值的树种之一。设施栽培可使桃果实成熟期提前15~50 d或者推迟15~30 d。我国辽宁、山东、河北、北京、天津、山西、新疆等地区桃树设施栽培面积较大。

▶ 10.3.1　栽培模式与设施

设施桃生产模式主要有促成栽培、延迟栽培和避雨栽培,栽培设施主要有日光温室、塑料大棚和防雨棚等。目前,我国设施桃树栽培以日光温室促成栽培为主,塑料大棚促成栽培为辅。沈阳以北地区日光温室延迟栽培潜力巨大,石家庄以南地区塑料大棚促成栽培前景广阔,避雨栽培是花期多雨的南方地区的主要栽培模式,其目的主要是提高坐果率,大幅度提高果实产量和经济效益。

▶ 10.3.2　对环境条件的要求

(1)温度　桃树花器官发育的适宜温度为15~20℃,开花坐果的适宜温度为18~25℃,果实发育适宜温度为20~30℃,冬季能够忍受的最低温度为-18~-20℃。地温超过0℃时,根系开始吸收水分和养分,5℃左右开始生长,22℃时生长最快。根系一年内有三次生长高峰。秋季短光周期与低温协同诱导桃芽进入自然休眠状态。目前设施栽培的绝大多数品种需要500~750 C.U.以解除休眠。若低温不足,会出现萌芽不齐、花芽脱落、不能正常授粉受精、结果不良等现象。

(2)光照　桃树喜光,光补偿点为50 μmol/(m² · s),饱和点约800 μmol/(m² · s),对光照要求较高。光照不足会导致花器官发育不良,花粉发芽率降低,落花落果严重,枝叶徒长,花芽分化不良,果实产量品质显著降低,树冠下部秃裸等。设施栽培应特别注意改善设施内的光照状况。

(3)水分　桃树耐旱、不耐涝。土壤积水1~3 d即会导致植株死亡。桃树生长发育的适宜土壤含水量为田间最大持水量的50%~70%。长期土壤湿度过大,会导致根系发育不良,树势衰弱,抗性下降,流胶等,严重影响果实产量、品质和效益。桃树新梢伸长期和果实迅速膨大期需水量大,必须保证充足的水分供应。果实成熟期适度干旱会显著提高果实品质。

(4)土壤　桃树根系呼吸强度大,对土壤含氧量要求高,以通透性良好的壤土、沙壤土和沙土为宜。降雨量较大的地区应尽量避免在黏土地上种植桃树。桃树喜中性或微酸性土壤,适宜的 pH 为 5.5～7.5。桃树连作障碍显著,不宜在老桃园旧址上进行设施栽培。

10.3.3　设施桃栽培技术要点

1. 品种选择

目前,桃树设施生产中的品种较多,各地选育了适合本地特点的品种。这些品种基本上都具备自花结实的属性,且很少配置授粉树。适宜设施栽培的桃品种有:朝霞、曙光、中油4 号、满园红、优系 F、中农金辉、春蜜、春雪、鲁蜜 1 号、春美、春艳、春捷、早露蟠桃、朝月油蟠桃等。在设施条件下,桃果实品质下降、风味偏淡,尤其是可溶性固形物含量低,制约了设施桃的经济效益和产业发展。为解决这个问题,各科研院选育推出一批高含糖量品种或品系,如山东农业大学最新选育并通过品种审定的高含糖量油桃新品种鲁油 1 号、鲁油 2 号、鲁油 3 号、鲁油 4 号、鲁油 5 号等。

2. 苗木繁育技术

桃树通常采用嫁接繁殖。砧木以毛桃为主,西北地区也用甘肃桃或新疆桃。有研究表明,以山桃为砧木的桃树,其果实品质明显优于毛桃。毛桃和甘肃桃实生苗生长势强,播种当年 6 月上旬即可嫁接,秋末冬初即可出圃。此法要求技术及管理水平较高。新疆桃实生苗长势较弱,山桃苗前期生长不如毛桃,苗茎增粗慢。新疆桃和山桃砧木的桃苗,只能采用秋季芽接或早春直接,育苗周期为 2 年。

砧木种子一般在秋季果实成熟后采收,采后及时取出果肉,将种子晾干后存放,毛桃种子在播种前 90～120 d、山桃在 45～60 d 用清水浸泡 5～7 d,2 d 换一次水,待种仁吸水膨胀后,在 5～7℃下沙藏,多数种壳开裂后播种。

3. 授粉树的配置

设施栽培选用的品种虽大都可以自花结实,但因为花前温度控制不当常导致花粉败育,所以桃树温室栽培,最好合理配置授粉树。一般做法是每个棚室定植两个或三个品种,相互授粉。

4. 苗木定植

为了实现早期丰产,设施促早或延迟栽培一般采用高密度或超高密度栽植,4 500～8 250 株/hm²;南方避雨栽培采用正常密度栽植。

(1)定点挖沟　按行距要求,划线后挖定植沟,一般沟深 60 cm,宽 80 cm。挖土时,表土与底土分开放置。回填时,先用底土回填沟深的 1/3,然后把表土与基肥混匀,回填满沟。将沟填平后,浇大水沉实。

(2)起垄　为控制树体旺长和早期促花、促产,生产中多采用起垄栽培。即用表层土与有机肥混匀后起垄,垄向与行向相同,垄高 30～40 cm,宽 80～100 cm。起垄后将桃苗直接定植于高垄上。

(3)桃苗准备　选择芽体饱满、枝条粗壮、根系完全且发达的成苗建园,苗干基部直径大于 1 cm,高度 1 m 以上。苗木选好后,在定植前将根系浸水 24 h,用 0.3% 的硫酸铜浸根1 h 或用 3 波美度石硫合剂喷洒全株,消毒后待栽。

（4）栽植时间　栽植以 3 月底 4 月初为最好,此时地温已升高,根系生长快,不提倡秋季栽植。栽植时,在已沉实好的定植沟上挖小穴(30 cm×30 cm×30 cm),将苗放入,保持根系伸展,深浅适宜,定植后浇水。栽植后立即定干,并覆盖地膜,以提高成活率。

5. 土肥水管理

桃树对氮素反应敏感,氮素过多容易引起新梢旺长,导致花芽分化不良,结果晚,产量低,品质差。桃树对钾素需求量较大,若钾素供应充足,果实个大,果面丰满,着色面积大,色泽鲜艳,风味浓郁。若钾素供应不足则果实个小,着色差,风味淡。桃对磷肥需要量较小,不足需钾量的 30%,缺磷会使桃果面晦暗,肉质松软,味酸,果皮上时有斑点或裂纹出现,氮、磷、钾的比例大致为 1.0∶0.47∶1.8。施肥以基肥为主,追肥为辅,基肥于定植前和每年秋季落叶前 45 d 左右施入,每次每 667 m² 施优质腐熟有机肥 5～7 m³;追肥于果实膨大期进行,每 667 m² 施硫酸钾 50～70 kg。秋施基肥和追肥后浇水,促成栽培落叶后浇一次封冻水,其他时间土壤过于干旱时应适量灌水,雨季注意及时排水。杂草管理采用地膜覆盖与清耕相结合的方式进行。避雨栽培的土肥水管理与露地栽培基本相同。

6. 整形修剪

设施栽培桃树整形修剪以生长季为主,生长季修剪与冬季修剪相结合。促成栽培一般生长季修剪四次,冬季修剪一次。第一次修剪于花后 10 d 左右,主要是去除双芽梢,并对旺梢进行摘心;第二次在生理落果前,目的是保持树体及群体的通透性,调整树体的枝梢构成;第三次在采收前 10～15 d 进行,主要疏除背上和外围超出树冠设计大小范围的旺梢、过密梢,主要目的是促进果实着色,提高果实的外观品质;第四次修剪在果实采收后进行,主要任务是对促成栽培的早熟、极早熟品种进行树冠或结果枝更新,延迟栽培不进行采后修剪。冬季修剪在落叶后进行,主要任务是调整枝类构成和枝量。

延迟栽培生长季修剪主要是疏除直立旺梢、过密梢、株间交叉较重的新梢、行间外围新梢和超出设计树体高度的新梢,以维持树体的大小、形状及群体结构,使桃树群体始终具有良好的通透性。

日光温室和塑料大棚栽培桃树一般采用自然形、Y 字形或圆柱形以及细柱形。这些树形树冠小,结构简单,树体由 1～3 个大型、特大型枝组构成。自然形主要用于早熟、极早熟品种的促成栽培,每株留 1～3 个主梢,主梢数量因栽植密度与方式而异。定植当年按树形设计要求,选定分枝数量,任其自然生长或对其中下部副梢进行 1～2 次摘心。每年果实采收后,从下部 20～30 cm 处将分枝剪掉。抽梢后,从每个枝桩上选留 1 个壮梢,培养新的树冠。延迟栽培或促成栽培的中熟品种宜采用 Y 字形或圆柱形,采用正常修剪,每年进行结果枝更新。避雨栽培的树形与露地栽培相同。

细柱形,俗称"一根棍"整形修剪技术,其理论基础是基于设施促成栽培的桃品种大多是复芽(中间 1 个主芽,两边是 2 个副芽),一般情况下条件适宜 2 个副芽进行花芽分化形成花芽,主芽一般是叶芽。枝条基本都是由主芽萌发形成的,枝条的生长导致主芽两边的副芽成为显芽或者隐芽且保持叶芽的生理状态,在结果后对结果枝进行重短截至基部,促进副芽萌发形成下一年的结果枝,如此反复操作,控制树体大小,改善通风透光条件。

细柱形修剪整形树体基本特征是树干强壮,没有骨干枝,在中心干上直接着生结果枝;采果后对结果枝重短截至基部,促进基部副芽萌发,用副芽萌发的新梢培养下一年的结果枝,使得结果枝一直着生于中心干上,避免了结果部位的外移;当树形成形后中心干顶部

50 cm范围内的新梢长到30 cm时摘心控长,树体得到严格控制,使得密植成为可能。一般推荐使用株行距0.8 m×1.5 m,每667 m²栽550株。果实采收后,树高重截至1.2～1.4 m,冬季高2.0～2.2 m,第一结果枝离地面30～40 cm;每株树留果枝15～30个;每枝结果3～4个,每枝结果0.5 kg,每667 m²产量在5 000 kg以上。

细柱形整形修剪关键要点是:①定植当年在苗木距地面30～40 cm高度处剪截定干;萌芽抽梢后,选苗干顶部一壮梢,以竿扶干,培养直立中心干,当该新梢长至20～30 cm时,对其进行摘心,促发副梢;以后在对摘心后形成的顶部副梢留30 cm左右反复摘心2～3次;同时对侧生副梢留15～20 cm摘心;7月中旬叶面喷施多效唑促进花芽分化;冬季修剪时疏除过密枝,每667 m²结果枝10 000条左右。②第二年采果后至5月20日前进行采后修剪,方法是将中心干上的侧生枝全部极重短截,并对中心干在地面以上1 m左右处剪截,促进侧生枝基部副芽萌发,培养下一年的结果枝;6月中旬前对新梢进行一次疏选,使留下的新梢尽量直接着生于中心干上;对副芽萌发的新梢不摘心、不捋梢、不扭梢,顺其自然生长;对中心干顶部的直立壮梢留30 cm左右反复摘心,促发副梢,副梢留20～30 cm反复摘心2～3次;7月上中旬叶面喷施多效唑,促进花芽分化;冬季修剪时疏除过密枝,留结果枝量每667 m² 10 000～15 000条。③第三年的5月20日左右进行采后修剪,在1.3 m左右高度处重截树干,并对结果枝或枝组进行极重短截,促进基部副芽萌发,培养下一年的结果枝;选树干顶部一直立壮梢留30 cm左右反复摘心2次,对树干高度80 cm以上的新梢或副梢,留20～30 cm摘心,促进树干下部新梢生长,下部新梢不摘心、不捋梢、不扭梢;7月中旬喷施多效唑促进花芽分化;冬剪时剪除树干顶部以下50 cm范围内的枝条上的分枝。至此,整形过程结束。细柱形整枝标准:树高2.0～2.2 m,每株结果枝15～30个,相邻结果枝间垂直距离5～8 cm,结果枝长度小于60 cm。

需要注意的是,桃树细柱形树体结构简单,整形修剪技术易学易做,果实产量高,栽培管理方便。细柱形整形修剪的技术关键有二:一是立杆绑梢,以培养直立树干;二是采后修剪的时间不可太晚,一般要求在5月底前完成。

7. 扣棚与升温

扣棚及开始升温时间因栽培设施和栽培模式而异。日光温室或加温温室促成栽培一般于秋季落叶后扣棚,白天覆盖不透明覆盖物(草苫或保温被),将室内温度控制在0～10℃,以尽早结束自然休眠,待自然休眠结束后(一般为12月中下旬),开始揭苫升温。塑料大棚早熟栽培在早春日平均温度稳定在0℃以上时开始扣棚升温。南方避雨栽培于开花前覆膜,雨季过后撤膜。延迟栽培于秋季日最低温度降至5℃左右时扣棚,果实采收后逐步将设施内温度降至0℃以下,落叶后白天不再揭苫,早春日平均温度稳定在0℃以上时撤除保温被和透明薄膜。

8. 设施环境调控

促成栽培设施内的温湿度控制指标如表10-3所示。揭苫后应有7～10 d的逐渐升温过程,以后的温湿度调控可参考表10-3。萌芽期、花期和幼果膨大期的温度及光照强度控制至关重要。揭苫升温后,要及时通风,严格控制白天温度;揭苫升温开始至开花前不超过20℃;花期白天最高22℃,夜间温度不低于5℃,昼夜温差控制在10～15℃为宜,否则会导致花器官败育和严重的落花落果;在温度管理上要注意三点:一是重视提高地温和夜温;二是要逐渐升高气温;三是要严格控制白天温度,防止高温伤害。花期要将棚室内的空气相对湿度控制在50%左右,湿度过大或湿度日变化过大均会导致授粉不良。棚室骨架遮阴和透明覆盖材料的反射和阻隔作用,常常导致棚室内光照不良、花器官败育和严重的落花落果,北方日光温室促成栽培过程中应特别注意前期光照条件的控制。

表 10-3　桃树各物候期设施内温湿度控制指标

生育期	温度/℃		相对湿度/%
	白天	夜间	
萌芽期	13～18	＞5	＜80
花期	18～22	＞7	50～60
果实膨大期	20～25	10～15	＜70
果实近熟期	25～30	15～17	＜70

9. 花果管理

促成栽培的花果管理主要包括辅助授粉、花后壮梢摘心、疏花疏果和采前修剪。延迟栽培和避雨栽培的花果管理与露地栽培相同。促成栽培前期温室内环境条件差,花期空气湿度大,日变化剧烈,必须进行人工授粉或释放传粉昆虫辅助授粉。桃树一般不疏花,可以通过短截疏除过多的花芽。疏果在生理落果开始后进行,定果在生理落果结束后进行。疏果前先设定单位面积产量,计算出平均单株产量,再根据所栽品种的正常单果重,计算出采收时单株挂果量。单株挂果量乘以 110% 为定果时的留果量,定果量乘以 200% 为疏果时的留果量。疏果时要先疏除畸形果、萎黄果、发育不良的小果和密生果,壮枝多留果,弱枝少留果,过弱枝不留果。花后壮梢摘心的目的是削弱坐果期新梢和幼果的养分竞争,提高坐果率。花后摘心在新梢长度达 8～10 cm 时进行。采前修剪、摘叶、转果可有效促进果实着色,改善外观品质,一般在果实采收前 5～10 d 内完成。

10. 病虫害防治

设施栽培桃树病虫害的种类与露地栽培基本相同,主要有蚜虫、红蜘蛛、蚧壳虫、细菌性穿孔病、黑星病、炭疽病、潜叶蛾、梨小食心虫、金龟子、椿象、叶蝉等,但是相比于露地栽培病虫害较轻。病虫害防治应以农业防治、物理防治和生物防治为主,化学防治为辅,要特别注意促成栽培果实采收后树体的病虫害防治。要及时清除棚室内外的杂物、枯枝败叶等,防止病虫害的滋生与蔓延。每年桃芽萌动期细致周到地喷施一遍 3～5 波美度石硫合剂,挂黄板防治蚜虫,挂糖醋罐诱杀金龟子,安装高频杀虫灯等捕杀鳞翅目害虫;病害防治可施用石硫合剂、多菌灵、甲基托布津等。

11. 采收、包装及保鲜

桃果实达八成熟时采收,此时果面底色由绿色转变为乳白或乳黄色,表现出品种固有的底色和风味。采收动作要轻,盛果容器内表面要光滑平整,最好衬垫一层质地柔软材料,防止果实擦伤。桃果实成熟不整齐,成熟后很快变软脱落,对采收时间要求严格,必须及时分批采收。果实采收后进行分级、包装,可采用特制的透明塑料盒或泡沫塑料包装盒,每盒以 2～3 kg 为宜。

10.4　设施樱桃栽培

樱桃外观亮丽、味道鲜美,深受消费者喜爱。樱桃是落叶果树中果实成熟较早、成熟期较集中、果实较不耐贮运的树种之一,设施栽培樱桃鲜果市场潜力巨大。设施樱桃栽培历史悠久,据记载,16 世纪末 17 世纪初法国已开始利用简单的保护设施进行樱桃栽培。日本自 20 世纪 70—80 年代开始进行大面积设施樱桃栽培。我国设施樱桃栽培始于 1990 年,主要分布在山东、辽宁、北京、河北等地区。

10.4.1 栽培模式与设施

我国设施樱桃栽培模式为促成栽培,栽培设施主要有塑料大棚、日光温室和连栋温室。

10.4.2 对环境条件的要求

(1)温度 樱桃生长适宜温度为 15～28℃,冬季温度达到 −20～−18℃,樱桃大枝就会发生严重冻害,−25℃时出现大量树体死亡。春季花蕾期至幼果期遇 −1℃以下低温即可发生冻害,萌芽至坐果期温度过高会造成严重高温伤害。

(2)光照 樱桃喜光,良好的光照条件是其早结果、优质丰产的基本条件之一,必须控制好樱桃树的群体结构和枝叶密度,保证树体各部位通风透光良好。

(3)水分 樱桃对土壤水分状况很敏感,既不抗旱也不耐涝,适宜的土壤含水量为田间最大持水量的 50%～60%。土壤干旱会造成大量落果,旱后遇雨或灌大水会造成严重裂果。

(4)土壤 樱桃在土层深厚、质地疏松、保水力强、pH 6.0～7.5 的沙壤土和壤土中生长良好。

10.4.3 设施樱桃栽培技术要点

1. 品种选择

樱桃设施栽培宜选用生长健壮、适应性强、成形快、结果早、自花结实率高、品质优、果实大、丰产稳产的早熟品种,如红灯、斯坦勒、拉宾斯、先锋、艳阳、萨米脱等。为便于矮化密植栽培和高产稳产,应选用矮化砧木苗木。为了延长供应期,也可少量安排品质优良的中熟品种,如雷尼尔、布鲁克斯等。由于樱桃多数自花不结实,栽培时必须配置授粉树,授粉树的选择既要考虑与被授粉品种的亲和性及花期相遇,又要兼顾经济性状。目前常用主栽品种及授粉品种见表 10-4。设施栽培中授粉树比例应高于露地栽培,主栽与授粉品种的株数以 2∶1 或 1∶1 为宜。除此之外,还应采取花期放蜂或人工辅助授粉来提高坐果率。

表 10-4 樱桃主栽品种和适宜的授粉品种

主栽品种	授粉品种	主栽品种	授粉品种
早紫	黄玉、那翁、大紫	滨库	黄玉、大紫、早紫
大紫	早紫、黄玉、那翁、小紫、水晶	秋鸡心	那翁、鸡心
那翁	早紫、水晶、大紫	红灯	大紫、红艳、那翁

2. 苗木繁育

设施栽培樱桃苗木均采用嫁接繁殖,砧木宜采用半矮化砧或矮化砧。优质苗木应须根发达,粗度 0.5 cm 以上的大根不少于 6 条,长度 20 cm 以上,不劈裂,不干缩失水,无病虫害,高度 1 m 以上,嫁接口愈合良好。

3. 苗木栽植

设施栽培一般使用半矮化砧或矮化砧苗建园,株行距以(1~2)m×(3~4)m 为宜。生产上常用的砧木有本溪山樱、兰丁系列砧木、马哈利、吉塞拉 5 号、吉塞拉 6 号及吉塞拉 12 号。吉塞拉系列砧木有矮化性能,吉塞拉 5 号嫁接的樱桃,树体易早衰,吉塞拉 6 号及 12 号为半矮化砧木。盐碱性土壤,可选择兰丁 2 号、马哈利为砧木的樱桃苗。

4. 水肥管理

樱桃果实成熟早,产量远低于一般鲜果,施肥应以基肥为主。栽植前及每年秋季重施基肥,每次每 667 m^2 施优质腐熟有机肥 5~7 m^3。生长季结合病虫防治喷施 0.3% 尿素或磷酸二氢钾 3~5 次。秋施基肥后、落叶后、果实速长期各浇水一次,前两次水要浇足,第三次要适量,以免造成裂果。雨季要注意及时排水防涝。

5. 整形修剪

日光温室和塑料大棚栽培樱桃可采用 Y 形。南北行,株行距 1 m×3 m。树高 1.5~1.7 m,干高 40 cm,东西冠幅 2.5 m,南北冠幅 1~1.2 m。每株树有两个大型结果枝组,延伸方向与行向垂直,开张角度 45°~50°,枝组轴上着生中小型枝组。脊高 4 m 左右的日光温室、塑料大棚和高大的连栋温室栽培樱桃可采用圆柱形,树高 2.5 m,干高 50 cm,冠幅 1.5~2.0 m,中心干上直接着生大型结果枝组,枝组开张角度 70°~80°。设施樱桃的整形修剪主要在生长季完成,生长季修剪后冬季可以不再修剪。Y 形樱桃树的整形主要是定植当年夏季选东西向生长的壮梢各一个,留 25~30 cm 反复摘心 2~3 次,并对早期摘心后抽生的副梢进行 1~2 次极重剪梢,增加枝量,有效控制分枝的长度和粗度。圆柱形要对中心干延长梢留 50 cm 左右反复剪梢,促发分枝,培养结果枝组。

6. 扣棚升温

樱桃需冷量一般为 800~1 200 C.U.。为使樱桃树早日解除休眠,可以采用在秋季落叶后即覆盖保温被来降低白天温度,并防止温室蓄热,尽量将温度控制在 2~10℃ 之间,以加速解除自然休眠。待解除自然休眠后开始每天揭苫升温。塑料大棚促成栽培应在早春日平均温度稳定在 0℃ 以上时开始扣棚升温。

7. 设施环境控制

扣棚升温前 1 个月覆地膜升地温。应采用逐步升气温的方式。开始升温至坐果期要严格控制白天温度,防止高温伤害,同时注意做好夜间保温,尽量提高夜间温度,以加速物候进程,使果实早成熟、早上市。要特别注意及时清除透明覆盖材料上的灰尘和杂物,尽量改善棚室内的光照条件。注意控制棚室内的湿度,防止湿度过大导致病菌的滋生与病害蔓延。樱桃促成栽培设施环境控制指标如表 10-5 所示。

8. 病虫害防治

扣棚前喷 3~5 波美度石硫合剂,幼果前期喷 1~2 次 70% 甲基托布津 1 000 倍液,预防叶斑病和果腐病。5—6 月喷 2 次 70% 代森锰锌可湿性粉剂 500 倍液或 50% 多菌灵可湿性粉剂 600 倍液,7—8 月喷 2~3 次石灰等量式波尔多液 200 倍液,防治樱桃的穿孔病、叶斑病和干腐病。流胶病发生初期对病斑纵割几刀后涂石硫合剂原液。鳞翅目害虫可用杀虫灯或施用灭幼脲等进行防治。

表 10-5　樱桃促成栽培各物候期设施环境控制指标

物候期	白天温度/℃		夜间温度/℃		空气相对湿度/%
	最适温度	最高温度	最适温度	最低温度	
催芽期	15~20	22	10~15	−5	≥70
芽萌动期	15~18	20	10~15	−2	≥70
开花期	15~20	25	10~15	5	40~60
果实发育期	22~28	32	10~15	10	≤60
果实成熟期	22~28	32	10~15	10	≤60

9. 采收、包装及保鲜

果实表现出成熟特征时采收。采收时要轻采轻放,防止损伤果面;要带果柄采摘,勿使果柄脱落,同时注意不损伤结果枝。樱桃属高档果品,采收后应分级包装,重量以每盒 0.5 kg 为宜。用于外销或贮藏的樱桃应在果实八成熟时采收,采后进行分级包装,并进入冷链贮运及销售。

10.5　设施杏栽培

杏果鲜美多汁、色泽宜人、风味独特、营养丰富,深受消费者喜爱。杏树结果早,果实发育期短,品种间果实发育期差异较小,果实不耐贮藏,鲜果成熟上市时间短。通过设施栽培,可以大幅度提早鲜杏果实的成熟上市时间,改善市场供应状况,增加果农收入。近年来,设施杏(彩图 10-1)栽培发展迅速,已成为我国现阶段乡村振兴及精准脱贫的重要途径之一。

10.5.1　栽培模式与设施

设施杏生产模式多为促成栽培,栽培设施主要有日光温室和塑料大棚。塑料大棚一般比露地提前 15~20 d 上市,日光温室可提前 40~50 d 上市,生产者应根据投资能力和市场情况进行选择。目前我国杏树设施栽培以日光温室促成栽培为主,塑料大棚促成栽培为辅。

10.5.2　对环境条件的要求

(1)温度　杏属温带落叶果树,杏芽秋季开始进入自然休眠状态,解除自然休眠一般需要 800~910 C. U. 。低温不足,会出现萌芽不齐、不能正常授粉受精、花而不实等现象。解除自然休眠的最适温度为 0~10℃。表 10-6 给出了不同品种解除休眠的低温需冷量。

表 10-6　杏不同品种解除休眠的需冷量　　　　　　　　　　　　　C. U.

品种	红荷包	金太阳	凯特杏	红玉杏	水巴旦	玉巴旦	麦黄杏	玛瑙杏	水杏
需冷量	910	660	710	885	900	860	910	910	900

（2）光照　杏树喜光，光照不足会导致花芽分化不良、花粉发芽率降低、落花落果严重、果实产量低、品质差、枝叶徒长、树冠下部小枝枯死等现象发生。促成栽培应特别注意改善设施及杏树群体光照状况，如选择透光性好的无滴膜、进行生长季修剪等。在设施内光照差的时期进行人工补光，选用点光源的光谱以接近太阳光谱为宜，也可通过设施内地面铺反光膜、及时清除棚膜上的灰尘与杂物、延长光照时间等措施来改善光照条件。

（3）水分　杏树不耐涝，土壤积水 2～3 d 即会导致植株死亡。杏树生长发育的适宜土壤含水量为田间最大持水量的 60%～70%。长期土壤湿度过大，会导致根系发育不良，树势衰弱，流胶等现象发生，严重影响树体寿命、果实产量、果实品质和经济效益。杏树花芽分化期需适度干旱。新梢生长期和果实迅速生长期需水量较大，必须保证充足的水分供应。果实成熟期水分供应充足虽可显著提高产量，但会导致风味变淡，应适当控制水分供应。

（4）土壤　杏树根系在土层深厚、土质疏松肥沃、无盐渍化及其他土壤污染、pH 6.5～7.5 的壤土或沙壤土中生长良好，地下水位＞1 m，土层厚度＞40 cm。杏树易发生连作障碍，因此不宜在老杏园旧址上进行设施栽培。

▶ 10.5.3　设施杏栽培技术要点

1. 品种选择

品种选择应本着三点：一是果个大，风味浓，颜色漂亮；二是结果早，自花结实率高，丰产性好；三是需冷量低，适应性强。目前设施促成栽培表现较好的品种主要有金黄后、凯特、金太阳、红荷包、玉巴旦等。为保证杏较高的产量和经济效益，同一设施内需栽植 2～3 个品种，相互授粉。授粉品种与主栽品种株数的比例为 1∶（3～4）。

2. 苗木繁育

设施杏栽培的苗木采用嫁接繁殖，砧木为山杏或毛桃。要求品种纯正、生长健壮、根系发达。主侧根应长于 20 cm，须根较多，无劈裂。苗干充实，表面有光泽，距接口以上 5～10 cm 处直径为 1～1.5 cm，高度为 1～1.5 m，芽体饱满、充实，无病虫为害。

3. 苗木定植

株行距以 1.2 m×3 m 或 1.5 m×2.5 m 为宜，每 667 m² 栽植 150 株左右。栽前挖宽、深各 0.8 m 定植沟，一次性施足底肥，每 667 m² 施充分腐熟的有机肥 5～7 m³，将有机肥与土壤混匀、回填，分层踏实，浇足水使土壤沉实后起垄（垄高 20～35 cm，垄宽 100～120 cm），栽后铺黑色地膜。

4. 水肥管理

定植当年 7 月中旬以前，要保证氮肥和水分供应，促进枝叶生长，以便整形和迅速增加枝叶量；定植后 10 d、30 d、50 d、80 d 浇水 4 次，第二、四次浇水前株施尿素 25 g 和 50 g，第四次浇水前株施磷钾肥 100 g。落叶前，每 667 m² 施优质有机肥 5～7 m³，施后浇透水。以后每年秋施有机肥一次，果实迅速生长期施硫酸钾或以钾肥为主的复合肥一次，施肥量为每 667 m² 50 kg 左右。施肥后浇水，其他时间不旱不浇。

5. 整形修剪

苗木栽植后，要及时定干，定干高度 60 cm。萌芽后及时将苗干 40 cm 以下的萌芽抹掉。

株行距 1.2 m×3 m 栽植的应进行 Y 形整枝,1.5 m×2.5 m 栽植的进行圆柱形整形。杏树整形修剪仍以生长季为主,冬季为辅。与桃树不同,杏树壮梢旺梢很少发副梢;另外,杏树以短果枝和花束状果枝结果为主;因此,为快速培养骨干枝、结果枝组和结果枝,迅速扩大树冠、增加结果枝数量,实现早期丰产,就必须对作为骨干枝培养的旺梢进行剪梢修剪,以促发壮副梢,并继续培养骨干枝,并对定干后萌发的壮梢和剪梢后骨干枝上促发的壮副梢进行摘心或剪梢,促发副梢或二次副梢,以减少长梢数量,增加中短梢数量,培养结果枝组和结果枝。

(1)Y 形整形修剪　Y 形树体结构指标:干高 50～55 cm,冠幅东西 2.5 m,南北 1.3 m,树高约 2 m,小主枝开张角度 45°～50°。在定植当年夏季,壮旺梢长度达 50 cm 左右时,选东西向生长的壮旺梢各一个,留 40 cm 剪梢,培养小主枝和结果枝组;其他长度超过 15 cm 的新梢,留 15 cm 摘心或剪梢,促发分枝,培养结果枝组和结果枝。生长势较强时,可在 6 月底前后,对作为小主枝培养的先端壮副梢仍留 40 cm 再摘心或剪梢一次,并对其他副梢留 15 cm 摘心或剪梢。7 月中下旬拉枝,将两个小主枝拉成东西向,开张角度 50°左右。冬季修剪时,主枝延长枝长度超过 40 cm 的留 40 cm 短截,其他枝条基本不动。第二个生长季开始,要及时疏除或缩剪外围超出设计范围的枝梢、主枝背上直立枝梢和过密枝梢,进行结果枝更新,以维护良好的树体结构、群体结构和枝叶密度,保证整个群体通风透光性能良好,为连年优质高产稳产奠定基础。

(2)圆柱形整形修剪　圆柱形树体结构指标是干高 50～55 cm,树高 1.5～2.5m(日光温室栽培可南低北高),冠幅 1.5 m,树干上直接着生大中型结果枝组。定植当年夏季,壮旺梢长度超过 40 cm 时,选一直立旺梢任其自然生长,培养中心干,其他新梢留 20 cm 摘心或剪梢,促发分枝,培养结果枝组;作中心干培养的直立新梢长度超过 60 cm 时,留 50 cm 剪梢,促发副梢,继续培养中心干和结果枝组;冬季修剪时,中心干延长枝长度超过 50 cm 的留 40～50 cm 短截,继续培养中心干和结果枝组。第二个生长季,用同样的方法继续培养中心干和结果枝组。树体结构养成后,修剪任务主要是树体大小、树体结构的维持,枝叶密度的调整和结果枝更新,内容主要是疏除树冠外围超出设计范围的枝梢、树冠内的直立壮旺梢和过密梢,并进行结果枝更新。

6. 化学促花

定植当年和第二年必须喷施多效唑促进花芽分化,第三年开始可视树体长势而定,树势强旺则喷,否则不喷。定植当年,7 月中旬至 8 月上旬,每 10～15 d 喷 15%多效唑 250～300 mg/L 一次。杏树对多效唑的反应显著强于桃树的,施用剂量只需桃树的 50%左右。施用多效唑 7～10 d 新梢停止生长,对桃树促进花芽分化效果最好,但对杏树来说,则表明施用量过大了,促进花芽分化效果会大幅度降低。施用后,新梢生长速度显著降低,但并未停止生长,表明施用剂量适宜,促进花芽分化效果最好。

7. 扣棚调温

秋季落叶前后扣膜盖苫,夜间通风,室外最低温降至 0℃左右后,关闭封口,使室内温度保持在 0～10℃左右,以使植株尽快解除自然休眠。这样,一般到 12 月下旬植株即可开始白天揭苫升温。塑料大棚促成栽培要待外界日平均温度稳定回升至 0℃以上后才开始扣棚升温。

8. 温室环境控制

温室环境主要包括室内温度、湿度、光照和CO_2浓度,原则是尽快提高地温,逐渐提高气温,尽量保持较高的光照强度和夜间温度,延长光照时间,尽量降低花期夜间至上午通风前的空气湿度,防止温湿度的剧烈变化;严格控制芽萌动期至开花期的白天温度,防止高温伤害。揭苫升温后第一周,白天温度控制在$13\sim15℃$,第二周$16\sim18℃$,此后升至$23\sim28℃$。通过揭苫升温后覆盖地膜、加强夜间保温、适当通风、保温覆盖物揭盖时间等进行温湿度和光环境调控。早晨揭苫后,温室内CO_2浓度会迅速降低,通过CO_2施肥,不仅可以弥补CO_2的光合损失,还可将其浓度提高到正常大气含量的3倍左右,从而大幅度提高叶片光合速率,极显著地提高果实产量和品质。表10-7给出了促成栽培杏不同生育期的温湿度管理指标。

表 10-7　促成栽培杏树的温室温湿度控制指标

生育期	温度/℃		相对湿度/%
	白天	夜间	
催芽期	13～15	＞5	＜80
	16～18	＞8	＜80
萌芽期	13～22	＞10	＜80
开花期	18～22	＞10	50～60
果实膨大期	23～25	10～15	＜70
果实成熟期	25～28	15～17	＜70

9. 病虫害防治

设施栽培杏树病虫害的种类与露地栽培基本相同,主要有蚜虫、螨类、桑白蚧、疮痂病、褐斑病等。病虫害防治应以农业防治、物理防治和生物防治为主,化学防治为辅,要特别注意促成栽培果实采收后树体的病虫害防治。要及时清除棚室内外的杂物、枯枝败叶等,防止病虫害的滋生与蔓延。每年杏芽萌动期细致周到地喷施一遍3～5波美度石硫合剂,挂黄板防治蚜虫,挂糖醋罐诱杀金龟子,安装高频杀虫灯等捕杀鳞翅目害虫;病害防治可用石硫合剂、多菌灵、甲基托布津等。

10. 采收、包装及保鲜

杏果达九成熟时采收,此时的杏表现出品种固有的底色和风味。采收动作要轻,盛果容器内表面要光滑平整,最好衬垫一层柔软材料,防止果实擦伤。杏果成熟不整齐,成熟后很快变软脱落,因此,对采收时间要求严格,必须分批采收。果实采收后及时进行分级、包装。

10.6　设施李栽培

李子果饱满圆润、玲珑剔透、形态美艳、口味酸甜,是人们较为喜欢的水果之一,在世界各地广泛栽培。设施栽培可使李树果实成熟期提前$30\sim45$ d,不仅能有效解决花期遭受晚霜危害、败育花多、产量低等问题,还可延长市场供应期,经济效益显著。

◉ 10.6.1　栽培模式与设施

我国的李树设施栽培模式多为促成栽培,栽培设施主要有塑料大棚和日光温室。

◉ 10.6.2　对环境条件的要求

(1)温度　原产于我国北方的李树,如乌苏里的红干核、黄干核等品种,休眠期能耐−40～−35℃低温,而生长在南方的芙蓉李、三华李等品种,对低温的抵抗能力较差。杏梅对温度的适应性较狭窄,主要分布在华北杏、李混栽地区;欧洲李适于温暖地区栽培;美洲李比较耐寒,可在我国北方各省安全越冬;中国李对环境条件的适应性强,南北各省区均有分布。李树花期最适宜的温度为 12～16℃,不同发育阶段的冷害温度如下:花蕾期为−5.0～−1.1℃,开花期为−2.7～0.6℃,幼果期为−1.1～−0.6℃。中国李早春花期有时遇晚霜或阴雨低温会引起冻害或授粉受精不良,导致减产。

(2)光照　李树是喜光树种。从自然分布看,在光照不太强(水分状况较好)的背阴坡生长较旺,树势强。在海拔较高的山区,栽培在阳坡的李树树势稍弱,花期早,果实着色好,但成熟期遇雨易裂果;阴坡则花期迟,裂果轻,但着色差,品质也稍差。树冠外围的果实着色早,含糖量高。开花期天气晴朗、温度较高,有利于昆虫活动及授粉受精;果实成熟期光照充足,果实着色好,果肉糖分含量高。

(3)水分　李树对土壤湿度适应能力较强。我国北方的李树品种较耐旱,南方品种则耐湿性较强,可在河谷或水田埂上正常生长,但以桃、杏和毛樱桃作砧木时怕湿怕涝。欧洲李对空气湿度与土壤含水量要求均较严格。土壤含水量为田间持水量的 60%～80%,对李树根系生长最为适宜,干旱和过湿都会影响根系正常生长发育。水分不足对果实发育也会产生不良影响,果实第一次迅速生长期和新梢旺盛生长期缺水,会严重影响树势与果实发育,引起大量落果;果实第二次迅速生长期缺水则果实发育受阻,果个变小,产量降低;果实成熟前久旱遇雨会造成大量裂果和落果。

(4)土壤　李树对土壤质地要求不严,不论何种土质均可栽培。丰产栽培以土层深厚、肥沃的黏质壤土为宜。李树对土壤酸碱度的适应能力也强,以 pH 6.0～7.5 为宜。欧洲李可以适应肥沃的黏质土,美洲李要求土壤疏松,排水良好。

◉ 10.6.3　设施李栽培技术要点

1. 品种选择

许多李树品种自花不结实,栽植时须配植授粉品种。设施栽培的授粉品种要与主栽品种花期相遇,最好可以相互授粉;一般选择相互授粉亲和力强、花粉量大、花期相同或相近、经济价值高、成熟期早、丰产性好、品质优良、抗病能力强、自然休眠期短,以及在光照时间较短、光照强度较弱的冬春季能正常生长结果的品种,如大石早生、大石中生、美丽李、五月鲜、帅李、摩尔特尼、玉皇李等。适宜设施栽培的李树品种为红美丽、红良锦、大石早生、早美丽和摩尔特尼等。授粉品种与主栽品种的株数比为 1:(3～5)为宜,也可在同一棚室内栽植

2～3个主栽品种相互授粉。嫁接苗的砧木一般为毛樱桃或毛桃。

2. 苗木繁育

设施李栽培种苗主要采用嫁接繁殖,砧木可采用李、桃或毛樱桃,壮苗标准为主侧根应长于 20 cm,须根较多,无劈裂。苗干充实,表面有光泽,距接口以上 5 ～ 10 cm 处直径为 1 ～ 1.5 cm,高度为 1～1.5 m,芽体饱满、充实、无病虫为害。

3. 苗木定植

(1)苗木修整与处理 选择芽体饱满,高度 100 cm 以上,苗干基部直径 1 cm 以上,根系发达,侧根长度 15 cm 以上的二年育成苗。若苗木规格差异较大,应按其规格大小分为 2～3 级,分开定植,以便于栽培管理;分级后对苗木进行修整,去除嫁接时留下的绑缚物,剪除嫁接部位以上的砧木残桩,剪掉根系病虫为害部分和机械伤部分。定植前将根系及苗干下部浸入水中 24 h,使苗木充分吸水;取出后,对根系沾泥浆(配方:0.3%磷酸二氢钾＋生根粉＋杀菌剂＋水＋土),并用 3 波美度石硫合剂喷布苗干。

(2)栽植时期与方法 春季土壤解冻后至芽萌动前为适宜栽植期,北方一般为 3 月中下旬。定植前,按行距 2 m 开挖深 50 cm、宽 100 cm 的定植沟,然后在沟内铺 30 cm 厚的秸秆或杂草,再每 667 m² 施入腐熟有机肥 5 m³,并与土混匀回填,灌水沉实,最后在剩余表土中混入 500 kg 新型多功能生物有机肥,并起高 40 cm、宽 80～100 cm 的土垄;将事先准备好的苗木按 1 m 的株距定植于垄上。授粉品种与主栽品种在每行内均按事先设定的比例混栽,以便于授粉作业。栽后定干并灌透水,表土稍干后铺地膜。日光温室促成栽培,定干高度为 60 cm。

4. 定植当年管理

(1)水肥管理 定植后至 6 月底要保证肥水供应,以保证苗木成活及幼树快速生长,并结合整形修剪迅速增加枝量,进入 7 月以后要减少水分与氮肥供应,减缓营养生长,促进花芽分化,为下个生长季投产奠定基础。一般于定植后 10 d 浇第二遍水,以后每 20 d 左右浇一次水,6 月底以后,除非特别干旱,否则不再浇水。9 月中旬施基肥后和扣棚前各浇一次透水。雨季要及时排水,防止发生涝害。新梢速长期结合浇水,追肥 3 次,前两次每株各追施尿素 50 g,第三次每株追施氮磷钾复合肥 100 g。结合病虫害防治追施 0.3%的尿素。9 月中旬每 667 m² 施优质腐熟有机肥 3～5 m³,同时混施 100 kg 氮磷钾复合肥和硼砂 2～3 kg。

(2)整形修剪 高密度栽培宜采用圆柱形,成形后树高 2 m 左右,温室后部的树体可稍高,前部的适当降低。每株培养一个直立的中心干,中心干上直接培养结果枝组。冠径 1 m 左右。苗木萌芽后,将苗干上 40 cm 以下的萌芽抹掉;当苗干顶部旺梢长至 50～60 cm 时,选一直立旺梢留 40 cm 剪截,促发分枝,培养中心干和结果枝组,其他新梢留 10～15 cm 剪截,培养结果枝组和结果枝;剪梢后的中心干上部抽生的直立旺梢仍选一个留 40 cm 剪截,继续培养中心干,其他副梢仍留 10～15 cm 剪截,培养结果枝组和结果枝。

(3)促进花芽分化 7 月中旬开始每半个月叶面喷施一次 0.3%硼砂、0.3%磷酸二氢钾和光合叶面微肥,直至 10 月上旬;7 月上旬开始叶面喷施 15%多效唑 300 倍液 1～3 次,喷施量以叶片开始滴水为宜,间隔时间 10 d 左右。

4. 休眠期管理

秋季日平均温度降至 10℃左右时开始扣棚盖苫,傍晚打开通风口,白天关闭,夜温降至

0℃左右后不再通风,尽量使温室内温度保持在植株休眠的适宜范围内,一般 30～40 d 后即可顺利通过自然休眠。

5. 揭苫升温后的管理

(1)修剪　揭苫升温后,尽快进行修剪。此次修剪主要疏除树冠内的直立壮枝和过密枝,中心干顶端直立枝长度 40 cm 以上的留 40 cm 短截,短于 40 cm 的不剪。

(2)铺地膜　修剪后将剪下来的枝条和地面上的落叶等杂物清理出温室之外;铺黑色地膜,以提高地温并防治杂草。

(3)温湿度控制　温湿度管理最为关键的时期为催芽期、花期及果实膨大着色期。催芽期,要求升温缓慢,避免由气温上升过快,地温上升过慢,地温和气温不协调而造成先芽后花现象的发生,一般采取四段式逐级升温法,即升温第一周白天 12～14℃,夜间高于 5℃;第二周白天 14～16℃,夜间高于 6℃;第三周白天 16～18℃,夜间高于 7℃;第四周至开花前白天 18～20℃,夜间高于 8℃;花期白天 18～22℃,夜间 10～12℃为宜。揭苫升温至开花前,空气相对湿度应控制在 70%～80%,花期温度控制在 45%左右。这段时间要防止夜间冻害和昼夜温差过大(昼夜温差不超过 15℃)。果实着色期白天 25～28℃,夜间 13～14℃,空气湿度 60%～70%,此期要适当增大昼夜温差,以促进果实着色,提高含糖量。其他生育期对温湿度要求如下:坐果期白天 22～24℃,夜间 10℃以上,空气湿度 50%～60%;硬核期,白天 23～25℃,夜间 10～13℃以上,空气湿度 60%～70%;果实成熟期,白天 26～30℃,夜间 14℃以上,空气湿度 60%～70%。

(4)水肥管理　升温后 7 d 开始用 2%尿素喷干枝,每周一次,连喷三次;花前 10 d 土施尿素一次,用量为每 667 m² 10 kg。幼果膨大初期和硬核末期进行追肥,每次株施 150 g 果树专用肥,并浇小水;花后两周开始,每 10 d 左右叶面喷施一次 0.3%尿素、0.3%磷酸二氢钾或光合微肥等,直至果实着色前,果实着色期开始改为每半月喷施一次。新梢展叶后至果实采收前应进行 CO_2 施肥。果实采收后,对于各类果枝均能结果的品种进行结果枝更新。修剪后施基肥,每 667 m² 施入优质腐熟有机肥 5 m³,施后浇水,深秋扣棚前浇一遍透水;以花簇状果枝结果为主的品种于 9 月上中旬施基肥,施肥后、扣棚前各浇一次透水。雨季及时排水,防止涝害发生。

(5)花果管理　在良好的温室内环境控制和水肥管理的基础上,做好花期放蜂或人工授粉,以保证足够的坐果量。花量过大时,应适当疏花,坐果量过大时,应进行疏果定果。要疏除畸形花、病虫花、晚开花和过密花,花后三周疏除畸形果、小果、病虫果和过密果,一般长果枝留果 3～4 个,中果枝留果 2～3 个,短果枝留果 1 个或不留果。果实着色期将下垂果枝吊起,并摘除遮光叶片。

(6)整形修剪　第二个生长季,继续进行整形,中心干延长梢留 35～40 cm 剪截,中心干延长枝上的其他新梢或副梢留 10 cm 剪截,直至达到设计树高为止。

果实采收后,及时对结果枝或结果枝组进行更新修剪,以控制树体大小,并稳定结果部位。对长中短枝均能成花结果的品种进行结果枝更新修剪,所有结果枝均缩剪至基部 1～2 个新梢处,并对留下来的新梢在基部 2～4 叶处剪截,促发副梢,培养下一年的结果枝;对以花簇状果枝和短果枝结果的品种,进行结果枝组更新修剪,方法是:每个枝组前部留 1～2 个带有极短梢和短梢的枝条不动,留作下年结果;中部选 1～2 个长梢不动,培养花簇状果枝和短果枝;后部选一长梢留 3～5 cm 极重剪截,促发长梢,以备更新之用。当前部枝条上的花簇状枝结果 2～3 年后,将其彻底剪掉,形成三套枝循环结果更新。以后的修剪任务主要是疏除树冠内的直立生长的强旺枝梢以及超出设计树体大小的外围枝梢和过密梢,保持良好的群体结构和枝叶密度。

6. 病虫害防治

设施栽培李树病虫害的种类与露地栽培基本相同,主要有红点病、褐斑穿孔病、褐腐病、流胶病、李小食心虫、李实蜂、红颈天牛等。病虫害防治应以农业防治、物理防治和生物防治为主,化学防治为辅,要特别注意促成栽培果实采收后树体的病虫害防治。要及时清除棚室内外的杂物、枯枝败叶等,防止病虫害的滋生与蔓延。每年李芽萌动期细致周到地喷施一遍3～5 波美度石硫合剂,展叶后至发病前喷 250 倍石灰倍量式锌灰液或大生 M-45 等;进行灯光或糖醋液诱杀害虫;病害防治可用大生 M-45、世高或甲基托布津等。

7. 采收、包装及保鲜

李成熟期不一致,一般应注意分批采收,可以提高果实的商品质量。每次将适度成熟的及较大的果实采收,剩下的还可继续生长。采收期的确定应根据不同用途而定,如当地鲜食,成熟度应九成熟时采收,采后当天可以出售;如远途运输,成熟度八成左右。采收动作要轻,盛果容器内表面要光滑平整,最好衬垫一层柔软材料,防止果实擦伤。果实采收后及时进行分级、包装。

10.7　设施火龙果栽培

火龙果又称红龙果、青龙果、仙密果,属仙人掌科量天尺属植物,是一种原产于墨西哥南部及中美洲诸国太平洋沿岸地区的热带果树。1645 年由荷兰人引种到我国台湾,再由台湾逐渐辐射扩散到东南亚的越南、菲律宾等国家,并发展成为当地的主要经济作物。火龙果营养丰富,含有大量维生素、胡萝卜素、脂肪、葡萄糖、氨基酸以及人体所需的磷、铁等矿物质,具有解毒、降血压、防血管硬化等功效,同时还有美容、养颜、延缓衰老的作用,深受广大消费者的喜爱。我国北方地区的北京、天津、河北、山东等地采用日光温室进行火龙果引种栽培,成功地把火龙果"南果北种",不仅打破了火龙果只能在热带种植的气候限制,而且因为北方地区昼夜温差大,果实品质更加优良(彩图 10-2)。目前,火龙果已成为一些地区乡村振兴和脱贫致富的重要经济作物。

10.7.1　栽培模式与设施

我国北方地区火龙果栽培模式为促成栽培,栽培设施为日光温室。

10.7.2　对环境条件的要求

(1)温度　火龙果耐热不耐寒,生长结果的适宜温度为 20～30℃,低于 8℃或高于 38℃时植株进入休眠状态,低于 0℃则会出现冻害。不同生长发育时期,火龙果所要求的温度也不相同,营养生长最适温度为 17～25℃,花芽分化适宜温度为 15～25℃,果实发育为 25～

35℃。花芽分化、花器发育及开花坐果期要求 10℃以上的昼夜温差。

（2）光照　火龙果喜光，是典型的阳生植物，最适光照强度在 $160\ \mu mol/(m^2 \cdot s)$ 以上，低于 $50\ \mu mol/(m^2 \cdot s)$ 对营养积累有明显影响，但对于比较老熟的枝段，集中高强度日光直射，时间过长会导致火龙果枝条产生日灼。

（3）土壤与水分　火龙果土质要求不严，耐旱怕涝，喜疏松湿润、pH 为 6～7.5 微酸性至中性的土壤。

10.7.3　设施火龙果栽培技术要点

1. 品种选择

根据果皮及果肉颜色分为火龙果（红皮白肉型）、红龙果（红皮红肉型）、赤龙果（红皮紫肉型）和黄龙果（黄皮白肉型）四种类型。因红龙果与赤龙果的果皮、果肉颜色相似，通常人们把二者归为红皮红肉型火龙果一类，设施栽培一般选用红肉型品种。

2. 苗木繁育

火龙果的苗木繁育方法主要有种子育苗和扦插育苗两种方式。

（1）种子育苗　将种子播种在穴盘等育苗容器中，方法同一般种子播种育苗，与其他种子育苗不同的是，火龙果种子育苗后期需要假植。待小苗长得稍粗壮类似"仙人掌"苗时，将小苗从育苗盘中移出，按株行距 10 cm×20 cm 规格移栽苗床或者移植到营养袋上，浇透水，并用 50% 多菌灵可湿性粉剂 500 倍液喷洒一次防治软腐病，晴天视苗情进行浇水、施肥，一般 7～10 d 浇水一次，每隔 10～15 d 施 7.5～10.5 g/m² 的复合肥，等长出一节茎肉饱满的茎段，就可出圃移栽。

（2）扦插育苗　为简便易行，也可采用扦插育苗，一般春季以 3 月下旬至 4 月上旬扦插，夏季以 5 月下旬至 6 月上旬为最佳扦插季节。扦插条应采生长健壮、无病虫害的 1 年生枝条作扦插条，长 15 cm 左右，待伤口风干后插入沙床或黄壤床，15～30 d 可生根，根长到 3～4 cm 时即可移栽定植。

3. 苗木定植

定植前要先进行整地施肥、做畦、设立支架，然后进行苗木定植。设施栽培火龙果可采用单篱架、双篱架或 T 形架，单篱架行距 1.5 m，双篱架和 T 形架行距 2 m。

设立支架前先整地施肥，每 667 m² 地面撒施腐熟的牛粪、鸡粪、猪粪、羊粪等 1 500～2 000 kg，然后进行耕翻，将肥料与土壤混合后做高畦，相邻两畦间隔 50 cm，单篱架栽培畦面宽 1.5 m，双篱架或 T 形架畦面宽 1.5 m，畦高 30～40 cm。单篱架和 T 形架沿畦中央立一排长 1.8 m（横截面 10 cm×10 cm）的水泥立柱，也可用钢管、竹或木柱，立柱埋深 30～40 cm，双篱架沿高畦中线两侧 25 cm 处各埋一排立柱，行内柱间距 3 m。T 形架在立柱上部架设长 60～70 cm 的横梁，在横梁的两端各架设一根镀锌钢管，也可用粗竹竿替代。单篱架或双篱架则在立柱上部直接架设镀锌钢管或粗竹竿。

支架搭建完成后将畦面整平后栽植。火龙果可以栽育成苗，也可以直接栽火龙果枝条。白肉品种火龙果花粉量大，适宜作为红肉品种的授粉品种，一般授粉品种占主栽品种的 10%～15%。授粉品种可单独栽植，以便于花粉采集和人工授粉。

火龙果一年四季均可栽植，在山东、河北、山西等北方地区以 6—7 月栽植为宜，此时的土壤温度、气候条件均适宜火龙果植株的生长,种植成活率高。单篱架和 T 形架株距 25～30 cm,双篱架株距 40～50 cm。栽植前先按株距插竹竿,并将竹竿上部绑在横架之上。然后开 3～5 cm 深的定植穴,将苗木根系舒展开后埋土压实,将苗干绑束于竹竿上,注意不可绑太紧。栽后在畦面上铺一层约 5 cm 厚的稻草、麦秸、稻壳或锯末等,以保证表土层疏松湿润。种植后,应及时浇一遍定根水,随后根据土壤水分含量及天气状况适量浇水,以保证缓苗期间土壤相对含水量保持在 50%～70%。采用枝条定植时,要先将采集的枝条在地面放置 3～5 d,栽后 5 d 开始浇水。

4. 肥水管理

火龙果栽培过程中,应把握"薄肥小水勤施勤浇,少量多次"的原则。这是由火龙果植株生长旺盛,开花结果次数多、时间长、产量高,肥水需求量大,但又根系分布极浅,喜土壤湿润但怕涝的综合特性所决定的。施肥以优质腐熟有机肥为主,化肥为辅。一般营养生长期追肥以氮肥为主,磷、钾肥为辅,果实发育期以磷钾肥为主,氮肥为辅。有机肥可于果实采收后一次性施入,每 667 m² 施入 2 000 kg 有机肥;生长结果期追肥每 10～15 d 一次,每次每 667 m² 约 10 kg。因为火龙果根系均分布在 20 cm 深的表土层内,所以,无论施基肥还是追肥,均无须开沟,全部采用地面撒施即可。根据火龙果的栽培特点,最好采用水肥一体化的滴灌方式补充土壤水分和追肥。

5. 温、湿度管理

火龙果耐高温、怕低温,其适宜的生长温度为 15～35℃,低于 8℃或高于 38℃均不利于其生长。在山西运城市日光温室种植中,4 月中旬后可揭去薄膜进行露天栽培,10 月中下旬夜间温度降至 10℃时再次覆膜上保温被,并开始每天上午 9:00 左右卷起保温被,室内温度升至 30℃左右时打开风口通风,傍晚 16:00 左右放下保温被保温,以确保日光温室内的温度白天不高于 35℃,夜间不低于 8℃。冬季日光温室内湿度应控制在 70%～90%,湿度过大,易引起病害的发生和蔓延。

6. 整形修剪

火龙果栽培管理中,整形修剪的主要任务是保持植株合理的群体结构,调整枝条密度和结果枝更新,使植株群体通风透光良好,使水分养分集中供应营养枝、结果枝、花和果实,为实现早丰产、优质丰产稳产奠定基础。

火龙果定植成活后,一般每株只保留顶部一个生长健壮的枝条,其余的萌芽一律剪除;随着新枝的生长,要对其进行及时绑缚,以使其保持直立生长;当其高度超过支架横杆时,在横杆以上 10 cm 左右处剪截,促发分枝;新枝抽生后,每株留上部 3～4 个,其余萌芽全部剪除;留下来的新枝任其自由生长,在架面两侧自然下垂;下垂新枝后部萌发的新枝,每枝留 1～2 个,其余的全部剪掉。依此修剪,直至每株枝量达 35 条左右为止。果实采收后,将结果 1～2 年后的老枝剪掉,每株枝量始终保持在 35 条左右。

7. 花果管理

北方地区日光温室栽培的火龙果一般定植后 12～14 个月进入开花结果期,通常每年 5～10 月为开花期,6—12 月为果实成熟采收期。从现蕾到开花 20～25 d,开花到果实成熟 30～35 d,现蕾到果实成熟 50～60 d。火龙果一般每 15 d 左右开一批花,每年开花 8～9 个批次,花芽分化、花器官发育、开花坐果、果实发育与成熟物候期在很大程度上重叠滚动推进。

设施园艺学

火龙果的花果管理主要包括疏花、人工授粉和疏果。

一般每个结果枝每次可以抽生花苞2~5个，在充分授粉条件下坐果率很高，如不进行疏花疏果，往往会造成果个小、品质差，还会导致树势衰弱，因此，必须进行疏花疏果。

火龙果在夜间开花，单花花期很短，只有一夜时间，前一天傍晚开花，第二天天亮不久即凋谢，此期间极少有传粉昆虫活动，为保证足够高的坐果率，必须进行人工授粉。

火龙果单花期极短，必须提前准备好授粉品种的花粉。生产上可通过适当提高授粉品种温室内温度或适当降低主栽品种室内温度，使授粉品种先开花，以便提前采集花粉。火龙果花很大，花丝长，花药、花粉量也大，果枝下垂，采集花粉比一般果树容易得多。采集花粉时，无须将花朵摘下，只需要将一次性塑料水杯杯口套住刚开花花朵的花药和柱头，用手指敲击花冠，其花粉、花药就会落入杯中。将收集来的花药、花粉放置阴凉处几个小时，就可以给主栽品种授粉了。如果主栽品种还没有开花，则可将采集好的花粉密封防潮后至于冰箱冷藏室内保存备用。这样，既提前采集了花粉，又对授粉品种进行了人工辅助授粉，可保证授粉品种正常结果，提高经济效益。

授粉前，将花粉放入直径10 cm左右的培养皿或烟灰缸中，一手拿培养皿，另一只手的拇指和十指捏住花柱中上部，将柱头按在培养皿内的花粉上轻蘸一下即可。对将要开放而未开放的花朵，用手指将花冠拨开，即可捏住柱头授粉。

一般第一个结果季每个结果枝上保留1~2个花蕾，1个果实；第二个结果季开始，每个结果枝留2~3个花蕾，1~2个果实。疏花疏果作业时，应先疏除畸形花果、病虫花果和发育差的小型花果，再疏除过密的花果。疏花在蕾期进行，疏果在谢花后5~10 d内进行。

谢花后，花冠枯萎，子房开始膨大。枯萎花冠的存在，既遮光、影响光合作用，又容易导致病原菌的滋生与蔓延。因此，坐果后，要及时用修枝剪将幼果上的枯萎花冠剪掉。

8. 病虫害防治

火龙果具有很强的抵御病虫害的能力，生产中还未发现严重的病虫害。目前，在日光温室栽培中，主要的病害有茎枯病、软腐病，虫害有蚂蚁、蜗牛等。

茎枯病主要为害火龙果肉质茎。防治方法可用多菌灵可湿性粉剂、代森锰锌、70％甲基托布津可湿性粉剂、石硫合剂等进行喷雾防治，一般10~15 d喷1次，连续喷3次即可治愈；软腐病主要为害火龙果苗肉质茎基部，栽培上要防止土壤积水或长时间湿度过大，发病初期连喷2~3次多菌灵、代森锌或甲基托布津杀菌剂防治，间隔7~10 d。

蚂蚁主要为害火龙果茎及幼枝的生长点，蚁害发生初期在地面撒施毒饵诱杀即可。蜗牛主要为害火龙果茎、幼枝、果实等器官。茎及幼枝常被啃食成缺刻状，果实遭遇蜗牛啃食后，果面会出现小斑点。蜗牛为害不仅影响植株生长，还会降低果实的外观品质。防治方法有三种：一是地面撒施生石灰；二是地面撒施毒饵毒杀；三是人工捕捉。

9. 采收

开花后30 d左右，单果重达0.5~1 kg，果皮鲜红，绿色基本褪尽时要及时采收，不可过早或过晚。采收过早则果个小、色泽差、风味淡，严重影响果实产量、品质、售价、品牌形象和经济效益；采收过晚则会导致果实变软、风味变淡和裂果等现象发生，同样会严重影响商品果的产量、品质、售价、品牌形象与经济效益。

采收方法有两种：一是用手旋转果实；二是用修枝剪从果梗处将果实剪下。

▶复习参考题◀

1. 设施草莓主要栽培模式有哪些？简述促成栽培和抑制栽培的关键技术。

2. 简述设施葡萄栽培主要架式与设立方法。设施葡萄如何打破休眠，以及环境调控技术。

3. 设施桃、设施樱桃优质高产栽培的核心关键技术有哪些？

4. 设施杏和设施李栽培需注意哪些关键管理环节？

5. 简述设施火龙果栽培关键技术。

实验指导

实验一　园艺设施类型及应用调查

一、目的与要求

园艺设施有很多类型。通过对几种常见园艺设施的实地调查、测量和分析,并观看录像、视频等影像资料,了解我国的园艺设施类型及其结构特点,掌握当地主要园艺设施的结构特点、规格及在本地区的应用,并学会结构测量方法。

二、材料与用具

皮尺、钢卷尺、测角仪(坡度仪)、园艺设施类型影像资料、各种覆盖材料实物等。

三、实验内容和方法

1. 实地调查、测量

将全班划分成若干小组,每小组按下列实验内容要求到校实验农场或附近生产单位,进行实地调查、访问,将测量结果和调查资料整理成报告。调查要点如下:

(1)调查、识别当地大型温室、日光温室、塑料大棚、小拱棚等几种类型园艺设施的特点,观察各种类型园艺设施的场地选择、设施方位和整体规划情况,并对不同园艺设施所用覆盖材料进行调查,分析不同类型园艺设施结构与覆盖材料的异同、节能措施的异同以及性能的优劣。

(2)测量记载几种类型园艺设施的结构规格、配套设备和环境特点。

①测量记载日光温室和现代化温室的方位,长、宽、高尺寸,透明屋面及后屋面的角度、长度,墙体厚度和高度,门的位置和规格,建筑材料和覆盖材料的种类和规格,配套设施设备类型和配置方式等。

②测量记载塑料大棚的方位。长、宽、高尺寸,跨拱比和用材种类与规格等。

③测量记载塑料小棚的方位。长、宽、高尺寸,骨架材料和覆盖材料的种类和规格等。

④调查记载各种类型园艺设施在本地区的主要栽培季节、栽培作物种类、周年利用情况。

2. 观看实物和影像资料

在实验室内观看各种展示的覆盖材料及不同园艺设施的影像资料,观看地面简易园艺设施(简易覆盖、近地面覆盖、地膜覆盖)、小型园艺设施(小棚、中棚)、大型园艺设施(大棚、温室)等各种类型的园艺设施,以了解其结构性能特点和应用情况。

四、具体要求

(1)园艺设施的结构决定其性能,也是各类型之间相互区别的依据,要想了解园艺设施的性能,必须首先掌握其结构。然而我国园艺设施类型较多,不可能在一次实验课中全部掌握各种类型园艺设施的特点,因此,本次实验应重点掌握当地主要园艺设施,如温室、塑料大棚、小拱棚、阳畦等设施的结构、性能和应用,并对不同园艺设施所用覆盖材料进行调查。

(2)我国幅员辽阔,各地自然环境各异,各种园艺设施调控环境的手段也不同,因此,应根据不同地区的特点,了解防寒保温,以及充分利用太阳能和人工加温、遮光降温、通风换气等环境调控措施在生产中的应用情况。

(3)掌握当地几种主要园艺设施种植的作物种类(每个种类选几种主要作物,由当地实际情况确定)及栽培制度。

(4)了解当地设施园艺存在的问题及发展趋势。

五、实验报告

(1)从园艺设施类型、结构、性能及其应用的角度,写出调查报告。

(2)绘制日光温室、塑料大棚、小拱棚、阳畦等设施的纵断面示意图,并注明各部位构件名称和尺寸。

(3)对当地设施园艺发展趋势作出评价。

实验二   不同园艺设施小气候观测

一、目的与要求

掌握园艺设施小气候观测的一般方法,熟悉小气候观测仪器的使用方法,通过实验观察,比较各类园艺设施小气候环境特征。

二、观测类型

以生产上常用的温室、塑料大棚和小拱棚为观测对象。

三、观测内容

园艺设施小气候观测的内容,因研究目的和要求不同而异。一般内容有:观测对象内空气和土壤温度、空气湿度、光照、CO_2 浓度的分布和气流速度,以及它们的日变化特征。

四、仪器设备

根据已有条件选择适宜的测量仪器。

(1)空气温湿度:通风干湿球温度表或遥测通风干湿球温度表、最高温度表、最低温度表或温湿度自动测量采集数据记录仪等。

(2)土壤温度:套管地温表或热敏电阻地温表(电测)或土壤温度自动测量采集数据记录仪。

(3)光照:①总辐射,总辐射表;②光合有效辐射,光量子仪;③光照度,照度计。

(4)CO_2 浓度:红外 CO_2 分析仪(便携式)。

(5)风速:热球或电动风速表。

(6)小气候观测支架。

五、测点布置

水平测点视观测对象的大小而定,如一个面积为 $300 \sim 600 \ m^2$ 的日光温室可布置 9 个测点(图1),其中点5位于温室中央,称为中央测点。与中央测点相对应,在室外可设置一个对照点,其余各测点以中央测点为中心均匀分布。

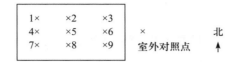

图1　园艺设施小气候观测水平测点分布图

测点高度依设施高度、作物状况、设施内气象要素垂直分布状况而定。在无作物时,可设 0.2 m、0.5 m、1.5 m 三个高度;在有作物时,可设作物冠层上方 0.2 m 处为一个高度,作物层内 1~3 个高度,室外高度为 1.5 m。土壤中应包括地面和地中根系活动层若干深度,如 0.1 m、0.2 m、0.4 m 等几个深度。

一般来说,当人力、物力允许时,光照度测定、CO_2 浓度测定、空气温湿度测定、土壤温度测定可按上述测点布置;若人力、物力不允许,可减少测点,但中央测点必须保留;总辐射、光合有效辐射和风速的测定,则一般只在中央测点进行。

六、观测时间

选择典型的晴天或阴天进行观测。

为了使设施内获得的小气候资料可进行比较,设施小气候观测的日界定为每日的 20:00。

1 d(24 h)内,空气温湿度、土壤温度、CO_2 浓度、风速观测,每隔 2 h 一次,分别为 20:00、22:00、24:00、2:00、4:00、6:00、8:00、10:00、12:00、14:00、16:00、18:00 共 12 次,如果温室揭、盖保温覆盖物时间与上述时间相差超过 0.5 h,则应在揭、盖保温覆盖物后及时加测一次。如果采用温湿度、光照等自动记录观测仪器,数据采集记录时间间隔可设定为 30 min。

总辐射、光合有效辐射和光照度,则在每日揭、盖保温覆盖物时段内(有光照时段内)每隔 1 h 一次。

七、观测顺序

视人力、物力可采取定点流动观测或线路观测方法。在同一点上取自上而下,再自下而上进行往返两次观测,取两次观测的平均值。

在某一点按光照→空气温、湿度→CO_2 浓度→风速→土壤温度顺序进行观测。

八、观测资料整理

将 1 d 连续观测的结果,按测点分别填入汇总表和单要素统计表,并绘制成各要素的日变化图、水平分布图(等值线图)和垂直分布图。

九、注意事项

(1)观测内容和测点视人力、物力而定。

(2)观测前必须进行充分准备,任课教师要精心设计、精心组织、明确分工,既不窝工,又不遗漏。

(3)仪器安装好以后务必预测一次,发现问题及时更正。

(4)每次观测前必须巡视各测点仪器是否完好,发现问题及时更正;每次观测后必须及时检查数据是否合理,若发现不合理必须查明原因并及时更正。

实验指导

（5）观测前必须设计好记录数据的表格，要填写观测者、记录校对者、数据处理者的姓名。

（6）观测数据一律用 HB 铅笔填写，如发现错误记录，应用铅笔划去，再在右上角写上正确数据，严禁用橡皮涂擦。

（7）仪器的使用必须按气象观测要求进行，如测温、湿度仪必须有防辐射罩，光照仪必须保持水平。

十、实验报告

（1）根据获得的数据和绘制成的图表分析：不同园艺设施小气候要素的时间、空间分布特点（与室外观测点比较）及形成的可能原因。

（2）对各种园艺设施的结构和管理提出意见和建议。

实验三　电热温床的建造

一、目的与要求

电热温床一般均在园艺设施内应用，电热温床育苗是园艺植物早春育苗普遍采用的方法。电热温床育苗是按照不同作物、不同生育阶段对温度的需求，用电热线稳定地控制地温、培育壮苗的新技术。与传统的冷床育苗相比，可进行人为控温，供热时间准确，土壤温度分布均匀，不受自然环境条件制约，提高苗床利用率，节省人力、物力，改善作业条件，安全有效，能在较短的期间内育出大量合格幼苗，是园艺植物商品化育苗的一条新途径。通过本实验，掌握电热温床的建造方法及注意事项。

二、材料与用具

1. 材料

控温仪、农用电热线（可选用 800 W、1 000 W 及 1 100 W 等规格）、交流接触器（设置在控温仪与电热线之间，以保护控温仪，调控电流），以及配套的电线、开关、插座、插头和保险丝等。

2. 用具

钳子、螺丝刀、电笔、万用电表等电工工具。

三、操作方法

1. 布线

在日光温室或塑料大棚等园艺设施内，做深 10 cm 左右的苗床，平整床面，在其上部排布电热线。为隔热保温，下部可放置发泡板材或作物秸秆。按园艺作物育苗对温度的要求计算电功率密度，一般 80～100 W/m²。两线的距离为 10～15 cm，苗床中部布线宜稀，边缘要密。铺设好后，若直接播种育苗，在电热线上盖 10 cm 厚的培养土；若采用容器育苗（穴盘或营养钵等），可先在电热线上撒一层稻壳或铺一层稻草，然后直接摆放育苗钵或育苗盘（穴盘）。

2. 电热线与电源的连接

如果育苗量小，电热温床可只用一根电热线，功率为 1 000 W 或 1 100 W。不超过控温仪负荷时，可直接与 220 V 电源线连接，把控温仪串联在电路中即可。如果用两根电热线，电热线应并联,切不可串联,否则电阻加大,对升温不利。如果用三根以上多组电热线,控温仪及电热线间应加交流接触器,使用三相四线制的星形接法,电热线应并联,力求各项负荷均衡。

3. 控制温度

根据不同作物及育苗过程中不同生育阶段对地温的要求,调整土壤温度达到最适状态。温度控制应注意以下几点:①发芽期尽量给予作物发芽要求的最适宜温度,以促进尽快出苗;出苗后适当降低土壤温度,防止徒长;②电热线育苗,浇水量要充足,要小水勤灌,控温不控水,否则会因缺水影响幼苗生长。

四、注意事项

(1)如果连接的电热线较多,电热温床的设计及安装最好由专业电工操作。

(2)电热线布线靠边缘要密,中间要稀,总量不变,使温床内温度均匀。

(3)电热线不可重叠或交叉接触,不可打死结。注意劳动工具不要损伤电热线。拉头要用胶布包好,防止漏电伤人。用完电热线后,要清除盖在上面的土,轻轻提出,擦净泥土,卷好备用。控温仪及交流接触器应存放于通风干燥处。

(4)床上作业时要切断电源,注意人身安全。

五、实验报告

(1)写出实验报告,记载电热温床建造的过程,并说明技术要点。

(2)如何进行电热温床育苗的温度管理?

实验四　不同覆盖材料的性能测试分析

一、目的与要求

认识园艺设施中不同的覆盖材料;了解常规仪器的使用方法;学会使用仪器测量不同覆盖材料的部分性能指标;通过实验观察不同的覆盖材料,比较分析不同覆盖材料的优缺点。

二、材料与用具

1. 材料

透明覆盖材料:PVC 棚膜、PE 棚膜、EVA 棚膜、普通透明地膜、黑色地膜、双色地膜;半透明覆盖材料:遮阳网(遮阳率分别为:25%、50%、75%)、无纺布(厚型无纺布、薄型无纺布);不透明材料:保温被(保温芯材分别为喷胶棉、无胶棉、毛毡、PP 发泡板)。

2. 用具

照度计、光谱仪、电子秤、热导系数测试仪(Hot Disk 热常数分析仪)。

三、方法与步骤

1. 透光率

测试透光率的材料主要有透明材料和半透明材料,而透明材料主要是棚膜(PVC、PE、EVA)和地膜(普通透明地膜、黑色地膜、双色地膜);半透明材料为遮阳网(25%、50%、75%)。

(1)准备好所有的测试材料。

(2)将照度计放置在膜面上方 20 cm 处,读取数据 S_1。

（3）将照度计放置在膜面下方 20 cm 处，读取数据 S_2。

（4）计算透光率（％）。

$$X = \frac{S_2}{S_1} \times 100\%$$

式中：X 为透光率，％，S_1、S_2 分别为光照强度。

（5）比较不同材料的透光率，列出表格并作出分析。

2. 反光率

测试反光率的材料主要有透明材料和半透明材料，而透明材料主要是棚膜（PVC、PE、EVA）和地膜（普通透明地膜、黑色地膜、双色地膜）；半透明材料为遮阳网（25％、50％、75％）。

（1）准备好所有测试材料。

（2）用光谱仪测得不同材料的反光率 Y，将光谱仪反向放置在膜面上方 20 cm 处，读取数值，即反射光数值。

（3）比较不同材料的反光率。

（4）列出表格并作出分析。

3. 比较无纺布的不同类型

（1）将两种无纺布裁剪为 10 cm² 的方块。

（2）称量无纺布的质量。

（3）列出表格，比较分析不同类型的无纺布在实际使用过程中的优缺点。

4. 测量保温被的热导系数

本实验测量导热系数采用瞬态平面热源技术。瞬态平面热源法测定材料热物性的原理是基于无限大介质中阶跃加热的圆盘形热源产生的瞬态温度响应。

（1）准备好测试材料（保温芯材分别为：喷胶棉、无胶棉、毛毡、PP 发泡板等）。

（2）用 Hot Disk 热常数分析仪测得不同芯材的热导系数。

（3）记录数据并列出表格。

（4）比较分析不同芯材保温被材料的优缺点和实际使用的价值。

四、实验报告

（1）比较不同覆盖材料的透光率。

（2）比较不同覆盖材料的反光率。

（3）比较分析不同芯材保温被材料的保温性能。

实验五　园艺设施结构初步设计

一、目的与要求

运用所学理论知识，结合当地气象条件和生产要求，学习对一定规模的设施园艺生产基地进行总体规划和布局；学会进行日光温室、塑料大棚初步设计的方法和步骤，能够画出总体规划布局平面图、单栋日光温室、塑料大棚等的平面图、立面图、剖面图（均为初步设计图），使工程建筑施工单位能根据示意图和文字说明，了解生产单位的意图和要求。

二、材料与用具

比例尺、直尺、量角器、铅笔、橡皮等专用绘图用具和纸张，计算机及辅助制图软件等。

三、设计条件与要求

（1）基地位于北纬 40°，年平均最低温 －14℃，极端最低温 －22.9℃，极端最高温 40.6℃。太阳高度角冬至日为 26.5°（10：00 为 20.61°），春分为 49.9°（10：00 为 42°）；冬至日（晴天）日照时数 9 h，春分日（晴天）12 h；冬季主风向为西北风，春季多西南风，全年无霜期 180 d。

（2）园区总面积约 10 hm²，东西长 500 m，南北宽 200 m，为一矩形地块，北高南低，坡度＜10°。能够对园艺设施规划区域内的管理服务区、生产区、加工销售区、仓储物流区等区域合理划分，场地道路、管网设置合理，精密搭配，使之成为有机的整体。

（3）设计冬春两用果菜类和叶菜类蔬菜生产日光温室、塑料大棚，以及生产、育苗兼用日光温室若干栋，每栋温室规模 480 m² 左右，用材自选。日光温室及塑料大棚数量，根据生产需要自行确定。

（4）日光温室、塑料大棚结构要求保温性能和透光好，生产面积利用率高，日光温室方位、间距设置合理，节能环保，坚固耐用，成本低，操作方便。

（5）日光温室、塑料大棚结构设计符合国家及行业等相关设计规范要求。

四、设计步骤

1. 园区的初步规划

（1）根据园区面积、自然条件，先进行总体规划。除考虑温室布局外，还要考虑道路、附属用房及相关设施、温室间距等的合理安排，涉及园区的各个组建要素，要合理组合，精密搭配，使整个园区形成一个有机的整体，不要顾此失彼。

（2）园区应规划配套设施。一般包括管理区建筑、生产辅助建筑和设施两大类。管理区建筑往往由办公用房、员工生活用房、食堂、培训用房等构成，是园区管理人员办公、休息、交流的场所。生产辅助建筑和设施包括水电暖的设施与建筑、加工包装场地和建筑仓库、控制室、消毒室、催芽室等。

（3）园区道路规划。园区主干道路宽 6～8 m，纵坡在 8°以下，次干道与主干道合理交接，过渡自然。道路宽 3～4 m，园区专用道是园区内的特殊道路，如通往管理区、农用场地、仓库区等的道路，一般根据作为车辆通行还是步行来设计路面铺装材料和宽度。

（4）园区场地管网规划布置。设施农业园区生产涉及给排水、供暖、供电等，设施农业园区内管网的铺设一般多采用地下布置，并且与道路相伴，可避免管线的机械损伤，安全可靠，有利于降低运营成本和能耗，有助于卫生和环保，使场地地面干净、整洁，节约生产成本。

2. 日光温室的初步设计

（1）温室朝向。坐北朝南，东西延长。在上午光照条件好，照光早，冬季温度不太低的地区可以采取南偏东方位；而在冬季温度低，早上揭保温覆盖物晚，照光晚的地区应采取南偏西方位。要结合当地气候条件确定是偏东或是偏西。无论偏东或偏西都不宜超过 10°。

（2）温室间距计算。保证越冬生产时冬至日正午前后至少 4 h 时段（10：00—14：00）内，太阳直射光线能够照射到温室前屋面底脚（图 2）。

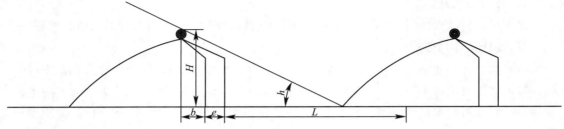

图 2　温室间距计算

$$L=(H/\tan h)-b-e$$

式中：H 为日光温室的脊高与保温覆盖物卷起高度之和；b 为日光温室后屋面投影；e 为后墙厚度；h 为当地冬至日 10:00 的太阳高度角。

（3）日光温室主体尺寸设计。日光温室主体尺寸应包括前后屋面角度、长度、跨度、脊高、后墙高度、后屋面水平投影宽度和地面下挖深度。日光温室主体尺寸确定应遵循下列原则。

①保证越冬生产时冬至日正午前后至少 4 h 时段（10:00—14:00）内，太阳直射光线与温室前屋面从前底脚到屋脊连线形成平面的入射角不应大于 43°；日光温室不进行越冬生产时，温室总体尺寸可按冬春实际生产季节日照时间最短日确定。

$$\alpha=47°-h$$

式中：α 为日光温室的前屋面角；h 为当地冬至日 10:00 的太阳高度角。（如图 3 所示，图中 $\alpha+h+\theta=90°$，$\theta\leqslant43°$，所以，$\alpha=47°-h$）。

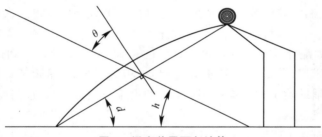

图 3　温室前屋面角计算

②保证越夏生产时夏至日温室种植区靠后墙最近一株作物的冠层应全天能接受到太阳直射光照射。当日光温室不进行越夏生产时，温室总体尺寸可按夏秋实际生产季节日照时间最长日确定。

③日光温室的长度宜为 60～120 m，可根据地形尺寸、湿帘-风机降温系统布置间距、卷被机工作长度、室内物料的经济运输距离等因素确定。

④日光温室跨度宜为 6～12 m，可根据建设地的纬度按表 1 采用。

表 1　不同纬度地区日光温室跨度

纬度（°）	≤35	35～39	39～45	≥45
跨度/m	10～12	9～12	8～10	6～8

注：同纬度地区，可根据冬季室外温度的高低，适当减小（温度低的地区）或增大（温度高的地区）日光温室跨度。

设施园艺学

⑤后屋面角度宜大于当地冬至日正午太阳高度角 $8°$，后屋面水平投影宽度宜为 $1.2\sim1.5$ m，地面下挖深度宜为 $0\sim30$ cm，最大不超过 50 cm。

日光温室墙体应包括后墙和山墙，下挖地面温室还应包括前墙。

⑥墙体厚度设计。日光温室墙体可分为单一材质墙体和异质复合墙体。异质复合墙体应由蓄热层和保温层构成，并应将蓄热层置于温室内侧，保温层置于温室外侧。蓄热层可采用夯实黏土、实心砖砌体或石块等蓄热系数大的材料，保温层宜采用导热系数小的材料。异质复合墙体采用夯实黏土或石块作蓄热层时，蓄热层厚度宜为 0.5 m，采用实心砖砌体时，蓄热层厚度宜为 0.37 m 或 0.50 m。

⑦脊高、后墙高度根据以上参数确定。

⑧温室的构架基本完成后，进一步确定通风面积、拱杆（或钢架）的间距和通风窗的大小及位置，确定日光温室基础深度及温室用材。

（4）相关图纸的绘制。日光温室图纸绘制，包括日光温室的平面图、立面图、剖面图。

①日光温室平面图要绘出温室的长度、跨度、墙体厚度、柱子的位置（钢架温室可以无柱）、操作间的尺寸等。

②日光温室立面图包括正立面图与侧立面图。正立面图，要绘制出拱杆位置、间距、立柱及后端内侧高度、后屋面高度等。日光温室侧立面图绘制出侧墙轮廓、温室高度外轮廓线、构配件、墙面做法，以及必要的尺寸、标高等。

③日光温室剖面图要绘制出温室的骨架尺寸、前后屋面角、温室墙体厚度、基础断面等剖切面和投影方向可见的建筑构造、构配件，以及必要的尺寸、标高等。

④设计说明写出所设计温室的基本参数，建材种类、规格、数量，以及经费概算等。

3. 塑料大棚的初步设计

（1）大棚的方位与间距。

①塑料大棚宜按屋脊走向南北布置，受地形限制或大棚生产季节气温高、阴雨天多的地区可不受朝向限制。

②塑料大棚栋间距在跨度方向宜为 $1\sim2$ m，在长度方向不应小于 3 m。

（2）塑料大棚建筑设计。

①塑料大棚总体尺寸包括跨度、脊高和长度等，跨度不宜大于 20 m，宜以 1 m 为模数取值。

②脊高不应低于 2.4 m，宜以 0.2 m 为模数取值；长度不宜小于 30 m，也不宜大于 100 m；带肩大棚肩高不应低于 1.6 m。

（3）塑料大棚配套设施设计。

①侧面设置通长的通风口，通风门宽度宜为 $0.8\sim1$ m，距离地面的高度宜为 $0.3\sim0.5$ m，并应根据种植作物的防虫要求选择适宜目数的防虫网。

②种植喜阴作物或食用菌的塑料大棚应安装遮阳网，种植早熟果树或越冬生产蔬菜的塑料大棚根据农艺要求安装保温被。

③根据环境控制的要求，可在塑料大棚屋面安装通风装置，在棚内安装环流风机，在山墙、屋顶安装排风机。山墙、屋顶的排风机应配置防风、防雨、防虫保护装置。

④塑料大棚应在南侧山墙中部设置推拉门或平开门，考虑旋耕移栽等机械进出方便，门洞宜设计为可拆卸式活动门或尺寸能满足常用机械进出。

（4）相关图纸的绘制。塑料大棚图纸绘制，包括塑料大棚的平面图、立面图、剖面图。

①塑料大棚平面图要绘出大棚的长度、跨度、拱杆、基础的位置。

②塑料大棚立面图包括正立面图与侧立面图。正立面图,要绘制出门的位置、尺寸、相关支撑的位置。侧立面图要绘制出拱杆间距、拉杆、斜撑的位置。

③塑料大棚剖面图要绘制出大棚的骨架尺寸、脊高、肩高、拉杆位置、通风口位置、基础断面等剖切面等。

④设计说明写出所设计塑料大棚的基本参数,以及建材种类、规格、数量,还有经费概算等。

五、实验报告

(1)画出园区总体规划平面示意图,文字说明主要内容,使建筑施工方能看得清楚,读得明白。

(2)认真绘出所设计日光温室和塑料大棚的剖面图、平面图、立面图,并写出设计说明和使用说明。

实验六　园艺作物穴盘育苗技术

一、目的与要求

通过学习基质选择与配制,穴盘苗营养供应与水肥管理,穴盘育苗技术流程,代表性蔬菜、花卉的穴盘育苗技术,掌握穴盘育苗基质选择与配制的方法、穴盘育苗营养供应与水肥管理技术。

二、材料与用具

1. 材料

任意选择一种园艺作物的种子,如番茄、辣椒、黄瓜、一串红、香石竹等;草炭、蛭石、珍珠岩等基质。

2. 用具

水桶或水盆、自来水、穴盘、透明地膜等。

三、方法与步骤

1. 育苗前的准备

(1)育苗设施。根据栽培季节不同,选用日光温室、大棚或连栋温室,冬春育苗,苗床应设在温室或连栋温室中;夏秋育苗,苗床应设在阴凉、有遮阳防雨设施的地方。根据所选择的园艺作物种类不同和苗龄大小选择适宜孔穴的穴盘。辅助设备需要加温、降温、补光、遮阳设备,防虫设备,喷淋系统等。

(2)设施设备消毒。温室、苗床消毒采用高锰酸钾＋甲醛消毒法。每亩温室用 1.65 kg 高锰酸钾、1.65 L 甲醛、8.4 kg 开水。将甲醛加入开水中,再加入高锰酸钾,分 3～4 个点产生烟雾反应。封闭 48 h 消毒,待气味散尽后即可使用。或采用商业生产的辣根素或其他消毒剂对育苗温室和苗床进行喷雾消毒。

(3)种子的准备。

①种子的选择。选择适合种植环境、产量高、品质好、抗病性好、综合经济效益良好的品

种,并要保证种子的质量(大量用种时必须做发芽率实验,以检验种子质量)。

②播前处理。播种之前,还应对种子进行适当的处理,如药剂浸种、温水浸种、种子引发、种子催芽等,这一过程叫种子的播前处理。处理的目的是让种子发芽更整齐,幼苗抗性更强。

a. 温汤浸种:在清洁的容器中装入种子体积4~5倍的55℃温水,投入种子,不断搅拌,并保持50~55℃的温度15 min,然后加冷水至30℃停止搅拌,继续浸泡4~6 h。包衣种子无须温汤浸种。主要防治叶霉病、溃疡病和早疫病。

b. 药剂浸种:先用清水浸泡种子3~4 h,再放入10%磷酸三钠溶液中浸泡20~30 min,捞出洗净后催芽,主要防治病毒病;用福尔马林300倍液浸种1.5 h,清水洗净后催芽播种。主要防治枯萎病和早疫病。

c. 浸种催芽:将经过浸种处理的种子摊放在装有湿毛巾的平盘内,在铺有地热线的温床上或催芽室内进行催芽,催芽温度根据不同作物控制在25~32℃,每天用清水冲洗1次,每隔6~8 h翻动1次。待70%种子露白时,即可播种。黄瓜种子用清水浸泡4~6 h,催芽温度25~28℃,70%种子露白时,即可播种。

(4)穴盘的准备。

①育苗穴盘的种类。主要有聚苯泡沫穴盘和塑料穴盘,塑料穴盘一般比较常用。

②育苗穴盘的颜色。塑料穴盘的颜色一般分为黑色、灰色和白色,黑色盘具有较好的吸光性,有利于根系生长,因此,选用的概率较大。

③穴盘的尺寸。一般是54 cm×28 cm,规格有50穴、72穴、128穴、200穴、288穴、400穴、512穴等。一般单孔体积较大的穴盘,装基质多,水分、养分蓄积量较大,水分调节能力也较强,通透性较好,幼苗根系发育也比较好,但是育苗数量少,成本较高。在蔬菜育苗过程中,要根据蔬菜的品种、种类、特点以及苗龄长短等情况合理选择穴盘。以番茄为例,2叶1心子苗选用288孔苗盘;3叶1心子苗选用200孔苗盘;4~5叶苗选用128孔苗盘;5~6叶苗选用72孔苗盘

④穴盘的消毒。对于使用过的穴盘,需要对其进行严格消毒。通常采用的消毒方法如下:把苗盘中的残留基质清除干净,用清水冲洗、晾干;采用多菌灵500倍液,或者高锰酸钾1 000倍液,对其进行浸泡。此外,还可使用甲醛溶液、漂白粉溶液等进行消毒。消毒后晾干保存。

2. 育苗基质的选择与配制

穴盘育苗通常采用草炭、蛭石、珍珠岩复配基质,不同季节配比不同,冬季育苗珍珠岩和蛭石35%、草炭65%,夏季育苗珍珠岩与蛭石20%、草炭80%。然后每立方米加入1~2 kg国标复合肥,0.2 kg多菌灵,加水使基质含水量达50%~60%(要求手握成团,落地即散)。

3. 装盘

在播种前,要在穴盘中装营养基质。将预湿好的基质装入已消毒的育苗盘孔内并刮平,装填要充分、均匀,松紧程度要适中。

4. 压穴

使用手指的指肚在每个穴孔上压穴(根据种子大小合理确定深浅,一般小种子穴深0.5~1 cm,较大的种子穴深1.5~2 cm),要求穴孔底部平整,深度一致;也可将多个穴盘垒成一摞,用手或垫一平板均匀用力往下压,再将底下的穴盘与上面的穴盘对调,从上面再压

一次(注意均匀用力和力度的大小)。

5. 播种

一般选择晴天上午播种,小心夹取催芽露白种子并平放在穴孔底端,一穴一粒,胚根向下,注意不能损伤胚芽。

6. 覆盖基质

在播种后的穴盘上撒匀基质,刮平。接着按品字形把穴盘排列成行,在苗床或木材、塑料或铁制成的框架上摆放好。

7. 浇水

使用喷壶浇水,浇水时应喷洒均匀,保证水流适中。播种后要立即浇透水,最好采用细嘴壶浇少量水,防止种子被冲掉;在出苗和幼苗期,多次、适量浇水,保持基质湿润;在幼苗速生期,浇水量要多,但次数要少;蔬菜生长后期,要控制浇水量,特别在出圃前,要停止浇水。

8. 覆膜

播种后一般需要覆盖塑料薄膜,其主要作用是保湿和保温。当温度较低时,多使用透明塑料薄膜,既可保湿,又可增温;当温度较高时,多先铺塑料薄膜,再铺硬纸片,或直接使用报纸覆盖,或使用白色不透明塑料薄膜,仅保湿而无须增温。黑色塑料薄膜使用较少,因为温度低时其增温效果差;温度高时其易吸热而薄膜温度较高,当幼苗出土后,可能会因温度过高而发生烧苗现象。

9. 揭膜

在种子出土露头时,要及时把地膜揭掉。

10. 环境管理

(1) 温度。在温度控制方面一般需要掌握"三高三低"的原则,即白天高,夜间低;晴天高,阴天低;出苗前移栽后高,出苗后移栽前低。播种到出土(发芽期),应给予较高的温度,一般喜凉类蔬菜要求 20~30℃,夜间 10~15℃;喜温类蔬菜要求 25~35℃,夜间 18~20℃。出土到真叶显现,为防止幼苗徒长,适当降低温度,一般比发芽期降低 4~5℃。移栽前一周适当降低温度,进行炼苗,提高幼苗的适应能力。移栽后至缓苗应适当提高温度,以促进发根缓苗,一般喜凉蔬菜白天 20~25℃,夜间 10~13℃,喜温蔬菜白天 25~30℃,夜间 15~18℃。

(2) 湿度。在种子发芽期间,湿度为 95%~100%。种子发芽后,下胚轴开始伸长,对温度、湿度、光照等一定要严格控制,湿度降到 80%,保持良好的通风、透光、温度条件。

11. 出苗

健康苗的标准是根系生长强,与基质紧密包裹在一起,植株生长健壮,叶色翠绿,子叶仍保持绿色或本品种特有的颜色,无病斑,无虫害。在发苗前 2 d 混合施用一次克露(43%,800 倍液)和氯氰菊酯(1.5%,2 000 倍液)混合液,以防治定植后缓苗期的病虫害。

四、实验报告

(1)写出实验报告,记录穴盘育苗的操作步骤。

(2)观察比较不同作物及不同穴盘的作物生长情况。

实验七　蔬菜嫁接育苗技术

一、目的与要求

通过对黄瓜苗和番茄苗的嫁接操作和嫁接苗的培育,了解嫁接技术在蔬菜作物上的应用及嫁接苗成活率的影响因素,掌握瓜类和茄果类蔬菜常用的嫁接方法。

二、材料与用具

1. 材料

培育好的黄瓜与番茄接穗幼苗和砧木幼苗。

2. 用具

刀片、竹签、纱布或酒精棉、塑料夹(捏合式套管或接针)、小喷雾器、嫁接台等。

理想嫁接场所要求没有阳光直射,空气湿度 80% 以上。

三、方法与步骤

1. 嫁接前的准备

(1)接穗和砧木苗的准备。黄瓜嫁接苗一般以南瓜为砧木,目前常用的有黑籽南瓜和褐籽南瓜;番茄嫁接苗一般以抗病的优良番茄品种为砧木。不同的嫁接方法,接穗和砧木苗的播种期和接穗的播种密度有差别。对于黄瓜插接法,砧木比接穗早播 3～5 d,播种密度砧木 400～450 g/m²(1 500～1 600 粒/m²),黄瓜 100～120 g/m²(2 800～3 000 粒/m²);对于黄瓜靠接法,砧木比接穗迟播 3～5 d,播种密度南瓜 450～500 g/m²(1 800～2 000 粒/m²),黄瓜 75～80 g/m²(2 400～2 500 粒/m²);对于番茄套管嫁接和针接法,接穗和砧木苗的播种期以嫁接时二者下胚轴直径一致为最终依据,可同期播种,也可错期播,播种密度砧木 450～500 粒/m²,接穗 650～700 粒/m²。种子处理方法、播种方法和管理等与常规育苗管理一样。黄瓜待幼苗长至第一片真叶显露前后可进行嫁接,具体要求如下:黄瓜插接法嫁接砧木要求下胚轴粗壮,接穗在第一片真叶展开前较适宜;黄瓜靠接法嫁接接穗比砧木的下胚轴要稍长;番茄嫁接苗龄在番茄具有 2～4 片真叶时均可;番茄套管嫁接法嫁接砧木和接穗的下胚轴直径一致。

(2)嫁接苗床准备。采用保温、保湿性能较好的温床或小棚,嫁接前一天浇足底水备用。

2. 嫁接方法

嫁接顺序是:砧木处理—接穗处理—砧木与接穗结合(黄瓜靠接法要用嫁接夹固定,番茄套管嫁接法要用捏合式套管固定,番茄针接法要用接针固定)—栽于营养钵或穴盘内—立即放于嫁接苗床内并用小喷雾器对子叶进行喷雾。不同嫁接方法在砧木处理和接穗处理上有差别。

(1)黄瓜顶芽插接法。去除砧木的顶芽和侧芽,然后用与黄瓜下胚轴(茎)粗细相匹配的单斜面(斜面长 0.5～0.8 cm)竹签,由砧木一侧子叶基部斜向下插入到另一子叶下部 0.5～0.7 cm 处,竹签插入方向与砧木茎夹角为 135°左右,插时要求竹签只差一层薄皮未透,插后竹签暂不拔出。取接穗由子叶下 0.8～1 cm 处斜向下削成 0.5 cm 长的单斜面(尖端平直、斜面为长方形）。削好接穗后拔出竹签，迅速将接穗斜面向下插入，并用手轻按使接触面结合紧密。

（2）黄瓜靠接法　剔除南瓜（砧木）生长点，用刀片在其子叶下 1.5 cm 处向下呈 40°～45°斜切，深度以达茎粗 1/2 为宜，切口长 5～6 mm；在黄瓜（接穗）子叶下 2 cm 处向上呈 40°～45°斜切，深度为茎粗 2/3 左右，切口长 5～7 mm，将黄瓜与黑籽南瓜的舌形切口互相嵌接好，并用嫁接夹在切口吻合处加以固定，使切口密切接合，并立即栽植在营养钵中，沿钵边缘浇足底水，栽苗时使接穗和砧木根系尽量分开，便于后期断根。

（3）黄瓜双根嫁接法（双砧木双贴法）。削切砧木，将两个不同砧木的一片子叶与生长点切掉，各保留一片带根的子叶；削切接穗（楔形），在接穗子叶下 1.5 cm 双面削切接穗，使其呈楔形；将切好的砧木苗和接穗苗切面对齐、对正，然后用嫁接夹固定，移入营养钵。注意嫁接操作要在遮阳的条件下进行。

（4）番茄套管嫁接法。削切砧木，在砧木下胚轴距离基部 3.5 cm 处，向上切削成 30°～45°斜面；套管套插，先用力将捏合式套管张开，然后从砧木顶端插入（套管插入深度以砧木切削面居套管中部为宜）；切削接穗和插入套管，选取与砧木切削位点直径相近的位置，无论上胚轴或下胚轴，以直径相同或相近为准，向下切削成与砧木相同角度（30°～45°）斜面，并从上部插入套管中，使砧木、接穗斜切面密合。

（5）番茄针接法。削切砧木，用刀片在其子叶下 1～1.5 cm 处向下呈 45°斜切（要求切面平滑，将苗子斜向割断；插入接针，在砧木切面的中心沿轴线将一根接针插入 1/2，余下的 1/2 插接穗；切削接穗，用刀片在其子叶下 1～1.5 cm 处向下呈 45°斜切（要求切面平滑），将苗子斜向割断；把接穗插在砧木的接针上，要求砧木和接穗的切面紧密对齐，以利伤口愈合。

3. 嫁接后管理

（1）温度。嫁接后温度管理指标见表 2。

表 2　黄瓜苗嫁接后不同生长阶段温度管理指标　　　　　　　　　　℃

项目	嫁接后生长阶段		
	嫁接后 1～3 d	嫁接后 4～10 d	定植前 5～7 d
白天温度	25～28	22～25	20～22
夜间温度	18～22	14～18	10～12
管理目标	促进伤口愈合	培养健壮幼苗	提高抗逆性

（2）光照。嫁接后避免阳光直晒秧苗，引起接穗萎蔫。嫁接后的 3～4 d 内全天遮光，以后早晚揭开覆盖物见散射光，逐渐增加光强；8～10 d 接口愈合且新叶开始生长后，恢复正常光照管理。

（3）湿度。嫁接初期，苗床及营养钵内浇足底水，密闭保湿，使小拱棚内空气相对湿度处于近饱和状态 3～4 d；伤口愈合后（4 d 左右），清晨、傍晚少量通风，以后逐渐增加通风时间和通风量，使空气湿度保持在 90% 左右；接穗恢复生长后，全天通风降温、降湿，转入正常湿度管理。

四、注意事项

（1）嫁接苗的四片子叶最好呈十字交叉。

（2）靠接苗不能栽得过深，以防嫁接口长根；靠接苗定植时，使砧木根系处于营养钵中心，栽好后再把接穗根系置于边上并稍加覆土即可。

（3）手和嫁接工具注意经常消毒。

五、实验报告

（1）写出实验报告，记载不同嫁接方法的技术要点及管理要点，统计嫁接苗成活率。

（2）比较不同嫁接方法的优缺点。

实验八　园艺作物扦插育苗技术

一、目的与要求

扦插育苗是取植物的部分营养器官，如根、茎和叶等的一部分插入相应基质中，在合适的环境条件下使其生根发芽、培育成苗的繁殖方法。其原理在于植物营养器官具有再生能力，可发生不定根和不定芽，形成新植株。扦插育苗属于无性繁殖，不仅可以保持母本的优良性状，而且可以缩短育苗周期，加快发根速度，提早开花结果。

通过对园艺作物的扦插，了解扦插技术在园艺作物中的应用及扦插成活率的影响因素，掌握常用的扦插方法。

二、材料与用具

1. 材料

优良株或优良无性系的插穗。

2. 用具

修枝剪、生根粉、杀菌剂、塑料薄膜、扦插基质、穴盘、遮阳网等。

三、方法与步骤

1. 扦插时期

扦插时期的选择跟园艺作物的种类、气候条件、扦插方法和管理技术有关。以木本植物为例，春季扦插在 4 月下旬至 5 月底，利用一年生枝条进行，枝条活力强，温度适宜，插后一个月即能生根，成活率高。夏季扦插，利用当年生木质化的枝条带叶扦插，温度高，生根快，但温度过高，叶片容易萎蔫且根部容易滋生病菌，注意降温保湿和消毒处理。秋季扦插，选择已停止生长的当年木质化枝条进行，最适宜期是在落叶前一个月进行，由于昼夜温差大，生根相对较慢，插后一个半月才能生根。冬季扦插，利用已打破休眠的休眠枝条在保护设施内进行扦插。

2. 扦插基质和基质装盘

扦插时应根据植物种类、扦插材料、扦插时期和后期管理情况选择适合的扦插基质。对扦插基质的要求是疏松、透气、透水，不含杂草和病菌，一般可用无土基质，如蛭石、珍珠岩、泥炭、炉渣、沙子和锯末等。基质使用前要进行杀菌消毒，可用多菌灵 500 倍液、敌克松 500 倍液或 0.3% 的高锰酸钾溶液进行消毒，消毒后 24 h 后使用。

先将基质混合拌匀,调节含水量至 55%～60%,然后将基质装到穴盘中,不用挤压,尽量保持原有物理性状,用刮板(与盘面垂直)从穴盘一方刮向另一方,使每穴中都装满基质。

3. 扦插技术

根据插穗的来源将扦插分为枝插、叶插、叶芽插、根插和鳞片扦插等,不同的扦插方法插穗的处理不同,扦插方法也不尽相同。

(1)枝插。采用园艺作物枝条作为插穗的扦插方法。根据生长季节分为硬枝扦插、绿枝扦插和嫩枝扦插。好的插穗对扦插繁殖的成活率有很大影响,木本植物一般选用一年生或当年生枝条,以顶端 5～10 cm 处为宜。2～3 年生的枝条生根能力较弱,而太细嫩枝条扦插容易枯萎致死。插穗削剪必须用枝剪或锋利的小刀,上端剪成平口,下端剪成斜口,保证不伤芽、不破皮、不开裂,切口平滑,伤口容易愈合。

①硬枝扦插:在休眠期用完全木质化的一、二年生枝条作插穗的扦插方法。在秋季落叶后来年萌芽前选取生长健壮、无病虫害的枝条作为插穗,靠近枝顶 5～10 cm 处插穗生根容易,一般剪成 10～20 cm 长且带有 3～4 个芽的枝段。先用插条相当的小木棒在装满基质的穴盘上插一小孔,将插穗斜插入小孔中,扦插深度为插穗长的 1/3～1/2,基质上面留 1～2 个芽,喷水压实。

②绿枝扦插:生长期选用半木质化带叶片的绿枝作插穗。选取腋芽饱满、叶片发育正常、无病虫害的枝条,抛弃梢端幼嫩部分,剪成 5～10 cm 的枝条,每段 3～5 个芽,枝条上部保留 2～3 枚叶片,以利于光合作用。先用插条相当的木棒在装满基质的穴孔中插一小洞,将插穗放入,深度为插穗的 1/2～2/3,喷水压实。

③嫩枝扦插:生长期采用枝条顶端的嫩枝作为插穗,一般用于草本园艺作物的扦插繁殖,剪取 5～10 cm 长度的幼嫩茎,摘去嫩梢下部叶片,保留嫩芽,基部削面平滑,插入用木棒插过有孔洞的装满蛭石的穴盘中,喷水压实。此外,还须将插穗上的花芽全部去掉,以免开花消耗养分。

(2)叶插。采用园艺作物叶片或者叶柄作插穗的扦插方法。常用于叶片肥大、叶柄粗壮、从叶上易生不定根和不定芽的草本花卉。

①叶片扦插:叶脉发达、切伤后易生根的园艺作物叶片一般进行全叶插或片叶插。叶脉和叶缘容易生根的园艺作物一般进行全叶插,将叶片背面向下紧贴基质,又称为平置式叶插。为促进生根,可以使用刀片在主叶脉、次叶脉或叶缘处划伤再扦插。片叶插则将成熟叶片分成带有较粗大叶脉的叶块,剪除边缘比较薄的部分,直插入基质,深度为片叶的 1/3～1/2。

②叶柄扦插:用于易发根的叶柄作插穗。将带叶的叶柄竖直插入基质中,深度为叶柄的 2/3。或是将半张叶片剪除,将叶柄斜插于基质中。

(3)叶芽扦插。利用带有叶片的成熟芽作为插穗的扦插方法。生长季节选取叶片成熟、腋芽饱满的枝条,截成 1 叶 1 芽的 2 cm 长的枝段作为插穗,芽的对面略削去皮层,将插穗直插入基质,叶尖或叶片露出基质面,在茎部表皮破损处愈合生根,腋芽萌发长成新植株。

(4)根插。利用根的再生和发生不定根的能力,将其插入土中繁殖成苗。一般在休眠季截取生长粗壮、无病虫害的根段,长 5～15 cm。插根剪取和插茎剪取一样,上端平剪,下端斜剪,便于区分上下头。将剪好的根段直插入基质,顶端与基质相平,或将根段平埋,覆土1 cm 左右。

(5)鳞片扦插。是鳞茎花卉常用的繁殖方法。如无被鳞茎百合、贝母等可以直接剥取鳞片进行扦插育苗。选取成熟的大鳞茎,阴干后将肥大健壮的鳞片剥下,斜插于基质中,使鳞片内侧朝上,鳞片上部微露基质层外,保持温度20℃,经过一段时间,就可以看到鳞片基部生长出籽球与根系。

插穗的处理:对于一些扦插生根比较困难的园艺作物,可用生长素进行处理促进插条生根,以提高成活率。常用的有浸泡法和蘸粉法。用生根粉配成30～50 mg/kg溶液,将插穗捆成小捆,下端2～3 cm浸入溶液中处理2～4 h,再进行扦插。将生根粉和杀菌剂均匀混入滑石粉,处理插条时,将插条底部在清水中蘸湿1～2 cm,再在配好的粉剂上蘸一下,即可进行扦插。

4. 扦插后的精细管理

(1)水分管理。扦插后应立即浇透水,插后1～2周内可多次少量浇水或喷水,保持空气的相对湿度在85％以上,防止插穗因蒸腾失水。可以通过地上部分遮阴、覆盖、喷雾等方法进行。插条生根后,逐渐减少浇水次数,以促进插条根系的生长。

(2)温度管理。多数园艺作物的最适生根温度为15～25℃,早春扦插需要加温催根;夏季和秋季扦插需要通过遮阴、喷雾等进行降温。

(3)光照管理。扦插后,在保证湿度和控制温度的前提下,可以给予适当光照,促进插条生根和壮苗。发根后逐渐延长光照强度,促进插条根系的生长,提高苗木适应外界环境的能力。

(4)养分管理。扦插后至发根前不用追肥,发根后可施0.1％尿素、0.1％磷酸二氢钾、0.02％复合微量元素,以促进扦插苗健壮生长。

四、实验报告

(1)写出实验报告,记载不同扦插方法的技术要点、扦插后的管理要点,统计扦插成活率,分析影响成活率的因素。

(2)比较不同扦插方法的优缺点。

实验九　组培苗驯化移栽管理技术

一、目的与要求

将组培苗从培养基移栽到自然环境中需要一个逐渐锻炼适应的过程,这个过程称为驯化移栽,原因在于组培环境是一个高湿、恒温、低光照的环境,而土壤环境是一个低湿、高光照和温度变化大的环境。为了提高移栽成活率,采用逐渐缩小组培环境与自然环境之间差异的方法,这个过渡环节即驯化移栽。

通过驯化移栽了解组培苗驯化的基本管理,掌握移栽管理技术。

二、材料与用具

1. 材料

需要移栽的组培苗。

2. 用具

穴盘、营养基质、多菌灵、温室、塑料棚等。

三、方法与步骤

1. 自然适应

将发育充实的组培苗带瓶子放置温室自然光下炼苗 2～3 周(时间依据组培苗生长状况而定)。然后再打开瓶盖,炼苗 12 h～3 d,使组培苗适应外界低湿环境,但必须在培养基长菌之前移栽。

2. 起苗、洗苗和分级

将组培瓶置于水中,用小竹签深入瓶中将苗带出,尽量不要伤及根和嫩芽,放在水中漂洗,将苗上的培养基全部清洗干净。然后将苗分为有根苗和无根苗两大类。

3. 移栽

用手指在穴盘的基质上插洞,将有根苗的根部轻轻植入洞内,无根苗需要先蘸生根液再行移植。

4. 驯化

将栽有组培苗的穴盘放入温室或塑料大棚中。移栽后 1～2 周内为关键管理阶段,需要弱光、适当低温和较高的相对空气湿度,可以覆盖塑料膜小拱棚,保持空气湿度 80% 以上。同时适当喷施薄肥或营养液,每隔 3 d 喷施一次营养液。每周喷施多菌灵进行杀菌消毒,防止病虫害。

5. "绿化"炼苗

温室组培苗移栽成活 4～6 周后,可逐渐移至遮阳大棚下进行"绿化"炼苗,本阶段是幼苗由驯化期、缓苗期进入正常的生长期,根系刚恢复生长,幼叶长大,嫩芽抽梢,肥水管理非常重要。首先要结合浇水灌溉营养液;其次逐渐延长光照时间,增加光照强度;最后还要喷施多菌灵进行病虫害防治。

6. 成苗管理

组培苗移栽成活 2～3 个月后,根系生长旺盛,可移至大田栽培。成苗的管理需要注意水分、温度、肥料以及病虫害等。

四、实验报告

(1)写出实验报告,总结组培苗驯化栽培的技术要点。

(2)分析影响驯化栽培成活率的因素。

实验十　无土栽培营养液配制与管理

一、目的与要求

营养液管理是无土栽培的关键性技术,营养液配制则是基础。本实验要求运用所学理论知识,通过具体操作,掌握营养液的配制方法。

二、材料与用具

1. 材料

以日本园试通用配方为例,准备下列大量和微量元素。

(1)大量元素。$Ca(NO_3)_2 \cdot 4H_2O$、KNO_3、$NH_4H_2PO_4$、$MgSO_4 \cdot 7H_2O$。

（2）微量元素。Na_2Fe-EDTA、H_3BO_3、$MnSO_4 \cdot 4H_2O$、$ZnSO_4 \cdot 7H_2O$、$CuSO_4 \cdot 5H_2O$、$(NH_4)_6Mo_7O_{24} \cdot 4H_2O$。

2. 用具

根据人数分组，每组 5 人，每组配备百分之一和万分之一的电子天平、烧杯（500 mL、1 000 mL 各 1 个）、容量瓶（1 000 mL）、玻璃棒、贮液瓶（3 个 1 000 mL 棕色瓶）、记号笔、标签纸、贮液池（桶）等。

三、方法与步骤

1. 营养液的配制

（1）A、B、C 母液（浓缩液）的配制。母液分成 A、B、C 三个。A 液包括 $Ca(NO_3)_2 \cdot 4H_2O$ 和 KNO_3，浓缩 100 倍；B 液包括 $NH_4H_2PO_4$ 和 $MgSO_4 \cdot 7H_2O$，浓缩 100 倍；C 液包括 Na_2Fe-EDTA 和各微量元素，浓缩 1 000 倍。

（2）按园试通用配方要求计算各母液化合物用量。按上述浓度要求配制 1 000 mL 母液，计算各化合物用量。

① A 液：$Ca(NO_3)_2 \cdot 4H_2O$ 94.50 g，KNO_3 80.90 g（可以将 KNO_3 一半用量放在 B 液，便于溶解）。

② B 液：$NH_4H_2PO_4$ 15.30 g，$MgSO_4 \cdot 7H_2O$ 49.30 g。

③ C 液：Na_2Fe-EDTA 20.00 g，H_3BO_3 2.86 g，$MnSO_4 \cdot 4H_2O$ 2.13 g，$ZnSO_4 \cdot 7H_2O$ 0.22 g，$CuSO_4 \cdot 5H_2O$ 0.08 g，$(NH_4)_6Mo_7O_{24} \cdot 4H_2O$ 0.02 g。

Na_2Fe-EDTA 也可用 $FeSO_4 \cdot 7H_2O$ 和 Na_2-EDTA 自制代替。方法是按 1 000 倍母液取 $FeSO_4 \cdot 7H_2O$ 13.90 g 与 Na_2-EDTA 18.60 g 混溶即可。

（3）母液的配制。按上述计算结果，准确称取各化合物用量，按 A、B、C 种类分别溶解于三个容器中，并注意一种一种物质加入，前一种溶解后加入下一种。全部溶解后，定容至 1 000 mL。然后装入棕色瓶，并贴上标签，注明 A、B、C 母液浓度。

（4）工作营养液的配制。用上述母液配制 50 L 的工作营养液。分别量取 A 母液和 B 母液各 0.50 L，C 母液 0.05 L，在加入各母液的过程中，防止出现沉淀。方法如下：①在贮液池内先放入相当于预配工作营养液体积 40% 的水量，即 20 L 水，再将量好的 A 母液倒入其中；②将量好的 B 母液慢慢倒入其中，并不断加水稀释，至达到总水量的 80% 为止；③将 C 母液按量加入其中，然后加足水量并不断搅拌，最后定容至 50 L。

2. 营养液的管理

在实际生产中，应根据植物生长的需要对营养液的液温、浓度、pH 及溶存氧浓度等进行调整和管理。

（1）液温。液温应控制在 18～22℃。

（2）浓度。不同植物对营养液的总盐分浓度要求不同，应根据各个植物对养分的需求进行相应调整，耐盐植物盐分浓度可以高些，不耐盐植物总盐分浓度应低些。绝大多数作物适宜的 EC 值为 0.5～3.0 mS/cm，最高不超过 4.0 mS/cm；同一植株不同时期对营养液的总盐分浓度要求不同，苗期浓度应低，成株期浓度应高。若营养液配方总盐分浓度为 2.4 g/L，则苗期浓度控制在 1/3 个浓度单位、1/2 浓度单位、2/3 个浓度单位，即总盐分浓度分别为 0.8 g/L、1.2 g/L、1.6 g/L。

（3）pH。营养液的 pH 控制在 6.5～7.0。若 pH 大于 7.0 则应加入硝酸或硫酸，若 pH

小于 7.0 则应加入 NaOH 或 KOH 进行调整。

四、实验报告

（1）写出实验报告，详细记录营养液配制过程，并简述营养液的管理要求。

（2）营养液配制过程中，如果用铵态氮代替一半的硝态氮，应如何进行替换？

实验十一　温室果菜栽培的植株调整技术

一、目的与要求

果菜的植株调整是一项细致的管理工作，其优点可概括为：①平衡营养器官和果实的生长；②增加单果重量并提高品质；③使通风透光良好，提高光能的利用率；④减少病虫害发生；⑤增加单位面积的株数，提高单位面积的产量。

温室果菜的植株调整包括搭架、整枝、打杈、吊蔓、摘叶、疏花、疏果等。每一植株都是一个整体，植株上任何一个器官的消长，都会影响到其他器官的消长。通过本实验，学生可以掌握温室内果菜作物植株调整的方法，了解其对植株生长发育和产品器官产量、品质的影响。

二、材料与用具

1. 园艺植物

可在下列蔬菜植物中选择一种进行操作：①不同生长类型的番茄植株；②不同品种的茄子、辣椒植株；③甜瓜、黄瓜植株；④葡萄。

2. 用具

竹竿、剪刀、绳子、记号笔、标签牌等。

三、方法与步骤

1. 选择蔬菜品种并了解其生长结果习性

①番茄按照花序着生的位置及主轴生长的特性，可分为有限生长类型与无限生长类型，不同生长类型植株调整方法不同，一般有单干整枝、双干整枝和改良单干整枝；②茄子根据开花结果习性不同，一般采用双干整枝或三干整枝；③辣椒按开花结果习性可分花单生和花丛生两类，一般采取单干整枝或双干整枝；④瓜类按结果习性大致可分为主蔓结果（黄瓜）、侧蔓结果（甜瓜）和主侧蔓（西瓜）均可结果三种类型。

2. 搭架、吊蔓、缚蔓

（1）番茄。苗高 30 cm 左右时进行搭架，植株每生长 3～4 片叶缚蔓一次。

（2）黄瓜、甜瓜。于 5 片真叶后茎蔓开始伸长，需要支架或吊蔓。蔓长 30 cm 以后缚或绕一次，以后每隔 3～4 节一次。当黄瓜蔓长至 2～3 m 以上时应将吊绳不断下移落蔓，使下部空蔓盘起来，保证结瓜部位始终在中部。甜瓜则在第 25～28 叶打顶。

3. 定干（蔓）

（1）茄果类。番茄采用单干整枝，只留主干，去除所有侧枝；甜椒采用单干整枝或双干整枝；辣椒采用双干整枝或三干整枝；茄子采用双干整枝或三干整枝。

（2）瓜类。温室黄瓜、甜瓜一般采用塑料绳吊蔓、单蔓整枝法。甜瓜去除第 12 节前的侧蔓,在第 12～14 节侧蔓上留果后,仅留 1～2 片叶片摘心,第 14 节以后侧蔓也要去除。

4. 去侧枝、摘心、去老叶

在果菜生长过程中,应及时去除多余侧枝、卷须和老叶,此项工作应在中午进行,有利于伤口愈合。当植株长至一定高度时,根据定干要求进行摘心,促使养分集中输送到果实中去,有利于果实发育和提早成熟。

5. 疏花疏果

(1)番茄。大果型番茄每穗留 2～3 个果,中果型每穗留 4～6 个果,其余花果全部疏去。

(2)黄瓜。及时摘去根瓜及畸形瓜。

(3)甜瓜。一般只保留 1～2 个果,开花后要进行人工授粉,待幼果长至鸡蛋大小时,选留其中生长良好的 1 个果。

四、实验报告

(1)写出实验报告,记录整枝的操作步骤。

(2)举例说明为什么蔬菜作物植株调整必须以生长结果习性为基础。

实验十二　设施果树株型控制技术

一、目的与要求

果树的分枝能力比较强,设施栽培条件下要注意整枝、整形,防止株型过大,影响设施内的通风透光。温室果树的树体调控主要包括越夏更新修剪、生长期修剪和生长调节剂化学控冠技术、休眠期修剪等。通过本实验,学生可以掌握设施果树温室内植株生长控制技术,了解树体控制技术对植株营养生长和生殖生长的影响。

二、材料与用具

1. 设施栽培主要果树

可在下列果树中选择一种进行操作:①桃、李、杏;②葡萄。

2. 用具

竹竿、剪刀、绳子、记号笔、标签牌等。

三、方法与步骤

以设施桃树为例进行说明。

1. 越夏更新修剪

采用选择性重回缩的方法进行更新修剪,即疏除所有辅养枝,主枝在距基部 1/3～1/2 处回缩到方位适当分枝处。枝组回缩到基部分枝处。疏除背上直立梢、密生梢、外围竞争梢和细弱梢。中庸新梢留 10%～15% 不剪,其余新梢留 2～3 片大叶二重短截,促发二次梢、三次梢培养第二年的结果枝。

2. 生长期修剪控制新梢旺长

(1)抹芽。萌芽后到新梢生长初期抹除剪锯口丛生梢及枝干上无用嫩梢。对整形期幼树在骨干枝上选留方向和开张角度适当的新梢作延长枝。

（2）摘心。新梢长至 15～20 cm 时多次摘心控制旺长；盛花后 10 d 结合对新梢摘心同时对未发副梢的竞争枝也应进行摘心，已发副梢的竞争枝可留 1～2 个副梢剪截。

（3）剪截。在新梢缓慢生长期对徒长性果枝和强旺枝进行剪截，可控制其生长。

（4）疏枝。在生长期对树冠内膛无用的直立旺梢、过密枝和细弱枝，可进行疏除，以利于通风透光。

（5）拉枝开角。利用拉、撑、坠、压等方法，加大辅养枝角度，可缓和树势。

3. 生长调节剂

用 PP_{333} 或 PBO，浓度 100～300 倍，叶面喷施 2～3 次，喷在嫩梢和嫩叶上，6 月 25—30 日喷第一次，以后间隔 20 d 喷 1 次，连续喷 2～3 次。

四、实验报告

（1）写出实验报告，记录实验操作步骤。

（2）分析通过控势措施能促进设施果树成花的原因。

参考文献

[1] 中国农业大学. 蔬菜栽培学·保护地栽培. 2版. 北京:中国农业出版社,1989.

[2] 中国农业工程学会. 中国设施园艺——发展中的农业工程. 北京:知识出版社,1991.

[3] 科学技术部农村与社会发展司,农业部科技教育司,中国农业工程学会. 发展中的中国工厂化农业——工厂化农业可持续研讨会论文集. 北京:北京出版社,2000.

[4] 张福墁,陈端生. 设施园艺工程与我国农业现代化. 农业工程学报,1999(增刊):32-35.

[5] 魏文铎. 工厂化高效农业. 沈阳:辽宁科学技术出版社,1999.

[6] 张真和. 我国设施蔬菜发展中的问题与对策. 中国蔬菜,2009(1):1-3.

[7] 束胜,康云艳,王玉,等. 世界设施园艺发展概况、特点及趋势分析,中国蔬菜,2018(7):1-13.

[8] 喻景权,王秀峰. 蔬菜栽培学总论. 北京:中国农业出版社,2014.

[9] 中国农业百科全书总委员会蔬菜卷委员会. 中国农业百科全书——蔬菜卷. 北京:中国农业出版社,1990.

[10] 中国农业科学院蔬菜花卉研究所. 中国蔬菜栽培学. 北京:中国农业出版社,1987.

[11] 张振武. 保护地蔬菜栽培技术. 北京:高等教育出版社,1995.

[12] 安志信,张恩瑾,鞠佩华,等. 蔬菜的大棚建造和栽培技术. 天津:天津科学技术出版社,1989.

[13] 张真和. 高效节能日光温室园艺. 北京:中国农业出版社,1995.

[14] 李天来. 日光温室和大棚蔬菜栽培. 北京:中国农业出版社,1997.

[15] 聂和民,张福墁,杨志国. 塑料大棚蔬菜栽培. 北京:北京出版社,1979.

[16] 中国地膜覆盖栽培研究会. 地膜覆盖栽培技术大全. 北京:中国农业出版社,1991.

[17] 张国村. 地膜覆盖栽培技术. 天津:天津科学技术出版社,1998.

[18] 安志信,鞠佩华,郭富常,等. 温室发展进程初释. 农业工程学报,1990,6(2):22-25.

[19] 黄之栋,周军,丛国英. 华北型连栋塑料温室工程简介. 农村实用工程技术,1998(9):5-7.

[20] 王惠永. 我国设施园艺生产概况. 农业工程学报,1995,11(增刊):120-125.

[21] 冯广和. 我国设施农业的现状与发展趋势. 农业工程学报,1995,11(增刊):115-119.

[22] 张福墁. 面向二十一世纪的中国设施园艺工程. 农业工程学报,1995,11(增刊):109-114.

[23] 马占元. 日光温室实用技术大全. 石家庄:河北科学技术出版社,1997.

[24] 日本施设園芸协会. 新定施设園芸ハンドブック. 东京:日本农民新闻社,1987.

[25] 全国农业技术推广总站. 棚室蔬菜生产配套技术集锦. 北京:中国农业出版社,1990.

[26] 安志信,鞠佩华,李卫民,等. 地面覆盖对塑料大棚小气候条件的影响. 天津农业科学,1982(3):1-7.

[27] 鲍恩财,申婷婷,张勇,等. 装配式主动蓄热墙体日光温室热性能分析. 农业工程学报,2018,34(10):178-186.

[28] 古在丰树. 人工光型植物工厂. 北京:中国农业出版社,2014.

[29] 顾自豪,安志信. 改进塑料薄膜小型拱棚温、光条件的措施及其效果. 华北农学报,2000(3):122-125.

[30] 李式军,郭世荣. 设施园艺学. 北京:中国农业出版社,2012.

[31] 李天来. 日光温室蔬菜栽培理论与实践. 北京:中国农业出版社,2013.

[32] 刘文科,杨其长,魏灵玲 . LED 光源及其设施园艺应用 . 北京:中国农业科学技术出版社,2012.

[33] 刘文科,杨其长 . 设施园艺半导体照明 . 北京:中国农业科学技术出版社,2016.

[34] 汪李平,杨静 . 设施农业概论 . 北京:化学工业出版社,2017.

[35] 王兆禄,蒋福寿,吕国宪 . 蔬菜地膜覆盖栽培抑制土壤返盐效果的研究初报 . 中国蔬菜,1982(1):4-7.

[36] 杨其长,魏灵玲,刘文科,等 . 植物工厂系统与实践 . 北京:化学工业出版社,2012.

[37] 张勇,邹志荣 . 温室建造工程工艺学 . 北京:化学工业出版社,2015.

[38] 张勇,邹志荣,李建明 . 倾转屋面日光温室的采光及蓄热性能试验 . 农业工程学报,2014,30(1):129-137.

[39] 郑甲盛 . 塑料薄膜地面覆盖栽培蔬菜研究简报 . 山东农业科学,1981(1):42-44.

[40] 孙程旭,李建设,高艳明 . 我国设施园艺农用覆盖材料的应用与展望 . 长江蔬菜,2007(4):32-35.

[41] 张颂培,李建宇,陈娟,等 . 我国农用转光膜的研究进展 . 中国塑料,2003,17(11):19-23.

[42] 张真和,李建伟 . 我国棚室覆盖材料的应用和发展 . 中国农用塑料技术,1997:35-41.

[43] 程强,刘思莹,曲梅,等 . PO 膜和 PE 膜日光温室温光环境比较分析 . 中国蔬菜,2011,(22/24):72-77.

[44] 张春和 . 温室覆盖材料 F-CLEAN® 薄膜的性能和应用 . 农业工程技术(温室园艺),2011(4):50-52.

[45] 王蕊,杨小龙,马健,等 . 温室透光覆盖材料的种类与特性分析 . 农业工程技术,2016,36(16):9-12.

[46] 陈斌 . 三种全生物降解地膜降解性能的测试与表征 . 泰安:山东农业大学,2016.

[47] 刘振军,毛光亮,张显明 . 有机水稻纸膜覆盖防控技术 . 内蒙古农业科技,2014(4):85.

[48] 付为民 . 有色膜覆盖对心里美萝卜生理特性及品质的影响 . 山东:山东农业大学,2016.

[49] 亢立 . 设施蔬菜栽培中新型覆盖材料的应用 . 上海蔬菜,2008(5):61-64.

[50] 王兴汉 . 蔬菜设施栽培技术 . 北京:中国农业出版社,2014.

[51] 张真和 . 农用塑料技术在设施园艺产业中的应用与发展 . 中国蔬菜,2015(07):1-5.

[52] 李春生 . 蓟春型高效节能日光温室的基本结构与性能 . 中国蔬菜,2008(4):49-51.

[53] 马承伟,苗香雯 . 农业生物环境工程 . 北京:中国农业出版社,2005.

[54] 日本施設園芸協会 . 施設園芸ハンドブック.5 版 . 2005.

[55] 邹志荣 . 园艺设施学 . 北京:中国农业出版社,2002.

[56] 古在丰树 . 施設園芸の環境調控新技术 . 日本施設園芸協会,1985.

[57] 蔡象元 . 现代蔬菜温室设施和管理 . 上海:上海科学技术出版社,2000.

[58] 孙忠富,陈青云,吴毅明 . 计算机在现代温室中的应用现状及前景 . 农业工程学报,1998,12(增刊):22-27.

[59] 陈清,陈宏坤 . 水溶性肥料生产与施用 . 北京:中国农业出版社,2016.

[60] 田永强,王敬国,高丽红 . 设施菜田土壤微生物学障碍研究进展 . 中国蔬菜,2013(20):1-9.

[61] 王敬国 . 设施菜田退化土壤修复与资源高效利用 . 北京:中国农业大学出版社,2011.

[62] 中国农业科学院蔬菜花卉研究所 . 中国蔬菜栽培学.2 版 . 北京:中国农业出版社,2010.

[63] 房岩,孙刚,金丹丹,等 . 现代农业物联网的主流技术领域与发展趋势 . 农业与技术,2020,40(2):1-2.

[64] 李玉华,陈贵娟 . 浅析设施农业种植下物联网技术的应用及发展趋势 . 农业与技术,2019,39(6):171-177.

[65] 朱斌 . 基于物联网的智能温室系统设计与实现 . 武汉:武汉轻工大学,2019.

[66] 孙虹 . 智能温室大棚控制系统设计 . 抚顺:辽宁石油化工大学,2019.

[67] 吴国兴 . 保护地蔬菜生产实用大全 . 北京:中国农业出版社,1992.

[68] 齐飞 . 设施农业技术 . 北京:气象出版社,1998.

设施园艺学

[69] 安志信,张福曼,陈端生,等．蔬菜节能日光温室的建造及栽培技术．天津:天津科学技术出版社,1994.

[70] 美国温室制造协会．温室设计标准．周长吉,程勤阳,译．北京:中国农业出版社,1998.

[71] 张亚红,陈青云．中国温室气候区划及评述．农业工程学报,2006,22(11):197-202.

[72] 周长吉．温室工程实用创新技术集锦．中国农业出版社,2016.

[73] 李天来．日光温室蔬菜栽培理论与实践．中国农业出版社,2013.

[74] 蒋卫杰．蔬菜无土栽培新技术．北京:金盾出版社,1998.

[75] 刘增鑫．常见蔬菜无土栽培实用技术．北京:中国农业出版社,1997.

[76] 郭世荣．无土栽培学．2版．北京:中国农业出版社,2011.

[77] 高丽红,别之龙．无土栽培学．北京:中国农业大学出版社,2017.

[78] 邢禹贤．无土栽培原理与技术．北京:中国农业出版社,1990.

[79] 郑光华,汪浩,李文田．蔬菜花卉无土栽培技术．上海:上海科学技术出版社,1990.

[80] 李式军,高祖明．现代无土栽培技术．北京:北京农业大学出版社,1988.

[81] 山崎肯哉．营养液栽培大全．刘步洲,刘宜生,安志信,等译．北京:北京农业大学出版社,1989.

[82] 范雅妹,许加超,高昕,等．不同氮源海藻肥对无土栽培生菜生长及品质的影响．食品工业科技,2018(3):76-81.

[83] 贺冬仙．日本人工光型植物工厂技术进展与典型案例．农业工程技术(温室园艺).2016(5):21-23.

[84] 贺冬仙．国内植物工厂发展的思考．农业工程技术(温室园艺),2016(7):24-25.

[85] 贺冬仙．植物工厂的概念与国内外发展现状．农业工程技术(温室园艺),2016(4):13-15.

[86] 贺冬仙．人工光型植物工厂在中国产业化发展的新动向．中国蔬菜,2018(5):1-8.

[87] 刘士哲．水培蔬菜产业化前景及存在问题和解决途径．农业工程技术(温室园艺),2017(8):39-45.

[88] 刘备．不同形态氮配比及包膜控释肥对几种蔬菜产量品质的影响．山东:山东农业大学,2015.

[89] 蒋卫杰,余宏军．生态基质无土栽培关键技术．中国蔬菜,2013(19):41.

[90] 屈媛,新型基质与有机氮源营养液对春石斛生长发育的影响．武汉:华中农业大学,2013.

[91] 汪晓云．LG-L立体无土栽培设施在生产、观光农业上应用．农业工程技术(温室园艺),2013(5):68-69.

[92] 汪晓云,杨其长,魏灵玲．设施园艺与观光农业系列(4)——观光农业的温室与栽培设施．农业工程技术(温室园艺),2007(10):38-39.

[93] 汪晓云,杨其长,魏灵玲．设施园艺与观光农业系列(7)——"蔬菜树"观光栽培技术．农业工程技术(温室园艺),2008(1):34-35.

[94] 汪晓云,杨其长,魏灵玲．设施园艺与观光农业系列(8)——叶菜立体观光栽培技术．农业工程技术(温室园艺),2008(2):32-34.

[95] 汪晓云,蒋卫杰,高丽红．潮汐式灌溉基质栽培设施系统的研发与应用．中国蔬菜,2016(9):80-84.

[96] 刘宜生,王贵臣．蔬菜育苗技术．北京:金盾出版社,1996.

[97] 宋元林,柴木祥．蔬菜保护地栽培技术大全．北京:中国农业出版社,1996.

[98] 吴志行．蔬菜优质快速育苗．南京:江苏科学技术出版社,1997.

[99] 赵庚义,车力华,孟淑娥．草本花卉育苗新技术．北京:中国农业大学出版社,1997.

[100] 高丽红．蔬菜设施育苗技术问答．北京:中国农业大学出版社,1998.

[101] 宋元林,何启伟,谭惠荣．现代蔬菜育苗．北京:中国农业科技出版社,1998.

[102] 葛晓光．新编蔬菜育苗大全．北京:中国农业出版社,2004.

[103] 辜松．蔬菜工厂化嫁接育苗生产装备与技术．北京:中国农业出版社,2006.

[104] 张开春．果树育苗关键技术百问百答．北京:中国农业出版社,2006.

[105] 赵庚义,车力华,金香淑,等．花卉育苗关键技术百问百答．北京:中国农业出版社,2006.

参考文献

[106] 韩世栋,黄成彬.现代蔬菜育苗技术.北京:中国农业科技出版社,2007.

[107] 别之龙,黄丹枫.工厂化育苗原理与技术.2版.北京:中国农业出版社,2019.

[108] 陈景长,张秀环,张喜春.蔬菜育苗手册.2版.北京:中国农业大学出版社,2008.

[109] 赵庚义,车力华,赵凤光.花卉商品苗育苗技术.北京:化学工业出版社,2008.

[110] 辜松,杨艳丽,张跃峰,等.荷兰蔬菜种苗生产装备系统发展现状及对中国的启示.农业工程学报,2013,29(14):185-194.

[111] 辜松,杨艳丽,张跃峰.荷兰温室盆花自动化生产装备系统的发展现状.农业工程学报,2012,28(19):1-8.

[112] 辜松.蔬菜嫁接育苗生产技术及装备.北京:中国农业出版社,2006.

[113] 尚庆茂,张志斌.构建工厂化育苗网络促进现代蔬菜产业发展.中国蔬菜,2008,28(6):1-4.

[114] 王伟琳,何芬,丁小明,等.基于智能物流车的种苗生产物流规划研究.北方园艺,2017(24):215-218.

[115] 张国珍,严恩萍,洪奕丰,等.基于GIS的苗木花卉管理信息系统.湖南农业科学,2013(52):1339-1442.

[116] 黄丹枫.创新应用信息技术—促进蔬菜种苗产业发展.长江蔬菜,2012(4):1-7.

[117] 李胜利,孙治强.河南省蔬菜工厂化育苗产业提升浅析.中国瓜菜,2016,29(3):36-38.

[118] 李胜利,孙治强.河南省蔬菜集约化育苗常见的技术问题及对策.中国瓜菜,2014,27(4):79-81.

[119] 李娟起,杨天,潘小兵,等.炼苗期基质相对含水量对黄瓜幼苗贮藏特性的影响.中国蔬菜,2014,(9):17-22.

[120] 杨天,李娟起,潘小兵,等.炼苗期不同基质含水量对辣椒幼苗贮运质量的影响.中国蔬菜,2014,1(7):18-22.

[121] 李胜利,李阳,周利杰,等.豫西高山夏季番茄育苗温度适宜度定量评价.农业工程学报,2019,35(4):194-202.

[122] 高丽红,眭晓蕾,齐艳花,等.日光温室黄瓜越冬长季节栽培高产关键理论与技术.中国蔬菜,2018(10):1-6.

[123] 张丽娟.辽宁日光温室越冬茬黄瓜栽培技术.农业工程技术,2018(7):57.

[124] 陈俊杰,殷汝松,韩俊雪.早春大棚黄瓜高产高效栽培技术.中国瓜菜,2018,31(6):54-55.

[125] 李天来.设施蔬菜栽培学.北京:中国农业出版社,2011.

[126] 王倩,孙令强,孙会军.西瓜甜瓜栽培技术问答.北京:中国农业大学出版社,2007.

[127] 郑高飞,张志发.中国西瓜生产实用技术.北京:科学出版社,2004.

[128] 张振贤.蔬菜栽培学.北京:中国农业大学出版社,2003.

[129] 山东农业大学.蔬菜栽培学各论—北方本.北京:中国农业出版社,1999.

[130] 吴国兴.日光温室蔬菜栽培技术大全.北京:中国农业出版社,1997.

[131] 张真和.高效节能日光温室园艺——蔬菜果树花卉栽培新技术.北京:中国农业出版社,1996.

[132] 赵日庄,李秀美.黄瓜西葫芦生产180问.北京:中国农业出版社,1995.

[133] 裴孝伯.温室大棚种菜技术正误精解.北京:化学工业出版社,2010.

[134] 裴孝伯.有机蔬菜无土栽培技术大全.北京:化学工业出版社,2010.

[135] 陈海平,陆志建,环加生.大棚豇豆栽培技术.上海蔬菜,2009(4):43-44.

[136] 曲微.塑料大棚菜豆栽培技术.辽宁农业科学,2010(2):54-55.

[137] 于海培,王红宾,杜瑞民.早春大棚菜豆"三产"栽培技术.长江蔬菜,2013(7):24-26.

[138] 王迪轩,马少平.豌豆塑料大棚早春茬栽培技术.四川农业科技,2014(2):30.

[139] 张雪梅,宋述尧,张春波,等.塑料大棚栽培菜豆品种筛选研究.北方园艺,2014(15):49-51.

[140] 刘斌,包义峰.大棚豇豆春季提早栽培技术.上海农业科技,2015(6):84-85.

[141] 姚永成,潘光大,朱菲,等. 大棚豇豆无公害高产栽培技术. 北方园艺,2015(7):21-22.

[142] 成英,陈迪娟. 大棚秋延后豇豆无公害栽培技术. 上海蔬菜,2016(6):24-25.

[143] 刘中华,刘雪莹,贾东珍,等. 豌豆苗(尖)菜专用品种及其栽培技术. 中国蔬菜,2016(10):101-102.

[144] 王振学,史红志. 加温日光温室豇豆高产栽培技术. 长江蔬菜,2016(23):26-27.

[145] 袁星星,陈新,崔晓艳,等. 豌豆新品种苏豌8号及光温处理促进豌豆早熟技术. 江苏农业科学,2016,44(7):198-200.

[146] 李自命,杨瑞林,郑波. 呈贡豌豆栽培及病虫害综合防治技术. 长江蔬菜,2018(3):43-47.

[147] 祝燕,周君乐. 日光温室豇豆优质高产栽培技术. 北方园艺,2018(1):19-21.

[148] 陈德明,黄建春. 食用菌生产技术. 上海:上海科学普及出版社,1996.

[149] 鲁涤非. 花卉学. 北京:中国农业出版社,1998.

[150] 高俊平,姜伟贤. 中国花卉科技20年. 北京:科学技术出版社,2000.

[151] 黄勇,李富成,郭善利. 名贵花卉的繁育与栽培技术. 济南:山东科学技术出版社,1998.

[152] 吴应祥. 菊花. 北京:金盾出版社,1991.

[153] 黄智章. 花卉的花期调节. 北京:中国林业出版社,1990.

[154] 陈俊愉,程绪珂. 中国花经. 上海:上海文化出版社,1990.

[155] 王明启. 花卉无土栽培技术. 沈阳:辽宁科学技术出版社,2001.

[156] 贾建学,戴爱红. 切花月季栽培技术要点. 浙江林业,2008(4):30-31.

[157] 李玲. 切花月季在日光温室的栽培研究. 北京:北京林业大学,2003.

[158] 贾永芳,李名扬. 安祖花研究进展. 江苏林业科技,2002,29(4):43-45.

[159] 曹修才,杨士辉,许传怀,等. 现代化温室盆栽红掌配套栽培技术研究. 北方园艺,2005(6):24-25.

[160] 闫永庆,范金平,李桂琴,等. 仙客来生物学特性与相应栽培管理技术. 北方园艺,2000(5):31-32.

[161] 王忠军,李旺盛,程小美,等. 仙客来现代设施栽培管理技术. 现代农业科技,2006(09X):54-56.

[162] 康黎芳,肖丽萍,曹冬梅,等. 仙客来栽培基质的研究. 山西农业科学,2000,28(4):57-60.

[163] 包满珠. 花卉学.3版. 北京:中国农业出版社,2011.

[164] 穆鼎. 鲜切花周年生产. 北京:中国农业科技出版社,1997.

[165] 穆鼎. 观赏百合生理、栽培、种球生产与育种. 北京:中国农业出版社,2005.

[166] 张金政,龙雅宜. 世界名花郁金香及其栽培技术. 北京:金盾出版社,2003.

[167] 康黎芳,王云山. 仙客来. 北京:中国农业出版社,2002.

[168] 王若祥,王赧. 花烛. 北京:中国林业出版社,2002.

[169] 胡松华. 观赏凤梨. 北京:中国林业出版社,2003.

[170] 王玉国,郑玉梅,杨学军. 观叶植物的栽培与装饰. 北京:科学技术文献出版社,2002.

[171] 孟新法. 果树设施栽培学. 北京:中国林业出版社,1996.

[172] 赵春生,石磊. 草莓设施栽培. 北京:中国林业出版社,1998.

[173] 王忠和. 移植断根育苗对草莓促成栽培的应用. 中国果树,1997(3):48-51.

[174] 雷家军,望月龙也. 日本草莓栽培现状. 中国果树,2000(3):55-56.

[175] 王志强,牛良,刘淑娥. 桃、油桃设施栽培研究现状与展望. 果树科学,1998,15(4):340-346.

[176] 李宪利,高东升,史作安. 桃树塑料大棚高效栽培的尝试. 落叶果树,1996(4):26-28,36.

[177] 高东升,李宪利,耿莉. 国外果树设施栽培的现状. 世界农业,1997(1):30-32.

[178] 王力荣,朱更瑞,左覃元,等. 桃保护地栽培的关键技术. 果树科学,1997,14(2):137-138.

[179] 冯孝严,李淑珍,石英. 设施栽培桃树落花落果原因及对策. 山西果树,1999(4):10-12.

[180] 柴洪沛,于飞. 大樱桃简易大棚栽培技术. 落叶果树,2000(5):29-30.

[181] 张才喜,史益敏,李向东. 南方葡萄设施栽培的现状与趋势. 上海农学院学报,1998,27(1):32-33.

[182] 张才喜,王世平.意大利葡萄大棚避雨栽培技术.中国南方果树,2000,29(5):43.

[183] 陈华春,陈英.草莓半促早设施栽培技术浅谈.中国果菜,2013,(1):28-29.

[184] 宋青,曲恒华,慕志凤,等.草莓设施栽培花果管理关键技术.落叶果树,2016,48(4):56-57.

[185] 曾武良.南方葡萄避雨设施栽培技术.中国农业信息,2015,No.181(19):35.

[186] 施金全.南方葡萄钢管大棚结构与栽培技术标准初探.河北林业科技,2015,(4):106-108.

[187] 张庆君,李兰英,张秀花.葡萄设施栽培技术.河北果树,2018,153(Z1):41-42.

[188] 何莉.日光温室甜樱桃高产高效栽培技术.吉林蔬菜,2018(3):6-8.

[189] 王惠玲,华丹凤,毛建军.设施葡萄延后栽培管理技术创新研究与应用.河北林业科技,2015,000(004):81-83.

[190] 王召元,李永红,常瑞丰,等.设施桃果实品质的影响因素及改善措施.河北果树,2017(6):22-24.

[191] 王田利.设施杏树促成栽培技术.山西果树,2017(3):56-58.

[192] 刘艳娇,王海生,谷伦旺.设施樱桃的矮化栽培技术.农业工程技术,2017,1(1):23-23.

[193] 肖伟,武红玉,李玲,等.设施栽培桃、杏、李专用树形细柱形(一根棍)整形技术.中国果树,2016(2):78-80.

[194] 周朝辉,于克辉,张琪静.适于设施栽培的樱桃品种介绍.农业科技通讯,No.573(9):342-343.

[195] 李延菊,孙庆田,张序,等.甜樱桃防霜避雨设施栽培技术.落叶果树,2014,46(1):42-44.

[196] 李延菊,王嘉艳,张序,等.甜樱桃设施栽培的温、湿度管理标准及调控技术.烟台果树,2018,No.144(04):36-38.

[197] 高东升.中国设施果树栽培的现状与发展趋势.落叶果树,2016,48(1):1-4.

[198] 王世平,李勃.中国设施葡萄发展概况.落叶果树,2019,51(1):1-5.

[199] 潘凤荣,郑玮.中国甜樱桃设施栽培历程、存在问题及发展建议.落叶果树,2019,51(5):1-4.

[200] Sa I,Popovic M,Khanna R,et al. WeedMap:a large-scale semantic weed mapping framework using aerial multispectral imaging and deep neural network for precision farming.Remote Sensing,2018,10(9):1423.